智能制造应用型人才培养系列教材 · 工业机器人技术

工业机器人应用与二次开发

主　编　魏志丽　林燕文　赖孔春

副主编　左　湘　徐腊梅　韦　娜　陈南江

参　编　吴东临　谭　红　马法源

北京航空航天大学出版社

内 容 简 介

本书以 ABB 工业机器人为基础，运用 Visual Studio 2022、博途 V16 和 Robot Studio 等开发工具，结合 C#、JavaScript、C++等计算机语言，以丰富的开发设计案例为依托，介绍了工业机器人及工业机器人编程与应用、工业机器人通信应用、Socket 数据通信应用、基于 PC SDK 的工业机器人二次开发、基于 Robot Studio SDK 的工业机器人二次开发、基于 Web Services 的工业机器人二次开发。

本书内容翔实、篇幅紧凑，既可作为高职高专院校工业软件技术、工业互联网技术等专业以及应用型本科院校的机器人工程、智能制造工程等专业的教材，也可作为工程技术人员与机器人研发设计人员的参考资料和培训用书。

图书在版编目(CIP)数据

工业机器人应用与二次开发 / 魏志丽，林燕文，赖孔春主编. -- 北京 ：北京航空航天大学出版社，2024.8

ISBN 978-7-5124-4418-8

Ⅰ. ①工… Ⅱ. ①魏… ②林… ③赖… Ⅲ. ①工业机器人—研究 Ⅳ. ①TP242.2

中国国家版本馆 CIP 数据核字(2024)第 111089 号

工业机器人应用与二次开发

主 编 魏志丽 林燕文 赖孔春

副主编 左 湘 徐腊梅 韦 娜 陈南江

参 编 吴东临 谭 红 马法源

策划编辑 周世婷 责任编辑 周世婷

*

北京航空航天大学出版社出版发行

北京市海淀区学院路 37 号(邮编 100191) http://www.buaapress.com.cn

发行部电话：(010)82317024 传真：(010)82328026

读者信箱：goodtextbook@126.com 邮购电话：(010)82316936

涿州市新华印刷有限公司印装 各地书店经销

*

开本：787×1 092 1/16 印张：25 字数：640 千字

2024 年 8 月第 1 版 2024 年 8 月第 1 次印刷 印数：1 000 册

ISBN 978-7-5124-4418-8 定价：79.00 元

前　言

在当今充满活力和变革的工业环境中，工业 4.0 的内涵日益丰富，工业机器人的应用正在以空前的速度迅速扩展。

工业 4.0 强调自动化与信息化的相互融合，而在这个背景下，制造业正在经历前所未有的变革。自动化、数字化和智能化的发展趋势不仅改变了传统的生产方式，还对自动化智能型企业的竞争力提出了更高的要求。在这个过程中，工业机器人成了不可或缺的生产力和创新引擎。然而，单一的工业机器人系统已经无法满足日益多样化的需求，因此工业机器人二次开发与应用成为提升机器人功能，增强机器人多样化任务适应性的关键途径。

如今，工业机器人二次开发与应用领域对专业人才的需求日益增长。为了满足其人才需求，将产业与教育深度融合，深圳信息职业技术学院通过校企合作项目，组织教师与企业工程师合力编撰了工业机器人二次开发与应用领域的全套内容。本教材以丰富的开发设计案例为依托，运用 Visual Studio 2022、博途 V16 和 Robot Studio 等工具，结合 C＃、JavaScript、C＋＋等计算机语言，对工业机器人的二次开发与应用进行了实际讲解，内容涵盖了 PC SDK、Robot Studio SDK 以及 Web Services 等多种开发形式，帮助读者逐步掌握工业机器人二次开发与应用的相关技能。

本书由深圳信息职业技术学院的魏志丽和赖孔春、青葵智造（北京）科技有限公司的林燕文担任主编，佛山市华材职业技术学校的左湘、深圳信息职业技术学院的徐腊梅、江西工业贸易职业技术学院的韦娜、青葵智造（北京）科技有限公司的陈南江担任副主编，参编人员有宜昌蒲公英职业培训学校的吴东临、谭红、马法源。在本书的编写过程中，得到了上海 ABB 工程有限公司、宜昌青葵机器人科技有限公司等公司的大力支持及指导，在此表示感谢。

通过学习工业机器人二次开发技术，读者能够更好地把握未来工业自动化的发展方向，为应对不断变化的制造业环境做好充分准备，以期在蓬勃发展的工业 4.0 时代舞台上取得更多成绩。

编　者

2024 年 6 月 4 日

前言

目　　录

项目1　你好,我叫 YuMi

教学导航

知识目标

学习协作机器人的特点及各项配置;开发协作机器人的案例及应用扩展。

能力目标

① 了解传统工业机器人基本结构;
② 了解 YuMi 机器人系统结构;
③ 掌握 YuMi 机器人的基础参数设定;
④ 了解 YuMi 机器人的运动方式;
⑤ 掌握示范案例的演示;
⑥ 掌握协作机器人的应用实施;
⑦ 理解协作机器人的拓展开发。

素质目标

培养深度思考的能力,能够根据协作机器人的特点(安全性、开放式结构、人机协同等)建立对协作机器人的基本认知,进行详细的 YuMi 机器人基础设置和参数设定;能够熟练进行软件配置;能根据 RAPID 实现对机器人的编程,具备简单的机器人操纵能力。

思政目标:立德为先,立德树人

① 热爱祖国,具有坚定的中国特色社会主义信念,自觉践行社会主义核心价值观、爱岗敬业、勤奋好学。

② 能够通过有效沟通、批判式思维发展专业学习意识,具备团队合作、协同创新、共同成长的能力。

任务1.1　了解协作机器人

任务描述

通过学习 YuMi 协作机器人的基础知识,了解协作机器人的应用实例。本任务单元的目标是学习协作机器人的特点,培养操纵机器人的能力。

在教学的实施过程中:

① 能够了解协作机器人特性;

② 能够掌握 YuMi 机器人系统的搭建和基本设置；

③ 能够了解 YuMi 机器人的基础操作；

④ 能够了解 YuMi 机器人的运动和通信方式；

⑤ 培养学习的思维和动手能力以及良好的安全意识，严格按照规范流程完成任务，有耐心和毅力分析解决操作中遇到的问题。

完成本任务的学习之后，学生可了解协作机器人的基本功能与操作，完成单元任务考核。

任务工单

<table>
<tr><td>任务名称</td><td colspan="3"></td><td>姓名</td><td></td></tr>
<tr><td>班级</td><td></td><td>学号</td><td></td><td>成绩</td><td></td></tr>
<tr><td>工作任务</td><td colspan="5">能够了解协作机器人特性；
能够掌握 YuMi 机器人系统的搭建和基本设置；
能够掌握 YuMi 机器人的基础参数设定；
能够了解 YuMi 机器人的运动方式；
能够理解示范案例的演示</td></tr>
<tr><td>任务目标</td><td colspan="5">知识目标：
掌握 YuMi 机器人基本知识；
了解 YuMi 机器人与普通机器人的区别；
了解 YuMi 机器人的使用效果
技能目标：
了解协作机器人特性；
掌握 YuMi 机器人系统的搭建和基本设置；
掌握 YuMi 机器人的基础参数设定；
了解 YuMi 机器人的运动方式；
理解示范案例的演示
职业素养目标：
严格遵守安全操作规范和操作流程；
主动完成学习内容，总结学习重点</td></tr>
<tr><td>举一反三</td><td colspan="5">总结协作机器人使用的基本知识点</td></tr>
</table>

任务准备

1.1.1 协作机器人的特点

(1) 传统工业机器人

传统工业机器人涵盖多种类型，其中最常见的有关节机器人、直角坐标机器人、多关节机器人、并联机器人以及圆柱坐标型机器人等。它们在各种生产环境和任务中具有十分重要的作用。

首先，高效率和高精确度是传统工业机器人的核心特征之一。传统工业机器人能够在保持高效率和高精确度的状态下不知疲倦地执行生产任务，从而极大限度地降低人力成本并提高生产效率，在制造业新发展模式中发挥着关键作用。

工业机器人通过精确而连续的动作，在执行大规模生产中的重复性任务时（见图 1－1），表现得极为优异。然而，这种高度专业化的能力也使得传统工业机器人在面对变化频繁的生产需求时显得乏力，无法应对小规模定制生产或多变的生产环境。

图 1－1　安川喷涂机器人正在进行喷涂作业

其次，传统工业机器人需要在与人类隔离的环境中作业，以确保工作安全。这限制了它们与操作者的直接合作。

随着新技术的崭露头角，诸如协作机器人和自适应机器人等新型机器人正逐渐克服传统工业机器人的局限性。它们更具灵活性、安全性和适应性，为未来制造业的发展带来了更多可能性。

（2）协作机器人

协作机器人是一类专用于机器人与人类工作者共同合作完成任务的机器人。与传统的工业机器人不同，协作机器人的设计目标是与人类工作者共享工作空间，并在不会造成危险的情况下与之互动。这种互动可以是协同完成任务、共同处理工件或者是在相同的生产线上执行不同的任务。协作机器人的设计考虑了人机合作的安全性，通常会配备各种传感器和安全系统，以便在检测到人员接近时能够减速、停止或避开碰撞，避免对人员的安全造成威胁、对人体造成伤害。

协作机器人在许多领域都有应用（装配、包装、搬运、质量检查、仓储和医疗等），由于其灵活性和安全性，协作机器人已成为提高生产效率和人机合作的一种重要方式。

（3）传统工业机器人与协作机器人的区别

传统工业机器人与协作机器人在设计、应用和技术特点方面存在明显的区别（见表 1－1）。传统工业机器人主要用于大规模生产环境，其特点是高效率、高精确度和专注于重复性任务。它们通常在标准化的生产流程中执行预定的任务，能够在不知疲倦的状态下持续工作。然而，传统工业机器人的适应性较差，无法轻松适应生产需求的变化，而且需要与人类工作人员隔离，限制了与操作者的直接合作。

相比之下，协作机器人专注于与人类工作者共同合作完成任务。这些机器人与人类共享工作空间，能够在人附近安全地操作，具有更大的灵活性，在小批量生产、定制生产和多变环境中，可以执行不同的任务，甚至能够根据需求进行重新编程，能够更好地适应市场的需求变化。

表 1-1　两种机器人特点对比

区　别	协作机器人	传统工业机器人
应用	娱乐、制造、物流等	标准化生产线
设计	灵活多变	单一重复
控制	柔性	规范
安全性	人机协作	人机隔离

基于人机协作的优点，可以把人和机器人各自的优势发挥到极致，从而适应更多的工作挑战。随着技术的发展，协作机器人正逐渐改变制造业的格局，使生产过程更加灵活、高效和安全。

1.1.2　YuMi 机器人介绍

(1) YuMi 机器人特点

YuMi 是一款为小件装配而设计的人机协作型双臂机器人（见图 1-2），其以出色的功能和设计在现代制造领域中脱颖而出。它搭载了柔性机械手、进料系统、工件定位系统和先进的机器人控制系统，优异的协同合作能力是其最显著的特点之一，可最大限度地优化人力和机器资源利用。

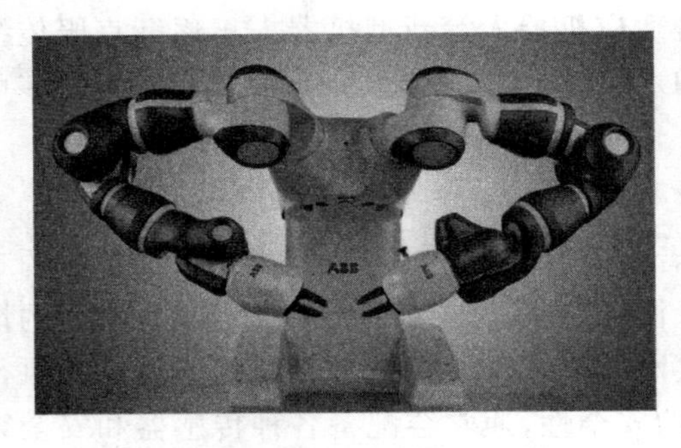

图 1-2　YuMi 机器人实物图

YuMi 的另一个独特之处在于其“固有安全级”设计。其在与人类合作时能够一直保持在安全水平内运行，在狭小的空间内表现出与人类相似的灵活性。其双臂机械手能够执行多样的装配动作，从而提高了装配效率。这不仅节省了时间成本，还能够适应各种不同的装配场景，使生产环境的选择灵活性更大。

YuMi 的应用领域广泛（包括装配、包装、搬运、质量检查和仓储等），双臂机械手的设计以及灵活的机器人控制系统，使其能够胜任多种任务，为制造生产提供了更多选择和可能。

YuMi 的出现不仅给制造业带来了革新，也为人机合作创造了丰富的可能性，其高效、安全和灵活的特点，使其在各个领域都具备广阔的应用前景。随着技术的不断更新发展，YuMi 机器人将继续引领制造业步入智能化和高效化发展阶段。

(2) YuMi 机器人硬件介绍

目前，ABB 公司的 YuMi 机器人系列有 ABB YuMi IRB 14000，ABB YuMi IRB 14050，ABB YuMi 7-axis 三种型号。

① ABB YuMi IRB 14000 是最早发布的 YuMi 机器人型号，是 ABB 公司推出的第一款协作双臂机器人，采用双臂、七轴的设计。

② ABB YuMi IRB 14050 是 YuMi 家族的单臂版本，采用七轴设计，适用于紧凑的工作环境和狭小的空间。

③ ABB YuMi 7 - axis 是 2023 年推出的，也是 YuMi 家族中的最新型号，采用七轴设计，被称为目前最小、最敏捷的协作机器人，更易于投入生产。

目前，ABB 公司的 YuMi 机器人系列中使用最广泛的型号是 YuMi IRB 14000。这是 ABB 公司推出的第一款协作机器人，于 2015 年正式推出。YuMi IRB 14000 机器人以其双臂设计和高度的灵活性而闻名，适用于执行各种装配、精密操作和协作任务。

该机器人在电子、制造业、医疗、食品等多个领域得到了广泛的应用。由于其精准的操作和可靠的性能，YuMi IRB 14000 在小批量生产、装配、包装等任务中表现出色。下面以 ABB YuMi IRB 14000 为对象，对 YuMi 机器人硬件进行系列介绍。

1）一体式 YuMi 控制器与机械臂

YuMi IRB 14000 采用集成式控制器，其集成式控制器与机械臂采用一体式设计形式。这种一体式的设计将控制器与机械臂紧密集成，将运动控制、通信接口和编程能力集中在一个单元中，从而最大限度地提供更多的工作空间和操作自由度。同时，这种一体式设计还减少了外部布线和连接，使系统更加简洁。集成式控制器尺寸如图 1-3 所示。

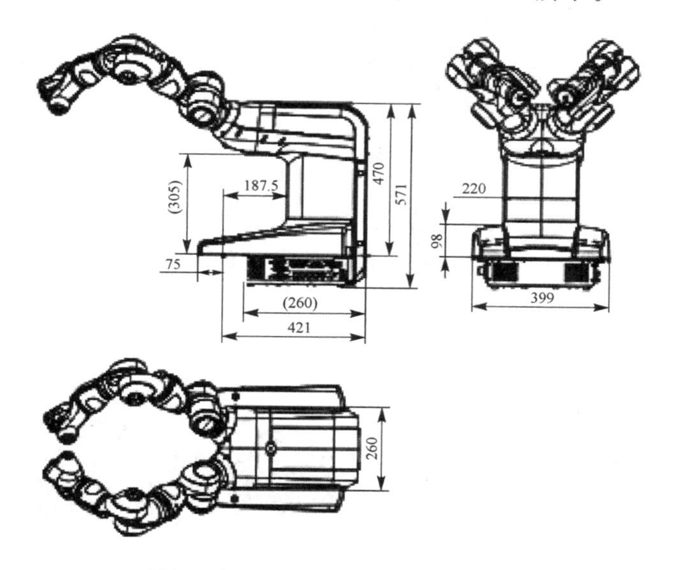

图 1-3　YuMi 集成式控制器尺寸图

这种一体式设计不仅有助于机器人在拥挤的环境中灵活移动，还降低了机械臂和控制器之间的通信延迟，提高了系统的响应速度和运动精度。一体式控制器设计为机器人的高效、可靠运行提供了重要支持，使其能够在各种工业应用中发挥优势。

同时，YuMi IRB 14000 采用了双臂协作设计，每臂膀都有七轴，相比传统的六轴机器人具有更高的自由度，YuMi 机器人各轴分布如图 1-4 所示。双臂协作使机器人能够同时使用两只机械臂执行复杂的任务。例如，在装配任务中，一只机械臂在持有零件的同时，另一只机械臂可以完成精确的组装操作。

2）YuMi 本体组成

YuMi IRB 14000 具有高度集成的机器人系统，各个组件在整体运行中密切配合。其中手臂内的伺服电机确保关节能够流畅协调地运动；底盖板、臂部盖板与封装起保护作用，不仅能防止机器人内部元件受到环境干扰，还优化了外观。

电气部分主要由控制器单元和计算机单元组成。控制器主要负责控制底部电机和其他核心功能；计算机单元运行机器人的软件和算法，使其能执行高度复杂的任务。

总体来说，YuMi IRB 14000 通过各部件和结构的精密协作，构成了一个高效、精确和可靠的机器人系统，能适应各种复杂场景并完成预定目标。下面对上述各个部件进行简单介绍。

① 手臂：YuMi 机器人搭载两只精密的机械手臂，每只手臂都由七个轴组成，每个轴都内置了先进的传感器系统。这种设计使得 YuMi 机器人能够在各个方向上实现高度自由的运动，并在不同任务中展现出卓越的灵活性和精准性。手臂位置如图 1-5 所示。

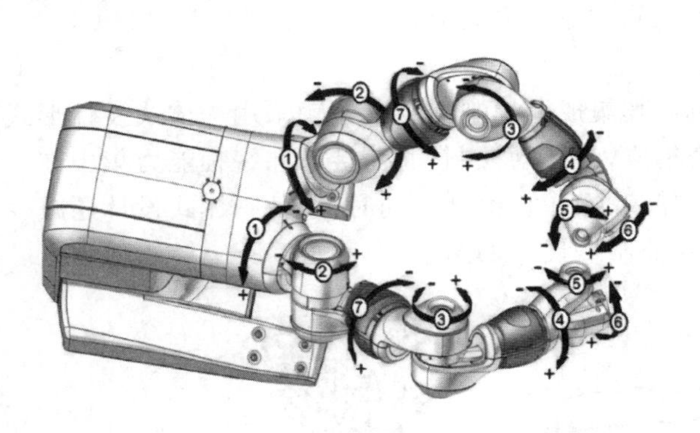

图 1-4　YuMi 机器人各轴分布图

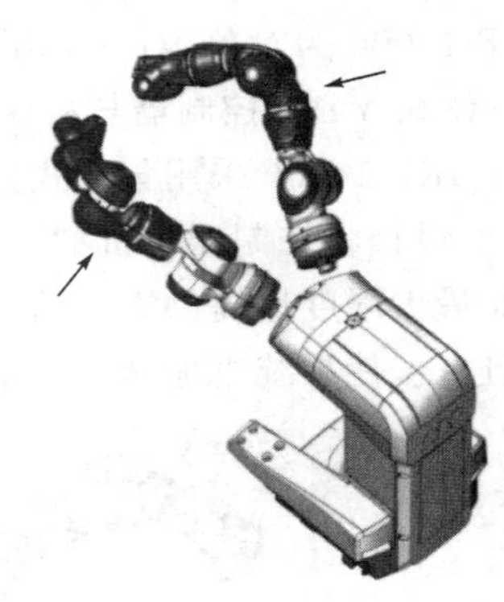

图 1-5　机器人手臂位置

② 伺服电机：每个手臂的关节都由伺服电机驱动，这些伺服电机能够精确地控制关节的角度和速度。通过控制不同关节的运动，机器人能够模仿人类手臂的多种动作，从而适应不同的工作场景。轴 1～7 伺服电机安装位置如图 1-6～图 1-12 所示。

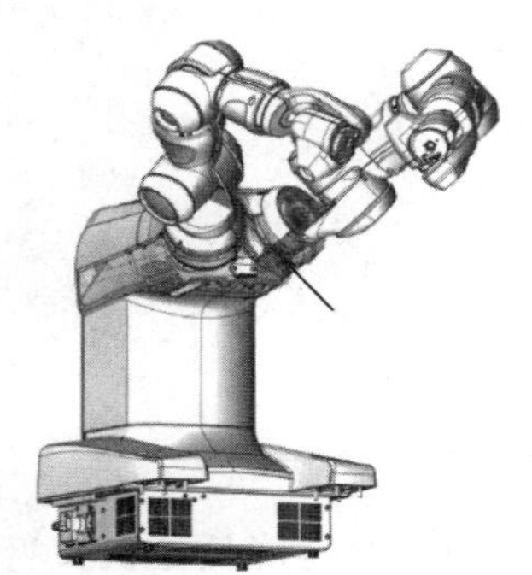

图 1-6　轴 1 电机安装位置图示

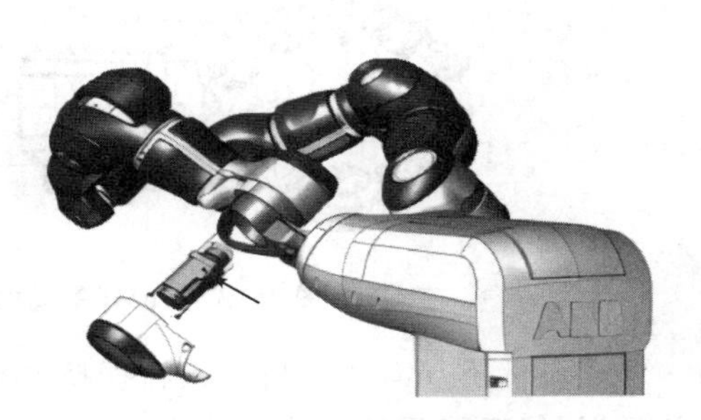

图 1-7　轴 2 电机安装位置图示

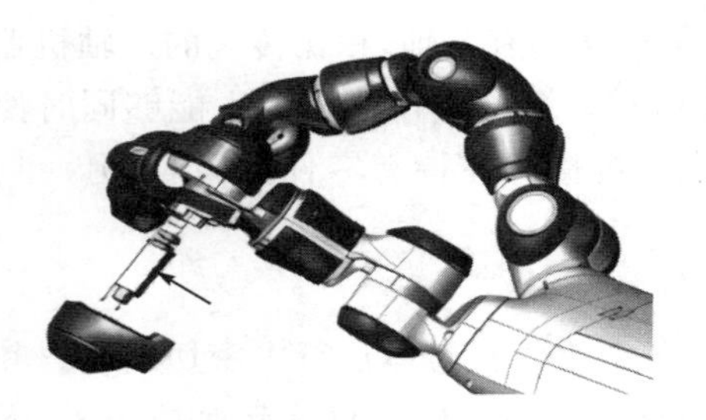

图 1-8　轴 3 电机安装位置图示

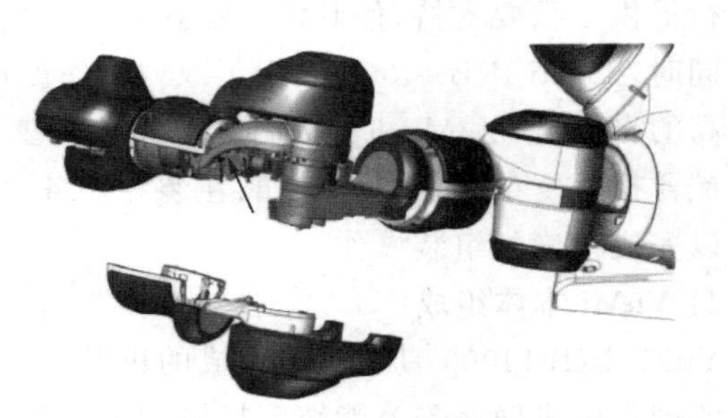

图 1-9　轴 4 电机安装位置图示

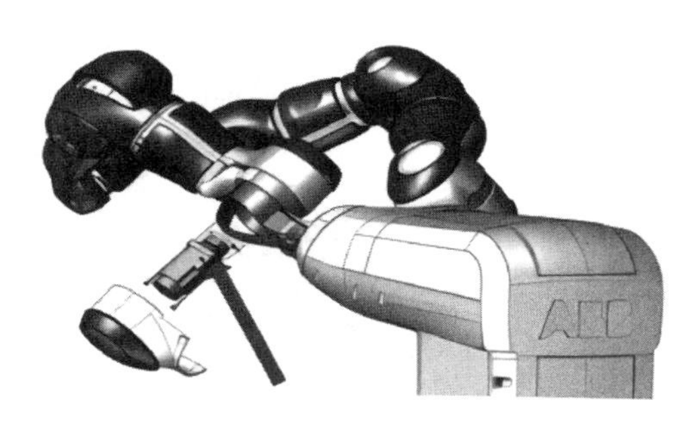

图 1-10　轴 5 电机安装位置图示

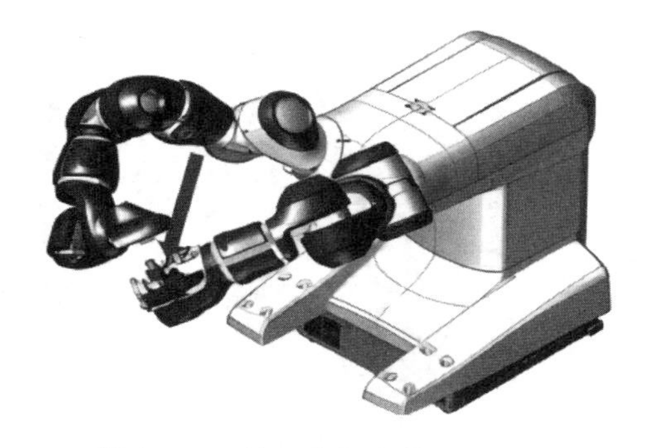

图 1-11　轴 6 电机安装位置图示

③ 外壳盖板：YuMi 机器人的外壳盖板在整体结构中起着关键的作用，为机器人的功能性和外观提供了多重保护和优化。外壳盖板又分为底盖、臂部盖板两个部分，而臂部盖板同时还会配合相应的封装进行使用。

a. 底盖：底盖由主体盖板Ⓐ、主体后盖板Ⓑ、主体盖板下Ⓒ、主体盖板上Ⓓ四个部分组成。底盖板安装位置如图 1-13 所示。

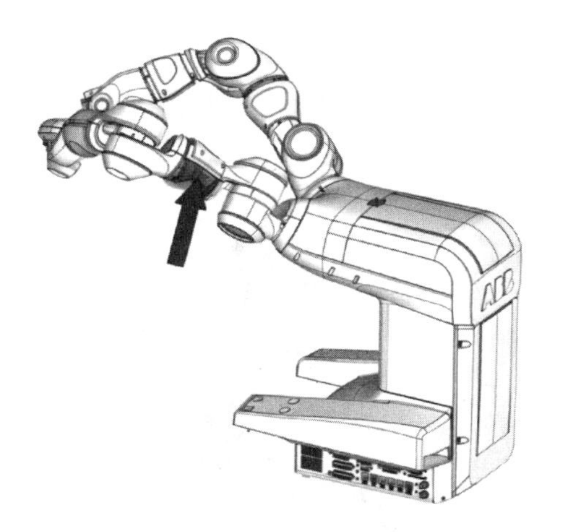

图 1-12　轴 7 电机安装位置图示

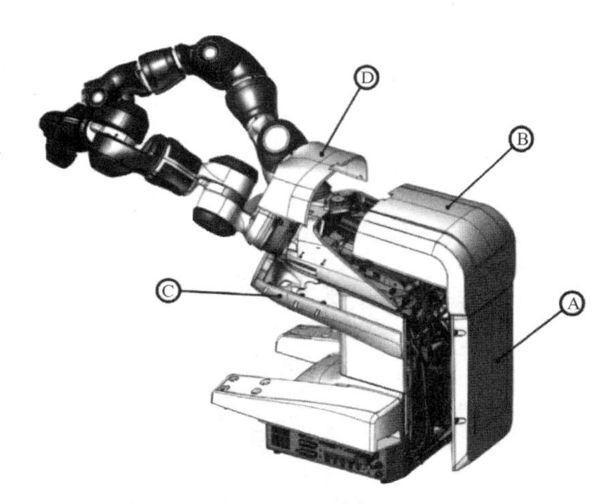

图 1-13　底盖安装位置图示

b. 臂部盖板与封装：臂部盖板由轴 1 上盖板Ⓐ、轴 1 上盖Ⓑ、下轴 2 盖板Ⓒ、臂部盖板Ⓓ、轴 2 电缆盖Ⓔ、轴 2 衬垫Ⓕ、轴 7 盖板Ⓖ、轴 7 盖板Ⓗ、轴 3 下盖板Ⓙ、轴 3 上盖板Ⓚ、下轴 4 盖板Ⓛ、轴 3 主体盖板Ⓜ、轴 4 电缆护套Ⓝ、轴 4 电缆护套Ⓞ、轴 4 上盖板Ⓟ、轴 4 主体盖板Ⓠ、轴 6 盖板Ⓡ、轴 7 主体衬垫Ⓢ、带衬垫的冷却法兰Ⓣ 19 个部分组成。臂部盖板与封装安装位置如图 1-14 所示。

④ 电气部分：YuMi 机器人的控制器在整个系统中扮演着核心角色，控制器结构通常由底部控制器、后控制器、前控制器、顶部控制器以及计算机单元组成。

a. 底部控制器由电源Ⓐ、电容组Ⓑ、带插座风扇Ⓒ、推入式隔板接头Ⓓ四个部分组成，见图 1-15。

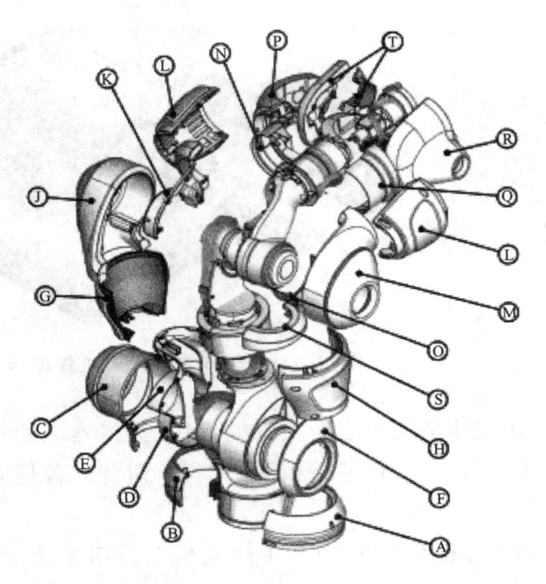

图 1-14　臂部盖板与封装安装位置图示

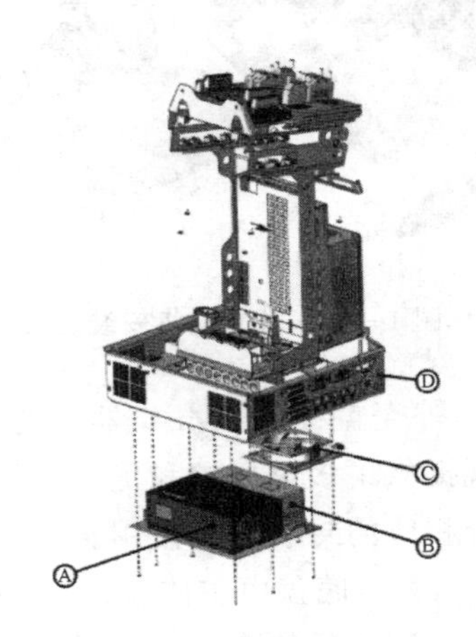

图 1-15　底部控制器图示

b. 后控制器由以太网交换机 5PⒶ、DSQC1018 计算机Ⓑ组成，见图 1-16。

c. 前控制器由 DSQC1013 轴计算机Ⓐ、DSQC 662 配电板Ⓑ、DSQC 461 PDB 拓展单元Ⓒ组成，见图 1-17。

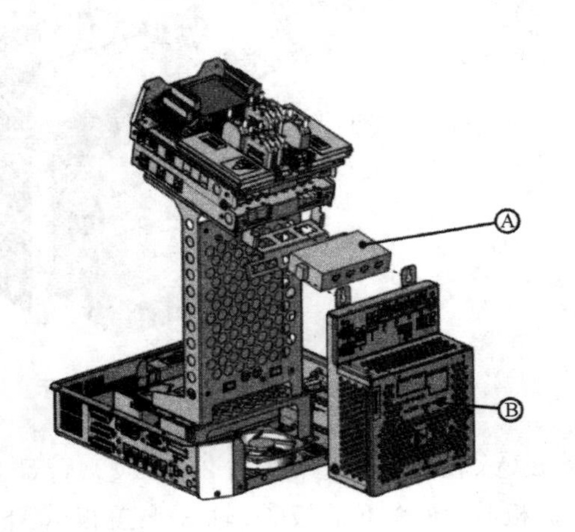

图 1-16　后控制器图示

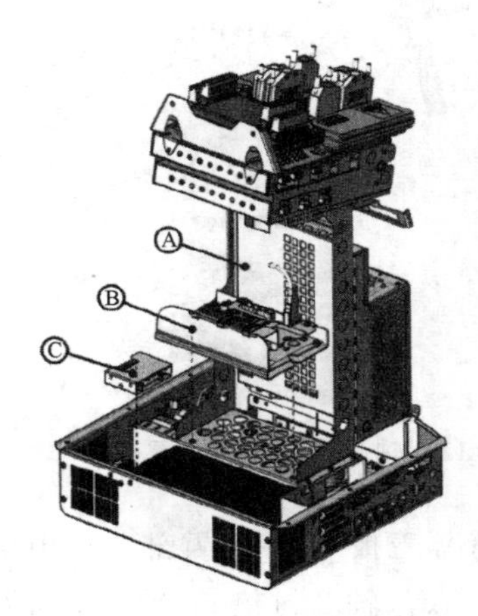

图 1-17　前控制器图示

d. 顶控制器由 DSQC 462 传动板Ⓐ、数字 24V I/O DSQC 652Ⓑ、DSQC633D 测量电路板Ⓒ、电池组 RMUⒹ组成，见图 1-18。

e. 计算机单元由 DSQC1018 计算机Ⓐ、带有引导加载程序的大容量存储器Ⓑ、DSQC1003 扩展板完成Ⓒ、DSQC1006 Device Net 主 PCI-EⒺ、带插座的风扇Ⓕ与 DSQC667 PROFIBUS、DSOC668 PROFINET、TADSQC669 以太网 AnyBus 从适配器模组Ⓓ等组成，见图 1-19。

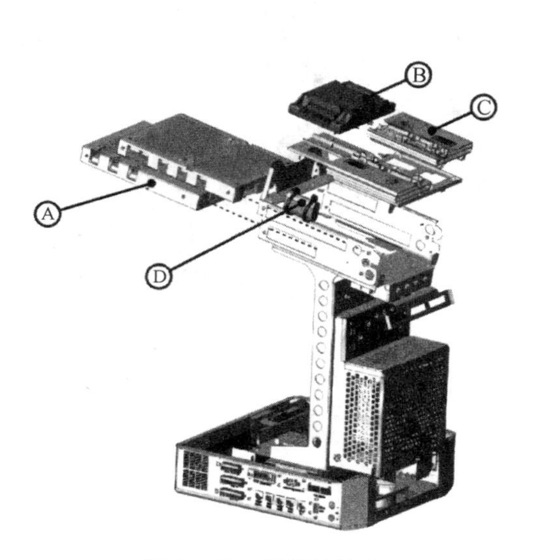

图 1－18　顶控制器图

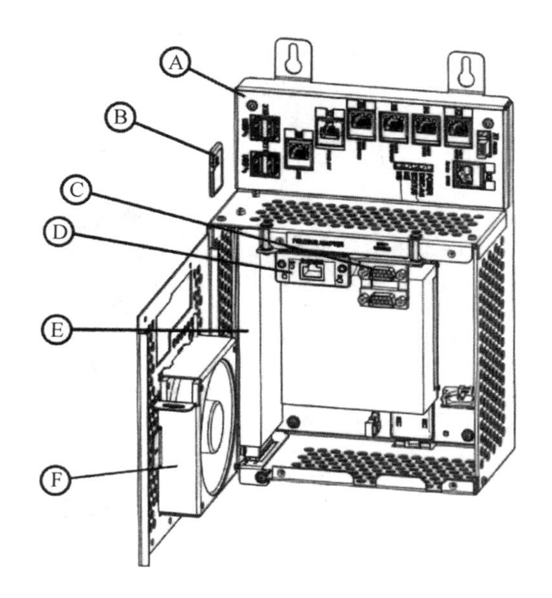

图 1－19　计算机单元图示

3）示教器与电缆

示教器是机器人进行手动操纵、程序编写、参数配置，以及监控用的手持装置，也是控制机器人时最常使用的控制装置。ABB 的示教器如图 1－20 所示。

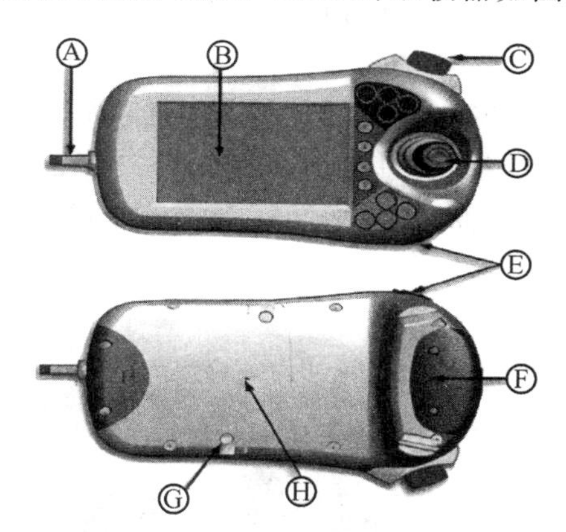

Ⓐ 连接电缆
Ⓑ 触摸屏
Ⓒ 急停开关
Ⓓ 手动操作摇杆
Ⓔ 数据备份用USB接口
Ⓕ 使能器按钮
Ⓖ 触摸屏用笔
Ⓗ 示教器复位按钮

图 1－20　ABB 示教器图示

YuMi IRB 14000 机器人的底部通常会配备两个电缆接口，分别是电源输入的主 AC 电源接口和 FlexPendant（示教器）接口。这两个接口的作用如下：

① 主 AC 电源接口：用于连接机器人系统的主要电源输入。通过这个接口，机器人可以从外部电源系统获取电能，以驱动机器人的各个部件和模块。主 AC 电源接口通常需要连接电源插座或电源配电盒等供电设备，如图 1－21 所示。

② FlexPendant 接口用于连接机器人的示教器。通过 FlexPendant 接口，机器人与示教器进行通信，传输编程指令和控制信号，如图 1－22 所示。

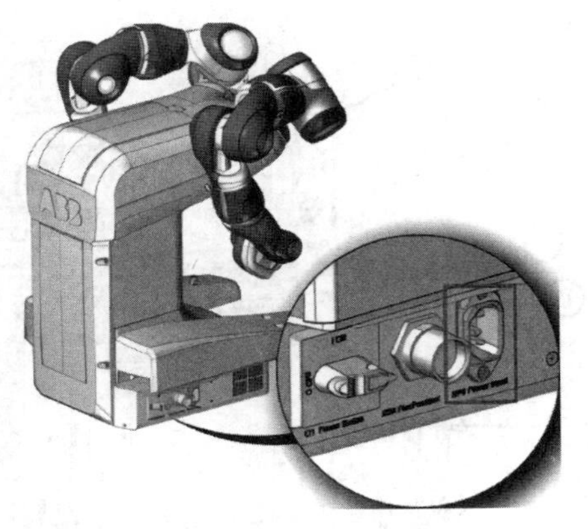

图 1-21 主 AC 电源接口图示

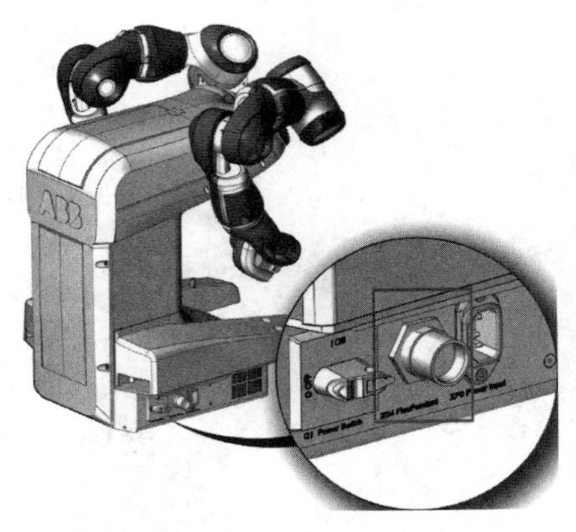

图 1-22 FlexPendant 接口图示

1.1.3 YuMi 机器人知识要点

(1) 安装与上电

用户收到 YuMi 机器人后，需要对其进行安装与通电测试，以确保其能够进行正常运行。下面以 ABB YuMi IRB 14000 的初次安装与上电例行流程进行介绍。

1) 外观检测与去除包装

一般情况下，在运输 YuMi 机器人过程中，厂家会将其固定在木箱中，以确保不受外力损坏。因此，当用户收到 YuMi 机器人时，应先对外包装进行目视检查，确定无外观损坏后再去除包装。木箱包装如图 1-23 所示。

厂家在包装 YuMi 机器人时，会将机器人手臂向着机器人本体方向弯曲，并在手臂和底座之间填充泡沫，以保护机器人在运输过程中不受损坏。因此，在去除包装的过程中，用户需要注意 YuMi 机器人手臂是否朝机器人本体方向弯曲，以及泡沫是否位于手臂和底座之间，YuMi 机器人转移和运输姿态如图 1-24 所示。

图 1-23 木箱包装图示

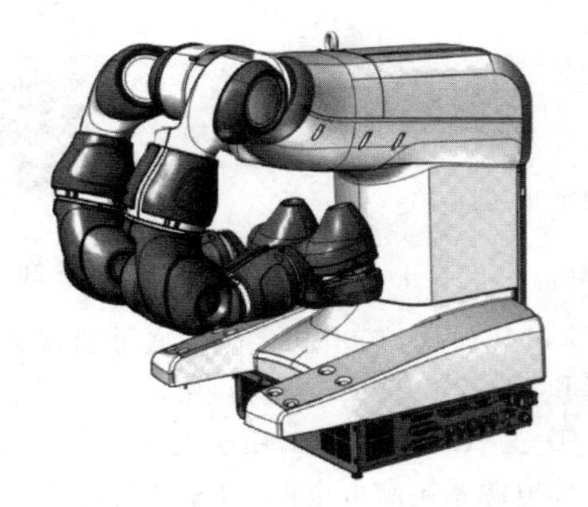

图 1-24 YuMi 转移和运输姿态图示

① 目视检查包装：安装 YuMi 机器人之前仔细检查是否有可见的运输损坏。

② 去除包装：去除包装包含木材拆除、防雨层拆除、固定螺丝拆除三个步骤。防雨层与固定螺丝位置如图 1-25 和图 1-26 所示。

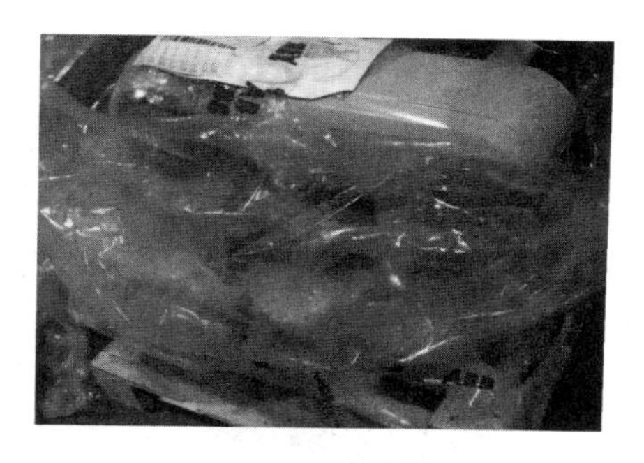

图 1－25 防雨层图示

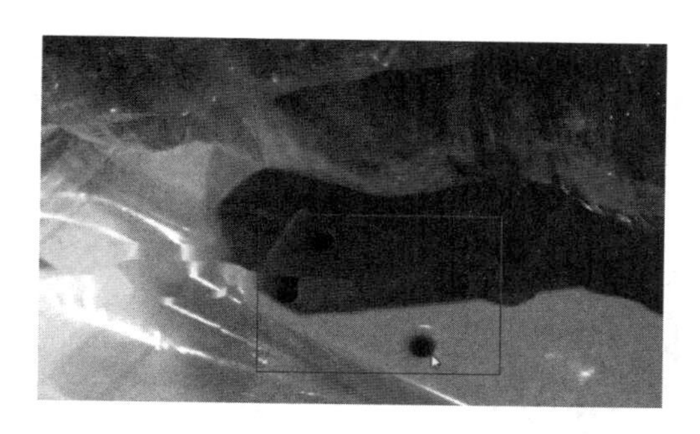

图 1－26 固定螺丝图示

拆除 YuMi 机器人的防雨层和固定脚上的螺丝后，可将其搬运到安装位置。由于 YuMi 机器人的机械结构特性，搬运过程中需要采取特定的姿态，如图 1－27 和图 1－28 所示，以确保搬运过程不会对机器人产生不良影响。

图 1－27 特定搬运姿势图示(1)

图 1－28 特定搬运姿势图示(2)

搬运 YuMi 机器人时，请避免随意抓住机器人的任意部位，否则可能会损坏其外壳；搬运过程如受力点位于机器人手臂上，则可能会影响其精度。因此，为了保护机器人并确保其正常运行，需要找到正确的搬运受力点，如图 1－29 所示。

如不采用人工搬运手段，选用吊环搬运，同样应以正确的形式搬运。

使用吊环时，首先需要将 YuMi 机器人顶部的吊环盖拆除，再将直径为 M8、型号为 DN580 的吊环安装至吊眼处。吊环盖拆除位置与吊环安装位置如图 1－30 和图 1－31 所示，吊装姿态如图 1－32 所示。

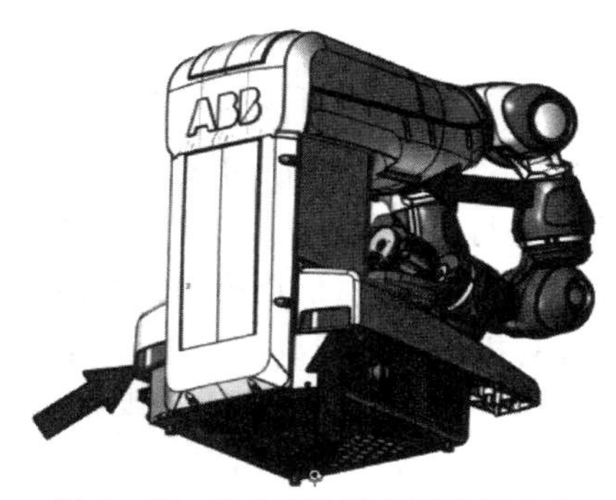

图 1－29 YuMi 机器人正确受力点

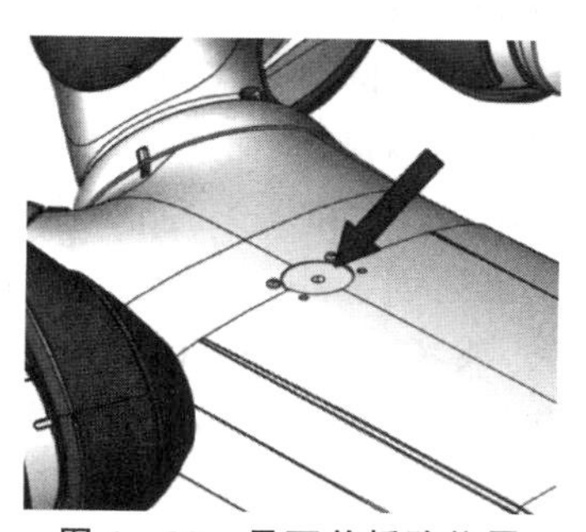

图 1－30 吊环盖拆除位置

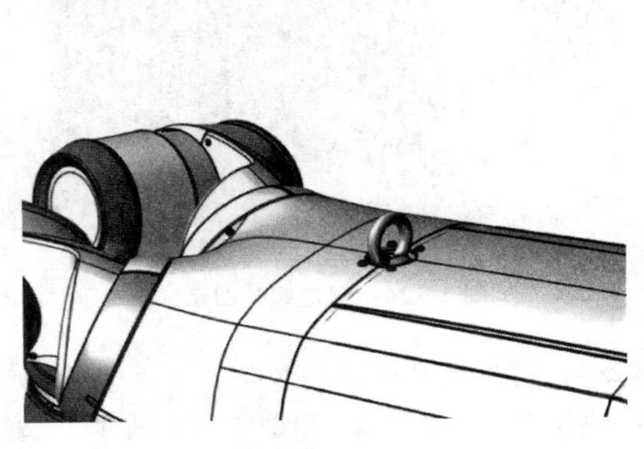

图 1-31　吊环安装位置

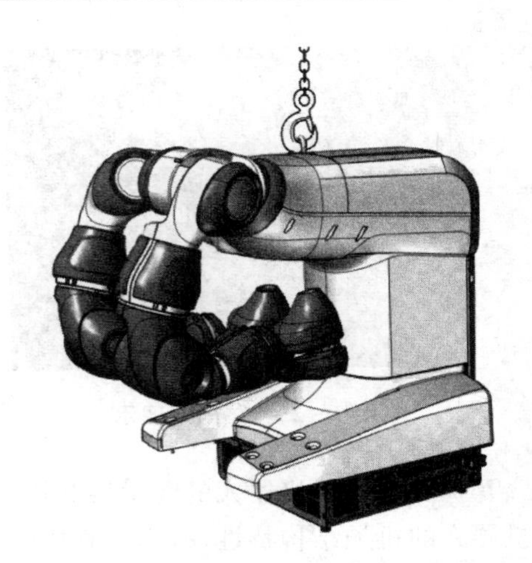

图 1-32　YuMi 吊装姿态

① 搬运姿势：遵循正确的搬运姿态，可以确保在搬运过程中的安全性和完整性；

② 受力点：确保搬运过程中的受力点不会对 YuMi 机器人造成损坏；

③ 吊环搬运：确保吊环安装在指定位置，且安装后无松动迹象。

2）电缆连接与上电

YuMi 机器人搬运至指定位置后，须将 YuMi 机器人自带的电源电缆、FlexPendant 电缆分别安装至主 AC 电源接口与 FlexPendant 接口，否则机器人将无法正常启动。

完成电缆连接并确认电缆无松动后，即可将 YuMi 机器人电源开关旋转至 ON 进行上电。YuMi 机器人电源开关如图 1-33 所示。

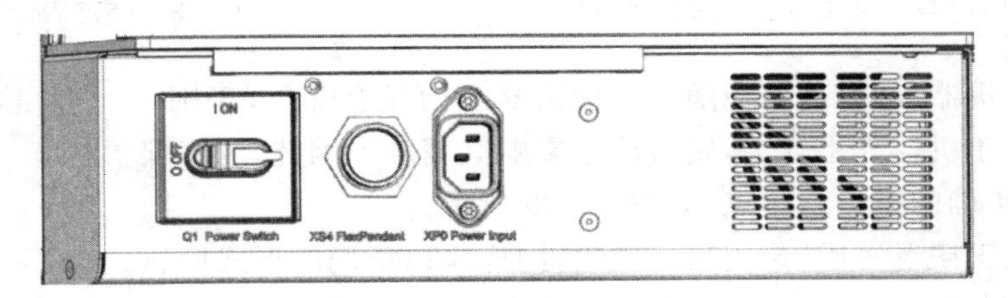

图 1-33　YuMi 机器人电源开关图示

（2）YuMi 机器人的校准

1）校准原因

由于 YuMi 机器人在运输和安装过程中可能会受到颠簸、碰撞和挤压等不可避免的影响，导致机械结构偏移，从而使系统数据与实际机械位置数据不符。因此，在初次上电后，为确保 YuMi 机器人运动和操作的准确性，需要对 YuMi 机器人进行校准。

除了上述因素外，在使用过程中，如果发现 ABB 机器人的分解器值更改、转数计数器内存记忆丢失，或者对原本的机器进行了重新组装等，也应该对机器人进行校准。为了避免分解器值更改和转数计数器内存记忆丢失，需要定期检查机器人的电缆连接和电源，确保机器人控制器正常运行，并备份机器人控制程序和参数。分解器值更改、转数计数器内存记忆丢失原因有机器人停电或断电，机器人控制器故障，机器人电缆连接不良，机器人控制程序错误等。

YuMi 机器人重新组装后需要校准的原因：

① 重新组装可能会导致机器人的结构和位置发生变化，从而影响其运动和操作的准确性。

② 重新组装过程中，机器人的各个部件可能会被拆卸、重新安装或调整，这可能会引起机械结构的偏移或姿态的变化。这些变化会导致机器人的位置和姿态与之前的校准数据不一致。

因此，重新组装后的 YuMi 机器人需要进行校准，以确保其运动和操作的准确性，提高工作效率和精度。

2）校准注意事项

校准是确保机器人正常运行和执行任务的重要步骤，可以帮助机器人准确执行任务，避免误差和偏差，提高工作效率和精度。

在校准过程中，机器人需要根据预设的参考点或标准进行调整，以确保其位置和姿态的准确性。进行 YuMi 机器人校准时需要注意的事项如下：

① 安全操作：在校准过程中，确保机器人和周围环境的安全，遵循机器人的安全操作规程。

② 确保稳定支撑：在校准之前，确保 YuMi 机器人稳定支撑，避免其移动或摇晃。

③ 检查机器人状态：在校准之前，检查机器人的各个部件和连接是否正常。

④ 校准参考点：校准过程中，需根据预设的参考点或标准进行调查。

⑤ 遵循校准程序：根据 YMI 机器人的使用手册或校准指南，按照正确的步骤和顺序进行校准。

3）校准方法

YuMi 机器人的校准类型一般分为更新转数计算器和微校两类。在以下情况下，通常会采用更新转数计算器的方法进行校准：电池放电导致机器人停止工作，分解器错误导致位置误差，分解器和测量电路板之间信号中断，控制系统断开连接，机器人和控制器第一次安装相连等。而在更换影响校准位置的部件（如电机或传输部件）时，会采用微校的方法进行校准。这些校准方法可以确保机器人的位置和姿态准确无误，提高机器人的运动和操作精度。

下面以 YuMi IRB 14000 机器人和控制器第一次安装相连为例，进行更新转数计算器的校准演示。校准注意事项与校准流程如下：

① 确定校准范围和正确轴位置：校准 YuMi 机器人之前，首先需要参考 YuMi 机器人的技术手册或用户指南，以确定校准的范围和正确的轴位置。图 1－34 中放大区域为 YuMi IRB 14000 机器人的校准范围和标记位置，放大区域旁的数字对应轴编号。应注意：不同款式的工业机器人，其校准范围、标记位置以及轴编号各不相同，应查找相应型号机器人的技术手册或用户指南以获取相应的信息。

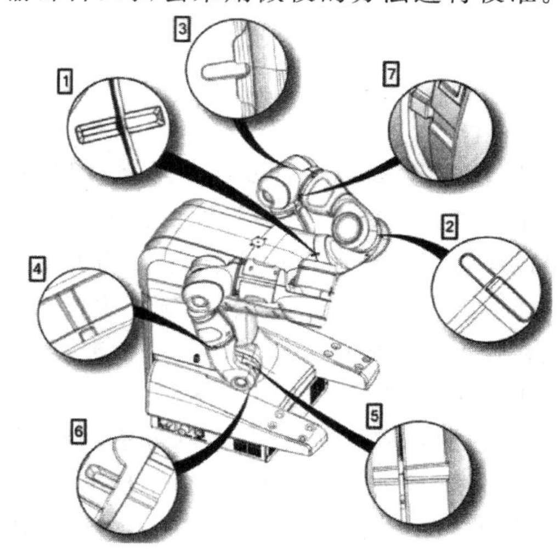

图 1－34　校准范围、标记位置与轴编号图示

② 校准位置:确定校准范围、标记位置与轴编号后,通过示教器或手动拖拽的方式,将各轴移动到相应的标记位置(关节轴的标记位置如图 1-34 所示),使各轴之间的标记位置水平且对齐。在此过程中需要注意:左手对准 L 刻度位置(见图 1-35),右手对准 R 刻度位置(见图 1-36)。各关节轴移动到标记位水平对齐后机器人形态如图 1-37 所示。此外,还应注意:如使用手动拖拽方式进行校准,在释放制动闸时,机器人轴可能移动非常快,且有时无法预料其移动方式,YuMi 机器人制动闸按钮位置如图 1-38 所示。

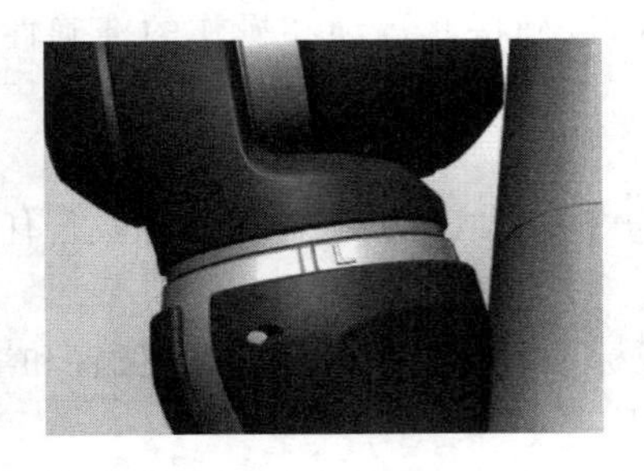

图 1-35 左手 L 刻度位置

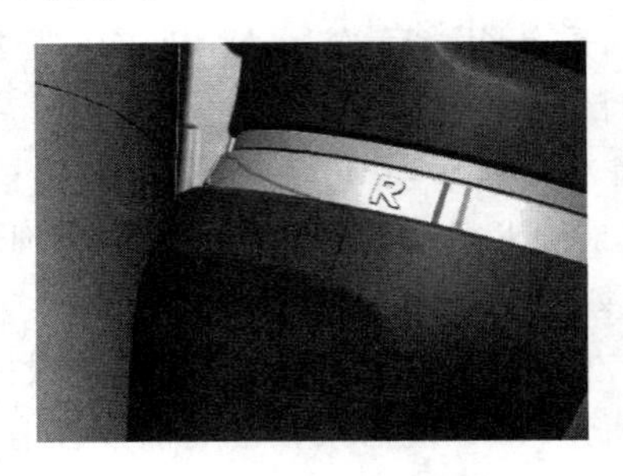

图 1-36 右手 R 刻度位置

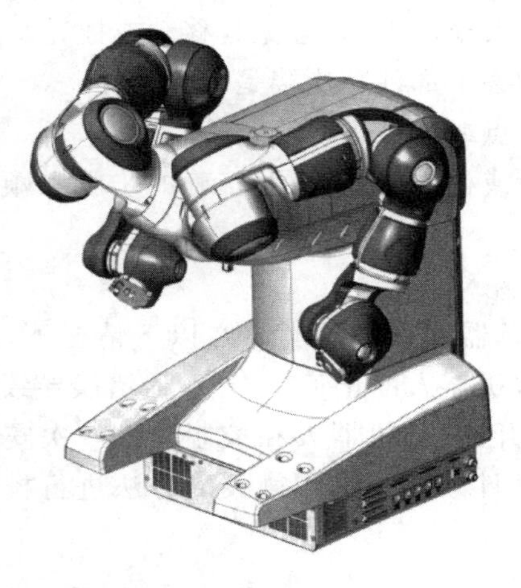

图 1-37 位置校准形态图示

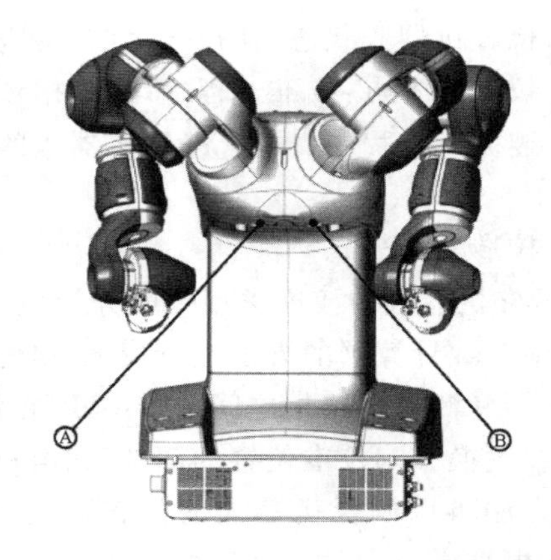

图 1-38 YuMi 机器人制动按钮位置图示

③ 选用霍尔传感器(CalHall) 例行程序校准:YuMi 机器人每个关节都内置霍尔传感器,当各个轴都到达校准位置后,即机器人在校准位置时,霍尔传感器信号为 0,其他位置为 1,所以可以运行程序自动寻找校准位置(前提是机器人已经在校准刻度附近)。选用霍尔传感器(CalHall) 例行程序校准操作步骤如表 1-2 所列。这一自动寻找校准位置的方法需要确保机器人在校准过程中已经接近预定的校准点。当机器人启动自动寻找程序时,它会检测关节中的霍尔传感器信号,并尝试找到信号为 0 的状态,从而确定准确的校准位置。需要注意的是,在使用这种自动寻找校准位置的方法之前,必须确保机器人已经在校准刻度附近,如图 1-39 所示,以保证校准的准确性。此外,校准过程仍然需要遵循制造商提供的校准指南,并根据需要记录和验证校准结果,以确保机器人的准确性和性能稳定性。

表 1-2 校准操作顺序表

序号	操作步骤
1	打开 FlexPendant 上的程序编辑器
2	选择对应带校准机器人手臂任务,单击打开
3	如有必要,创建一个新程序,如果没有现有的程序可用,则需要进行此操作
4	选择 Debug(调试),并单击 PP 至 Main
5	选择 Debug(调试),单击 Call Routine
6	选择 CalHall
7	转到 Motor On(上电)并按下开始按钮

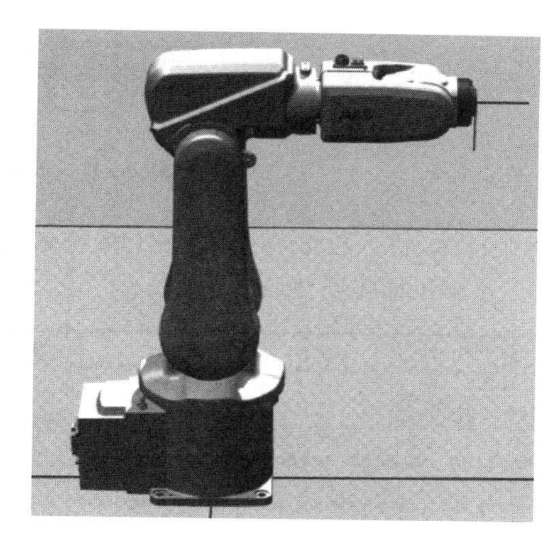

图 1-39 机器人在机械原点图

④ 更新转数计数器:霍尔传感器(CalHall)例行程序校准后,YuMi 机器人的各轴点位已自动到达了校准点位,此时,需要通过更新转数计数器,将关节信息写入系统中。更新转数计数器操作步骤如下:

a. 单击更新转数计数器功能,选择 2,更新转数计数器功能界面如图 1-40 所示。

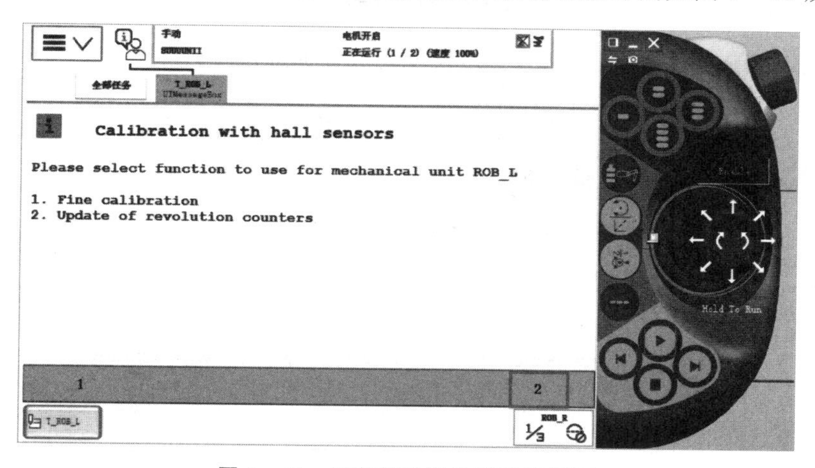

图 1-40 更新转数计数器功能界面

b. 单击选择要更新转数计数器的关节。关节1、2、3和4在第一个窗口中可选。单击下一步打开第二个窗口，选择关节5、6、7，关节选择窗口如图1-41和图1-42所示。

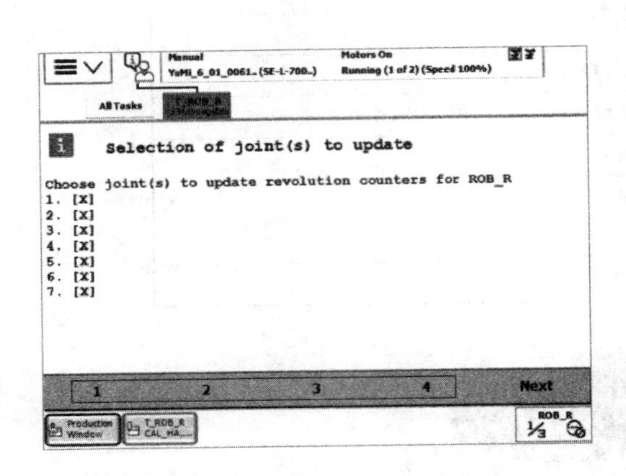

图1-41　关节1、2、3、4关节选择页

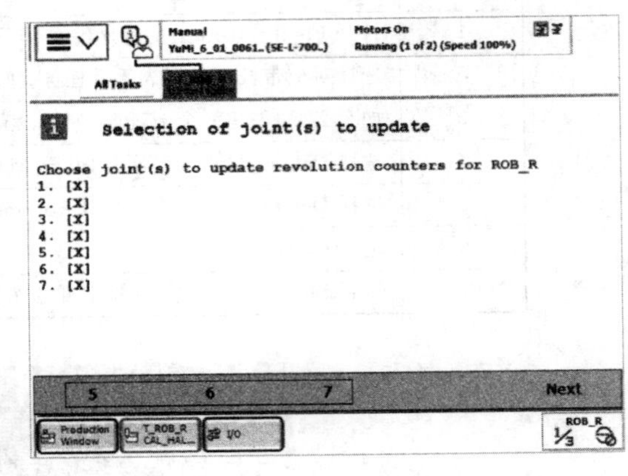

图1-42　关节5、6、7选择页面

c. 选择完成需要校准的关节轴，进入校准界面，单击OK按钮启动霍尔传感器的采样步骤，如图1-43所示。注意：此步骤可能需要数分钟。

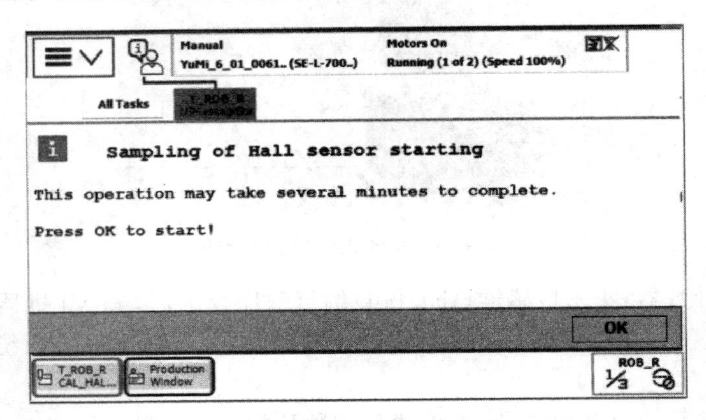

图1-43　选择启动霍尔传感器的采样步骤

d. 校准完成，单击OK按钮关闭窗口，校准完成界面如图1-44所示。

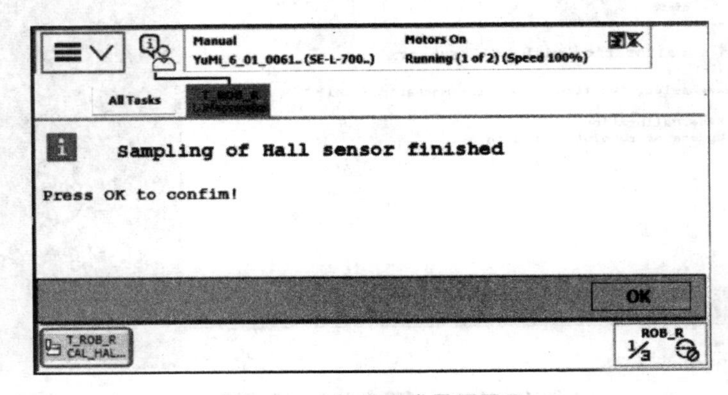

图1-44　校准完成界面图示

校准完成后，YuMi 机器人的各轴电机角度信息应与表 1－3 中的信息相同，表中以度数指定了精确的轴位置。

表 1－3　各轴位置

轴	IRB 14000 ROB_R	IRB 14000 ROB_L
1	0°	0°
2	－130°	－130°
3	30°	30°
4	0°	0°
5	40°	40°
6	0°	0°
7	－135°	－135°

如果角度信息不符合，则说明校准失败。校准失败的原因可能有以下三点：

① 关节未按照同步标记充分对齐；

② 霍尔传感器存在故障；

③ 计数器进行校准时产生部分偏差（产生偏差时，可右击菜单栏中偏差的机械臂，在手动关节中进行校正）。

(3) RobotStudio 虚拟工作站的搭建

① 打开 RobotStudio 软件，如图 1－45 所示，创建空工作站。

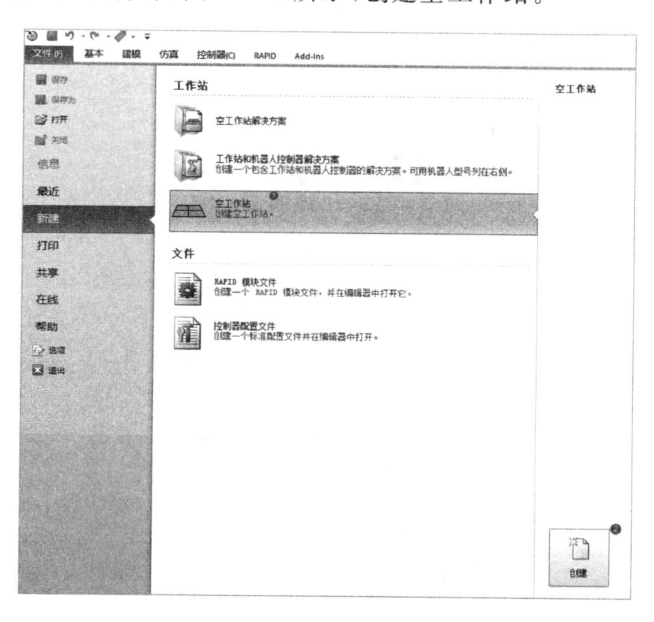

图 1－45　创建空工作站

② 打开 ABB 模型库，如图 1－46 所示，选择“IRB 14000”型号的机器人。

③ 机器人导入成功后，导入 YuMi 夹具，如图 1－47 所示，选择“导入模型库”→“设备”→ABB Smart Gripper。

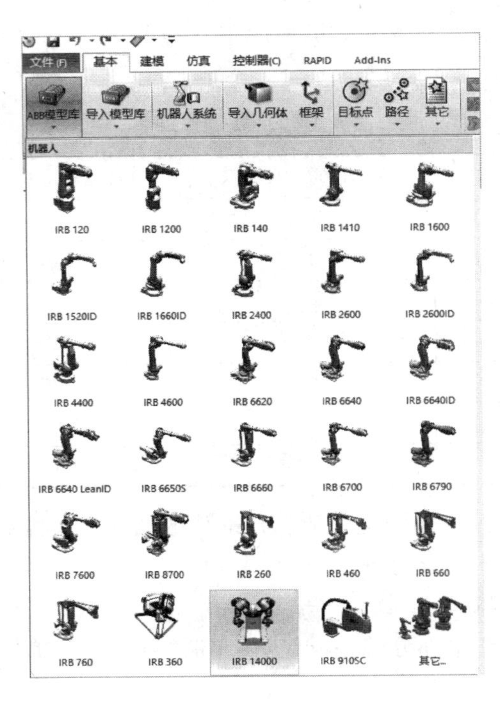

图 1-46　选择机器人类型

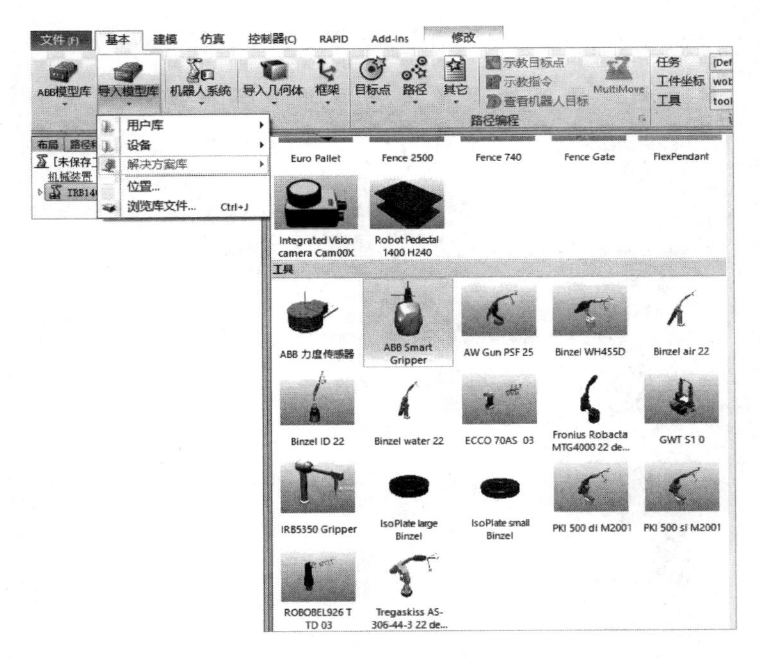

图 1-47　选择夹具

④ 选择夹具类型，如图 1-48 所示，选择系统默认的“Servo，Fingers”。在下拉菜单中可见多种组合，可根据实际需求进行更换。

⑤ 选择完成后，单击“确定”按钮，如图 1-49 所示。

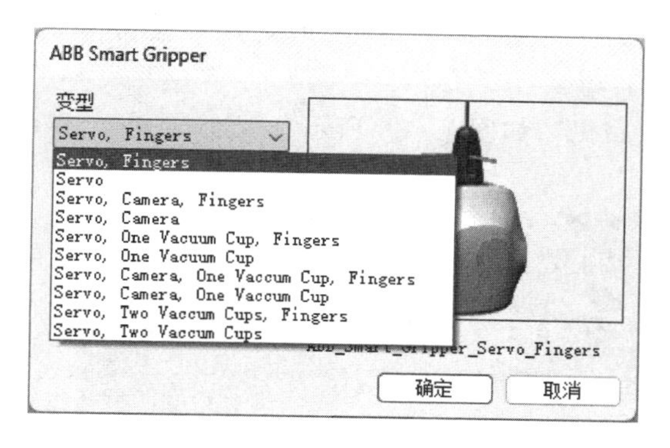

图1-48　夹具组合

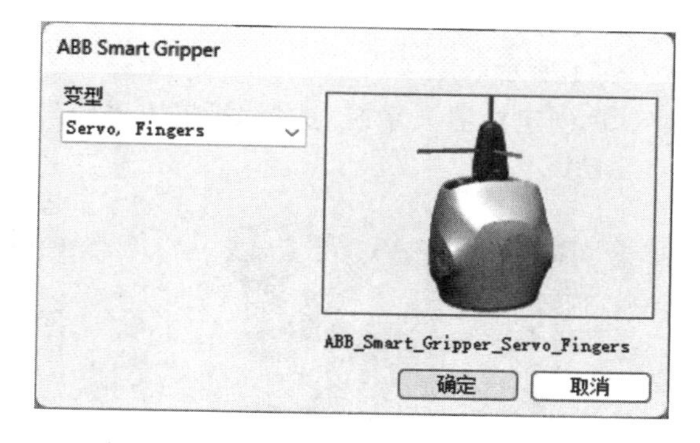

图1-49　确定组合

⑥ 如图1-50所示，夹具导入成功。

⑦ 如图1-51所示，在左上角菜单栏中直接拖动夹具至相应机械臂上，将夹具安装到第一个机械臂。

图1-50　夹具导出

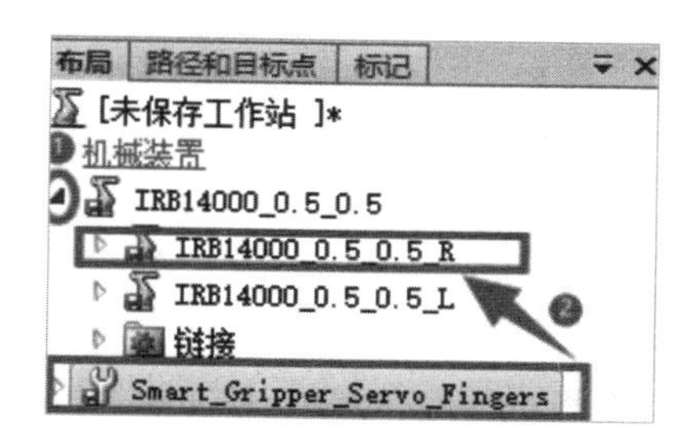

图1-51　安装夹具

⑧ 单击“是”，确认更新夹具位置，如图1-52所示。

⑨ 如图1-53所示，右臂夹具安装成功。

图1-52　更新夹具位置

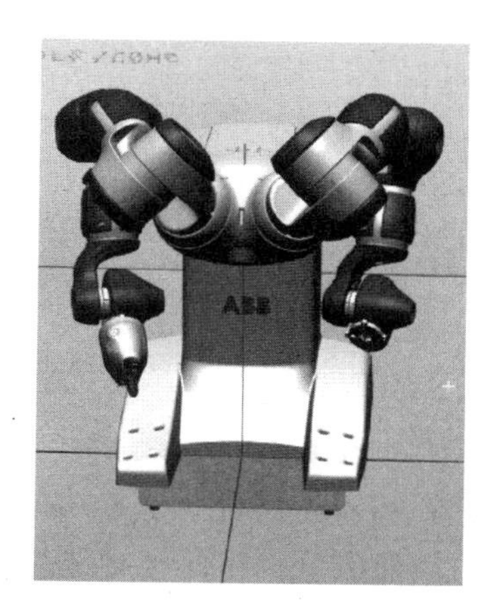

图1-53　右手臂夹具安装成功

⑩ 重复步骤③～⑨，安装另外一个夹具至另一个机械臂上，至此夹具安装完毕，如图 1－54 所示。

⑪ 创建机器人系统：选择“机器人系统”→“从布局”，如图 1－55 所示。

图 1－54　左手臂夹具安装成功

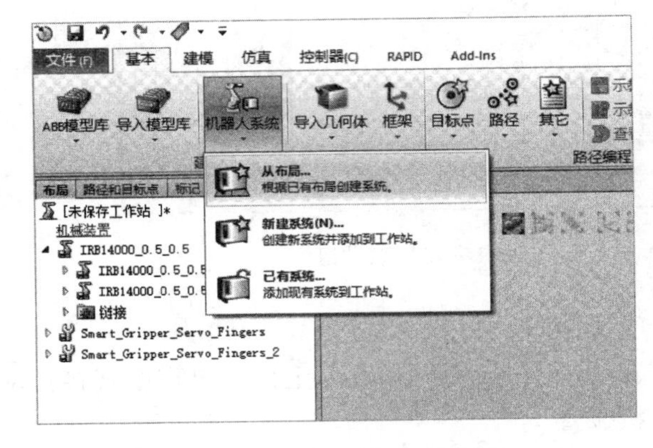

图 1－55　创建机器人系统

⑫ 如图 1－56 所示，可以查看系统名称、系统存储位置以及检查版本信息。确认无误后单击“下一个”按钮。

⑬ 因为 YuMi 协作机器人是双臂，需要配置两个机械装置，在图 1－57 所示界面中可以查看是否勾选上了两个机械装置，确认无误后，单击“下一个”按钮。

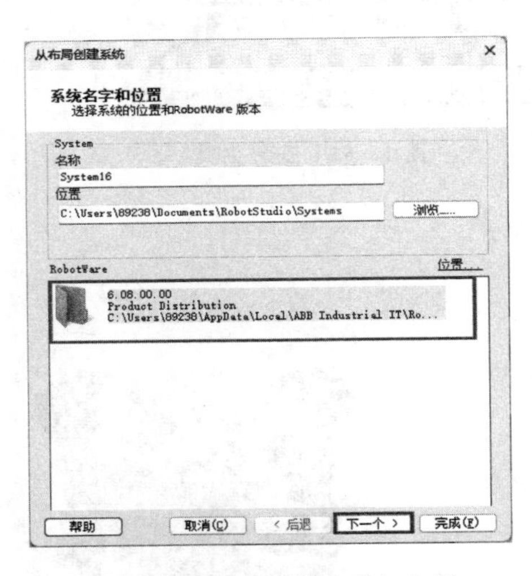

图 1－56　确定系统名字与位置

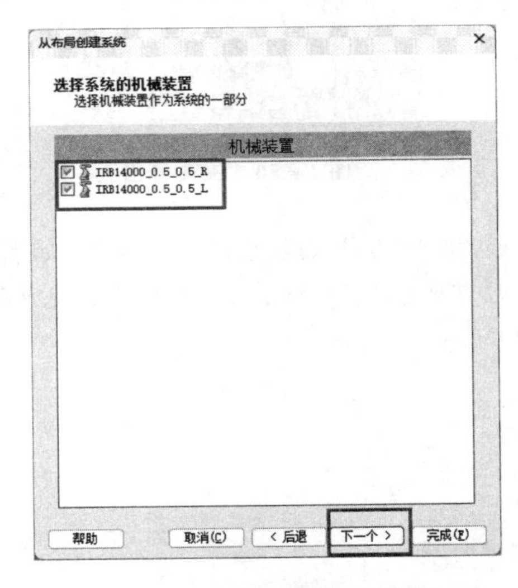

图 1－57　选择系统机械装置

⑭ 如图 1－58 所示，可以进行所有机械装置的分配，如果后续需要增加可以在此步骤进行设置，这里不做过多更改，单击“下一个”按钮。

⑮ 如图 1－59 所示，在此界面中单击“选项...”。

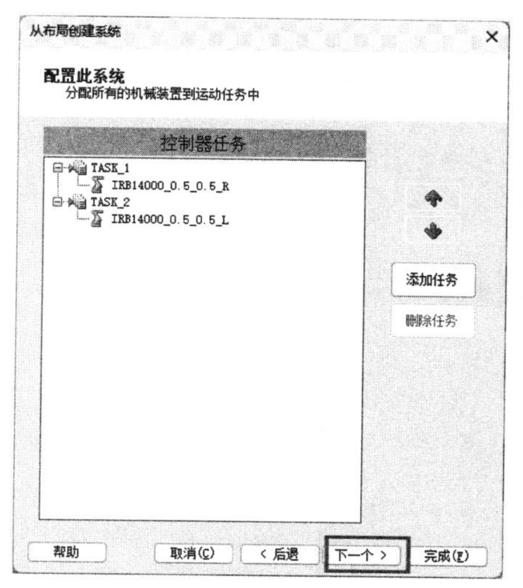

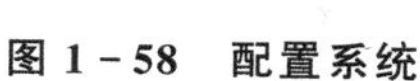
图 1-58　配置系统

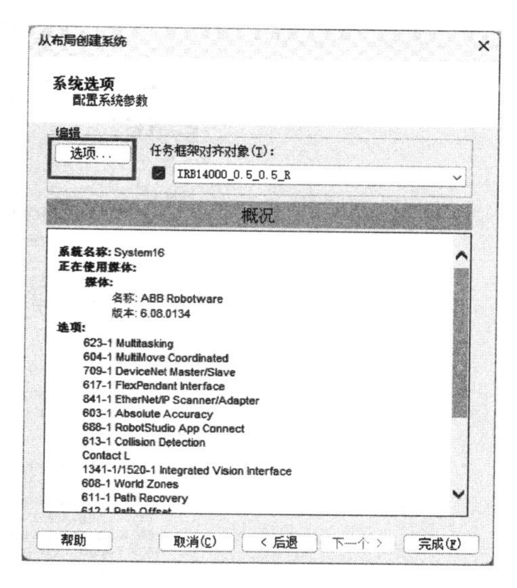

图 1-59　系统选项

⑯ 如图 1-60 所示，可以看到所有的选项设置，创建的系统需要根据实际操作情况来进行设置。例如：先在这里将语言设置为中文，单击 Default Language，取消勾选英文选项卡 English 后，选择 Chinese 设置中文，单击“确定”按钮。

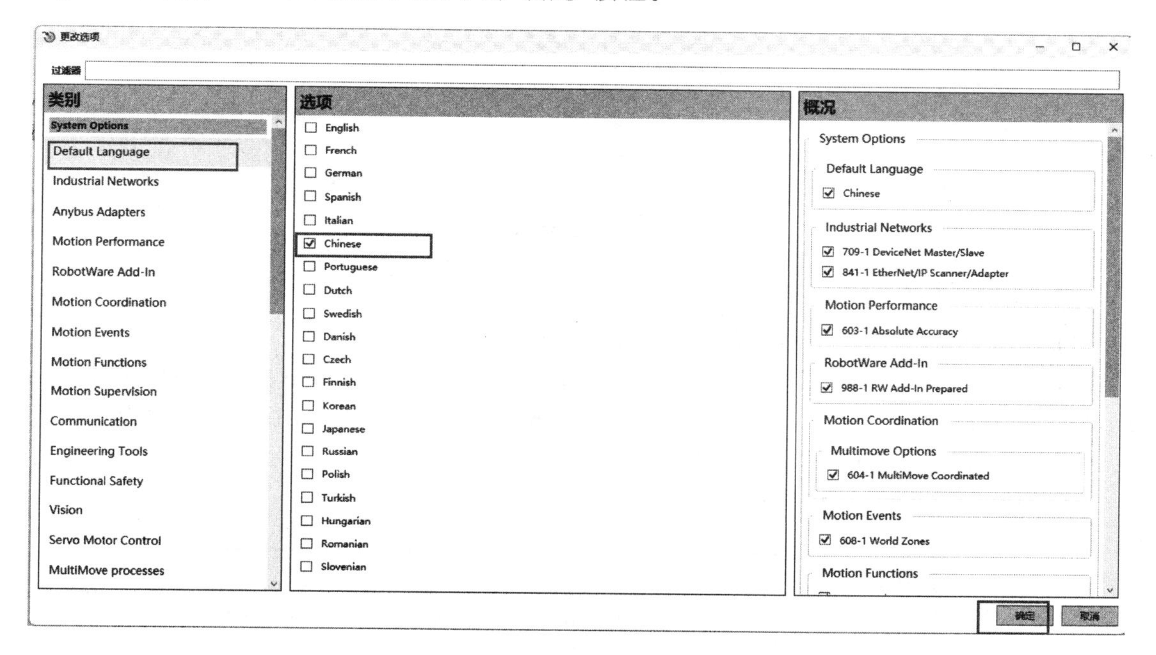

图 1-60　勾选中文

⑰ 设置完成后，在下拉菜单的概况界面查看已勾选的配置信息，如图 1-61 所示，如果有误的话可单击“后退”按钮，进行上一步操作，如果无误，则单击“完成”按钮。

⑱ 等待控制器响应，如图 1-62 所示，状态栏的信息与最下方的绿色进度条可查看控制

器是否响应完成。当控制器状态变为绿色时，虚拟工作台系统创建成功。

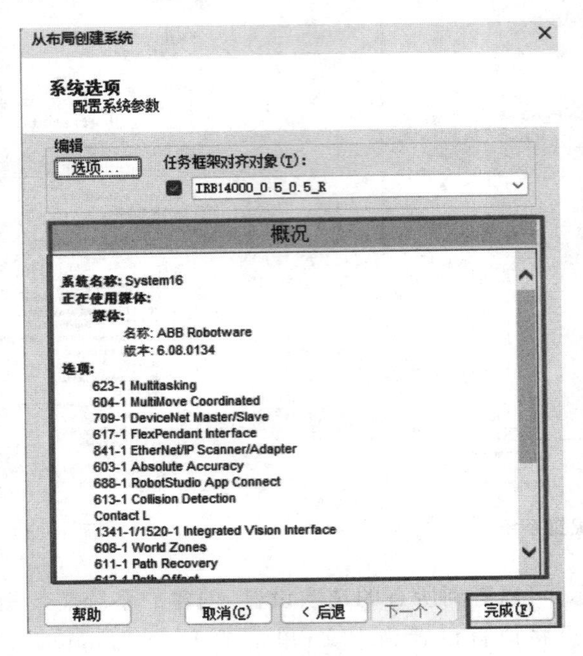

图 1-61　查看系统选项

图 1-62　虚拟工作台系统创建成功

(4) 常用系统参数

1) 预碰撞检测(Coll-Pred Safety Distance)

Coll-Pred Safety Distance 属于主题 Motion 中的 Motion System 类型，参数 Coll-Pred Safety Distance 决定了两个几何体(例如机器人的链电路)被视为碰撞的距离(允许值为 0.001～1 m，默认值为 0.01 m)。其设置方式如下。

① 如图 1-63 所示，打开示教器。

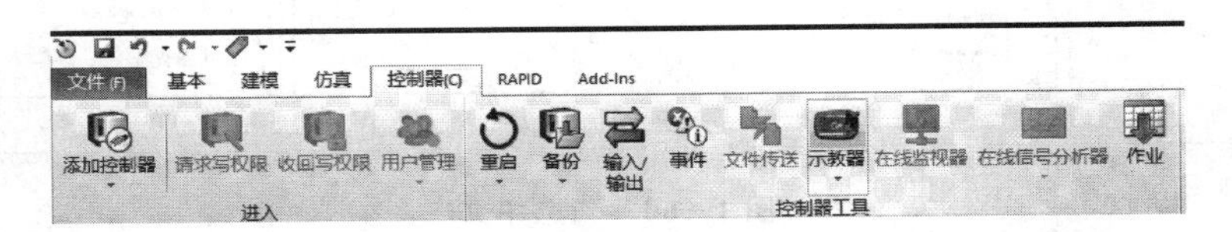

图 1-63　打开示教器

② 如图 1-64 所示，选择主菜单下的“控制面板”。

③ 如图 1-65 所示双击“配置”。

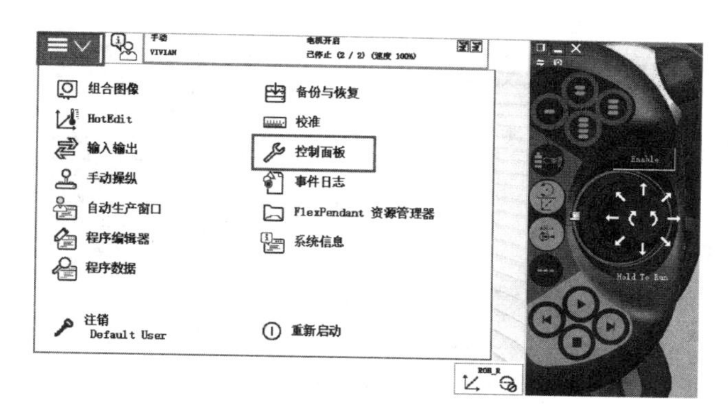

图 1-64　选择“控制面板”

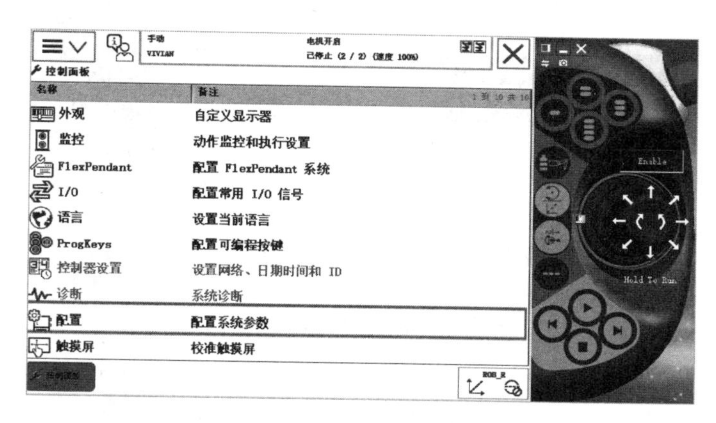

图 1-65　选择“配置”

④ 如图 1-66 所示，单击“主题”，选择“Motion”。

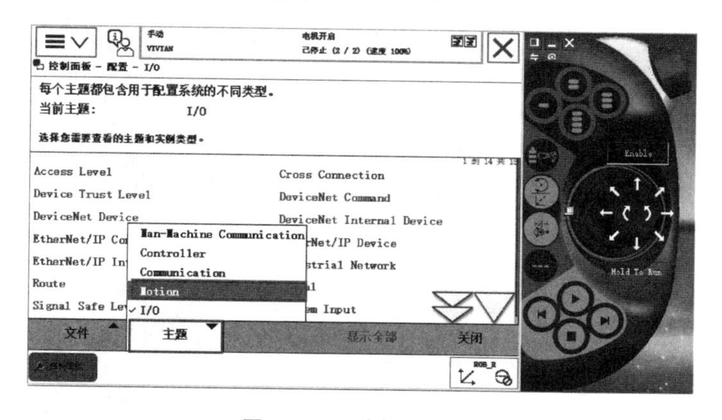

图 1-66　选择 Motion

⑤ 如图 1-67 所示，在 Motion 选项中找到 Motion System，双击打开。

⑥ 如图 1-68 所示，双击 system_1。

⑦ 如图 1-69 所示，在 system_1 选项界面中双击“Coll-Pred Safety Distance”。

⑧ 前面提到过，其允许碰撞范围是 0.001～1 m，如图 1-70 所示，选择设置值为“0.1”进行测试，单击“确定”按钮。

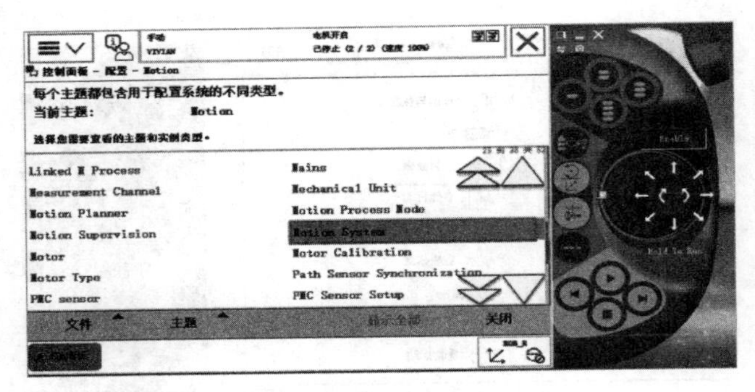

图 1-67　选择 Motion System

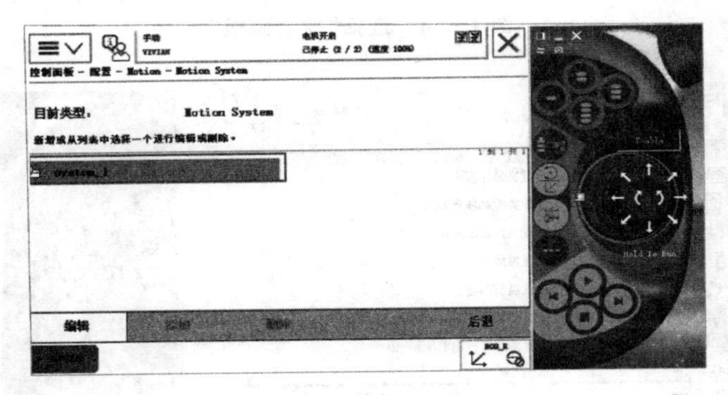

图 1-68　选择 system_1

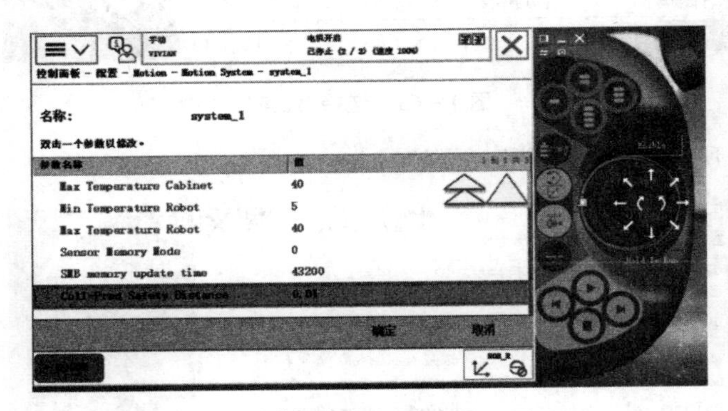

图 1-69　选择 Coll-Pred Safety Distance

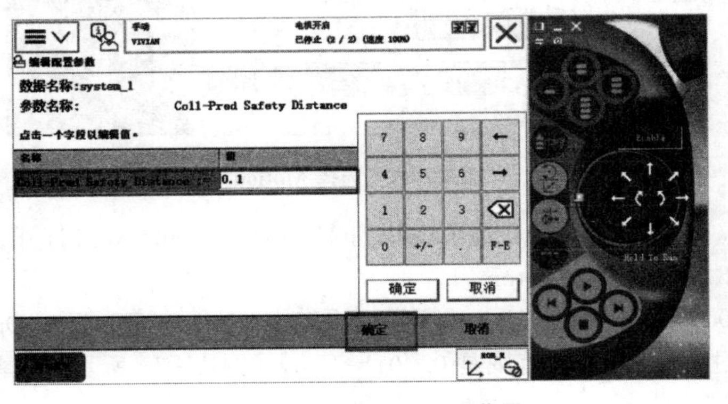

图 1-70　设置允许碰撞范围

⑨ 如图 1-71 所示,单击“确定”按钮。

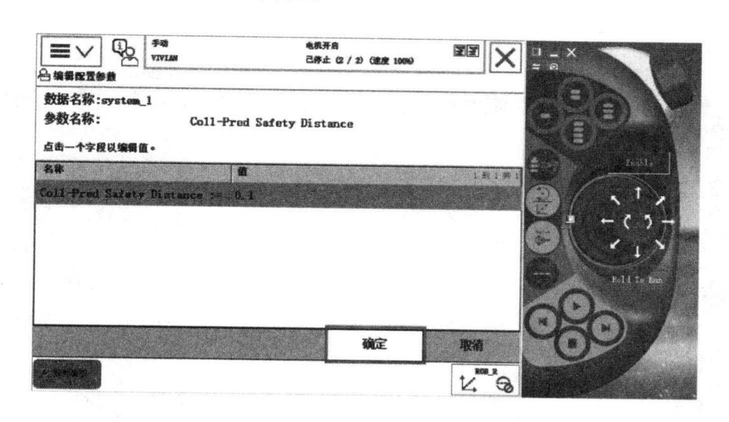

图 1-71　单击“确定”

⑩ 如图 1-72 所示,单击“确定”按钮完成设置。

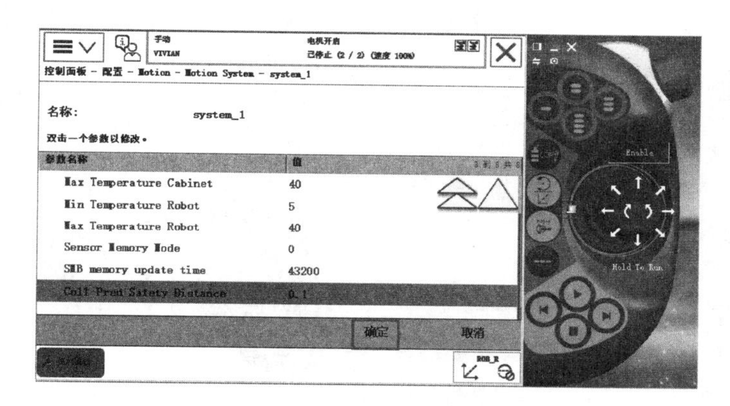

图 1-72　设置完成

⑪ 如图 1-73 所示,单击“是”按钮重启控制器。

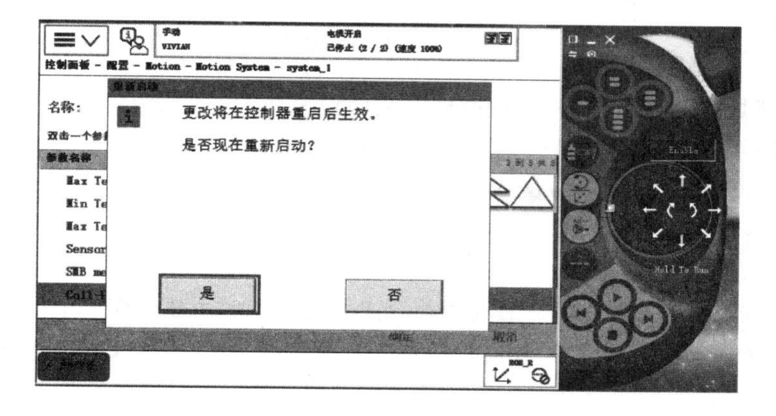

图 1-73　重启控制器

⑫ 如图 1－74 所示，单击示教器上的“×”按钮，关闭示教器。

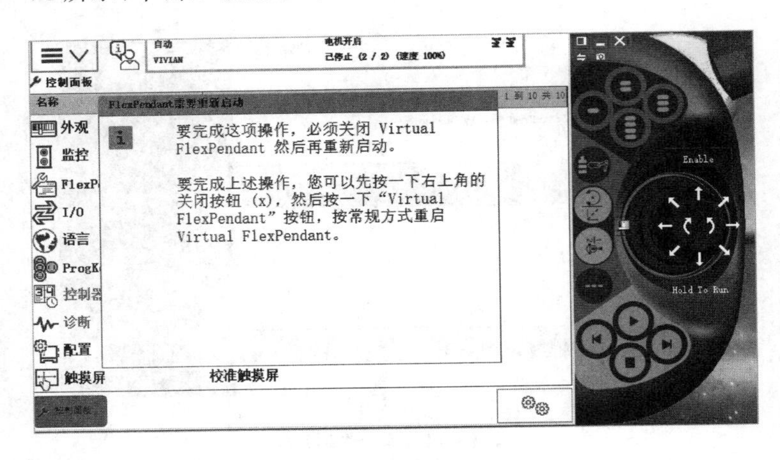

图 1－74　关闭示教器

⑬ 如图 1－75 所示，再次打开示教器，长按“↗”按钮，可见预碰撞警告触发，配置完成。

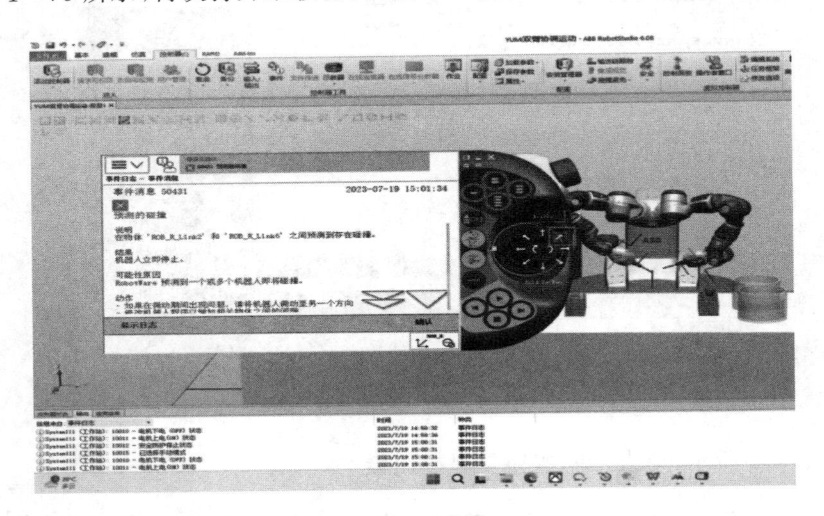

图 1－75　预碰撞警告触发

设置好预碰撞检测后，需要将预碰撞检测调回原来的参数，以免影响后续程序编写，一般情况下，预碰撞检测都是设置好的，在仿真过程中用于模拟现实可能出现的碰撞。

2）避免碰撞(Collision Avoidance)

Collision Avoidance 是参数 Action 的操作值，属于主题 I/O System 中的 System Input 类型。此参数目前仅适用于 IRB 14000(YuMi 机器人)。操作值 Collision Avoidance 用于激活 Collision Avoidance 功能监测一个机器人的详细几何模型。如果模型中的两个物体距离太近，则控制器会警告预计发生碰撞并停止机器人。系统参数 Coll-PredSafety Distance 决定了将两个物体视为碰撞的距离。其设置方法如下：

① 选择 I/O 主题中 System Input，见图 1－76。

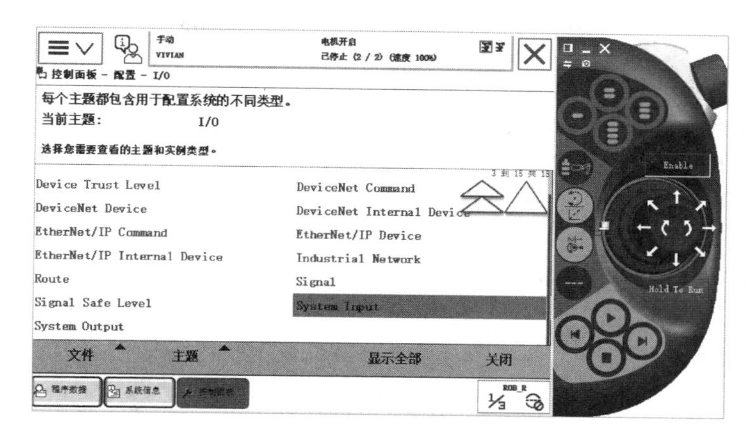

图 1－76　选择 System Input 类型

② 打开 Collision_Avoida-nce_CollAvoidance，见图 1－77。

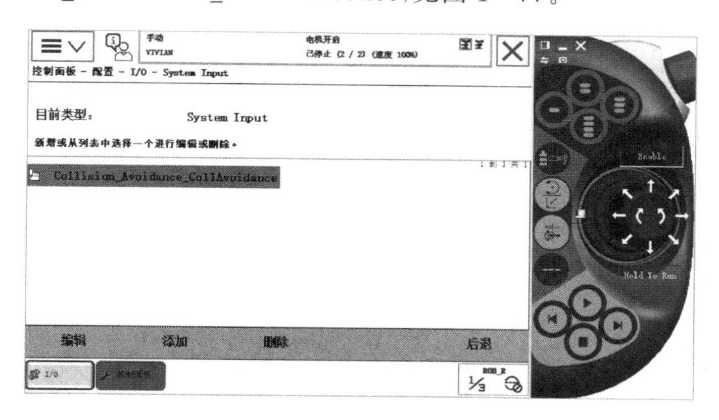

图 1－77　Collision_Avoidance_CollAvoidance 参数

③ 根据需求选择相应参数进行修改，见图 1－78。

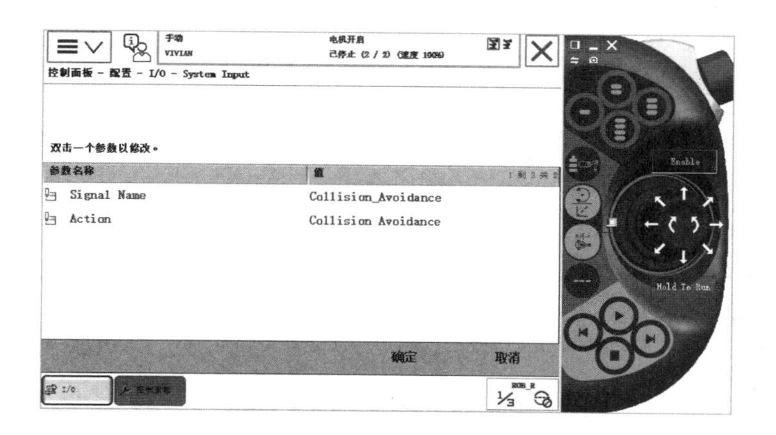

图 1－78　参数界面

(5) 手动操纵

手动操纵就是手动定位或移动机器人或外部轴。操作者只能在手动模式下进行手动操纵，但是不能在程序执行时进行，手动操纵在自动模式下禁用。手动操纵功能可在手动操纵窗口找到(见图 1－79)。最常用的功能还可在“快速设置”菜单中调用。

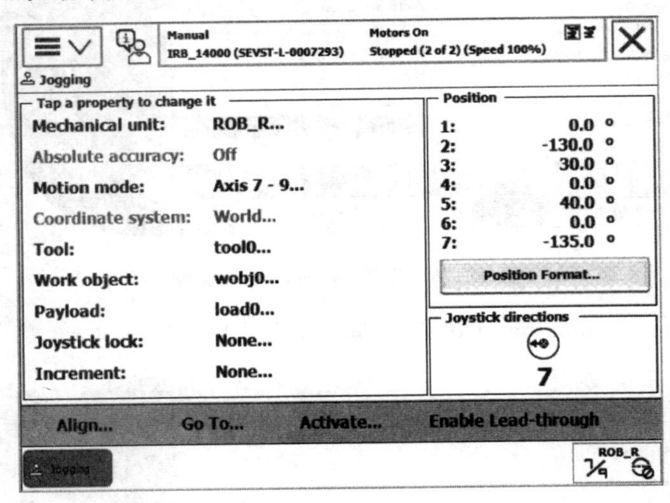

图 1－79　手动操纵界面

快速设置菜单提供了比使用手动操纵窗口更加快捷的方式，以便在各个操纵属性之间切换，菜单上的每个按钮显示当前选择的属性值或设置(见图 1－80)。

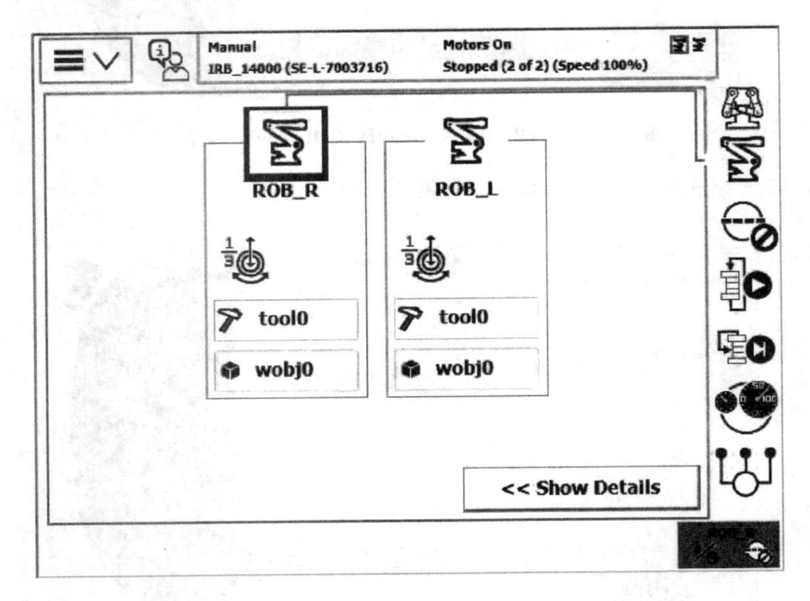

图 1－80　协调运动设置界面

使用预定义的 I/O 信号页可以修改和确认操作模式。可以将不同类型的 I/O 信号连接到 IRB 14000，通过 I/O 获取当前 IRB14000 的工作状态(如表 1－4 和表 1－5 所列的 DI 信号，可以基本表达出 IRB14000 当前的状态)。

表 1-4　操作模式信号

名　称	类　型	描　述
VP_ENABLE	输出	手动模式的启动信号
VP_MODEKEY	输出	操作模式选择器
VP_MOTOPB	输出	“电机上电”按钮

表 1-5　碰撞避免信号

名　称	类　型	描　述
Collisoin_Avoidance	输出	默认为 1，表示碰撞避免启用； 设置此信号为 0 将会禁用碰撞避免，还可以在需要手臂非常靠近同时碰撞风险可接受时使用

另外，在动作模式中选择手臂模式操纵（见图 1-81）。注意工具中心点和工具姿势在空间内固定，只有手臂角度会改变。

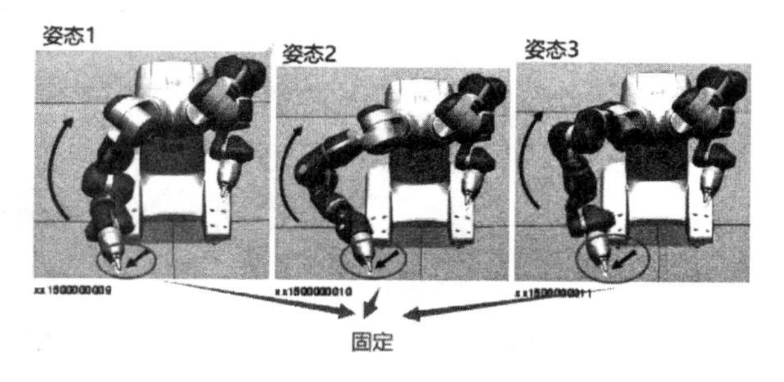

图 1-81　手臂模式操纵

IRB 14000 机器人预装有 604-1 MultiMove Coordinated 选项，可以实现以协调模式手动操纵两支手臂。协调手动操纵必须通过创建协调工件来设置。工件应当是为抓持该工件的手臂设置的，另一个手臂则持工具。如果对移动工件的手臂进行手动操作，另一只目前与工件当前协调的手臂将会随之移动，以维持其与工件的相对位置。关于协调微动控制的内容，详情请参阅应用手册 MultiMove。设置、激活协调手动操纵流程如表 1-6 和表 1-7 所列。

表 1-6　设置协调手动操纵

序　号	操　作	描　述
1	为待确定坐标的手臂创建一个工件，该工件地由另外的手臂夹持移动。	—
2	定义工件数据，设置 hobhold 和 ufprog 为 FLASE，设置 ufmec 到其他手臂。	在此例中，右臂夹持工件，左臂按此设定坐标：RERS wobjdata wobjiRight:=[FALSE,FALSE,“ROB_R”,[[0,0,0],[1,0,0,0]],[[0,0,0],[1,0,0,0]]]
3	或者定义工件的 x、y、z 值并为另一只手臂定义工具。	—

表 1－7　激活协调手动操纵

序　号	操作步骤
1	打开快速设置菜单并选择要协调的手臂
2	激活之前创建的工作
3	选择工件坐标系
4	选择另一只手臂
5	手动操纵手臂，另一只将会跟随

关闭协调方式有：①在快速设置菜单单击关闭协调，②按钮停用工件，③停用工件坐标系，如图 1－82 所示。

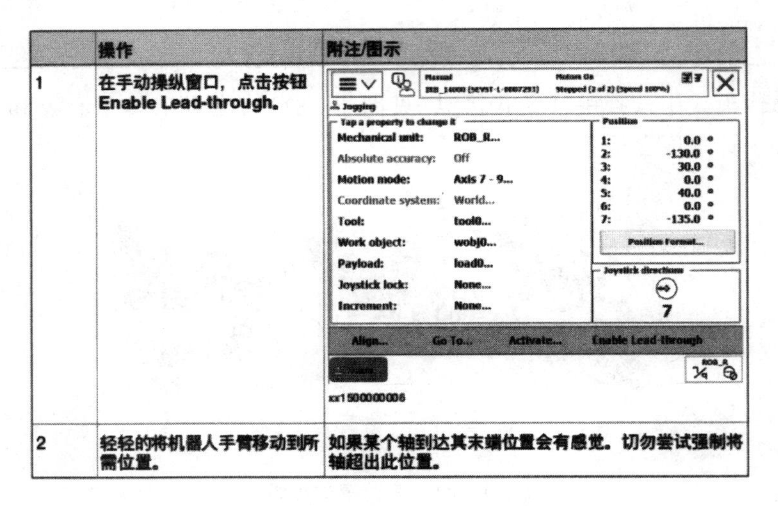

	操作	附注/图示
1	在手动操纵窗口，点击按钮 Enable Lead-through。	
2	轻轻的将机器人手臂移动到所需位置。	如果某个轴到达其末端位置会有感觉。切勿尝试强制将轴超出此位置。

图 1－82　关闭协调方式

如有必要，机器人手臂可以手动或重置，这是因为手臂很轻，如果手臂在运动中，碰撞检测会帮助手臂的运动，如果手臂静止，则可以重置电机或制动闸。

为了防止机器人手臂的不必要损坏与磨损，建议使用控制系统的正常停止功能，即在手动移动手臂前按下制动闸释放按钮。

双臂协调运动主要适用于 YuMi 机器人，可在一些特定工作环境中对同一个工件进行同时同步的操作，下面进行实例演示。

① 创建虚拟工作站系统。

② 单击控制器菜单栏，双击“示教器”按钮，打开示教器面板，如图 1－83 和图 1－84 所示。

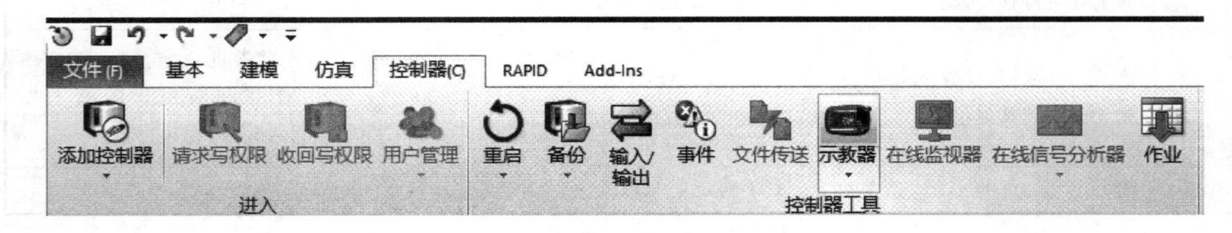

图 1－83　打开示教器

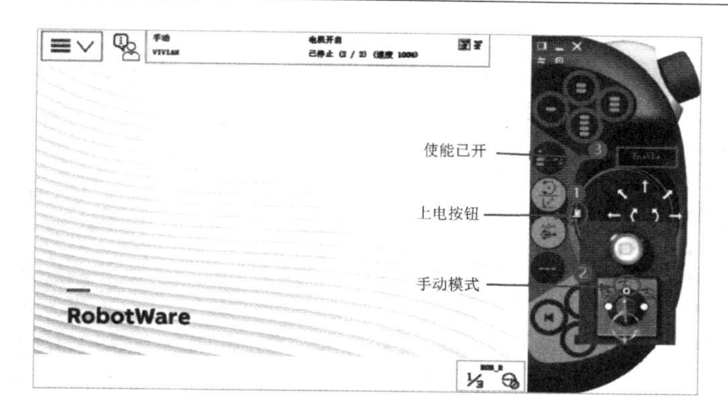

图 1-84 上电-手动模式

③ 单击"菜单"按钮,如图 1-85 所示。

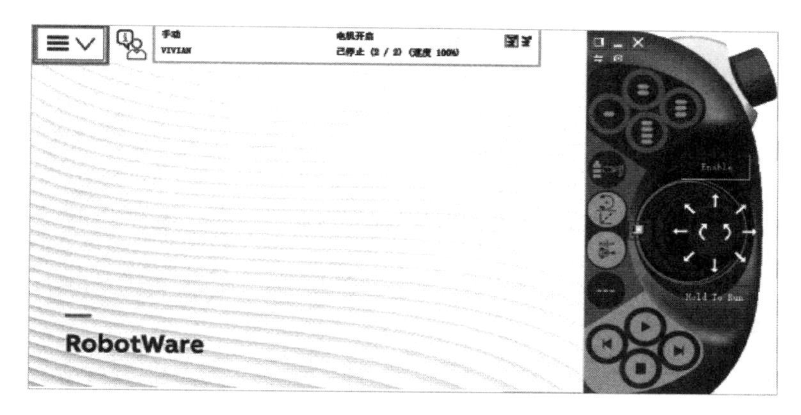

图 1-85 选择"主菜单"

④ 单击"系统信息",如图 1-86 所示。

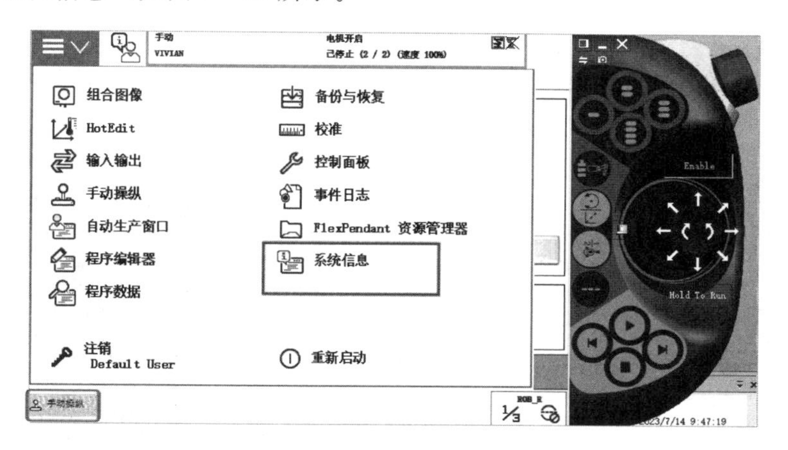

图 1-86 选择"系统信息"

⑤ 选择"系统属性"→"控制模块"→"选项",在右边弹出的选项信息卡中检查是否有 604-1 MultiMove Coordinated(见图 1-87),确定无误后退出。

⑥ 单击"手动操纵",如图 1-88 所示。

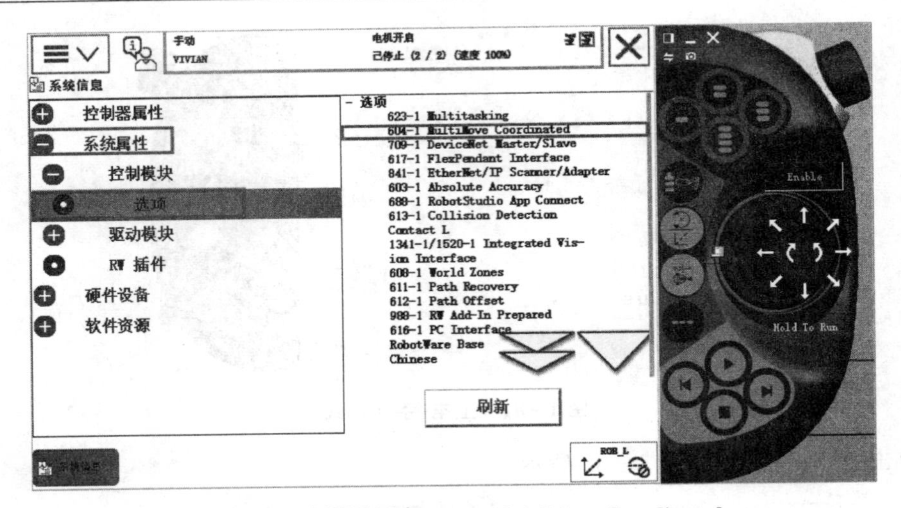

图 1-87　查看是否有 604-1 MultiMove Coordinated

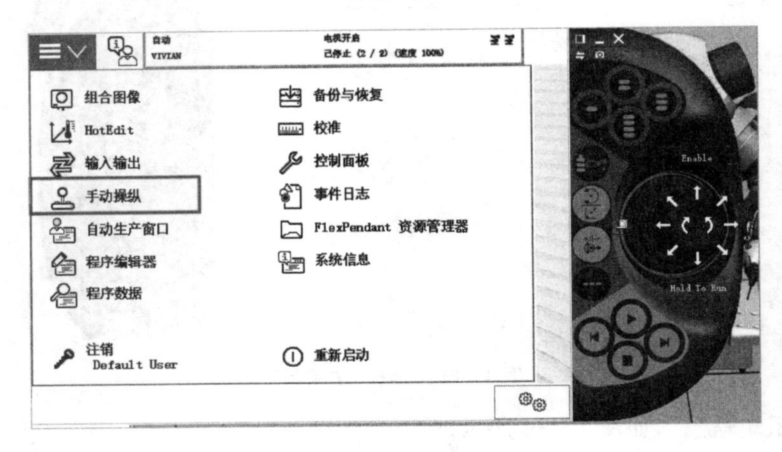

图 1-88　选择“手动操纵”

a. 单击“机械单元”，这里以右手为主动手，左手为从动手，后续可在左手上建立一个 wobjleft，如图 1-89 所示。

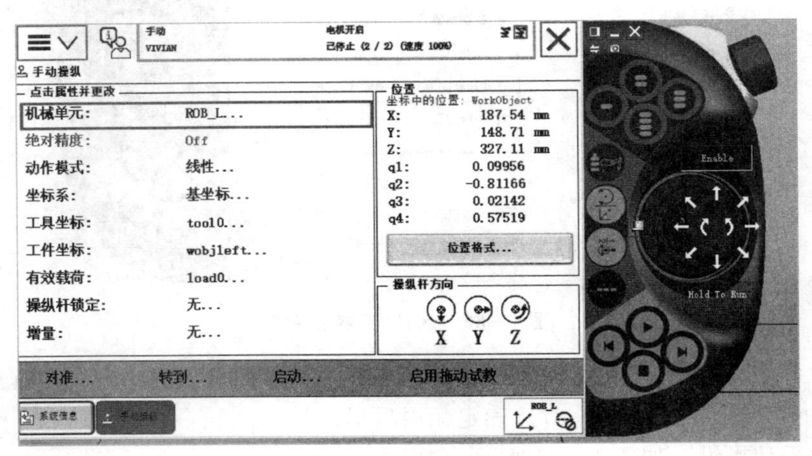

图 1-89　选择“机械单元”

b. 在弹出界面中选择“ROB_L”，单击“确定”，如图 1-90 所示。

c. 单击“动作模式”，选择“线性”，单击“确定”，如图 1-91 所示。

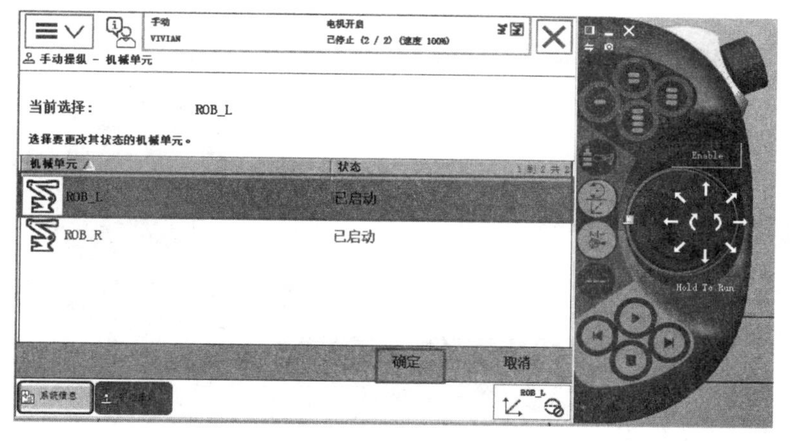

图 1-90 选择“ROB_L”

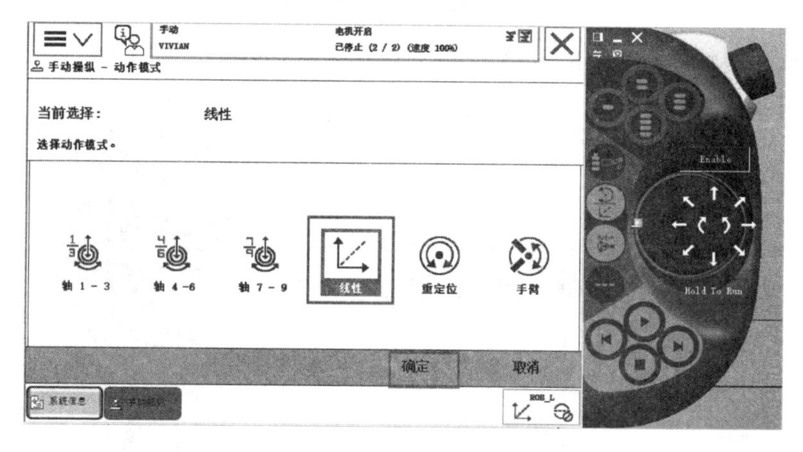

图 1-91 选择“线性”

d. 单击“坐标系”，选择“工件坐标”，单击“确定”，如图 1-92 所示。

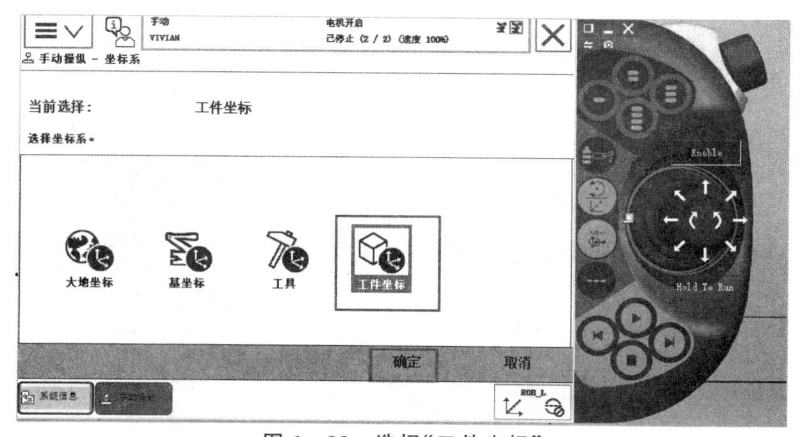

图 1-92 选择“工件坐标”

e. 单击“工件坐标”，选择“新建”，在弹出的新建界面中(见图 1-93)设置：名称为“wobjleft”；范围为“任务”；存储类型为“可变量”；任务为“T_ROB_L”；模块为“user”；设置完成后，单击“确定”。

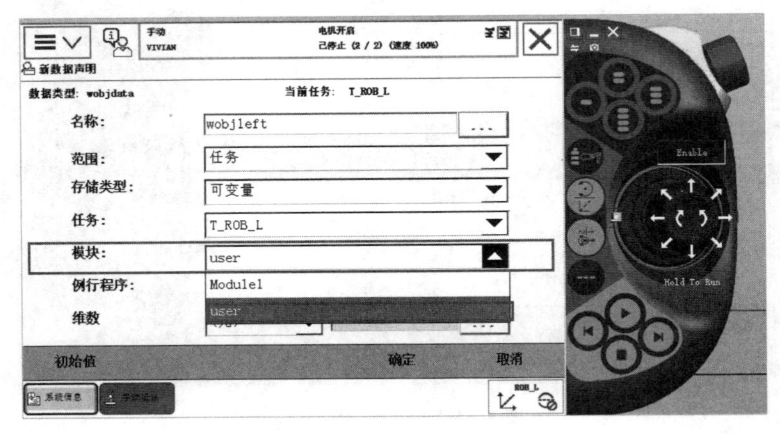

图 1-93 设置数据类型

f. 单击“编辑”，在弹出的选项卡中选择“更改值...”，如图 1-94 所示。

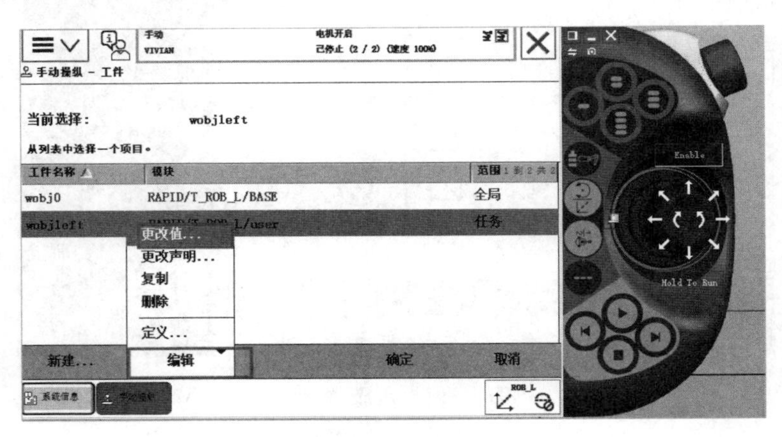

图 1-94 更改值

g. 进入“编辑”界面，如图 1-95 所示。

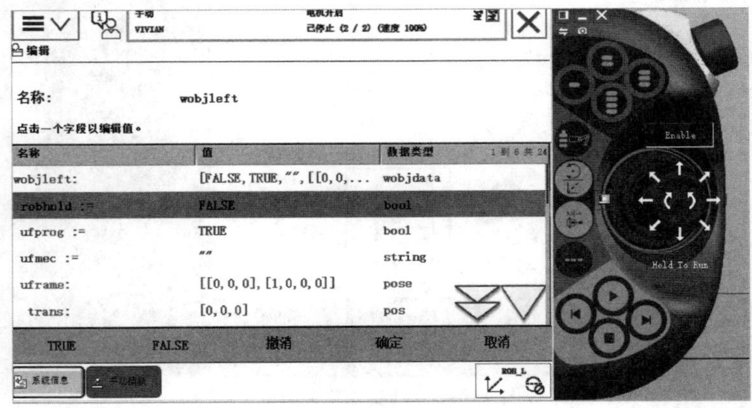

图 1-95 “编辑”界面

h. 将“ufprog”的值改为“FALSE”，更改完成后，单击“确定”，如图 1－96 所示。

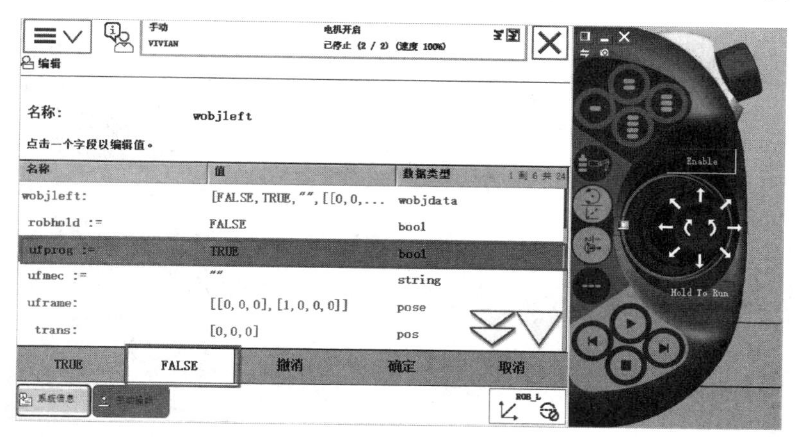

图 1－96　更改“ufprog”的值

i. 选择“ufmec”一栏，进入界面后，选择“机械单元”，如图 1－97 所示。

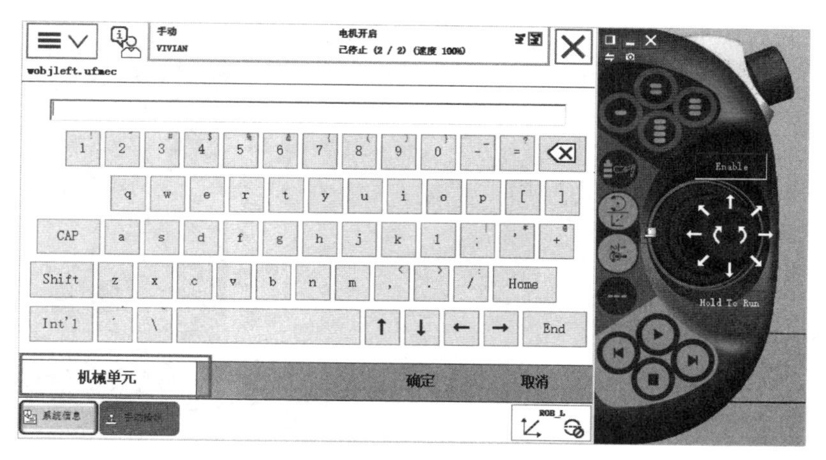

图 1－97　选择“机械单元”

j. 选择“ROB_R”，如图 1－98 所示。

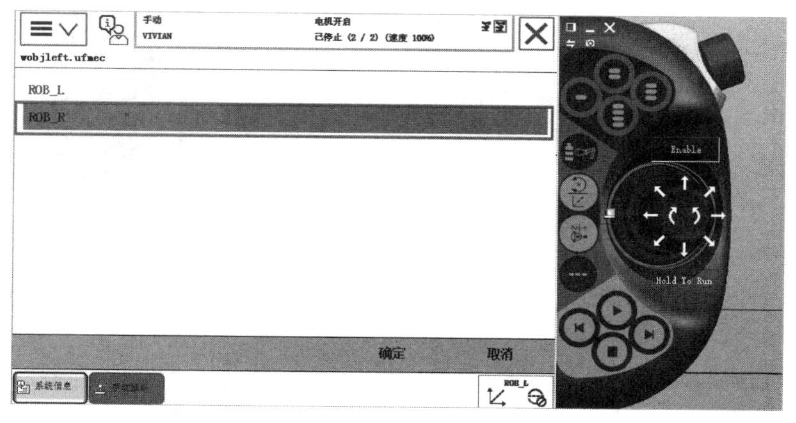

图 1－98　选择“ROB_R”

k. 设置完成后，单击“确定”，如图 1－99 所示。

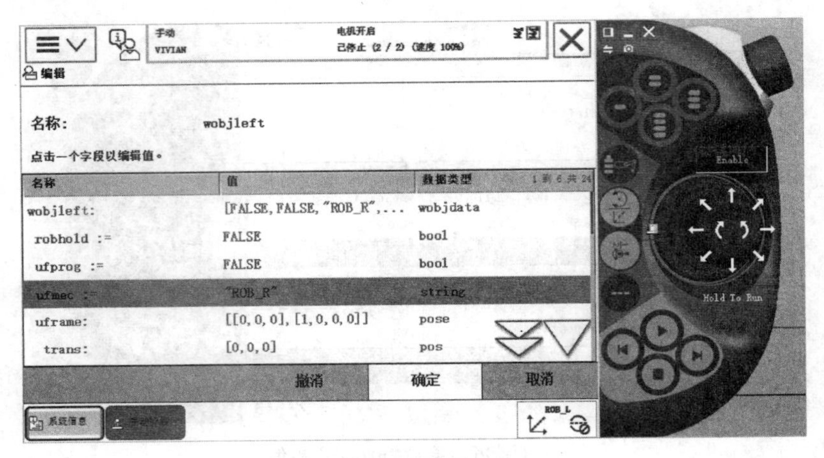

图 1－99　设置完毕

⑦ 单击“模式选择”，如图 1－100 所示。

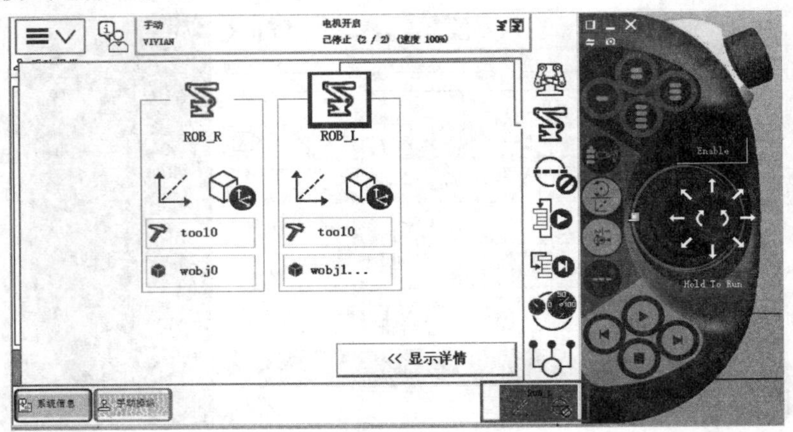

图 1－100　选择“模式选择”

a. 选择 ROB_L 列表下的“线性”，如图 1－101 所示。

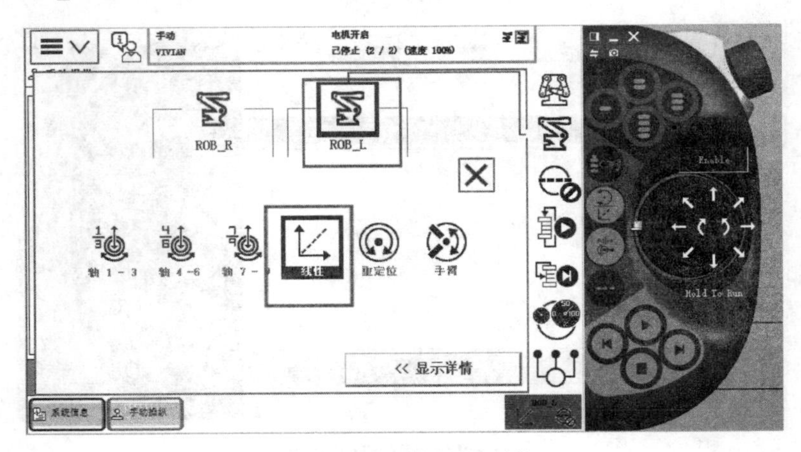

图 1－101　选择“线性”

b. 选择 ROB_L 列表下的“工件坐标”，如图 1－102 所示。

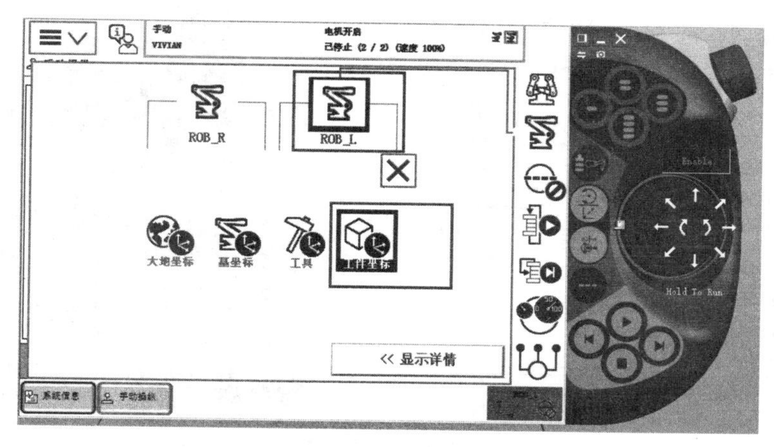

图 1－102　选择“工件坐标”

c. 选择 ROB_L 选项卡的第二个选项框，如图 1－103 所示。

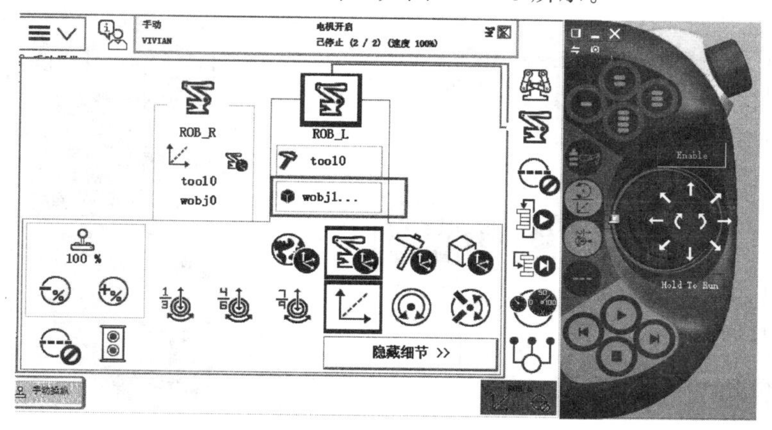

图 1－103　选择 wobjleft

d. 在“选择当前工件”选项卡的下拉菜单中选择 wobjleft，如图 1－104 所示。

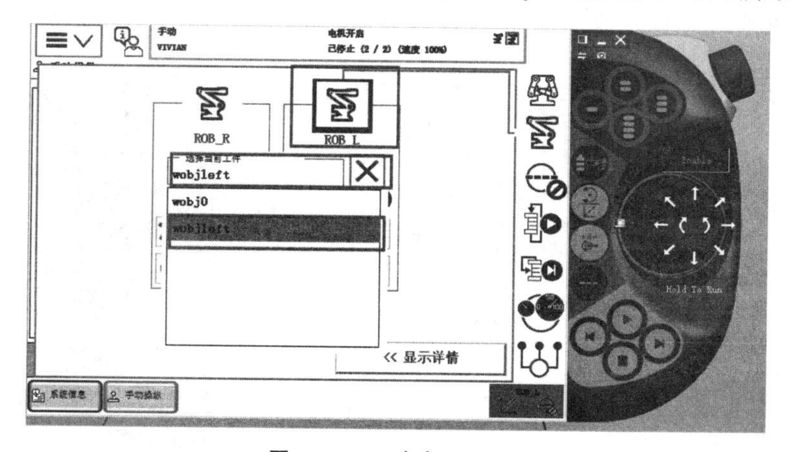

图 1－104　确定 wobjleft

e. 选择 ROB_R 列表下的“线性”，如图 1-105 所示。

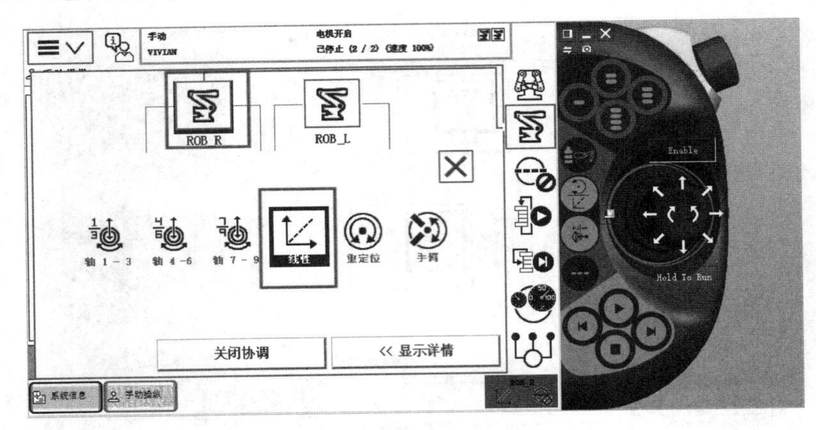

图 1-105　选择“线性”

f. 选择 ROB_R 列表下的“工件坐标”，如图 1-106 所示。

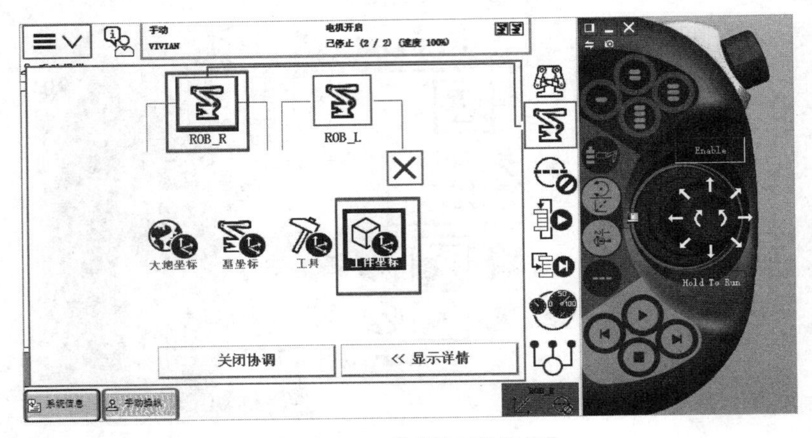

图 1-106　选择“工件坐标”

g. 当单击 ROB_R 时，可发现 ROB_R、ROB_L 和“协作机器人选项”同时闪烁（见图 1-107），此步骤表示同步成功，可同时进行协调运动。

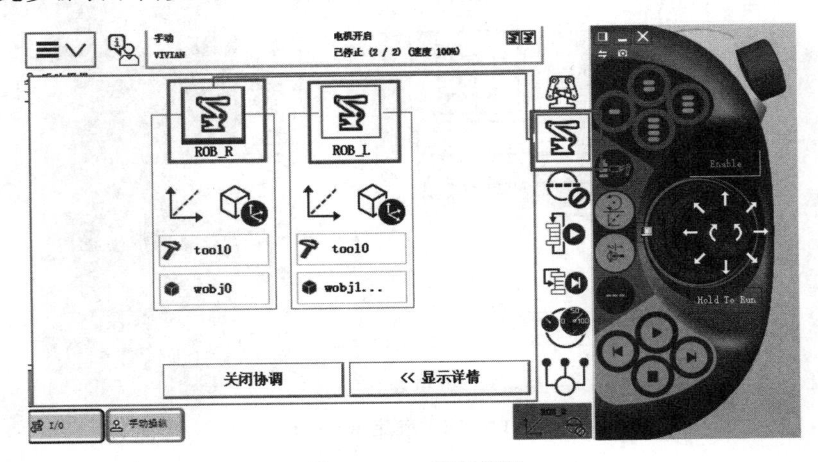

图 1-107　出现闪烁

h. 进行同步协调演示,如图 1-108 所示。

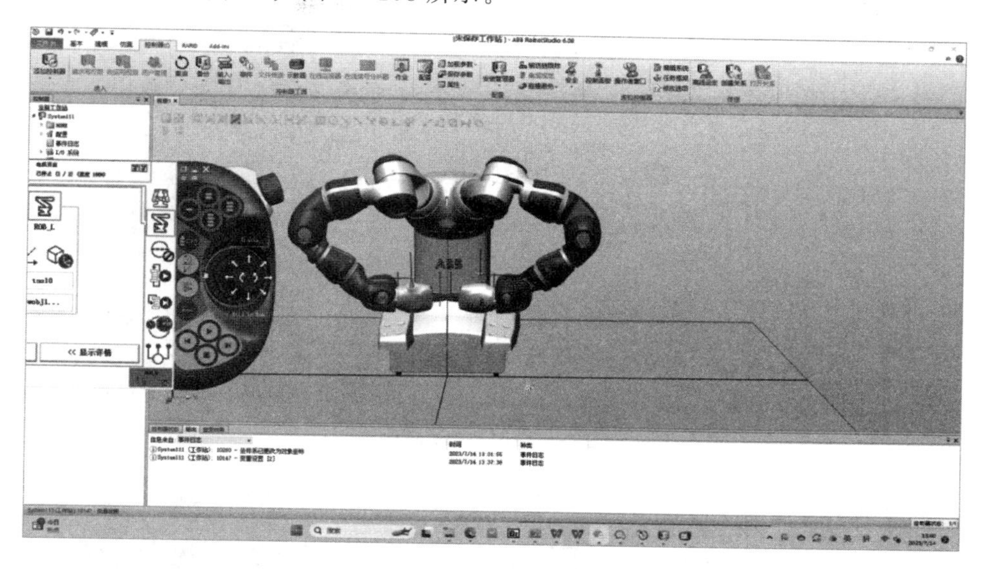

图 1-108 同步协调演示

i. 如图 1-109 所示,长按"→",可见机器人同时向左做直线运动,此步骤可进行多方向调试,注意碰撞。

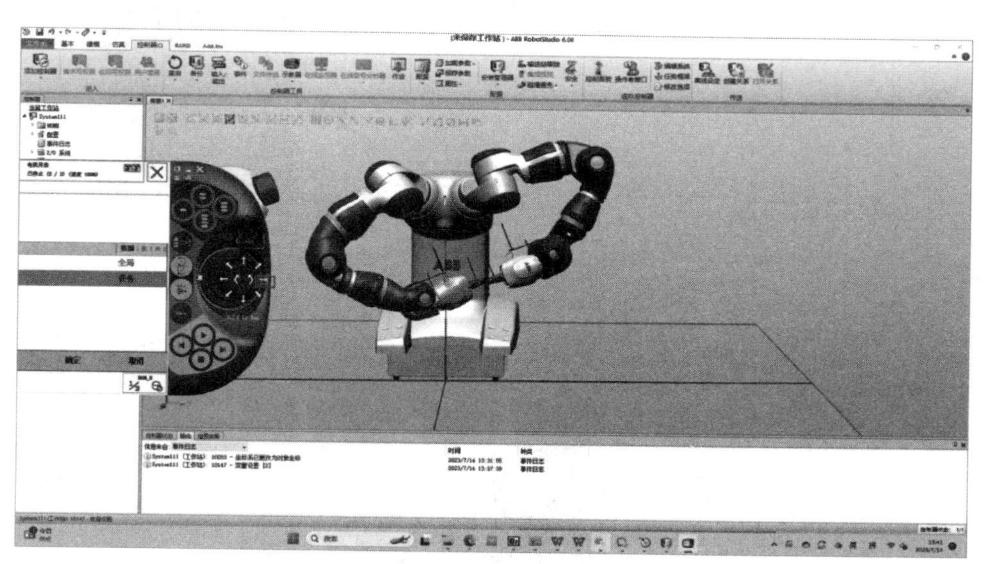

图 1-109 双臂同时运动

⑧ 关闭协调运动。

a. 如图 1-110 所示,单击"关闭协调",注意此时运动手臂为"ROB_R"。

b. 单击"替换手臂"按钮,此时可见运动手臂变为"ROB_L",如图 1-111 所示。

c. 长按"→",可见左手臂沿左做直线运动,而右手臂原地不动,如图 1-112 所示。

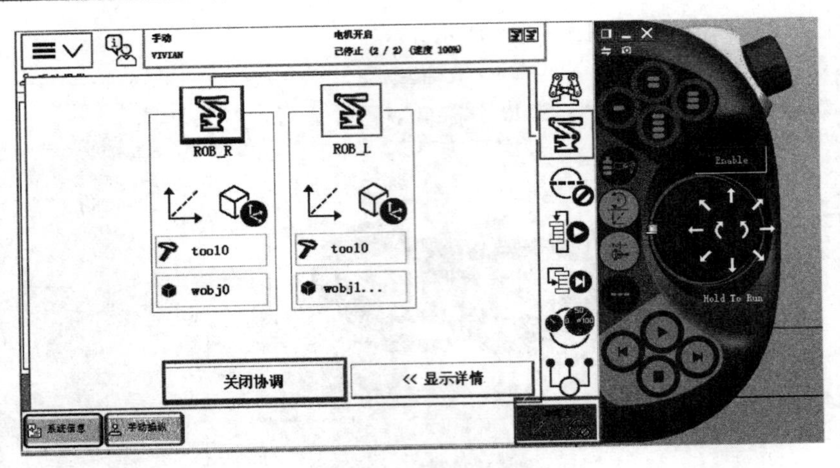

图 1-110　关闭协调

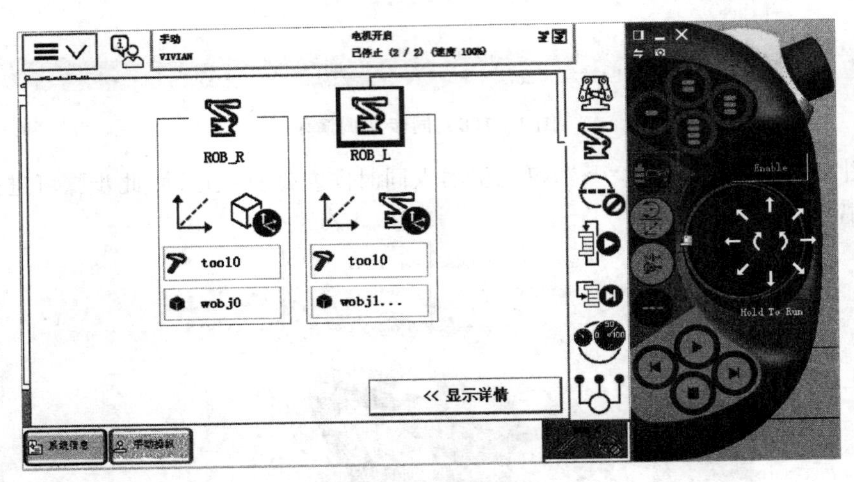

图 1-111　更换手臂

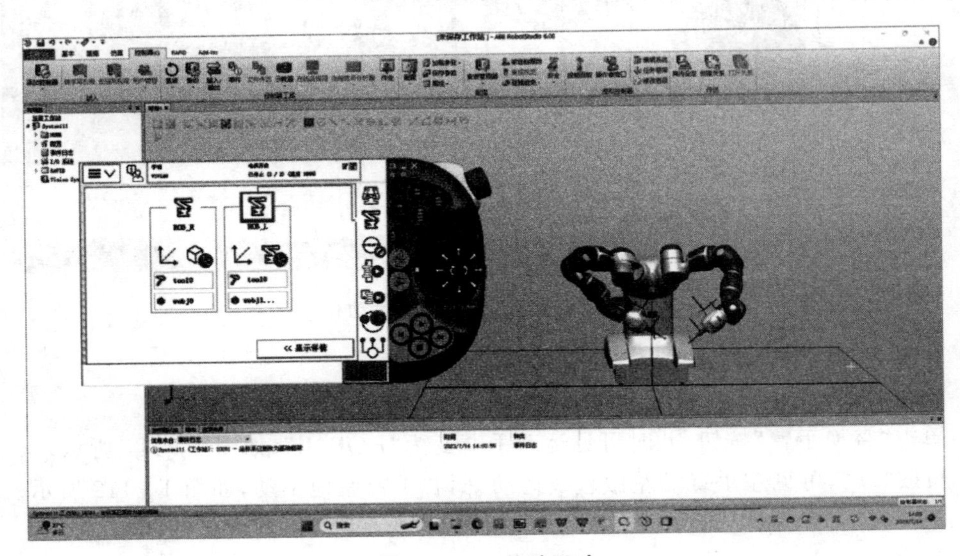

图 1-112　单臂运动

(6) YuMi 机器人通信方式

① YuMi 机器人控制器左侧面板上的接口，如图 1－113 所示，右侧面板上的接口，如图 1－114 所示。

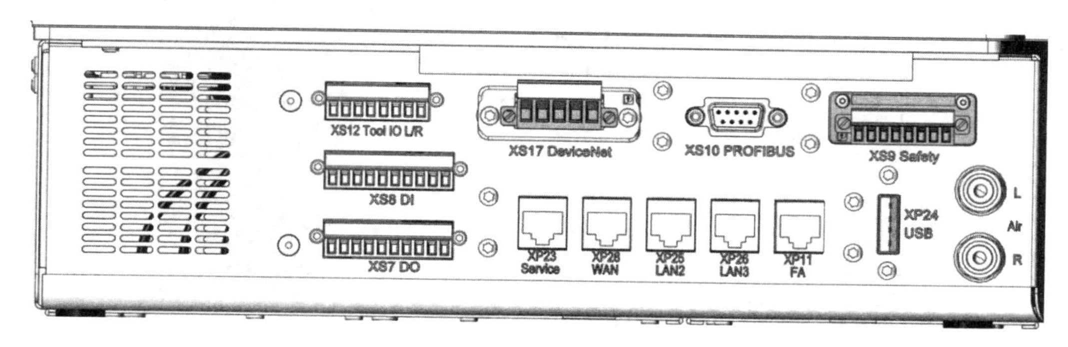

图 1－113　控制器左侧面板上的接口

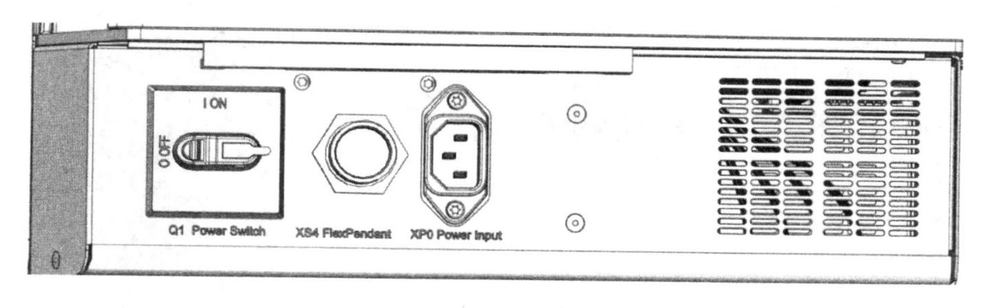

图 1－114　控制器右侧面板上的接口

② 型号为 IRB 14000 的 YuMi 机器人通常采用以下通信方式：

a. EtherNet 通信：YuMi 机器人型号 IRB 14000 支持 EtherNet 通信，使用标准以太网协议（如 TCP/IP）与其他设备和系统进行通信。通过以太网连接，可以实现实时数据传输和控制命令传递，以支持复杂的自动化任务。

b. PROFINET：IRB 14000 支持 PROFINET 通信协议，可以与其他支持 PROFINET 的设备和 PLC（可编程逻辑控制器）进行通信。这种通信方式通常用于工业自动化系统的集成。

c. Modbus：YuMi 机器人型号 IRB 14000 还支持 Modbus 通信协议，Modbus 是一种常用的串行通信协议，用于在自动化设备之间传输数据。通过 Modbus 通信，IRB 14000 可以与其他 Modbus 兼容的设备进行数据交换。

(7) YuMi 机器人编程方法

① 如图 1－115 所示，打开示教器进入程序的编辑版块。

② 如图 1－116 所示，进入程序编辑器，能看到该工作站的任务名称分别为 T_ROB_L 和 T_ROB_R，分别对应机器人两个机械臂的程序。

③ 单击其中一个任务进入模块页面，如图 1－117 所示。

④ 选择好模块后进入该模块的例行程序，进行程序编辑，如图 1－118 和图 1－119 所示。

⑤ 图 1－120 所示为机器人 T_ROB_L 任务下的其中一个程序，其功能是让机器人手臂进行简单的点动。

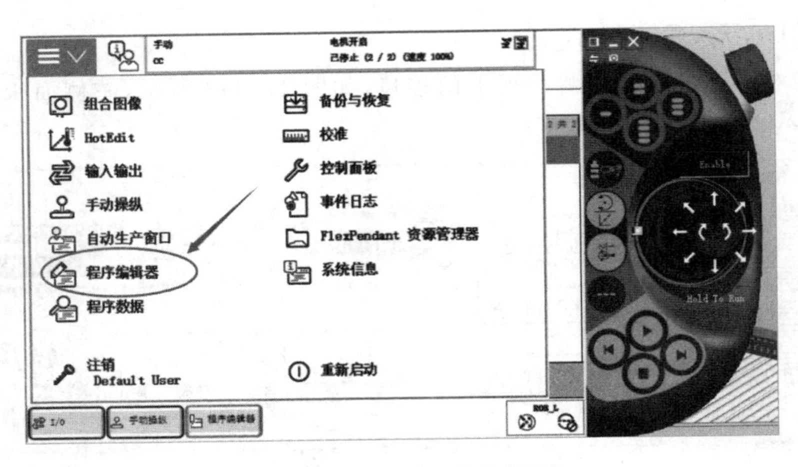

图 1 - 115 选择“程序编辑器”

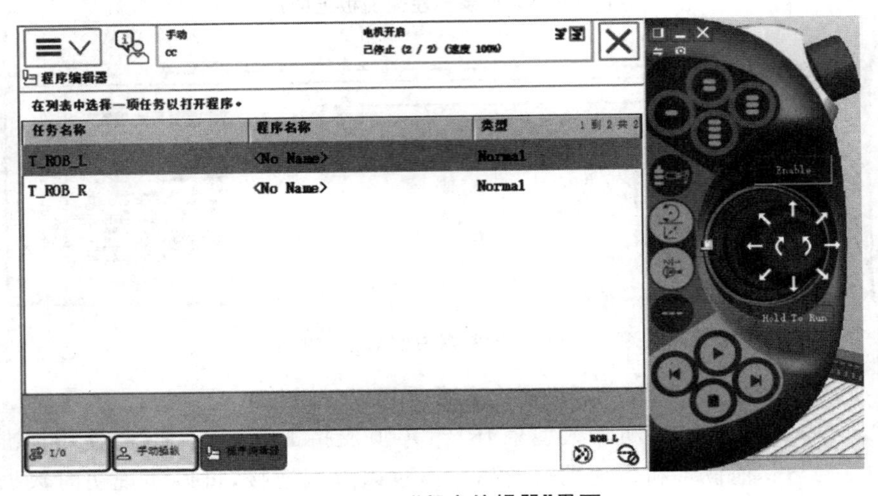

图 1 - 116 “程序编辑器”界面

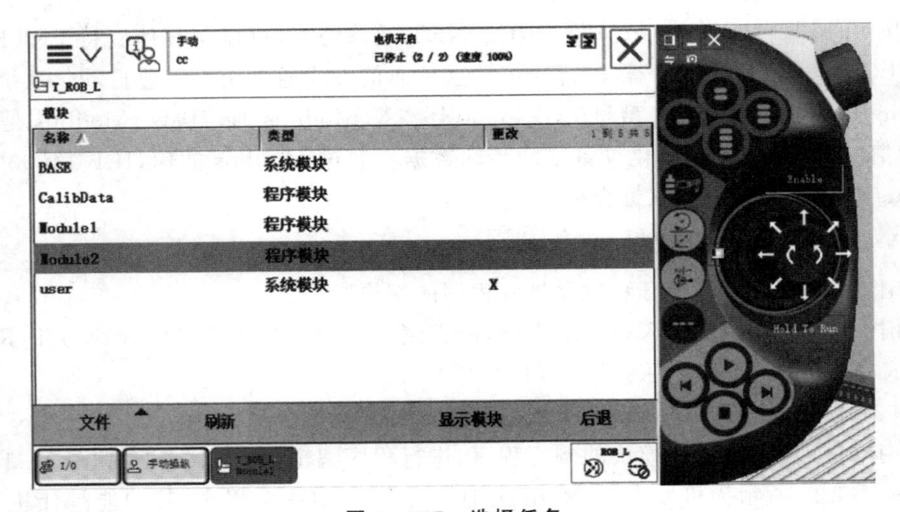

图 1 - 117 选择任务

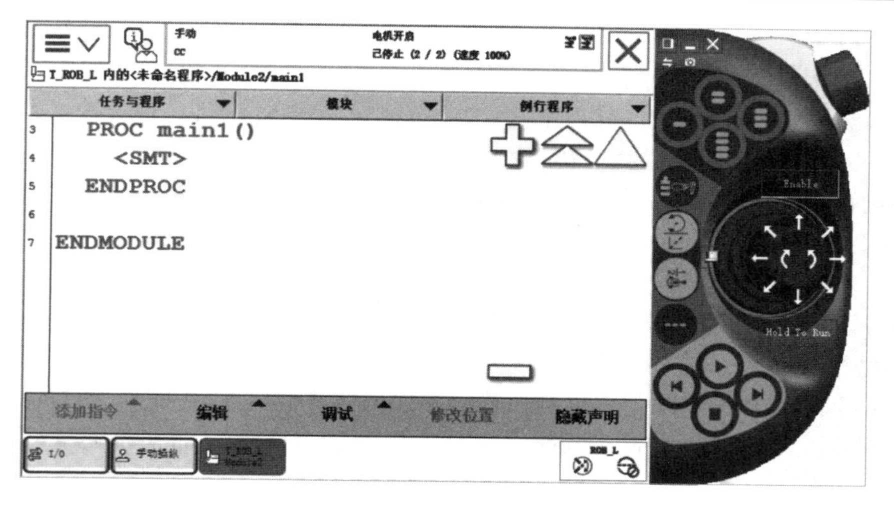

图 1 - 118　程序界面

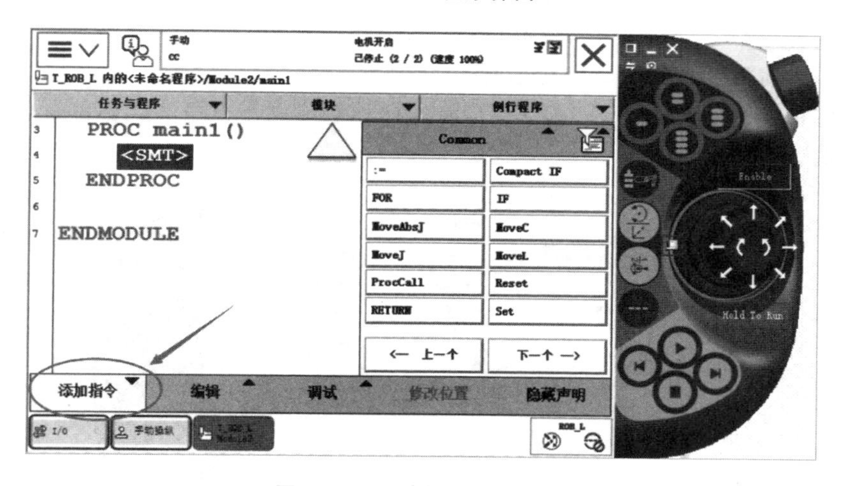

图 1 - 119　选择“添加指令”

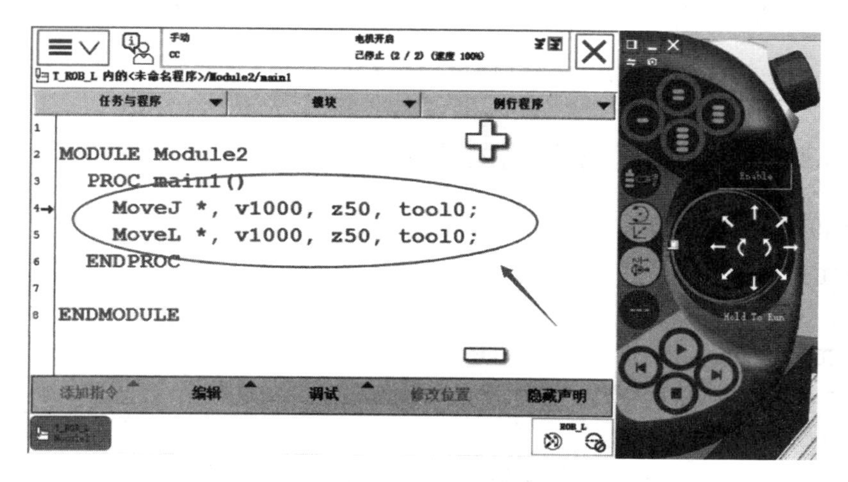

图 1 - 120　点动程序

⑥ 程序语句。

参照图 1－120 的点动程序：

a. 主函数 main()中的第一行程序：当指针运行到该行指令时，机器人在工具坐标 tool0 的坐标系下以 MoveJ 的运动方式运动到该目标处。

b. 主函数 main()中的第二行程序：当指针运行到该行指令时，机器人在工具坐标 tool0 的坐标系下以 MoveL 的运动方式从上一行指令的位置运动到该目标处。

⑦ 程序基本指令的描述。

a. MoveJ：(曲线运动)机器人以最快捷的方式运动至目标点，机器人运动轨迹不完全可控，但运动路径保持唯一，常用于机器人在空间大范围移动。

b. MoveL：(直线运动)机器人以线性移动方式运动至目标点，当前点与目标点两点决定一条直线，机器人运动状态可控，运动路径保持唯一，可能出现死点，常用于机器人在工作状态移动。

c. V1000：代表速度为 1 000 mm/s(TCP 速度)。

d. Z50：转弯半径 50 mm，可以提高运行效率。

e. Tool0：当前目标点的工具坐标名称。

⑧ 编写好程序之后，如图 1－121 所示，将光标移至该例行程序的起始位置，随后单击“启动”按钮，机器人开始运动。

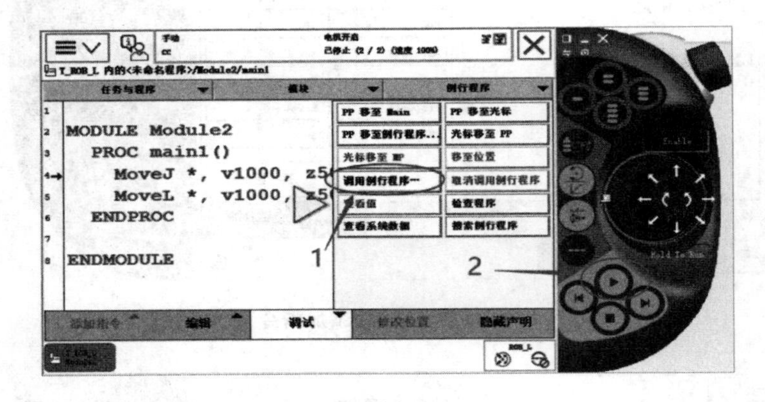

图 1－121　测试

1.1.4　YuMi 机器人试管监测站案例展示

(1) 搭建仿真工作站环境

1) 创建工作站

创建一个新建工作站。

2) 导入工作台

① 单击“基本”菜单中的“导入几何体”→“浏览几何体...”命令，在相应文件夹中找到“工作台”并打开，如图 1－122 所示。

② 按住 Shift＋Ctrl＋鼠标左键，旋转视图至控制柜正对面，如图 1－123 所示。

图 1-122　选择“工作台”

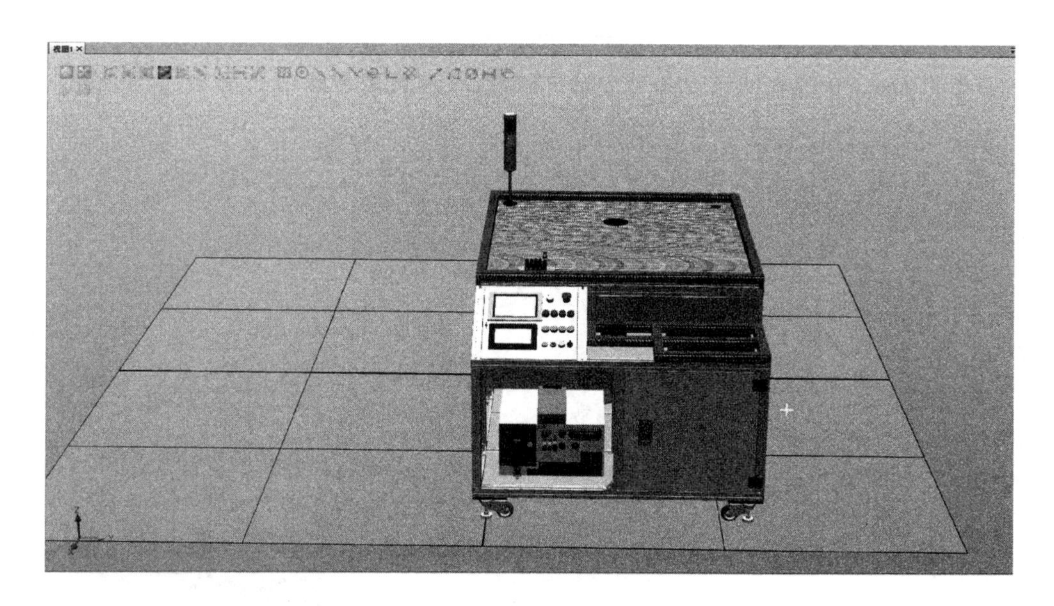

图 1-123　拖拽视图

3）机器人型号及智能夹爪安装

① 在“基本”菜单中，单击“ABB 模型库”，选择 IRB 14000 型号机器人，如图 1-124 所示。

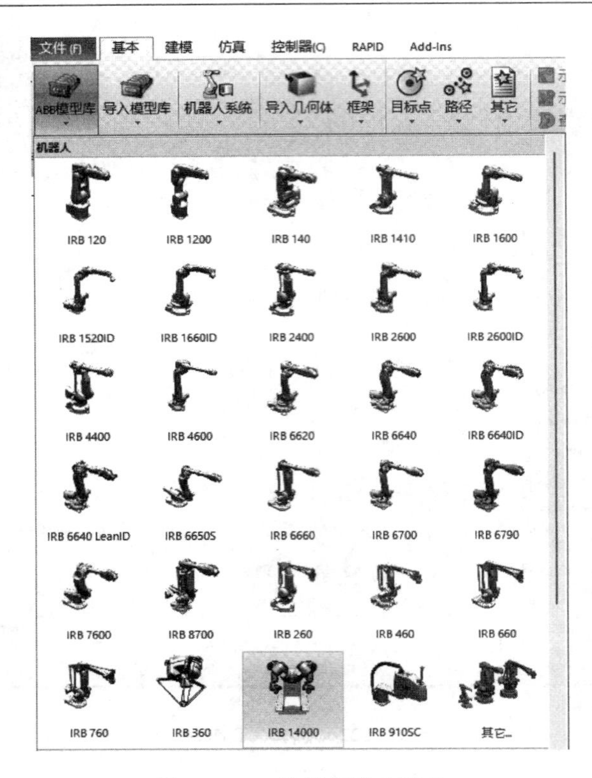

图 1-124　选择机器人型号

② 右击机器人，在弹出的快捷菜单中选择“位置”→“设定位置”，如图 1-125 所示。

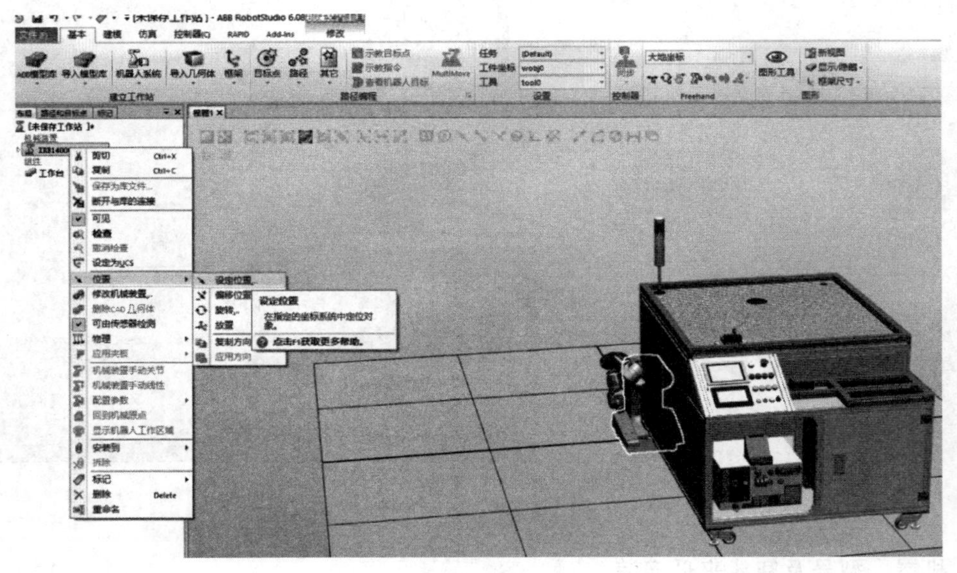

图 1-125　设定机器人位置

③ 将机器人位置设定为大地坐标的 X：574.70/Y：567.25/Z：1060.70，单击应用，机器人位置设定完成，如图 1-126 所示。

④ 参照 1.1.3 小节中安装智能夹爪的步骤完成安装操作。

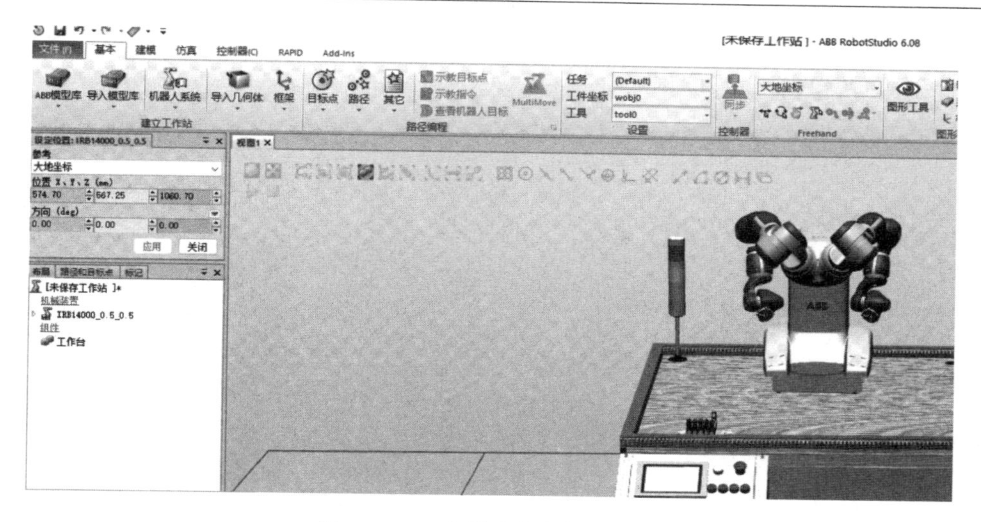

图 1-126　机器人位置摆放完成

⑤ 如图 1-127 所示，智能夹爪安装成功。

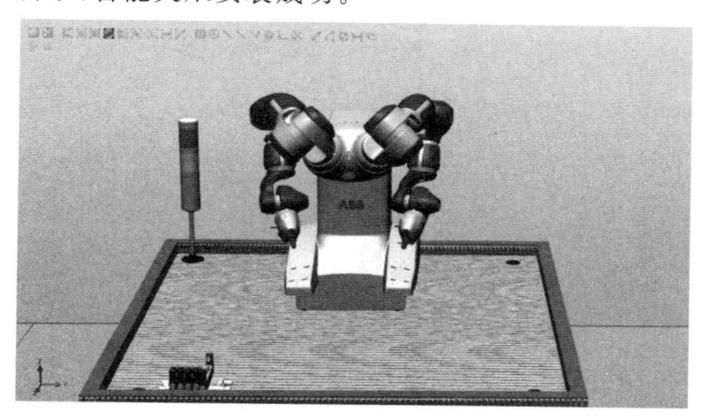

图 1-127　安装成功

4）物品摆放试验台创建

① 在工作台设置一个摆放试验台，在“建模”选项卡中单击“固体”，在其下拉菜单中单击“矩形体”，如图 1-128 所示。

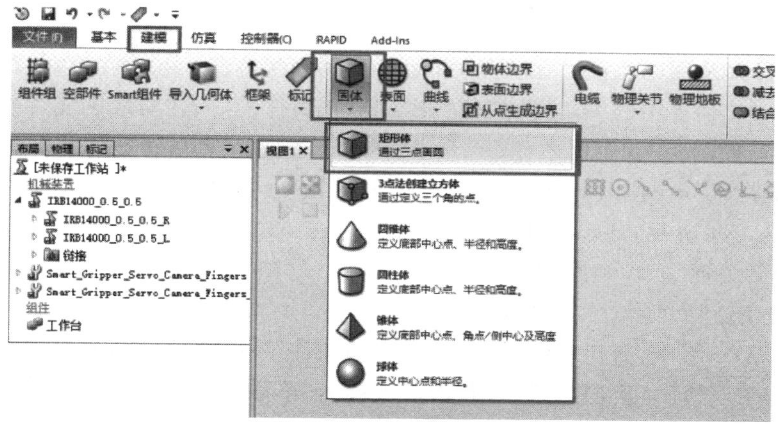

图 1-128　选择“矩形体”

② 如图 1－129 所示，设定角点 X:752.55/Y:48.87/Z:967.20，长宽高分别为 300/1000/100，单击“创建”按钮。

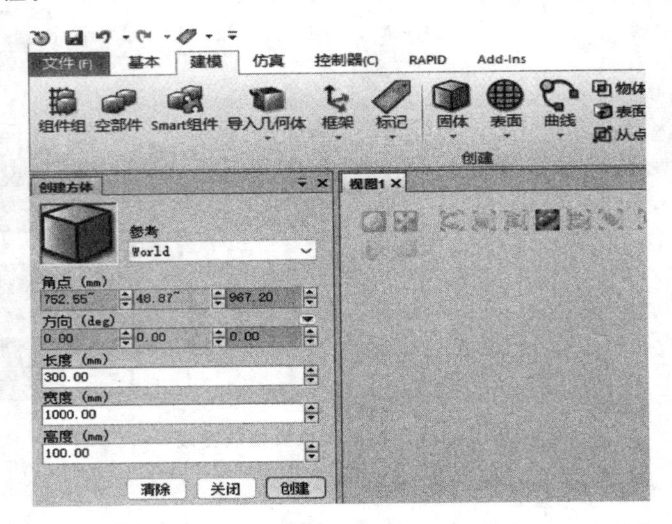

图 1－129 “矩形体”位置与大小参数

③ 如图 1－130 所示，试验台创建成功。

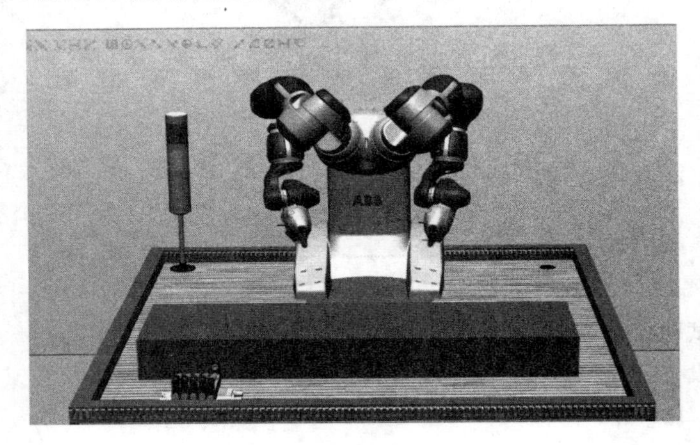

图 1－130 试验台创建成功

5）试验皿导入及图形修改

① 选择“基本”菜单中的“导入几何体”→“浏览几何体...”，在对应的文件夹中找到“试验皿”，单击“打开”，如图 1－131 所示。

② 右击“试验皿”，在弹出的下拉菜单中选择“位置”→“设定位置”，如图 1－132 所示。

③ 如图 1－133 所示，将其位置设定为 X:808.916/Y:740.922/Z:1217.198，X 方向为 －90，Y 方向和 Z 方向为 0，单击“应用”。

④ 如图 1－134 所示，试验皿摆放完成。

⑤ 如图 1－135 所示，右击“试验皿”，在弹出的快捷菜单中选择“修改”→“图形显示”。

⑥ 如图 1－136 所示，应用材料选择“透明玻璃”，“不透明度”设为 48，其余为默认值，单击“确定”。

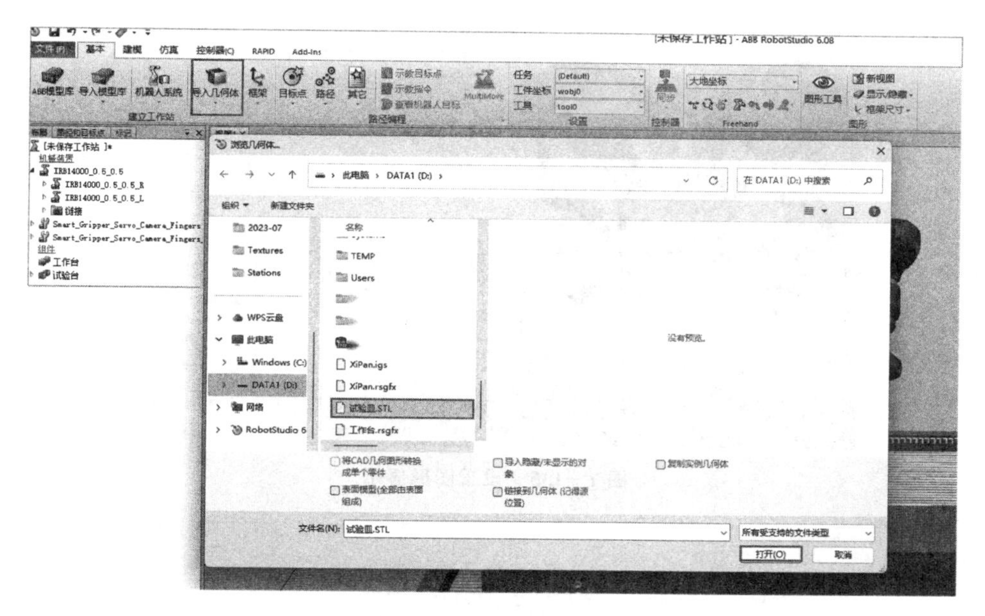

图 1-131　导入“试验皿”

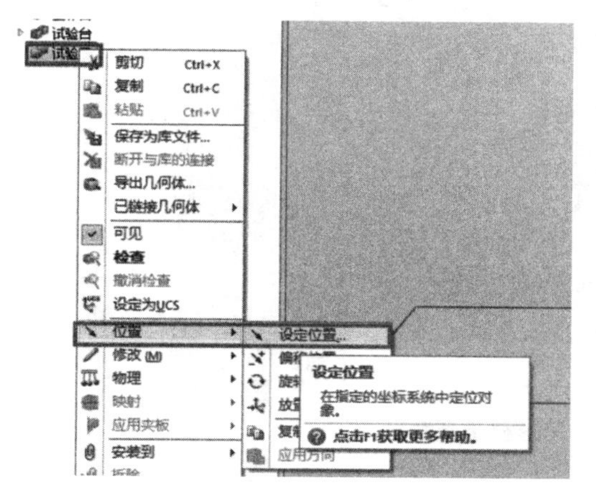

图 1-132　设定位置

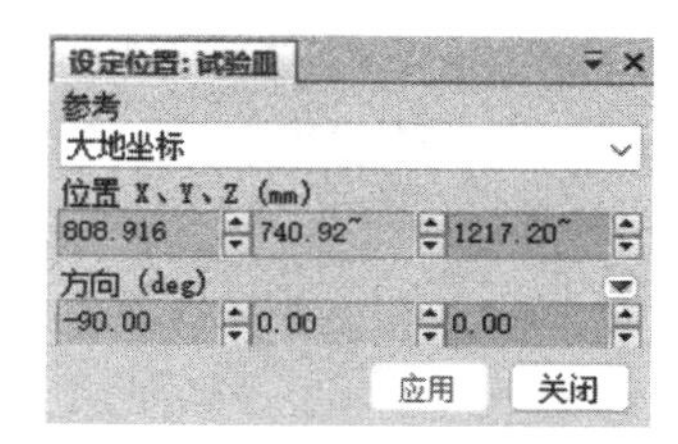

图 1-133　试验皿位置参数

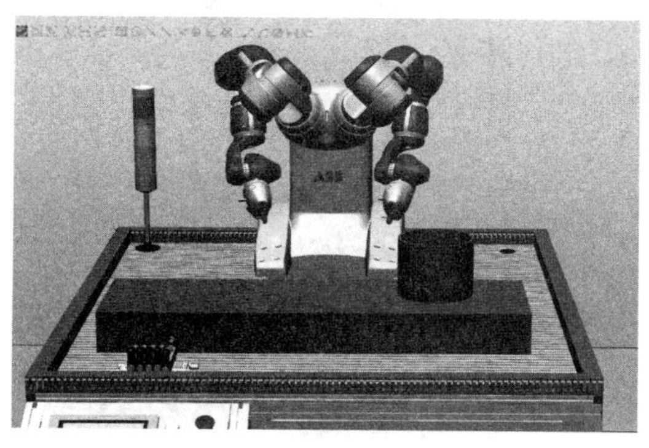

图 1-134　试验皿位置摆放完成

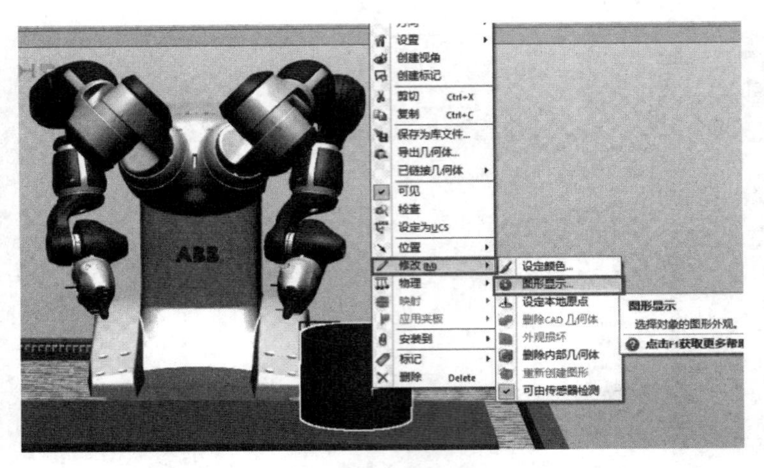

图 1-135　设置图形显示

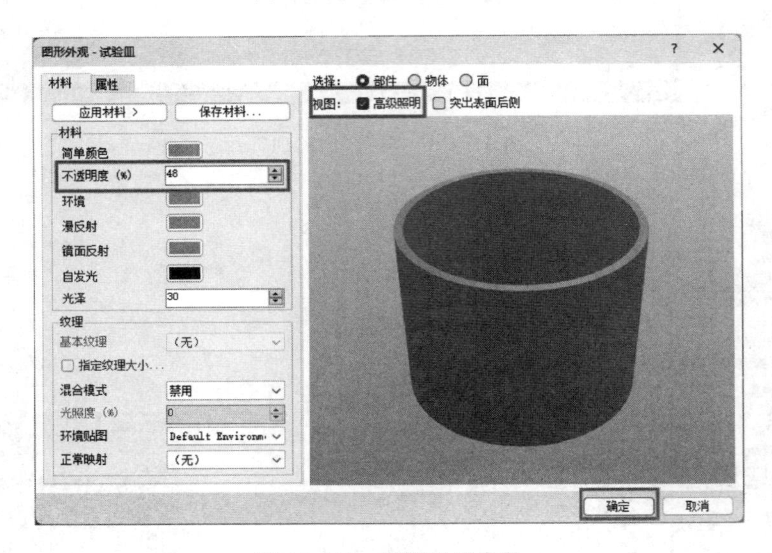

图 1-136　图形显示参数

⑦ 如图 1-137 所示，试验皿图形显示修改完成。

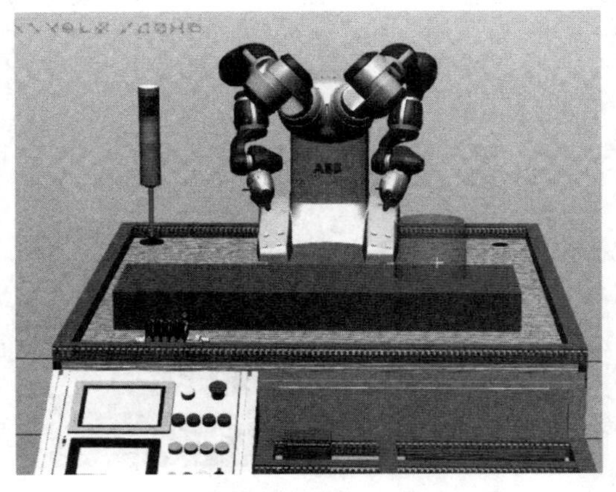

图 1-137　图形显示修改完成

6）试验皿的液体导入和图形显示修改

① 如图 1－138 所示，单击“导入几何体”→“浏览几何体...”，在弹出的文件夹中选择“液体”，单击“打开”。

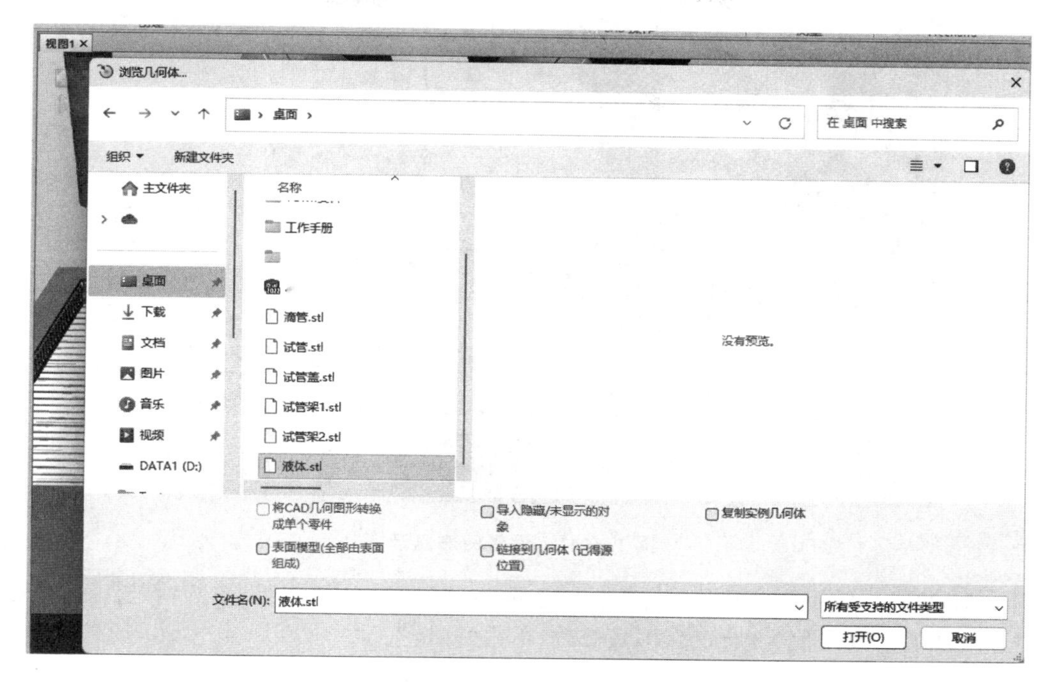

图 1－138　导入“液体”

② 右击“液体”，在弹出的快捷菜单中选择“位置”→“设定位置”，如图 1－139 所示。

③ 设定位置为 X：－84.598/Y：0/Z：105.065，单击“应用”按钮，摆放完成，如图 1－140 所示。

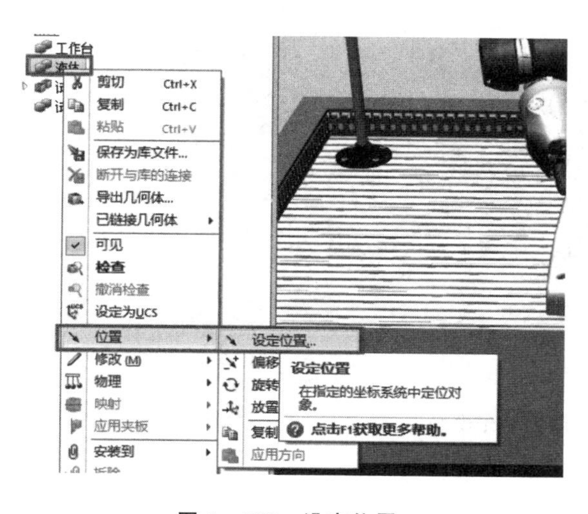

图 1－139　设定位置

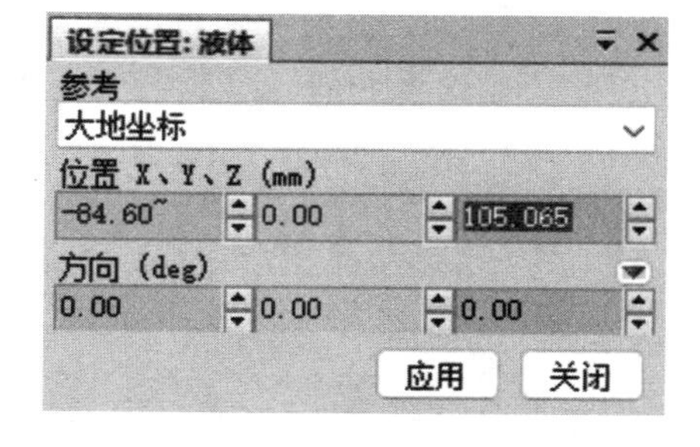

图 1－140　位置参数

④ 右击“液体”，在弹出的快捷菜单中选择“修改”→“图形显示”，如图 1－141 所示。

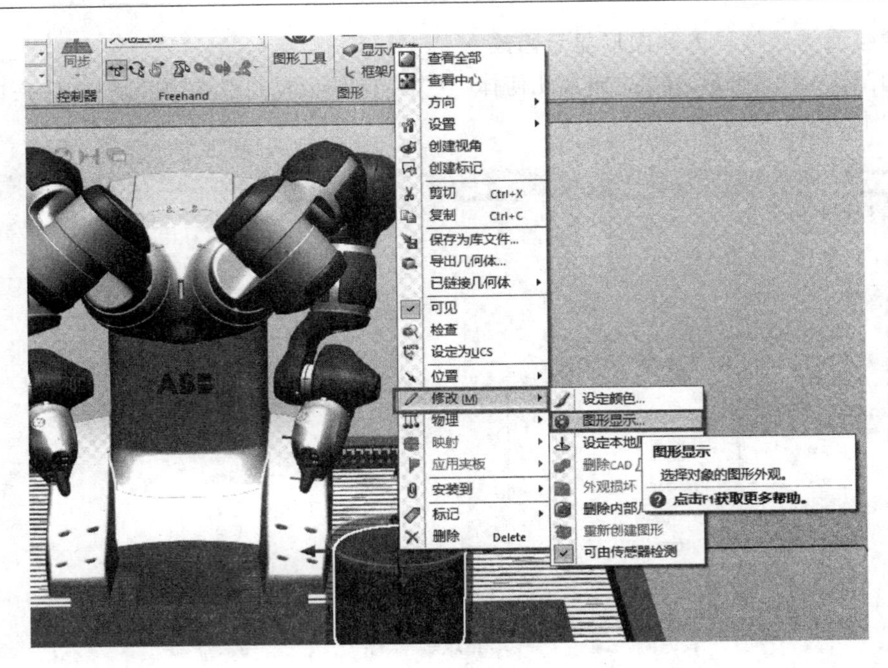

图 1 - 141 设置图形显示

⑤ 如图 1 - 142 所示,“应用材料”选择“透明玻璃”,“简单颜色”设置为“浅蓝色”,“视图”选择“高级照明”,其余值为默认值,不做修改,单击“确定”。

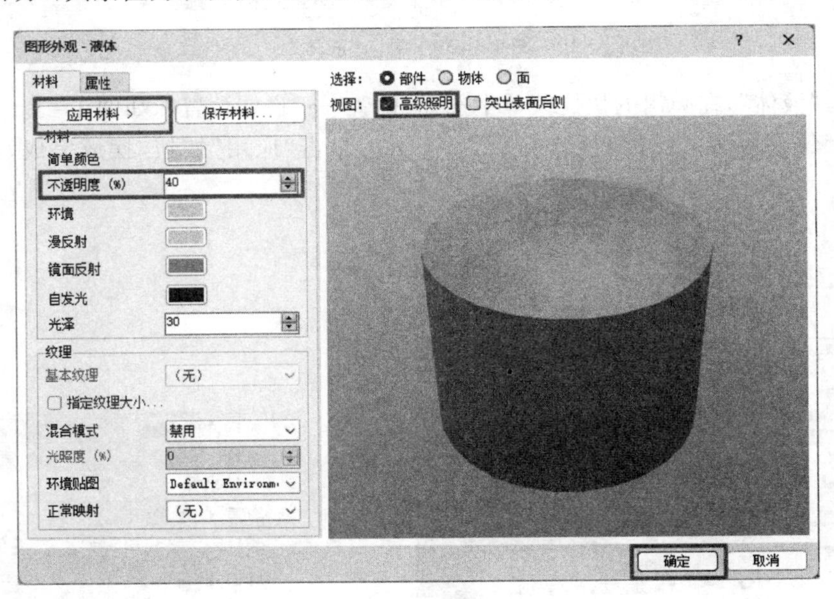

图 1 - 142 图形显示参数

⑥ 液体图形显示修改完成,如图 1 - 143 所示。

7) 试管架导入及图形显示修改

① 如图 1 - 144 所示,单击“导入几何体”→“浏览几何体...”,在文件中找到“试管架 1”并打开。

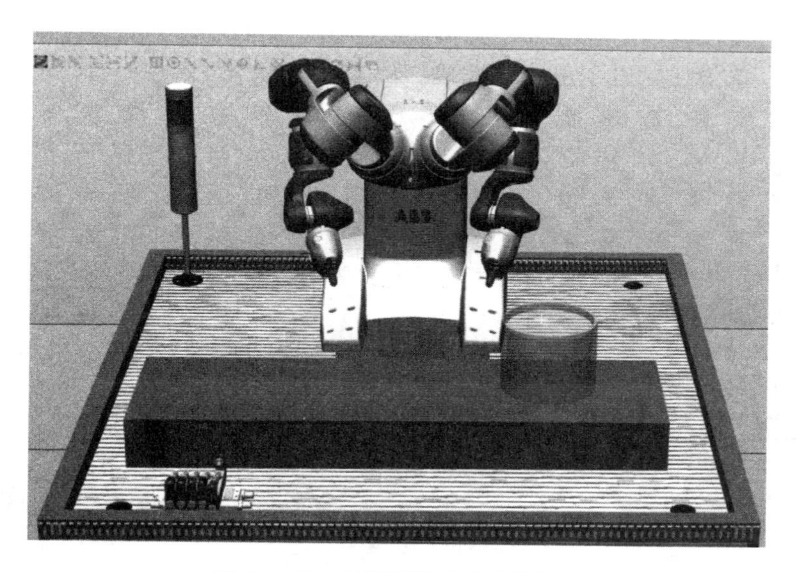

图 1-143 液体图形显示设置完成

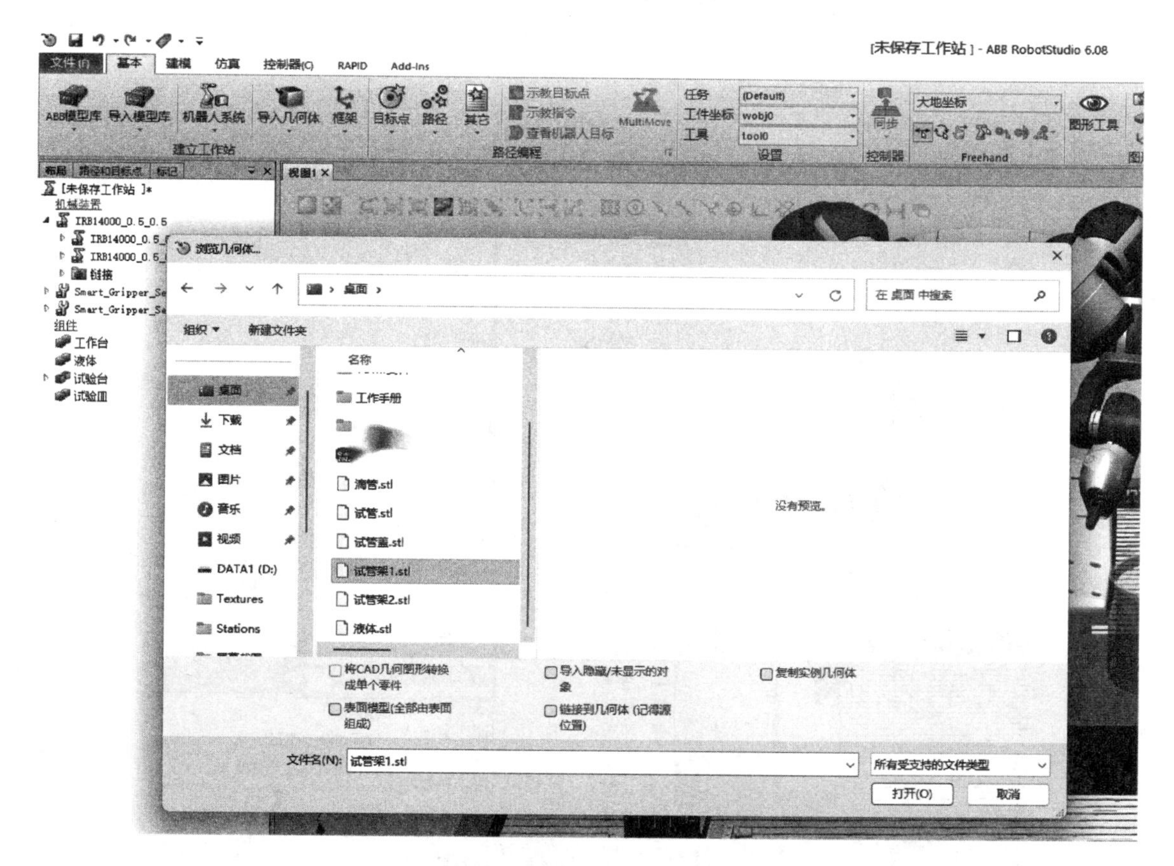

图 1-144 导入"试管架 1"

② 如图 1-145 所示，右击"试管架 1"，在快捷菜单中选择"位置"→"设定位置"。

③ 如图 1－146 所示，设定 X：976.006/Y：694.512/Z：1140.545，X 方向为 180，Y 方向为 0，Z 方向为－90，单击“应用”，位置设定完成。

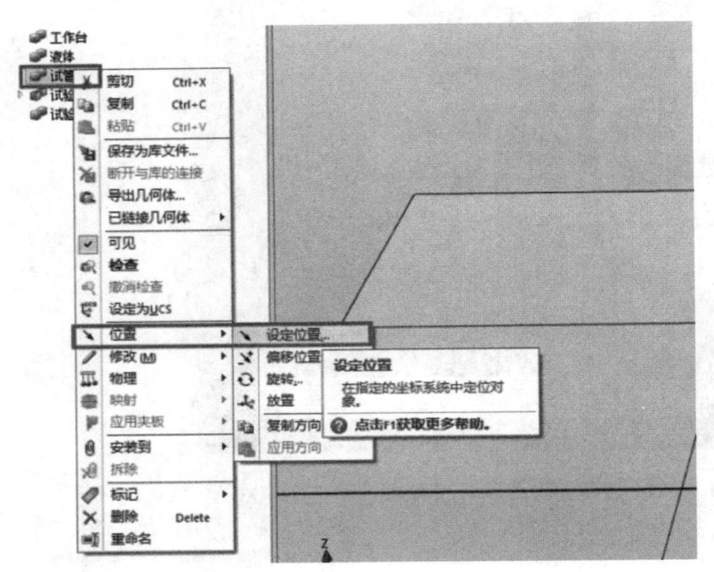

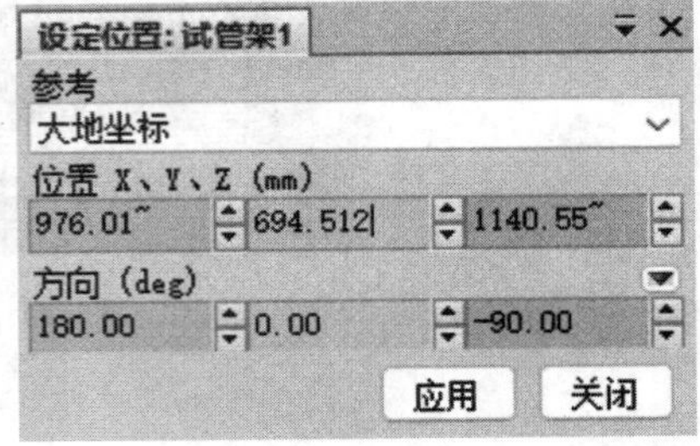

图 1－145 设定位置

图 1－146 位置参数

④ 右击“试管架 1”，在弹出的快捷菜单中选择“修改”→“图形显示”，如图 1－147 所示。

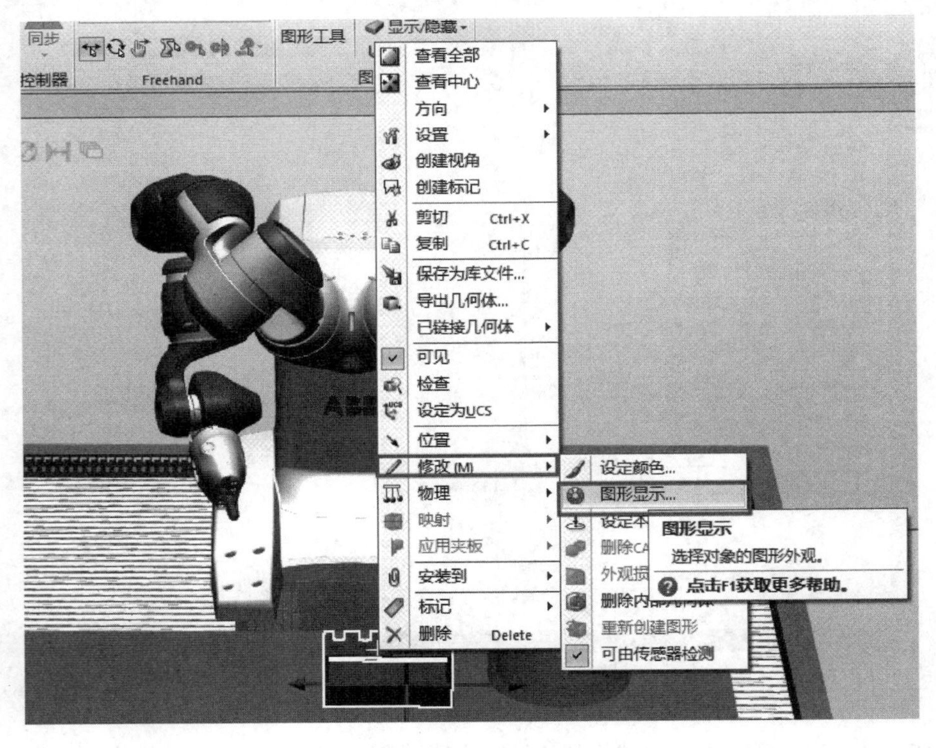

图 1－147 设置图形显示

⑤ 如图 1 - 148 所示,“应用材料”选择“青铜”,“视图”选择“高级照明”,其余值为默认值,不做修改,单击“应用”。

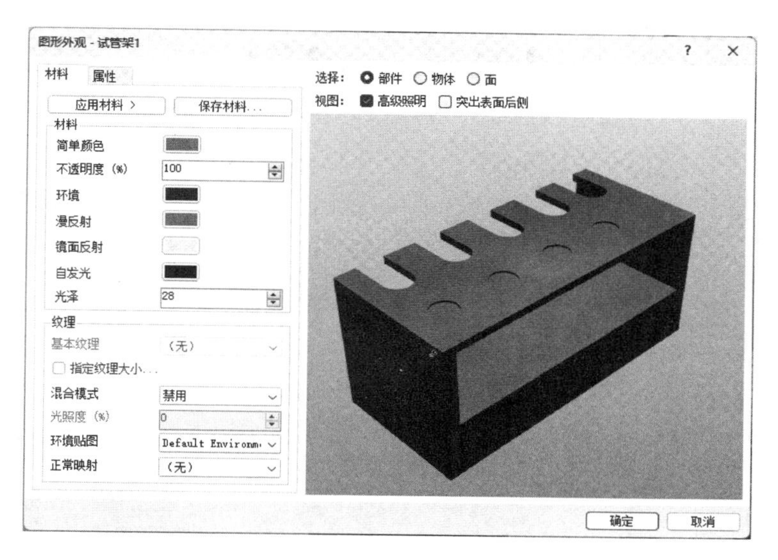

图 1 - 148　图形显示参数

⑥ 如图 1 - 149 所示,图形显示修改完成。

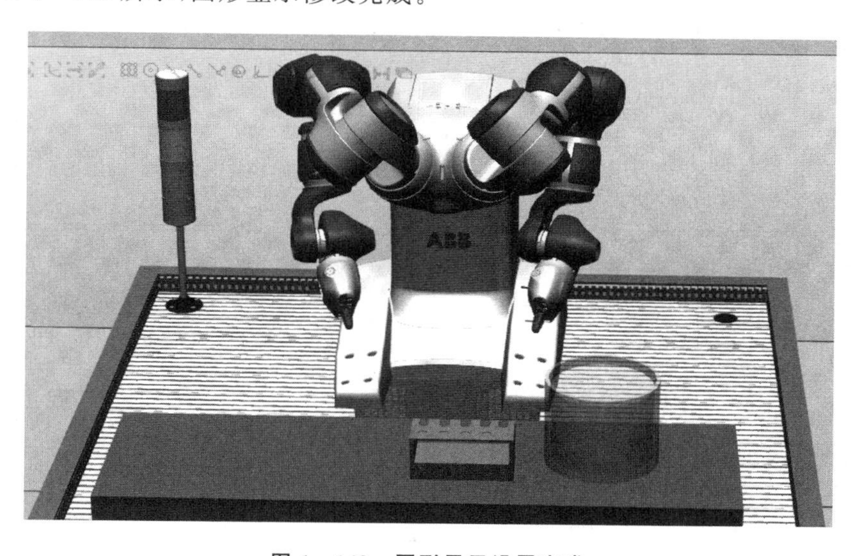

图 1 - 149　图形显示设置完成

⑦ 如图 1 - 150 所示,单击“导入几何体”→“浏览几何体...”,选择文件夹中的“试管架 2”,单击“打开”。

⑧ 右击“试管架 2”,选择“位置”→“设定位置”,如图 1 - 151 所示。

⑨ 如图 1 - 152 所示,设定位置为 X:954.342/Y:416.84/Z:1140.27,X 方向为 180,Y 方向为 0,Z 方向为－90,单击“应用”,位置设定完成。

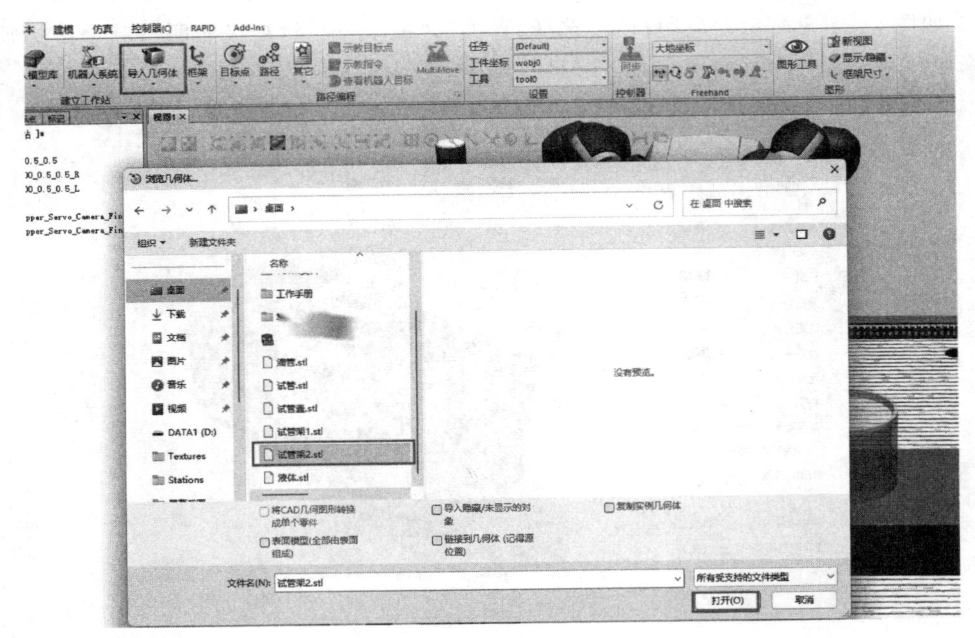

图 1-150　导入“试管架 2”

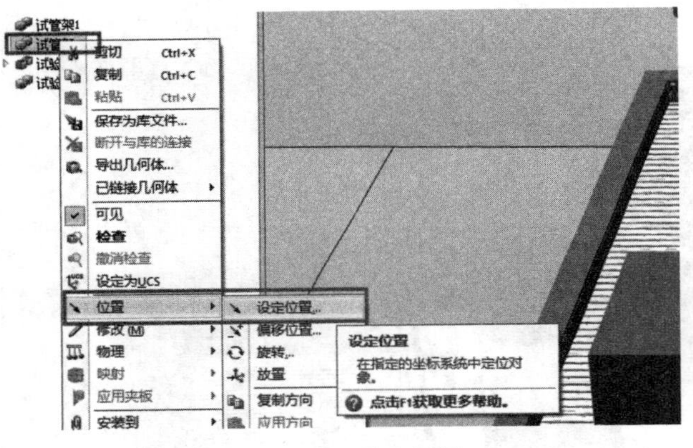

图 1-151　设定位置

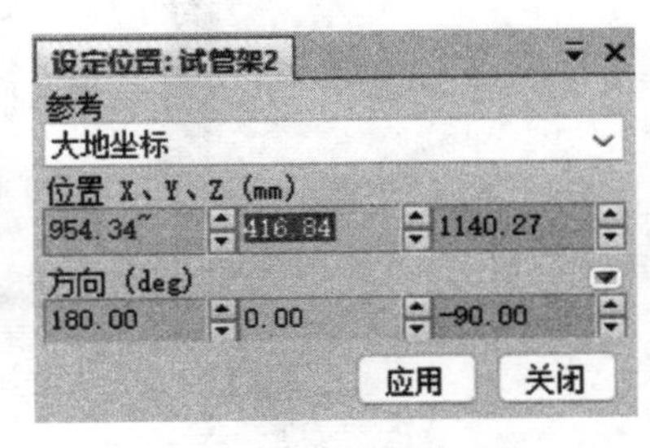

图 1-152　位置参数

⑩ 右击“试管架 2”，单击“修改”→“图形显示”，如图 1-153 所示。

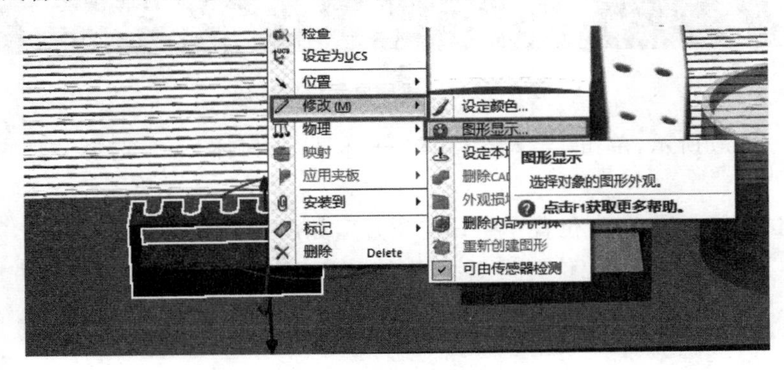

图 1-153　设置图形显示

⑪ 如图 1 - 154 所示,“应用材料”选择“青铜”,“视图”选择“高级照明”,其余为默认值,不做修改,单击“确定”。

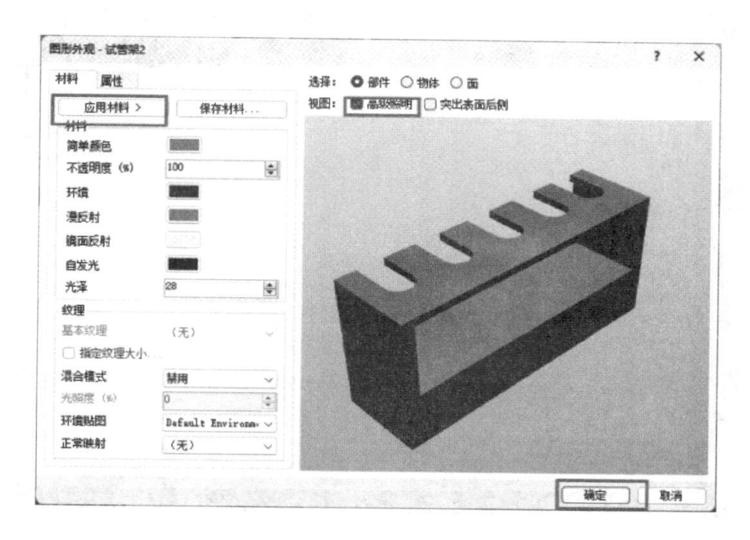

图 1 - 154　图形显示参数

⑫ 如图 1 - 155 所示,图形显示修改完成。

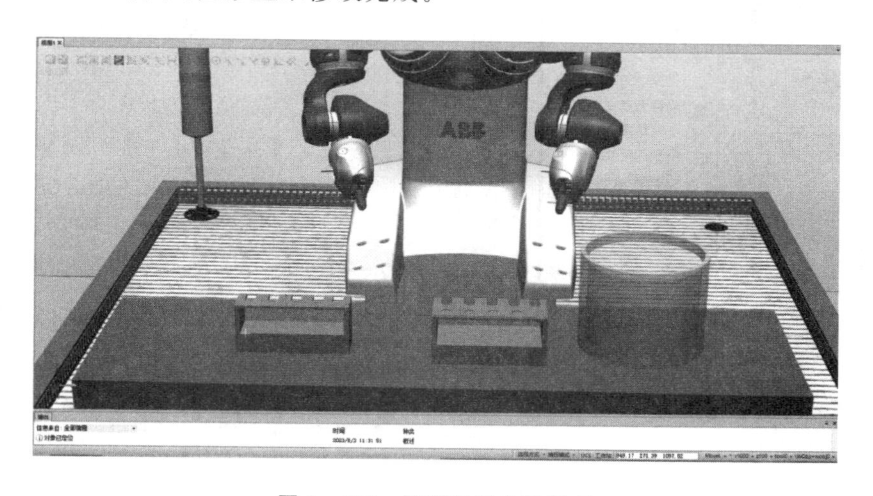

图 1 - 155　图形显示设置完成

8)试管导入与图形显示修改

① 单击“导入几何体”→“浏览几何体”,选择文件夹中的“试管”,单击“打开”,如图 1 - 156 所示。

② 单击“试管”,选择“位置”→“设定位置”,如图 1 - 157 所示。

③ 如图 1 - 158 所示,设定位置为 X:897.619/Y:553.268/Z:1130.302,X 方向为 90,Y、Z 方向为默认值 0,单击“应用”,位置设定完成。

④ 右击“试管”,选择“修改”→“图形显示”,如图 1 - 159 所示。

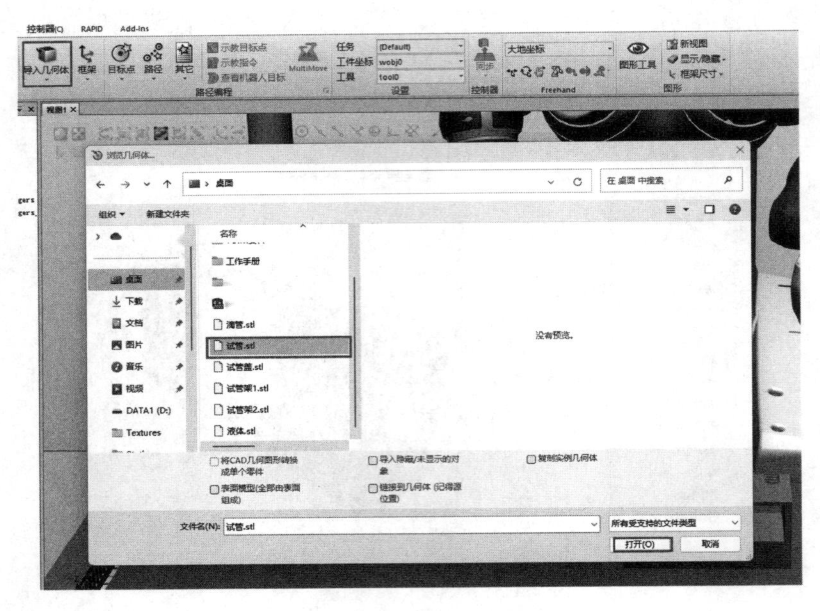

图 1－156　导入“试管”

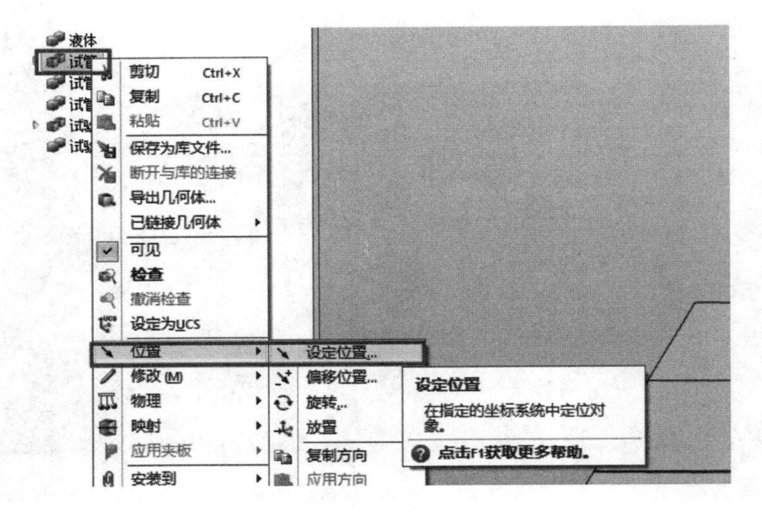

图 1－157　设定位置

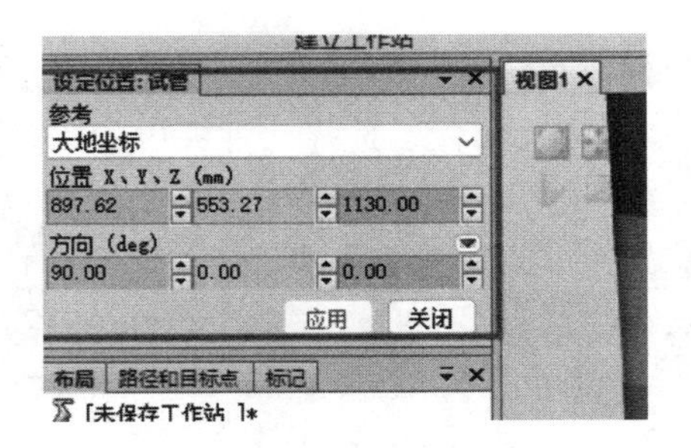

图 1－158　位置参数

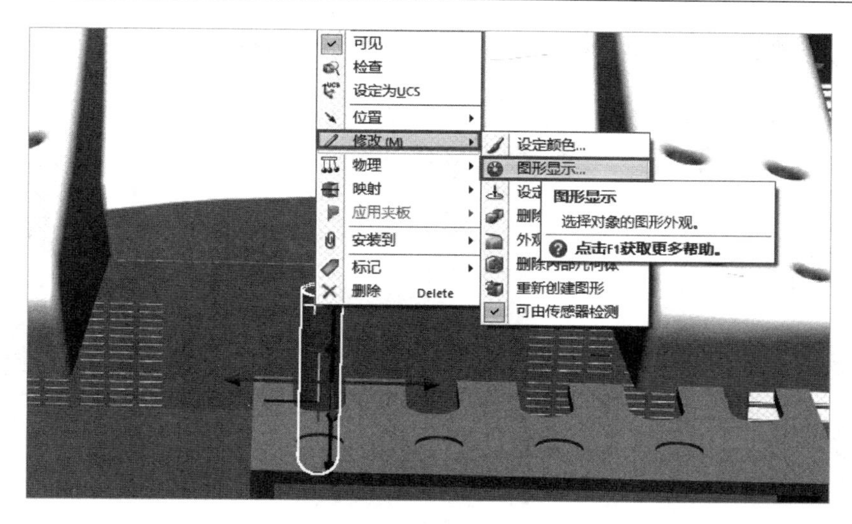

图 1-159　设置图形显示

⑤ 如图 1-160 所示,“应用材料”选择“透明玻璃”,“材料”颜色全部选择为“白色”,“不透明度”改为 40,其余值为默认值,不做修改。单击“属性”,勾选“呈现两侧”,然后单击“确定”,如图 1-161 所示。

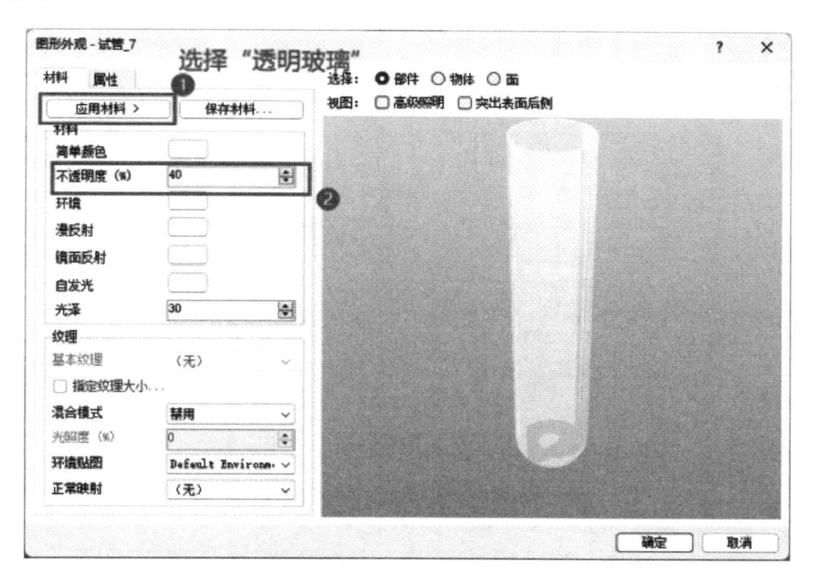

图 1-160　图形显示参数

⑥ 如图 1-162 所示,图形显示修改完成。

⑦ 运用大地坐标和点到点功能测量前试管格与后试管格位置(见图 1-163),以便于后续偏移。

⑧ 如图 1-164 所示,复制粘贴完成后,连选刚刚所粘贴的试管,右击,在弹出的快捷菜单中选择“位置”→“偏移位置”。

注:这里右击试管之后,选择复制(见图 1-165),要在最上面的工作站一栏进行粘贴(见图 1-166),否则粘贴无效。

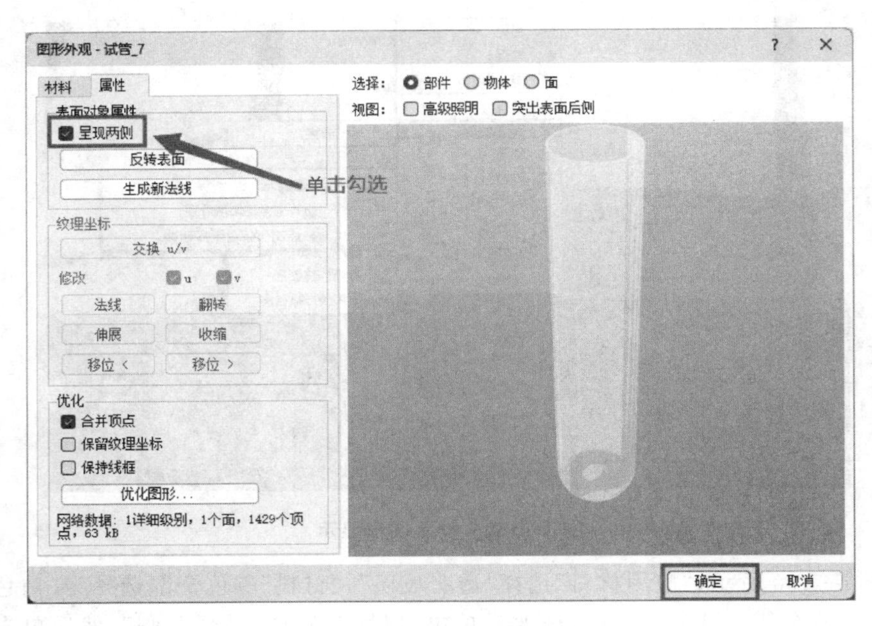

图 1-161　设置表面对象属性

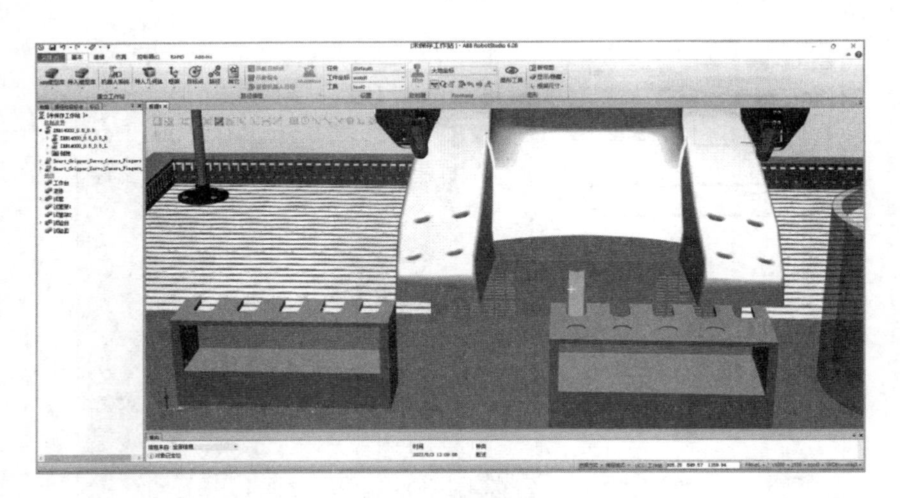

图 1-162　图形显示设置完成

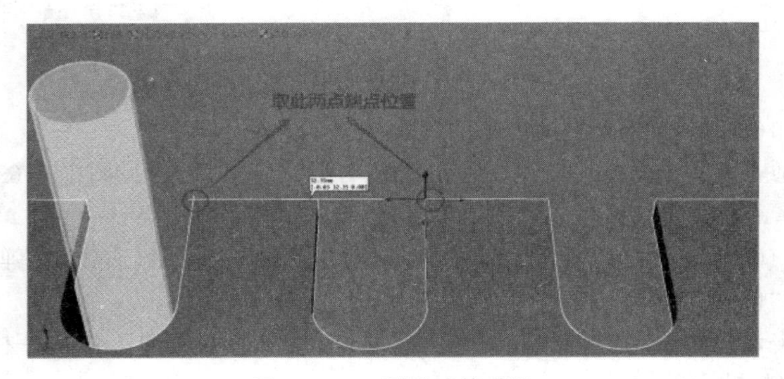

图 1-163　测量试管间距

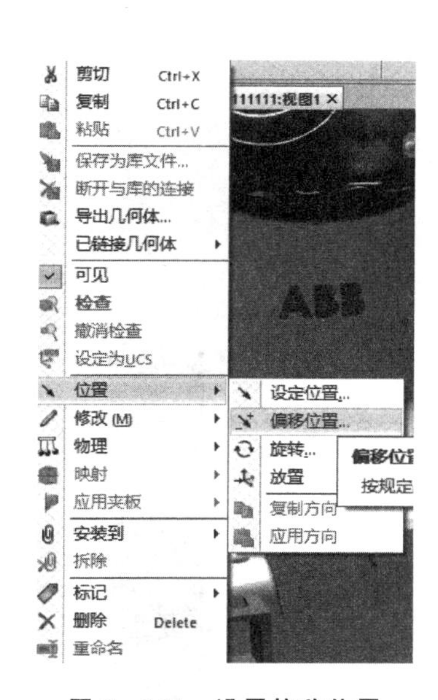

图 1－164　设置偏移位置

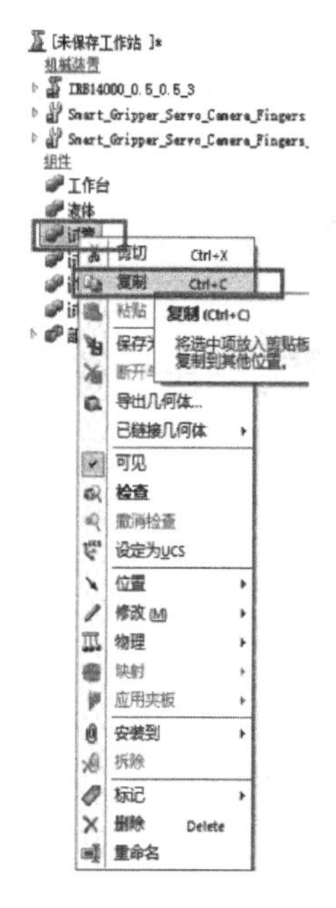

图 1－165　复制试管

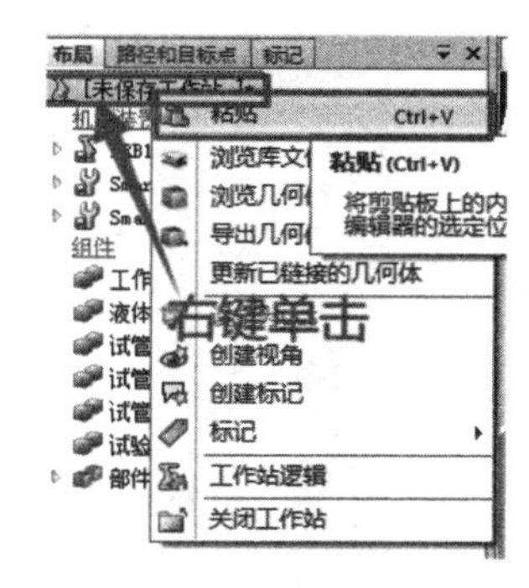

图 1－166　粘贴试管

⑨ 偏移角度选择 Y 方向的 32.31，每确认一次偏移位置，就要将相应的试管取消选择（此期间不要松开 Ctrl 键），按顺序进行，否则会出错（如果后续偏移有误差，则可手动调整试管至合适位置），如图 1－167 和图 1－168 所示。

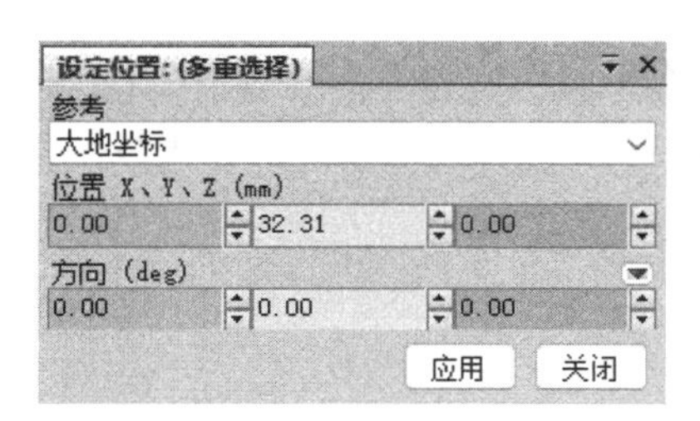

图 1－167　设置偏移距离

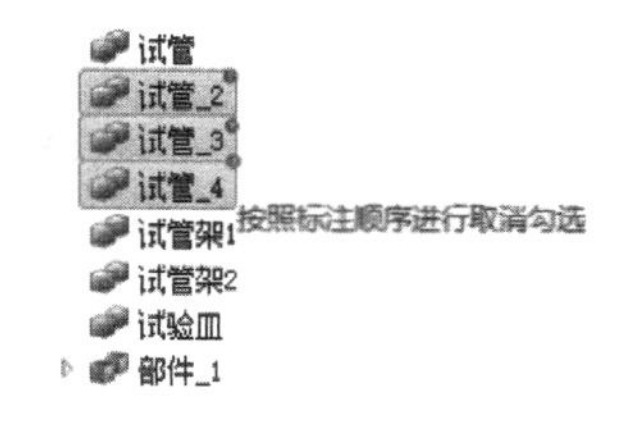

图 1－168　确定试管位置

⑩ 如图 1－169 所示，其余试管摆放完成。

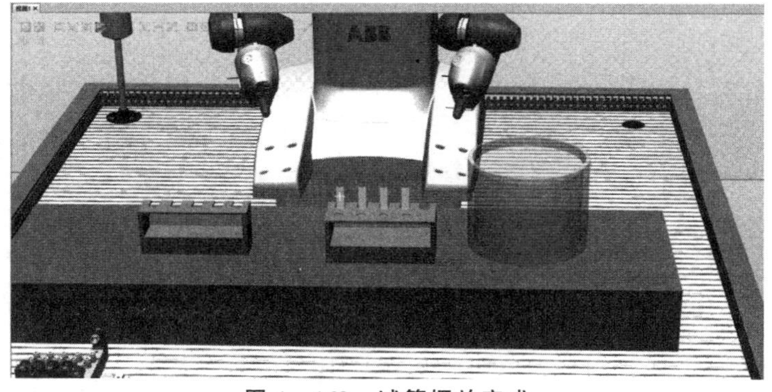

图 1－169　试管摆放完成

9) 试管盖导入及图形显示修改。

① 如图 1－170 所示，单击“导入几何体”→“浏览几何体...”，在文件夹中找到“试管盖”并打开。

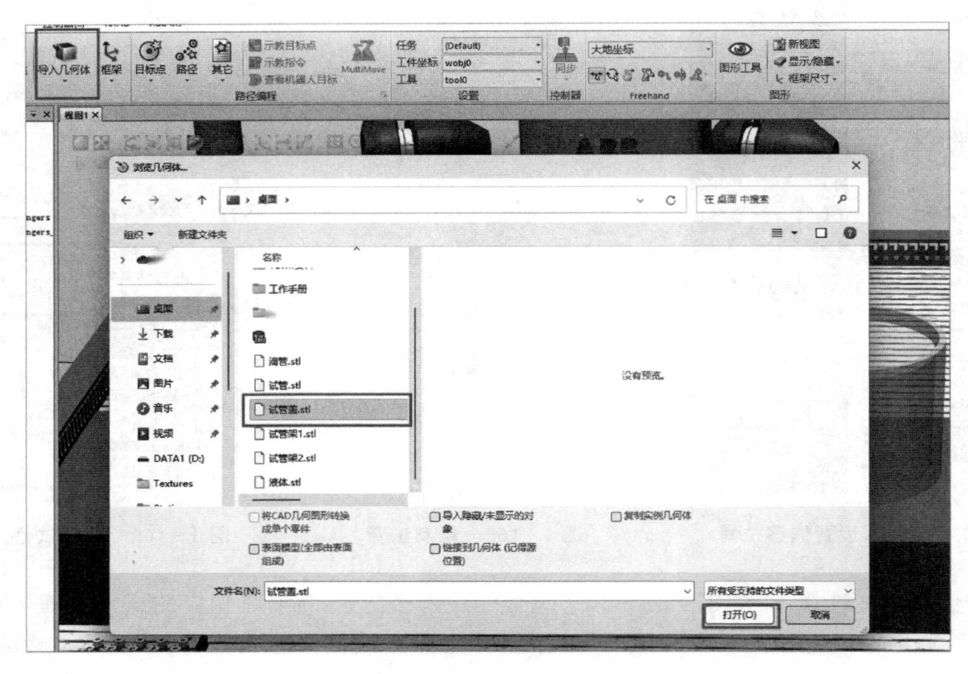

图 1－170 导入“试管盖”

② 如图 1－171 所示，右击“试管盖”，选择“位置”→“设定位置”。

③ 如图 1－172 所示，将位置设定为 X:961.094/Y:645.297/Z:1150.509，X 方向为180，Y 方向为 0，Z 方向为 180，单击“应用”。

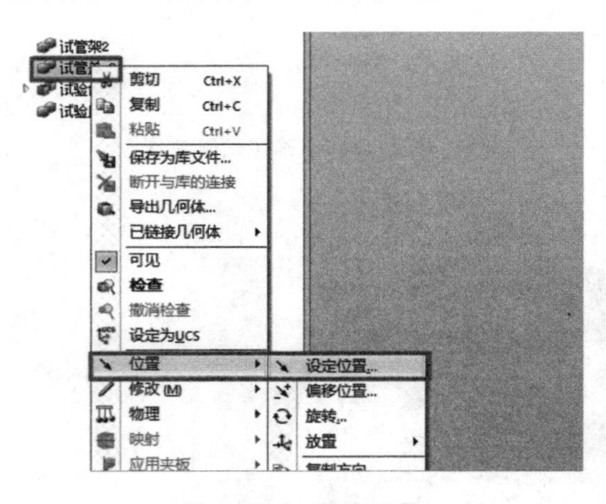

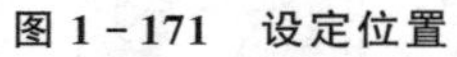

图 1－171 设定位置

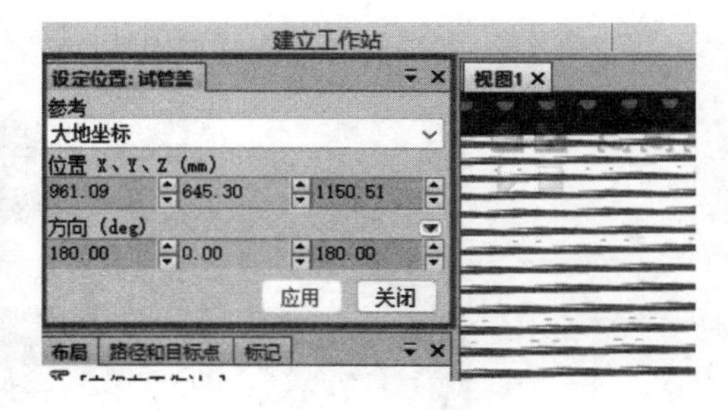

图 1－172 位置参数

④ 如图 1－173 所示，右击“试管盖”，选择“修改”→“图形显示”。

⑤ 如图 1－174 所示，“应用材料”选择“紫色”，其余值为默认值不做修改，单击“确定”。

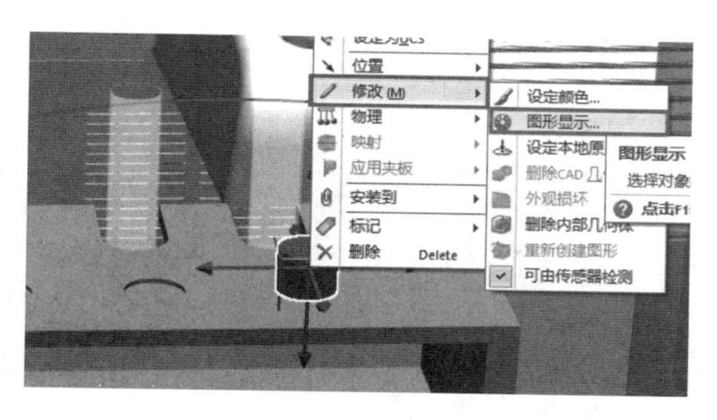

图 1－173　设置图形显示

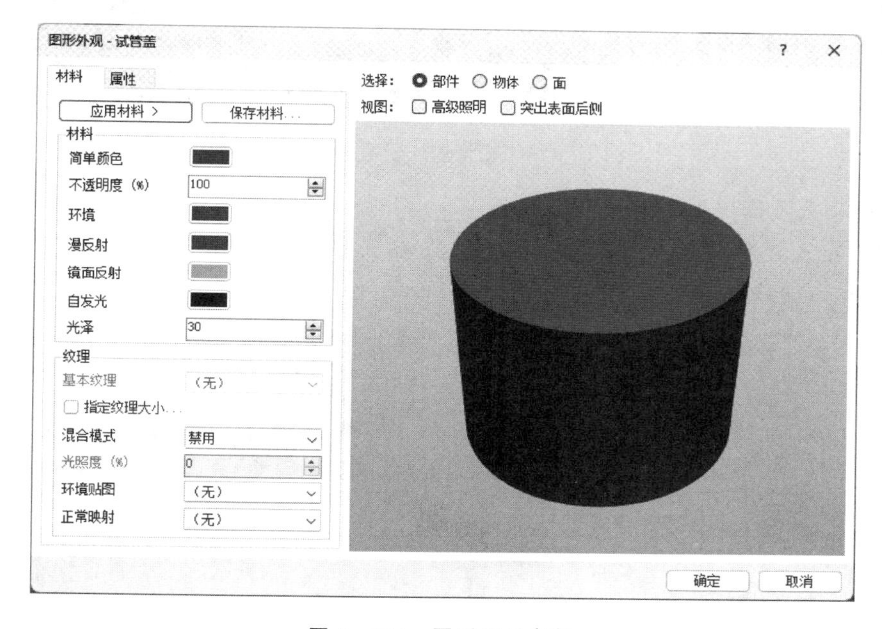

图 1－174　图形显示参数

⑥ 如图 1－175 所示，图形显示修改完成。

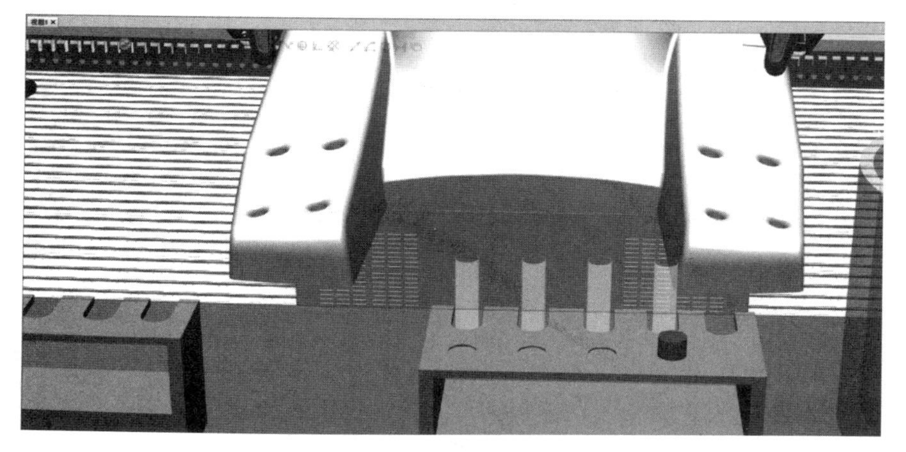

图 1－175　图像显示完成

⑦ 如图 1 - 176 所示，重复试管偏移位置的步骤，将偏移位置设为 Y 的－32.31，每确认一次偏移位置，就要将相应的试管盖取消选择。

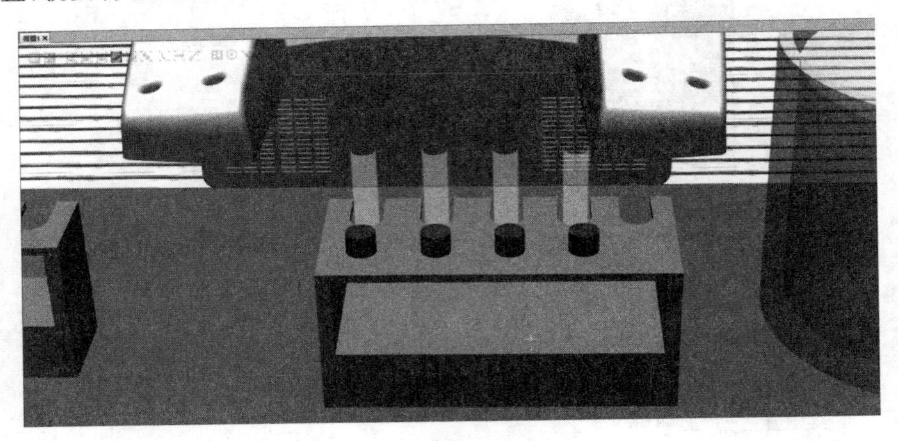

图 1 - 176　试管盖位置摆放完成

10）滴管导入及图形显示修改

① 单击“导入几何体”→“浏览几何体...”，在文件夹中选择“滴管”，单击“打开”，如图 1 - 177 所示。

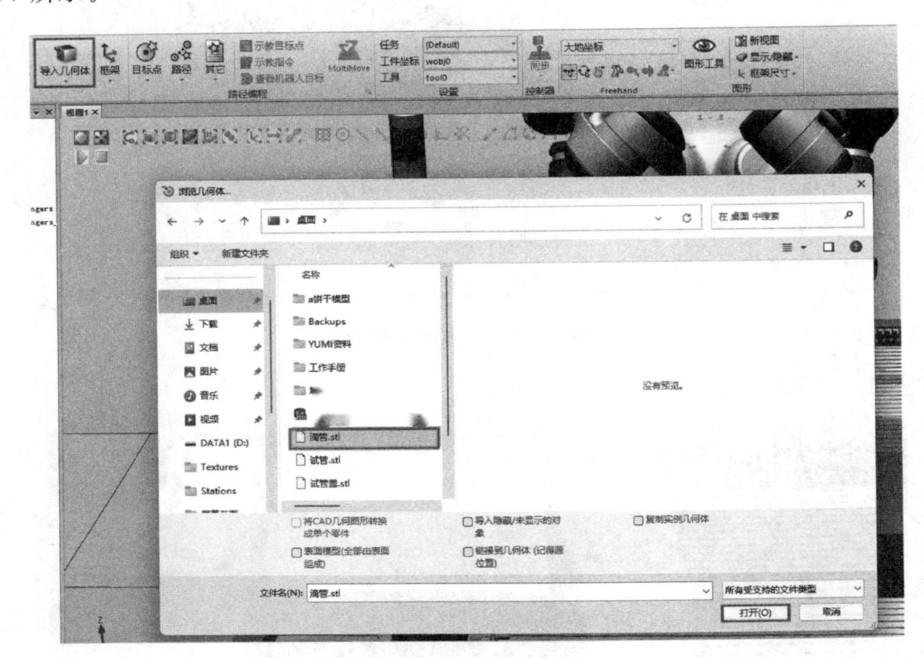

图 1 - 177　导入“滴管”

② 如图 1 - 178 所示，右击“滴管”，选择“位置”→“设定位置”。

③ 如图 1 - 179 所示，将位置设定为 X:928.979/Y:686.822/Z:1107.034，X 方向为 90，Y 方向为 0，Z 方向为－90，单击“应用”，位置设定完成。

④ 如图 1 - 180 所示，右击“滴管”，选择“修改”→“图形显示”。

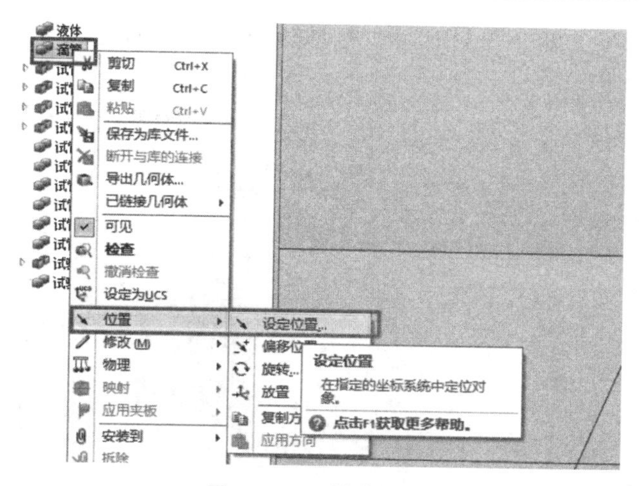

图 1 - 178　设定位置

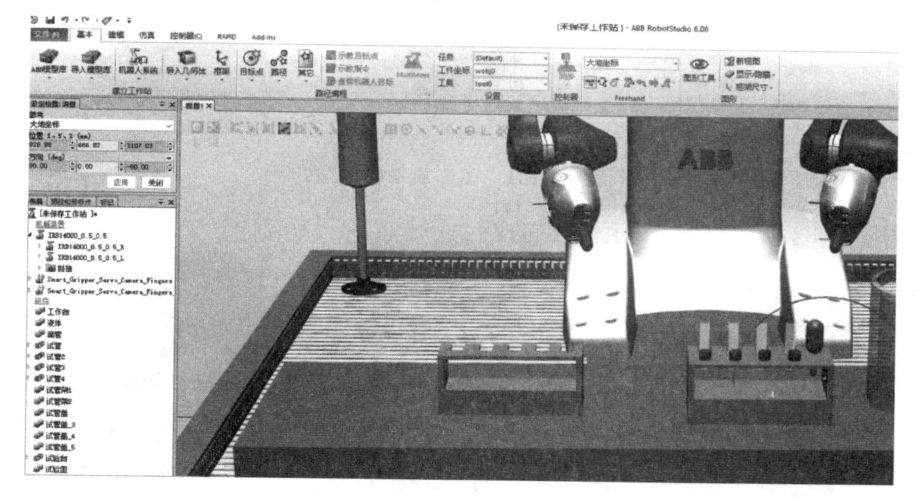

图 1 - 179　位置参数

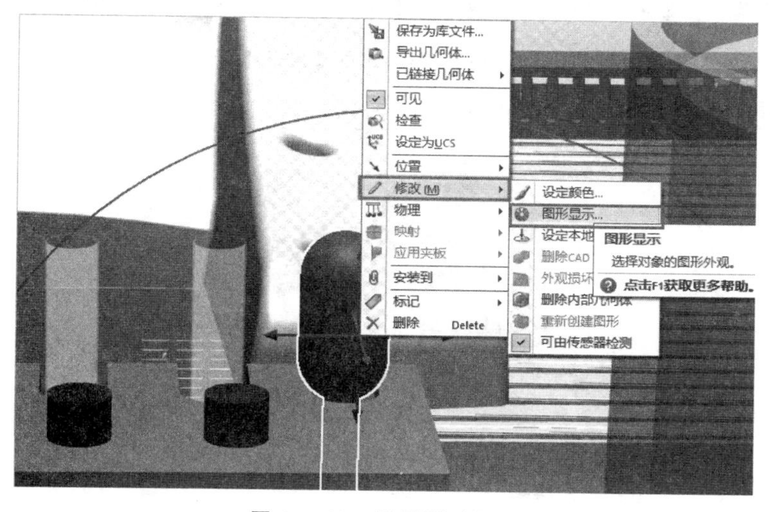

图 1 - 180　设置图形显示

⑤ 如图 1－181 所示，“应用材料”选择“透明玻璃”，“不透明度”更改为 41，其余值为默认值，不做修改，单击“确定”。

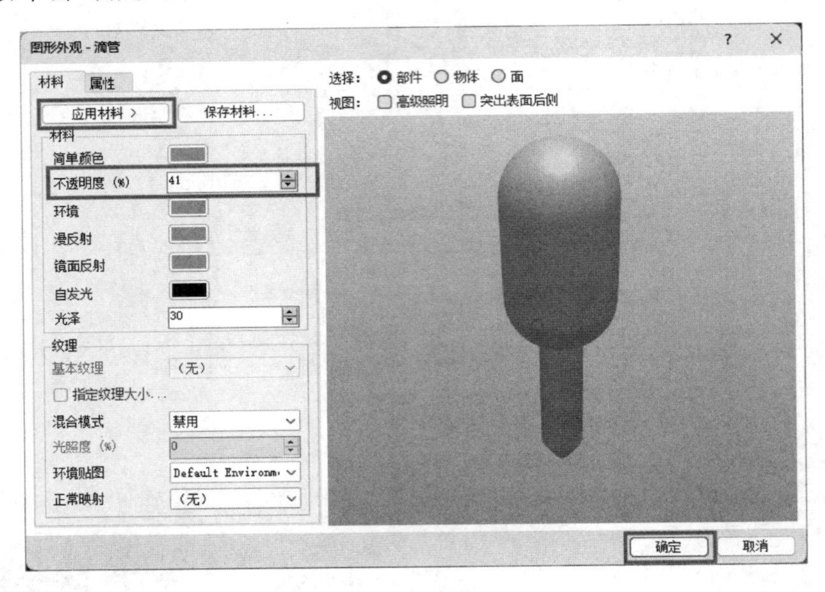

图 1－181　图形显示参数

⑥ 如图 1－182 所示，图形显示修改完成。

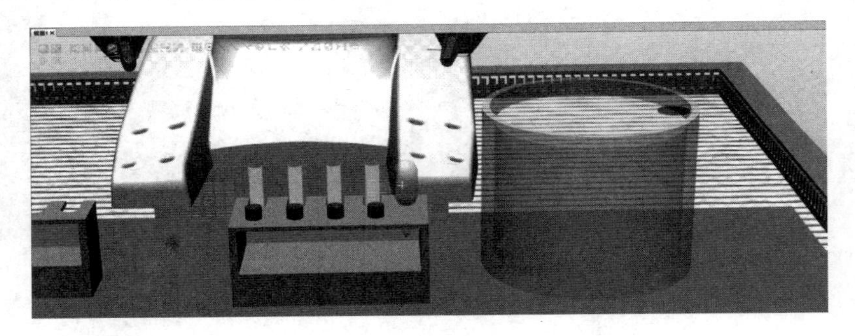

图 1－182　图形显示设置完成

⑦ 工作站仿真环境创建完毕，如图 1－183 所示。

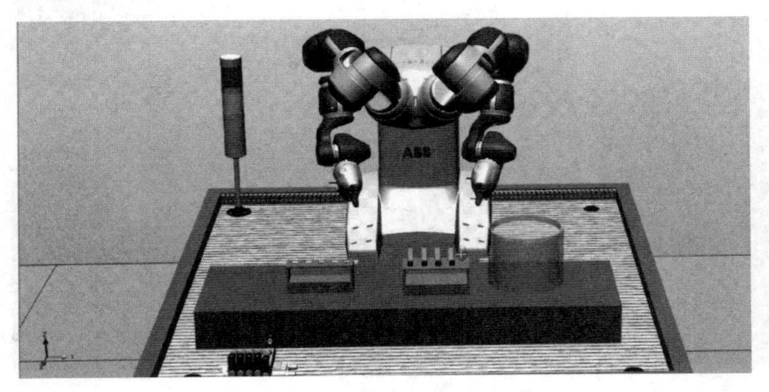

图 1－183　工作站仿真环境搭建完成

11）机器人系统创建

① 单击“机器人系统”，选择“从布局...”，如图 1-184 所示。

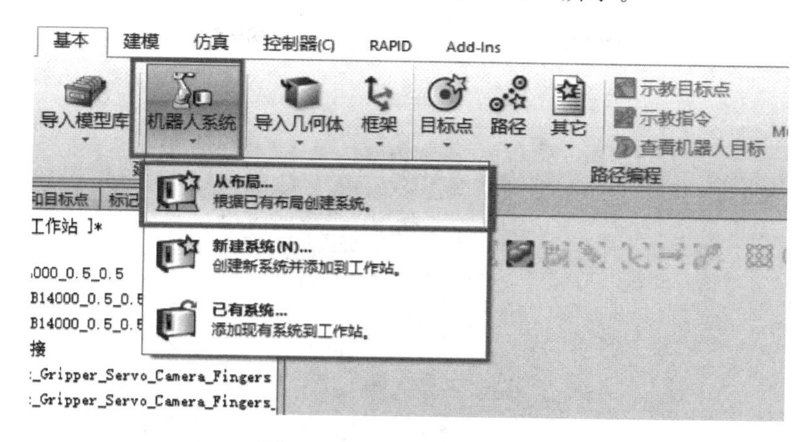

图 1-184　创建机器人系统

② 这里可以更改系统名称，一般选择默认，位置可根据个人需求更改，确认信息无误后单击“下一个”，如图 1-185 所示。

③ 参照 1.1.3 小节创建机器人系统，完成配置操作。

④ 设置完成后，可以在概况界面查看已勾选的配置信息（见图 1-186），如果有误可单击“后退”，重复上一步操作，如果无误，则单击“完成”。

图 1-185　系统名字和位置

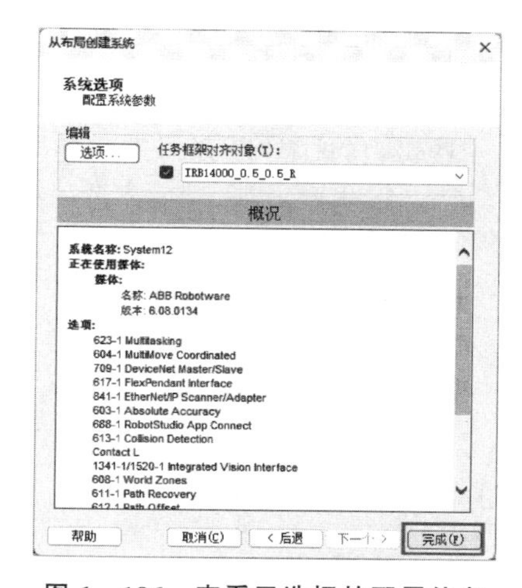

图 1-186　查看已选择的配置信息

⑤ 如图 1-187 所示，等待控制器响应，状态栏的信息与最下方的绿色进度条可查看控制器是否响应完成。

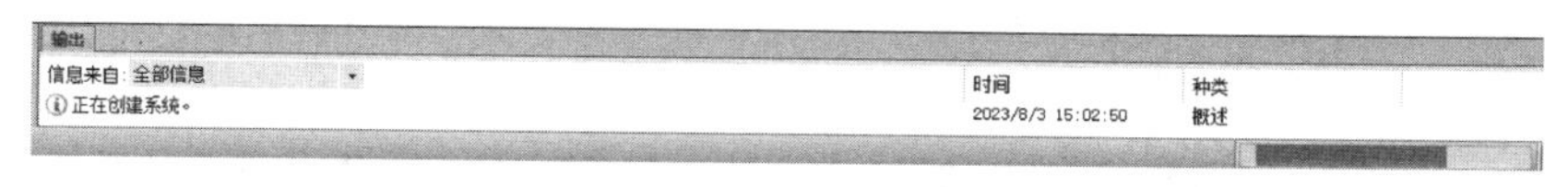

图 1-187　等待控制器响应

⑥ 右下角控制器状态由红变绿，则表示系统创建完成，如图 1－188 所示。

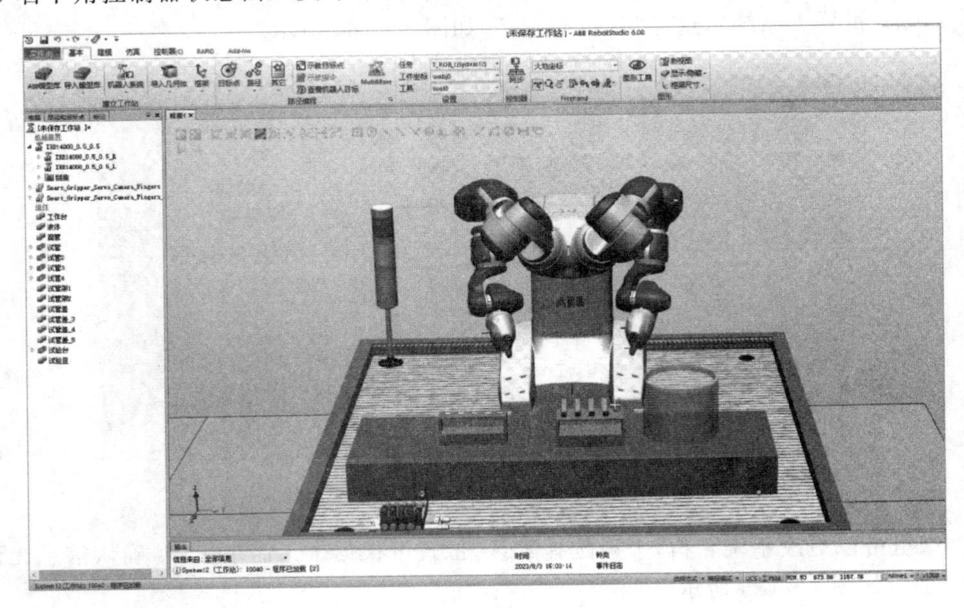

图 1－188　系统创建成功

(2) 组件创建

1) 右手机械装置创建

右手机械装置创建之前，需要先拆除两个智能手爪，以便于组件设置。

① 右击左手，在弹出的快捷菜单中选择“删除”，如图 1－189 所示。

② 右击右手，在弹出的快捷菜单中选择“拆除”（见图 1－190），恢复位置选择“否”（见图 1－191），再选择“断开与库的连接”。

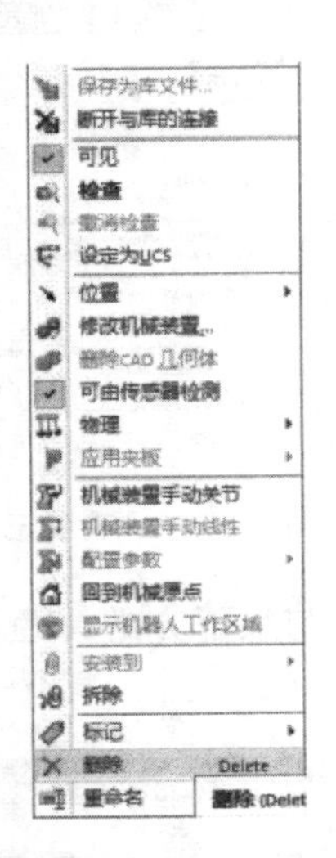

图 1－189　删除左手智能手爪

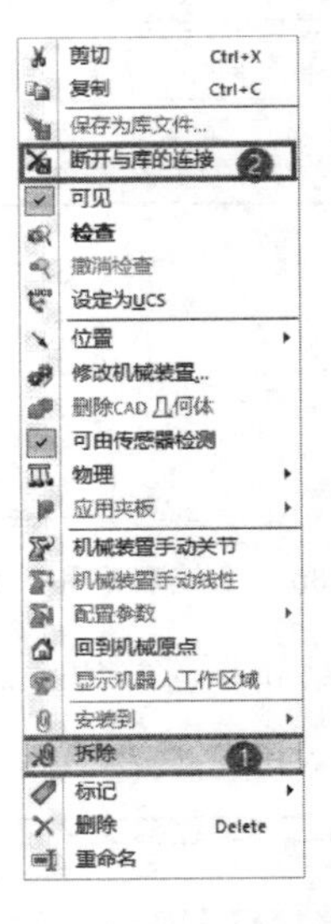

图 1－190　拆除右手智能手爪

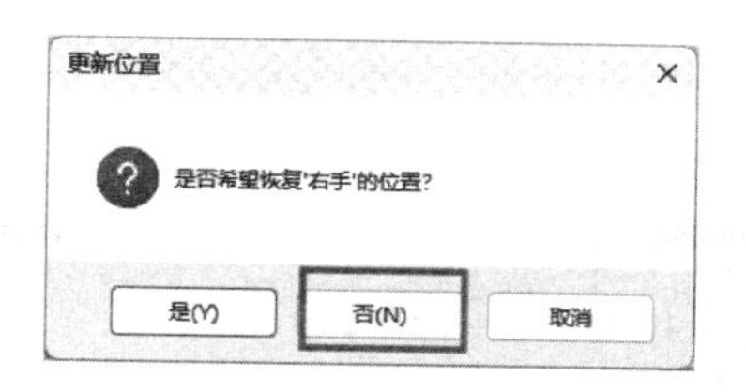

图 1 - 191　更新右手位置

③ 右击右手手爪，在快捷菜单中选择“修改机械装置”(见图 1 - 192)，单击“原点位置”(见图 1 - 193)，选择“编辑”，设定值为 15，单击“确定”，机械装置设置完毕。

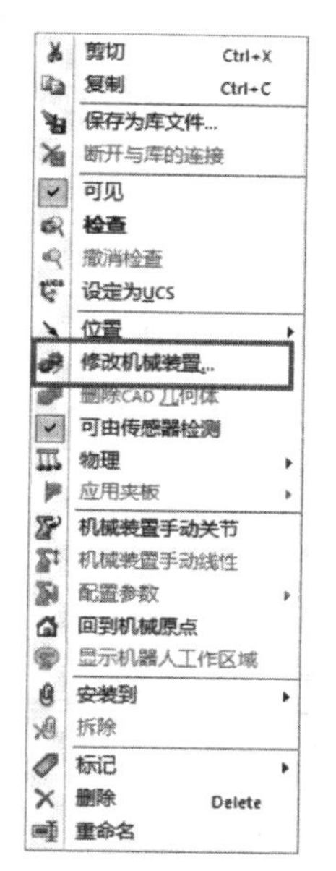

图 1 - 192　修改机械装置

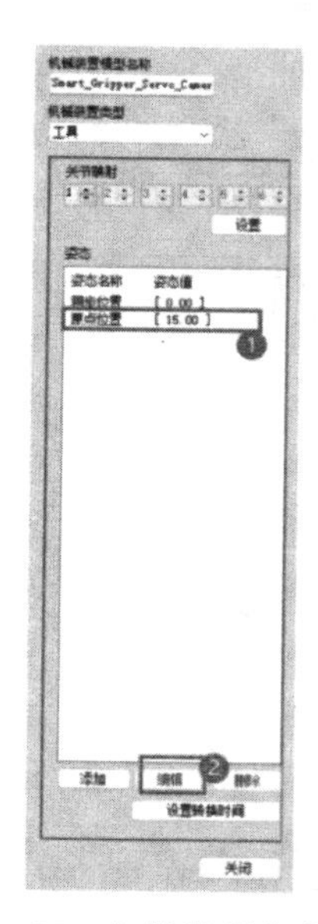

图 1 - 193　机械装置参数设置

2) 右手组件创建

① 单击 Smart 组件，将右手拖动至新建组件中(见图 1 - 194)，右击右手，在弹出的快捷窗口中取消勾选“可见”和“可由传感器检测”(见图 1 - 195)。

② 设置完成后，右击组件，选择“设定本地原点”，如图 1 - 196、图 1 - 197 所示。

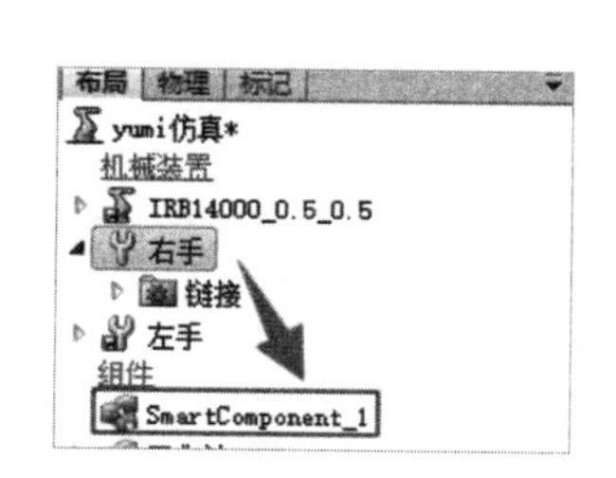

图 1 - 194　移动右手机械装置

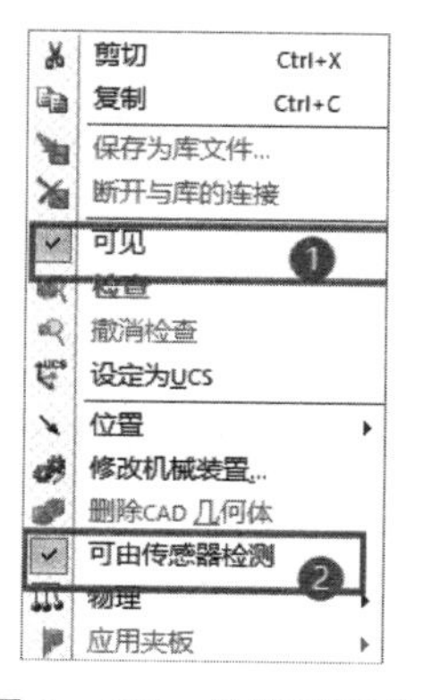

图 1 - 195　设置不可见

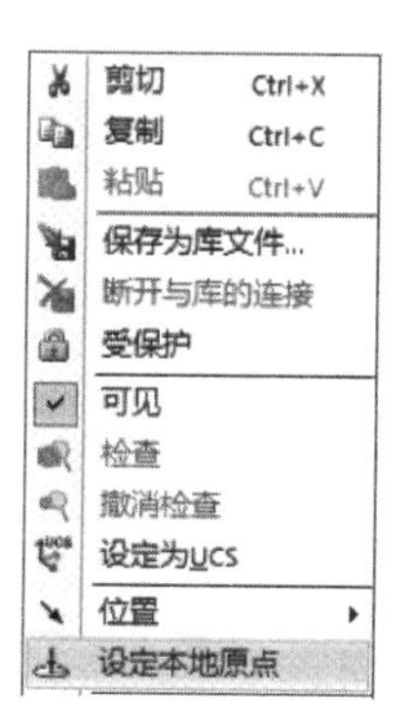

图 1 - 196　设置本地原点

③ 设置完成后，将右手拖动至工作站，重新定位选择“否”，如图 1－198 所示。

图 1－197　确定点位

图 1－198　移动右手机械装置

④ 将组件拖动至右手臂，位置变更选择“是”，如图 1－199 所示。

⑤ 将右手拖动至组件位置，重新定位选择“否”，如图 1－200 所示。

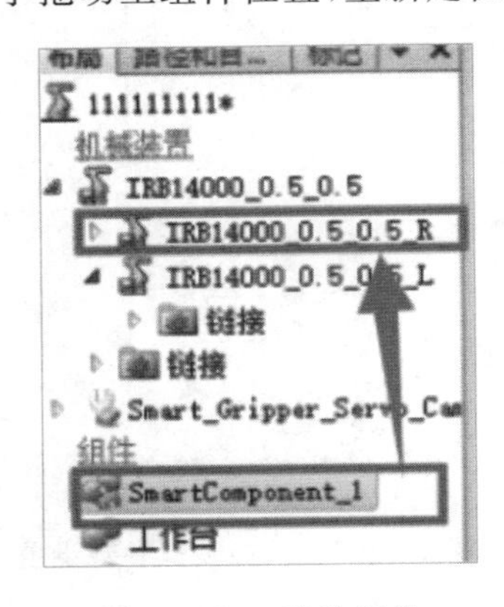

图 1－199　移动组件

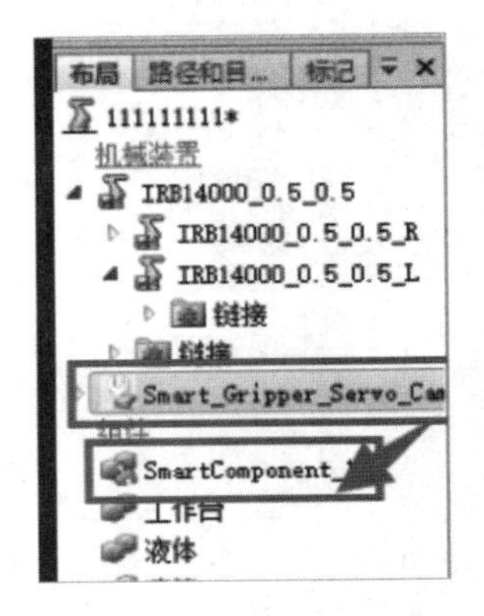

图 1－200　移动右手机械装置

⑥ 设置完成后，重命名组件为右手(见图 1－201)，恢复右手可见。

⑦ 创建一个空组，单击右手链接下的 UpFinger，将其复制粘贴(只限于用快捷键)于空组中，变更位置选择“否”，如图 1－202 所示。

图 1－201　重命名组件

图 1－202　复制粘贴 UpFinger

⑧ 如图 1-203 所示，将组中的部件拖动至右手组件中，重新定位选择“否”。

⑨ 如图 1-204 所示，将组件中的部件拖动至右手链接下的 UpFinger，更新位置选择“否”。

⑩ 将右手链接下的 UpFinger 取消勾选“可见”，组件下的部件重命名为“检测”，如图 1-205 所示。

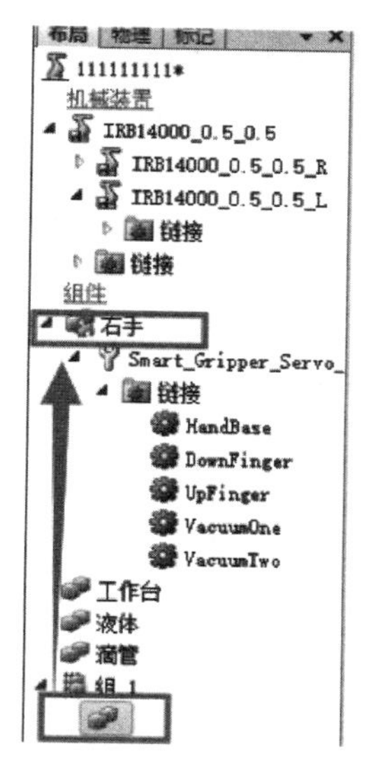

图 1-203　移动部件至右手组件

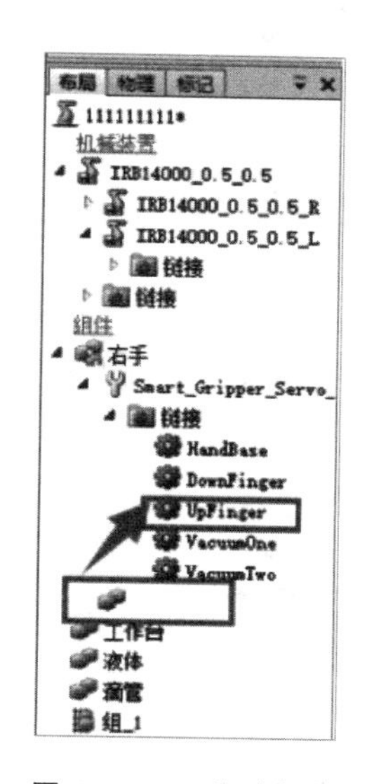

图 1-204　移动部件至 UpFinger

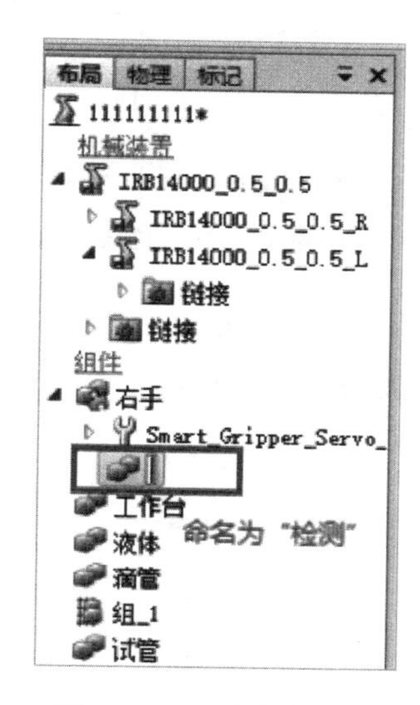

图 1-205　重命名部件

⑪ 如图 1-206 所示，右击右手组件，选择“拆除”，恢复位置选择“否”。

⑫ 如图 1-207 所示，右击右手组件，选择“位置”→“设定位置”，将其 X、Y、Z 方向都设置为 0，单击“应用”，如图 1-208 所示。

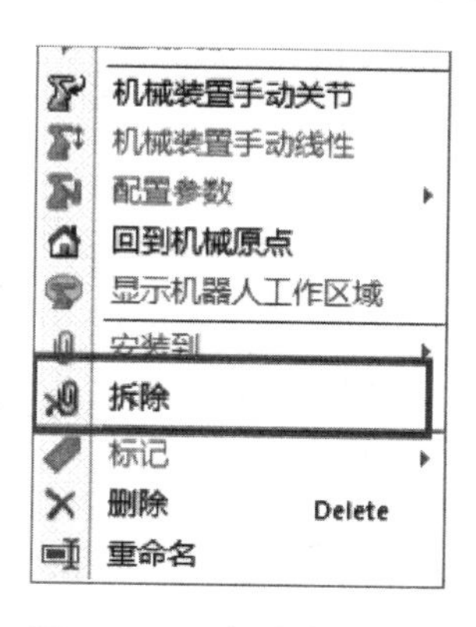

图 1-206　拆除右手组件

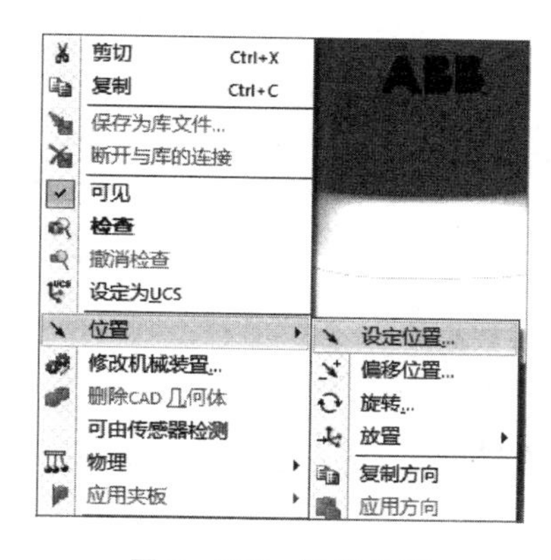

图 1-207　设定位置

⑬ 右击右手组件，选择“编辑组件”，单击“设计”，添加 1 个输入信号，如图 1-209 所示。

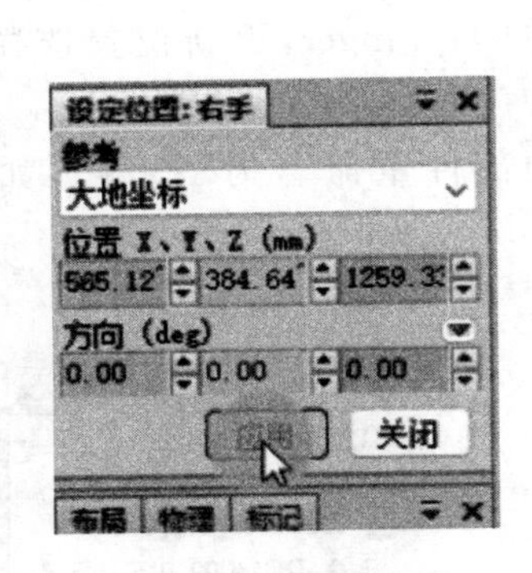

图 1-208 位置参数

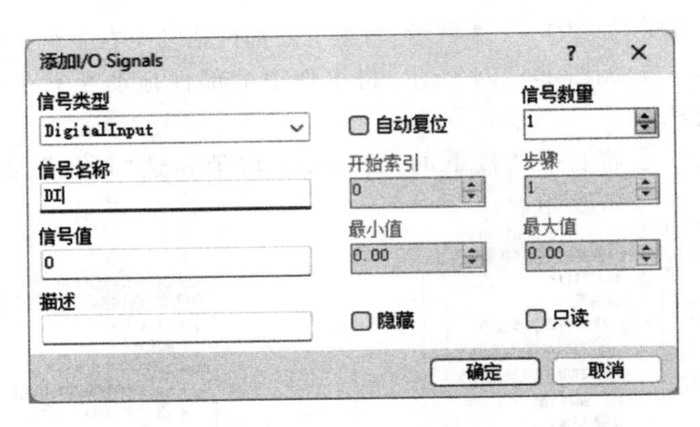

图 1-209 添加名为“DI”输入信号

⑭ 如图 1-210 所示，单击“添加组件”，添加“传感器”中的 LineSensor，设置传感器可方便进行多工件操作。

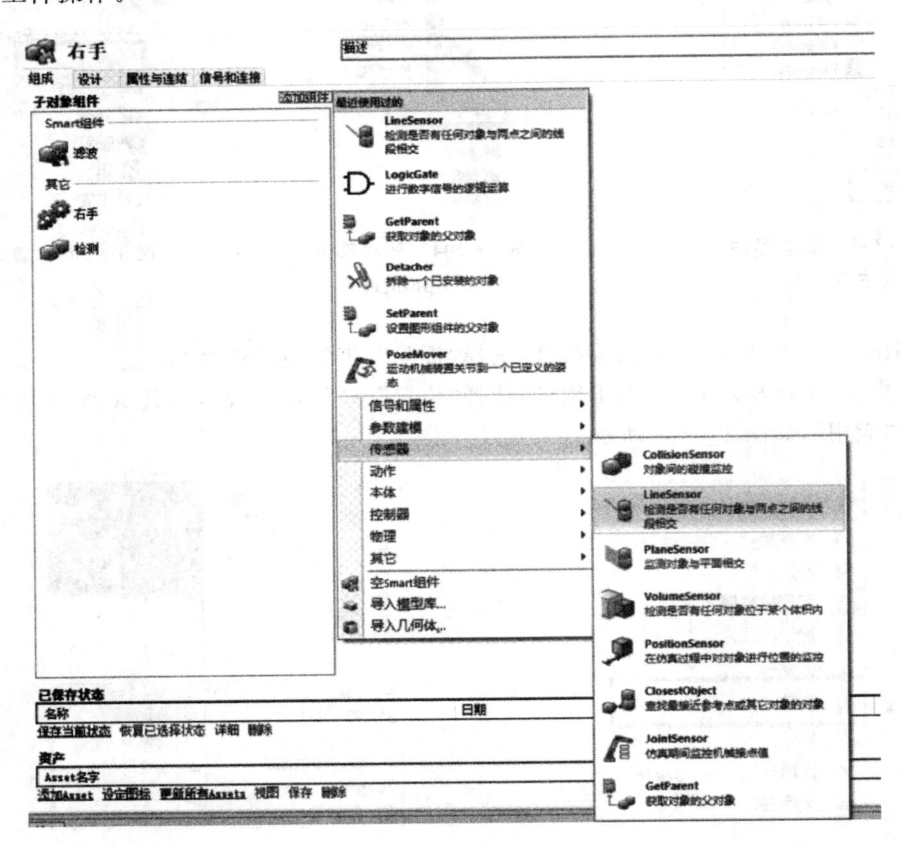

图 1-210 添加 LineSensor 组件

⑮ 如图 1-211 所示，单击“添加组件”，添加“动作”中的 Attacher，安装一个对象，设置属性为“右手”组件，如图 1-212 所示。

⑯ 如图 1-213 所示，单击“添加组件”，添加“信号与属性”中的 LogicGate，设置逻辑运算，将其属性更改为 NOT，如图 1-214 所示。

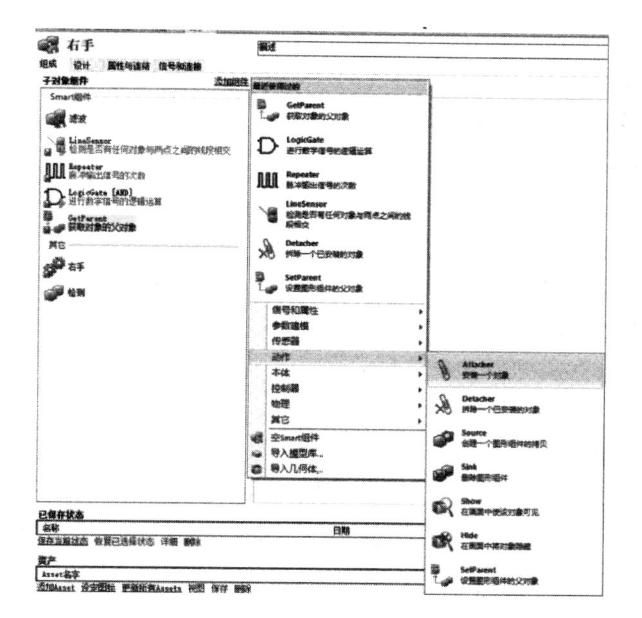
图 1-211　添加 Attacher 组件

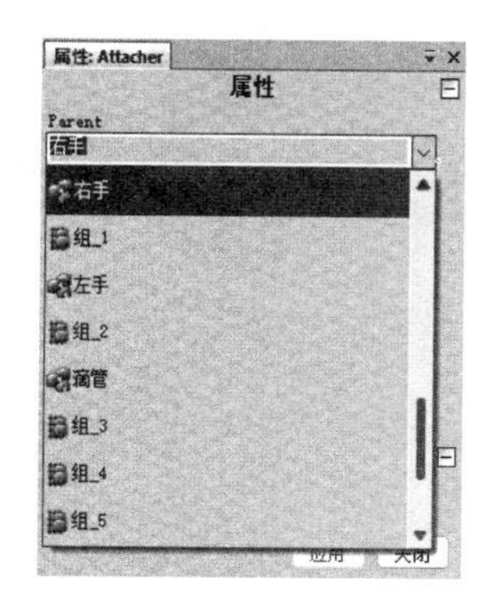

图 1-212　设置 Attacher 属性

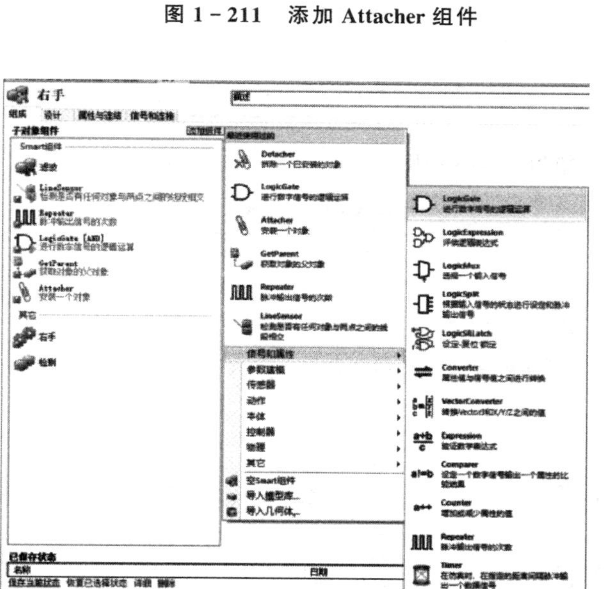
图 1-213　添加 LogicGate 组件

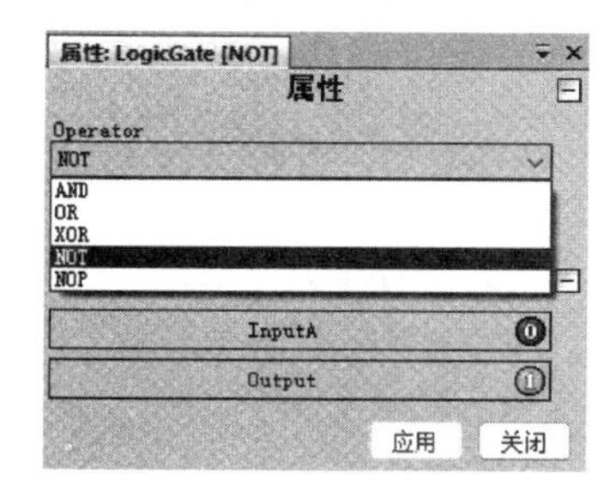

图 1-214　设置 LogicGate 属性

⑰ 如图 1-215 所示，单击“添加组件”，添加“动作”中的 Detacher，拆除对象。

⑱ 如图 1-216 所示，单击“添加组件”，添加“信号与属性”中的 Repeater，脉冲输出信号的次数。

⑲ 如图 1-217 所示，添加“信号与属性”中的 LogicGate，设置属性为 NOP，时间为 0.024，如图 1-218 所示。

⑳ 如图 1-219 所示，单击“添加组件”，添加“传感器”中的 GetParent，获取对象的父对象。

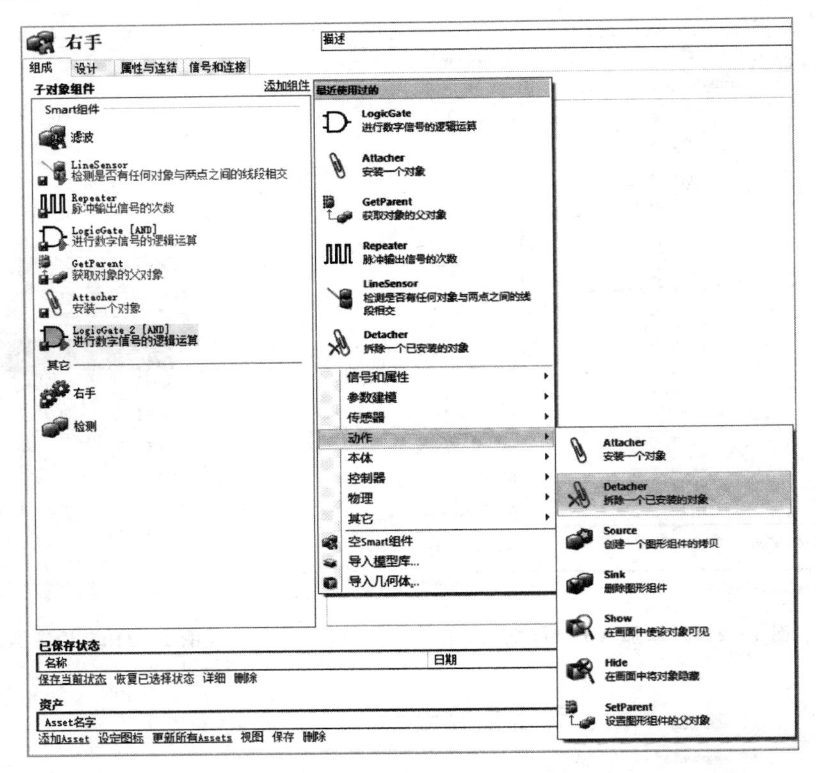

图 1-215　添加 Detacher 组件

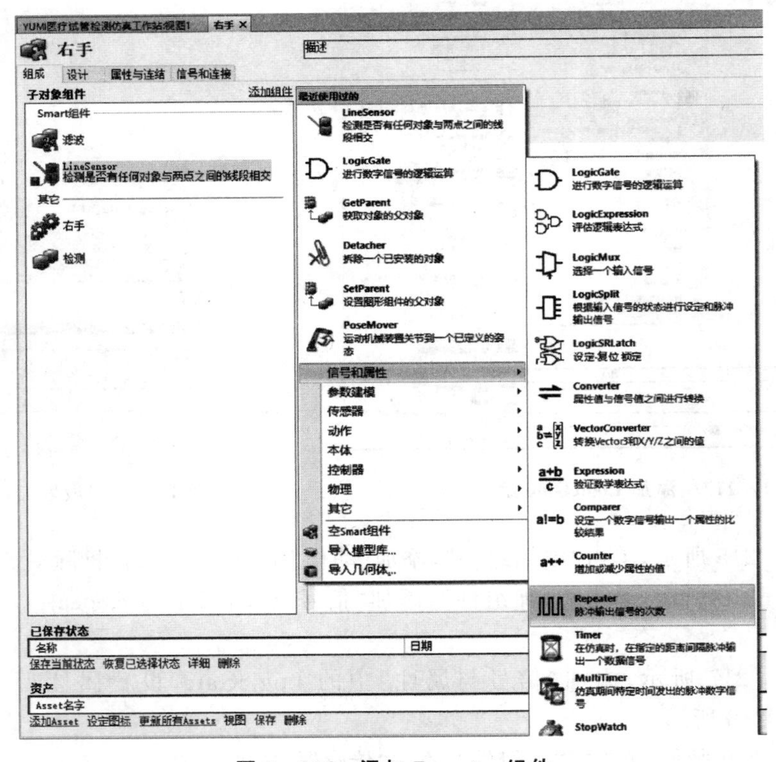

图 1-216　添加 Repeater 组件

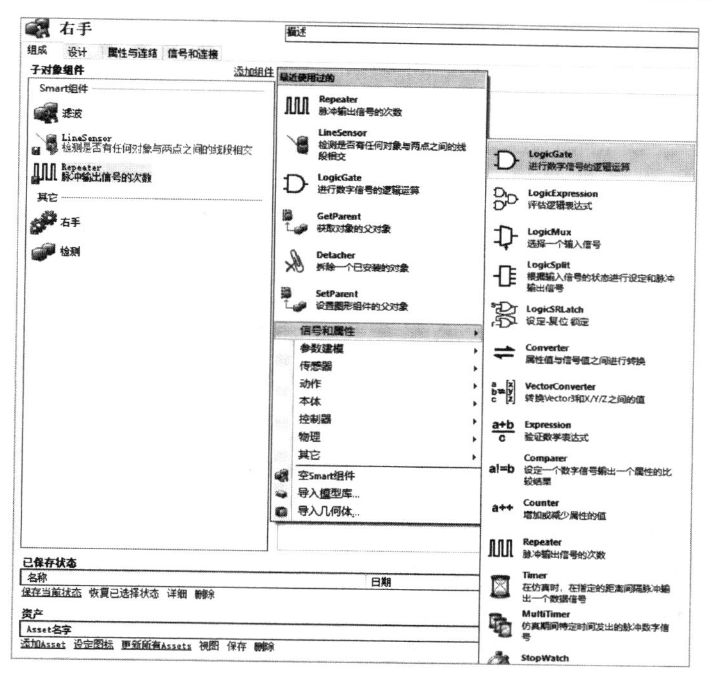

图 1-217 添加 LogicGate 组件

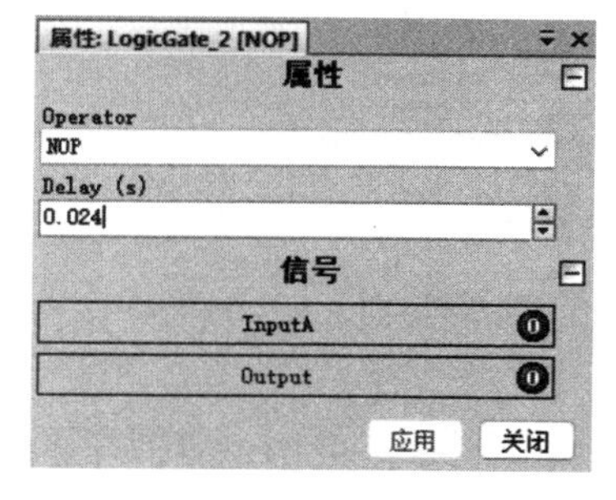

图 1-218 设置 LogicGate 属性

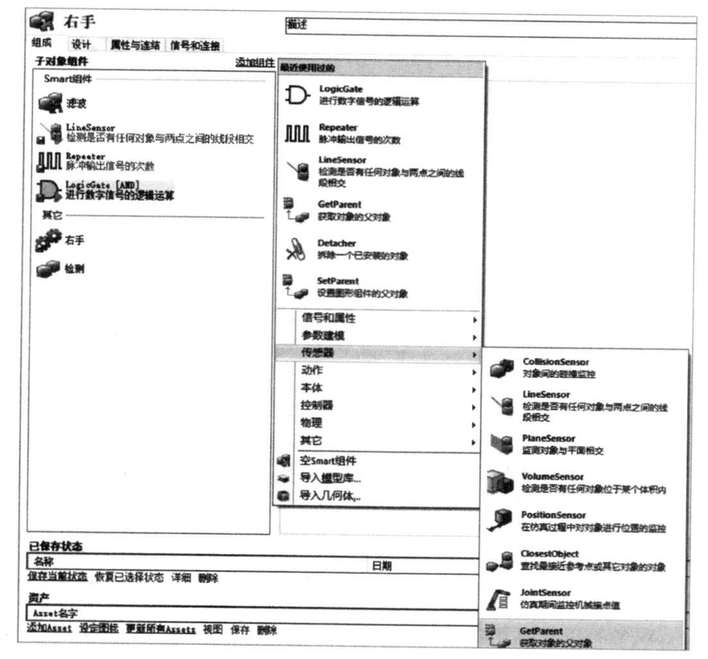

图 1-219 添加 GetParent 组件

㉑ 在设计中添加“属性”，将“发生属性类型”设置为 ABB. Robotics. RobotStudio. Stations. GraphicComponent，(属性名称可自行决定)，单击“确定”，如图 1-220 所示。

㉒ 单击“属性与连结”，选择“添加连结”，设置源对象为 GetParent，源属性为 Parent，目标对象为“右手”，目标属性或信号为“WUTI1”，设置完成，单击“确定”，如图 1-221 所示。

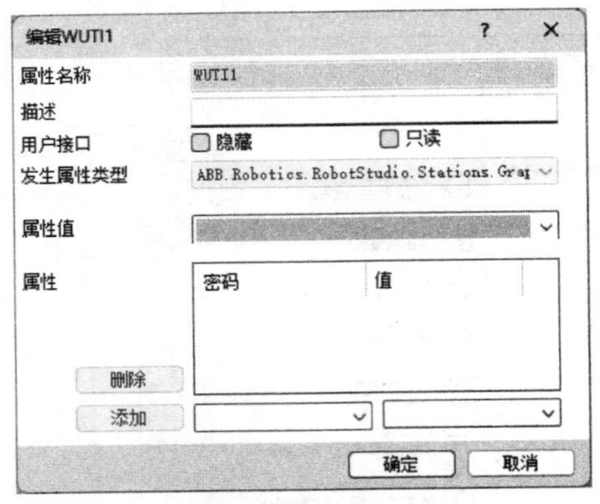

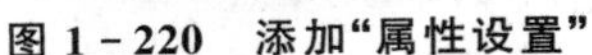
图 1-220　添加“属性设置”

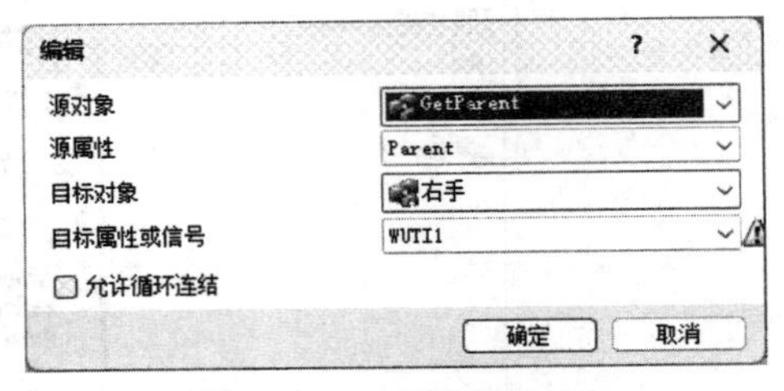

图 1-221　添加“连结”

㉓ 单击“添加组件”，连续添加两个“本体”中的 PoseMover，一个已定义的姿态，如图 1-222 所示。

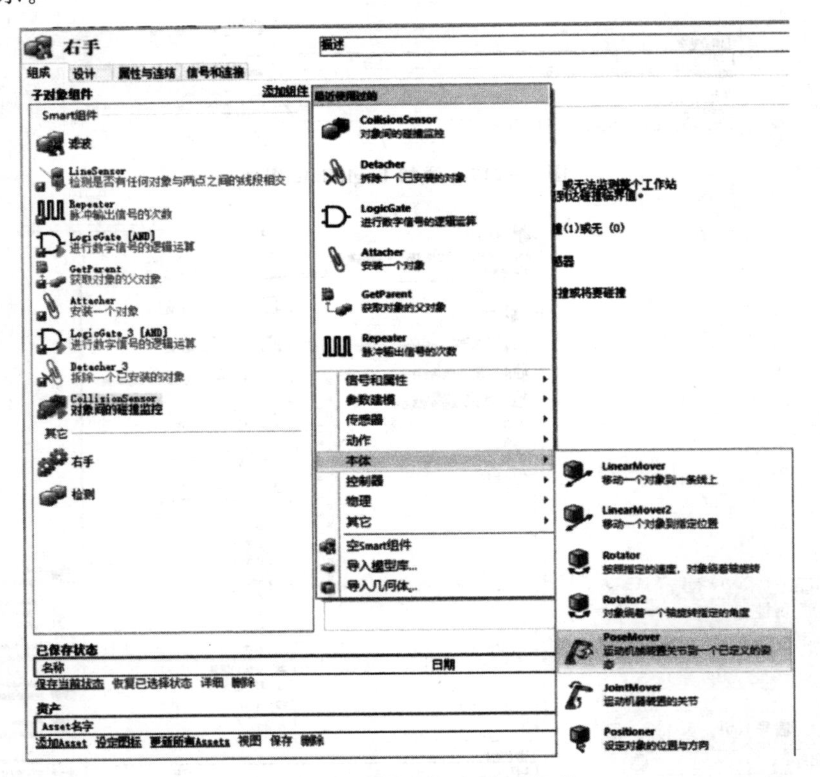

图 1-222　添加 PoseMover 组件

设置第一个 PoseMover 的属性，将机械装置设置为右手，姿态选择 SyncPose，时间设置为 1.5，单击“确定”。

设置第二个 PoseMover 的属性，将机械装置设置为右手，姿态选择 HomePose，时间设置为 1，单击“确定”。

㉔ 如图 1-223 所示，单击“添加组件”，添加“传感器”中的 CollisionSensor，进行对象间的碰撞监控。

㉕ 如图 1－224 所示，单击“属性”，物体选择“检测(右手)”，然后单击“应用”，属性设置完成。

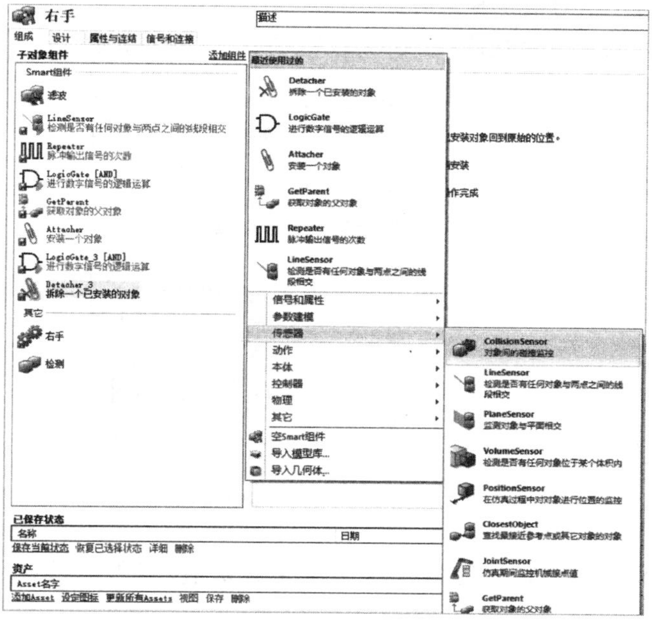

图 1－223　添加 CollisionSensor 组件

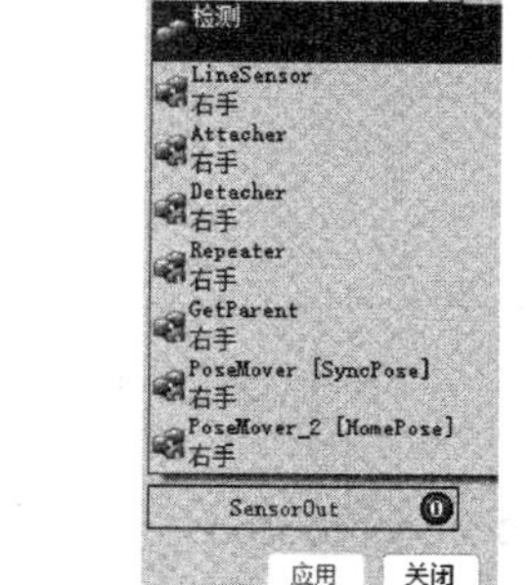

图 1－224　设置 CollisionSensor 属性

㉖ 如图 1－225 所示，单击“添加组件”，添加“信号与属性”中的 LogicGate，进行数字信号的逻辑运算，这里将其属性更改为 NOT。

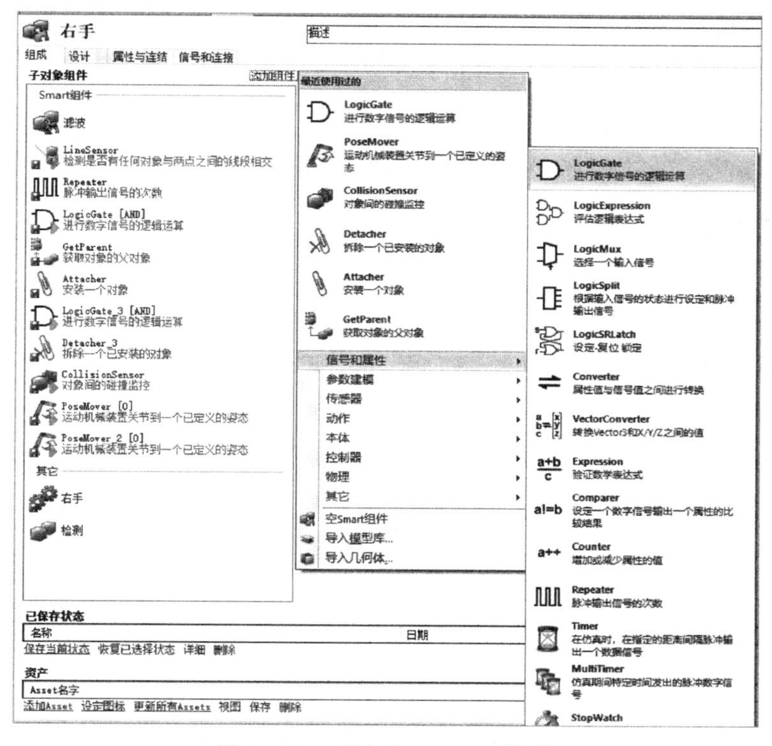

图 1－225　添加“LogicGate”组件

㉗ 如图 1-226 所示，单击 Smart 组件，创建名为“滤波”的新组件，在右手组件中复制粘贴两个 LogicGate 在滤波组件中，进行数字信号的逻辑运算。

㉘ 第一个 LogicGate 属性设为 OR，其余值为默认值，不做更改，如图 1-227 所示。

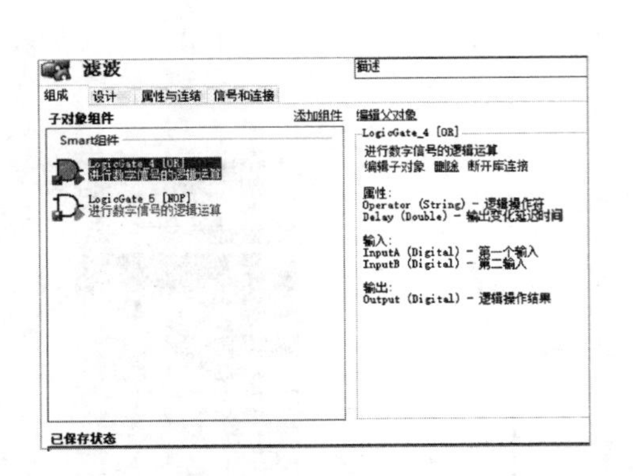

图 1-226　创建滤波组件

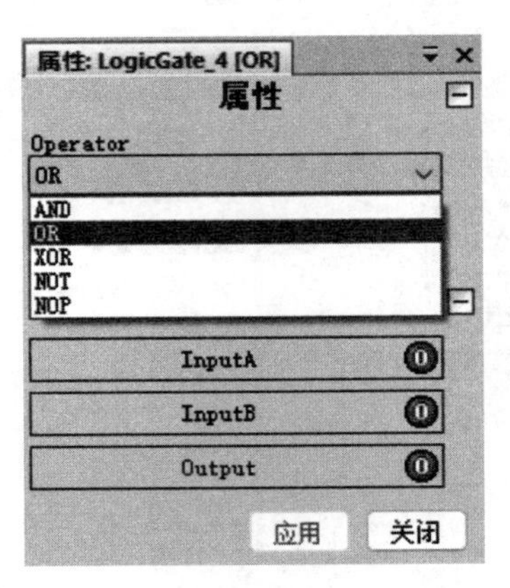

图 1-227　设置 LogicGate 属性

㉙ 第二个 LogicGate 属性设为 NOP，时间为 0.2 s，其余值为默认值，不做更改，如图 1-228 所示。

㉚ 设置输入信号为 DI(见图 1-229)，输出信号为 DO(见图 1-230)，信号设定完成之后，进行连线(见图 1-231)。

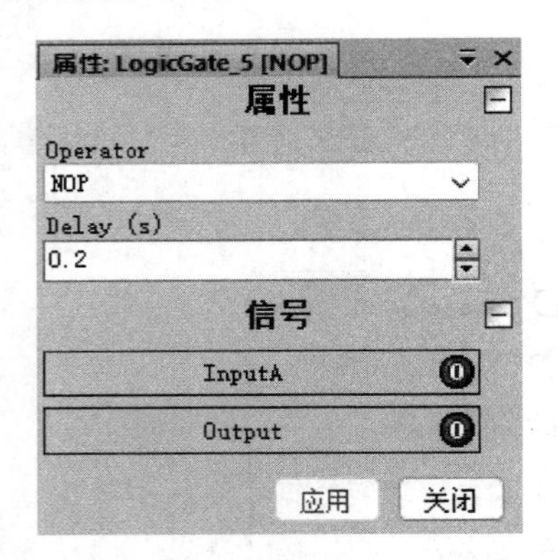

图 1-228　设置 LogicGate 属性

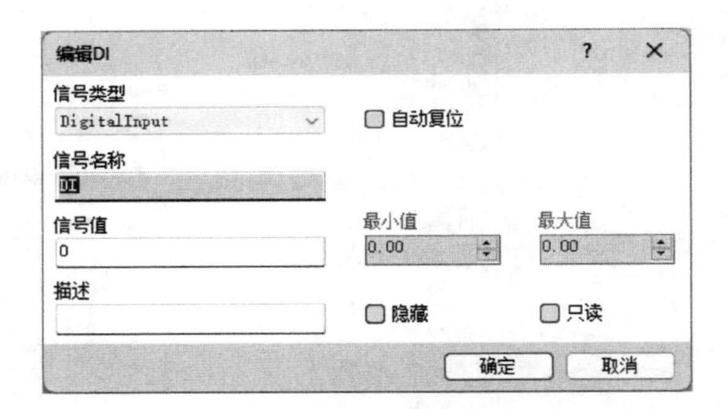

图 1-229　添加名为 DI 的输入信号

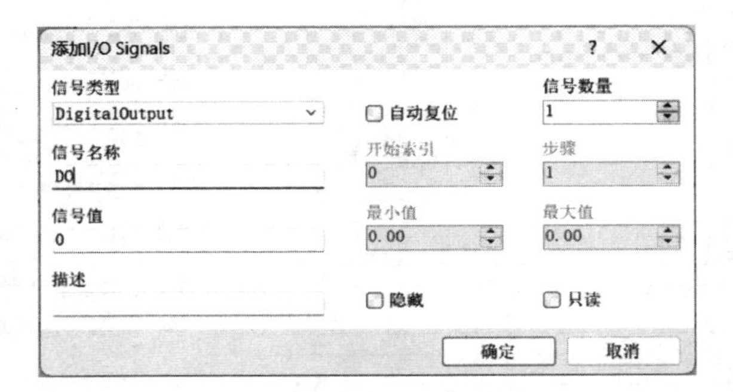

图 1-230　添加名为 DO 的输入信号

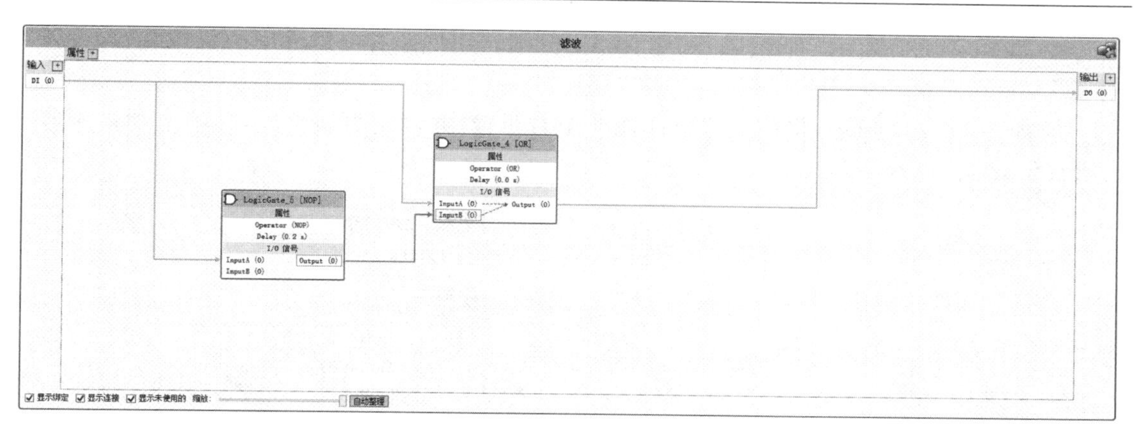

图 1-231　滤波组件连线图

㉛ 如图 1-232 所示，将创建好的滤波组件拖动至右手组件，重新定位选择“否”。

㉜ 选择视图，单击“传感器”，设置其属性值，起始位置为图中标记点(见图 1-233)，起点 Z 方向+20，终点 Z 方向-20，宽度为 1，单击“应用”，如图 1-234 所示。

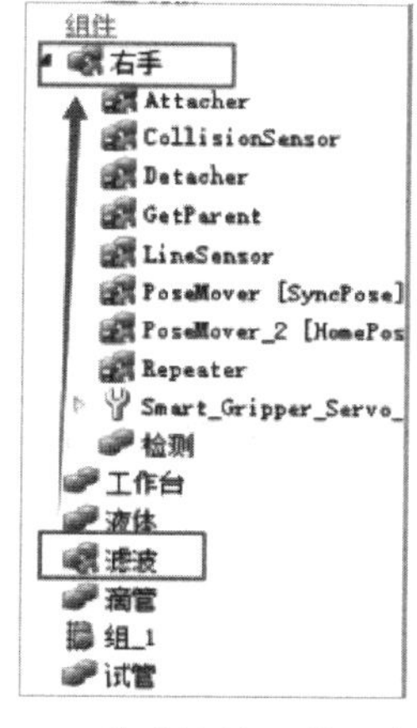

图 1-232　移动滤波组件至右手组件

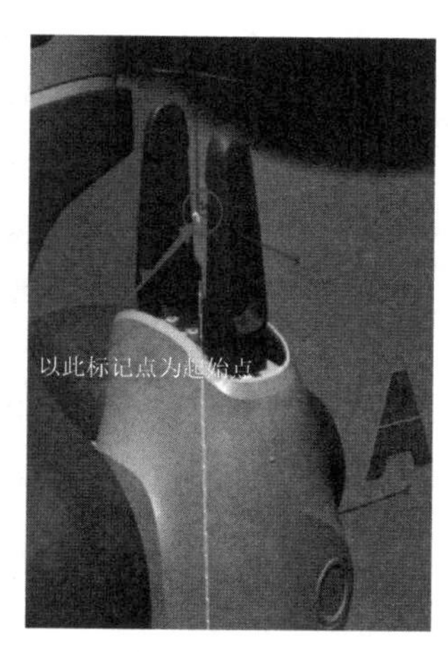

图 1-233　设置传感器起始点

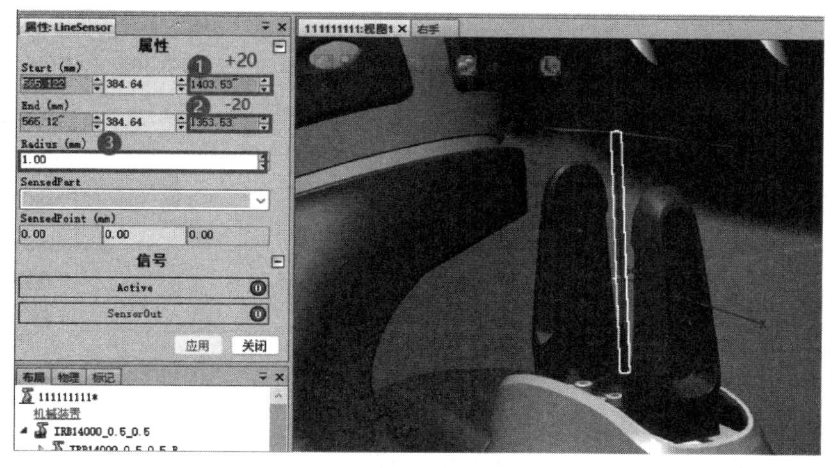

图 1-234　传感器位置大小参数

㉝ 如图 1－235 所示，右击“右手”组件，选择“编辑组件”，右击组件中的机械装置，设置为 Role。

㉞ 如图 1－236 所示，将“右手”组件拖动至右手臂，并确定更新位置，并确定替换所有工具所在位置。

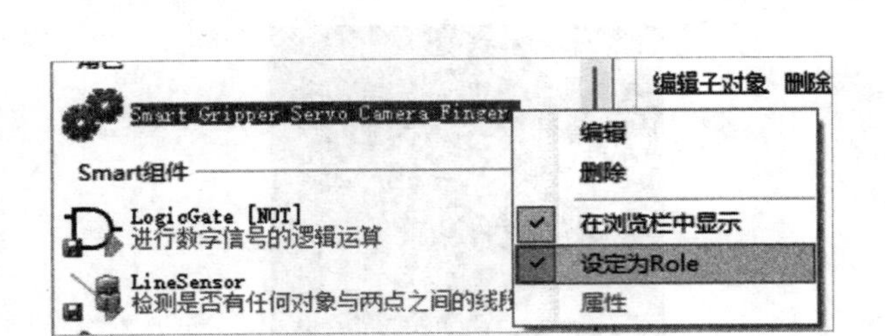

图 1－235　将组件中机械装置设为 Role

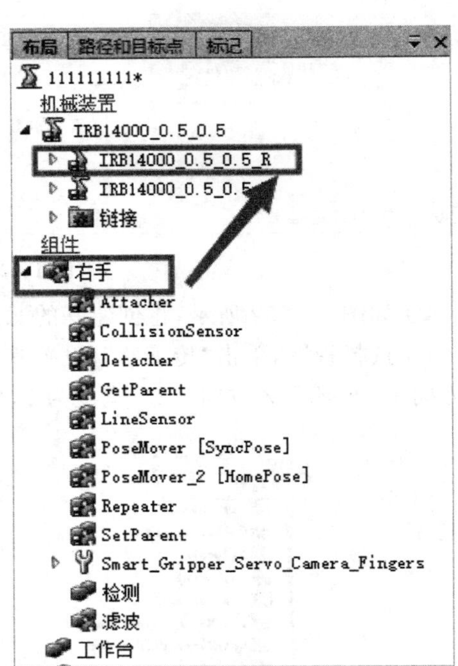

图 1－236　移动右手组件至右手臂

㉟ 进行右手组件连线设置，如图 1－237 所示。

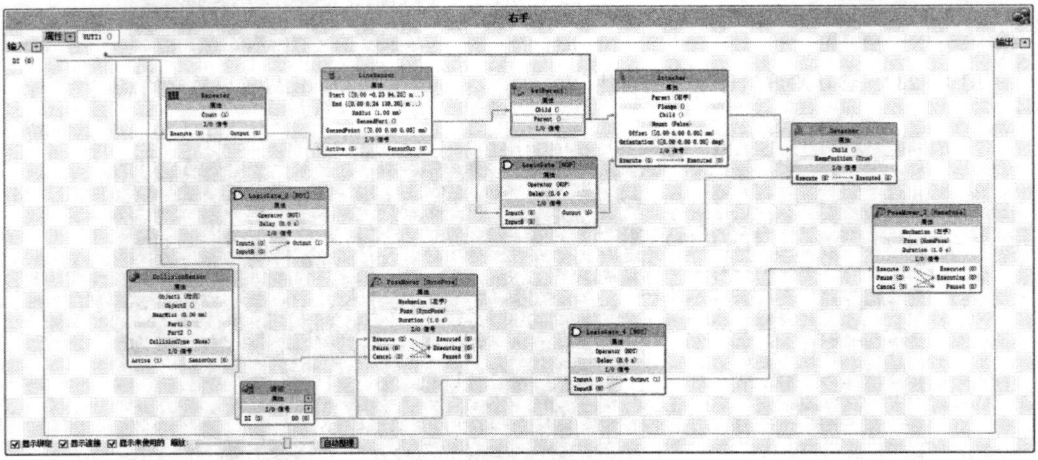

图 1－237　右手组件连线

3）左手组件创建

① 将右手组件复制粘贴，重命名为“左手”，将左手组件拖动至左手臂中，确定更新位置，

并确定替换所有工具所在位置。

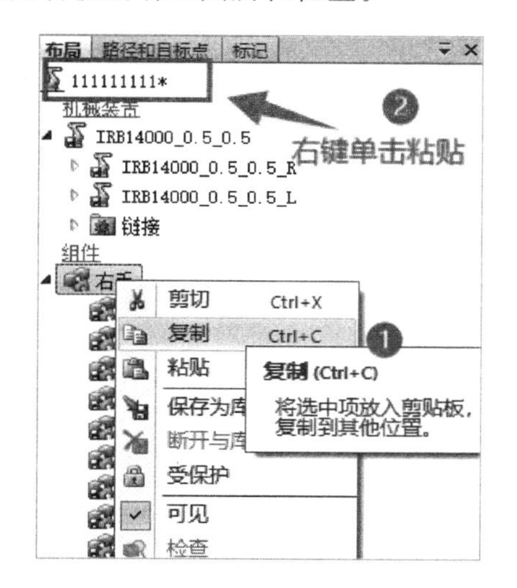

图 1-238　复制粘贴右手组件

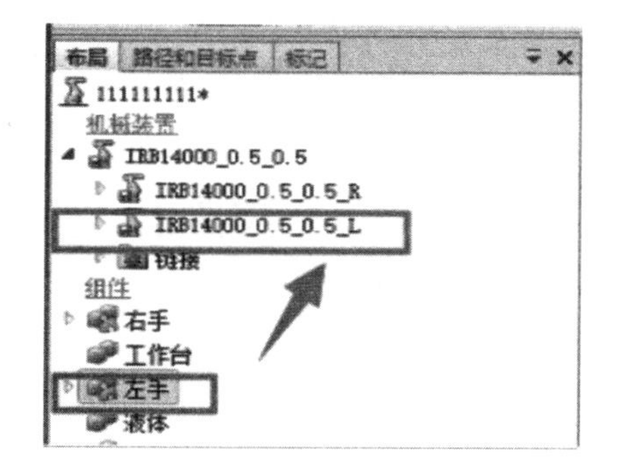

图 1-239　移动左手组件至左手臂

② 如图 1-240 所示，右击左手，选择“编辑组件”，单击“设计”，将原有属性删除，重设一个属性为 WUTI2，发生属性类型选择为 ABB. Robotics. RobotStudio. Stations. GraphicComponent，单击“确定”。

③ 如图 1-241 所示，添加名为“S”的输入信号。

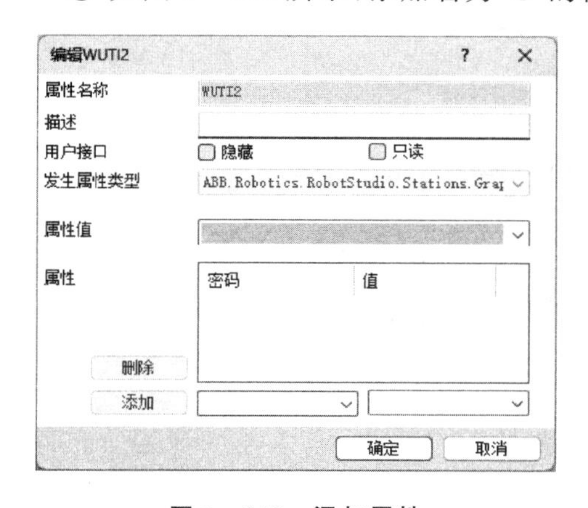

图 1-240　添加属性

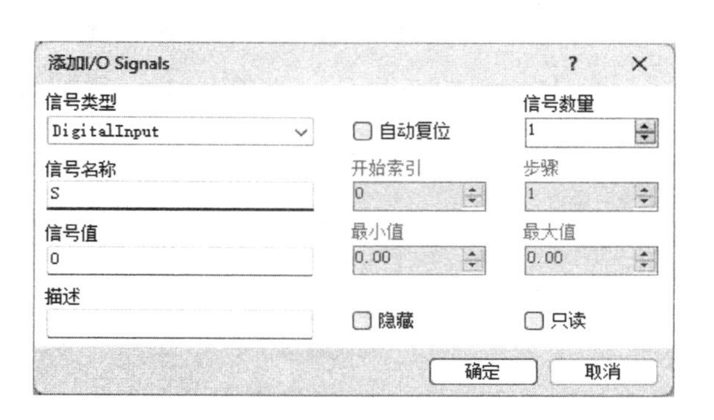

图 1-241　添加输入信号

④ 如图 1-242 所示，单击“添加组件”，添加“动作”中的 SetParent，设置图形组件的父对象。

⑤ 单击“属性与连结”，选择“添加连结”，设置源对象为“左手”，源属性为 WUTI2，目标对象为 SetParent，目标属性或信号为 Parent，如图 1-243 所示，单击“确定”。

⑥ 如图 1-244 所示，保存数据，在进行仿真设计过程中一定要养成随时保存的习惯，以免数据丢失。

⑦ 回到视图界面，单击“路径和目标点”，将“左手”和工具数据下的 Servo 设定为激活，如图 1-245 所示。

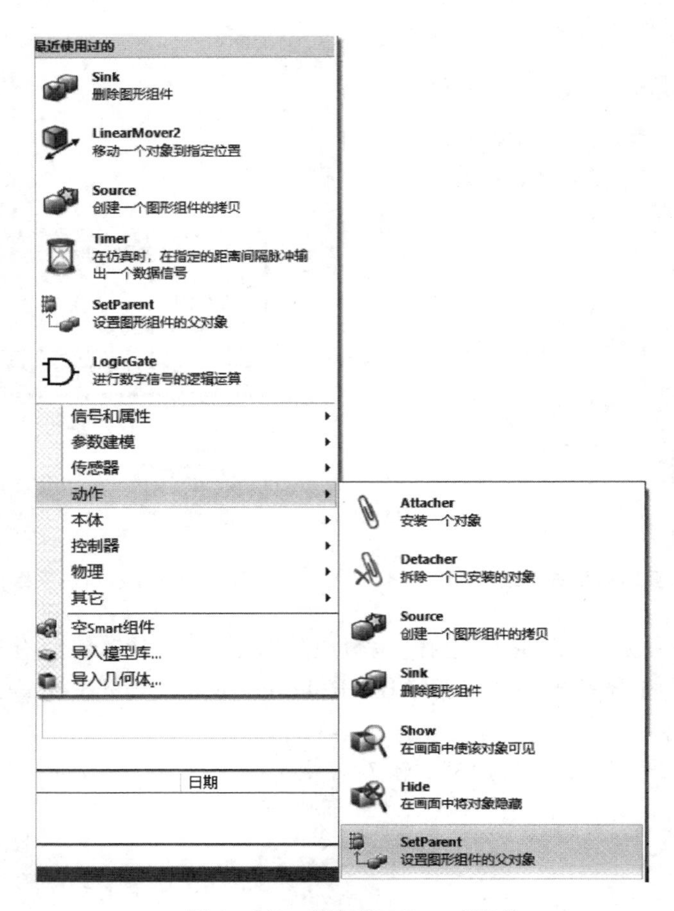

图 1-242　添加“SetParent”组件

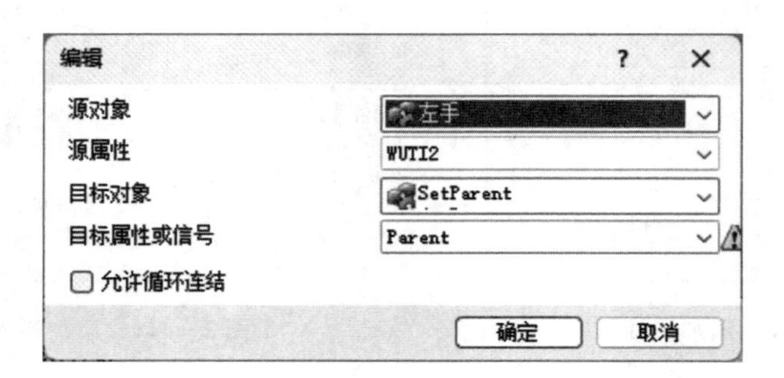

图 1-243　添加连结

图 1-244　保存数据

⑧ 如图 1-246 所示，单击“示教目标点”，弹出的窗口选择继续操作。

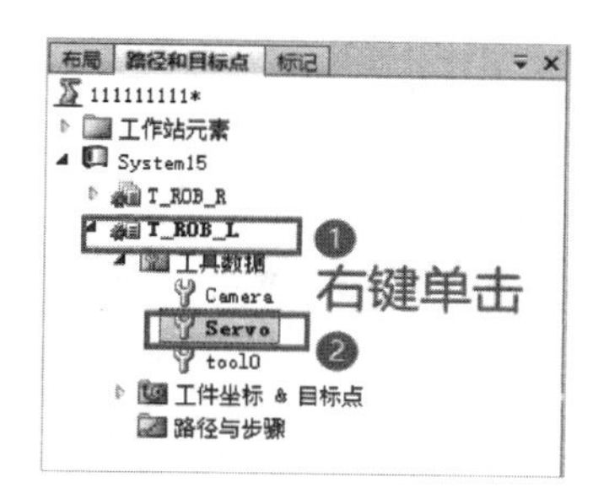

图 1-245 设定激活

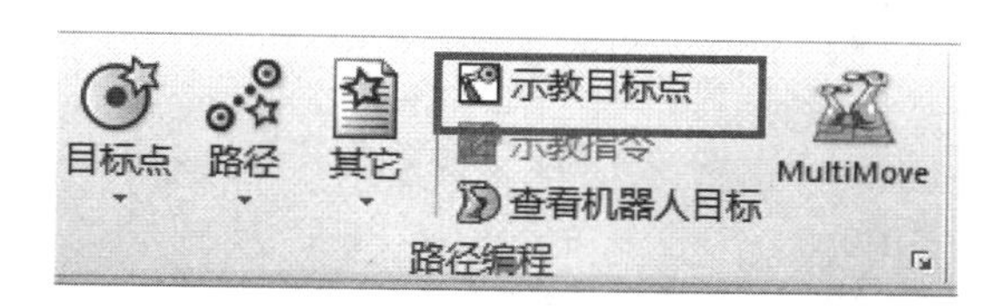

图 1-246 标定示教目标点

⑨ 如图 1-247 所示，选择工件坐标 & 目标点，单击 Target_10，选择“大地坐标”，将坐标拖至上方，如图 1-248 所示。

图 1-247 选择 Target_10

图 1-248 工件坐标位置

⑩ 右击 servo，选择“设定位置”，弹出设置对话框后，再单击 Target_10，参考位置换为“大地坐标”，将 X 方向更改为 -180，Y 方向为 -90，Z 方向设置为 0，单击“应用”，如图 1-249、图 1-250 所示。

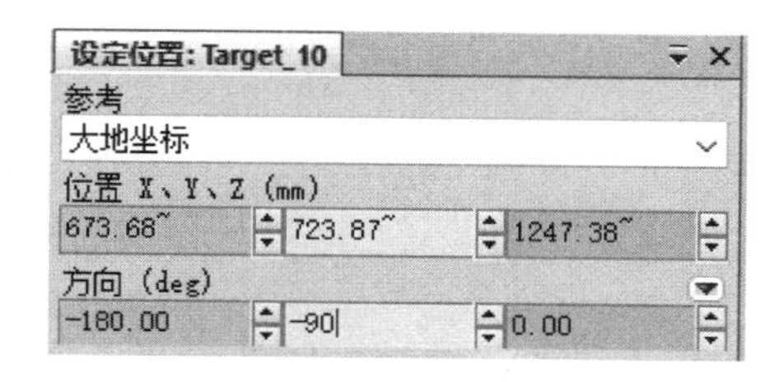

图 1-249 位置参数

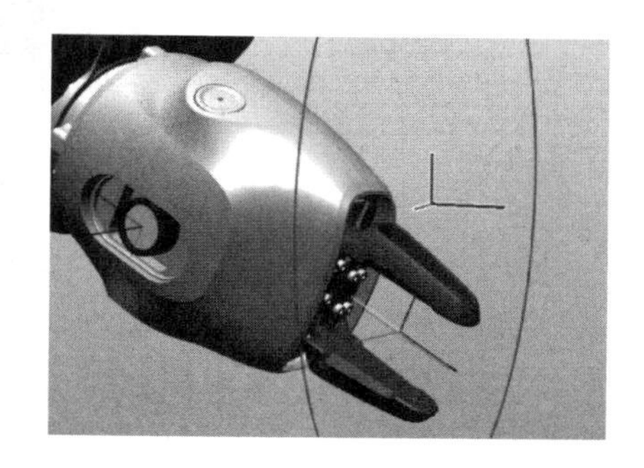

图 1-250 设定位置完成

⑪ 右击 Target_10，查看参数配置，让机械臂自动调整至合适位置。

⑫ 如图 1-251 所示，选择“布局”下的“左手”组件，右击传感器，选择“属性”，单击“捕捉

中点”，起始位置选择图 1－252 所示两点，终点 Z 方向＋5，宽度选择 1，然后单击“应用”。

图 1－251 设定传感器起始点

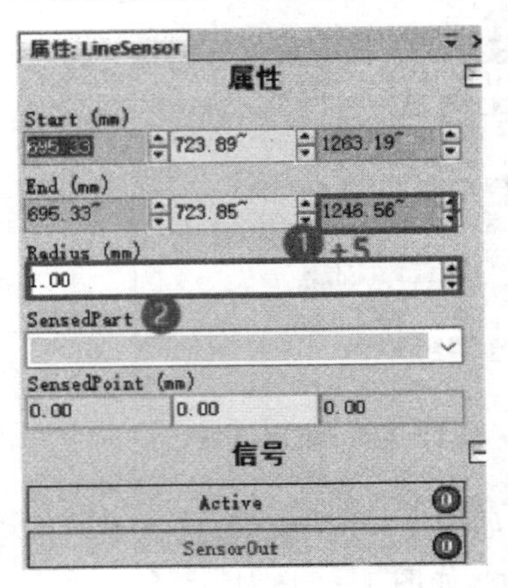

图 1－252 传感器大小与位置参数

⑬ 右击传感器，选择“位置”→“偏移位置”，将 X 方向设置为 2，其余值不做更改，单击“确定”，最终呈现效果如图 1－253 所示。

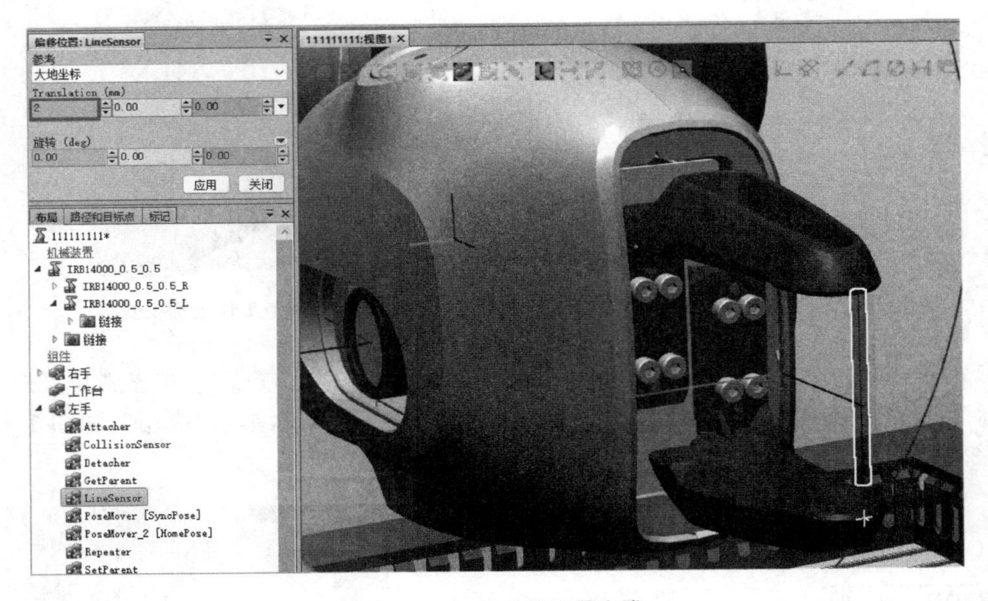

图 1－253 传感器设置完成

⑭ 如图 1－254 所示，右击 IRB14000_0.5_0.5_L，选择“回到机械原点”，左手组件设置完成。

⑮ 左手组件连线如图 1－255 所示。

4）模拟滴管水滴下落组件

滴管吸取试验液体后，会在试管上端进行一个挤压动作，便于滴管中的液体滴在试管中，下面要模拟水滴随着挤压动作落入滴管中的效果。

① 如图 1－256 所示，创建 Smart 组件，重命名为“滴管”，将滴管部件移至滴管组件中。

② 下面将制作一个球体，用来模拟水滴形状。右击“滴管”→“编辑组件”，再单击“固体”→“球体”，如图 1－257 所示。

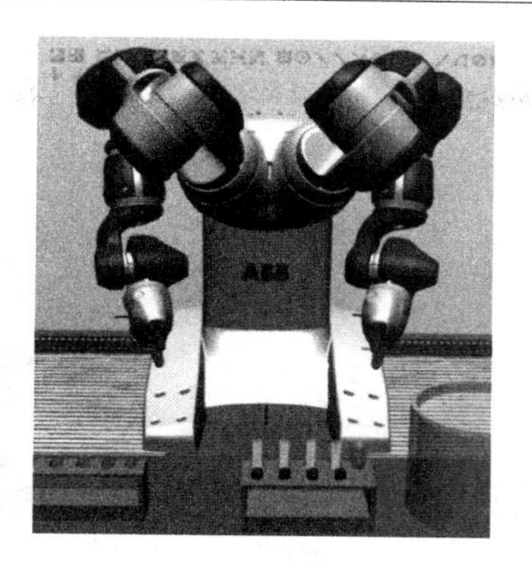

图 1-254 回至机械原点

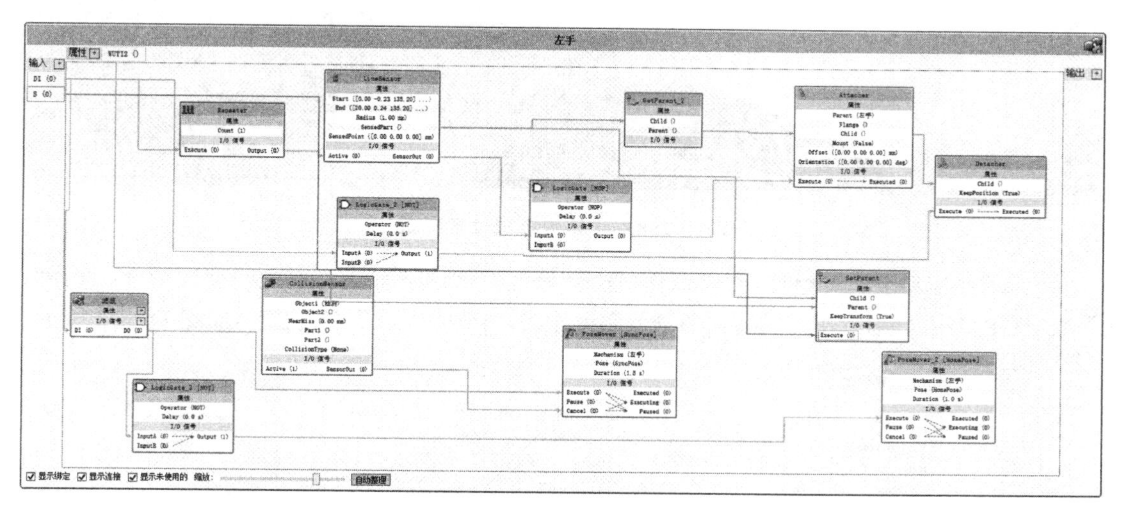

图 1-255 左手组件连线

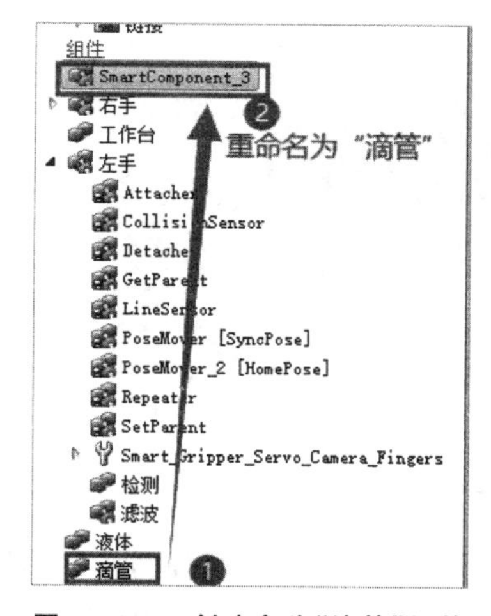

图 1-256 创建名为"滴管"组件

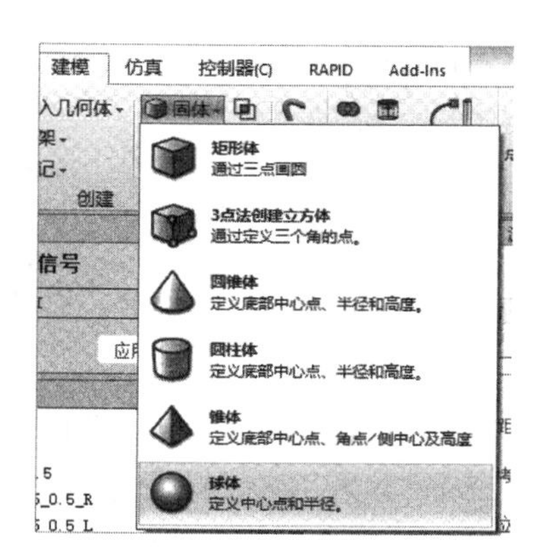

图 1-257 创建"球体"

③ 如图 1－258 所示，在视图中单击“捕捉末端”，因为要设置滴管中的球体，所以需要将遮挡滴管的物体全部取消勾选“可见”，将中心点选择在滴管下方重心位置，Z 方向＋2，半径设置为 1，单击“创建”。

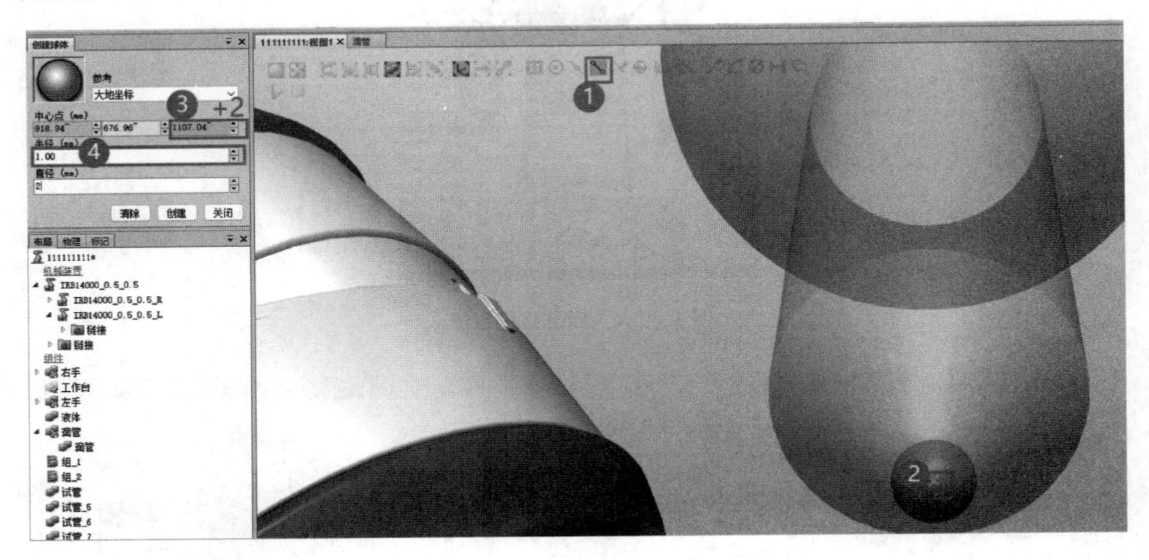

图 1－258　球体大小与位置参数

④ 将球体拖动至滴管组件，右击球体，选择“修改”→“图形显示”，不透明度设为 50，选择“蓝色”，在“规定自定义颜色”中拉动滚动条调节颜色深浅，调节完毕后单击“确定”，如图 1－259 所示。

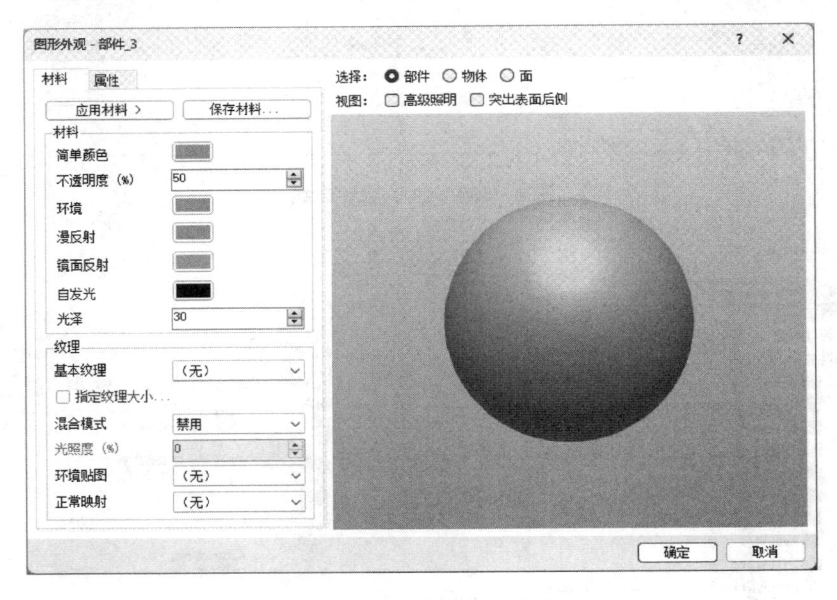

图 1－259　图形显示参数

⑤ 如图 1－260 所示，右击滴管组件，选择“编辑组件”，单击“添加组件”，添加“信号与属性”中的 Timer，在编程中计时器的作用十分关键，后续有些功能甚至需要计时器设定的时间才能呈现出效果。

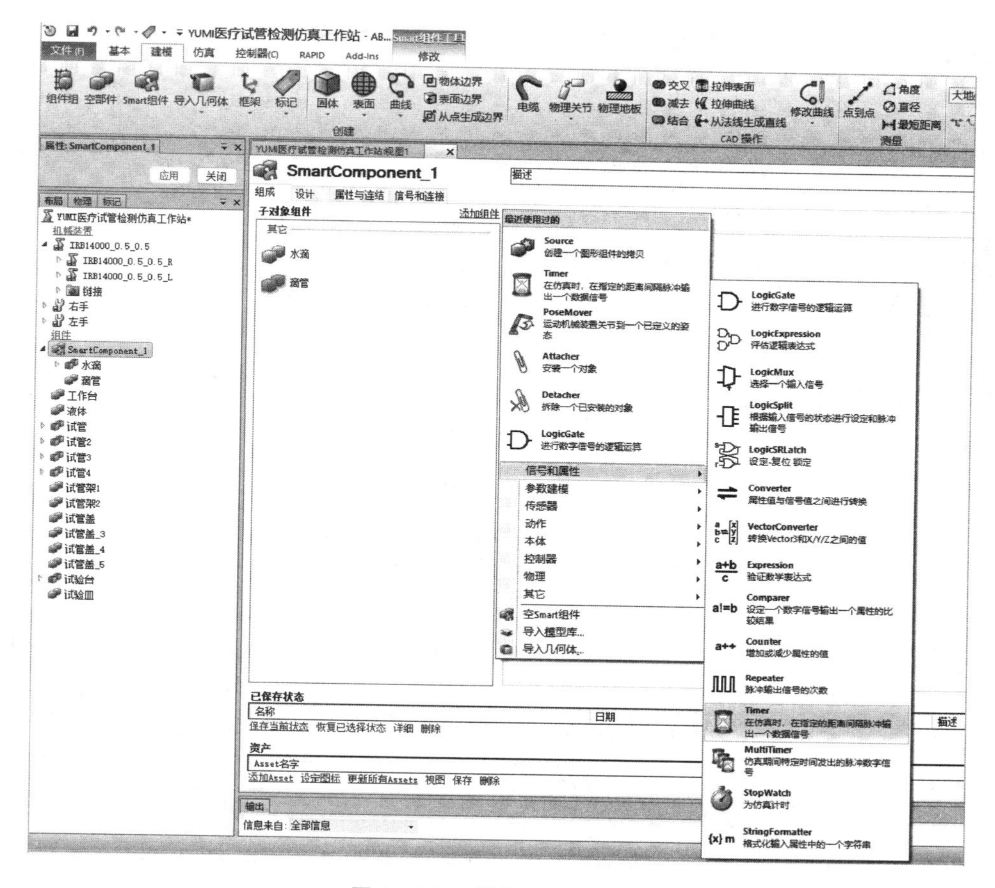

图 1-260　添加 Timer 组件

⑥ 如图 1-261 所示，设置 Timer 属性，设置间隔时间为 0.48。

⑦ 如图 1-262 所示，单击设计，设置输入信号为 D，信号值为默认的 0。

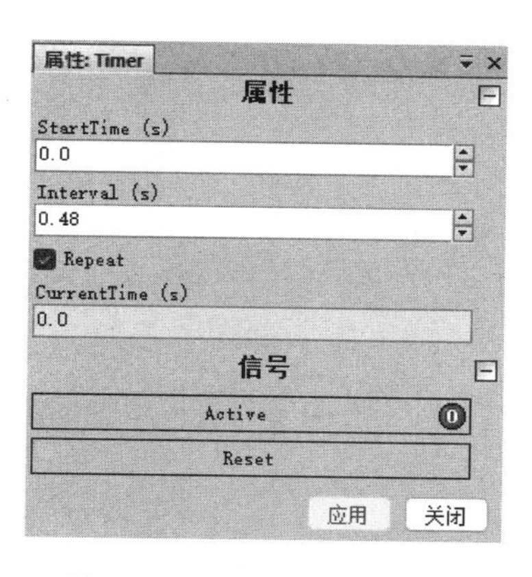

图 1-261　设置 Timer 属性

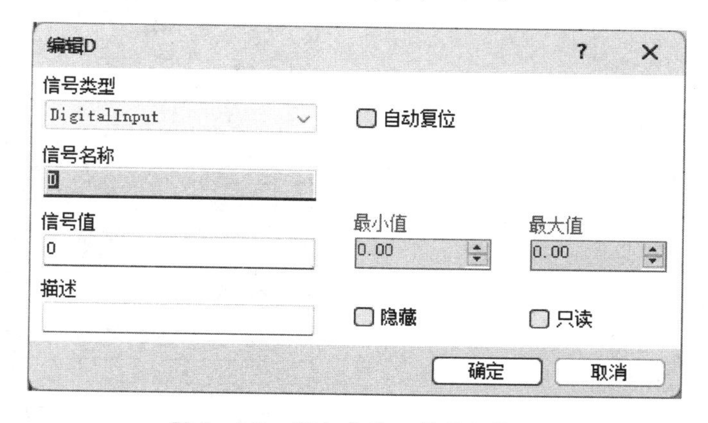

图 1-262　添加名为 D 的输入信号

⑧ 如图 1-263 所示，单击“添加组件”，添加“动作”中的 Source。所要实现的效果其实是由多个特定图形叠加与消减实现的，图形组件的复制组件必不可少。

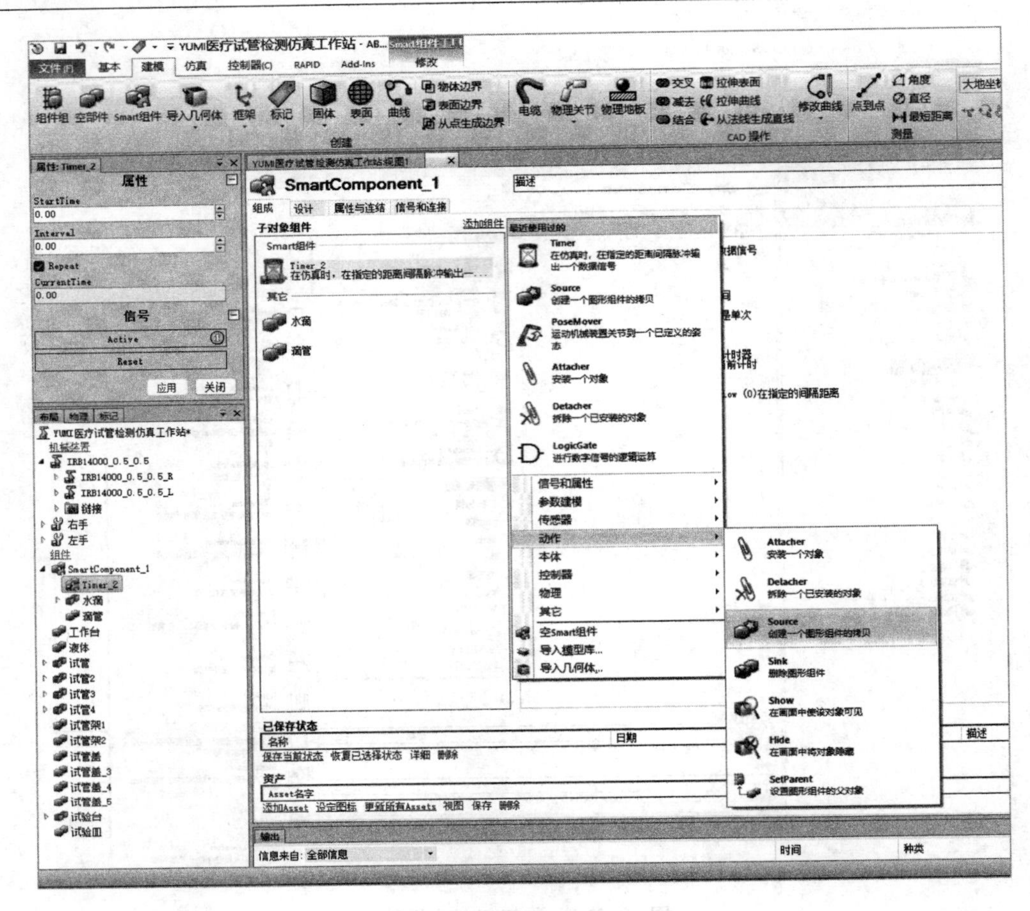

图 1-263　添加“Source”组件

⑨ 如图 1-264 所示,设置属性:Source,物体复制选择“部件_3(滴管)”,单击“应用”。

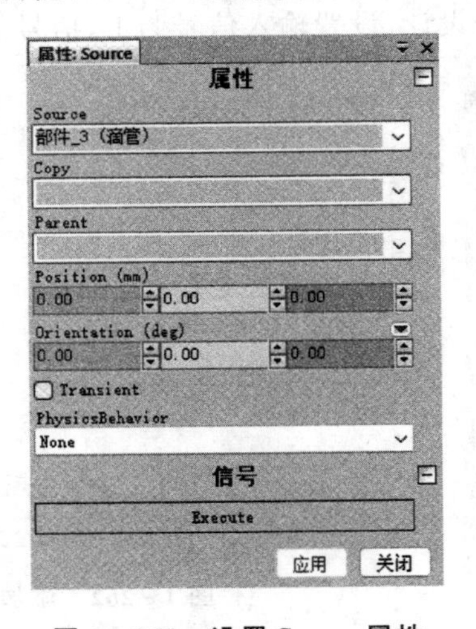

图 1-264　设置 Source 属性

⑩ 如图 1-265 所示,单击“添加组件”,添加“本体”中的 LinearMover2,以实现水滴从当前位置移动到指定位置,实现滴落效果。

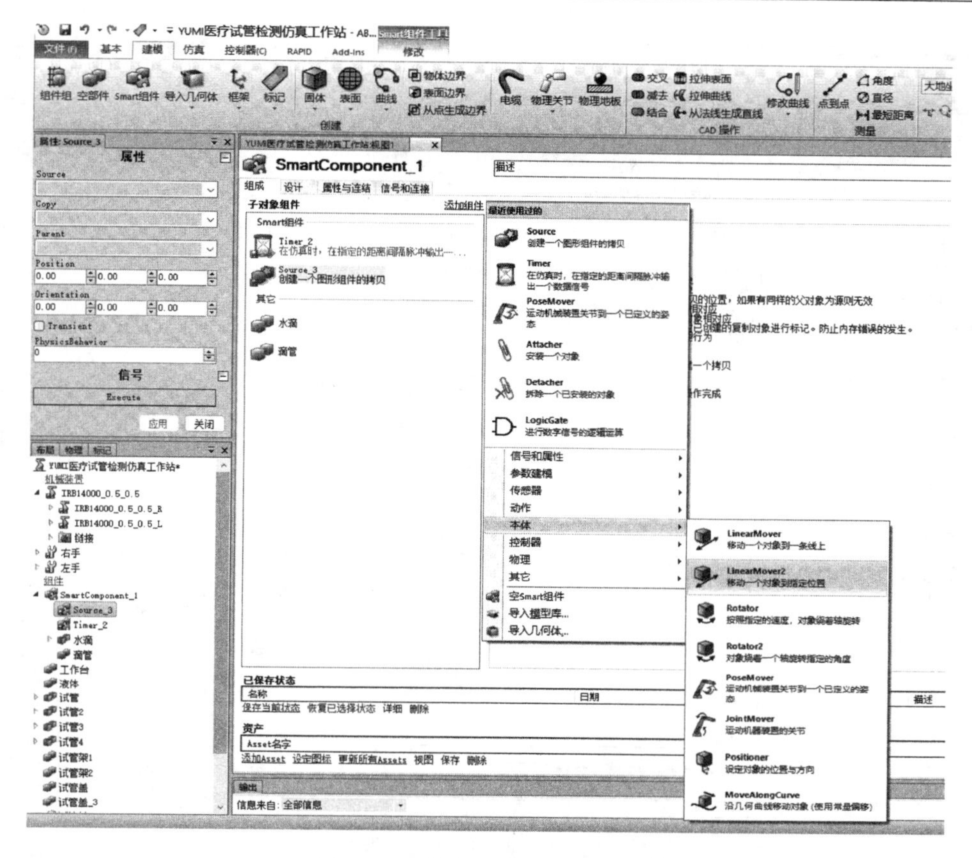

图 1-265　添加 LinearMover2 组件

⑪ 如图 1-266 所示，在属性框中“对象移动方向”设置为 X、Y 方向为 0，Z 方向为 -1，距离 55，持续时间为 0.1 s，单击“应用”。

属性: LinearMover2

属性

Object

Direction (mm)

0.00　0.00　-1.00

Distance (mm)

55.00

Duration (s)

0.1

Reference

Global

信号

Execute

Executing

应用　关闭

图 1-266　设置“LinearMover2”属性

⑫ 如图 1-267 所示，单击“添加组件”，添加“动作”中的“Sink”。以还原试管中无液体的效果，与 Source 搭配使用。

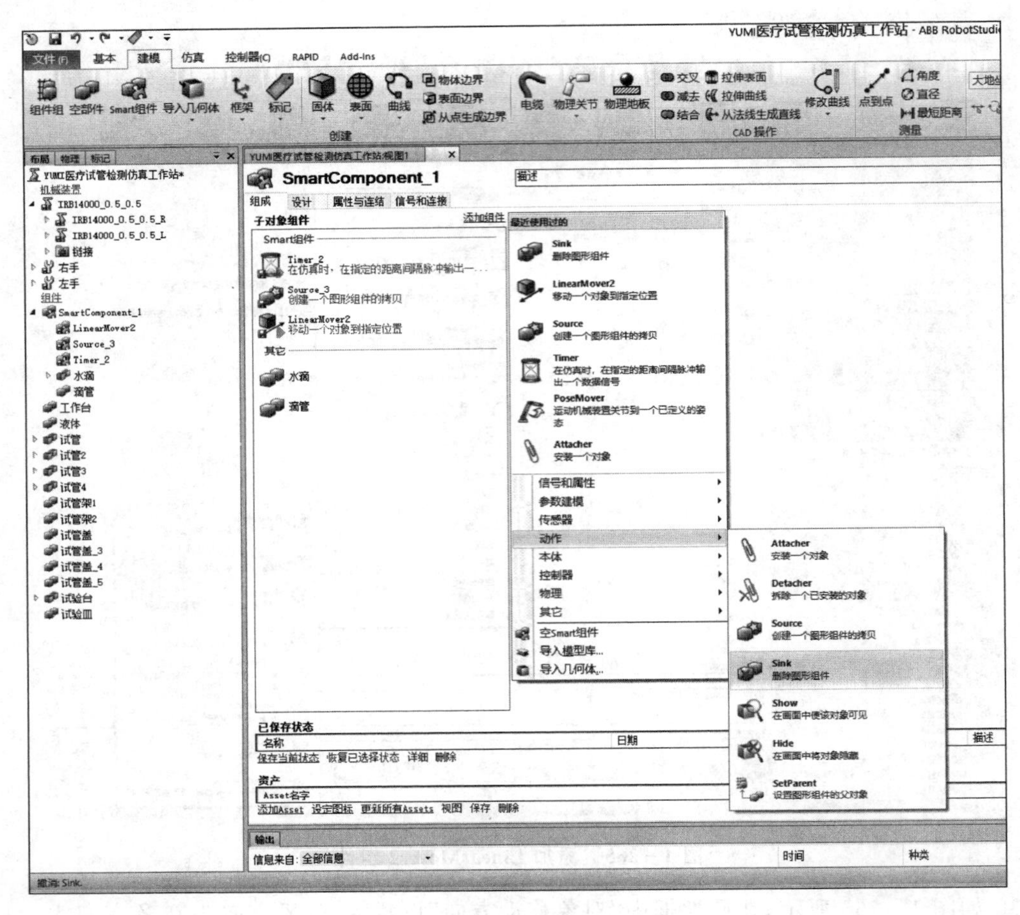

图 1-267　添加“Sink”组件

⑬ 单击“设计”进行连线，连线如图 1-268 所示。

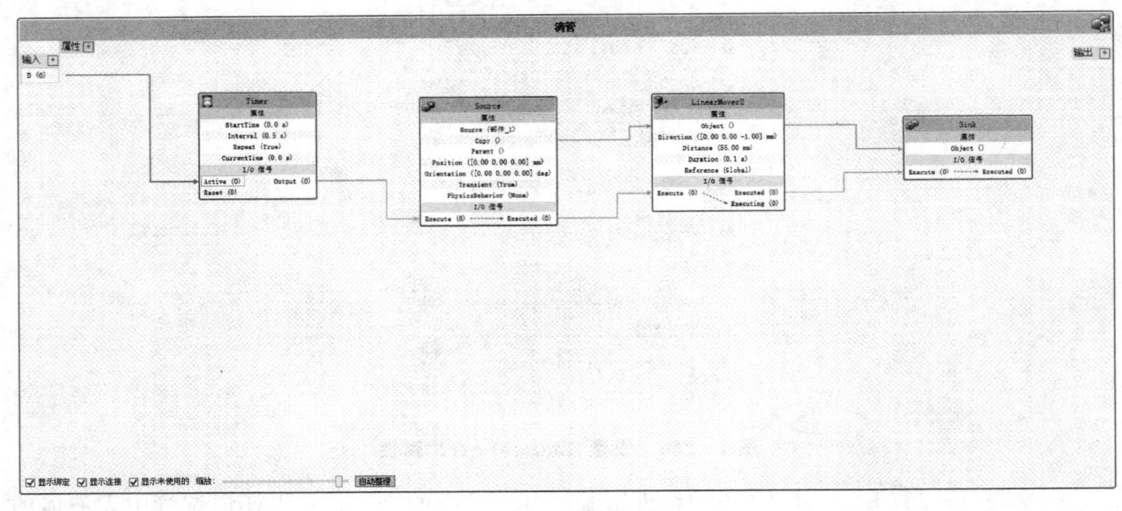

图 1-268　滴管连线图

⑭ 如图 1－269 所示，将之前所选不可见的工件全部恢复可见（球体除外），单击“仿真”，单击“重置”→“保存当前状态”，作为仿真原点使用。

⑮ 做完滴管随水滴下落的组件效果，需要单击“仿真设定”，将整个控制器关闭，再单击刷新，设置完成后回到视图界面，如图 1－270 所示。

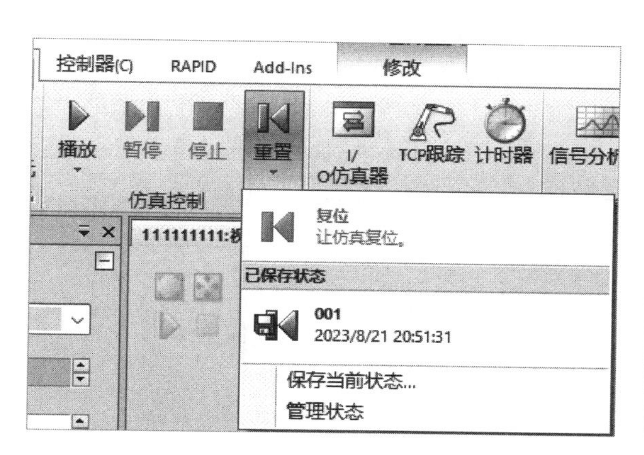

图 1－269　保存当前画面

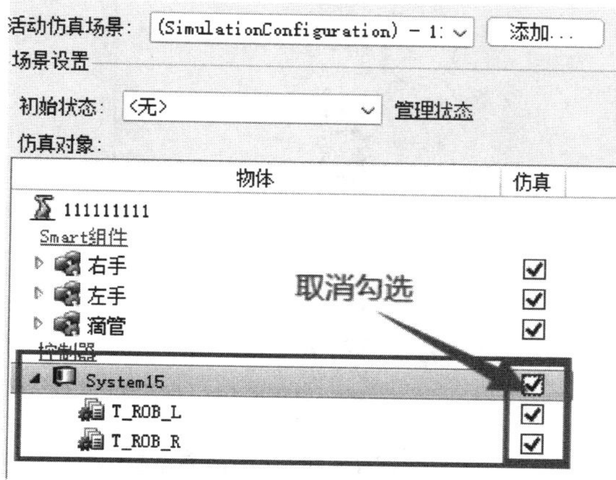

图 1－270　设置仿真设定

⑯ 如图 1－271 所示，在视图界面双击“滴管”组件，单击“播放”→“DI”，测试组件是否出现滴落效果。

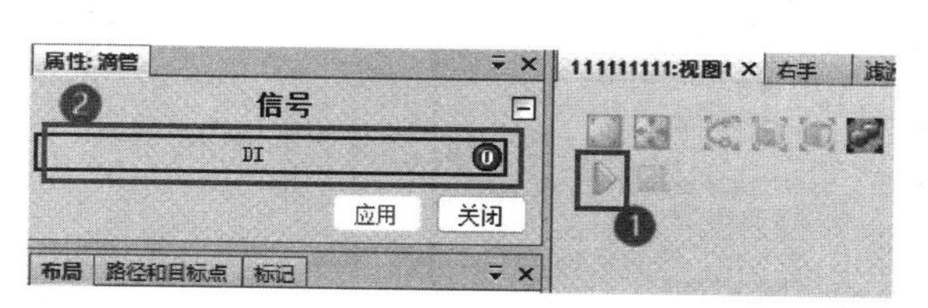

图 1－271　测试

⑰ 如图 1－272 所示，选择建模选项卡，单击“组件组”创建组，再分别将 4 个试管盖、4 个试管放入 8 个组中，养成用组件组规整部件的习惯，以方便仿真设计。

(3) 示教目标创建

1) 左手目标点创建

① 单击“基本”中的“路径与目标点”，将左手设定为激活（见图 1－273），单击“目标点”下的“创建 Jointtarget”（见图 1－274），指定机器人轴的位置。

② 轴位置参数如图 1－275、图 1－276 所示，设置完成后单击“创建”。

③ 将刚刚创建的关节目标点在“工件坐标 & 目标点”处进行复制粘贴，创建 9 个同位置的关节目标点，如图 1－277 所示。

④ 右击“路径与步骤”，选择“创建路径”，创建默认路径 Path_10，用于子程序的存放，再创建名为 main 的路径，用于后续编程引用。右击默认路径 Path_10，选择“设置为仿真进入点”，再次右击选择“设定为激活”，如图 1－278 所示。

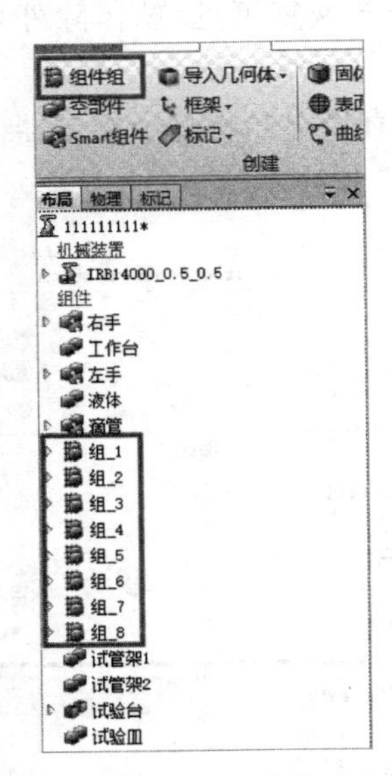

图 1-272　创建多个空组

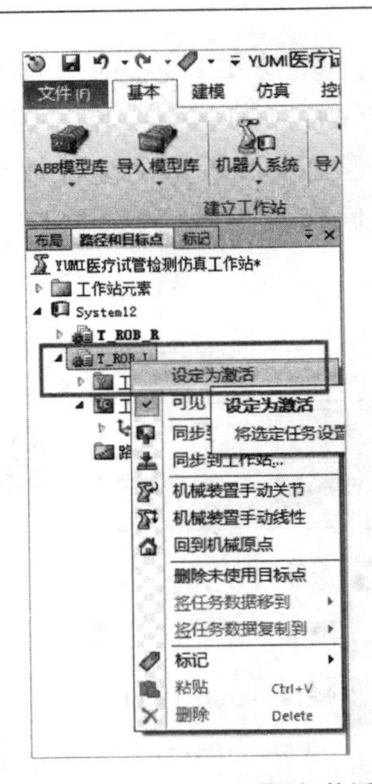

图 1-273　左手设定为激活

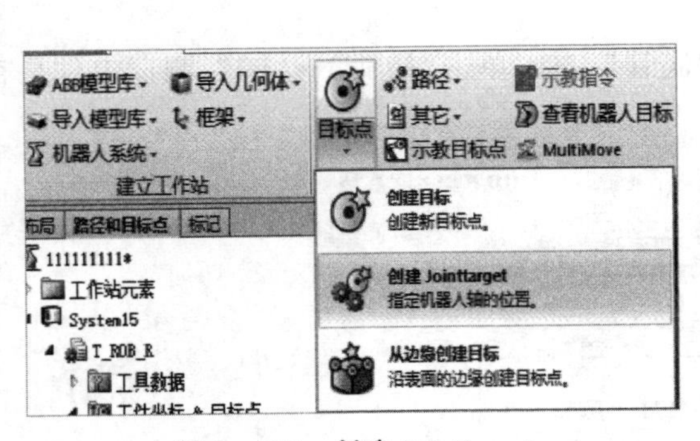

图 1-274　创建 Jointtarget

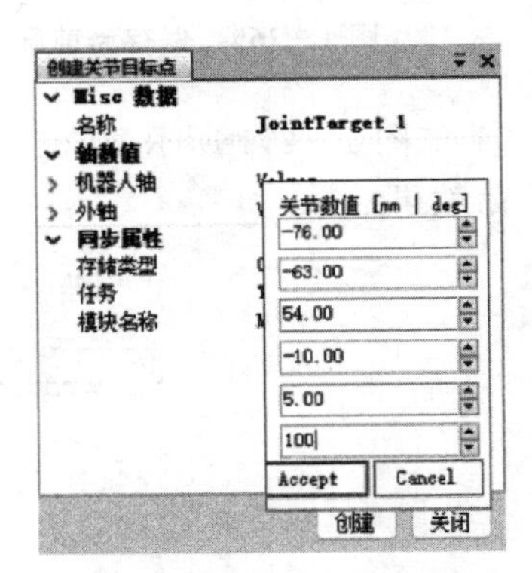

图 1-275　机器人轴位置参数

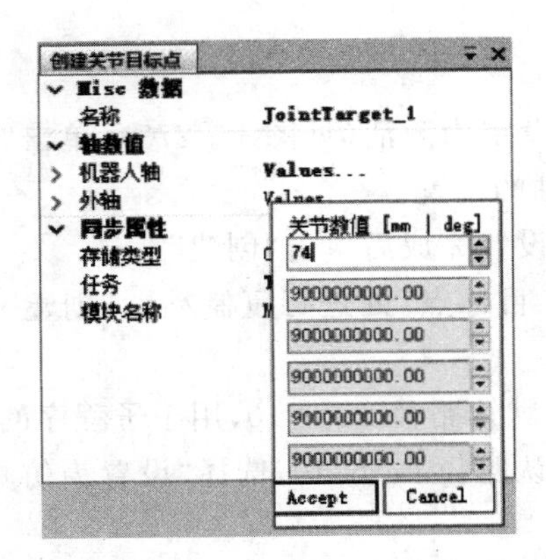

图 1-276　外轴位置参数

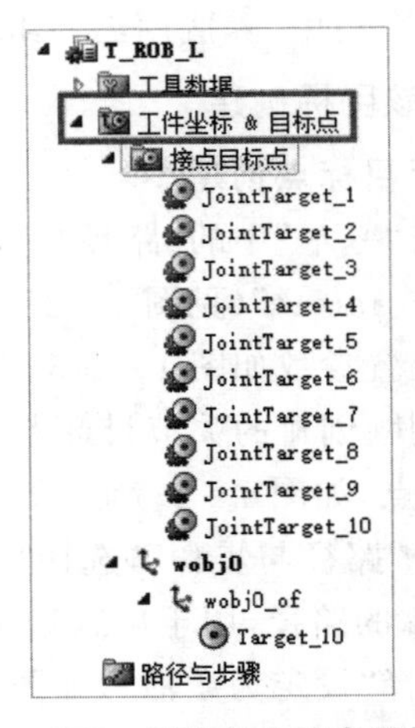

图 1-277　创建多个接点目标点

⑤ 将左手手臂移动到滴管处，机械臂位置参数如图 1－279 所示。

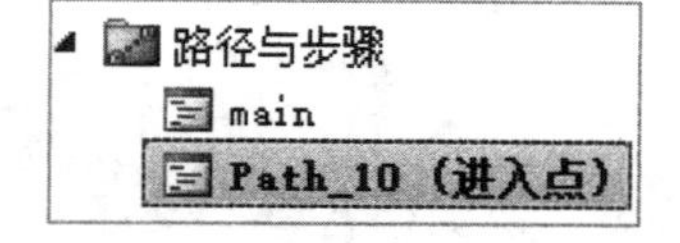

图 1－278　激活 Path_10 并设置仿真进入点

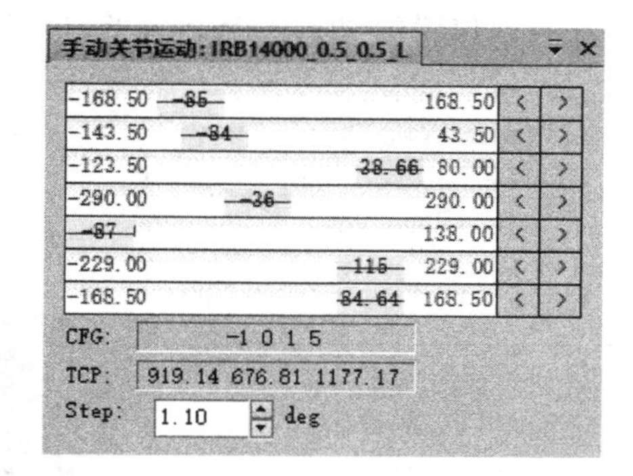

图 1－279　机械臂各轴参数

⑥ 在创建示教指令之前，需要将工具设为 servo(见图 1－280)，避免示教指令不准确从而导致后续程序编写出错。

⑦ 可将之前用于调整位置的 Target_10 删除，再进行示教指令创建。单击“路径编辑”中的“示教指令”，在弹出的快捷窗口选择“确定”，确定修改数据，示教指令创建成功，如图 1－281 所示。

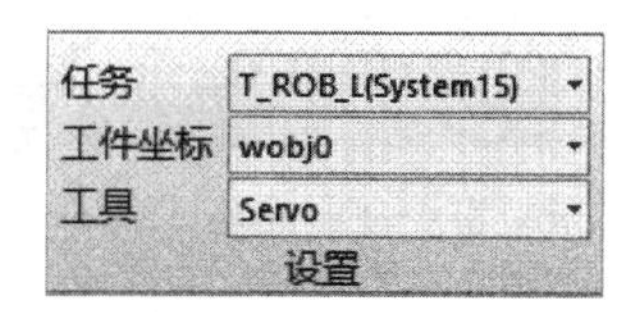

图 1－280　设置工具为 Servo

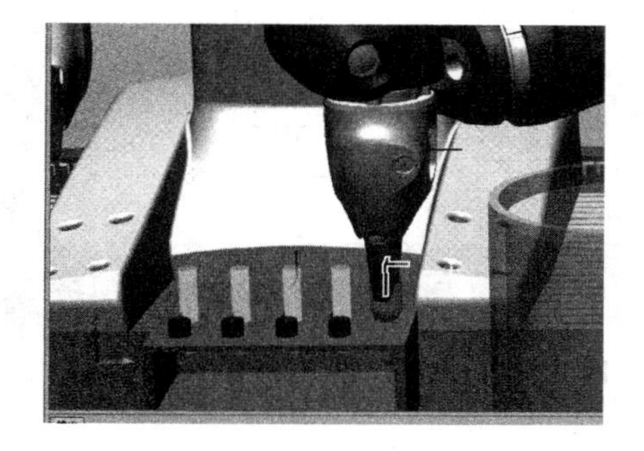

图 1－281　示教指令创建成功

⑧ 设置完成后，将机器人左手臂移动至液体缸上方，具体机械臂参数如图 1－282 所示。

⑨ 如图 1－283 所示，在当前位置创建示教指令。

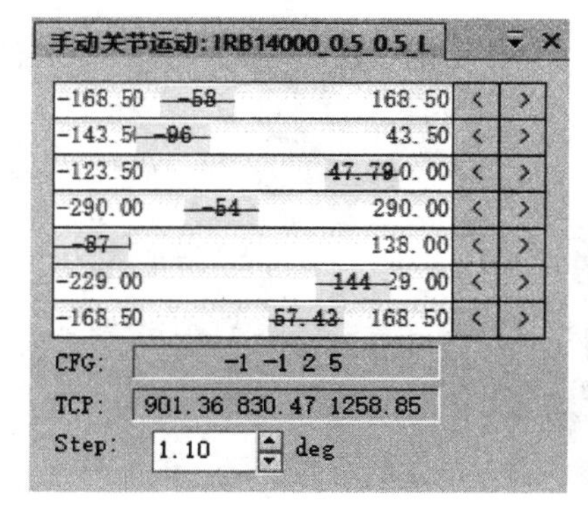

图 1－282　机械臂各轴参数

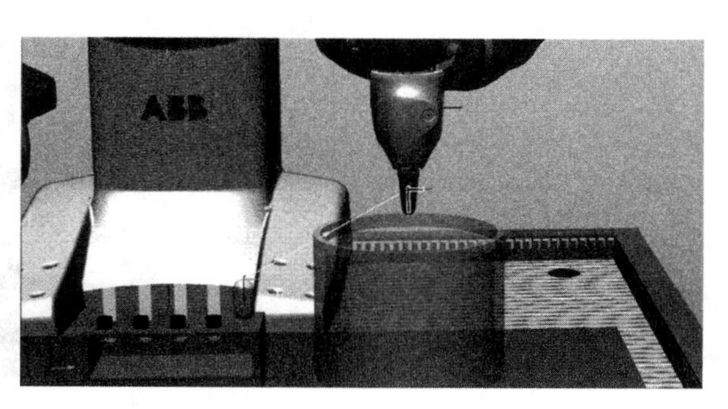

图 1－283　示教指令创建成功

⑩ 设置完成后，将左手臂移动至中间位置，具体参数如图 1－284 所示。

⑪ 在当前位置创建示教指令，如图 1－285 所示。

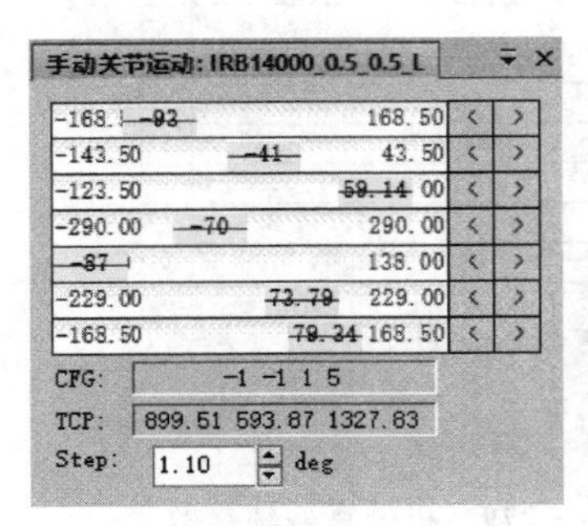

图 1－284 机械臂各轴参数

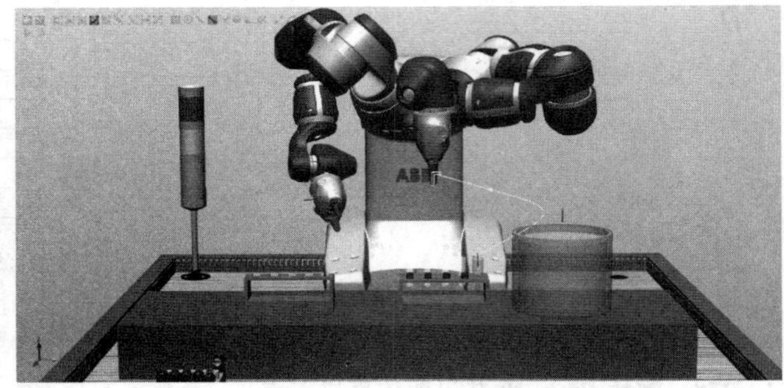

图 1－285 示教指令创建成功

⑫ 将手臂移至第一个试管盖，具体参数如图 1－286 所示。

⑬ 如图 1－287 所示，在当前位置创建示教指令。

图 1－286 机械臂各轴参数

图 1－287 示教指令创建成功

⑭ 创建左手回到机械原点的位置，具体参数如图 1－288 所示；更简单直接的方法是，在布局中右击左手臂，选择“回到机械原点”，随后再进入“路径和目标点”进行“示教指令”即可。

⑮ 如图 1－289 所示，左手目标点创建完成，先将左手进行不可见设置，便于右手目标点创建。

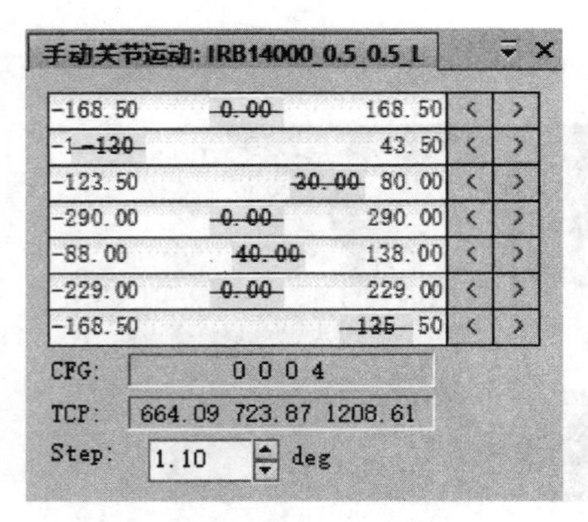

图 1－288 机械臂各轴参数

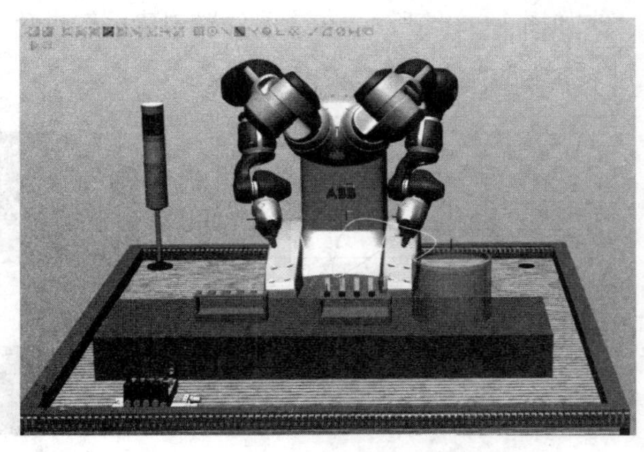

图 1－289 左手目标点创建完成

2）右手目标点创建

① 右击右手及其工具数据中的 Servo，设定为激活，如图 1-290 所示。

② 右击“路径与步骤”，选择“创建路径”，创建默认路径，用于子程序的存放，再创建名为 main 的路径，用于后续编程引用。右击默认路径，选择“设置为仿真进入点”，再次右击选择“设定为激活”，如图 1-291 所示。

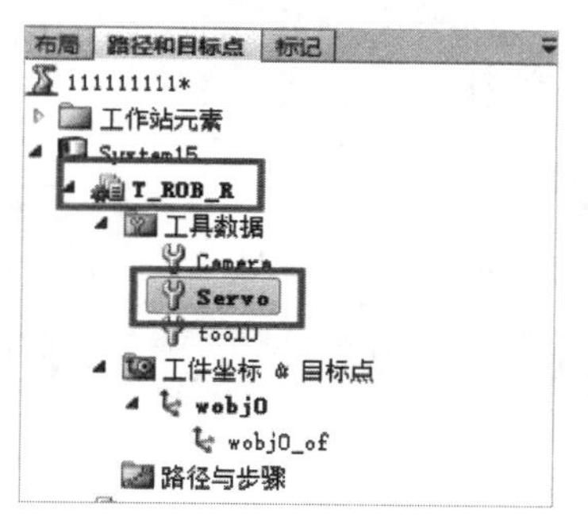

图 1-290 激活右手以及其工具 Servo

图 1-291 激活 Path_10 并设置仿真进入点

③ 将右手手臂移动至第一个试管处，具体参数如图 1-292 所示。

④ 如图 1-293 所示，在当前位置创建示教指令。

手动关节运动：IRB14000_0.5_0.5_R

最小值	当前值	最大值
-168.50	77.45	168.50
-143.0		43.50
-123.50	18.55	80.00
-290.00	50.87	290.00
-88.00	48.14	138.00
-229.00	30.28	229.00
-168.	-101	168.50

CFG: 1 1 0 4

TCP: 905.76 553.27 1154.99

Step: 1.10 deg

图 1-292 机械臂各轴参数

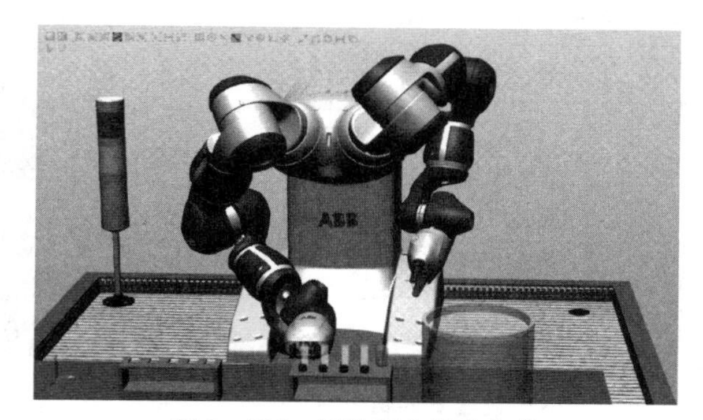

图 1-293 示教指令创建完成

⑤ 将手臂移动至第二个试管上方，具体参数如图 1-294 所示。

⑥ 如图 1-295 所示，在当前位置创建示教指令。

手动关节运动：IRB14000_0.5_0.5_R

最小值	当前值	最大值
-168.50	71.48	168.50
-143.0		43.50
-123.50	36.70	80.00
-290.00	59.79	290.00
-88.00	49.57	138.00
-229.00	5.30	229.00
-16	-119	168.50

CFG: 1 1 0 4

TCP: 884.51 593.87 1256.35

Step: 1.10 deg

图 1-294 机械臂各轴参数

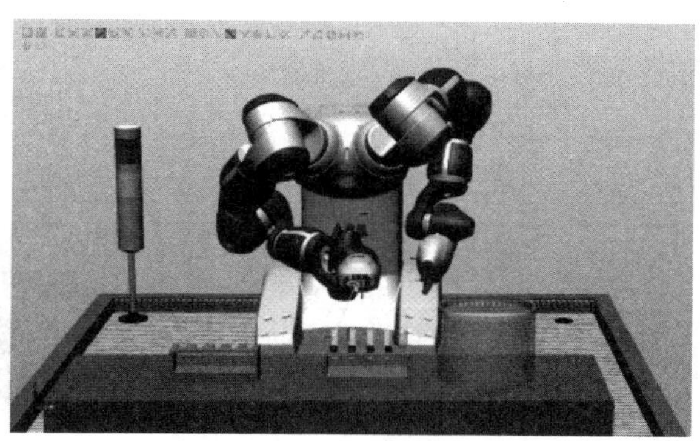

图 1-295 示教指令创建

⑦ 将手臂移动至成品试管架，具体参数如图 1－296 所示。

⑧ 如图 1－297 所示，在当前位置创建示教指令。

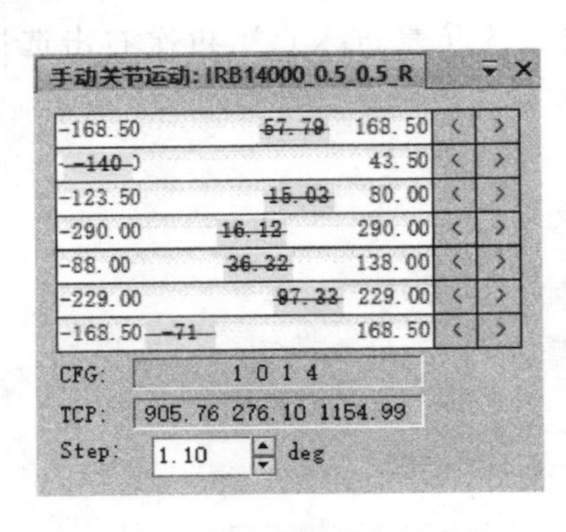

图 1－296 机械臂各轴参数

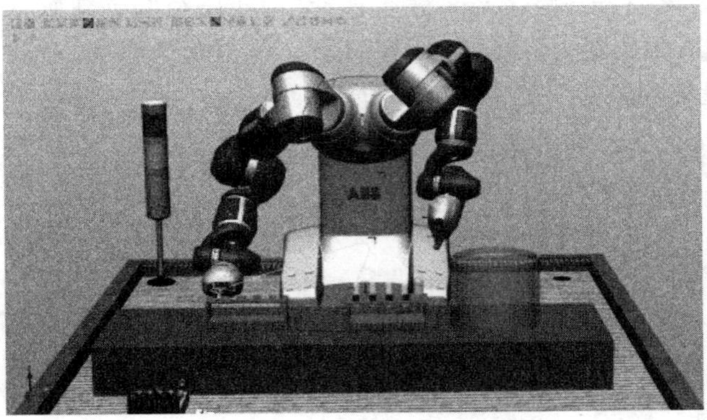

图 1－297 示教指令创建完成

⑨ 将手臂移动至先前试管悬空位置，具体参数如图 1－298 所示。

⑩ 如图 1－299 所示，在当前位置创建示教指令。

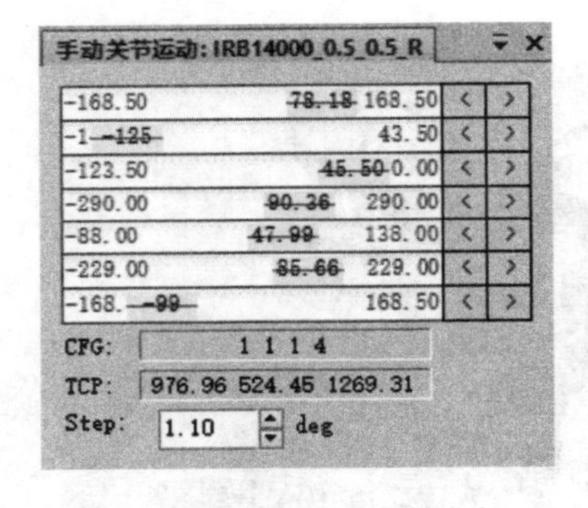

图 1－298 机械臂各轴参数

图 1－299 示教指令创建完成

⑪ 将手臂移动至成品试管架，具体参数如图 1－300 所示。

⑫ 如图 1－301 所示，在当前位置创建示教目标。

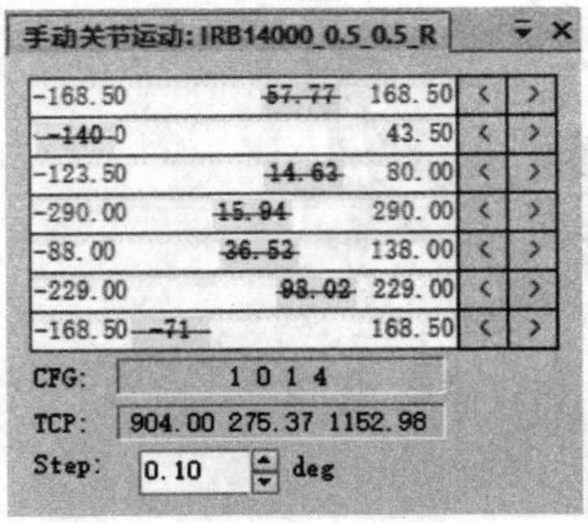

图 1－300 机械臂各轴参数

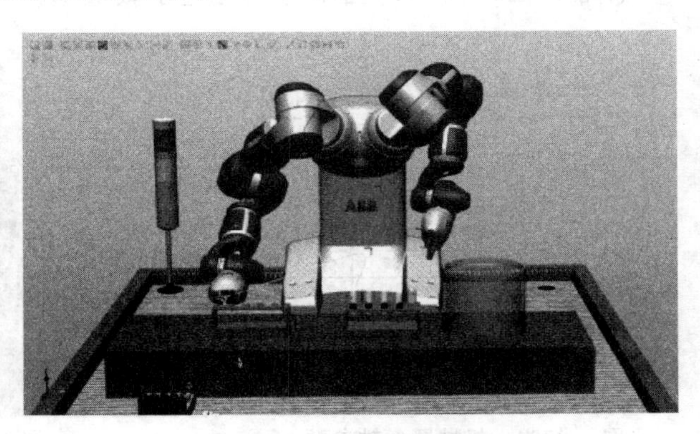

图 1－301 示教指令创建完成

⑬ 创建右手回到机械原点的位置,具体参数如图 1-302 所示;另外更简单直接的方法就是,在布局中,右击“右手臂”,选择“回到机械原点”,随后进入“路径和目标点”创建示教指令即可。

⑭ 如图 1-303 所示,右手目标点创建完成。

注意:在后续编程仿真可能发生位置偏移,可根据实际情况进行些许参数调整。

⑮ 左右手路径设置完成后,选择“基本”选项卡下的“同步”→“同步到 RAPID...”,如图 1-304 所示。

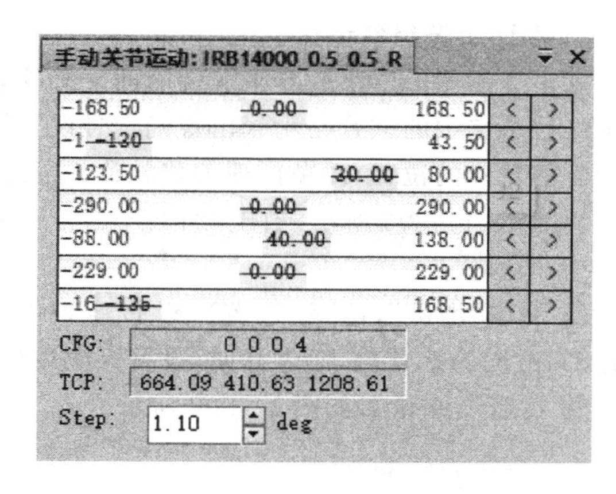

图 1-302　机械臂各轴参数

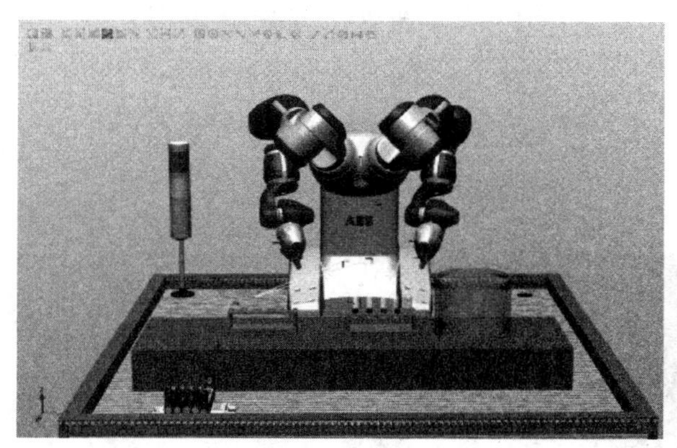

图 1-303　右手目标点创建完成

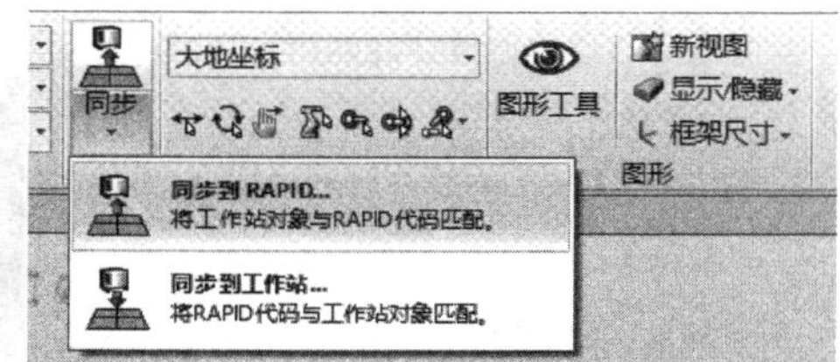

图 1-304　同步到 RAPID

⑯ 在弹出的对话框单击 System15 进行全选(见图 1-305),单击“确定”,这一步骤是将刚才所设置的路径点同步至程序中,方便后续程序编写。

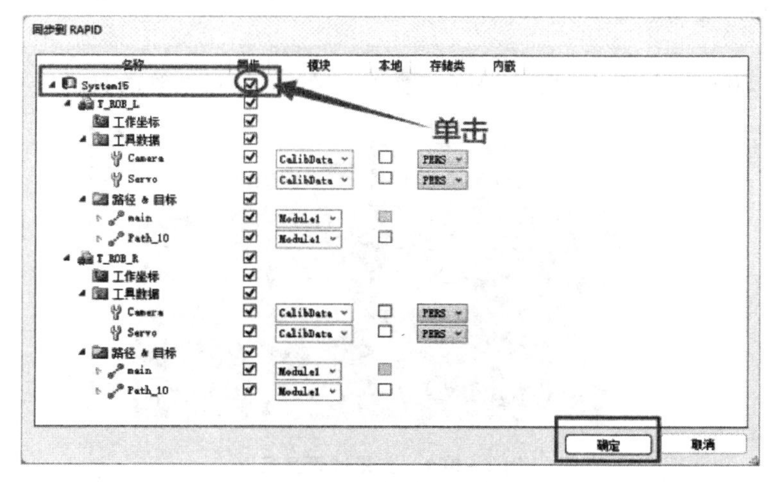

图 1-305　勾选全部数据

3）液面上升组件创建

这里运用图形层次的叠来实现液面上升的效果。需要注意的是，在设置液面上升组件前，必须将悬于空中的试管与滴管位置确定且设置好，目的是定位液面在试管中的位置，以及滴管水滴下落对应的位置，以免出现偏移导致不合理情况的产生。

① 如图 1-306 所示，右击“组 2”，在机器人型号处右击粘贴，形成“组 9”，并将其命名为“测试”。

② 右击“测试”，选择“位置”→“设定位置”，设置位置参数 X 为－21，Y 为 40.50，Z 为 101.82，方向为默认值，不做修改，设置完成后单击“应用”，如图 1-307 所示。

③ 试管所在位置如图 1-308 所示。

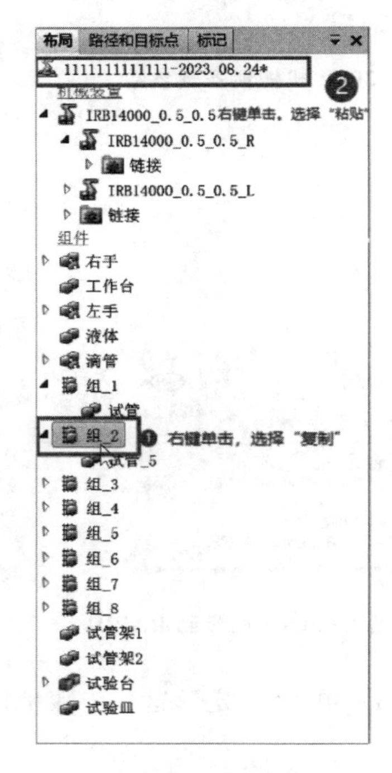

图 1-306 复制组_2

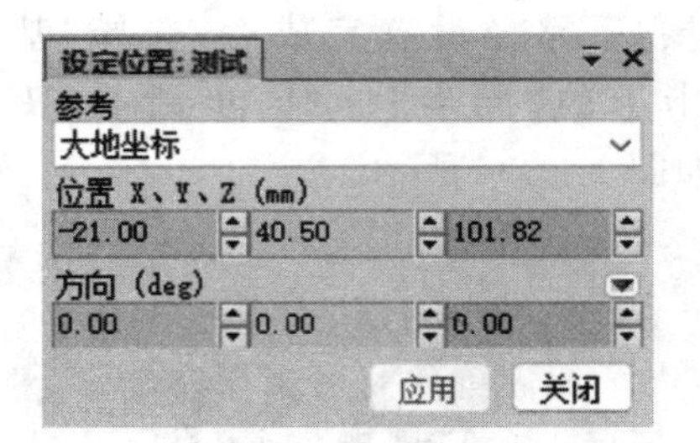

图 1-307 设定测试位置

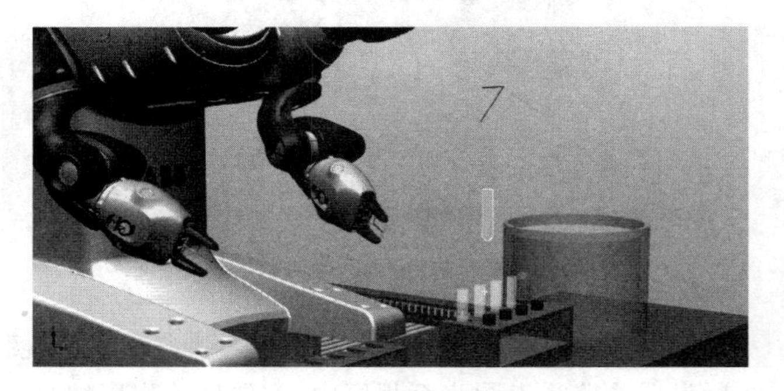

图 1-308 试管所在位置

④ 如图 1-309 所示，单击“视图”中的“直径”图标，测量试管的直径。

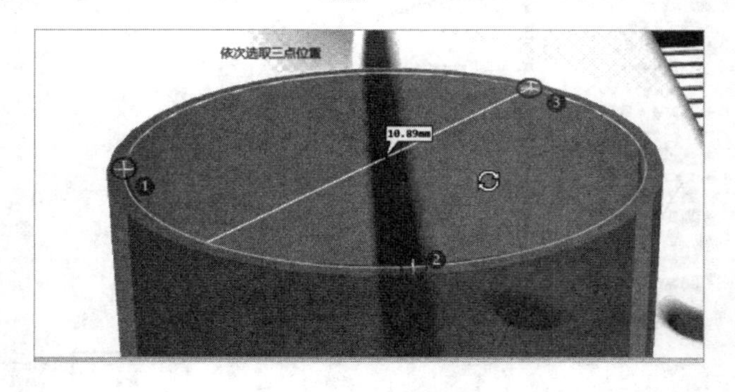

图 1-309 测量试管直径

⑤ 如图 1-310 所示,将状态信息栏中的直径位置进行复制。

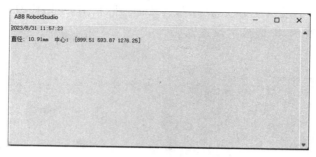

图 1-310 复制位置参数

⑥ 在"建模"选项卡中,选择"固体"→"圆柱体",如图 1-311 所示。

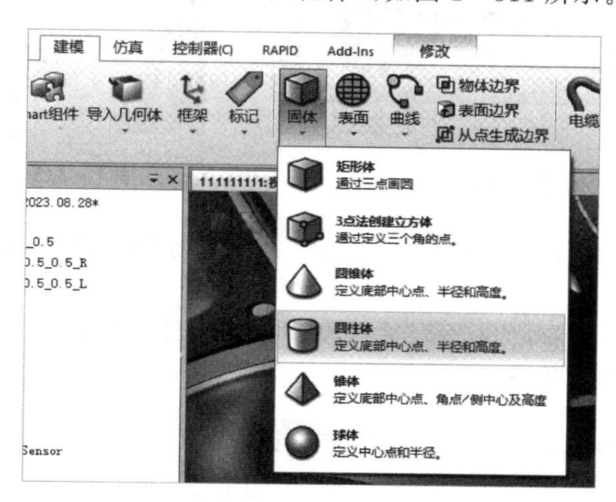

图 1-311 创建圆柱体

⑦ 如图 1-313 所示,在基座中心单击 X 的位置,粘贴刚刚所复制的位置信息,将 Y 的位置更改为 1222.42,方向为默认值,不做修改,半径设为 5.5,直径为 11,高度为 1,设置完成后单击"创建"。

图 1-312 设置圆柱体大小与位置参数

图 1-313 圆柱体所在位置

⑧ 如图 1－314 所示，右击刚刚创建的部件，选择“修改”→“图形显示”，左侧设置框中的颜色选择浅蓝色即可，不透明度更改为“40”，其余值为默认值，不做修改，单击“确定”。

⑨ 如图 1－315 所示，图形显示设置完成。

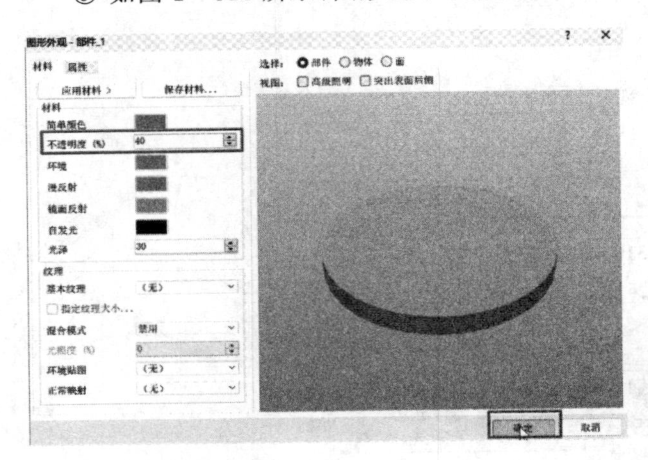

图 1－314　图像显示参数

图 1－315　图像显示设置完成

⑩ 如图 1－316 所示，新建一个 Smart 组件，并命名为“液面”，将刚刚创建的部件拖动至组件中。

⑪ 如图 1－317 所示，右击“液面”组件，选择“编辑组件”，单击“添加组件”，添加动作中的 Source，创建一个图形组件的备份。

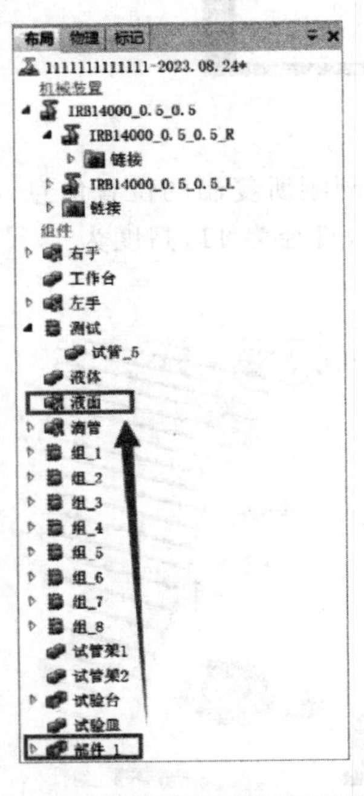

图 1－316　移动部件至液面组件

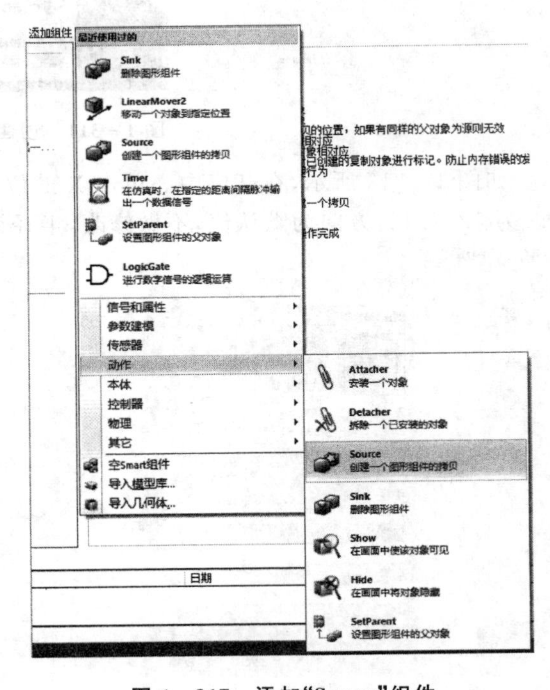

图 1－317　添加“Source”组件

⑫ 设置其属性，属性值如图 1－318 所示；设置完后，单击 Execute 进行复制，复制完成后

单击“应用”。

⑬ 在视图界面单击“ ”捕捉本地原点，选择上一步所复制的部件，进行位置复制（底部右下角），如图1－319所示。

⑭ 如图1－320所示，将复制过来的位置信息粘贴在Source属性中，将X值设为正数，Y、Z值设为负数，随后单击“应用”。

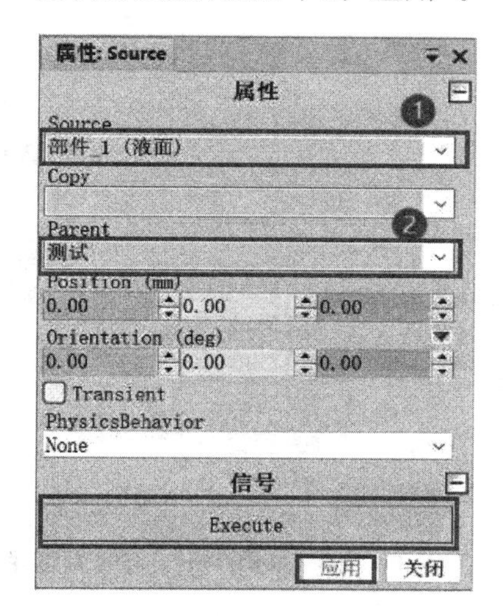

图1－318　设置Source属性

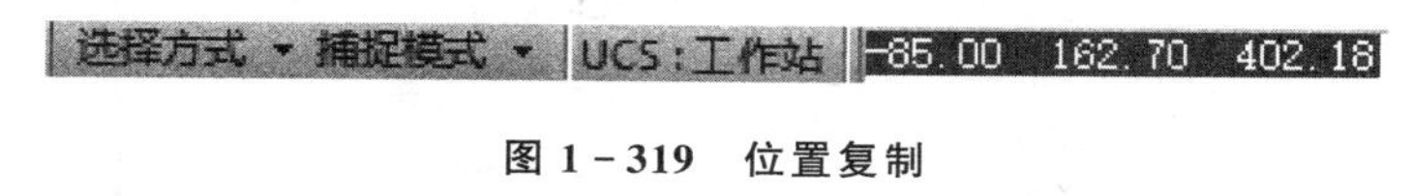

图1－319　位置复制

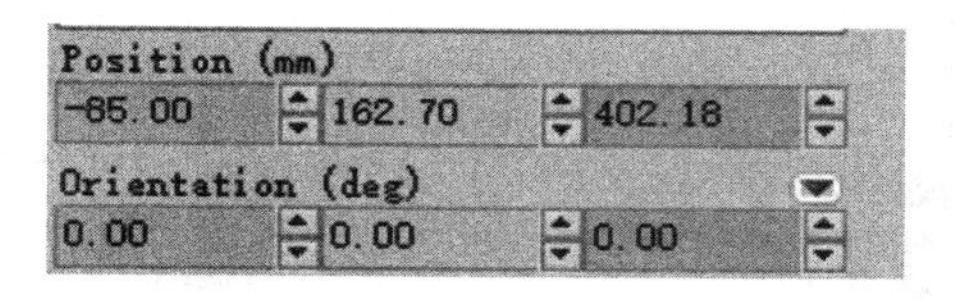

图1－320　位置粘贴

⑮ 删除测试中刚刚复制的部件，并将测试设为不可见，方便后续做仿真。

⑯ 如图1－321所示，单击“设计”，添加一个名为WUTI3的属性，发生属性类型选择为ABB. Robotics. RobotStudio. Stations. GraphicComponent，单击“确定”。

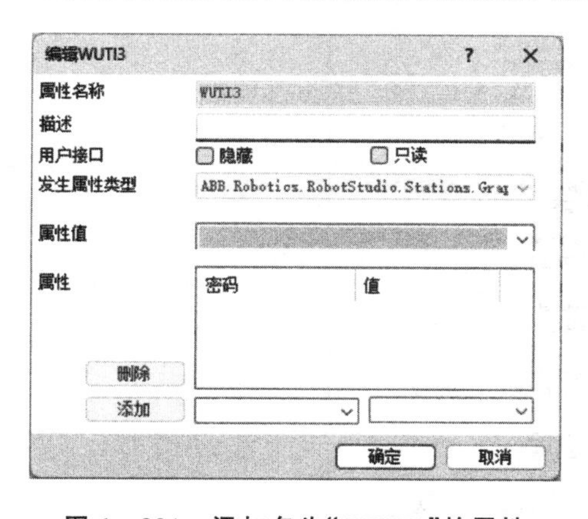

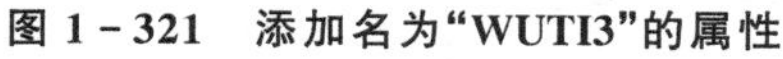

图1－321　添加名为“WUTI3”的属性

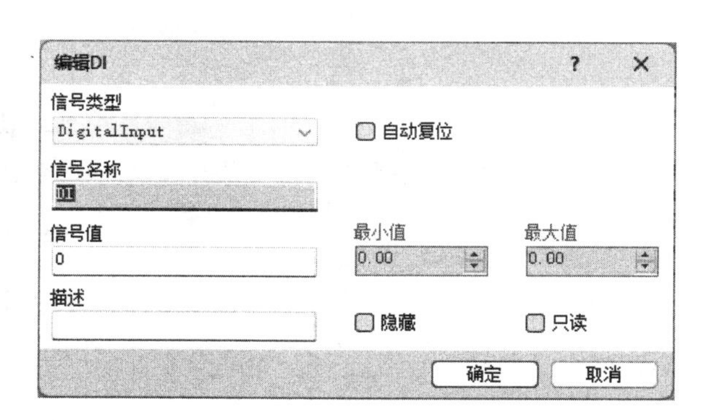

图1－322　添加名为“DI”的输入信号

⑰ 创建一个名为“DI”的输入信号，其余值不做更改。

⑱ 如图1－323所示，选择“组成”界面中的“添加组件”→“信号和属性”→“VectorConverter 转换 Vector3 和 X/Y/Z 之间的值”。

⑲ 如图1－324所示，直接将滴管中已设置好的Timer组件进行复制，粘贴在“液面”组件中。

图 1-323 添加“VectorConverter”组件

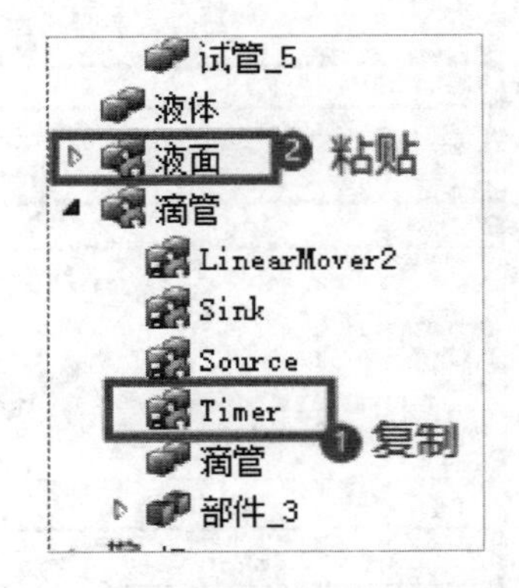

图 1-324 复制 Timer 至液面组件

⑳ 如图 1-325 所示，添加两个“LogicGate”，进行数字信号的逻辑运算。

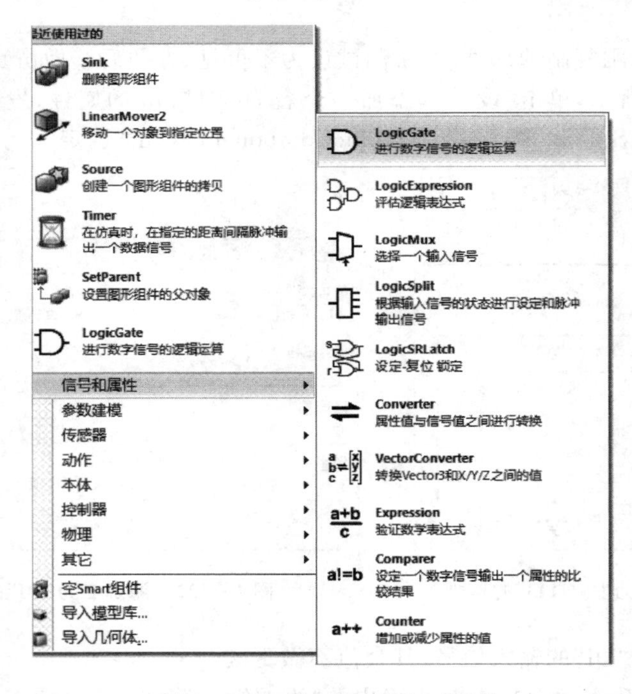

图 1-325 添加“LogicGate”组件

第一个“LogicGate”，设置其属性为“NOT”，如图 1-326 所示；

第二个“LogicGate”，设置其属性为“NOP”，延迟时间为 0.024，如图 1-327 所示。

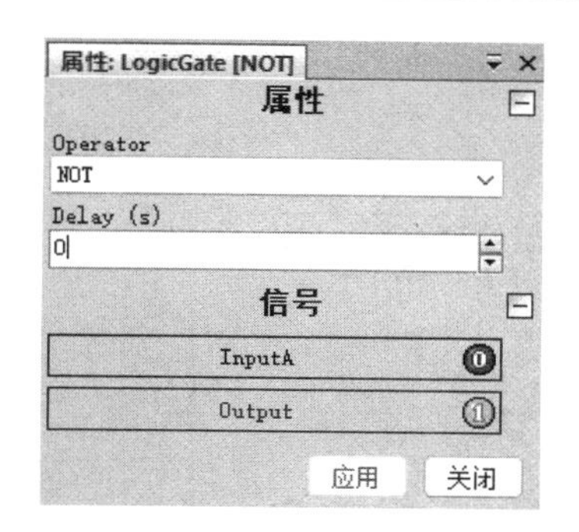

图 1-326　设置第一个“LogicGate”属性

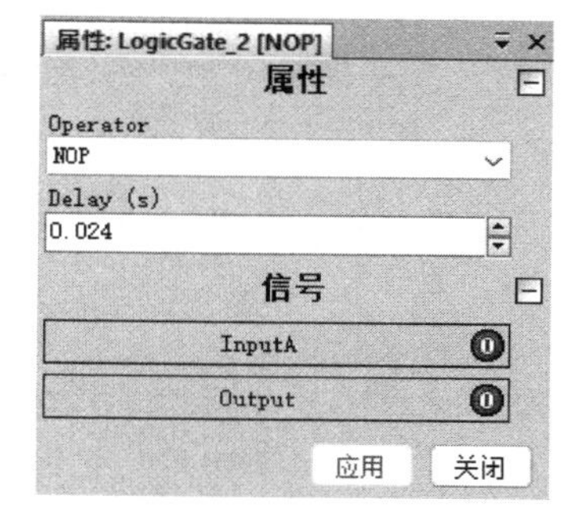

图 1-327　设置第二个“LogicGate”属性

每设置好一个属性都要进行应用，以免设置不成功。

㉑ 如图 1-328 所示，添加“信号和属性”中的“Counter”，增加或减少属性的值。

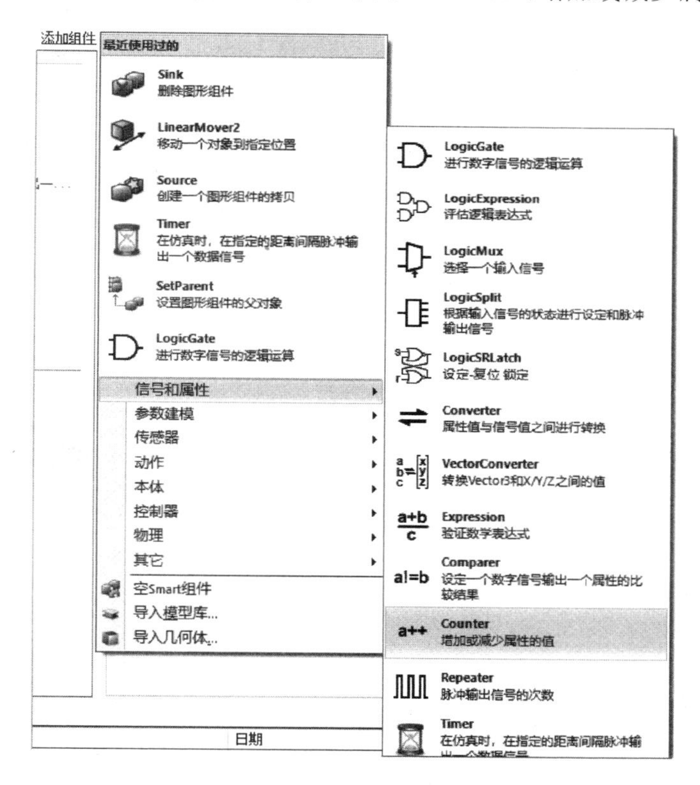

图 1-328　添加“Counter”组件

㉒ 如图 1-329 所示，添加信号与属性中的“Expression”，验证数学表达式。

㉓ 添加组件完成后，单击打开 Source 的属性框，将 X、Y 的值依次进行复制，再打开 VectorConverter 的属性框，将复制好的值依次粘贴在 X、Y、的值中，再各自除以 1000，完成后参数如图 1-330 所示。

㉔ 再次打开 Source 属性框，将 Z 的值进行复制，再打开 Expression 属性框，将复制好的值粘贴在 Z 的值中，除以（1000＋a），再除以 1000，单击“应用”。设置完成后的参数如图 1-331 所示。

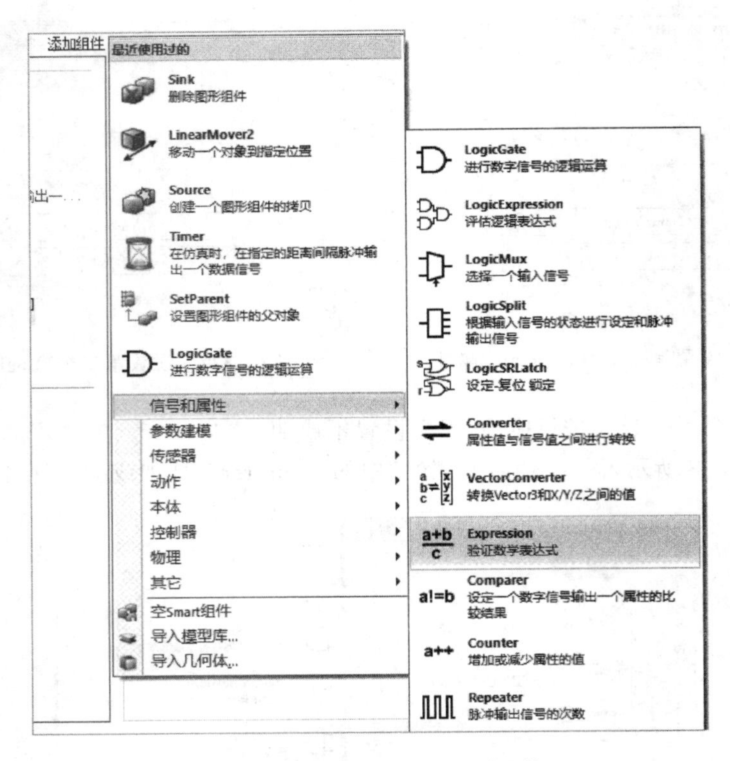

图 1-329　添加“Expression”组件

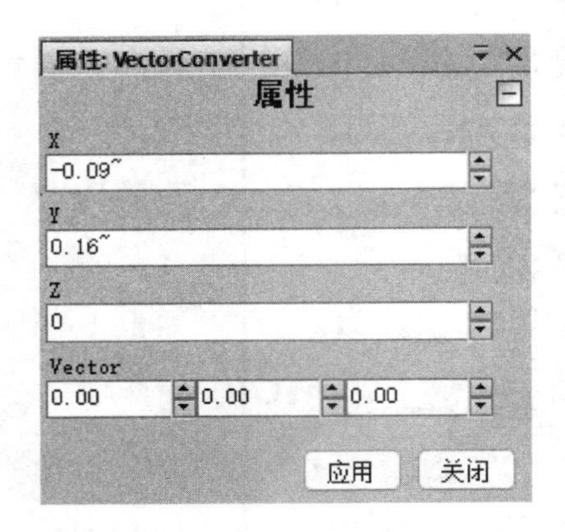

图 1-330　设置 VectorConverter 属性

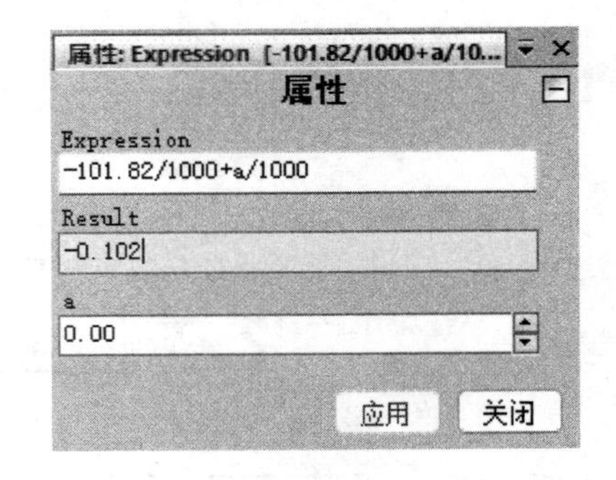

图 1-331　设置 Expression 属性

㉕ 设置完成后进行连线设置，如图 1-332 所示。

㉖ 再次查看 Source 属性中数值是否有所变化，参考值如图 1-333 所示。

注：在后续程序编辑完成后，进行仿真测试时，有些点位数据与组件数据会发生变化，这时需要根据实际仿真点位停止方向进行修改。

4）工作站逻辑设置

① 在“仿真”选项卡中，单击“工作站逻辑”→“设计”，添加输出信号与连线，如图 1-334 所示。

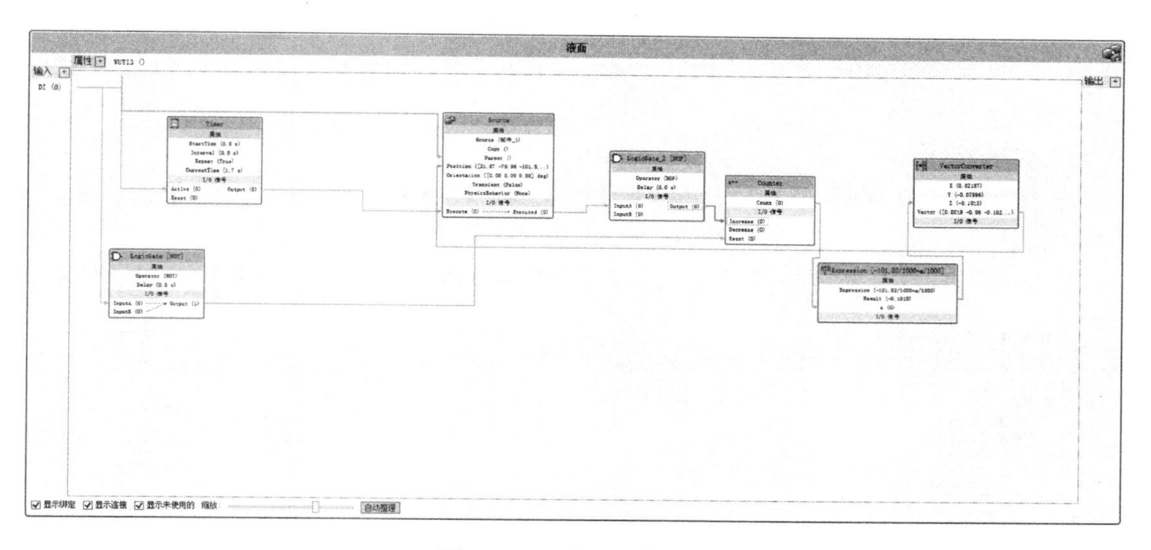

图 1-332 液面组件连线

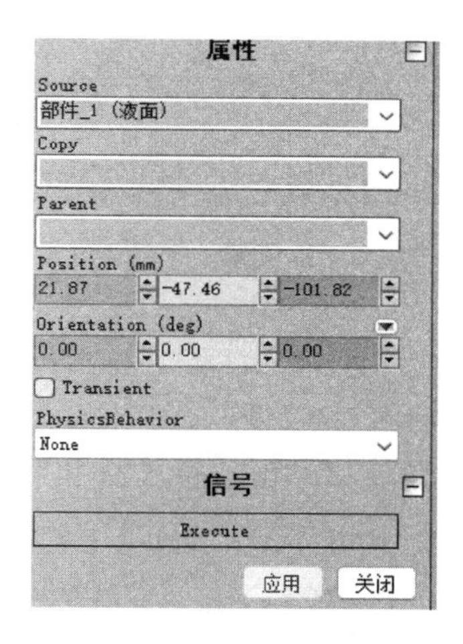

图 1-333 查看 Source 属性值

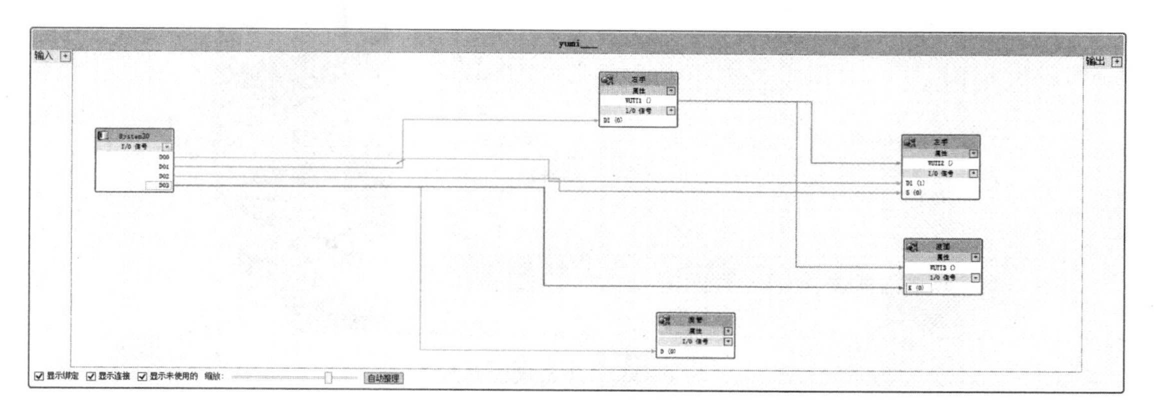

图 1-334 工作站逻辑设计

② 连线完成后，可再次进行当前状态与整个程序的保存。

注：如若下拉菜单中没有 DO，可用 custom_do 代替。后续程序有出现的 DO 也由 custom_do 替代，可灵活转换。

5）同步 RARID

① 如图 1－335 所示，单击“基本”选项卡下的“同步”→“同步到 RARID”，设置全选后单击“确定”。

② 如图 1－336 所示，单击 RARID 选项卡进行编程（完整程序详见 1.2.3 RAPID 程序解读）。

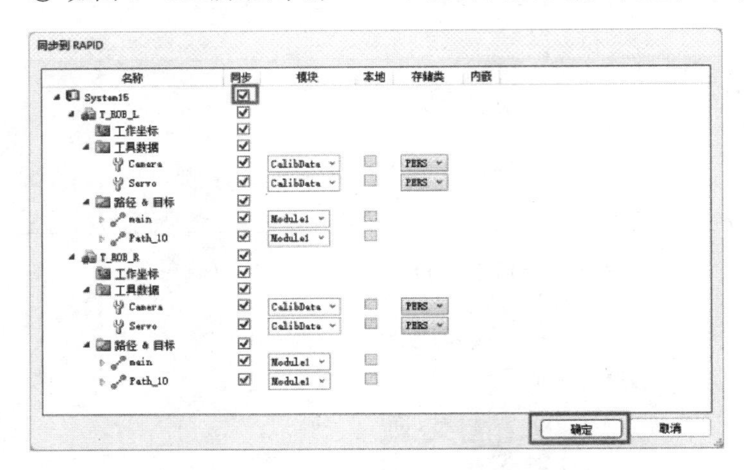

图 1－335　同步到 PARID 设置

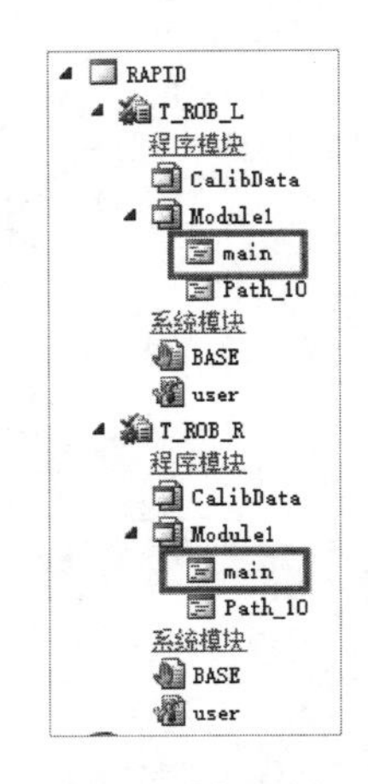

图 1－336　选择 main 程序

（4）设定坐标系和参数

1）工具坐标系设定

① 打开示教器，先进行上电操作，单击主菜单按钮→“手动操纵”→“工具坐标”，如图 1－337 所示。

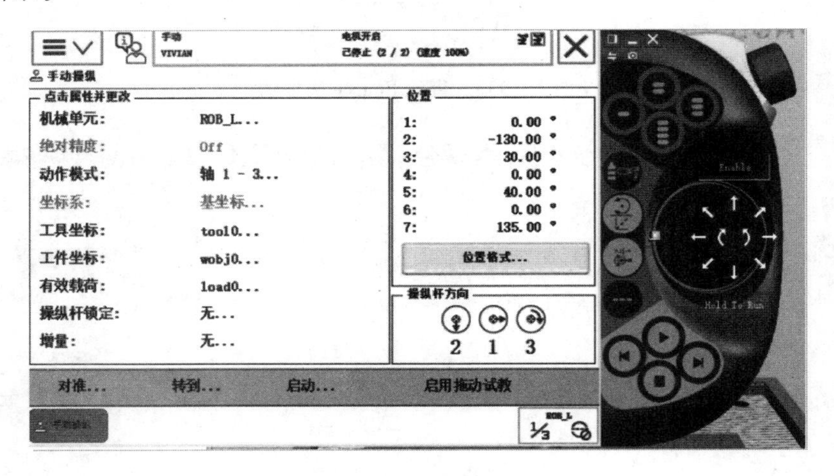

图 1－337　手动操纵界面

② 如图 1－338 所示，单击“新建...”，新建一个工具，其余值不做更改，选择初始值。

③ 在下拉菜单中找到 mass，设置工具重量为 2(kg)，如图 1－339 所示。

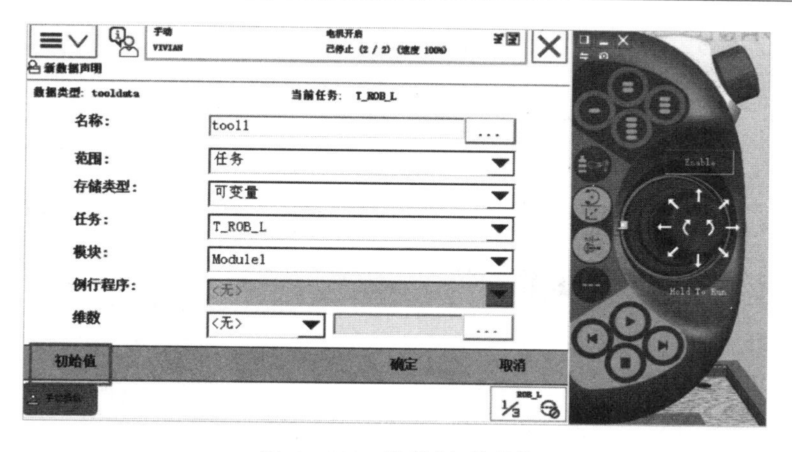

图 1－338　选择“初始值”

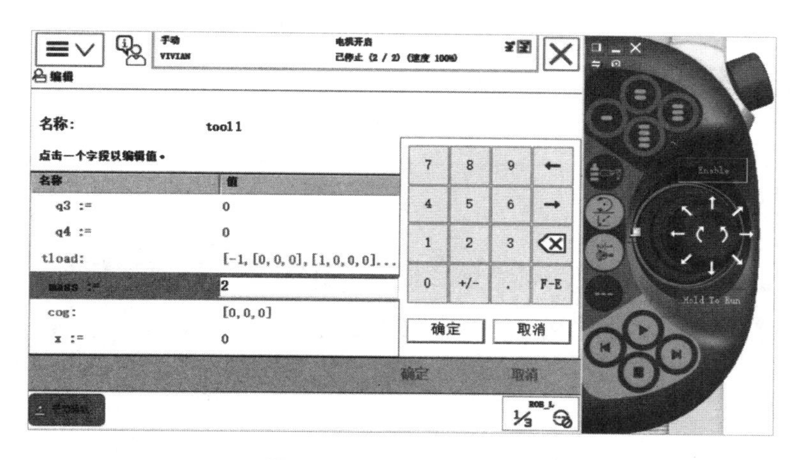

图 1－339　设置工具重量

④ 设置完成后再次下拉，可见工具重心，这里进行预估设置，分别将 X、Y、Z 预估为 100、50、120(见图 1－340)，设置完成后单击“确定”。(注：工具本身的重量与重心都可以根据实际测量得知)

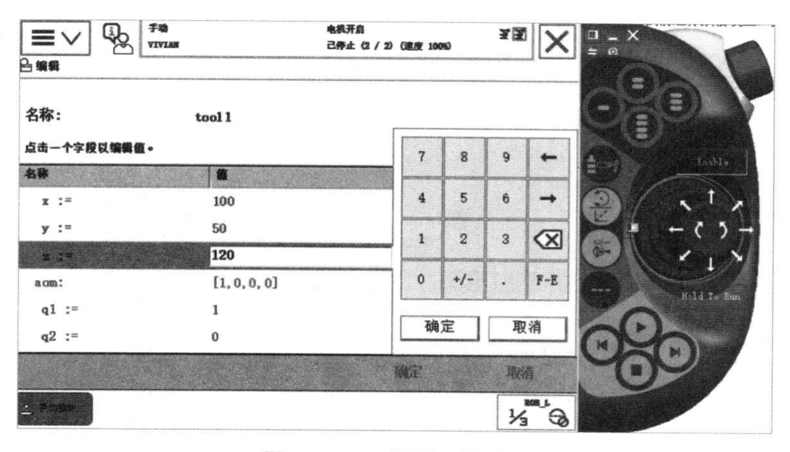

图 1－340　设置工具重心

⑤ 再次单击“确定”，新工具创建完成，如图 1－341 所示。

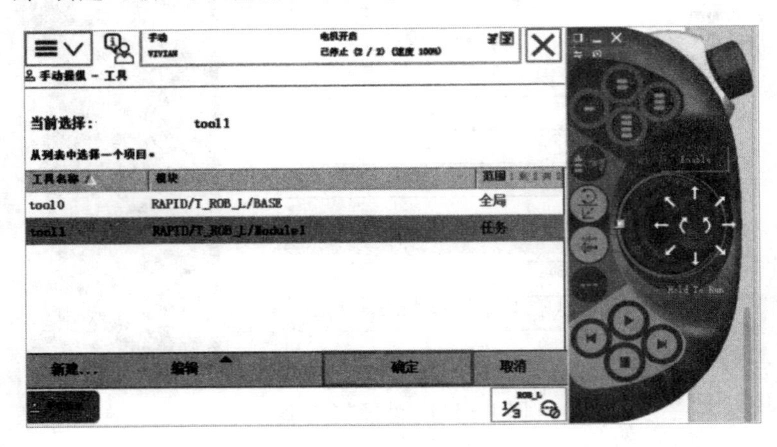

图 1－341　确实数据设置

⑥ 单击“编辑”中的“定义...”，设置工具坐标系设定，如图 1－342 所示。

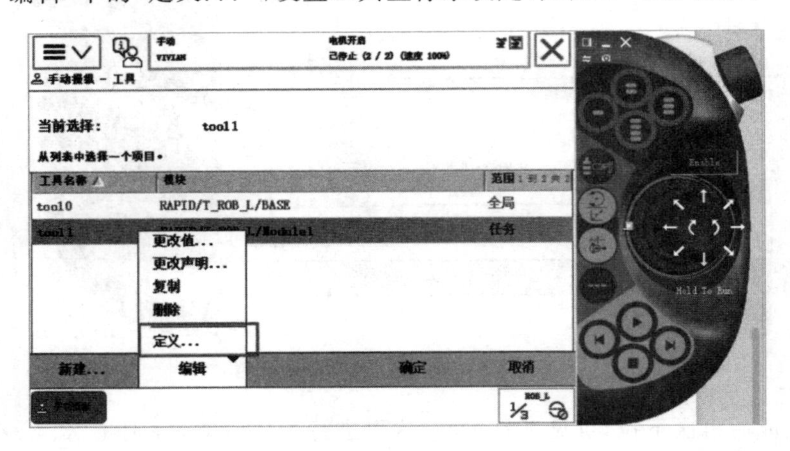

图 1－342　选择“定义”

⑦ 方法选择“TCP 和 Z、X”（见图 1－343），设置点 1 到延伸器点 Z（见图 1－344），工具坐标系设置完成。

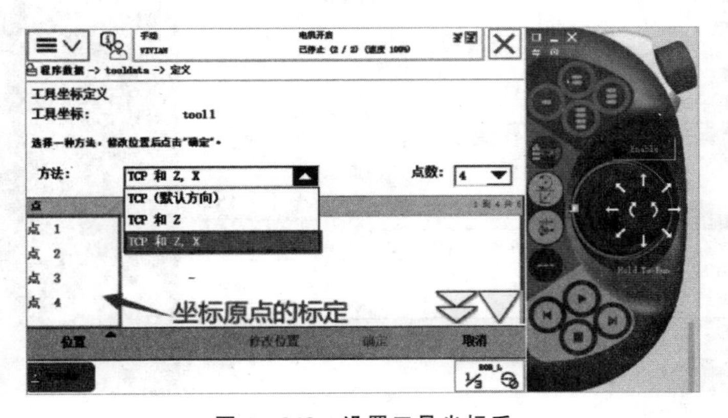

图 1－343　设置工具坐标系

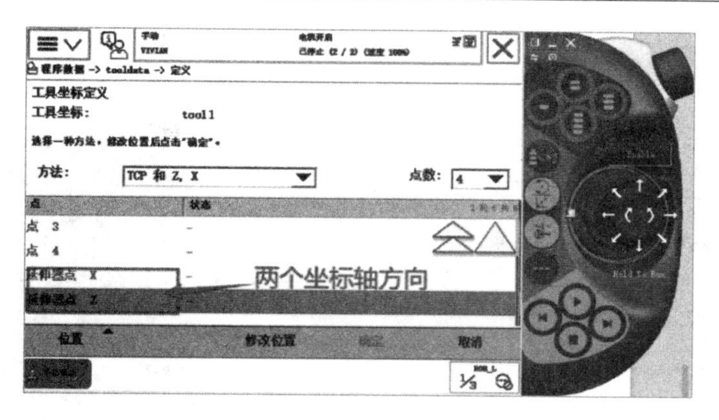

图 1-344　设置延伸器点位置

⑧ 如图 1-345 所示，操作机器人手臂将焊枪拖动至标定针处，单击“点 1”→“修改位置”（见图 1-346）。

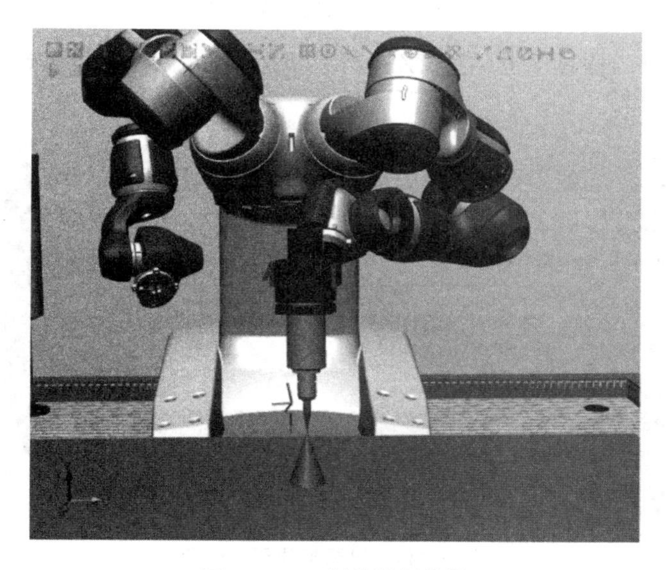

图 1-345　焊枪放置位置

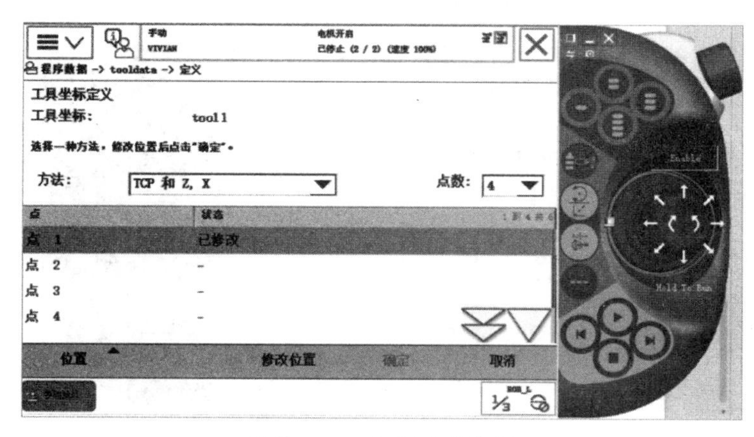

图 1-346　记录当前位置

⑨ 变换焊枪到达标定针的位置，依次进行点 2 到点 4 的位置标定，位置差越大，获得精度就越高，标定成功界面见图 1－347。

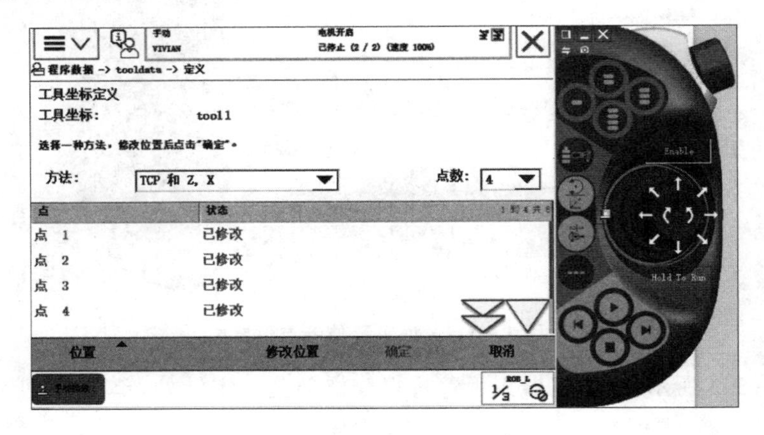

图 1－347　位置记录完成

⑩ 进行延伸器点的位置设定，沿 X、Z 进行直线运动，并做修改位置记录，单击“确定”，如图 1－348 所示。

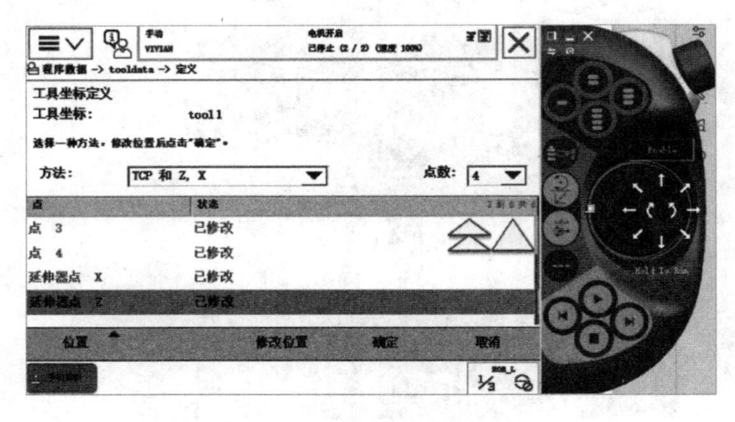

图 1－348　记录延伸器点位置

⑪ 如图 1－349 所示，平均误差为可接受范围内，单击“确定”。

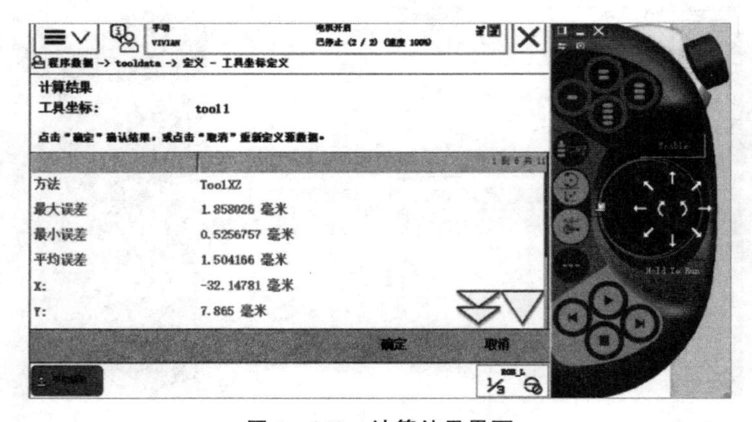

图 1－349　计算结果界面

⑫ 工具坐标设置完成后，将焊枪移动至标定针处进行实操验证，如图 1－350 所示。

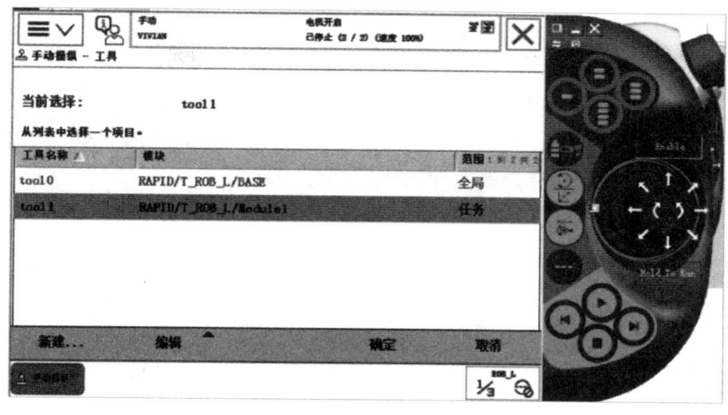

图 1－350　工具界面

⑬ 单击“ROB_L”，工具坐标选择“TOOL1”，坐标系选择“重定位”，进行多方位示教，可见无论机器臂往哪个方向运动，坐标原点始终是不变的，说明工具坐标系设置完成，如图 1－351 所示。

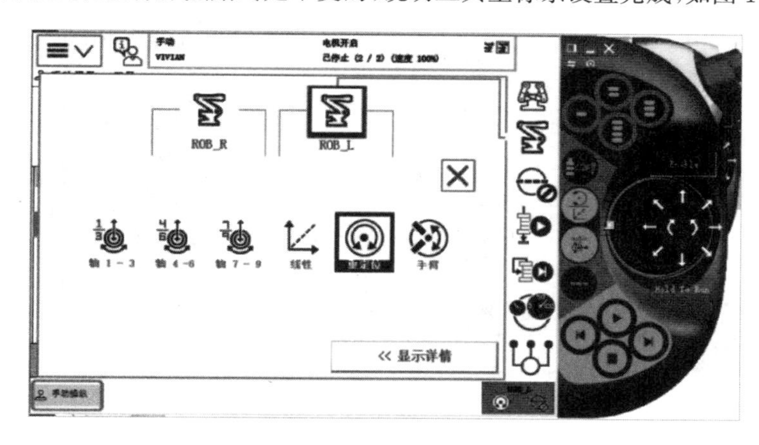

图 1－351　选择“重定位”示教

2）工件坐标系设定

① 这里使用设备自带的 MyTool，如图 1－352 所示，可见端头有坐标系，再用三点法进行工件坐标系的标定就会方便许多。

图 1－352　端头坐标系

② 单击“手动操纵”→“工件坐标”→“新建...”,如图 1 - 353 所示。

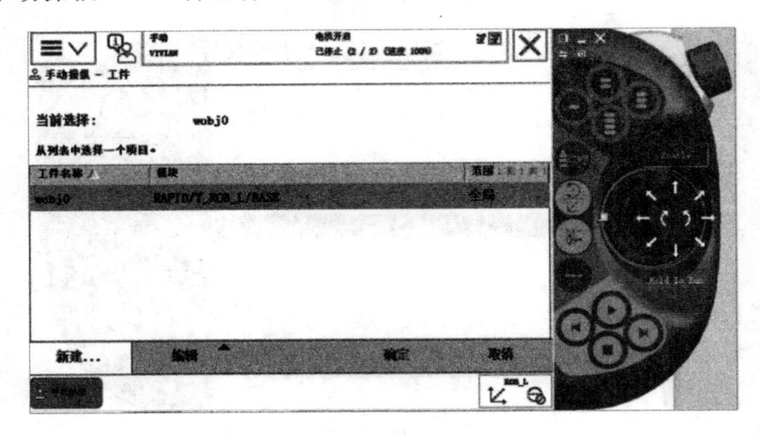

图 1 - 353　新建工件坐标

③ 如图 1 - 354 所示,所有值选择默认后单击“确定”。

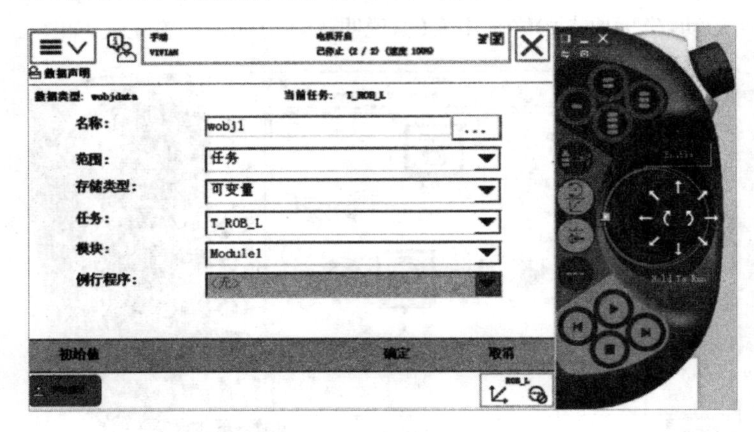

图 1 - 354　设置工件坐标参数

④ 选择刚刚所创建的工件坐标,单击“编辑”中的“定义...”,将用户方法设置为“3 点”,如图 1 - 355 所示。

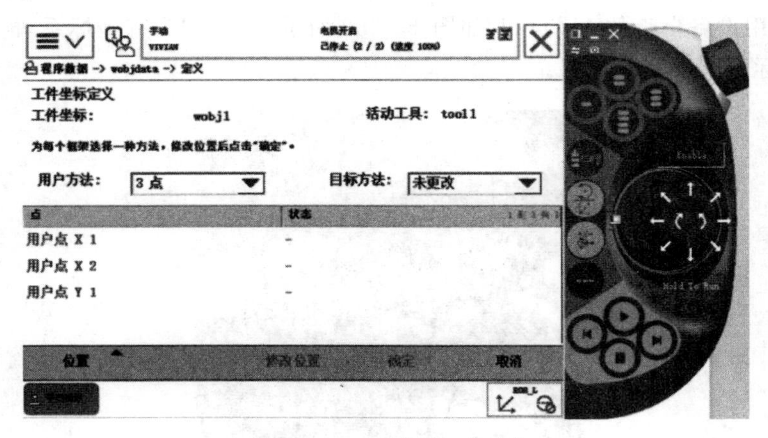

图 1 - 355　选择“三点法”

⑤ 找到所用工件为其设置坐标系，这里以方块作为工件，如图 1－356 所示。

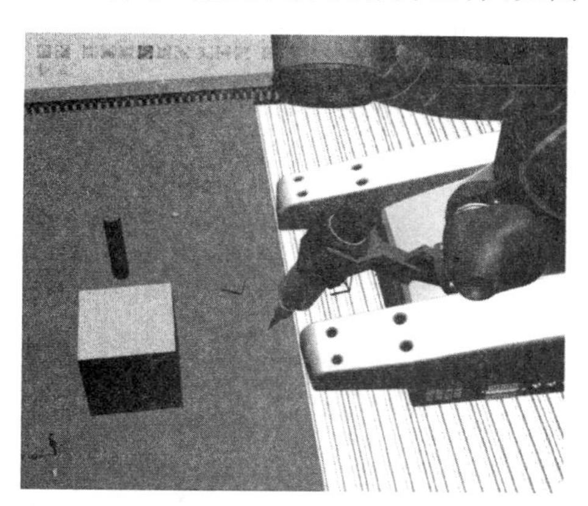

图 1－356　工件创建

⑥ 选择基本选项卡下的“其它”，在下拉菜单中单击“创建工件坐标系”，如图 1－357 所示。

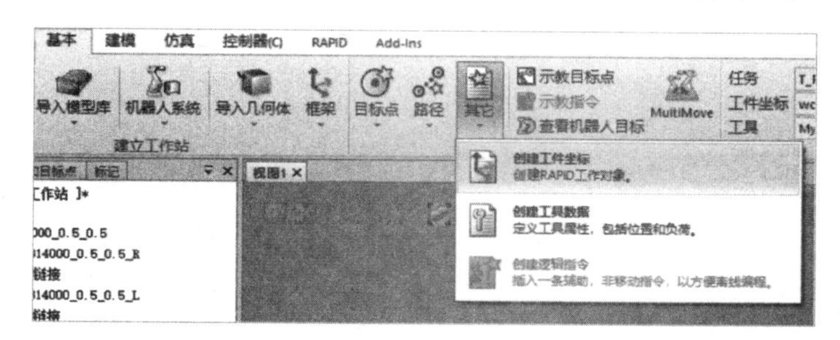

图 1－357　创建工件坐标

⑦ 单击用户坐标框架中的“取点创建框架”，选择“三点”，如图 1－358 所示。

⑧ 三点位置按照图 1－359 所示顺序进行定义，定义完成后单击 Accept 创建。

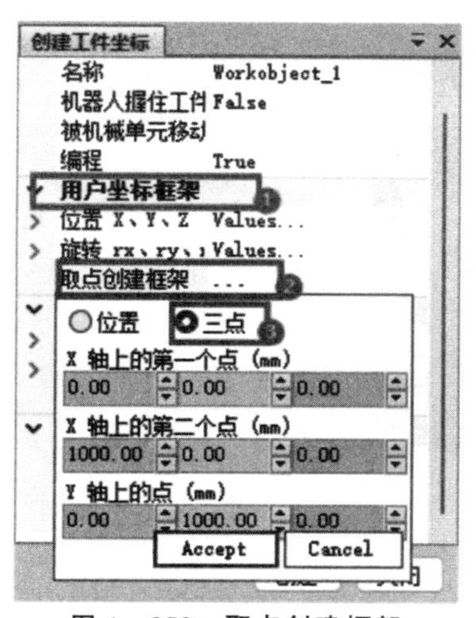

图 1－358　取点创建框架

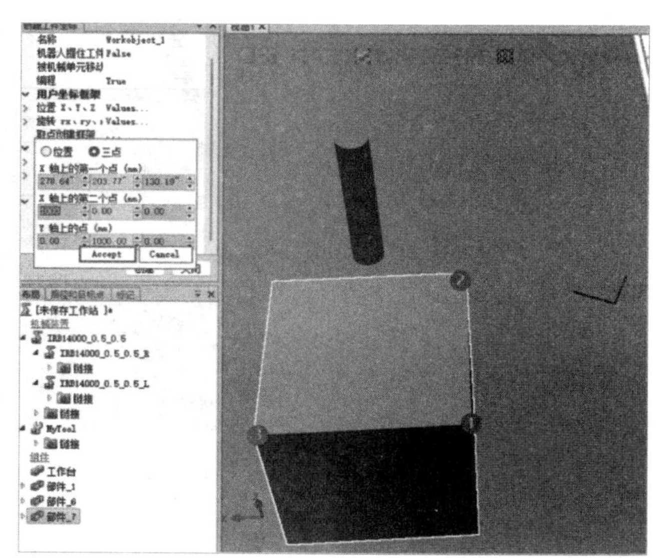

图 1－359　创建三点位置

⑨ 创建成功后，单击“路径和目标点”，右击刚刚所创建的工件坐标，在快捷菜单中单击“修改工件坐标”（见图 1－360），即可调出对话框。

⑩ 如图 1－361 所示，在弹出的对话框中再次找到“用户坐标框架”，点开“取点创建框架”即可查看位置。

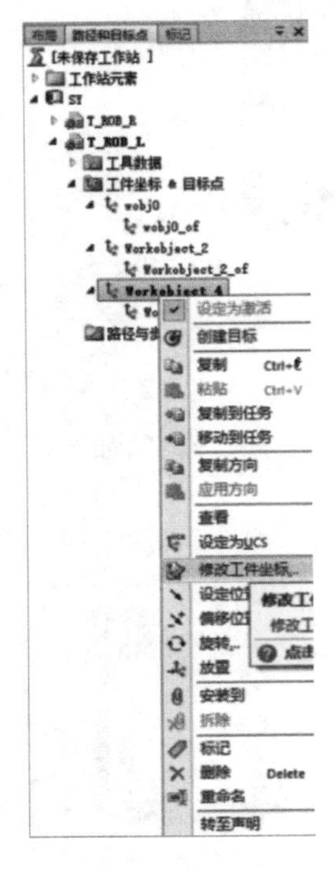

图 1－360　修改工件坐标

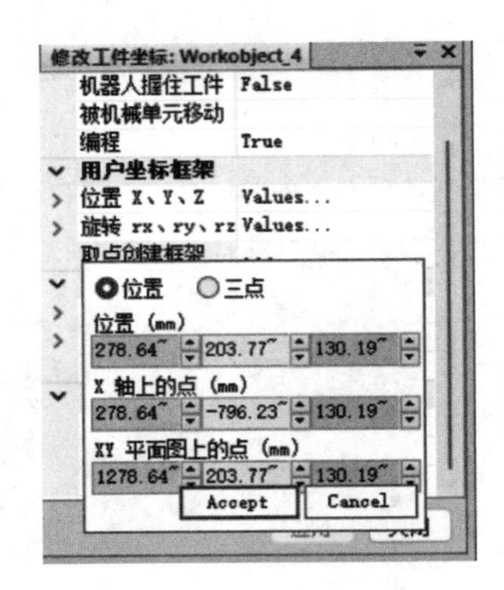

图 1－361　查看位置参数

⑪ 如图 1－362 所示，视图界面可见创建工件坐标系成功。

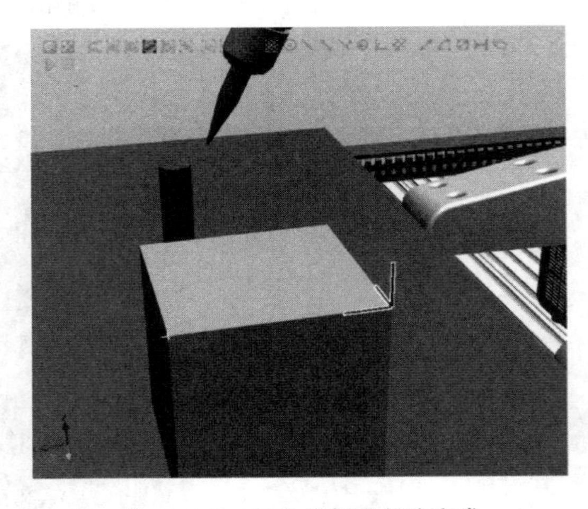

图 1－362　工件坐标系创建完成

3) 有效载荷数据设定

① 单击“手动操纵”→“有效载荷”，单击“新建”，如图 1－363 所示。

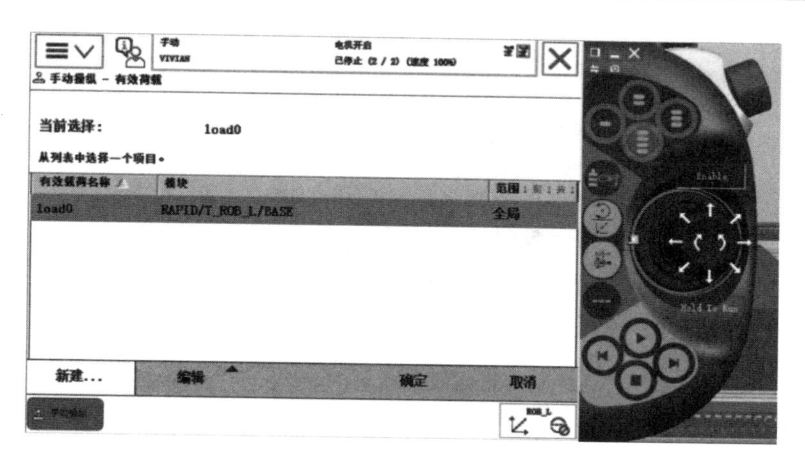

图 1 - 363　有效载荷界面

② 如图 1 - 364 所示，其余值不做修改，单击初始值。

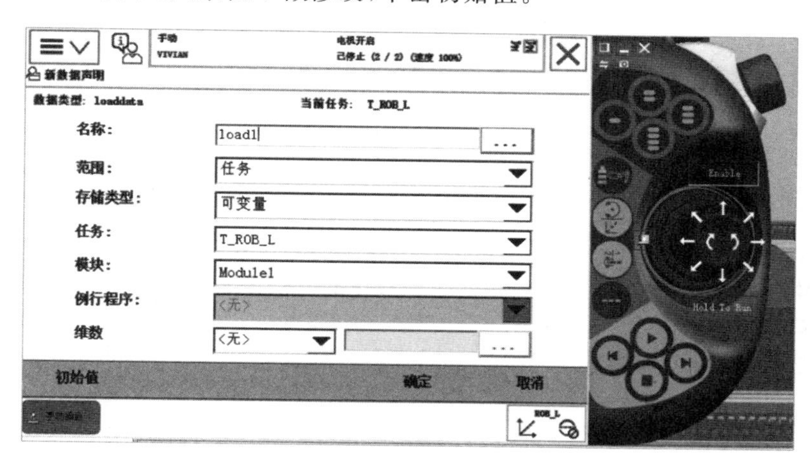

图 1 - 364　修改参数

③ 如图 1 - 365 所示，将圆柱体重量设置为 0.1(kg)。

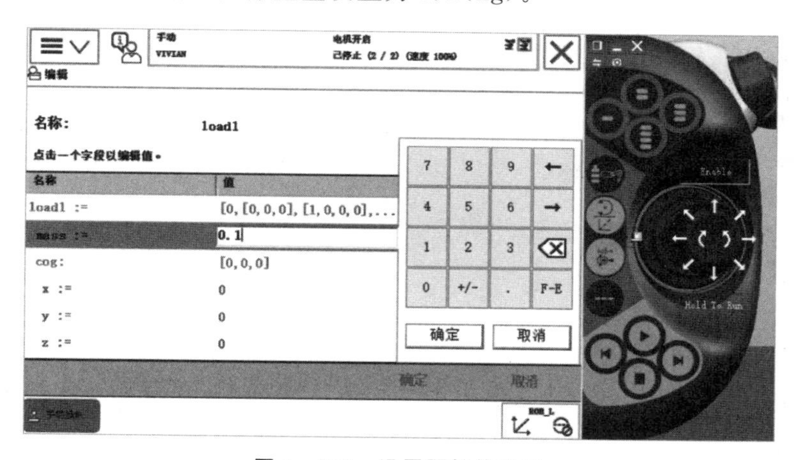

图 1 - 365　设置圆柱体重量

④ 重心根据实际需求进行设置即可，设置完毕后单击“确定”，有效荷载定设置完成，将夹爪移动到合适位置，如图 1 - 366 所示。

图 1 - 366　移动至合适位置

(5) 工作站打包方法

① 将先前创建的 YuMi 仿真工作站进行打包。如图 1 - 367 所示，选择“共享”→“打包”。

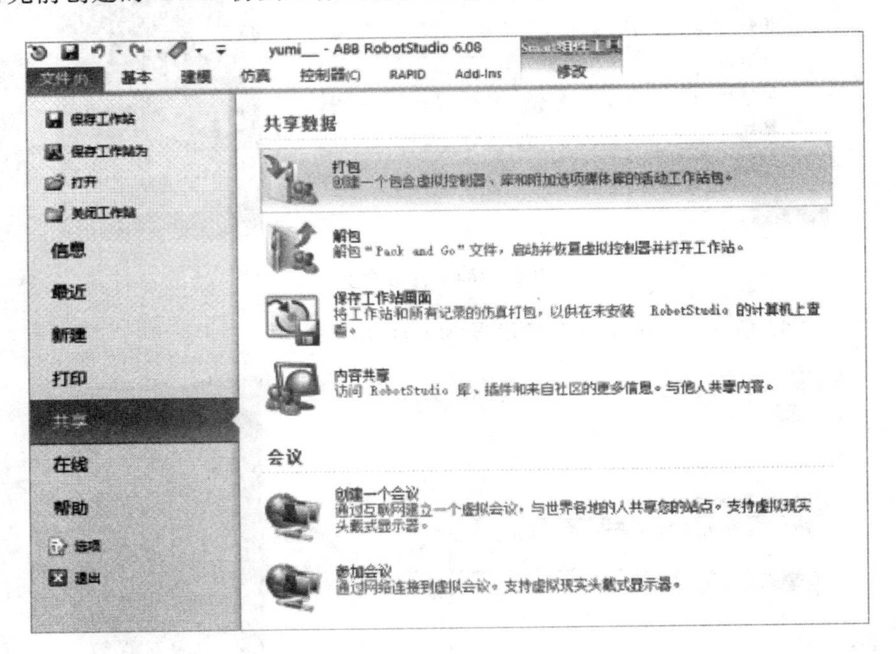

图 1 - 367　设置共享-打包

② 在弹出的快捷菜单中单击“浏览...”进行打包文件的保存路径的修改与文件命名，单击“确定”，如图 1 - 368 所示。

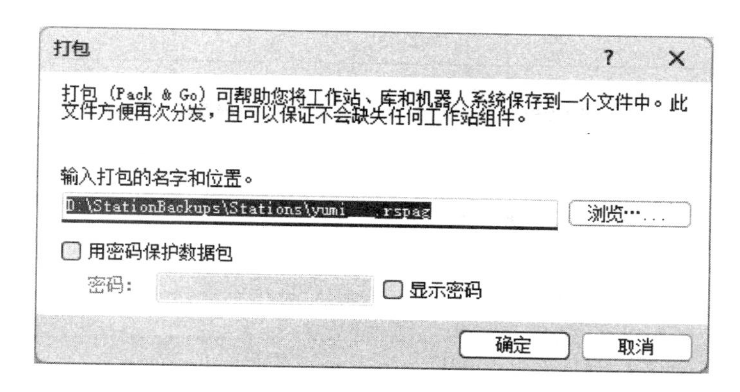

图 1-368 设置打包文件名与路径

③ 如图 1-369 所示,可见状态栏下显示打包完成。

System30 (工作站): 10129 - 程序已停止 [2]	2023/9/4 8:39:42	事件日志
System30 (工作站): 10011 - 电机上电(ON) 状态	2023/9/4 8:39:49	事件日志
自动保存完成。 [9]	2023/9/4 11:36:57	概述
打包: 打包模型库中...	2023/9/4 11:48:36	概述
打包: 正在创建备份...	2023/9/4 11:48:36	概述
打包: 打包系统中...	2023/9/4 11:48:37	概述
打包: 正在保存工作站...	2023/9/4 11:48:37	概述
打包: 创建打包文件...	2023/9/4 11:48:38	概述
System30 (工作站): 10230 - 备份步骤就绪	2023/9/4 11:48:38	事件日志
System30 (工作站): 10231 - 备份步骤就绪	2023/9/4 11:48:38	事件日志
System30 (工作站): 10232 - 备份步骤就绪	2023/9/4 11:48:38	事件日志
System30 (工作站): 10233 - 备份步骤就绪	2023/9/4 11:48:38	事件日志
打包: 打包完成	2023/9/4 11:48:39	概述

图 1-369 打包完成

④ 桌面出现打包文件图示,至此完成打包。

任务评价

任务评价表(1)

任务名称		姓名				任务得分			
考核项目	考核内容	配分	评分标准			自评 30%	互评 30%	师评 40%	得分
知识技能 35 分									
素质技能 10 分									

任务评价表(2)

内容	考核要求	评分标准	配分	扣分

任务 1.2　走进机器人的二次开发

任务描述

了解协作机器人的应用实施和拓展，包括坐标系设定、IO 配置、Multitasking 和 MultiMove 选项等。

在教学的实施过程中：

① 掌握机器人坐标系和数据载荷的设定；

② 了解 IO 配置；

③ 掌握 RAPID 程序说明；

④ 了解 Multitasking 多任务处理选项；

⑤ 了解 MultiMove 选项；

⑥ 理解智能手爪的基本模块；

⑦ 培养学生的思维和动手能力，严格按照规范流程完成任务，有耐心和毅力分析解决操作中遇到的问题。

完成本任务的学习之后，学生可掌握协作机器人的基本功能与操作，完成单元任务考核。

任务工单

任务名称				姓名	
班级		学号		成绩	
工作任务	能够掌握机器人坐标系和数据载荷的设定； 能够了解 IO 配置； 能够掌握 RAPID 程序说明； 能够了解 Multitasking 多任务处理选项； 能够了解 MultiMove 选项； 能够理解智能手爪的基本模块				
任务目标	知识目标： 了解机器人常用参数； 了解机器人的编程流程； 了解机器人协作功能 技能目标： 能够掌握机器人坐标系和数据载荷的设定； 能够了解 IO 配置； 能够掌握 RAPID 程序说明； 能够了解 Multitasking 多任务处理选项； 能够了解 MultiMove 选项； 能够理解智能手爪的基本模块 职业素养目标： 严格遵守安全操作规范和操作流程				
举一反三	总结机器人协作功能设置流程				

任务准备

1.2.1　RobotStudio 工作站解包

(1) 解包步骤

① 打开 RobotStudio 软件，在文件界面选择“共享”，单击“解包”，如图 1-370 所示。

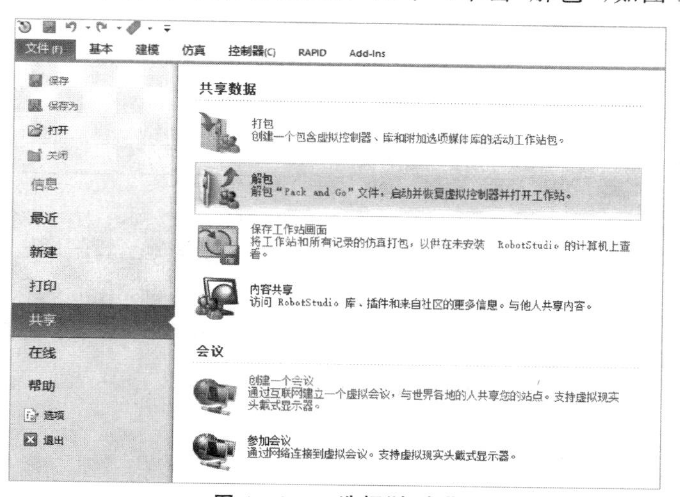

图 1-370　选择“解包”

② 单击“下一个”，如图 1－371 所示。

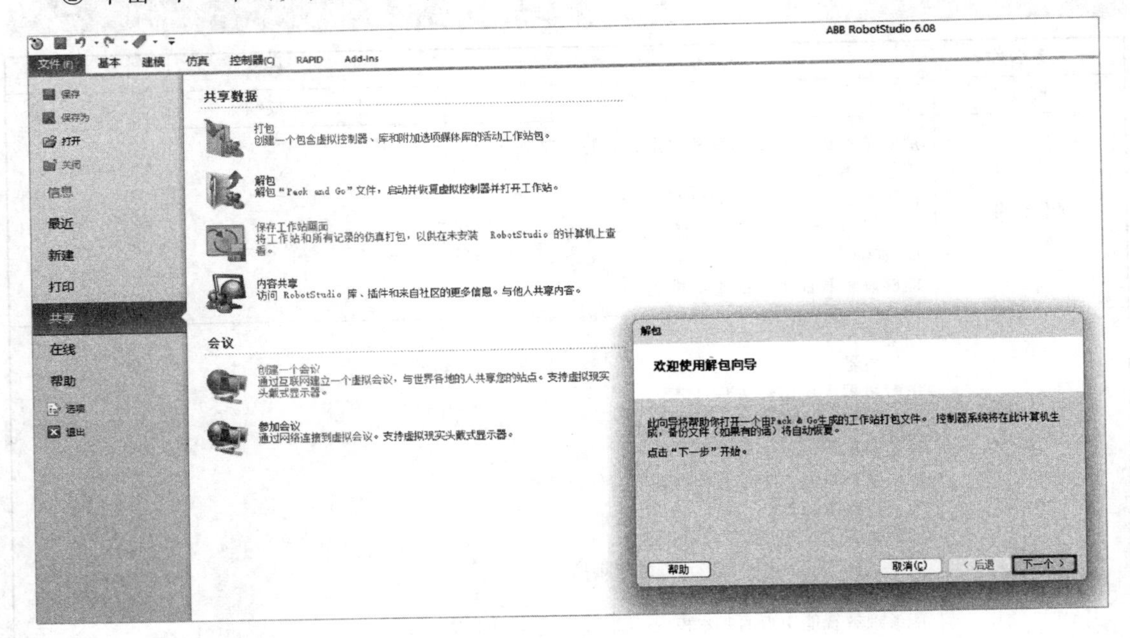

图 1－371　解包向导

③ 如图 1－372 所示，单击“浏览... ”。

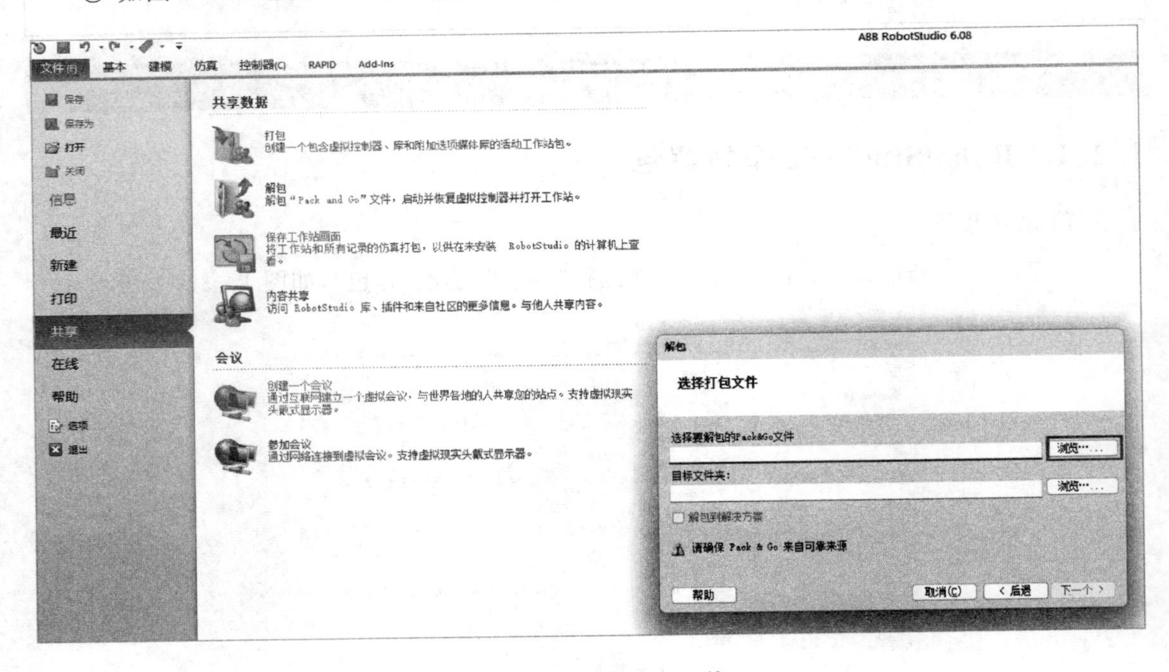

图 1－372　选择解包文件

④ 如图 1－373 所示，选择对应文件夹中所需的打包文件。

图 1－373　打开需要解包的文件

注：此图标表示打包文件，可以进行解包。

⑤ 在目标文件夹中单击“浏览...”，根据需求选择进行解包文件后的保存路径，如图 1－374 所示。

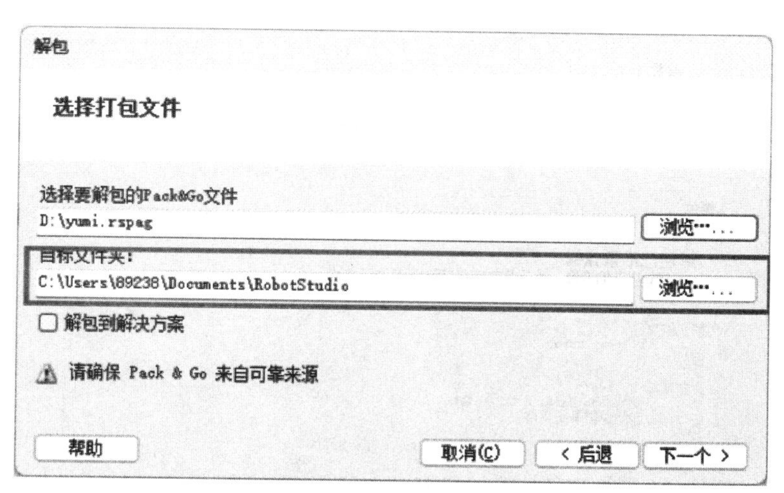

图 1－374　更改解包文件存储位置

⑥ 路径更改成功后，单击“下一个”，如图 1－375 所示。

⑦ 单击“下一个”，如图 1－376 所示。

⑧ 单击“完成”，如图 1－377 所示。

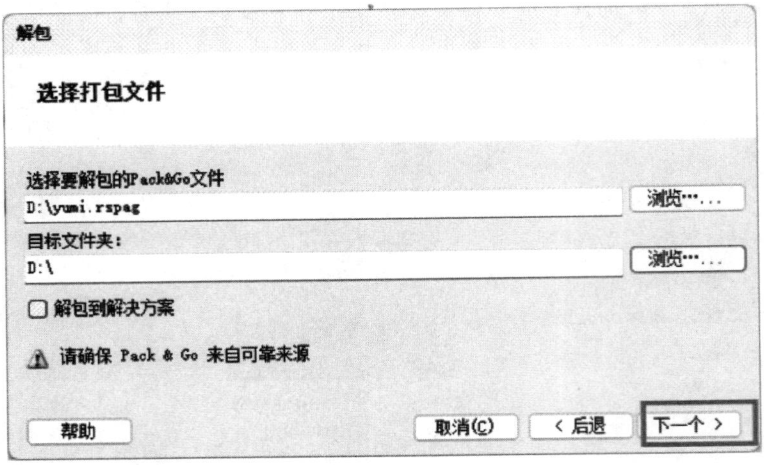

解包

选择打包文件

选择要解包的Pack&Go文件

D:\yumi.rspag

浏览...

目标文件夹:

D:\

浏览...

解包到解决方案

请确保 Pack & Go 来自可靠来源

帮助　取消(C)　< 后退　下一个 >

图 1-375　选择“下一个”

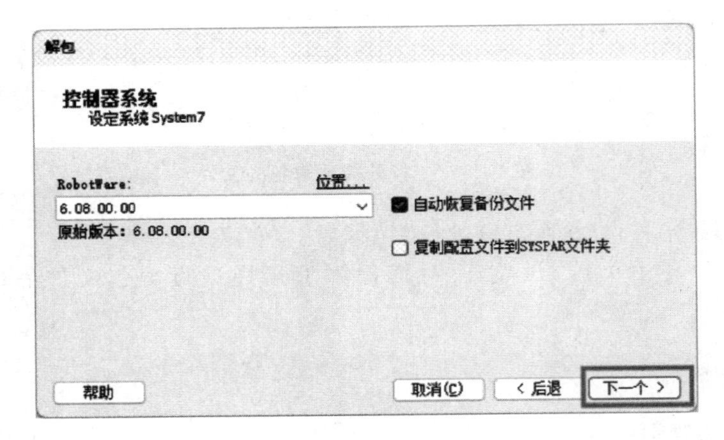

图 1-376　选择“下一个”

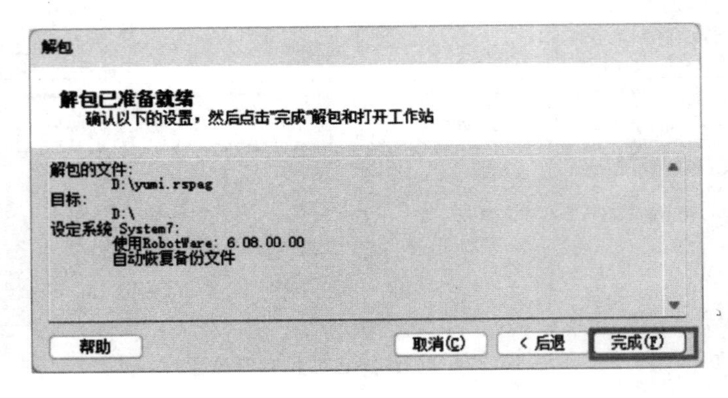

图 1-377　完成解包向导

⑨ 等待解包程序加载，如图 1-378 所示。

⑩ 解包完成，如图 1-379 所示。

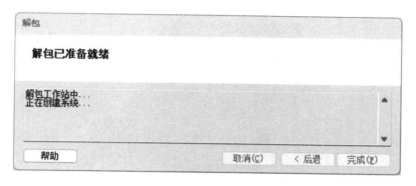

图 1-378　等待解包

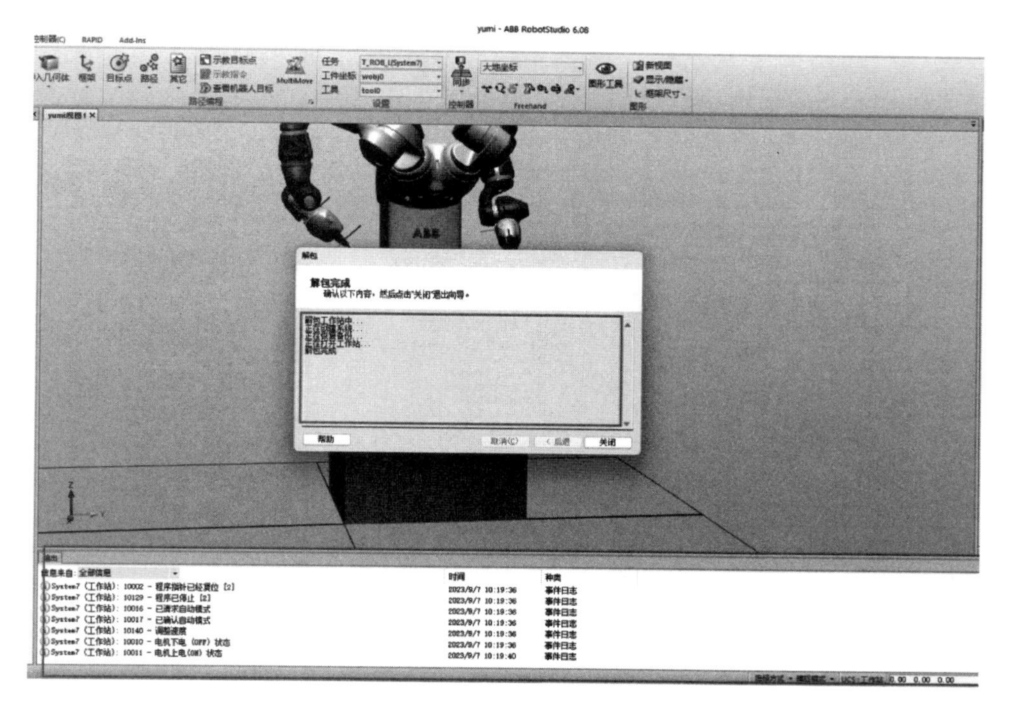

图 1-379　解包完成

1.2.2　I/O 配置

(1) 配置 Device Net 通信板卡

Device Net 网络作为工厂设备网，最多可以操作 64 个节点(即一个网络上允许存在 64 个从站)，可用的通信波特率分别为 125 kbps、250 kbps 和 500 kbps 三种。设备可由 Device Net 总线供电或使用独立电源供电。一台支持 Device Net 网络的机器人，对上可以作为下层设备的主站，对下可以作为 PLC 或其他可作为主站设备的从站，其硬件接口如图 1-380 所示。

在机器人上使用 Device Net 总线，首先得确认该机器人是否预装了该选项，打开机器人的系统信息，在选项目录下查看是否有 709-1 选项，如图 1-381 所示。

增加了该选项的机器人一般出厂就已经配置了一个 Device Net 模块(见图 1-382)。

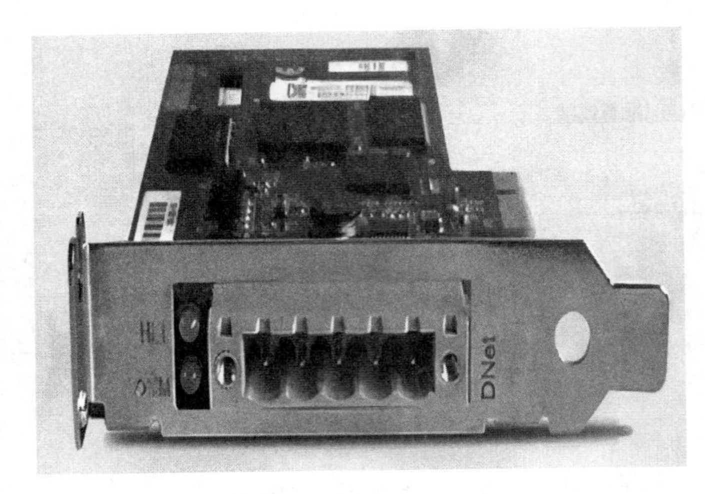

图 1－380　硬件接口图

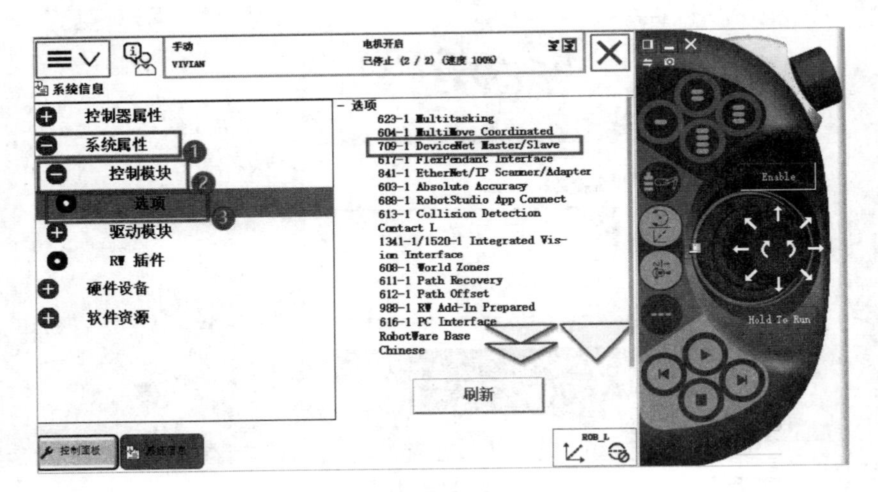

图 1－381　查看是否有 709－1 选项

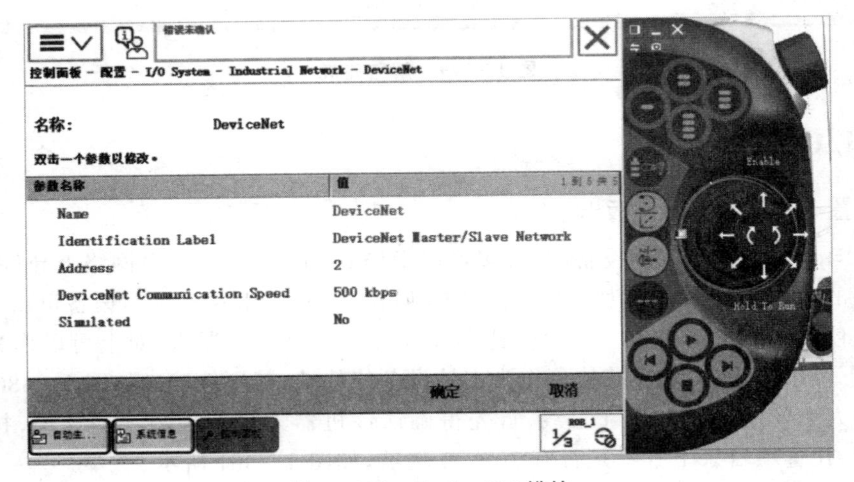

图 1－382　Device Net 模块

(2) 配置 I/O 信号

① 打开示教器，进行上电操作，选择手动模式，单击“主菜单”按钮(见图 1-383)。

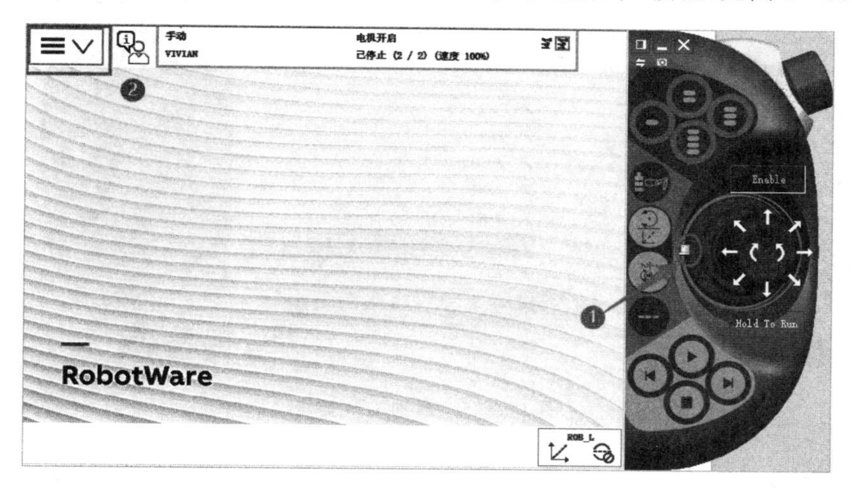

图 1-383　选择“主菜单”

② 在“主菜单”界面中单击“控制面板”→“配置”，在 I/O 面板下双击 Signal，如图 1-384 所示。

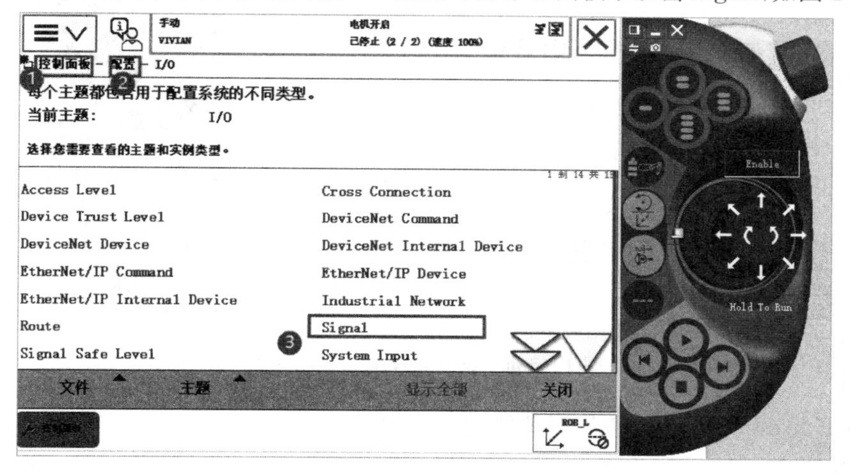

图 1-384　I/O 界面

③ 单击“添加”，如图 1-385 所示。

④ 根据需求进行 I/O 信号配置，如图 1-386 所示。

关于 Type of Signal 信号类型的 I/O 信号详解如下：

Digital Input：数字输入；

Digital Output：数字输出；

Analog Input：模拟输入；

Analog Output：模拟输出；

Group Input：组输入；

Group Output：组输出；

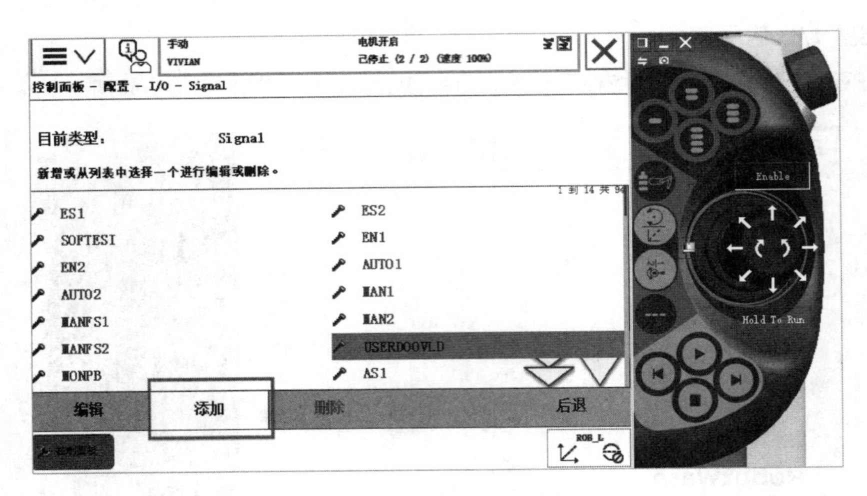

图 1 - 385　添加 I/O 信号

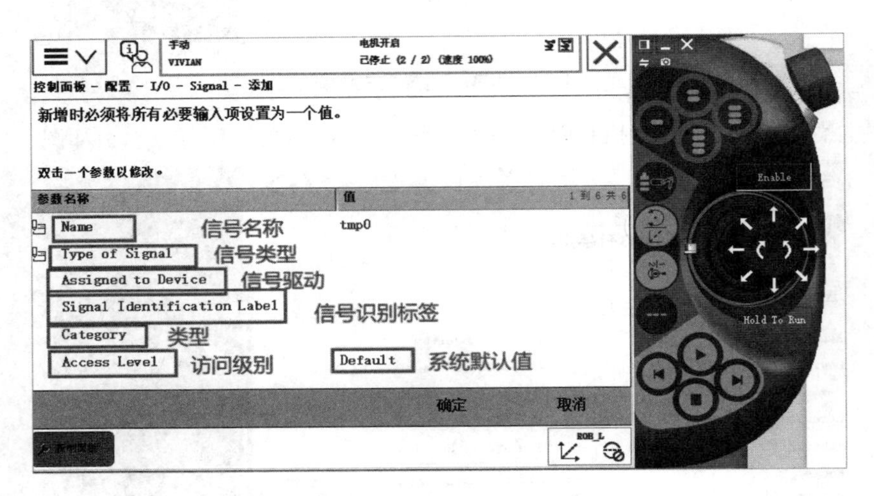

图 1 - 386　I/O 信号配置界面注释

Assigned to Device I/O：信号所关联的 I/O 装置。

另外：Profeibus-DP 网、PROFINET 网等选择 ＜网络名＞_INTERNAL_ANYBUS_DEVICE，如果填写为空，则代表添加的信号为仿真信号。I/O 信号参数添加完成后，单击“确定”，再次重启示教器即可生效。

(3) 可编程快捷键设定

ABB 机器人示教器上有四个未定义使用功能的电动按钮，称为四个辅助按键(见图 1 - 387)。它是用户可以自己定义使用的按钮开关，一般辅助按键只对数字输出信号起作用，对数字输入信号不起作用。

使用辅助按键前，需要先把某个辅助按键和某个数字输出信号进行关联。辅助按键常用来和机器人夹具电磁阀、吹气、外部其他设备进行定义关联，在调试程序时控制设备。辅助按键的关联信号一般设定为只在手动状态有效，自动状态无效。

下面根据 YuMi 医疗试管检测仿真工作站现有信号进行配置。

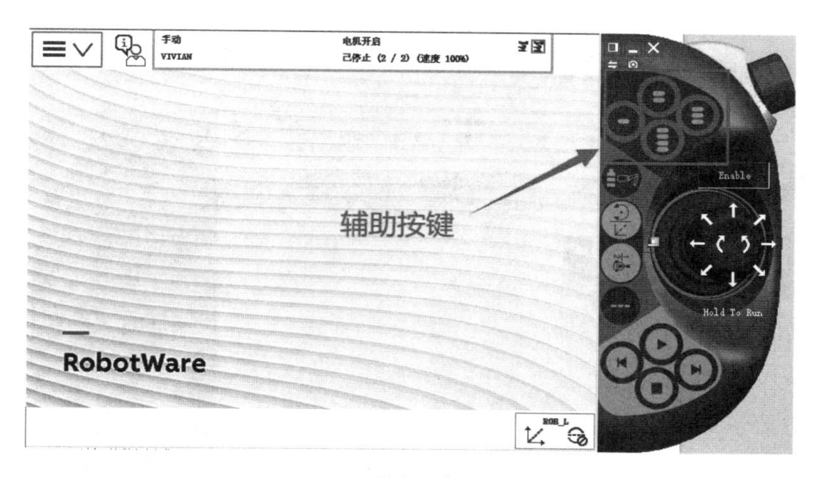

图 1-387　辅助按键方位图

① 打开示教器，先进行上电操作，单击主菜单下的“控制面板”，如图 1-388 所示。

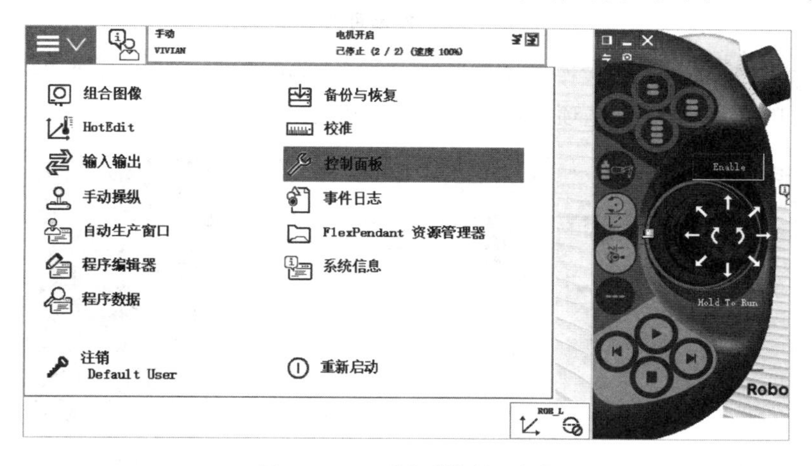

图 1-388　选择“控制面板”

② 单击 ProgKeys，配置可编程按键，如图 1-389 所示。

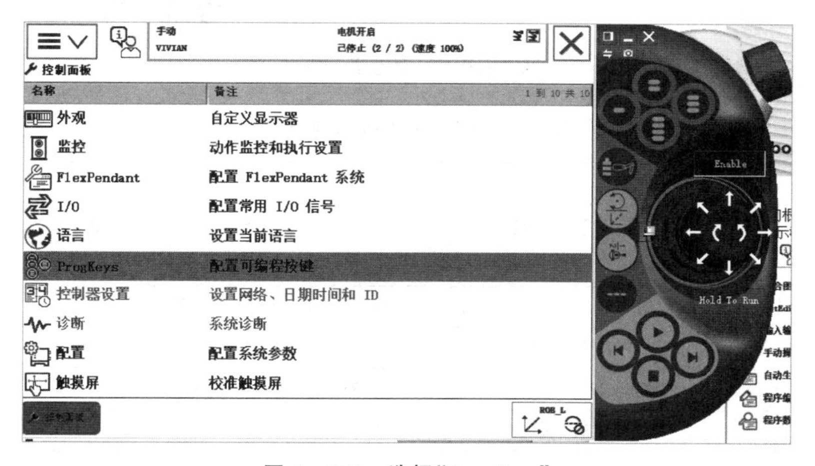

图 1-389　选择“ProgKeys”

③ 如图 1-390 所示,可见下方有 4 个按键,单击“类型”,下拉菜单有“输入”“输出”“系统”三种类型,可根据需求进行设置。

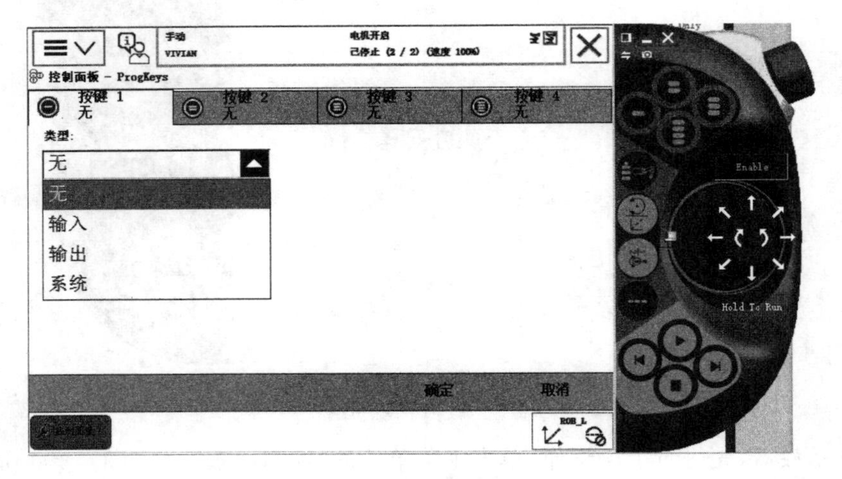

图 1-390　按键可选类型

④ 选择“输出”类型时,可在按下按键的下拉菜单中选择按钮选项,有“切换”“设为 1”“设为 0”“按下/松开”“脉冲”五个选项(见图 1-391),其输出状态说明见表 1-8。

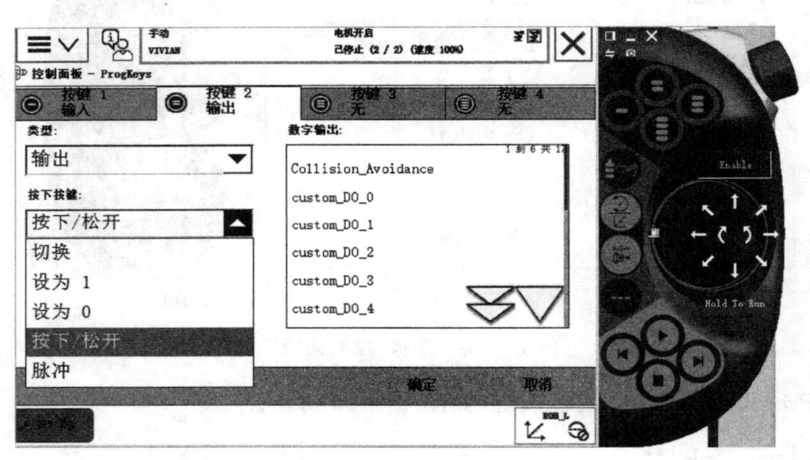

图 1-391　输出类型明细

表 1-8　按键选项输出状态说明

序　号	按键操作	操作说明
1	切换	以信号当前值的置反操作,例如当前信号为 0,按第一下为 1,按第二下为 0,四个可编程快捷按钮为电动开关
2	设为 1	把信号置 1,例如当前信号为 0,按下后即为 1,再次按下也为 1
3	设为 0	把信号复位,例如当前信号为 1,按下后即为 0,再次按下也为 0
4	按下松开	把按键按下不松开后,信号输出 1,松开后,信号复位 0
5	脉冲	按下按键后,对应数字输出时长 1 s 为 1 的信号

⑤ 类型选择“系统”，按下按键选择“PP 移至主程序”选项，如图 1－392 所示。

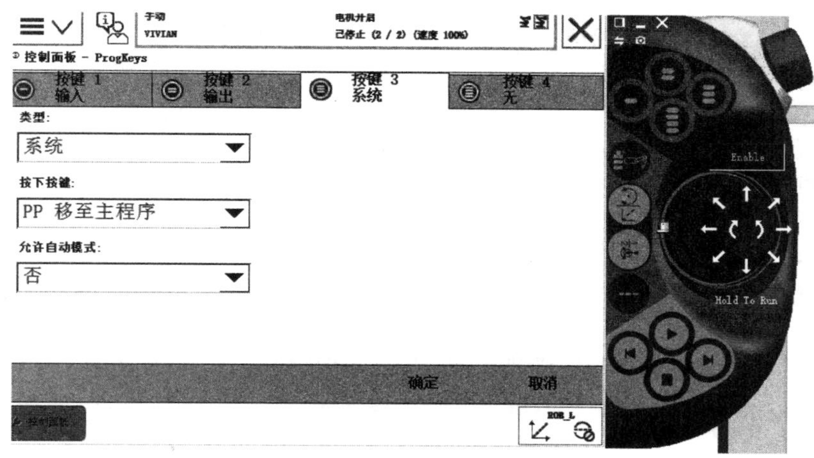

图 1－392　系统类型明细

⑥ 四个快捷按钮可根据需求进行设置，方便后续调试。

1.2.3　RAPID 程序解读

YuMi 机器人试管工作站案例 RAPID 程序说明如下。

(1) T_ROB_L

```
MODULE Module1
CONSTrobtargetTarget_10：=[[344.115,109.327,116.352],[0,0,1,0],[1,0,1,5],[101.964427132,9E+09,9E+09,9E+09,9E+09,9E+09]];
    CONSTrobtargetTarget_10_3：=[[324.807,264.11,198.290102989],[0,0,1,0],[1,0,1,5],[101.964427132,9E+09,9E+09,9E+09,9E+09,9E+09]];
    CONSTrobtargetTarget_20：=[[324.807417046,26.616786457,267.126341935],[0.00000056,0.000000374,1,0.000000434],[-1,-1,1,5],[-174.02103766,9E+09,9E+09,9E+09,9E+09,9E+09]];
PERS numjz：=0;! 将夹爪指定为值 0，用于配置左右手运动
    CONSTrobtargetTarget_20_2：=[[379.7201893,12.355100707,105.328617821],[0.00000056,0.000000374,1,0.000000434],[1,1,1,5],[174.02103766,9E+09,9E+09,9E+09,9E+09,9E+09]];
CONSTrobtargetTarget_30：=[[89.387946423,156.622117957,147.913470217],[0.066010726,0.842420918,0.111214912,0.523068661],[0,0,0,4],[101.964427132,9E+09,9E+09,9E+09,9E+09,9E+09]];
PROCmain()
Reset DO0;! 复位右手
Reset DO3;! 复位滴管、液面
MoveAbsJ[[76,63,54,10,5,100],[74,9E+09,9E+09,9E+09,9E+09,9E+09]],v500,z0,Servo\WObj：=wobj0;! 通过速度数据 v500，将机械臂和外轴移动至轴位置中的指定绝对位置，避免碰撞
    FORi FROM 0 TO 3DO ! 循环 3 次
    MoveJ offs(Target_10,0,0,100),v200,z0,Servo\WObj：=wobj0;! 将机械臂关节移动至距 Target_10(沿 Z 方向)100mm 的一个点
```

```
MoveL offs(Target_10,0,0,0),v200,fine,Servo\WObj:=wobj0;! 将机械臂移动 Target_10 原点位置
WaitTime 0.024;! 延迟 0.024s
SetDO DO0,1;! 置位左手,夹取
WaitTime 1;! 延迟 1s
MoveL offs(Target_10,0,0,100),v200,z0,Servo\WObj:=wobj0;! 将机械臂移动至距 Target_10(沿 Z 方向)100mm 的一个点
MoveL offs(Target_10,0,50,150),v200,z10,Servo\WObj:=wobj0;! 将机械臂移动至距 Target_10(沿 Y 方向)50mm,(沿 Z 方向)150mm 的一个点
MoveJ offs(Target_20,0,0,50),v500,z0,Servo\WObj:=wobj0;! 将机械臂关节移动至距 Target_20(沿 Z 方向)50mm 的一个点
MoveL offs(Target_20,0,0,0),v500,fine,Servo\WObj:=wobj0;! 将机械臂移动至 Target_20 原点位置
WaitTime 2;! 延迟 2s
MoveL offs(Target_20,0,0,50),v500,z0,Servo\WObj:=wobj0;! 将机械臂关移动至距 Target_20(沿 Z 方向)50mm 的一个点
MoveJ offs(Target_30,0,50,30),v500,z0,Servo\WObj:=wobj0;! 将机械臂关节移动至距 Target_30(沿 Y 方向)50mm,(沿 Z 方向)30mm 的一个点
MoveL offs(Target_30,0,0,30),v500,fine,Servo\WObj:=wobj0;! 将机械臂移动至距 Target_30(沿 Z 方向)30mm 的一个点
SetDO DO3,1;! 置位滴管、液面,开始执行动作
WaitTime 5;! 延迟 5s
SetDO DO3,0;! 置位滴管、液面,停止执行动作
MoveL offs(Target_30,0,60,30),v500,fine,Servo\WObj:=wobj0;! 将机械臂移动至距 Target_30(沿 Y 方向)60m,(沿 Z 方向)30mm 的一个点
MoveJ offs(Target_10,0,0,100),v200,z0,Servo\WObj:=wobj0;! 将机械臂关节移动至距 Target_10(沿 Z 方向)100mm 的一个点
MoveL offs(Target_10,0,0,0),v200,fine,Servo\WObj:=wobj0;! 将机械臂移动至 Target_10 原点位置
WaitTime 0.1;! 延时 0.1s
SetDO DO0,0;! 置位左手,停止执行动作
WaitTime 1;! 等待 1s
jz:=1;! 检测到 jz=1,表示右手指令已执行完毕
MoveL offs(Target_10,0,0,100),v500,z0,Servo\WObj:=wobj0;! 将机械臂移动至距 Target_10(沿 Z 方向)100mm 的一个点
MoveJ offs(Target_40,0,i*32.31,100),v500,z0,Servo\WObj:=wobj0;! 将机械臂关节移动至距 Target_40(沿 Y 方向)i*32.31mm,(沿 Z 方向)100mm 的一个点,i 为循环累加量,循环自动拿下一个试管
MoveL offs(Target_40,0,i*32.31,0),v500,fine,Servo\WObj:=wobj0;! 将机械臂移动至距 Target_40(沿 Y 方向)i*32.31mm 的一个点,i 为循环累加量,循环自动拿下一个试管
WaitTime 1;! 延时 1s
SetDO DO0,1;! 置位左手,执行动作
WaitTime 2;! 延时 2s
MoveL offs(Target_40,0,i*32.31,150),v500,z0,Servo\WObj:=wobj0;! 将机械臂移动至距 Target_40(沿 Y 方向)i*31.31mm,(沿 Z 方向)150mm 的一个点,i 为循环累加量,循环自动拿下一个试管
```

```
        MoveJ offs(Target_30,50,0,0),v500,z0,Servo\WObj:= wobj0;! 将机械臂关节移动至距 Target_
30(沿 X 方向)50mm 的一个点
        MoveL offs(Target_30,0,0,0),v500,fine,Servo\WObj:= wobj0;! 将机械臂移动至距 Target_30 原
点位置
        jz:= 1;! 左手指令执行完毕
        WaitTime 1;! 延时 1s
        MoveL offs(Target_30,0,0,- 26),v100,z0,Servo\WObj:= wobj0;! 将机械臂移动至距 Target_30
(沿 Z 方向)- 26mm 的一个点
        waittime 2;! 延时 2s
        MoveL reltool(Target_30,0,0,34\Rz:= 180),v5,fine,Servo\WObj:= wobj0;! 旋转手爪,以实现拧
瓶盖效果
        WaitTime 2;! 延时 2s
        jz:= 1;! 左手指令执行完毕
        WaitTime 1;! 延时 1s
        WaitUntil jz = 1;
        jz:= 0;! 仅在已设置 jz 输入后,继续程序执行
        SetDO DO0,0;! 置位左手,停止执行动作
        WaitTime 0.024;! 延时 0.024s
        PulseDO\High,custom_DO_3;! 输出信号 custom_DO_3 产生脉冲长度为 0.2s 的正脉冲
        SetDO DO0,1;! 置位左手,执行动作
        MoveL reltool(Target_30,0,0,34),v5,fine,Servo\WObj:= wobj0;! 将机械臂移动至距 Target_30
(沿 Z 方向)34mm 的一个点
        jz:= 1;! 左手指令执行完毕
        WaitTime 0.1;! 延时 0.1s
        WaitUntil jz = 1;
        jz:= 0;! 仅在已设置 jz 输入后,继续程序执行
        WaitTime 1;! 延时 1s
        SetDO DO0,0;! 置位左手,停止执行动作
        WaitTime 1; ! 延时 1s
        MoveL reltool(Target_30,0,0,0),v500,fine,Servo\WObj:= wobj0;! 将机械手臂移动至 Target_
30 原点位置
        jz:= 1;! 左手指令执行完毕
        WaitTime 0.2;! 延时 0.2s
        WaitTime 1;! 延时 1s
        MoveJ Target_50,v500,z100,Servo\WObj:= wobj0; ! 回到左机械手臂原点
    ENDFOR
        ENDPROC
        PROC Path_10()
        MoveL Target_10,v1000,z100,Servo\WObj:= wobj0;
        MoveL Target_20,v1000,z100,Servo\WObj:= wobj0;
        MoveL Target_30,v1000,z100,Servo\WObj:= wobj0;
        MoveL Target_40,v1000,z100,Servo\WObj:= wobj0;
        MoveJ Target_50,v1000,z100,Servo\WObj:= wobj0;
    ENDPROC
```

（2）T_ROB_R

```
    MODULE Module1
        CONST robtarget
Target_10：=[[331.059，-13.982,94.295],[0.5，-0.5,0.5，-0.5],[1,1,0,4],[-101.964427132,9E+09,9E+09,9E+09,9E+09,9E+09]];
    CONSTrobtargetTarget_10_4：=[[309.807,26.617,195.654655984],[0.5,0.5,0.5,0.5],[1,1,0,4],[-101.964427132,9E+09,9E+09,9E+09,9E+09,9E+09]];
        CONST robtarget
Target_10_5：=[[331.059，-291.151,94.295],[0.5，-0.5,0.5,0.5],[1,1,0,4],[-101.964427132,9E+09,9E+09,9E+09,9E+09,9E+09]];
        PERS numjz：=0;！配置左右运动
        CONST robtarget
Target_20：=[[402.26189268，-42.798523461,208.610787162],[0.707105191,0.000017291,0.70710837,0.000034436],[1,1,1,4],[-131.96449676,9E+09,9E+09,9E+09,9E+09,9E+09]];
    CONSTrobtargetTarget_30：=[[89.387946422,156.622117956,147.913470217],[0.066010726,0.842420918,0.111214912,0.523068661],[0,0,0,4],[101.964427132,9E+09,9E+09,9E+09,9E+09,9E+09]];
    PROCmain()
    Reset DO1；！复位右手
    FORi FROM 0 TO 3 DO！循环3次
    MoveJ offs(Target_10,0,i*32.31,50),v200,z0,Servo\WObj：=wobj0;！将机械臂关节移动至距Target_10(沿Y方向)i*32.31mm,(沿Z方向)50mm的一个点,i为循环累加量,循环自动拿下一个试管
    MoveL offs(Target_10,0,i*32.31,0),v200,fine,Servo\WObj：=wobj0;！将机械臂关节移动至距Target_10(沿Y方向)i*32.31mm的一个点,i为循环累加量,循环拿下一个试管
        WaitTime 0.024;！延迟0.024s
        SetDO DO1,1;！置位左手,开始执行指令
        WaitTime 1;！延迟1s
        MoveL offs(Target_10,0,i*32.31,50),v200,z50,Servo\WObj：=wobj0;！将机械臂关节移动至距Target_10(沿Y方向)i*32.31mm,(沿Z方向)50mm的一个点,i为循环累加量,循环自动拿下一个试管
        MoveJ offs(Target_20,0,0,0),v500,fine,Servo\WObj：=wobj0;！将机械臂关节移动至Target_20原点位置
        WaitUntil jz=1;
        jz：=0;！仅在已设置jz输入后,继续程序执行
        MoveL offs(Target_20，-50,0,0),v500,fine,Servo\WObj：=wobj0;！将机械臂移动至距Target_20(沿X方向)-50mm的一个点
        WaitUntil jz=1;
        jz：=0;！仅在已设置jz输入后,继续程序执行
        MoveL offs(Target_20,0,0,0),v500,fine,Servo\WObj：=wobj0;！将机械臂移动Target_20原点位置
        WaitUntil jz=1;
        jz：=0;！仅在已设置jz输入后,继续程序执行
        WaitTime 0.024;！延时0.024s
        SetDO DO1,0;！置位右手,停止执行动作
        WaitTime 1;！延时1s
```

```
        MoveL offs(Target_20,-60,0,0),v500,z0,Servo\WObj:=wobj0;! 将机械臂移动至距 Target_20
(沿 x 方向)-60mm 的一个点
        MoveL offs(Target_20,-60,-100,0),v500,z0,Servo\WObj:=wobj0;! 将机械臂移动至距 Target_
20(沿 X 方向)-60mm,(沿 Y 方向)100mm 的一个点
        MoveL offs(Target_40,0,0,0),v500,fine,Servo\WObj:=wobj0;! 将机械臂移动至 Target_40 原点
位置
        jz:=1;! 左手指令执行完毕
        WaitTime 0.2;! 延时 0.2s
        WaitUntil jz=1;
        jz:=0;! 仅在已设置 jz 输入后,继续程序执行
        MoveL offs(Target_20,-60,-100,0),v500,z0,Servo\WObj:=wobj0;! 将机械臂移动至距 Target_
20(沿 X 方向)-60mm,(沿 Y 方向)-100mm 的一个点
        MoveL offs(Target_20,-60,0,0),v500,z0,Servo\WObj:=wobj0;! 将机械臂移动至距 Target_20
(沿 x 方向)-60mm 的一个点
        MoveL offs(Target_20,0,0,0),v500,fine,Servo\WObj:=wobj0;! 将机械臂移动至 Target_20 原点
位置
        WaitTime 0.024;! 延时 0.024s
        SetDO DO1,1;! 置位左手,开始执行指令
        WaitTime 1;! 延时 1s
        jz:=1;! 左手指令执行完毕
        WaitTime 0.2;! 延迟 0.2s
        WaitUntil jz=1;
        jz:=0;! 仅在已设置 jz 输入后,继续程序执行
        WaitTime 0.024;! 延时 0.024s
        SetDO DO1,0;! 置位左手,停止执行动作
        WaitTime 0.024;! 延时 0.024s
        SetDO DO1,1;! 置位左手,开始执行动作
        WaitTime 0.5;! 延时 0.5s
        MoveJ offs(Target_30,0,i*32.31,80),v200,z0,Servo\WObj:=wobj0;! 将机械臂关节移动至距
Target_30(沿 Y 方向)i*32.31mm,(沿 Z 方向)80mm 的一个点,i 为循环累加量,循环自动拿下一个试管
    MoveL offs(Target_30,0,i*32.31,0),v200,fine,Servo\WObj:=wobj0;! 将机械臂移动至距 Target_
30(沿 Y 方向)i*32.31mm 的一个点,i 为循环累加量,循环拿下一个试管
        WaitTime 0.024;! 延时 0.024s
        SetDO DO1,0;! 置位左手,停止执行运动
        WaitTime 1;! 延时 1s
    MoveL offs(Target_30,0,i*32.31,80),v200,fine,Servo\WObj:=wobj0;! 将机械臂关节移动至距
Target_30(沿 Y 方向)i*32.31mm,(沿 Z 方向)80mm 的一个点,i 为循环累加量,循环自动拿下一个试管
        WaitTime 1;! 延时 1s
        MoveJ Target_50,v500,z100,Servo\WObj:=wobj0;! 回到右手臂机械原点位置
    ENDFOR
    ENDPROC
    PROC Path_10()
        MoveL Target_10,v1000,z100,Servo\WObj:=wobj0;
        MoveL Target_20,v1000,z100,Servo\WObj:=wobj0;
        MoveL Target_30,v1000,z100,Servo\WObj:=wobj0;
```

```
    MoveL Target_40,v1000,z100,Servo\WObj: = wobj0;
    MoveJ Target_50,v1000,z100,Servo\WObj: = wobj0;
ENDPROC
ENDMODULE
```

① 程序编写完成后单击“检查程序”,如图 1-393 所示。

图 1-393　检查程序

② 程序检查无误后单击“应用”,如图 1-394 所示。

图 1-394　应用程序

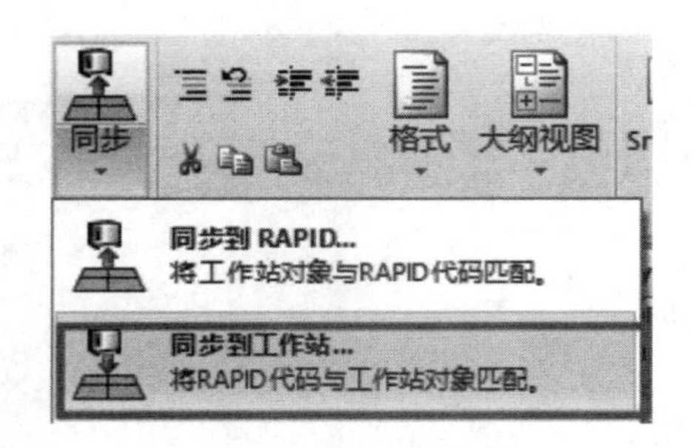

图 1-395　同步到工作站

③ 如图 1-395 所示,应用完成后,单击“同步”,选择“同步到工作站...”,全选,单击“确定”。

④ 同步完成后,单击控制器选项卡下的“重启”按钮,等待控制器重启,如图 1-396 所示。

⑤ 选择仿真选项卡下的“仿真设定”,因为之前测试水滴组件时将控制器设为了搁置状态,因此测试整个程序时,须将控制器进行全选,单击刷新后再进行播放。

⑥ 重启后单击仿真选项卡下的播放按钮(见图 1-397),需要注意的是,要先将机器人的手臂都回到机械原点,再进行播放,看程序是否有问题,如有问题就返回 PARID 进行修改,在之前应将仿真关闭,并单击“撤回”,还原最初状态,以免后续播放累计错误。

图 1-396　重启控制器

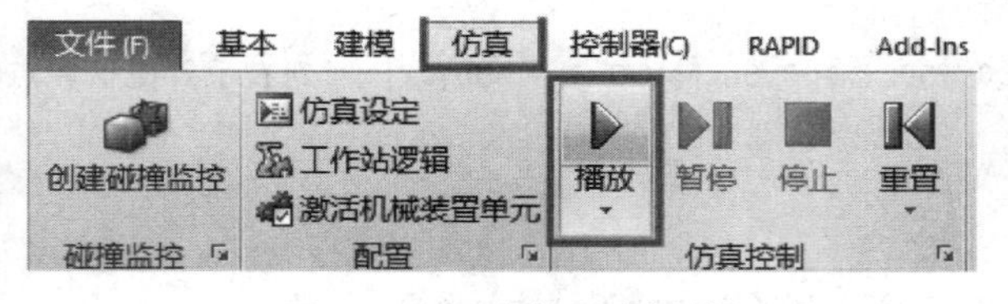

图 1-397　完整程序播放

YuMi 医疗试管仿真工作站到此设置完成。

1.2.4 MultiTasking 多任务处理选项

(1) 多任务选项的用途

选项 MultiTasking 的作用是能够同时执行多段程序。即使主程序已经停止,仍可继续进行信号监控。有时会接手 PLC 的工作,不过其响应时间与 PLC 时间并不相符。

(2) 多任务选项的配置

在编辑现有任务的一段程序时,如果将 Type 设置成 STATIC 或 SEMISTATIC,那么就需要遵循这一指令。

关于工作优先级的排列,默认行为是所有任务程序都以相同的优先级按“循环赛”方式运行。用户或可通过一项任务的后台设置来更改另一项任务的优先级,这样一来,只有当前台任务程序处于闲置状态(比如在等候某起事件)时,后台任务才会执行自己的程序。

还有另一种情况,即前台任务程序已执行了一条移动指令,使得该前台任务必须等到相关机器人移动为止,于是系统便在此期间执行后台任务程序。

1) 任务面板设定的作用

默认行为是“‘启动’和‘停止’按钮仅会启动和停止 NORMAL 任务”。用户可在“任务选择面板”中选择要启动和停止哪项 NORMAL 任务,在“任务面板设定”中更其改默认设置,从而得以用“启动”和“停止”按钮来步进、启动和停止 STATIC 和 SEMISTATIC 任务。不过只有当这些任务的 TrustLevel 被设置成 NoSafety 时,才能且仅能在手动模式下启动和停止这些任务。

2) 允许在任务面板上选择 STATIC 和 SEMISTATIC 任务

如果在任务面板设定中选择了所有任务,那么只要是 TrustLevel 被设置成 NoSafety 的 STATIC 和 SEMISTATIC 任务,用户就能用“启动”按钮启动其程序,用“FWD”按钮向前步进其程序,用“BWD”按钮向后步进其程序,以及用“停止”按钮停止其程序。

如果任务面板设定被设置成仅正常任务,那么所有的 STATIC 和 SEMISTATIC 任务会呈灰色,且无法在“快速设置”菜单的任务面板上选中。如果按下启动按钮,那么所有的 STATIC 和 SEMISTATIC 任务都会启动。

3) 选择任务

当切换为自动模式时,系统会取消在任务面板上选中的所有 STATIC 和 SEMISTATIC 任务。已停止的“静态”和“半静态”任务将在下一次按下“启动”“FWD”或“BWD”按钮之一时启动,然后继续向前执行。“停止”按钮或紧急停止均无法停住这些任务。

如果 Reset 被设置成 Yes,那么按下“启动”按钮就会选中并启动任务面板上的所有 NORMAL 任务;如果 Reset 被设置成 No,那么“启动”按钮就只能启动任务面板上选中的 NORMAL 任务。请注意,更改系统参数 Reset 的值会影响所有调试参数设定(例如速度、RAPID 监视、I/O 仿真等)。

如果重启相关控制器,那么系统将保留所有“正常”任务的状态,并取消相关任务面板上所有选中的“静态”和“半静态”任务。当控制器启动时,系统会启动所有“静态”和“半静态”任务,然后连续执行这些任务。

4) 在同步模式下取消选中任务

如果某项任务处在同步模式下(即程序指针位于 SyncMoveOn 与 SyncMoveOff 之间),那么用户可取消该任务的选中状态，但不能重新选择该任务。在同步终止前都不能选择该任务。如果继续执行下去，那么同步过程将最终按其他任务而不是取消选中的任务的需要而终止。即使将相应的程序指针移到主例程或某一例程处，也无法按取消选中任务的需要来终止同步。在系统参数 Reset 被设置成 Yes 的情况下，如果被取消选中的任务正处在同步模式下，那么任何改为自动模式的操作都将失败。改为自动模式理应会使所有 NORMAL 任务都被选中，所以若无法实现这一点，就无法改为自动模式。

(3) 多任务选项编程

多项任务之间的同步用 WaitSyncTask 函数，其作用是同步各任务程序。除非所有任务程序都抵达了同一 WaitSyncTask 指令处，否则这些任务程序都不会继续执行。在 WaitSyncTask 示例中，当相关的后台任务程序在计算下一个对象的位置时，主任务程序正在处理涉及当前对象的机器人工作。该后台任务程序可能不得不等候操作员输入项或 I/O 信号，但在计算出相应的新位置前，主任务程序不会用下一个对象继续执行。与此类似，除非已用一个对象执行了主任务程序，且该主任务程序已准备好接收新值，否则相应的后台任务程序不得开始下一次计算。

主任务程序：

```
MODULE module1
PERS posobject_position: = [0,0,0];
PERS taskstask_list{2} : = [["MAIN"], ["BACK1"]];
VARsyncident sync1;
PROCmain()
VAR pos position;
WHILE TRUE DO
! Wait for calculation of next object_position
WaitSyncTask sync1, task_list;
position: = object_position;
! Call routine to handle object
handle_object(position);
ENDWHILE
ENDPROC
PROChandle_object(pos position)
ENDPROC
ENDMODULE
后台任务程序:
MODULE module2
PERS posobject_position: = [0,0,0];
PERS taskstask_list{2} : = [["MAIN"], ["BACK1"]];
VARsyncident sync1;
PROCmain()
WHILE TRUE DO
! Call routine to calculate object_position
calculate_position;
! Wait for handling of current object
```

```
WaitSyncTask sync1, task_list;
ENDWHILE
ENDPROC
PROCcalculate_position()
ENDPROC
ENDMODULE
```

1.2.5 MultiMove 选项

(1) MultiMove 选项的介绍与用途

1) 简　介

MultiMove 选项最多允许将 7 个任务作为移动任务(即包含移动指令的任务)。由于可采用的驱动模块不超过 4 个,因此一个控制器最多可以操作 4 个机械臂。然而,单独任务(总数最多为 7 个运动任务)可以操作附加轴。其优势在于一个控制器可以控制 4 个机器人,并且可以互相协作完成一个工序。

MultiMove 包括以下三种类型的移动:

① 独立移动:每个机械臂独立移动,没有联动或同步。

② 半联动移动:多个机械臂在某些运动中联动,但在其他运动中保持独立。

③ 联动同步移动:所有机械臂在所有运动中保持完全同步,以协调的方式移动。操作数个机械臂的控制器需要额外的驱动模块(每个机械臂配一个驱动模块)。最多可使用 4 个驱动模块,包括与控制模块组装到一起的那个驱动模块(见图 1-398)。

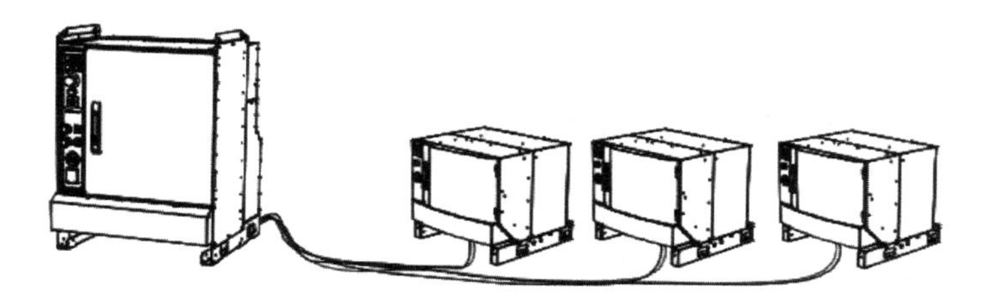

图 1-398　配置控制器与驱动模块

每一个额外驱动模块的网线和一根安全信号电缆必须连至控制模块。一个 MultiMove 控制模块配备一台额外的以太网交换机,以便与额外的驱动模块通信。本小节只是简单说明了 MultiMove 硬件安装方面的基本原理。单个控制器的通信接口如图 1-399 所示,相关说明如表 1-9 所列(有关控制器安装和调试的更多信息,请参见 Productmanual - IRC5 手册)。

表 1-9　端口说明

端　口	作　用
A	连至 1 号驱动模块的以太网连接处
B	连至 2 号驱动模块的以太网连接处
C	连至 3 号驱动模块的以太网连接处
D	连至 4 号驱动模块的以太网连接处
E	MultiMove 交换机与主计算机之间的以太网连接

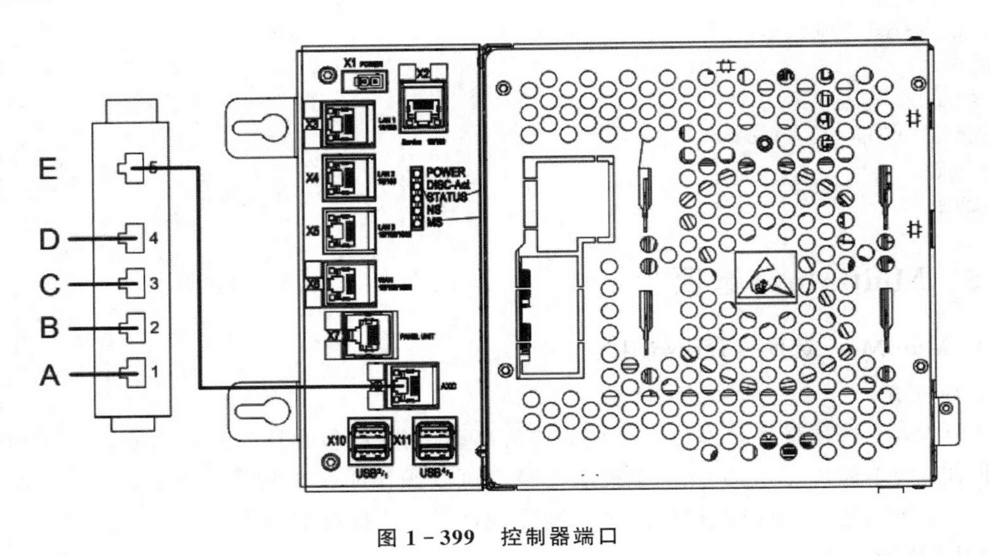

图 1-399　控制器端口

2）软件安装

有关如何创建一个新系统，请参见操作员手册 RobotStudio。选择系统选项下的 MultiMove 选项。MultiMove 系统特有的部分在驱动模块，每个驱动模块都应该选择一个机器人（由图 1-400 可知，该控制器最多支持同时控制 4 台机器人，按需要将对应页面机器人型号及其选项勾选）。

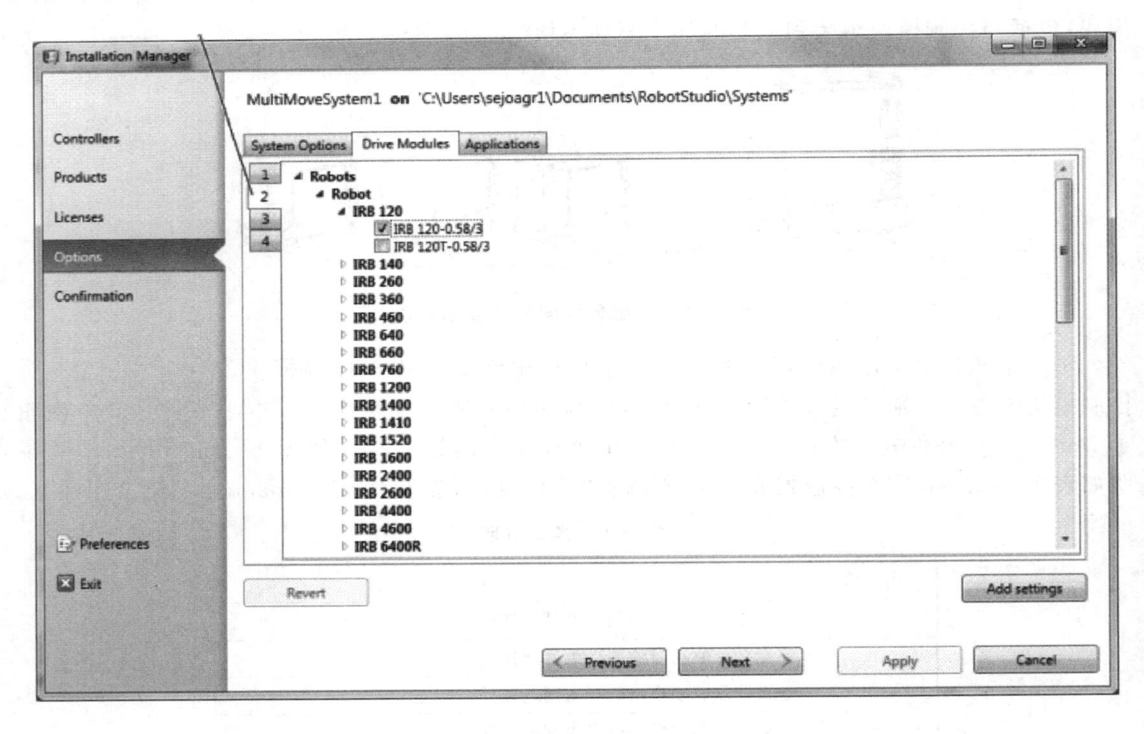

图 1-400　所有机器人型号界面

(2) MultiMove 配置

1) 环境准备

① 将需要用到的两个 IRB120 机器人(见图 1-401)添加进工作站空间，然后添加机器人系统，选择从布局，机器人勾选两个 IRB120(见图 1-402)。

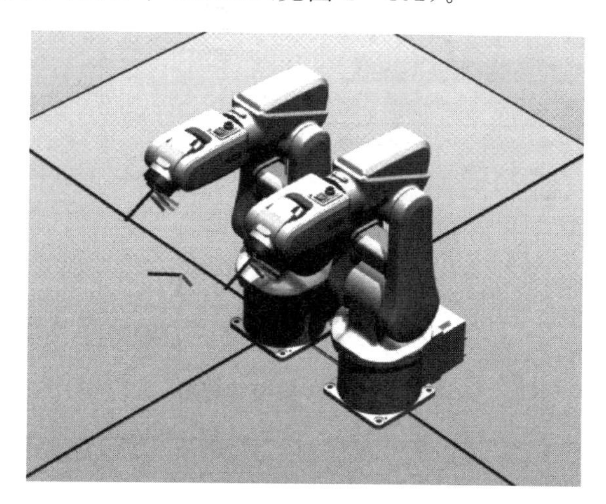

图 1-401 IRB120 机器人

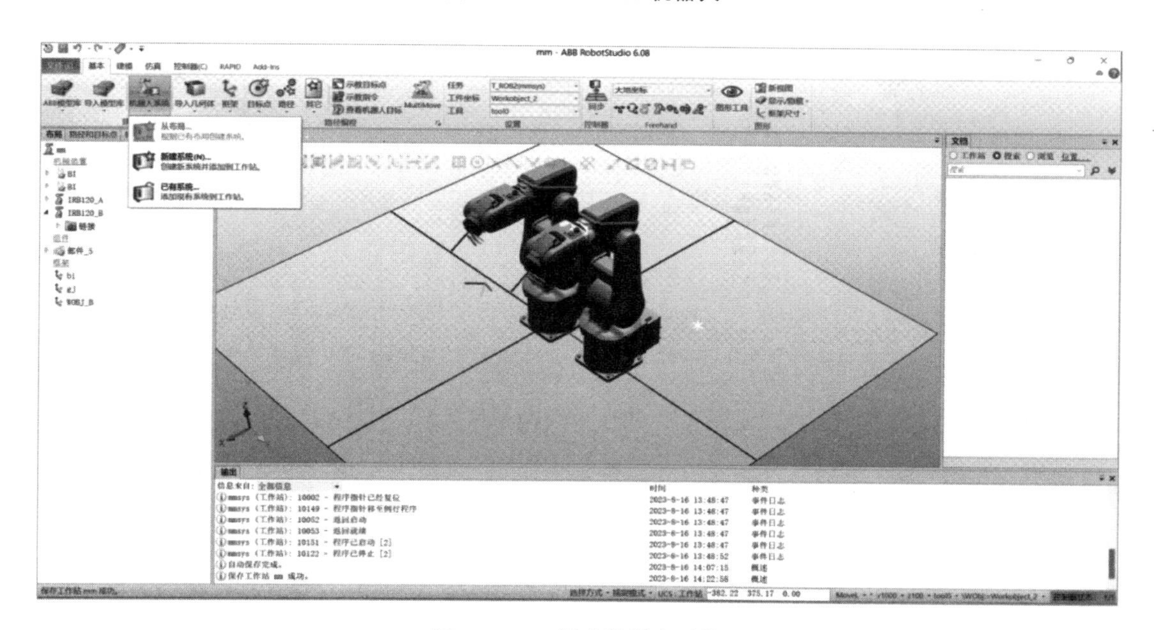

图 1-402 创建机器人系统

② 现已创建了机器人模型与系统，勾选 MultiMove 功能，单击安装管理器，在控制器页面选择控制系统(见图 1-403)。

③ 单击“下一个”，直到进入选项界面，打开传动模块标签，在1号标签选择 IRB120，2号标签也选择 IRB120，如图 1-404 所示。

④ 单击“应用”，重启控制器(见图 1-405)，完成配置工作。

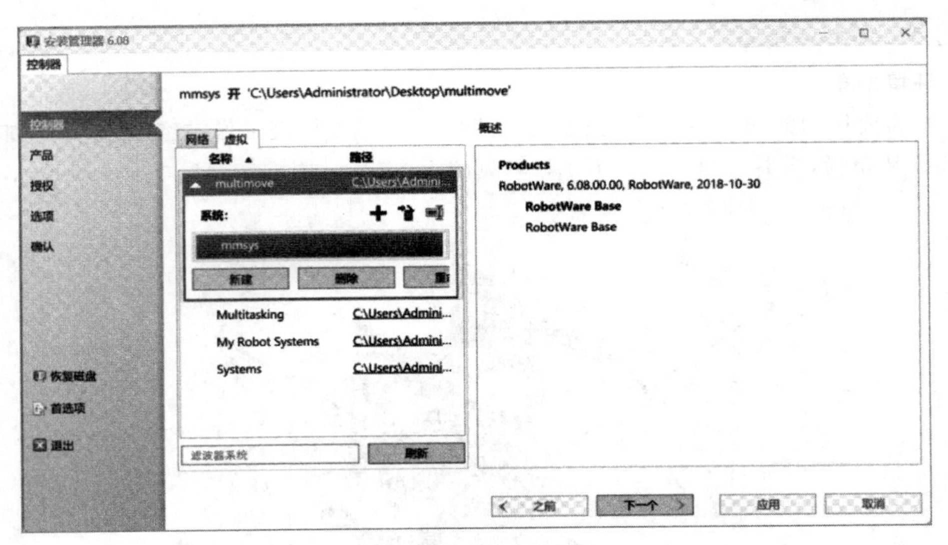

图 1－403　安装管理器

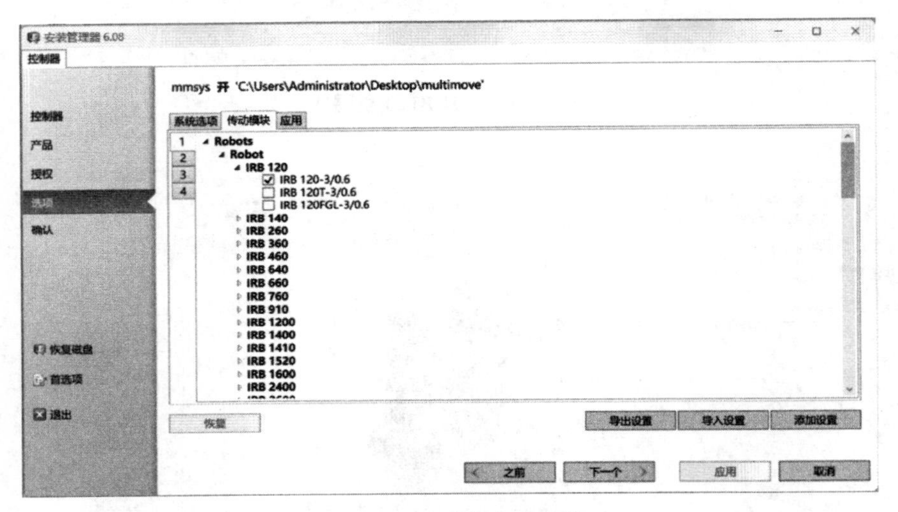

图 1－404　选择传动模块

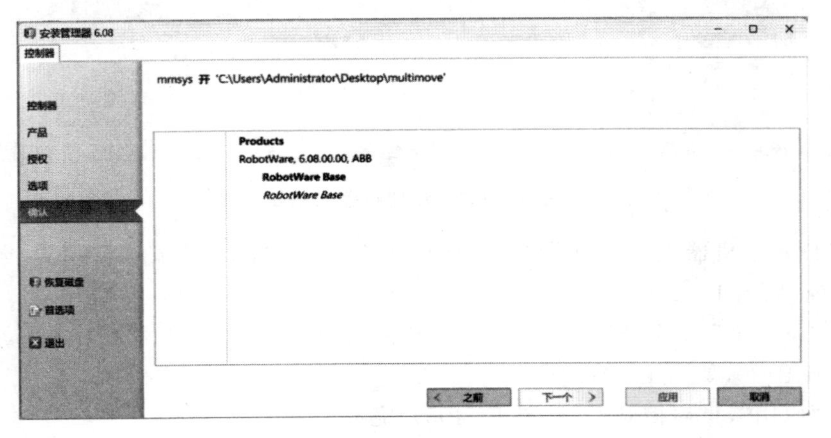

图 1－405　重启控制器

2）创建 MultiMove

① 在基本选项卡中选择 MultiMove，在出现的配置系统界面选择工件机器人（见图 1-406），这个机器人负责拾取工件，调整工件位置。

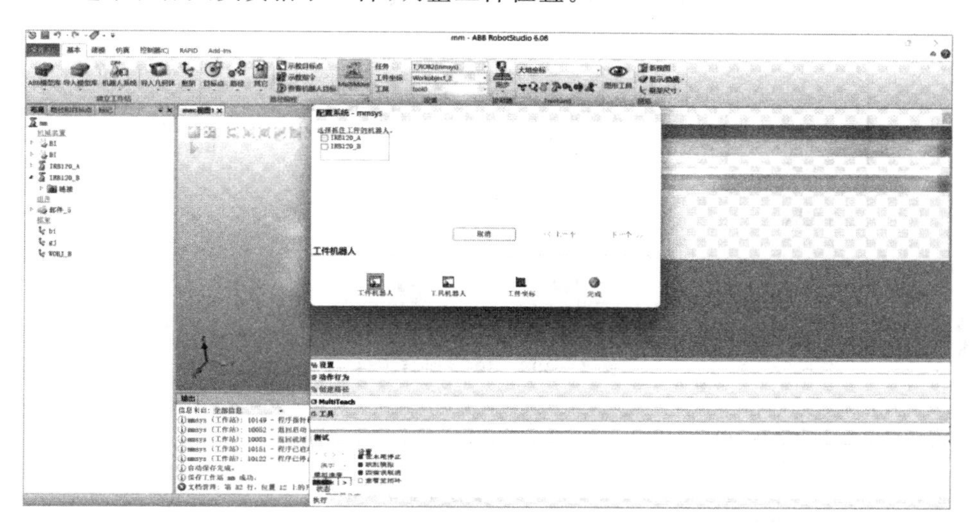

图 1-406 选择抓取工件的机器人

② 第二个界面是工具机器人（见图 1-407），负责拿工具对工件进行作业操作的机器人。

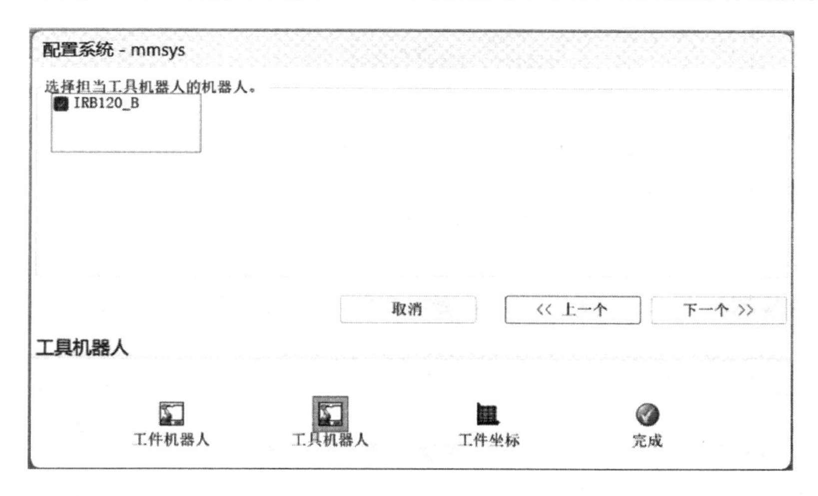

图 1-407 选择担当工具机器人的机器人

③ 工件选项要选择一个框架，两个机器人必须用一个框架，才能保证运动的可靠性。勾选现有框架然后配置工件选项（见图 1-408）。

④ 最后确认配置信息是否一一对应，确认无误后单击“完成”即可完成 MultiMove 的配置，如图 1-409 所示。

3）配置 MultiMove

① 再次打开 MultiMove，可见如图 1-410 所示的界面。默认展开的就是设置页面，检查启用项，确保两个机器人都已经启用。

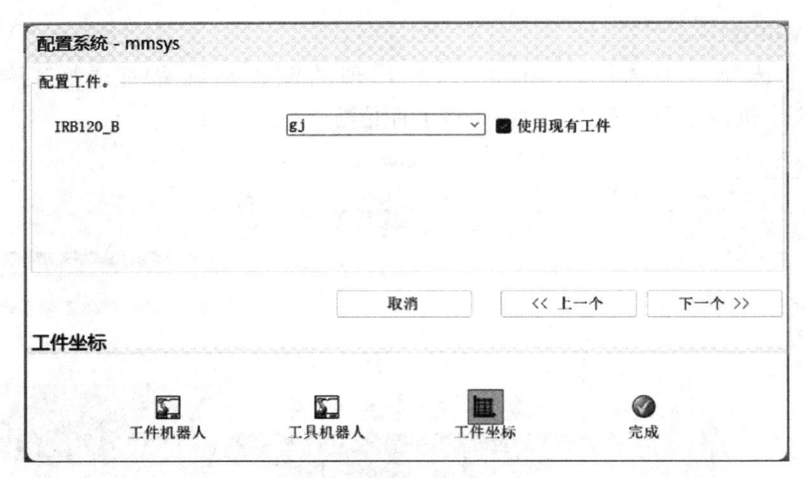

图 1-408　填写现有工件

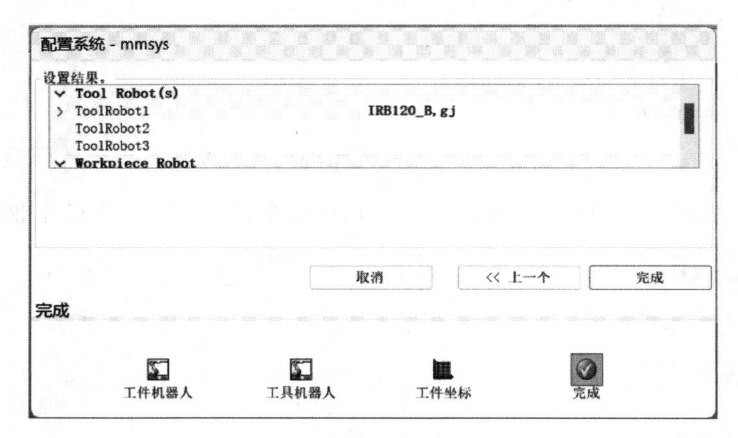

图 1-409　查看配置信息

图 1-410　查看启用项

② 进入 MultiTeach 页面(见图 1-411)

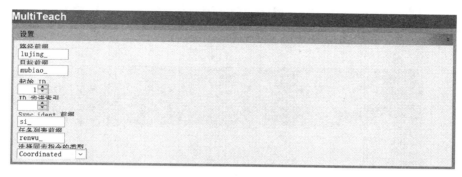

图 1-411　路径选择

a. 路径前缀是新建的协同路径的路径名字前缀，只能是英文路径，不能出现空格、中文、特殊字符，此处设置为 lujing_。

b. 目标前缀的规则同上，此处设置为 mubiao_。

c. 起始 ID 是路径前缀后面的数字编号，编号的起始数字即在这里设置，此处设置为“1”。

d. 步进参数控制的是每新建一个新的路径、目标，编号需要递增，递增的多少便是按步长，此处设置为“10”。

e. svnc_ident 前缀即协同标志语句的前缀，此处设置为 si_。

f. 任务前缀即任务列表前缀。如果这里的名称、路径、ID 设置的有错误，会导致无法创建协作移动指令，此处设置为 renwu_。

③ 以上参数全部配置完成以后，单击教导栏中的新建 MultiMove 按钮，即可看到如图 1-412 所示的命名效果，当前的路径名称为 lujing_1，协同标志语句的前缀为 si_1(若进行路径示教，则示教的移动指令名字为 mubiao_1、mubiao_2、mubiao_3，最终协同结束语句为 si_2)。

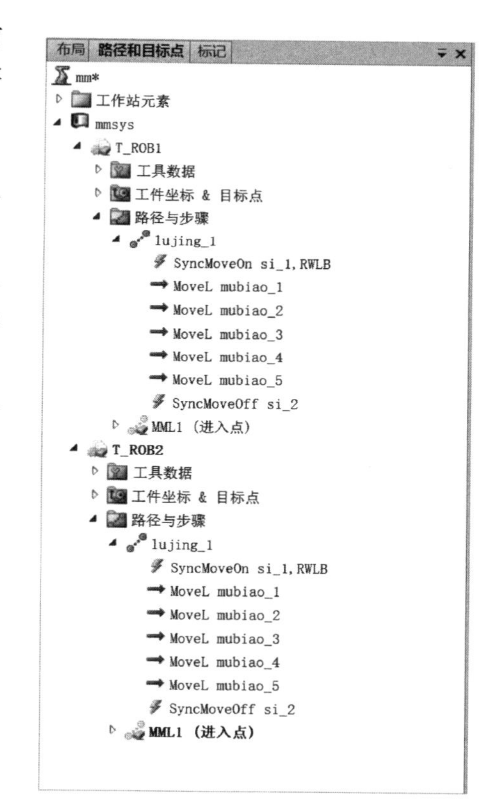

图 1-412　规范命名

④ 示教机器人到目标位置，单击 Multitarget，便会新建一个目标点位以及移动指令(见图 1-413)，将所有的路径全部都添加移动指令以后，单击“完成”即创建成功。

⑤ 最后生成的路径如图 1-414 所示，其协同运动的路径前后都有 synMove 标志，中间部分的移动指令即为协作移动的指令，单击仿真按钮即可看见移动效果，协作运动已经实现。

(4) 非协调运动

如果不同任务程序及其机械臂独立工作，则无须同步或联动。那么，每一任务程序均编写为如单个机器人系统的程序一样。

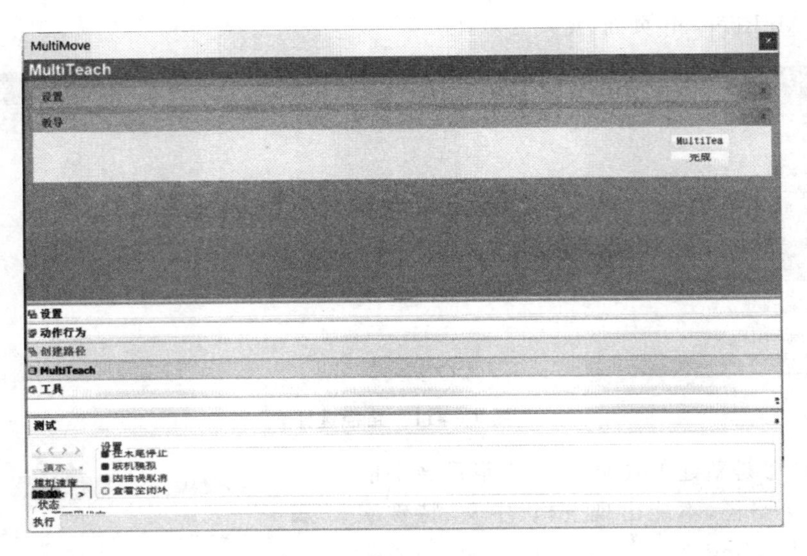

图 1-413　创建 MultiMove 所需设置

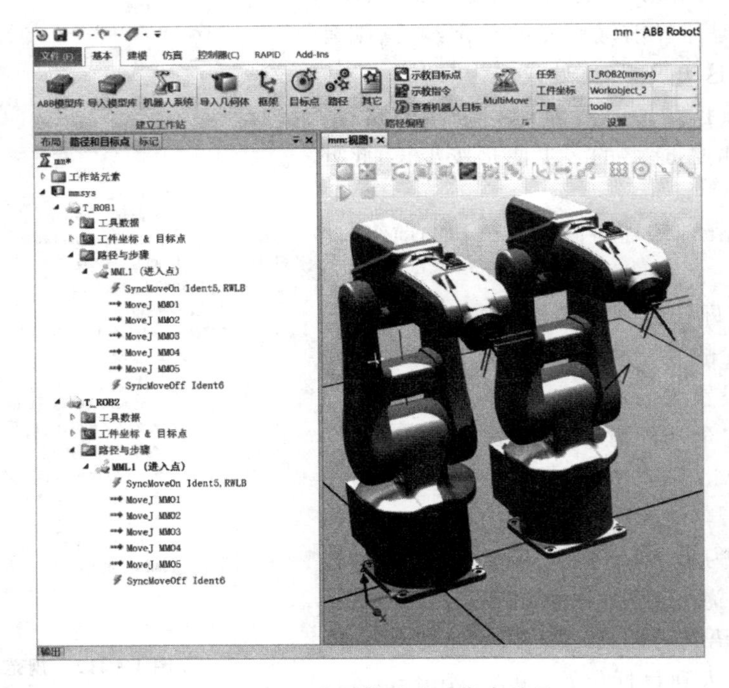

图 1-414　查看协作移动指令效果

有时，即便移动无须处于联动状态，任务程序也可具备关联性。比如，如果一个机械臂离开第二个机械臂将要拾取的对象，那么在第二个机械臂抓握对象前，第一个机械臂必须完成对象的相关工作。

(5) 半协调运动

只要对象不移动，则若干机械臂可对同一对象开展工作，而不会进行同步移动。

机械臂未与对象处于联动状态时，定位器可移动该对象，当对象未移动时，机械臂可与对象处于联动状态。在移动对象和与机械臂联动之间进行的切换称作半联动移动。

例如，想要在对象一侧焊接一根长条和一个小型方形物，在对象另一侧焊接一个方形物和一个圆形物。首先，定位器将定位对象，让第一侧向上，同时机械臂将待命。然后，机械臂1将焊接一根长条，同时机械臂2将焊接一个方形物。在机械臂完成第一项焊接操作后，机械臂将待命，同时定位器将翻转对象，让第二侧向上。接着，机械臂1将焊接一个圆形物，同时机械臂2将焊接一个方形物。

(6) 协调运动

数个机械臂可以对同一移动对象开展工作。

夹持对象的定位器或机械臂以及对对象开展工作的机械臂必须同步移动。这意味着分别处理一个机械单元的 RAPID 任务程序将同步执行各自的程序。

程序说明：

在本示例中，想要两个机械臂一直对对象开展焊接。

机械臂 TCP 被编程为相对于对象形成环状路径。但是，因为对象在旋转，因此，在对象旋转时，机械臂几乎保持静止。

为了让本示例简单通用，将利用常规移动指令(如 MoveL)来替代焊接指令(如 ArcL)。

协调运动效果见图 1-415。

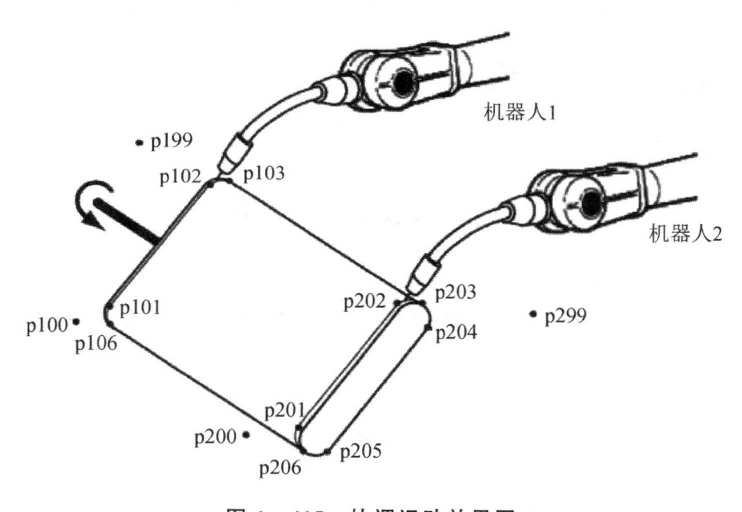

图 1-415　协调运动效果图

1.2.6　YuMi Smart Gripper 智能手爪介绍

(1) SmartGripper 伺服手指模块

YuMi Smart Gripper 智能手爪搭载 SmartGripper 伺服手指模块，其参数如表 1-10 所列。手指法兰长度如图 1-416、图 1-417 所示。手指法兰图中的符号说明见表 1-11、表 1-12。图 1-418、图 1-419 所示为允许的最大夹持力度和相对手指法兰的夹持点之间的关系。

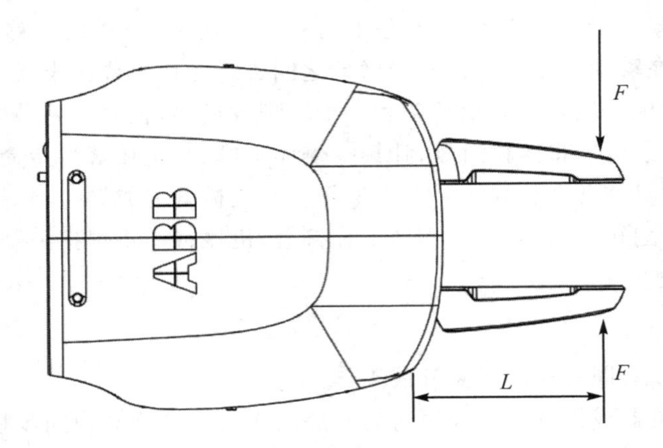

图 1-416　手指法兰长度测量

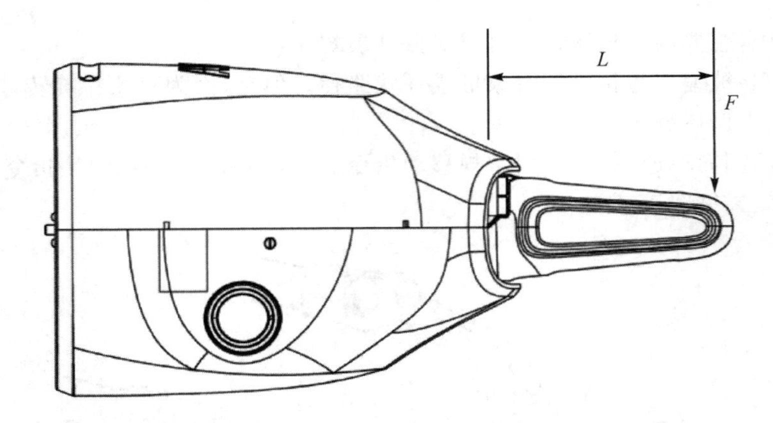

图 1-417　手指法兰长度测量图示

表 1-10　参数说明

描　述	数　据
行程	0-50 mm(每只手 25 mm)
speed	25 mm/s
可重复性	±0.05 mm
夹持方向	向内或向外
最大夹持力度	20 N(40 mm 的夹持点)
外部力度(非夹持方向)	15 N(40 mm 的夹持点)
力度控制精度	±3 N

表 1-11　位置和描述

位　置	描　述
F	夹持力度,单位 N
L	从夹持点到手指法兰的长度,单位 mm

表 1-12　位置和描述

位　置	描　述
F	夹持力度,单位 N
L	从夹持点到手指法兰的长度,单位 mm

伺服模块集成了可重复性精度达到±0.05 mm 的位置控制。其通过 RAPID 指令或使用 FlexPendant 界面校准。其导航界面如图 1-420 所示。

启动 FlexPendant 应用和关闭子页面后会显示主页面。如果夹持器连接到了机械手控制单元,相应的右手或左手按钮将启用。图 1-421 所示为 IRB 14000 夹持器的配置页面。

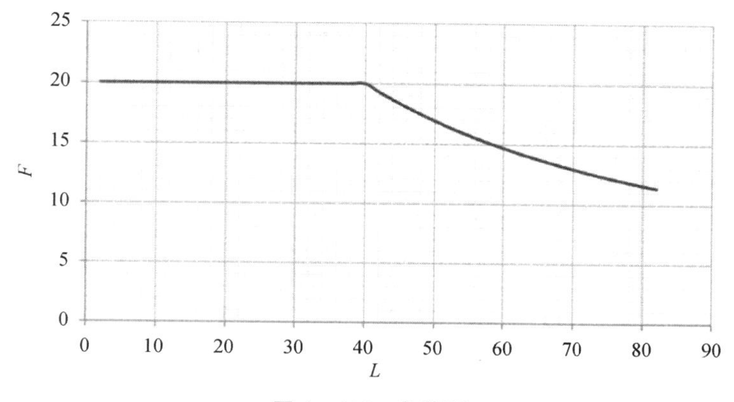

图 1－418　负载图

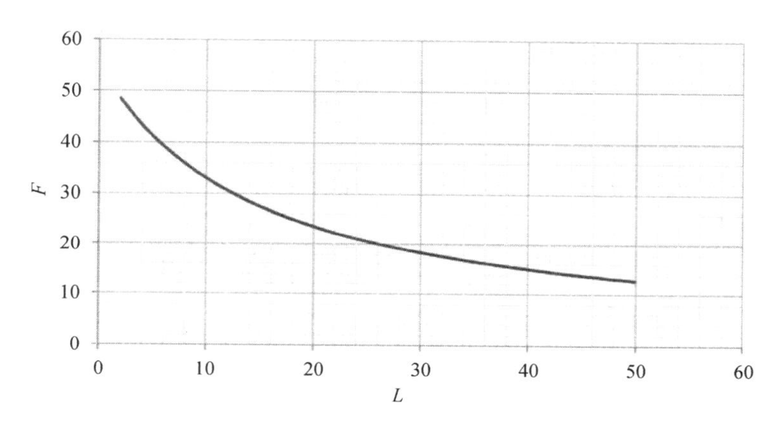

图 1－419　负载图

在配置页面可以开关法兰电源以及设置夹具的左右标识，如果法兰供电打开，则对应的状态 LED 为绿色，否则为红色。IRB 14000 夹持器 FlexPendant 应用使用 IP 地址来区分左夹持器和右夹持器。图 1－422 所示为手动页面的伺服模块选项卡页，其中提供了与夹具运动相关的操作。伺服模块选项卡页有三个功能组：设置、命令和状态。

如果夹具未校准，则只能使用手动操纵和停止功能，Grip＋、Grip－和移到功能禁用。

手动操纵/停止/Grip＋/Grip－/移动到显示夹具的当前位置。

不同变型的夹具有两种气动模块可用（见图 1－423）。已经激活的特定操作的状态按钮为绿色。吸气和放气功能互相排斥。也就是说，如果一个功能打开，则另一个将会关闭。

图 1－420　导航界面

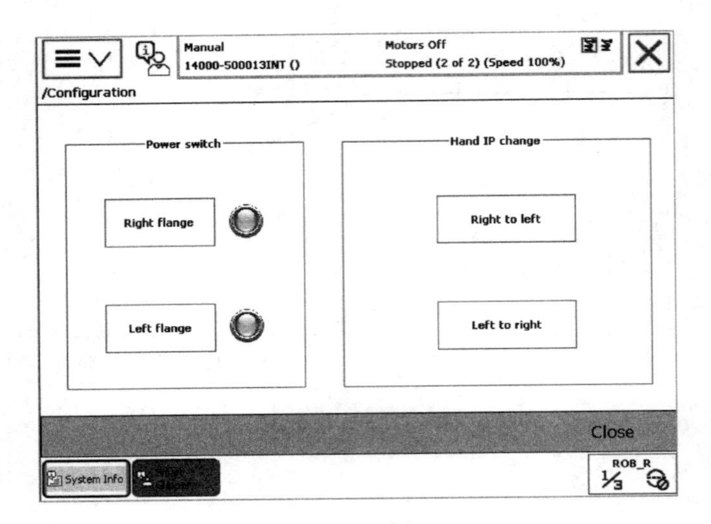

图 1-421　配置界面

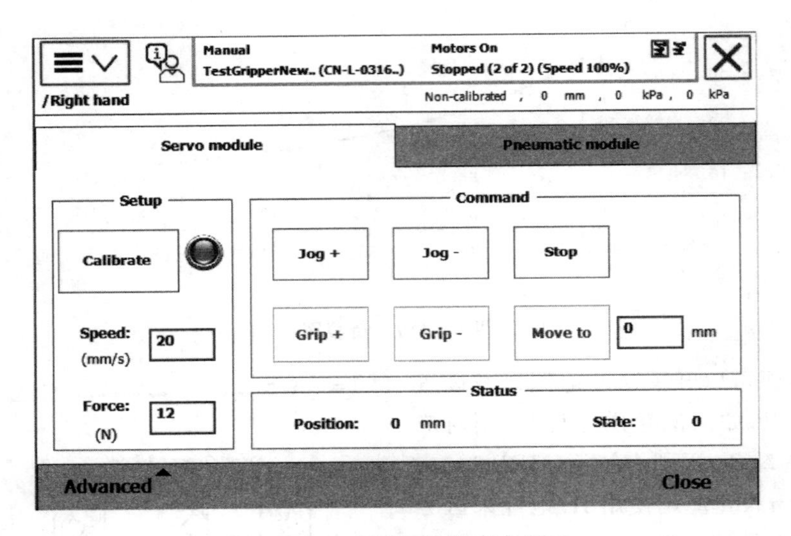

图 1-422　伺服模块选项卡界面

此功能将返回当前状态的值。表 1-13 所列为夹具状态。

表 1-13　夹具状态与描述

代　码	状　态	描　述
0x0	Ready	夹具处于自由状态，等待接受新命令
0x1	Error	夹具处于错误状态，根据错误 ID 检查错误
0x2	Free_Move_Outward	夹具正向外移动
0x3	Free_Move_Inward	夹具正向内移动
0x4	Grip_Move_Inward	夹具正向内移动且移动仅在夹具到达目标物体或机械极限时停止
0x5	Grip_Move_Outward	夹具正向外移动且移动仅在夹具到达目标物体或机械极限时停止

续表 1-13

代 码	状 态	描 述
0x6	Action_Completed	命令已成功执行
0x7	Grip_Forcing_Inward	夹具正在调整其向内夹持力度
0x8	Grip_Forcing_Outward	夹具正在调整其向外夹持力度
0x9	Keep_Object	夹具已完成夹取操作并夹持物体
0xA	Calibration	夹具正在校准中
0xB	Jog_Open	夹具正被手动操纵向外移动
0xC	Jog_Close	夹具正被手动操纵向内移动
0xF	Change_chirality	夹具正在改变手正(左或右)
0x10	Agile_Gripping_Inward	夹具正使用受限力度(小于指定夹持力度)向内移动,仅当夹具到达目标物体或机械极限时移动才会停止
0x11	Agile_Gripping_Outward	夹个正使用受限力度(小于指定夹持力度)向外移动,仅当夹具到达目标物体或机械极限时移动才会停止

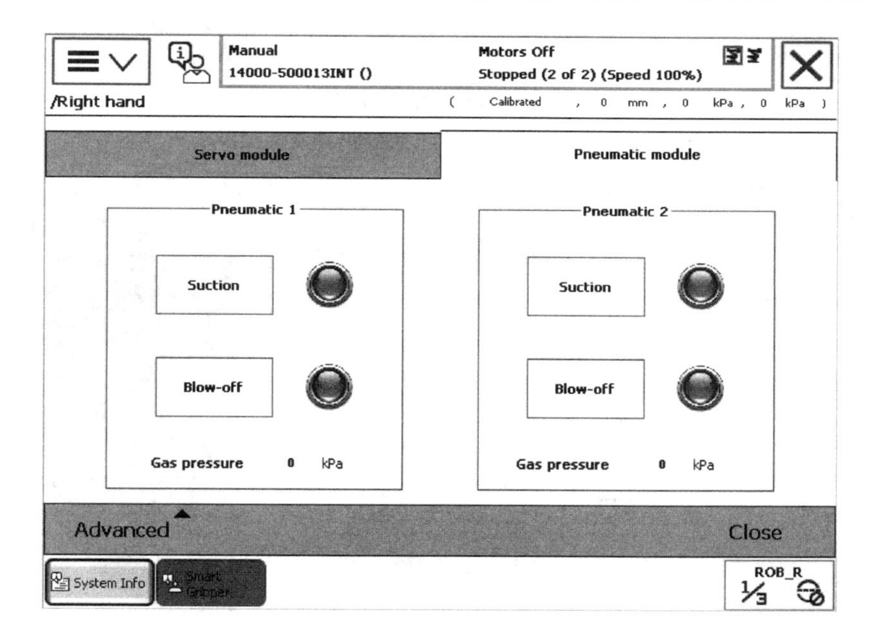

图 1-423 气动模块选项卡界面

在左右夹具间快速切换附带的 Smart Gripper。在主页(见图 1-424)中,选择左手或右手以激活相关夹具,并进入已激活夹具的夹具盘。

在左或右夹具盘中按下选择机械装置按钮,切换所激活夹具并同时切换夹具盘,如图 1-425 所示。

基本示例:

```
VAR bool isLeftHandCalibrated;
isLeftHandCalibrated := g_IsCalibrated();
```

数据类型：bool。

如果夹具已经校准，则功能将返回 TRUE，如果未校准，则返回 FALSE。

语法：

```
g_IsCalibrated
```

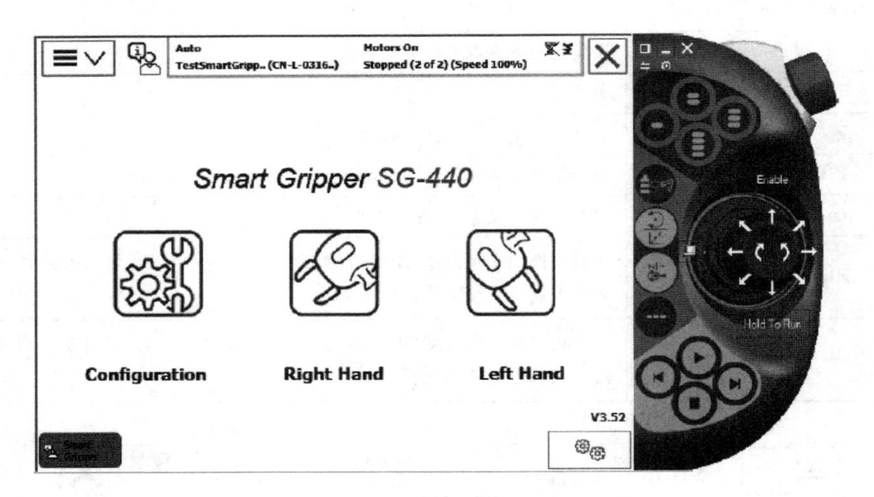

图 1-424　主页界面

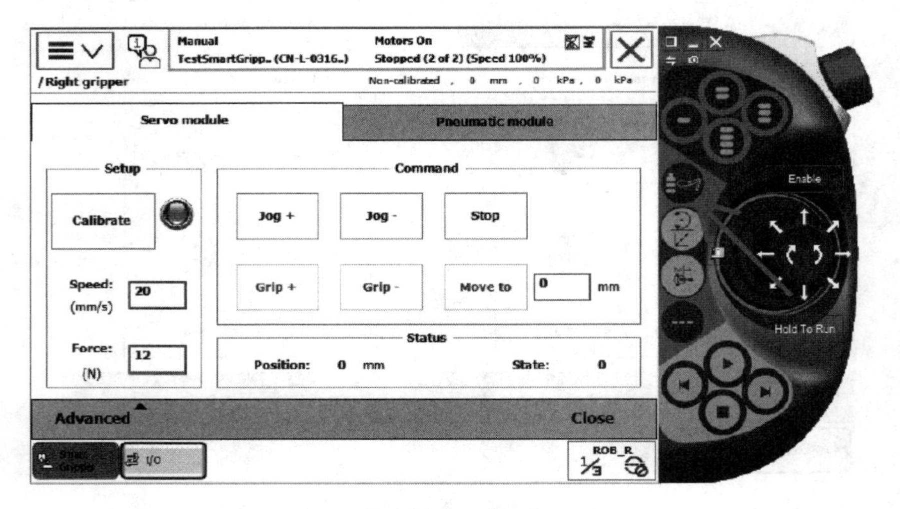

图 1-425　夹具设置界面

(2) Smart Gripper 气动模块

1) 气动模块的 RAPID 指令

g_Blowon1(代替原先的 Hand_TurnonBlow1)：用于打开夹具气动模块 1 的吹风通道。

基本示例：

```
g_Blowon1;
```

在此例中，将检查通道 1 是否已经打开，接着吹风通道 1 将打开。执行程序将打开对应的

I/O 信号。如果没有实际的阀门，则此指令没有意义。

语法：

```
g_Blowon1';'
```

2）气动模块的 RAPID 功能

g_GetPressure1 -获取真空压力 1。

g_GetPressure1（代替原先的 Hand_GetVacuumPressure1）用于获取气动模块 1 的当前真空压力。如果返回 0，则表示此夹具没有包含对应的气动模块，或者与压力传感器未能成功通信。

基本示例：

```
VAR num nLeftHandPressure1;
nLeftHandPressure1:= g_GetPressure1();
```

数据类型：num。

此功能将返回传感器的值，单位为 kPa。

如果与对应夹具的通信发生故障，则将会报 ERR_NORUNUNIT 错误。

语法：

```
g_GetPressure1 '('[ Value ':=' ] <expression (IN) of num >')
```

气动模块的位置如图 1-426 所示，若需要维修该模块，请准备表 1-14 中相应数量的工具。

图 1-426　气动模块位置图示

表 1-14　数量和工具

数　量	工　具
1	用于 M1.2 的一字螺丝刀
1	用于 M1.6 的内六角螺丝刀
1	用于 M2 的六角螺丝刀
1	用于 M2.5 的内六角螺丝刀
1	十字螺丝刀 M2
1	星型螺丝刀 M2
1	镊子

（3）Smart Gripper 智能相机模块

图像模块包含一个 Cognex AE3 摄像头，能提供强大而可靠的图像和识别工具，其规格见表 1-15。

表 1-15　摄像头规格

描　述	数　据
解析度	130 万像素
镜头	6.2 mm f/5
照明	带有可编程能力的集成 LED
软件引擎	由 Cognex In-Sight 提供技术支持
应用编程软件	ABB 集成图像或 Cognex In-Sight Explorer

图 1-427 所示为 Cognex AE3 摄像头尺寸，其位置描述见表 1-16。

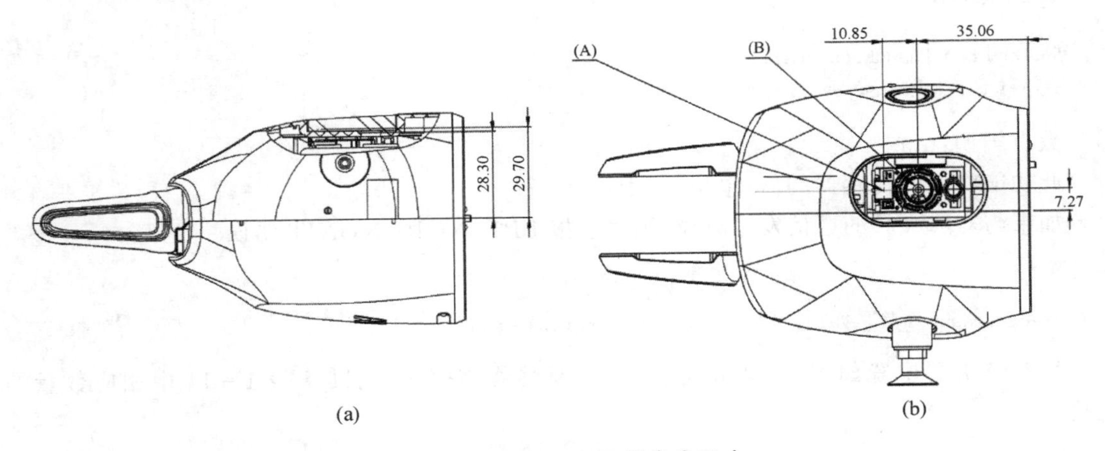

图 1-427　Cognex AE3 摄像头尺寸

摄像头的位置如图 1-428 所示，其所需备件见表 1-17。

表 1-16　位置描述

位　置	描　述
A	内部照明
B	镜头

表 1-17　所需备件

备　件	货　号	注　释
摄像头	3HAC051676-001	

所有检修(维修、维护和安装)程序包括进行指定活动所需工具的列表(见表 1-18)。

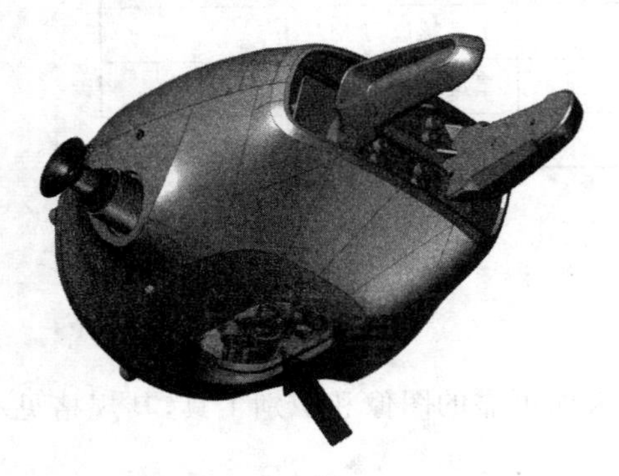

图 1-428　摄像头位置

表 1-18　数量和工具

数　量	工　具
1	用于 M1.2 的一字螺丝刀
1	用于 M1.6 的内六角螺丝刀
1	用于 M2 的内六角螺丝刀
1	用于 M2.5 的内六角螺丝刀
1	十字螺丝刀 M2
1	星形螺丝刀 M2
1	镊子

所需的全部特殊工具直接在操作程序中列出，而所有被视为标配的工具都收集在标准工具套件中。这样，所需工具为标准工具套件和说明中列出的所有工具的总和。

图 1-429 所示为 IRB 14000 夹持器的配置页面。

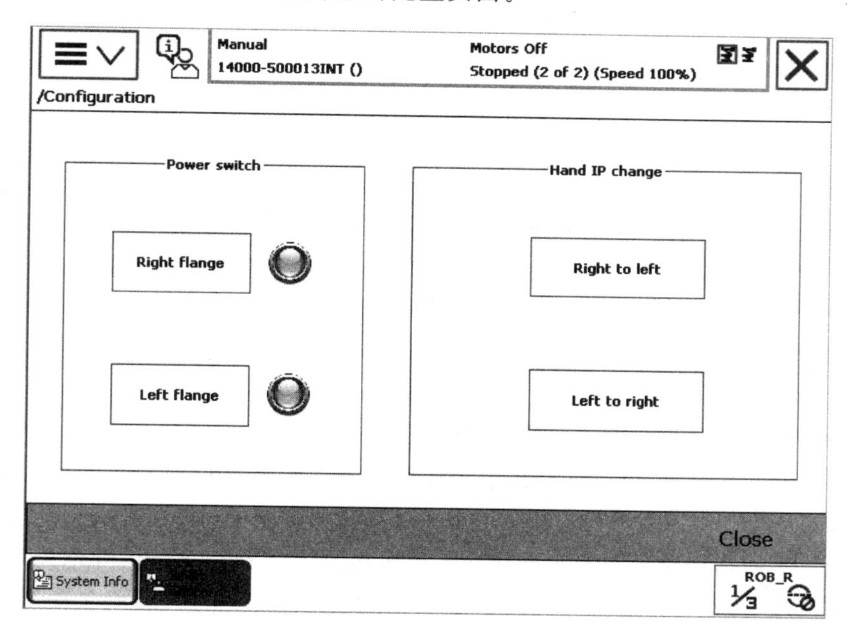

图 1-429　配置界面

在配置页面，可以开关法兰电源及设置夹具的左右标识。

如果法兰供电打开，则对应的状态 LED 为绿色，否则为红色。

IRB 14000 夹持器 FlexPendant 应用使用 IP 地址来区分左夹持器和右夹持器。如果启用了按钮，相应的夹持器可成功地与机械手控制单元通信，同时可设置左右单元。

图 1-430 所示为手动页面的伺服模块选项卡页，其中提供了与夹具运动相关的操作。

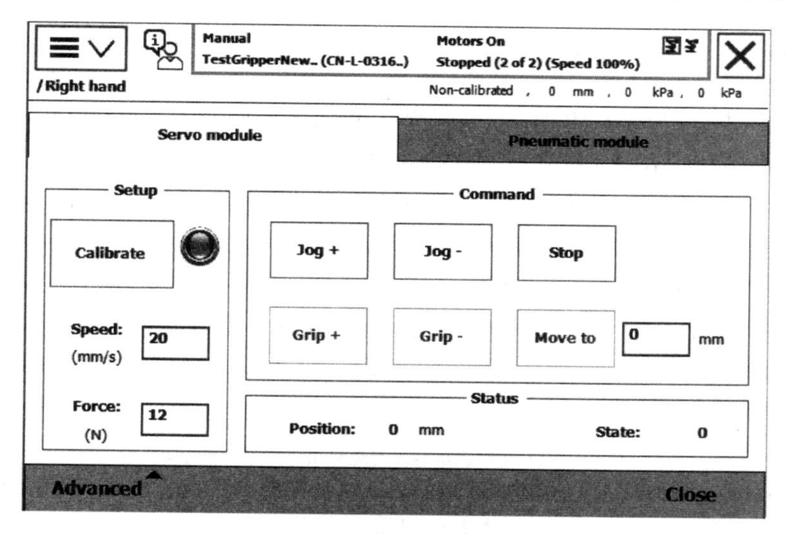

图 1-430　伺服模块选项卡界面

摄像头模块的 RAPID 功能：

g_IsCamonline-获取手持摄像头的连接状态。

g_IsCamonline（代替原先的 Hand_IsCamConnected）用于获取手持摄像头的连接状态。

基本示例：

```
VAR bool isLeftCamConnected;
isLeftCamConnected: = g_IsCamonline();
```

数据类型：bool。

此功能将返回手持摄像头的连接状态。值 TRUE 代表已连接，FALSE 代表未连接。

如果与对应夹具的通信发生故障，则将会报 ERR_NORUNUNIT 错误。

语法：

```
g_IsCamonline '('[ Value ': = ' ] <expression (IN) of num >')
```

(4) Collision Detection 碰撞监控选项介绍

IRB 14000 内置有碰撞避免功能，在手动操纵以及运行程序期间都会生效。碰撞避免功能会检测机器人手臂与主体的几何模型，如果任何部件与其他部件距离过近，机器人就会停止。碰撞避免并不能保证避免碰撞。此功能会监测机器人手臂与主体的几何模型，但并不会知道机器人附近外部设备的位置。部分相关参数如表 1－19 所列，例如安全距离可以通过系统参数 Coll-Pred Safety Distance 来设置。

表 1－19　参数说明

参　数	说　明
父　级	Coll-Pred Safety Distance 属于主题 Motion 中的 Motion System 类型
配置名称	Coll_pred_default_safety_distance
描　述	参数 Coll-Pred Safety Distance 决定了两个几何体（例如机器人的链接电路）被视为碰撞的距离。
允许值	从 0.001 到 1 米的值，默认值 0.01 米。

本小节介绍了发生碰撞时 IRB 14000 机器人系统的响应情况。如果检测到碰撞某一手臂，那么该手臂将停止动作，而另一只手臂仍会继续动作。但如果发生碰撞时正在同步动作中，那么两只手臂都会停止。避免碰撞信号如表 1－20 所列，更多有关动作出错处理的信息，请参考技术手册-RAPID 语言内核。

注意：在 6.05 之前的各型 RobotWare 发生碰撞时，也是两只手臂停止操作。

表 1－20　碰撞避免信号

名　称	类　型	描　述
Collision_Avoidance	输出	默认为 1，表示碰撞避免启用。 设置此信号为 0 将会禁用碰撞避免，这可以在需要手臂非常靠近同时碰撞风险可接受时可以使用。

(5) Collision Avoidance 碰撞避免选项介绍

禁用 Collision Avoidance。

若机器人已发生碰撞或处在默认安全距离以内，或者当机械臂需要相互靠近且碰撞风险可被接受时，有可能暂时禁用功能 Collision Avoidance。将数字输出信号 Collision_Avoidance 设置为 0，以禁用 Collision Avoidance。建议在工作完成时立即启用（将 Collision_Avoidance 设置为 1），这需要禁用 Collision Avoidance。

对于双臂机器人，可将灵敏度降至介于各单独机械臂连杆之间。当两个连杆过于接近时，此设定适用，但应当维持一般安全距离。

打开文件夹：

<SystemName>\PRODUCT\ROBOTWARE_6. XX. XXXX\robots\CA\irb_1400 中的文件 IRB_14000_common_config. xml。

例如：

① 为将左臂连杆 3 与右臂连杆 4 之间的安全距离降至 1 mm，增加下面一行：

```
<Pair object1 = "ROB_L_Link3" object2 = "ROB_R_Link4"safetyDistance = "0.001"/>
```

② 为将左臂连杆 5 与机器人底座之间的安全距离降至 2 mm，增加下面一行：

```
<Pair object1 = "ROB_L_Link5" object2 = "Base" safetyDistance = "0.002"/>
```

③ 要禁用左臂链路 2 与右臂链路 3 之间的碰撞避免，请添加下行：

```
<Pair object1 = "ROB_L_Link2" object2 = "ROB_R_Link3" exclude = "true"/>
```

（注意：两个链路之间的安全距离可以通过在此 XML 文件中添加一行来减少，但不能增加到超过系统参数 Coll-Pred Safety Distance 定义的值。）

任务评价

任务评价表(1)

任务名称		姓名				任务得分			
考核项目	考核内容	配分	评分标准			自评 30%	互评 30%	师评 40%	得分
知识技能 35分									
素质技能 10分									

任务评价表(2)

内容	考核要求	评分标准	配分	扣分

习 题

① 简述协作机器人的特点。
② ABB示教器的组成是怎样的?
③ 机器人的速度单位是什么?
④ 简述机器人系统创建步骤。
⑤ 工作站如何进行打包?

项目2　工业机器人常见通信应用

教学导航

知识目标

了解通信基础概念及PROFINET的通信概念，学习ABB机器人PROFINET通信方式的相关知识。

能力目标

① 掌握PROFINET通信基本概念；

② 掌握ABB机器人的PROFINET通信参数设置；

③ 掌握ABB机器人的PROFINET通信功能。

素质目标

将理论与实操案例相结合，全面了解与掌握PROFINET通信，包括其设置方法、应用编程以及机器人端与PLC端的IO配置方法。

思政目标：坚守理想，遵守纪律

① 注重理论指导实践，在探索中追求真理；

② 形成良好的政治秩序，在规范中掌握本领。

任务2.1　了解工业主流的通信方式

任务描述

通过学习工业现场总线通信基础知识，了解其应用实例。本任务单元的目标是学习PROFINET的特点，培养独立自主开发的能力。

在教学的实施过程中：

① 掌握PROFINET通信基本概念；

② 掌握ABB机器人的PROFINET通信参数设置；

③ 掌握ABB机器人的PROFINET通信功能；

④ 了解ABB机器人的基础通信与PROFINET通信概念。

完成本任务的学习之后，学生可掌握PROFINET通信基本概念，完成单元任务考核。

任务工单

任务名称				姓名	
班级		学号		成绩	
工作任务	掌握 PROFINET 通信基本概念； 掌握 ABB 机器人的 PROFINET 通信参数设置； 掌握 ABB 机器人的 PROFINET 通信功能				
任务目标	知识目标： 了解 PROFINET 的相关支持，对 PROFINET 有一定的认知； 了解 ABB 机器人 PROFINET 相关参数概念； 了解 ABB 技术确认的基础通信与 PROFINET 通信概念 技能目标： 掌握 PROFINET 通信基本概念； 掌握 ABB 机器人的 PROFINET 通信参数设置； 掌握 ABB 机器人的 PROFINET 通信功能 职业素养目标： 严格遵守安全操作规范和操作流程； 主动完成学习内容，总结学习重点				
举一反三	总结机器人与其他设备间的通信方式的应用				

任务准备

2.1.1 PROFINET 通信方式介绍

PROFINET 由 PROFIBUS 国际组织（PROFIBUS international，PI）推出，是新一代基于工业以太网技术的自动化总线标准。作为一项战略性的技术创新，PROFINET 为自动化通信领域提供了一个完整的网络解决方案，包括以太网、运动控制、分布式自动化、故障安全以及网络安全等自动化领域的热门功能，并且作为跨供应商的技术，可以完全兼容工业以太网和现有的现场总线（如 PROFIBUS）技术，PROFINET 根据不同的应用场合定义了三种不同的通信方式：使用 TCP/IP 的标准通信、实时 RT 通信、同步实时 IRT 通信。PROFINET 设备能够根据通信要求选择合适的通信方式。

PROFINET 使用以太网和 TCP/IP 协议作为通信基础，在任何场合下都提供对 TCP/IP 通信的绝对支持。由于绝大多数工厂自动化应用场合对实时响应时间要求较高，为了能够满足自动化中的实时控制要求，PROFINET 中规定了基于以太网第二层（Layer2）的优化实时通信通道，该方案极大地减少了通信栈上占用的时间，提高了自动化数据刷新速度方面的性能。PROFINET 不仅最小化了可编程控制器中的通信栈，而且对网络中传输数据也进行了优化。采用 PROFINET 通信标准，系统对实时应用的响应时间可以缩短到 5～10 ms。PROFINET 同时还支持高性能同步运动控制，在该应用场合 PROFINET 提供对 100 个节点响应时间低于 1 ms 的同步实时（IRT）通信，该功能是由以太网第二层上内嵌的同步实时交换芯片 ERTEC 提供的。PROFINET 是全双工通信，可以同时收发数据，并且始终是“交换以太网”，可构成无限规模的网络。

西门子 PLC S7-1200 系列的 CPU 不是都支持 PROFINET 通信，必须是可以勾选 IO 设备的才支持，网络节点无限制，不支持的可以选择以太网 TCP/IP 或 S7 通信（PLC 与外部设备的通信：没有主从之分，机器人和变频器都是 IO 设备）。

以太网 TCP 通信连接方式：通过开放式用户通信中的 TSEND/TRCV 的指令建立连接和发送接收数据，不需要进行通信连接组态。

PROFIBUS 以 RS485 为基础的通信方式，而 PROFINET 则以工业以太网为基础，两者比较见表 2－1 和表 2－2。

表 2－1　两者比较

比较项	Profinet	Profibus
传输带宽	100 Mbps	12 Mbps
传输方式	全双工	半双工
最大传输数据	254bytes	32bytes
最远距离	100 m	100 m

表 2－2　设备配置

特　性	PROFINET IO	PROFIBUS DP
子网名称	以太网	PROFIBUS
子系统名称	IO 系统	DP 主站系统
全站设备的名称	IO 控制器	DP 主站
从站设备的名称	IO 设备	DP 从站
硬件目录	PROFINET IO	PROFIBUS DP

(1) 安装 GSD 文件

GSD(General Station description，常规站说明)文件是可读的 ASCII 码文本文件，包括通用的和与设备有关的通信技术规范。为了将不同厂家生产的 PROFIBUS 产品集成到一起，生产厂家必须以 GSD 文件的方式提供这些产品的功能参数。如 I/O 点数、诊断信息、传输速率、时间监视等。

如果 STEP7 的硬件组态目录窗口中没有组态时需要的 DP 从站，应安装制造商提供的 GSD 文件。GSD 文件可以在制造商的网站上下载。

机器人主机上有控制器网口，此处为“扩展部分”包括 DP(DSQC667)扩展和 PN(DSQC688)扩展，选项不同。

(2) PLC 端配置流程

① 安装 GSD 文件(ABB 机器人本体的 PROFINET 通信)，如图 2－1 和图 2－2 所示。

② 添加设备，组态网络如图 2－3 所示。

③ 设置 IP 地址，如图 2－4 所示。

④ 组态输入输出字节数，如图 2－5 所示。

⑤ 更改机器人站点名称，如图 2－6 所示。

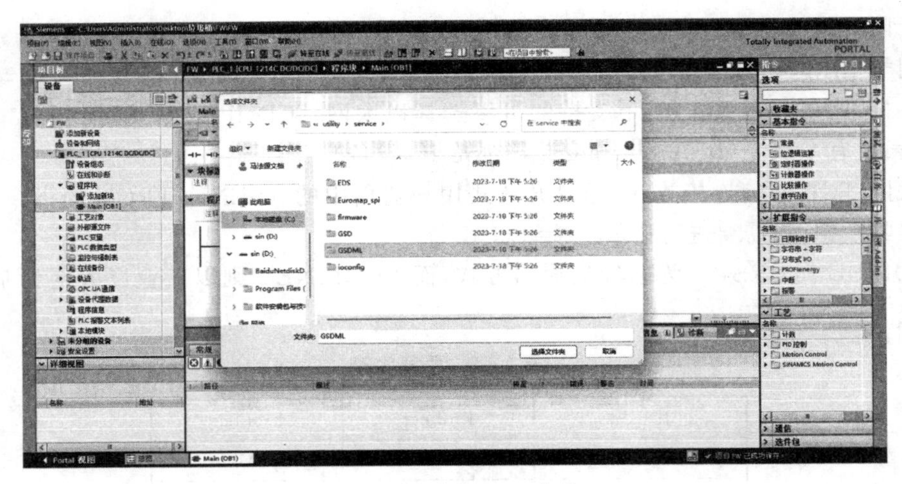

图 2-1　选择 GSD 文件

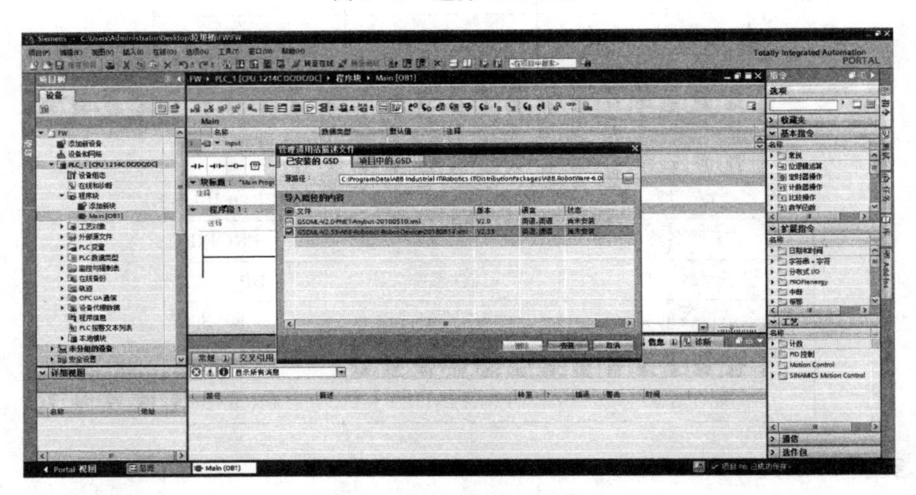

图 2-2　安装 GSD 文件

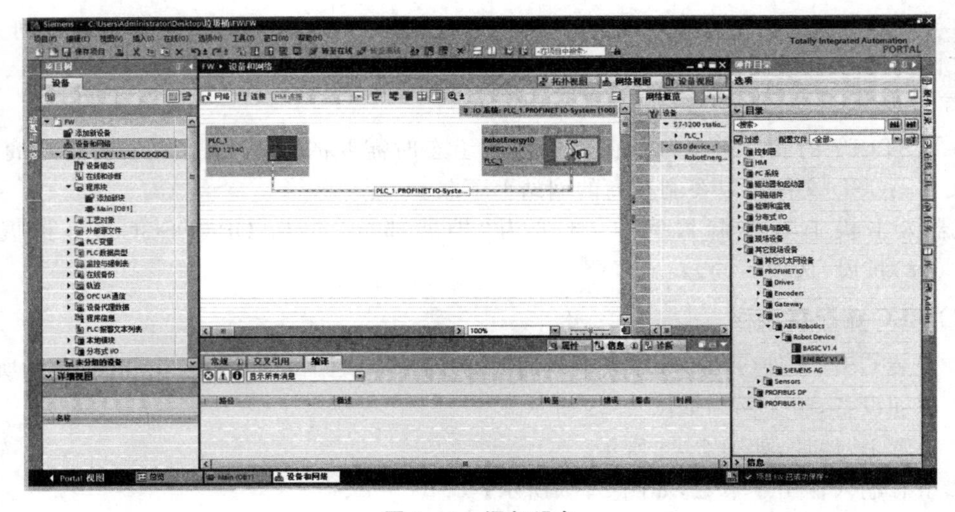

图 2-3　添加设备

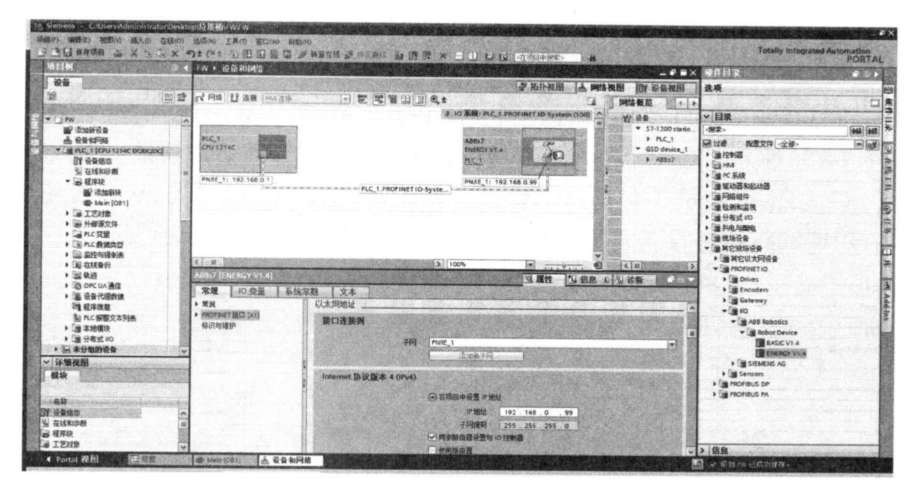

图 2-4　设置以太网

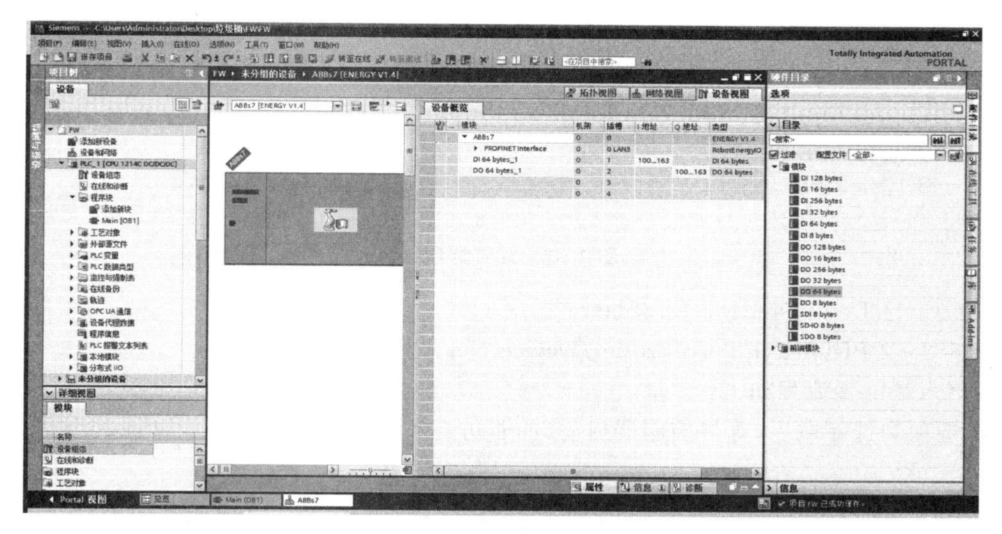

图 2-5　组态输入输出字节数

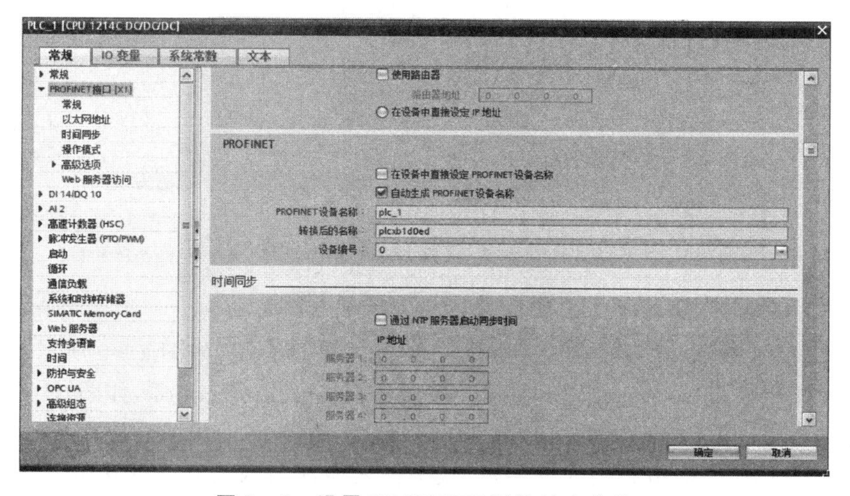

图 2-6　设置 PROFINET 通信站点名称

2.1.2 机器人 PROFINET 通信配置

以 ABB 机器人与 S7 - 1200PLC PROFINET 通信为例，需要电脑一台（装好博途 V15 与 robotstudio6.08 软件）、ABB 机器人一台（软件带 PROFINET 通信选项及 GSD 文件包），S7 - 1200 系列 PLC 一台，交换机 1 台。以上硬件准备好后，将 PLC、机器人、交换机正确接线并接通电源，最后用网线将这些设备建立通信连接。机器人配置所需选项为（见图 2 - 7）

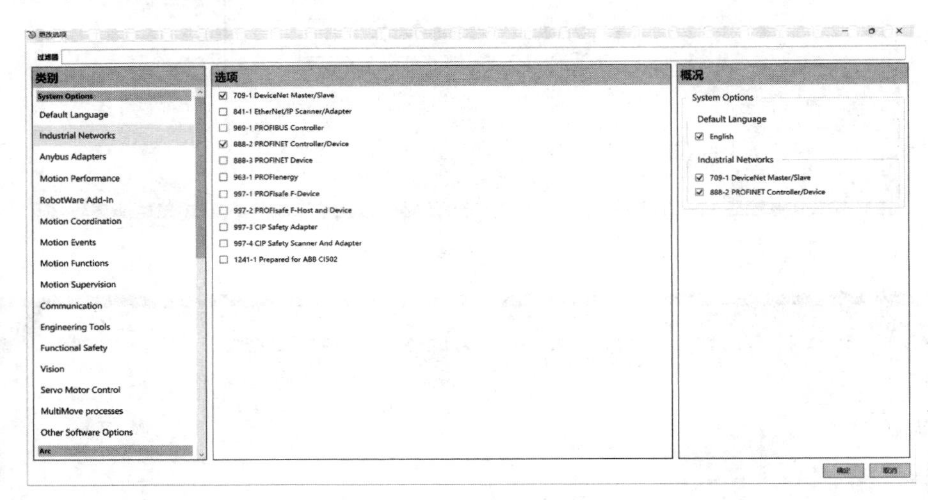

图 2 - 7 配置选项选择

- 709 - 1 DeviceNet Master/Slave；
- 888 - 2 PROFINET Controller/Device Net。

机器人端配置流程如下：

① 选项勾选完成后，等待控制器启动（如非仿真环境则跳过此步骤），如图 2 - 8 所示。

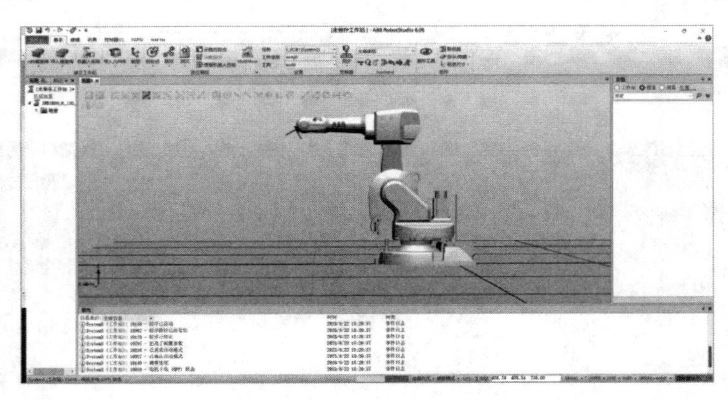

图 2 - 8 等待示教器启动

② 打开虚拟示教器，在系统信息里检查一遍配置是否有误，如图 2 - 9 所示。

③ 单击“控制面板”→“配置”→“主题”，主题选择 Communication，如图 2 - 10 所示。

④ 双击 IP Setting→PROFINET Network，修改 IP 地址，如图 2 - 11 所示。

⑤ IP 地址与 PLC 端组态的地址一致，双击输入地址和网关后，在“Interface”中选择网口

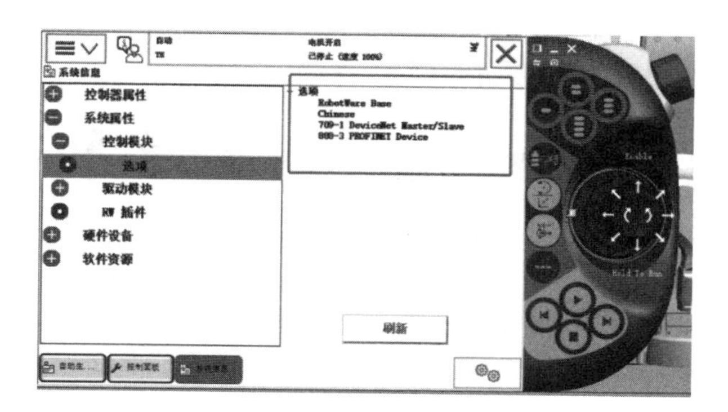

图 2-9　查看配置信息

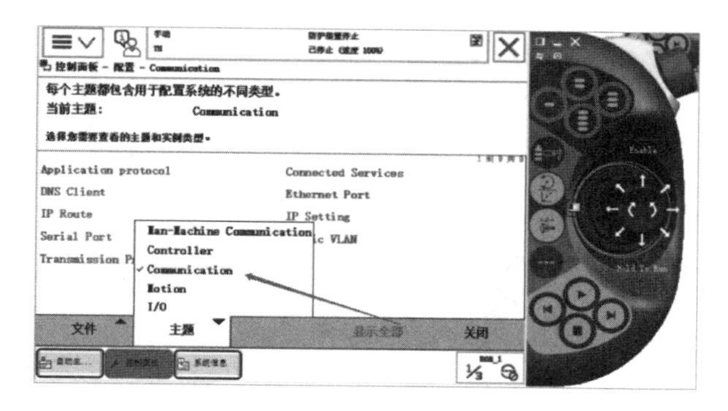

图 2-10　选择"Communication"

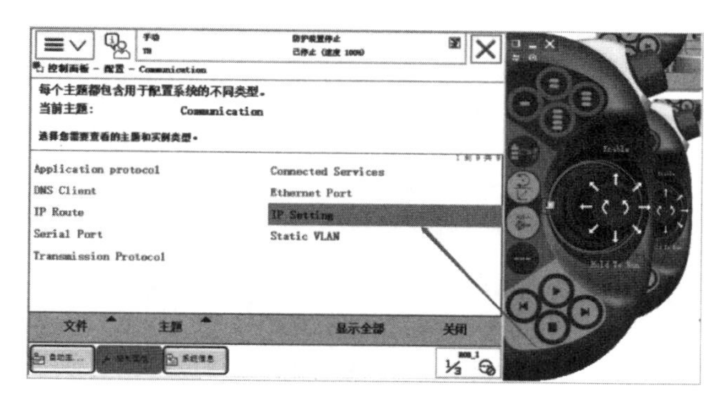

图 2-11　修改 IP 地址

(根据实际接入网口),设置完毕单击"确定",稍后重启,如图 2-12 所示。

⑥ 与 PLC 那端的字节数设置成一致:组态输入输出字节数:主题选择"I/O",双击"PROFINET Internal Device Net",双击"PN_Internal_Device",字节数与 PLC 端一致,如图 2-13 所示。

⑦ 在 Industrial Network 选项中更改站点名称,如图 2-14 所示。

⑧ 再配置 IO 点信号:勾选模块:PN_Internal_Device,如图 2-15 所示。配置信号清单如表 2-3 所列。

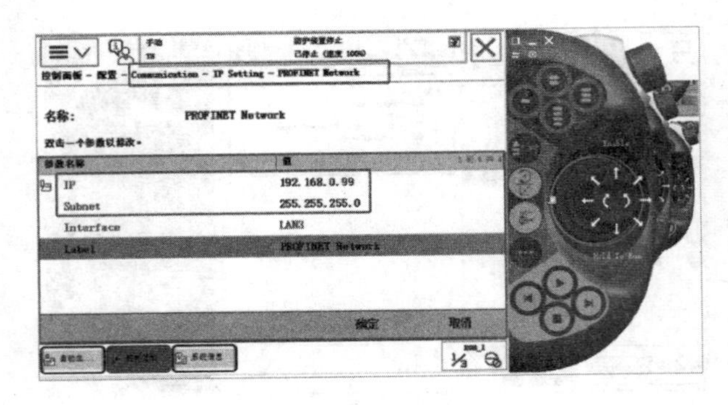

图 2-12　设置界面

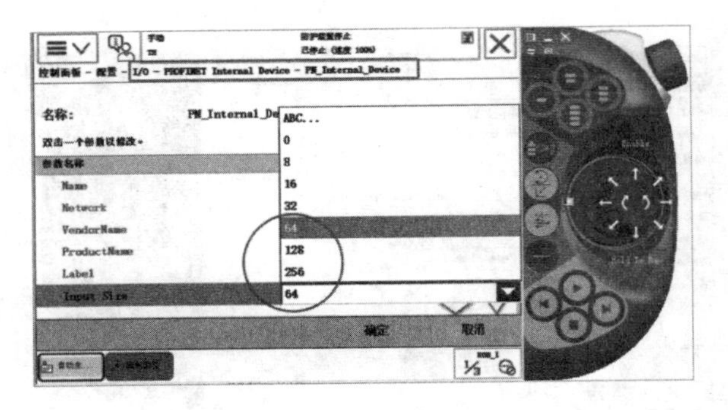

图 2-13　选择数据大小

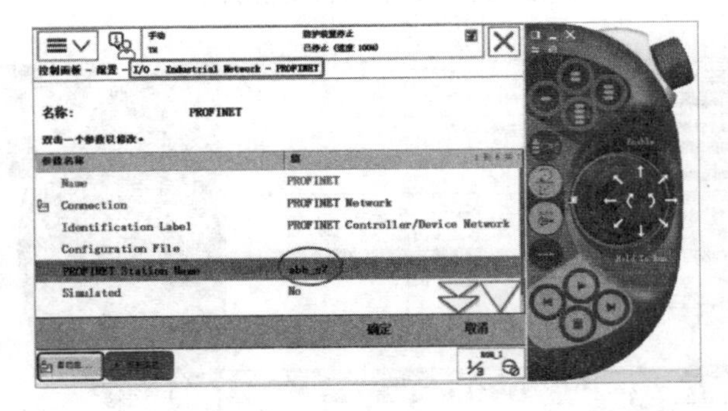

图 2-14　更改站点名称

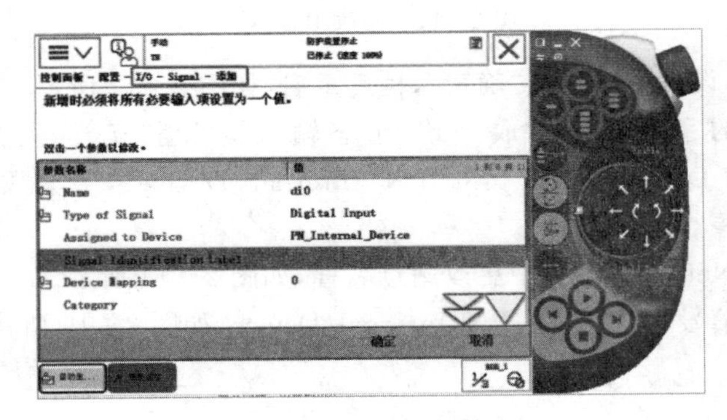

图 2-15　配置 IO 信号

表 2-3 配置信号

命 名	类 型	描 述
Pn_di_0	Digital input	位
Pn_do_0	Digital output	位
Pn_gi_8～15	Group input	字节
Pn_go_8～15	Group output	字节
Pn_gi_15～31	Group input	字
Pn_go_15～31	Group output	字
Pn_gi_32～63	Group input	双字
Pn_go_32～63	Group output	双字

2.1.3 机器人基本通信以及 PROFINET 通信知识

(1) 机器人本体通信介绍

ABB 工业机器人控制器本体有若干网口，网口 X2(service)、X3(LAN1)和 X4(LAN2)属于 private network(专用网络段)。根据配置不同，X5(LAN3)网口也可能属于 private network 段的一部分。多个机器人控制器的 private network 段是无法彼此连接的。其具体对应功能如表 2-4 所列。

表 2-4 机器人通信网口以及功能

标 签	名 称	功 能
X2	Service Port	服务端口，固定 IP:192.168.125.1，可以使用 RobotStudio 等软件
X3	LAN1	连接示教器
X4	LAN2	通常内部使用，如连接 I/O 模块 DSQC1030 等
X5	LAN3	可以配置为 Profinet/EtherNetIP/普通 TCP/IP 等通信口或作为专一网络的一部分
X6	WAN	可以配置为 Profinet/EtherNetIP/普通 TCP/IP 等通信口
X7	PANEL UNIT	连接控制柜内的安全板
X9	AXC	连接控制柜内的轴计算机

X5(LAN3)网口被配置成一种孤立的网络，从而使机器人控制器能够与外部网络相连。控制着若干个机器人控制器的可编程逻辑控制器(PLC)可以连接 LAN3 网口。

X6(WAN)网口属于 public network(公用网络)段，以便于机器人控制器连接某种外部网络(厂方网络)。接口布局情况如图 2-16 所示。

Public network 段通常用于：

① 连接一台正在运行 RobotStudio 的 PC 端；

② 使用 ftp 客户端；

③ 挂载控制器的 ftp 或者 nfs 磁盘；

④ 运行基于以太网络的现场总线。

X9(AXC)网口始终与轴计算机相连。如果使用了 multimove，AXC 就会与连接的所有轴计算机的某台交换机相连。X5(LAN3)网口被默认配置成孤立网络(isolated)。此时若机器

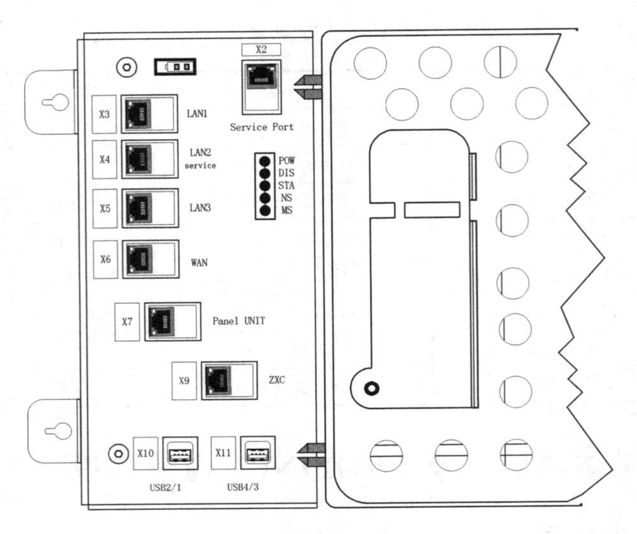

图 2-16　机器人通信网口

人有 PROFINET 选项，则可以在"控制面板"→"配置"→communication→IP setting→PROFINET network 下配置机器人的 IP 地址，并选择 interface 为 LAN3，如图 2-17 所示。

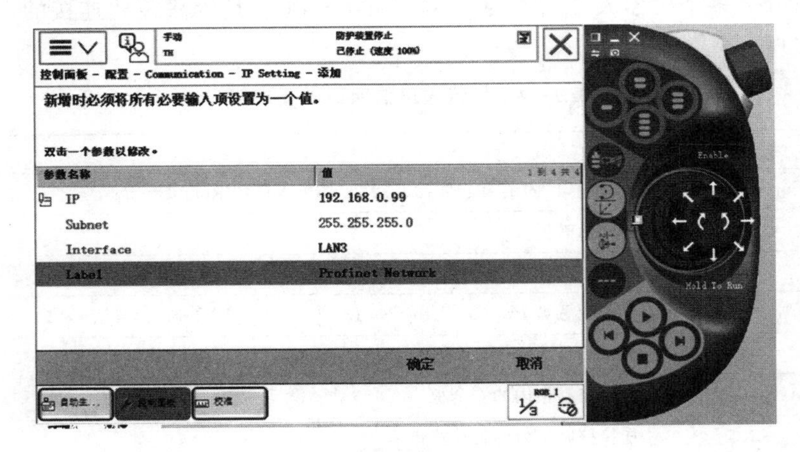

图 2-17　配置 PROFINET LAN3 网口

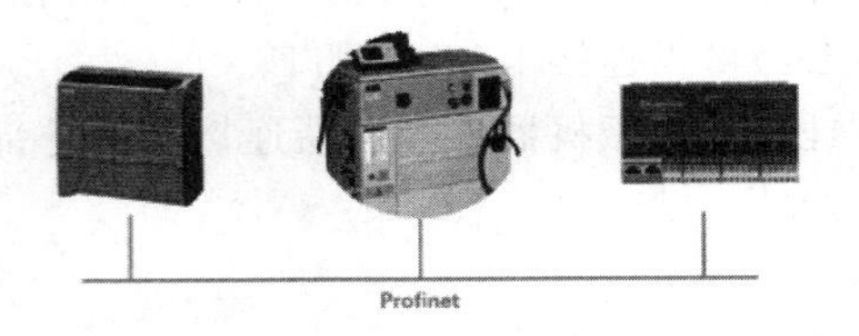

图 2-18　PROFINET 网络的拓朴结构

现场若有 PLC 和机器人，以及一块下挂在 PLC 下的远程 IO 模块，则其拓扑结构如图 2-18 所示。由于使用了 LAN3 网口接入 PROFINET 网络(此时 LAN3 网口是孤立网络)，所以需要增加一个交换机完成实际接线，如图 2-19 所示。也可以将 X5 口(LAN3)网口配置为属于 private network 段的一部分。此时服务(service)端口、LAN1、LAN2 和 LAN3 便属于同一个网络，均充当同一交换机的不同端口，如图 2-20 所示。

要将 X5 网口配置为属于 private network 段的一部分，可以通过进入"控制面板"→"配

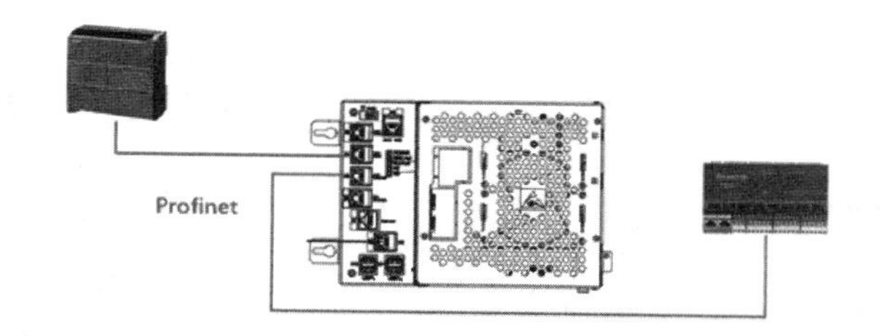

图 2－19　使用 LAN3 网口(孤立网络)接入 PROFINET 网络

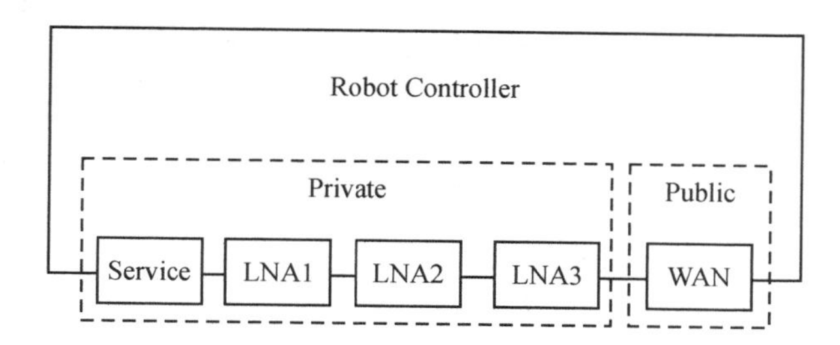

图 2－20　LAN3 网口作为 private network 段的一部分

置”→communication→static VLAN，选择 X5，并将其 Interface 设置为 LAN 完成，如图 2－21～图 2－23 所示。

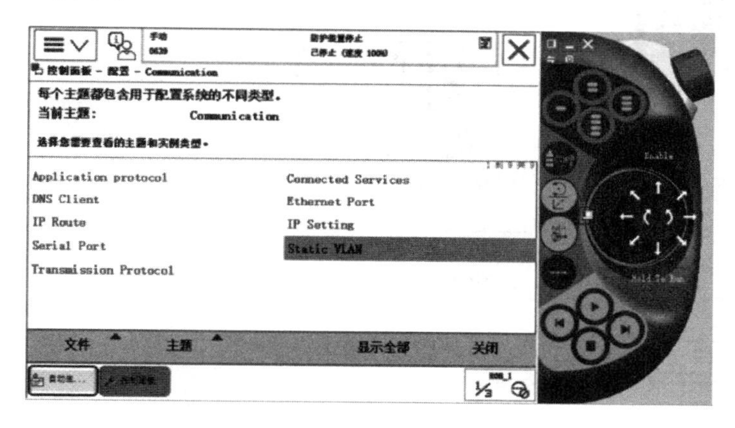

图 2－21　static VLAN

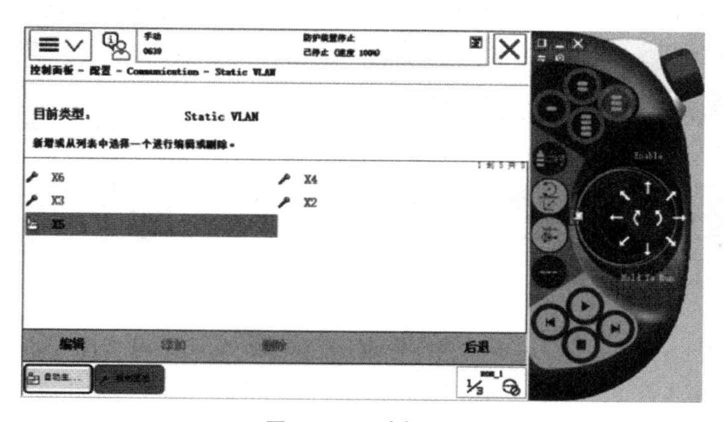

图 2－22　选择 X5

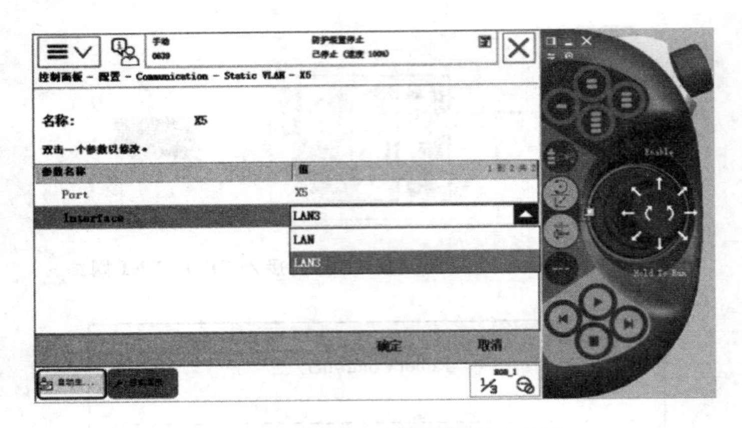

图 2-23　将 Interface 配置为 LAN3

要完成图 2-18 所示的 PROFINET 网络拓扑,可以按照图 2-24 所示进行连接(PLC 连接至机器人控制器的 LAN2 网口,机器人控制器的 LAN3 网口与远程 IO 模块相连),LAN2 网口和 LAN3 网口均作为同一交换机的不同网口。此时对机器人在 PROFINET 网络的 IP 地址的设定结束。

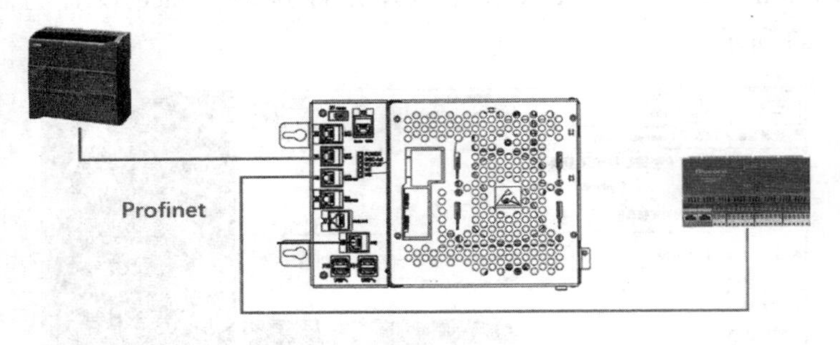

图 2-24　LAN3 和 LAN2 均属于 private network 段

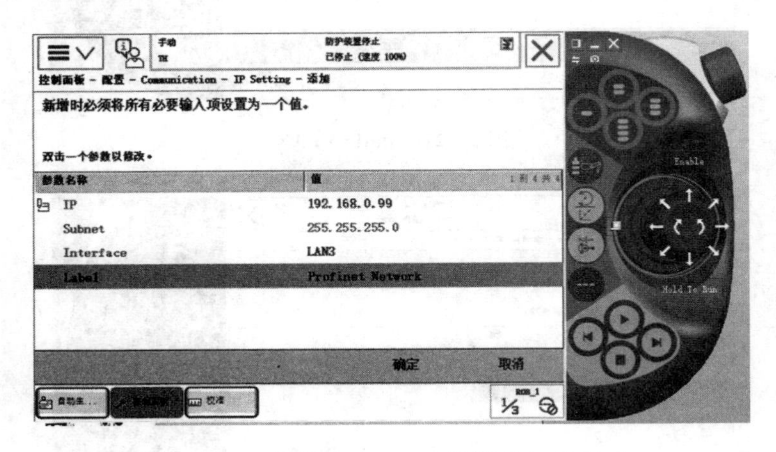

图 2-25　设置 PROFINET 网络到 LAN 网口

若机器人使用 EthernetIP 工业总线(机器人需要有 841-1EthernNetIP scanner/adapter 选项)完成图 2-26 所示的 EthernetIP 工业总线的网络连接,则需要将 LAN3 网口设置为 private 网络。此时 LAN2 网口和 LAN3 网口均为同一交换机的不同网口。对于“控制面板”→“配置”→IO→industrial network→EthernetIP 的 connection 设定，如图 2－27 所示，需要按照通信的对象 IP 地址对该参数进行配置。

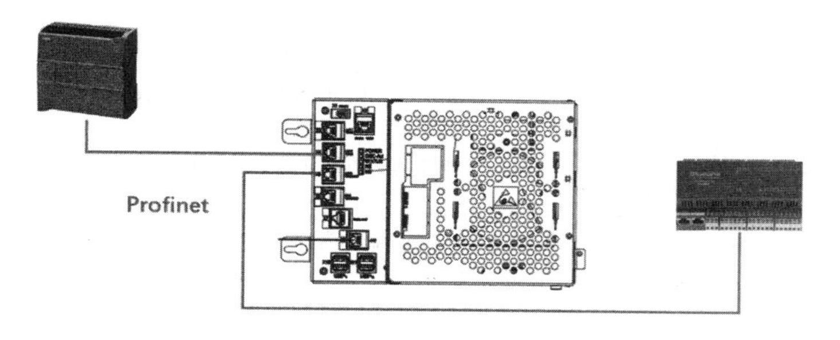

图 2－26 EthernetIP 工业总线的网络连接

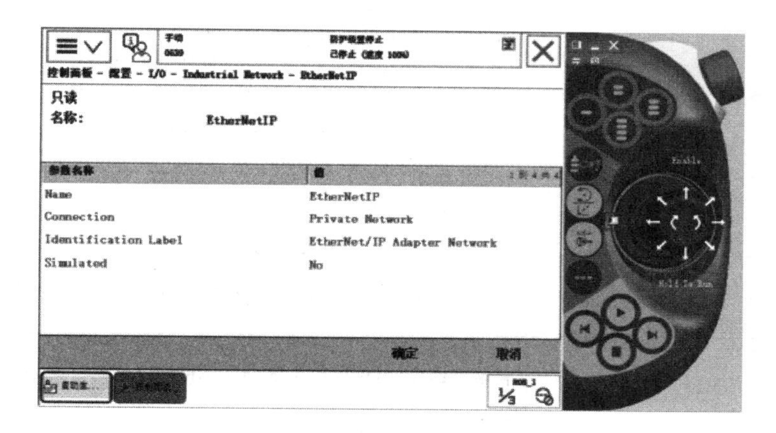

图 2－27 EthernetIP 参数

注：两台机器人控制器的 private network 不可互联网，即不能将第一台机器人控制器的 LAN2 网口和第二台机器人控制器的 LAN2 网口连接。如果 LAN3 被设置为 Private Network，也不能将第一台机器人的 LAN3 网口和第二台机器人控制器的 LAN2 网口连接。

LAN3 网口被配置为孤立网络（默认）时，若计算机网线连接 LAN3 网口，则 Robot Studio 无法通过 LAN3 网口连接控制器。但若 LAN3 便属于同一个网络，均充当同一交换机的不同网口。此时，将计算机网线 LAN3 网口或 LAN2 网口或 service port 连接机器人控制器的 IP 地址，便可以顺畅访问控制器。

（2）通信模块介绍

机器人通常需要接收其他设备或传感器的信号才能完成指派的生产任务，例如：要将板链上某个货物搬运到另一个地方，首先要确定货物是否到达了指定的位置，因此需要一个位置传感器（到位开关）。

当货物到达指定位置后，传感器给机器人发送一个信号。机器人接到这个信号后，就执行相应的操作，如按照预定的轨迹开始搬运。而这个信号可以采用不同的通信方式协议传递，如表 2－5 所列。

表 2-5 通信方式

通信方式	机器人选项	功 能	额外硬件
PROFINET	888-2PROFINET controller/Device	机器人可以同时作为 profinet 网络的 controller(主站)和 Device(从站),共享一个 ip 地址。	不需要
	888-3 PROFINET Device	机器人只能作为 PROFINET 网络 Device	不需要
	840-3 PROFINET Anybus Device	机器人只能作为 PROFINET 网络 Device	需 Anybus Adapter
EtherNet/IP	841-1EtherNet/IP Scanner/Adapter	机器人可以同时作为 EtherNet/IP 网络的 Scanner 和 Anybus,共享一个 ip 地址	不需要
	840-1EtherNet/IP Anybus/Adapter	机器人只能作为 EtherNet/IP 网络的 Anybus	需 Anybus Adapter
DeviceNet	709-1DeviceNet Master/Slave	机器人可以同时作为 DeviceNet 网络的 Master(主站)和 Slave(从站),共享一个网址,默认为 2	需 DSQC1006
	840-41DeviceNet Anybus Slave	机器人只能作为 DeviceNet 网络的 Slave(从站)	需 Anybus Adapter
PROFINUS	969-1 PROFINUS controller	机器人只能作为 PROFINUS 网络的 controller	需 Anybus Adapter
	840-2 PROFINUS Anybus Device	机器人只能作为 PROFINUS 网络的 Device	需 Anybus Adapter
CC-LINK	709-1DeviceNET Master/Slave	需额外的 378B 硬件模块将 CCLINK 协议专化为 1DeviceNET	
RS-232 串口	自带该功能。通过相关的 RAP ID 指令实现串口通讯功能		需有 RS-232 接口
Socket 通讯	616-1 PC-Interface	机器人可以编写 socket 相关语句与外界通讯	机器人控制器 Service/LAN/LAN3

对机器人而言,到位开关的这种信号属于数字量的输入信号。在 ABB 机器人中,这种信号的接收是通过标准 IO 信号板来完成的。标准 IO 信号也称为信号的输入/输出板,安装在机器人的控制柜中。

常见的 ABB 机器人标准 IO 信号板包括 DSQC651、DSQC652、DSQC653 等,如表 2-6 所列。下面以 DSQC651 为例讲述信号板。

表 2-6 通信板常见型号

型 号	说 明
DSQC651	分布式 I/O 模块,8 位数字量输入,8 位数字量输出,2 位模拟量输出
DSQC652	分布式 I/O 模块,16 位数字量输入,16 位数字量输出
DSQC653	分布式 I/O 模块 8 位数字量输入,8 位数字量输出,带继电器
DSQC335A	分布式 I/O 模块,4 位模拟量输入,4 位模拟量输出
DSQC377A	输送链跟踪单元

DSQC651 板主要提供 8 个数字输入信号、8 个数字输出信号和两个模拟输出信号的处理。模块接口说明如图 2－28 所示，A 部分是信号输出指示灯；B 部分是 X1 数字输出接口；C 部分是 X6 模拟输出接口；D 部分 X5，是 Device Net 接口；E 部分是模块状态指示灯；F 部分是 X3 数字输入接口。

DSQC651 板有 X1、X3、X5、X6 这四个模块接口，各模块接口连接说明如下：

① X1 端子 X1 端子接口包括 8 个数字输出，地址分配如表 2－7 所列。

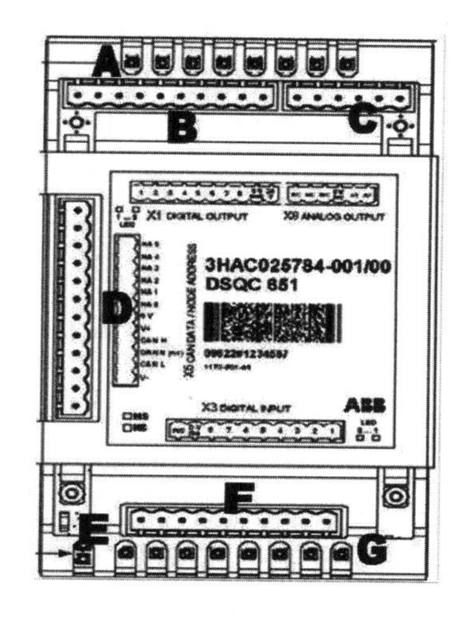

图 2－28　DSQC651 接口展示

表 2－7　X1 端子

X1 端子编号	使用定义	地址分配
1	OUTPUT CH1	32
2	OUTPUT CH2	33
3	OUTPUT CH3	34
4	OUTPUT CH4	35
5	OUTPUT CH5	36
6	OUTPUT CH6	37
7	OUTPUT CH7	38
8	OUTPUT CH8	39
9	0 V	—
10	24 V	—

② X3 端子接口包括 8 个数字输入，地址分配如表 2－8 所列。

③ X5 端子是 Device Net 总线接口，端子使用定义如表 2－9 所列。其上的编号 6～12 跳线用来决定模块（I/O 板）在总线中的地址，可用范围为 10～63。如图 2－29 所示，如果将第 8 脚和第 10 脚的跳线剪去，2＋8＝10 就可以获得 10 的地址。其 1～5 引脚主要为 CAN 总线与电源线。

表 2－8　X3 端子

X3 端子编号	使用定义	地址分配
1	INPUT CH1	0
2	INPUT CH2	1
3	INPUT CH3	2
4	INPUT CH4	3
5	INPUT CH5	4
6	INPUT CH6	5
7	INPUT CH7	6
8	INPUT CH8	7
9	0 V	—
10	未使用	—

表 2－9　X5 端子

X5 端子编号	使用定义
1	0V BLACK
2	CAN 信号线 low BLUE
3	屏蔽线
4	CAN 信号线 high WHTE
5	24V RED
6	GND 地址选择公共端
7	模块 ID bit0(LSB)
8	模块 ID bit1(LSB)
9	模块 ID bit2(LSB)
10	模块 ID bit3(LSB)
11	模块 ID bit4(LSB)
12	模块 ID bit5(LSB)

④ X6 端子接口包括 2 个模拟输出，地址分配如表 2－10 所示。

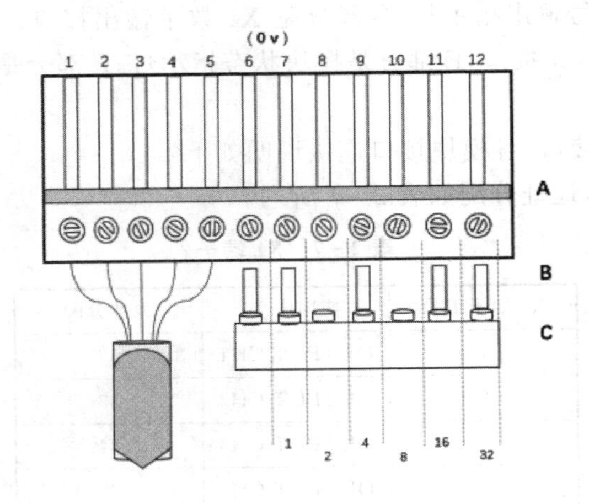

图 2－29　X5 端子接线

表 2－10　X6 端子

X6 端子编号	使用定义	地址分配
1	未使用	
2	未使用	
3	未使用	
4	0V	
5	模拟输出 ao1	0～15
6	模拟输出 ao2	16～31

(3) 机器人基础的 IO 和 PROFINET 通信

ABB 工业机器人可以创建的 I/O 信号类型包括 Digital Input Signal(单个数字量输入信号)、Digital Output Signal(单个数字量输出信号)、Analog Input Signal(模拟量信号输入)、Analog Output Signal(模拟量信号输出)、Group Input Signal(组输入信号)、Group Output Signal(组输出信号)。

1) 数字量输入 DI

数字量输入输出是 ABB 工业机器人最常用的 IO 通信，例如使用面板上的物理按键控制机器人，就需要用到数字量输入，将数字量输入信号给到机器人控制器，通过数字量输入的有无来进行控制，从而控制机器人工作。

数字量输入参数配置见表 2－11，所需配置的信号参数如图 2－30 所示。

表 2－11　参数说明

主要的项	对应说明
Name	该信号的名称，不能与其他信号名称重复
Type of signal	信号的类型，如前文所述，共 6 种
Assigned to Device	设置信号来源于什么设备
Device mapping	信号的地址，给出 ram 中储存该信号数据的位置

2) 数字量输出 DO

数字量输出的配置如图 2－31 所示。不仅 DSQC651 通信板可以做数字量 DI、DO 的通信，PROFINET 通信也可以传输数字量：只要将 Assigned to Device 中的 d652 信号板更改为 PN_Internal_Device 即可通过 PROFINET 通信总线发的对应地址发送该信号状态。

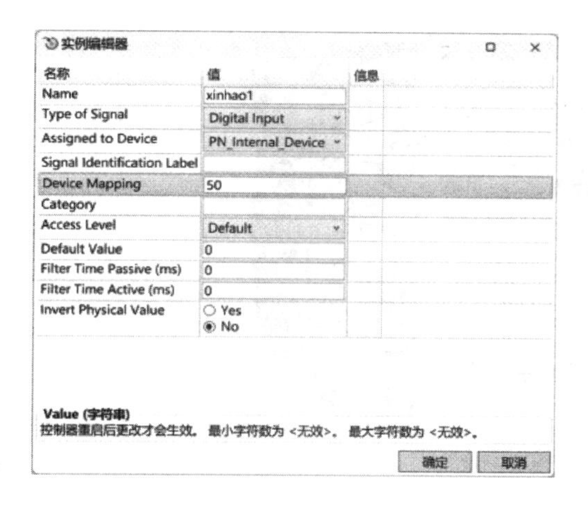

图 2-30　参数配置

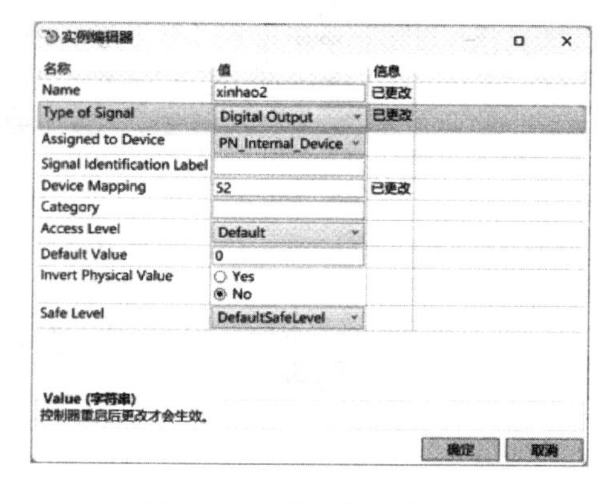

图 2-31　数字量输出 DO

3）组输入信号 GI

组输入输出信号的数据格式为10进制(ABB工业机器人默认显示数据类型为10进制)，但储存方式仍为2进制。例如，现在有一个组输入信号，其地址位0、1、2、3的信号状态均为1，即组输入信号为1111，则实际显示为10进制的数值15。使用组输入信号和组输出信号创建一个组输入信号xinhao3，该信号属于d652通信板网络下的信号，对应的输入地址为53-60(可以表示0-255的整数倍)。所需配置的信号参数如图2-32所示。

4）组输出信号 GO

最终要用到组输入输出信号进行PROFINET通信时候，只需要将通信设备d652改为PN_Internal_Device。注意组输入信号组输出信号只能收发非负的整数变量，即可以直接赋值为UINT、UDINT和ULINT等型的数据。将xinhao4的值设置为15，可以看见对应的PN_Internal_Device设备的地址位61、62、63、64的信号值均为1。所需配置的信号参数如图2-33所示，效果如图2-34、图2-35所示。

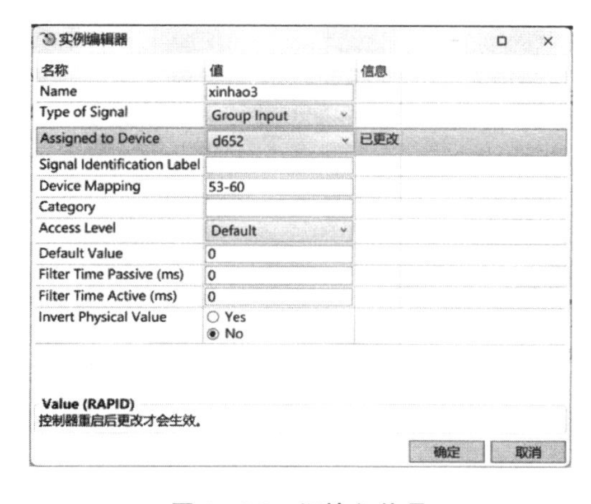

图 2-32　组输入信号

图 2-33　组输出信号 GO

5）模拟信号输入 AI

机器人的模拟信号输入是将要输出的的模拟量电压输出，根据对应设置的最大最小逻辑

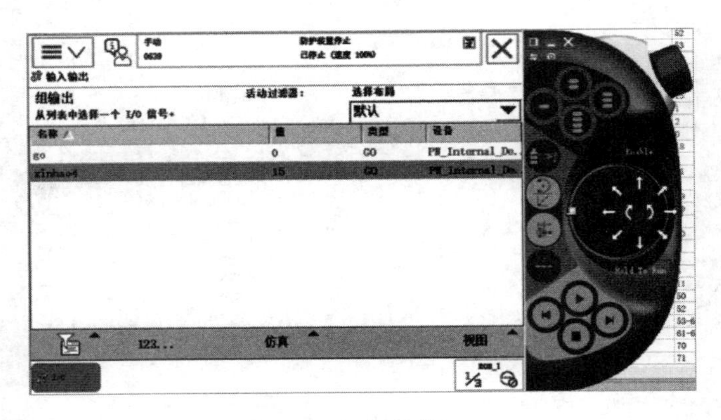

图 2－34　组输出 GO

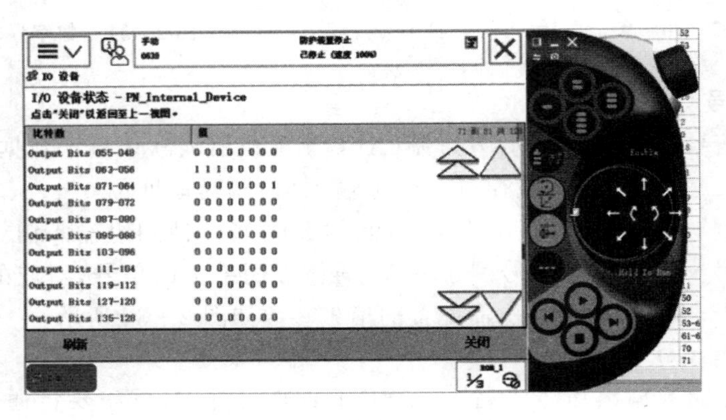

图 2－35　组输出 GO 比特数

关系和模拟量-数字量转化为对应目标数据。图 2－36 中新建的模拟量输入 xinhao5，其主要参数项如表 2－12 所列。

实例编辑器

名称	值	信息
Name	xinhao5	
Type of Signal	Analog Input	
Assigned to Device	d651	
Signal Identification Label		
Device Mapping	0-15	
Category		
Access Level	All	
Default Value	20	
Analog Encoding Type	Unsigned	
Maximum Logical Value	100	
Maximum Physical Value	10	
Maximum Physical Value Limit	10	
Maximum Bit Value	255	
Minimum Logical Value	2	
Minimum Physical Value	2	
Minimum Physical Value Limit	2	
Minimum Bit Value	2	

Value (RAPID)
控制器重启后更改才会生效。最小字符数为 <无效>。最大字符数为 <无效>。

确定　取消

图 2－36　模拟量输入参数项

表 2-12　模拟量输入参数项

名　称	说　明	数　值
Name	信号名称	Xinhao5
Type to signal	信号类型	Analog output
Assigned to Device	信号来源设备	D651
Device Mapping	地址	0-15
Maximum Logical Value	最大逻辑值	100
Minimum Logical Value	最小逻辑值	2
Maximum Physical value	最大物理通讯电压	10v
MaximumPhysicalvalue limit	最大物理上限	10v
Minimum Physical value	最小物理下限	2
Minimum Physical value limit	最小物理通讯电压	2
Default Value	默认值	20
Analog Encoding Type	模拟量数据类型	Unsigned
Maximum Bit Value	最大比特值	65535
Minimum Bit value	最小比特值	2

6）模拟量输出信号 AO

设定的这些限制参数之间也是有规律的，例如，配置一个模拟量输出信号 xinhao6 的信号参数如图 2-37 所示。

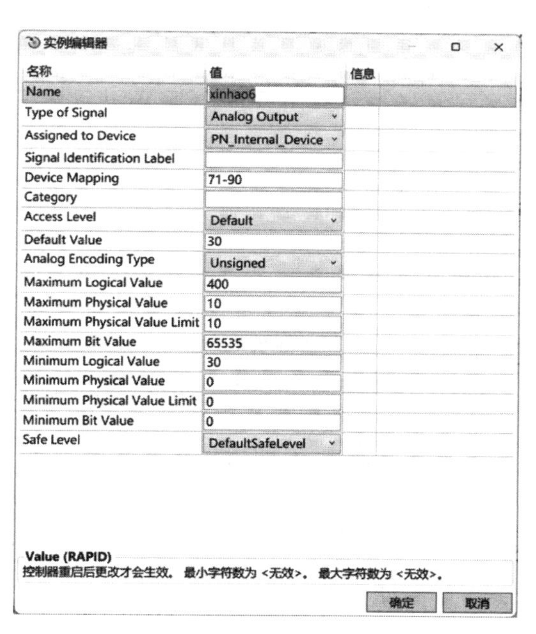

图 2-37　模拟量输出信号 AO

按下式进行配置参数：

$$ao\_voltage = \frac{round\left[\frac{xinhao6 - main\_logical}{max\_logical - min\_logical} \times (max\_bit - min\_bit)\right]}{(max\_bit - min\_bit) \times (max\_phy - min\_phy)}$$

则机器人在对模拟量输出信号 xinhao6 进行设置时候就可以用 rapid 指令中的"setao xinhao6,100",实质上会先将即将输出的目标数据的逻辑量 100 根据逻辑量的最大值最小值和比特率分辨率,转化为组输出信号发送给 PN_Internal_Device 设备的 71～90 位之中,计算公式如下。

① xinhao6:当前设定的逻辑输出值:100;

② main_logical:设定的模拟量输出信号的最小逻辑值;

③ max_logical:设定的模拟量输出信号的最大逻辑值;

④ max_bit:设定的最大 bit 值;

⑤ min_bit:设定的最小 bit 值;

⑥ max_phy:设定的最大物理限值;

⑦ min_phy:设定的最小物理限值;

⑧ round: 对数据进行取整;

⑨ ao_voltage:实际模拟量输出的电压。

任务评价

任务评价表(1)

<table>
<tr><td>任务名称</td><td></td><td>姓名</td><td colspan="3"></td><td colspan="4">任务得分</td></tr>
<tr><td>考核项目</td><td>考核内容</td><td>配分</td><td colspan="3">评分标准</td><td>自评
30%</td><td>互评
30%</td><td>师评
40%</td><td>得分</td></tr>
<tr><td rowspan="3">知识技能
35 分</td><td></td><td></td><td></td><td></td><td></td><td></td><td></td><td></td><td></td></tr>
<tr><td></td><td></td><td></td><td></td><td></td><td></td><td></td><td></td><td></td></tr>
<tr><td></td><td></td><td></td><td></td><td></td><td></td><td></td><td></td><td></td></tr>
<tr><td rowspan="3">素质技能
10 分</td><td></td><td></td><td></td><td></td><td></td><td></td><td></td><td></td><td></td></tr>
<tr><td></td><td></td><td></td><td></td><td></td><td></td><td></td><td></td><td></td></tr>
<tr><td></td><td></td><td></td><td></td><td></td><td></td><td></td><td></td><td></td></tr>
</table>

任务评价表(2)

内容	考核要求	评分标准	配分	扣分

任务 2.2　掌握 PROFINET 通信基本原理

任务描述

在掌握 PROFINET 通信的基础上，学习如何在机器人和博途两端配置 PROFINET 通信并收发数据进行测试。

在教学的实施过程中：

① 掌握掌握 PROFINET 通信应用编程；

② 配置机器人端 PROFINET 通信；

③ 配置 PLC 端 IO 信号；

④ 培养学习的思维和动手能力，有耐心和毅力分析解决操作中遇到的问题。

完成本任务学习之后，学生可掌握 PROFINET 通信操作，完成单元任务考核。

任务工单

<table>
<tr><td>任务名称</td><td colspan="3"></td><td>姓名</td><td></td></tr>
<tr><td>班级</td><td></td><td>学号</td><td></td><td>成绩</td><td></td></tr>
<tr><td>工作任务</td><td colspan="5">掌握 PROFINET 通信应用编程；
配置机器人端 PROFINET 通信；
配置 PLC 端 IO 信号；
掌握通信数据的应用</td></tr>
<tr><td>任务目标</td><td colspan="5">知识目标：
了解 ABB 机器人与 PLC 的 PROFINET 通信配置流程；
了解相关 IO 配置的概念；
了解通信的使用及目的
技能目标：
掌握 PROFINET 通信应用编程；
配置机器人端 PROFINET 通信；
配置 PLC 端 IO 信号；
掌握通信数据的应用
职业素养目标：
严格遵守安全操作规范和操作流程；
主动完成学习内容，总结学习重点</td></tr>
<tr><td>举一反三</td><td colspan="5">总结发送多种数据类型时，应当如何处理</td></tr>
</table>

任务准备

2.2.1 掌握 PROFINET 通信设置

(1) ABB 机器人 I/O 通信的种类

ABB 机器人提供了丰富的通信接口，如 ABB 的标准通信、与 PLC 的现场总线通信，如表 2-13 所列。

表 2-13 ABB 机器人通信

PC	现场总线	ABB 标准
RS232 通信	Device Net	标准 IO 板
OPC server	Profibus	PLC
Socket Message	Profibus-DP	……
	Profinet	……
	EtherNet IP	……

ABB 机器人使用现场总线通信，一般分为两种模式(见图 2-38)：

① 硬件适配器＋选项；

② 标准网口＋选项。

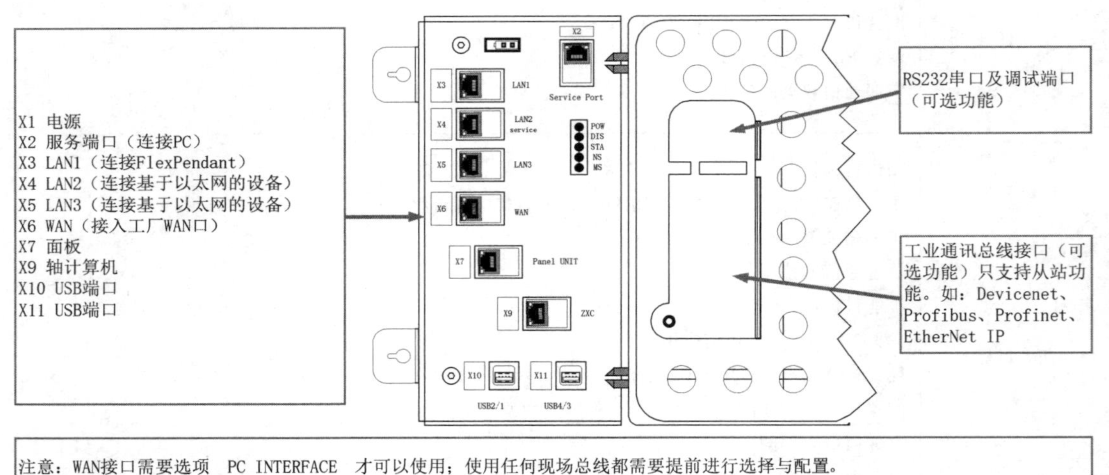

图 2-38 现场总线通信

可利用图 2-38 所示的 LAN3 接口实现 ABB 机器人与其他设备进行 PROFINET 通信。PROFINET 通信的特点如下。

① 设备连接和自动识别：PROFINET 网络中的设备通过以太网物理层进行连接，并且支持自动识别和自动配置功能。当设备加入 PROFINET 网络时，PROFINET 控制器可以自动识别新设备的类型、地址、属性等信息，并自动为其配置 IP 地址、MAC 地址、网络参数等。

② 通信协议和数据传输：PROFINET 通信协议基于以太网技术，采用 TCP/IP 协议栈，并在此基础上进行了优化和扩展。PROFINET 通信协议支持多种数据类型的传输，如非实时数据、实时数据、控制数据和故障诊断数据等。在 PROFINET 网络中，数据传输可以通过三种方式实现：IO 数据通信、TCP/IP 数据通信和实时数据通信。

③ 实时通信机制：PROFINET 采用实时通信机制，可实现高速、可靠、精确的实时数据传输。PROFINET 支持两种实时通信机制，即 PROFINET RT 和 PROFINET IRT。PROFINET RT 适用于低延迟、高速的实时数据传输，如运动控制应用；PROFINET IRT 适用于高精度控制和监视应用，如温度控制、流量控制等。实时通信机制可以通过 PROFINET IO 设备和 PROFINET I/O 控制器之间的周期性通信实现。

④ 网络拓扑结构和冗余机制：PROFINET 网络支持多种拓扑结构，如星型、总线型、环形、树形等。不同的拓扑结构可以满足不同的应用需求和网络性能要求。同时，PROFINET 还支持冗余机制，可以提高网络的可靠性和稳定性，如设备冗余、路径冗余、端口冗余等。

2.2.2 IO 配置

配置 PLC 端 IO 信号的步骤如下。

① 添加 GSD 文件：GSD 是站点描述文件，GSD 文件可以是多语言的，通过语言识别字母来替代 GSD 文件名扩展的末尾字母。文件扩展名为 GSD 的表示文件是标准文件，扩展名为 GSG 表示文件是德语，GSE 表示是英语，GSF 表示是法语，GSI 表示是意大利语，GSS 表示是西班牙语，GSDML 表示是用 XML 格式写的 PROFINET 设备描述文件。先将机器人的 PROFINET 添加进博途组态当中，如图 2-39 所示。

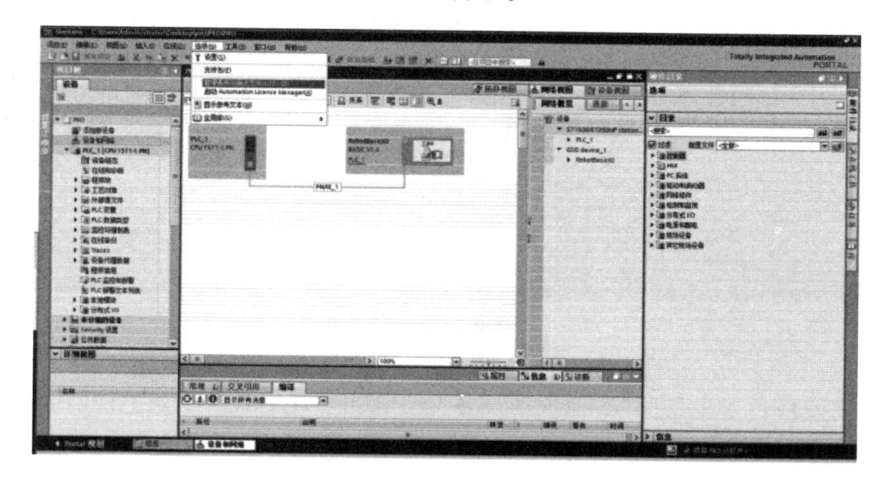

图 2-39 添加 GSD 文件

② 找到 GSD 文件所在路径，并勾选 GSDML-V2.33-ABB-Robotics-Robot-Device-20180814.xml 描述文件，单击“安装”，如图 2-40 所示。

③ 配置 PLC IP 地址，更改 PROFINET 名称。PROFINET 通信中确定身份的方法不是靠地址，而是靠名称标识，只有名称正确才能正确建立通信。这个名称需要与之前设置机器人的名称相同，如图 2-41 所示。

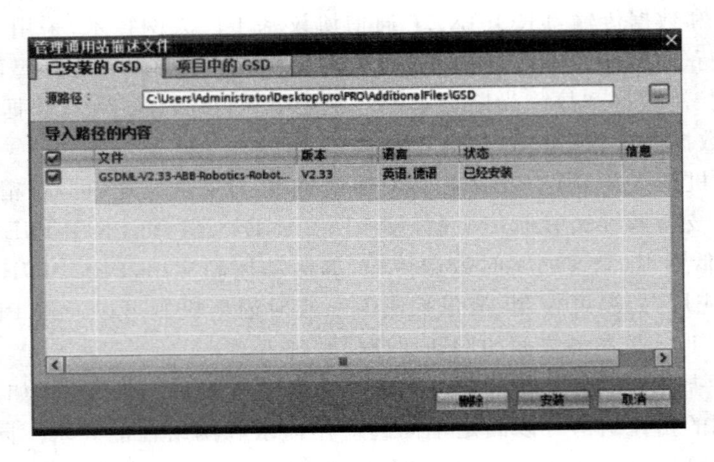

图 2-40 安装 GSD 文件

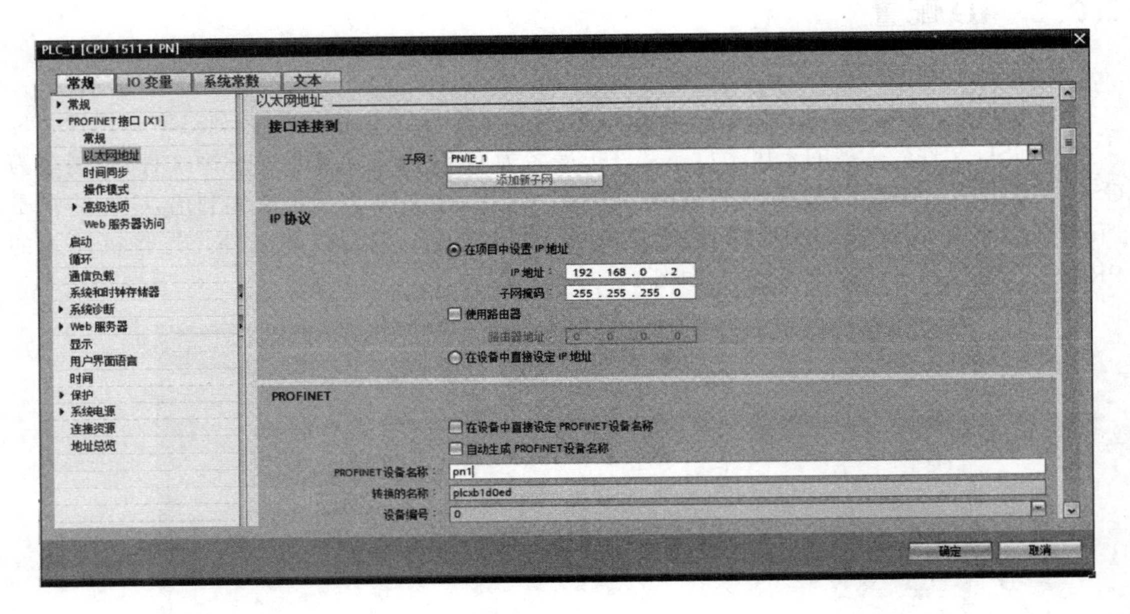

图 2-41 配置界面

④ 在右侧硬件目录中访问“其他现场设备”→PROFINET IO→I/O ABB robotics→robot device 目录，选择 BASICV1.4，拖入 PLC 旁边，将 PLC 与 ABB 机器人的网络接口连接到一起，单击“显示地址功能”，对 PLC 与 ABB 机器人的 IP 进行配置，如图 2-42 所示。

⑤ 单击设备视图，展开 RobotBasicIO。在右侧硬件目录展开模块，将需要的 IO 配置拖入左侧模块列表，由于机器人端数据大小为 64，因此这里同样要选用 64 位。为防止与其他输入输出冲突，IO 地址选择 100_163，如图 2-43 所示。

⑥ 对应 IO 关系如表 2-14 所列。

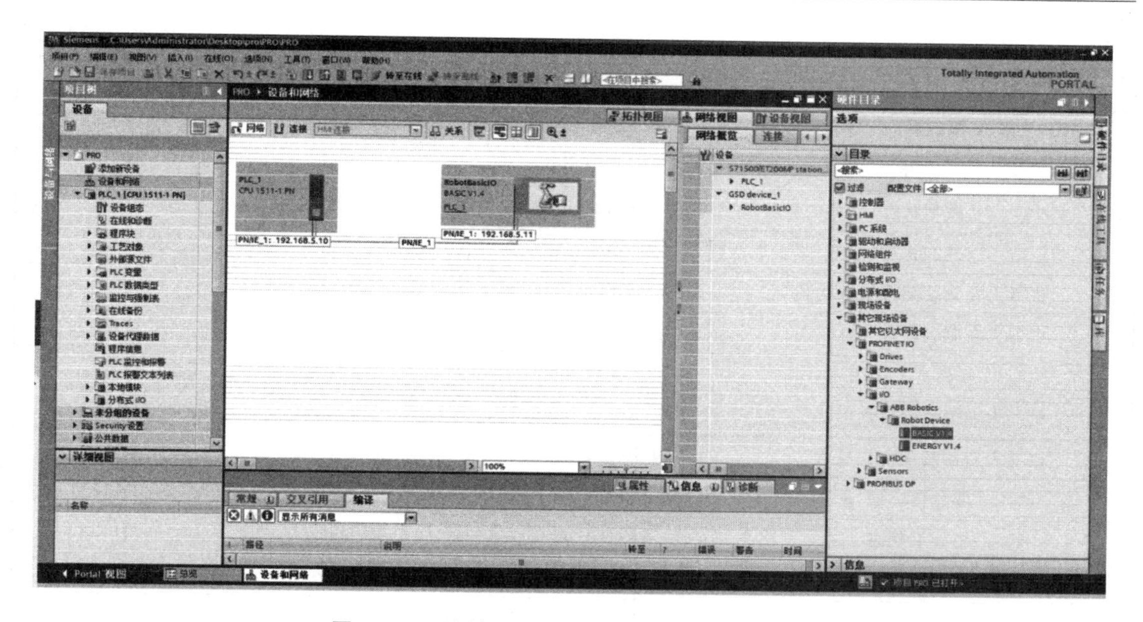

图 2-42　连接 PLC 与 ABB 机器人的 IP 配置

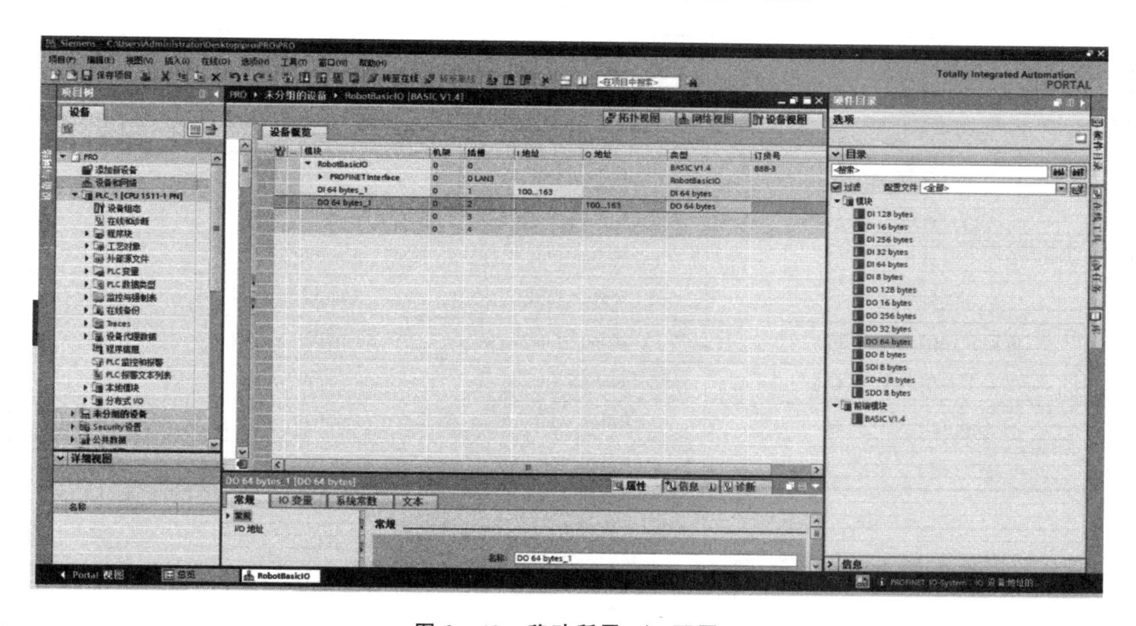

图 2-43　移动所需 I/O 配置

表 2-14　I/O 关系

ABB 机器人端信号配置		PLC-profinet	
输入			
快换接头连接状态	Robot_input_1	pndo1	Q100
饼干数量输入	Robot_input_2	pndo2	Q101
1 号位盖子存在	Robot_input_3	pndo3	Q102

续表 2-14

ABB 机器人端信号配置		PLC-profinet	
吸盘状态	Robot_input_4	pndo4	Q103
备用	Robot_input_5	pndo5	Q104
夹爪状态	Robot_input_6	pndo6	Q105
气缸状态	Robot_input_7	pndo7	Q106
机器人左侧装配台气缸状态	Robot_input_8	pndo8	Q107
机器人右侧装配台气缸状态	Robot_input_9	pndo9	Q108
1 号位盒子存在	Robot_input_10	pndo10	Q109
机器人左侧装配台盒子状态	Robot_input_11	pndo11	Q110
机器人右侧装配台盒子状态	Robot_input_12	pndo12	Q111
颜色传感器	Robot_input_13	pndo13	Q112
桁架手状态	Robot_input_14	pndo14	Q113
桁架臂状态	Robot_input_15	pndo15	Q114
桁架位置	Robot_input_16	pndo16	Q115
输出			
快换接头	Robot_Out_1	pndi1	I100
饼干数量为 4	Robot_Out_2	pndi2	I101
1 号位盖子允许吸取	Robot_Out_3	pndi3	I102
吸盘	Robot_Out_4	pndi4	I103
备用	Robot_Out_5	pndi5	I104
夹爪	Robot_Out_6	pndi6	I105
气缸推送	Robot_Out_7	pndi7	I106
机器人左侧装配台气缸	Robot_Out_8	pndi8	I107
机器人右侧装配台气缸	Robot_Out_9	pndi9	I108
1 号位盒子允许夹取	Robot_Out_10	pndi10	I109
	Robot_Out_11	pndi11	I110
	Robot_Out_12	pndi12	I111
	Robot_Out_13	pndi13	I112
	Robot_Out_14	pndi14	I113
	Robot_Out_15	pndi15	I114

2.2.3 RAPID 程序解读

RAPID 语言是 ABB 机器人特有的语言，具有较大的灵活性和扩展性，也支持用户自定义数据类型，是一种很强大的工业机器人编程语言。

RAPID 语言支持分层编程方案。在分层编程方案中，可为特定机器人系统安装新程序、数据对象和数据类型。

该方案能对编程环境进行自定义（扩展编程环境的功能），并获得 RAPID 编程语言的充分支持。

此外，RAPID语言还带有以下若干强大功能：

① 对任务和模块进行模块化编程；

② 无返回值和有返回值函数；

③ 类型定义；

④ 数据类型；

⑤ 算术；

⑥ 控制结构；

⑦ 步退执行支持；

⑧ 错误处理和恢复；

⑨ 中断处理；

⑩ 占位符。

(1) 任务与模块化

RAPID的应用可以视为一系列任务，每一个任务包含一组模块，每一个模块包换若干数据和程序申明。

RAPID模块可以分为系统模块和任务模块。任务模块被视作应用程序的一部分。而系统模块则被视为系统的一部分，系统模块在系统启动的时候自动加载到任务缓冲区。

① 任务模块与主任务模块：

a. 任务模块通常包含一个小应用；主任务模块可能包含在较大的应用中，它实际上是很多计算机语言的主函数。

b. 主任务模块会引用其他任务模块的程序或数据。

② 入口无返回值程序：每个任务模块包含一个入口无返回值程序，这意味着这个程序执行完后没有返回值。

③ RAPID语言的特点：

a. RAPID语言的函数入口不能带参数输入。

b. RAPID语言的函数也不能返回结果。这种设计是为了简化程序并确保机器人的程序能够稳定运行。

RAPID的编程比较简单，因为工业编程的需求并不需要太多的功能，RAPID同样可以利用函数来弥补这方便的功能。

1) 函　数

RAPID语言和其他高级语言类似都有函数的功能。并不是只有Python、Java这些才是高级语言，相比汇编语言这种直接操作内存和地址的语言，其他语言都是高级语言，所以说RAPID是高级语言也是对的。

函数的存在其实就是为了能把某一些特定功能的代码或者反复使用的代码分装好方便下次调用。RAPID支持用户编写自定义的函数。

用户自定义函数包括以下类型：有返回的值的函数、没有返回值的函数、有输入值的函数，无输入值的函数、软件中断函数。

① 有返回值的函数，返回用户定义的特定类型的数值，经常用在表达式中。

② 无返回的函数，不返回任何数值，经常用在语句中。

③ 有输入的函数，用于输入用户定义好的参数，也常用在表达式中。

④ 无输入的函数，用户不能输入参数，也常用在表达式中。

其实有返回和无返回是互斥的，同样有输入和无输入也是互斥的，但是否有返回和是否有输入却不是互斥了。所以可以有四种组合，比如没有返回数值，但是可以输入参数的函数或者有返回值同时又支持输入参数的函数。这也是很多计算机语言支持的功能。

有用户自定义的函数就有系统预定义的函数，简称内置程序，内置程序同样遵循前面的几个规则，有无参数输入和有无数值返回。有些预定义函数可能和不同的机械臂进行了深度的绑定，也就是不同的机器人执行之后的结果可能不一样。

2）数据类型

RAPID 的数据对象有以下几种。

显然从意义上讲，基本类型就是不是基于其他任意类型定义且不能再分为多个部分的基本数据，如 num、dnum 等，相当于高级语言的 Int 和 bool 变量一样。记录数据类型就是含多个有名称的有序部分的复合类型（如 pos），其中任意部分可能由基本类型构成，也可能由记录类型构成。可用聚合表示法表示记录数值，如[300，500，depth]pos 记录聚合值。通过某部分的名称可访问数据类型的对应部分，如 pos1. x：＝300；pos1 的 x 部分赋值。从定义上来讲，Alias 数据类型等同于其他类型。Alias 类型可对数据对象进行分类。

3）运算符

和其他语言一样，RAPID 同样支持算数；也就是大家熟知的加（＋）、减（－）、乘（＊）、除（/）这些四则运算，同时也支持求余，还有比较运算符大于（>）、小于（<）、等于（＝）等逻辑表达式，还支持与（AND）、异或（XOR）、或（OR）、非（NOT）。当然，有算术运算就存在优先级，RAPID 也同样存在优先级，后面会详细介绍。

4）控制结构

一般而言，程序都是按序（即按指令）执行的。但有时需要指令以中断循序执行过程和调用另一指令，以处理执行期间可能出现的各种情况。

可基于以下五种原理控制程序流程：

① 调用另一程序（无返回值程序）并执行该程序后，按指令继续执行；

② 基于是否满足给定条件，执行不同指令；

③ 重复某一指令序列多次，直到满足给定条件；

④ 移至同一程序中的某一标签；

⑤ 终止程序执行过程。

以上五种程序可以类比为 C 语言中的程序的调用、条件的判断 IF 等、循环的执行 While 或者 For 、指针跳转 goto、结束程序 Return 等。虽然 C 语言的跳转功能 goto 在很多编程环境中都不建议使用，但在 RAPID 中使用跳转语句，有时候会有出奇的效果。

5）步退执行支持

这一功能算是 RAPID 的一个特色功能，也是工业机器人的一个特色语法操作。已经执行过的指令或代码可以倒退着执行程序，在其他语言中是不敢想象的。它的出现是为了在调试机器的时候，一些动作指令可以倒退执行。

6）错误处理和恢复

若在执行程序期间出现多个错误，可通过程序处理，也就是说没有必要中断程序执行。这些错误要么是系统可检测到的类型——如除零，要么是程序引发的错误——如条码阅读器读取值不对时造成错误出现的程序等。执行错误属异常情况与特定的一段程序的执行有关。错误会造成接下来不能执行程序或者其他问题。“溢出”和“除零”是其中两种错误。

错误是有编号的，一些系统定义好的错误类型在触发错误的时候会有特定的提示，当然用户也可以定义一些自己写的错误编号。

出现错误时可调用程序的错误处理器。另外，在程序范围内也可能产生错误，并在其后跳转到错误处理器。在错误处理器中，可用一般指令处理错误，可用系统数据 ERRNO 确定出现的错误，若当前程序没有错误处理器，则机械臂的内部错误处理器可直接接管此操作。内部错误处理器会发出错误消息，将程序指针放到错误指令处，终止程序执行过程。

7）中断处理

中断是程序定义事件，通过中断编号识别。中断发生在中断条件为真时。中断不同于其他错误，前者与特定消息号位置无直接关系（不同步）。中断会导致正常程序执行过程暂停，跳过控制，进入软中断程序。

软件中断会给用户提供一个类似单片机或者 PLC 的中断响应手段，软件中断可以和特定的中断关联在一起，在特定的情况下被自动执行。中断发生原因在于用户定义（中断）条件变为真。中断不像错误，中断与特定代码段的执行无直接关联（不同步）。发生中断会引起正常程序执行被中止，可转由软中断程序来进行控制。为响应中断而采取必要动作后，软中断程序可从中断点重新开始执行程序。

软件中断直接类比 PLC 的中断，有些读者可能会不太了解，其实也可以类比成有些计算机编程语言的 Event 事件类型，当事件被触发时执行的绑定的函数。

8）占位符

离线编程工具和在线编程工具可利用占位符来临时表示 RAPID 程序的“未定义”部分。含占位符的程序在语法上是正确的，可加载到任务缓冲区。如果 RAPID 程序中的占位符未引起语义错误，那么该程序甚至可被执行，但遇到的占位符会引起执行错误。

占位符存在的意义在于便于编写程序的逻辑框架。它可以在编程阶段让 RAPID 的编译器暂时不会报错，当编写完整体逻辑后，再用实际的条件或变量等有意义参数来替换掉无意义的占位符。RAPID 中的占位符种类如表 2-15 所列。

表 2-15 占位符

占位符	含 义
<TDN>	数据类型定义
<DDN>	数据声明
<RDN>	程序声明
<PAR>	参数声明
<ALT>	替代参数声明
<DIM>	数组维度
<SMT>	语句
<VAR>	数据对象引用（变量、永久数据对象或参数）
<EIT>	if 语句中的 else if 子句

续表 2-15

占位符	含　义
<CSE>	test 语句的 case 子句
<EXP>	表达式
<ARG>	过程调用参数
<ID>	标识符

9）注释

注释的作用主要是为了提高代码的可读性和降低维护成本。注释的作用就是为了方便别人，当然也是为了方便自己，以后修改代码的时候能够快速解读代码的含义。

“C＃”语言的注释符号是“//”；“Python”语言的注释符号是“＃”；ABB 机器人编程的注释字符是"!"。

例如，可以编写下面的代码：

```
! OutPut sttring
TpWrite("Hi,I am ABB Robot 120");
! description;
! This function checks whether the robot stops at home position
```

目前最新的 RobotWare 已经支持中文注释了。

（2）变　量

变量是指在程序运行时其值可以改变的量，变量的功能就是存储数据。每个变量都有特定的类型，类型决定了变量存储的大小和布局，该范围内的值都可以存储在内存中，运算符可应用于变量上。

变量来源于数学，是计算机语言中能储存计算结果或表示数值大小的抽象概念。变量可以通过变量名访问。在指令式语言中，变量通常是可变的。

1）变量的定义和声明

所有的程序都要和内存、计算单元打交道，而编程的一个最基本的操作就是操作数据。程序的底层就是在 ABB 机器人计算中开辟一段内存，存储一段数据，然后进行必要的读写，可以是 Num 类型也可以是 String 类型。

在使用一个变量前需要对变量进行声明，这样该变量就在机器人的系统中开辟了一段空间。

2）变量的命名

申明变量的时候是在机器人的内存里面开辟一个合适的内存空间，但是操作的时候并不能像汇编语言一样直接去操作内存。这时需要先给开辟的变量取一个名字，然后通过变量名来对该变量进行读写操作。

变量名是由字符、数字和一些特殊字符组成，例如：

Str_Name 表示一个 String 类型的变量并且用来存储对象的名字(Name)

ABB 机器人的变量有一定的命名规则。标识符中的首个字符必须为字母，其余部分可采用字母、数字或下划线(_)组成。任一标识符最长不超过 32 个字符，ABB RAPID 语言是不区分大小写的。

下面给出几个合适的变量命名范例：

```
nAge;
StrRobotName;
Bool_ShowUp;
nCounts;
```

在计算机的编程领域已经有了两种比较主流的命名方法：

① 帕斯卡命名法：即 pascal 命名法。做法是首字母大写，如 UserName，常用在类的变量命名中。可以结合推荐的几个方法，选择适合的命名方式来命名在 RAPID 中的变量，并且 RAPID 的编程语言是不区分大小写的，大写字母等于小写字母。

② 驼峰命名法：即混合使用大小写字母来构成变量和函数的名字。驼峰命名法跟帕斯卡命名法相似，只是首字母为小写，如 robotName。因为看上去像驼峰，因此而得名。

3）保留字

与其他计算机编程语言一样，ABB RAPID 编程里也有很多保留字，这些保留字为编程提供了很多便利。RobotStudio 的编程环境会把这些特殊的关键字显示成蓝色，平时经常使用的"IF""AND"等都是保留字。

RAPID 编程保留字见表 2-16。它们在 RAPID 语言中都有特殊意义，因此不能用作标识符。此外，还有许多预定义数据类型名称、系统数据、指令和有返回值也不能作为标识符。

表 2-16　RAPID 编程保留字

RAPID 编程保留字			
ALIAS	AND	BACKWORD	CASE
CONNECT	CONST	DEFAULT	DIV
DO	ELSE	ELSEIF	ENDFOR
ENDFUNC	ENDIF	ENDMODULE	ENDPROC
ERROR	EXIT	FLASE	FOR
FROM	FUNC	GOTO	IF
INOUT	LOCAL	MOD	MODULE
NOSTEPIN	NOT	NOVEW	OR
PERS	PROC	RAISE	READONLY
RECORD	RETRY	RETURN	STEP
SYSMODULE	TEST	THEN	TO
TRAP	TRUE	TRYNEXT	UNDO
VAR	VIEWONLY	WHILE	WITH
XOR	—	—	—

4）变量的初始化

申明一个表变量的时候，ABB 机器人的 RAPID 语言会自动赋值一个初始的数值，并且会根据不同的变量类型而定，有些引用类的变量只有赋值才能使用。ABB RAPID 只需要使用"：="就能给变量赋值初始值。想要更好地控制程序运行，一般都需赋予初始值。

示例如下：

```
Var num nCount: = 0;
```

这里声明了一个 num 变量，命名为 nCount，初始值设置为 0。应养成声明变量赋初始值的习惯，当然特殊情况除外。

(3) 数据的基本类型

任何 RAPID 对象(值、表达式、变量、有返回值程序等)都具备一个数据类型。数据类型可为内置型或安装型(对照安装程序)，还可为用户自定义型(在 RAPID 语言中定义)。内置型数据为 RAPID 语言的一部分，从用户角度讲，内置型数据、安装型数据和用户定义型数据并无区别。

1) atomic 数据类型(原子型)

num 类型在 RAPID 语言中包含整数与浮点两种类型。num 是最基础的变量，是不可拆分的，被称为原子型。原子型数据还包括 bool、string、byte 等类型。

num 取值范围是：－8388607～(＋)8388608，如果使用的数值超过这个范围，就要考虑使用其他的数值类型。

在实际机器人编程中可以用 num 来表示产品的属性，如今天生产的产品的数量是 250 个，就可以定义一个 counter 变量并赋值为 250。

下面是 num 类型的声明和赋值：

```
! 变量的声明
VAR num counter;
! 赋值为 250
counter: = 250;
```

bool 对象表示一个逻辑值，可以理解为“0”或者“1”。

bool 型表示二值逻辑的真或假。在实际编程中可以表示机器人夹具是否开启闭合，或者表示文件是否已经打开，表示通信是否已经建立连接。

下面是 bool 类型的声明和赋值：

```
! 变量的声明
VAR bool active;
! bool 赋值
active:=TRUE;
```

string 对象表示一个字符串。

string 型表示所有序列的图形字符(ISO 8859-1)和控制字符(数字代码范围 0～255 中的非 ISO 8859-1 字符)的域。字符串可包括 0 至 80 个字符(固定的 80 字符存储格式)也就是字符串的最大长度只能是 80，超过这个长度就会报错。

ISO 8859-1 编码(部分)见表 2－17。

ISO-8859-1 收录的字符除 ASCII 收录的字符外，还包括西欧语言、希腊语、泰语、阿拉伯语、希伯来语对应的文字符号。欧元符号出现的比较晚，没有被收录在 ISO-8859-1 当中。因为 ISO-8859-1 编码范围使用了单字节内的所有空间，在支持 ISO-8859-1 的系统中传输和存储其他任何编码的字节流都不会被抛弃。换言之，把其他任何编码的字节流当作 ISO-8859-1 编码看待都没有问题。

表 2－17　ISO 8859-1 编码(部分)

ISO/IEC 8859-1																
	0	1	2	3	4	5	6	7	8	9	A	B	C	D	E	F
0x																
1x																
2x	SP	!	"	#	$	%	&	'	(	)	*	+	,	-	.	/
3x	0	1	2	3	4	5	6	7	8	9	:	;	<	=	>	?
4x	@	A	B	C	D	E	F	G	H	I	J	K	L	M	N	O
5x	P	Q	R	S	T	U	V	W	X	Y	Z	[	\	]	^	_
6x	`	a	b	c	d	e	f	g	h	i	j	k	l	m	n	o
7x	p	q	r	s	t	u	v	w	x	y	z	{	|	}	~	
8x																
9x																
Ax	NBSP	¡	¢	£	¤	¥	¦	§	¨	©	ª	«	¬	SHY	®	¯
Bx	°	±	²	³	´	µ	¶	·	¸	¹	º	»	¼	½	¾	¿
Cx	À	Á	Â	Ã	Ä	Å	Æ	Ç	È	É	Ê	Ë	Ì	Í	Î	Ï
Dx	Ð	Ñ	Ò	Ó	Ô	Õ	Ö	×	Ø	Ù	Ú	Û	Ü	Ý	Þ	ß
Ex	à	á	â	ã	ä	å	æ	ç	è	é	ê	ë	ì	í	î	ï
Fx	ð	ñ	ò	ó	ô	õ	ö	÷	ø	ù	ú	û	ü	ý	þ	ÿ

如果想机器人(对于不支持中文的系统)能直接输出中文的话就需要把中文的 GBK 码转成 16 进制，再转成 SO-8859-1 编码。

2）Record 数据类型(记录型)

Record 数据类型为一种带命名有序分量的复合类型。Record 类型的值为由各分量的值组成的复合值。一个分量可具备 atomic 型或 record 型。

内置记录型有 pos、orient 和 pose。可用的安装记录型和用户定义记录型数据集不受 RAPID 规范约束。

pos 对象表示在 3D 空间中的矢量(位置)。pos 型有三个分量，即[x，y，z]，其含义如表 2－18 所列。

表 2－18　pos 型分量绍

组　件	数据类型	描　述
x	num	位置的 x 轴分量
y	num	位置的 y 轴分量
z	num	位置的 z 轴分量

Pos 的示例：

```
VAR pos p1;  ! 变量的声明
VAR pos p2;
p1 := [ 10,10,55.7 ]; ! 聚合使用
```

```
p1.z := p1.z + 250; ! 分量使用
p1 := p1 + p2;! 运算符使用
```

正如上面的示例，对应记录型的变量可以整体赋值，也可以单个元素访问和赋值，有的甚至支持直接进行数学运算。

3）Orient 数据类型（四元数型）

Orient 对象表示在 3D 空间中的方位（旋转）。Orient 型有四个分量，即[q1，q2，q3，q4]。也就是经常说的四元素和欧拉角可以进行单位换算，四元素相比欧拉角的好处就是不会出现死锁的情况。

四元数表示法是表示空间中方位的最简洁表示法，如表 2-19 所列。可利用 Orient 来指定替代方位格式（如欧拉角），比如机器人在特性坐标系里面的姿态 ABB 机器人使用的利用四元素表示。

表 2-19　pos 型分量

组　件	数据类型	描　述
q1	num	第一个四元数分量
q2	num	第二个四元数分量
q3	num	第三个四元数分量
q4	num	第四个四元数分量

Orient 的示例：

```
VAR num anglex;
 VAR num angley;
 VAR num anglez;
 VAR orient o1;! 变量的声明
 o1 := [ 1,0,0,0];! 聚合使用
 o1.q1 := -1;! 分量使用
 o1 := OrientZYX(anglez,angley,anglex);! 有返回值的程序的使用。
```

3）Alias 数据类型（别名型）

Alias 数据类型被定义为等同于另一种类型，类似于 C++的“typedef ”，用来给数据类型取一个别名。Alias 类型提供一种对象分类手段。系统可采用 Alias 分类来查找和显示与类型相关的对象。ErrNum 其实就是利用 Alias 来重命名 Num 的数据类型。

示例：

```
ALIAS num level;
 CONST level low := 2.5;
 CONST level high := 4.0;
```

4）机器人 RPOFINET 程序解读

可以将上文所述的数据参数处理好后通过 PROFINET 通信发送给其他设备。图 2-44 所示为一个将输入机器人的数字量信号通过 PROFINET 通信发送给其他设备的例子。ABB 机器人程序解读：利用 IF 语句判断数字输入的电位状态，再将通过 set 和 reset 操作更改 PROFINET 通信的该信号数值，即可完成 PROFINET 通信。

```
IF robot_input_1=1 THEN set pndo1;     ELSE REset pndo1;     ENDIF
IF robot_input_2=1 THEN set pndo2;     ELSE REset pndo2;     ENDIF
IF robot_input_3=1 THEN set pndo3;     ELSE REset pndo3;     ENDIF
IF robot_input_4=1 THEN set pndo4;     ELSE REset pndo4;     ENDIF
IF robot_input_5=1 THEN set pndo5;     ELSE REset pndo5;     ENDIF
IF robot_input_6=1 THEN set pndo6;     ELSE REset pndo6;     ENDIF
IF robot_input_7=1 THEN set pndo7;     ELSE REset pndo7;     ENDIF
IF robot_input_8=1 THEN set pndo8;     ELSE REset pndo8;     ENDIF
```

图 2-44　同步输入输出

5）PLC 程序

将地址内的状态赋值给常开触点，以需要的条件触发西门子 PLC 对应控制的电机，如图 2-45 所示。

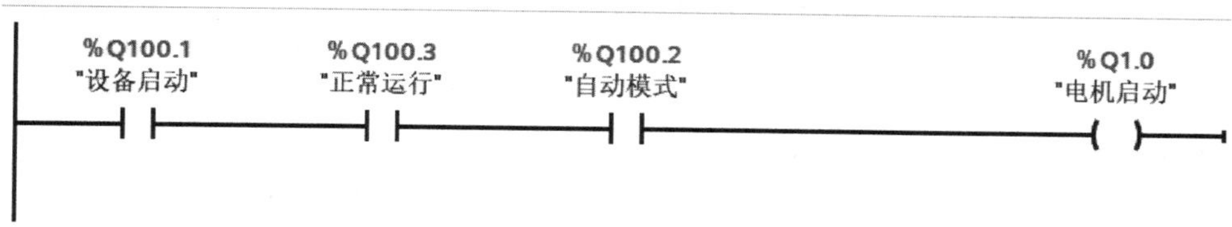

图 2-45　PLC 程序图示

2.2.4　PROFINET 机器人端做为主站配置方法

在机器人与 PLC 的通信配置中，通常机器人是作为从站的。而机器人除了作从站，还可以作主站，通过通信网络来控制下挂的设备，如抓手、远程 IO 模块、弧焊控制器等。

下面以 ABB 机器人为主站，通过 PROFINET 网络控制一个远程 IO 模块 ET200S 为例来介绍一下配置方法。

(1) 现场总线通信功能选项

888-2 PROFINET Controller/Device 或 888-3 PROFINET Device 使用的是主机自带的网口 WAN、LAN2 或是 LAN3，无需增加硬件即可完成 PROFINET 通信。区别是 888-2 既可以做 PROFINET 主站模式也可以做从站模式，而 888-3 只能做从站，并且二者不可同时开启，只能选择其一。因此机器人要使用 PROFINET 主站模式进行通信，必须有 888-2 PROFINET Controller/Device 选项。其常见型号如表 2-20 所列。

表 2-20　总线通信功能选项

ABB 机器人功能选项	对应功能
709-1 Device Net Master/Slave	通信基础(必备)
888-2 PROFINET Controller/Device	PROFINET 通信
888-3 PROFINET Device	PROFINET 通信
997-1 Proflsafe F-Device	Profisafe 通信
969-1 PROFIBUS Controller	PROFIBUS 通信
841-1 EtherNet/IP Scanner/Adapter	EtherNet 通信
963-1 Profienergy	Profienergy 通信

此前 PLC 做主站时需要先添加 ABB 机器人的 GSD 描述文件，才能进行通信配置，现在 ABB 机器人做主站也一样需要添加西门子 PLC 的 GSD 文件。但是部分西门子 PLC 的安装文件并未自带 GSD 文件，需要借用西门子 STEP 7-MicroWIN Smart 软件进行 GSD 文件的生成。

(2) 配置网络中的设备地址和名称

这里设定 ABB 机器人的 IP 地址为 192.168.100.2，站名为 ABBROB；IO 模块的 IP 地址为 192.168.100.10，站名为 ET200S。

(3) 配置 PROFINET Configuration

① 新建工程文件，设置 IP 地址范围；

② 添加 KW-Software 机器人主站配置文件，设置机器人站名和 IP 地址；

③ 添加从站设备，选择 ET200S 通信模块 IM151-3 PN，设置从站站名和 IP 地址；

④ 添加 IO 从属模块，根据实际设备依次添加电源模块、DI 输入模块、DO 输出模块，注意数量和顺序；

⑤ 保存并参数化，生成 IPPNIO.XML 文件；

⑥ 把 IPPNIO.XML 文件通过 U 盘复制到机器人资源管理器 HOME 文件夹下；

⑦ 在菜单“配置”→Communication→IP Setting→PROFINET Network 目录下，设置机器人的 IP 地址和网络接口；

⑧ 在菜单“配置”→I/O System→Industrial Network→PROFINET 目录下，在 Configuration File 输入 IPPNIO.XML，在 PROFINET Station Name 输入机器人主站站名；

⑨ 在菜单“配置”→I/O System→PROFINET Device 目录下，在 PROFINET Station Name 输入 IO 模块从站站名。

(4) PLC 配置步骤

完成机器人重启后，在菜单“输入输出”→“IO 设备”，找到刚才配置的 PROFINET 网络设备，显示“正在运行”则代表已经与下挂 IO 模块通信上了。下面讲解各项配置与设定。

1) 实现西门子 PLC 的 GSD 文件生成

① 打开 STEP 7-MicroWIN Smart 软件，单击工具选项卡，选择 PROFINET 选项，如图 2-46 所示。

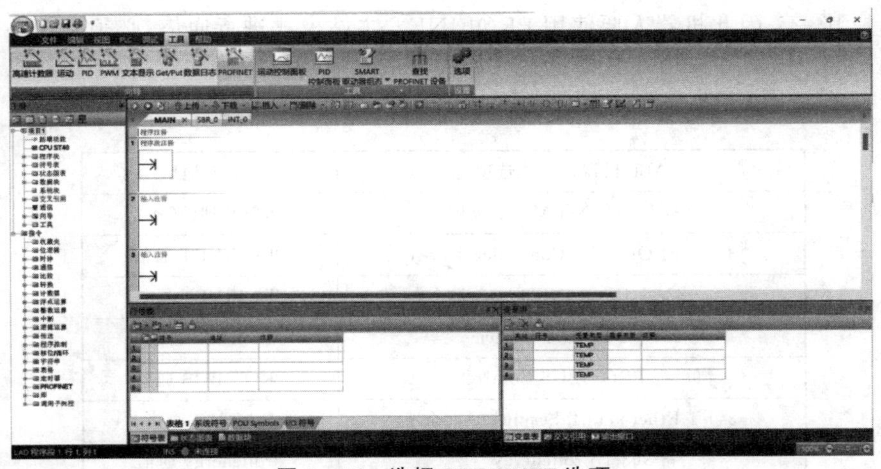

图 2-46 选择 PROFINET 选项

② 由 PLC 作为从站，因此不可以再勾选控制器，而是勾选智能设备，然后单击“下一步”，如图 2－47 所示。

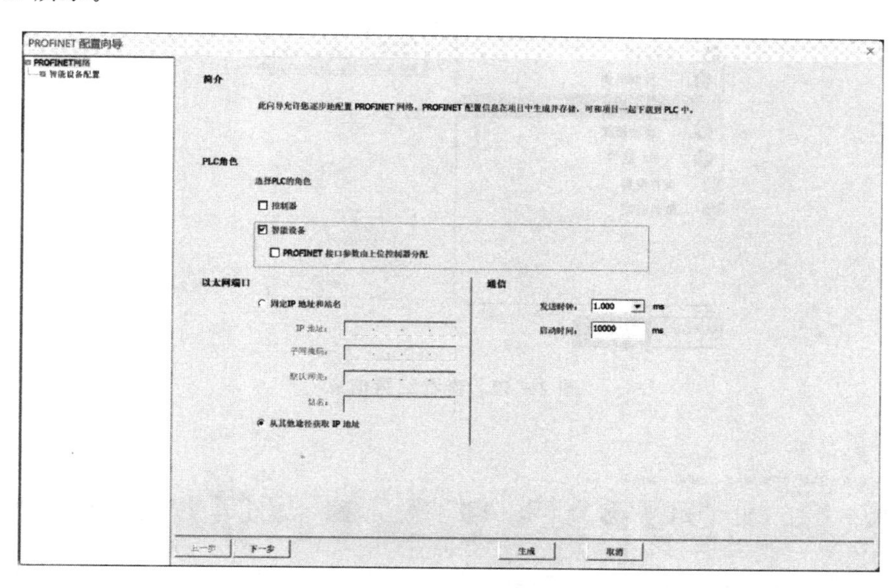

图 2－47　勾选智能设备

③ 按需要添加输入输出的信息参数、文件名称，最后修改生成文件的路径，单击导出，即完成导出 GSD 文件，如图 2－48 所示。

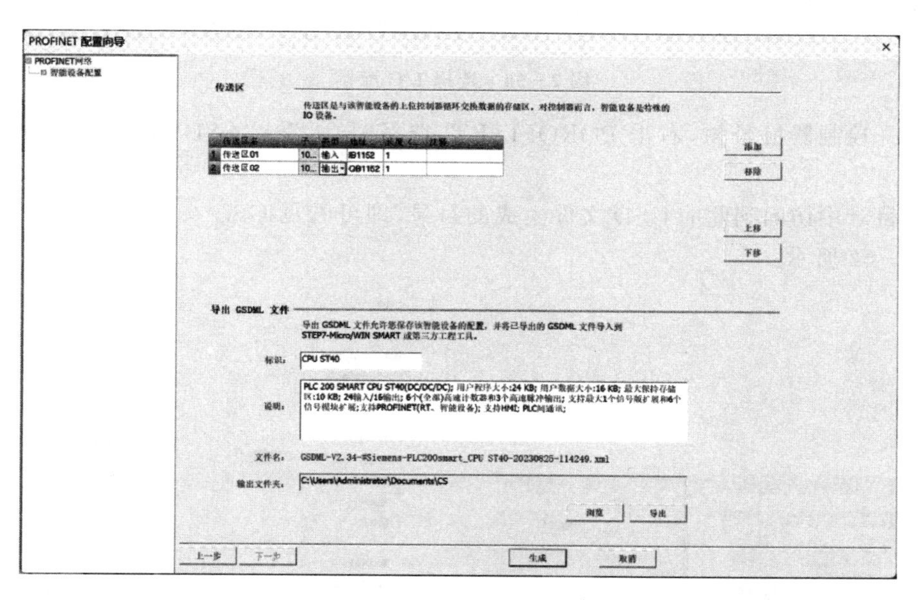

图 2－48　配置 GSD 文件

2）ABB 机器人作为 PROFINET 主站的参数配置

① 确定机器人已经开启过 709-1 选项与 888-2 选项，如图 2－49 所示。

② 单击“控制器选项卡”→“配置”→“I/O 配置”，如图 2－50 所示。

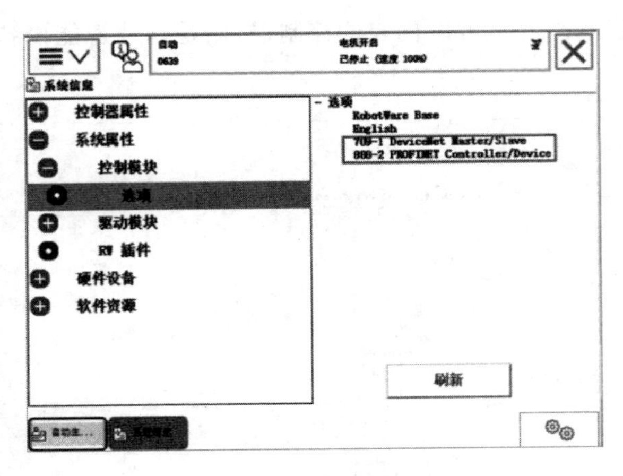

图 2-49　查看配置信息

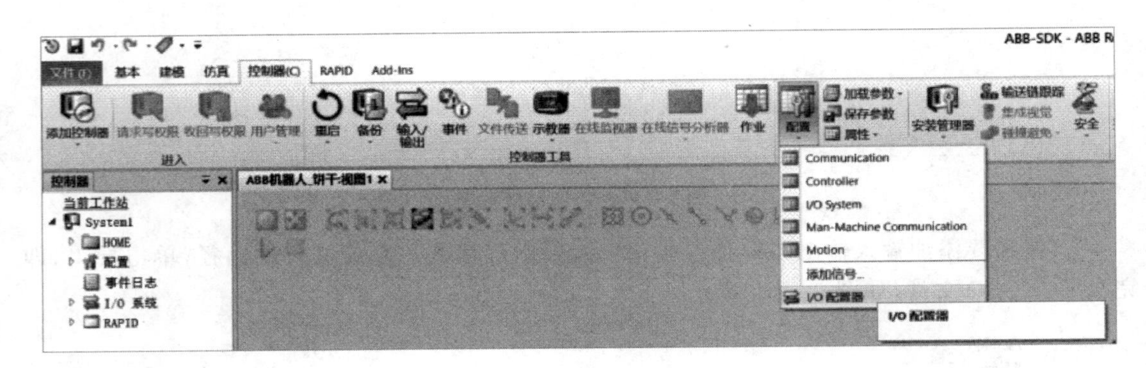

图 2-50　选择 I/O 配置

③ 点开控制器目录树，右击 POROFINET，选择“导入”→“GSDML 文件”，如图 2-51 所示。

④ 在目录中访问到此前 GSD 文件生成的目录，即可看见 GSD 文件，选中文件并单击打开，如图 2-52 所示。

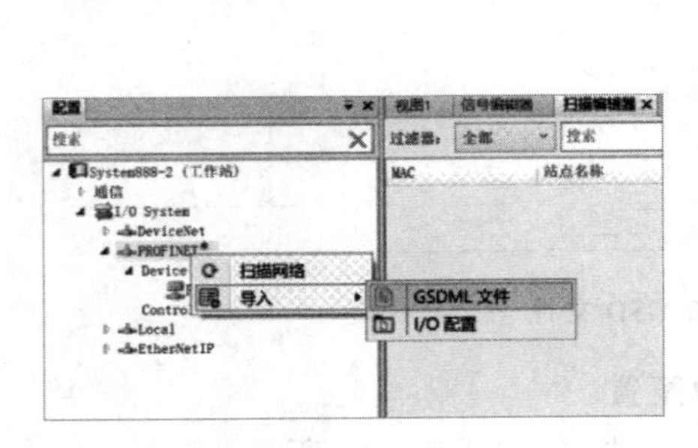

图 2-51　导入 GSDML 文件

图 2-52　选择 GSD 文件

⑤ 在左侧选择 controller，右侧即可看见 PLC 设备，双击添加该设备，如图 2－53 所示。

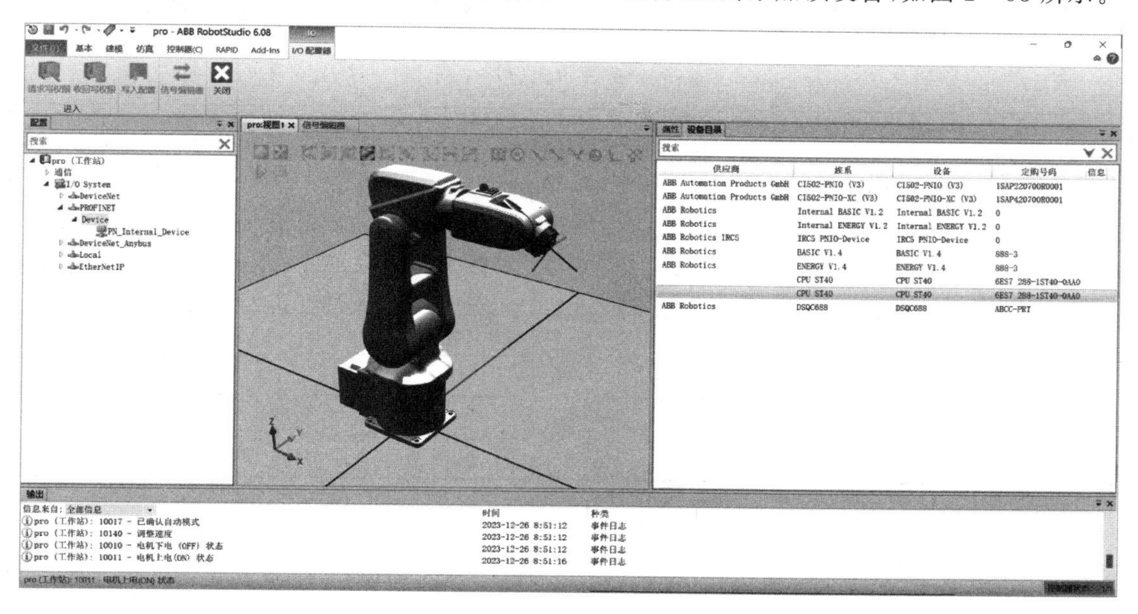

图 2－53　添加 PLC 设备

⑥ 在左侧单击 PLC 设备，右侧单击属性，按实际需要配置 PLC 的 IP 信息、网关信息等，完成后单击上方的”写入配置”，然后单击“关闭”，关闭该界面，如图 2－54 所示。

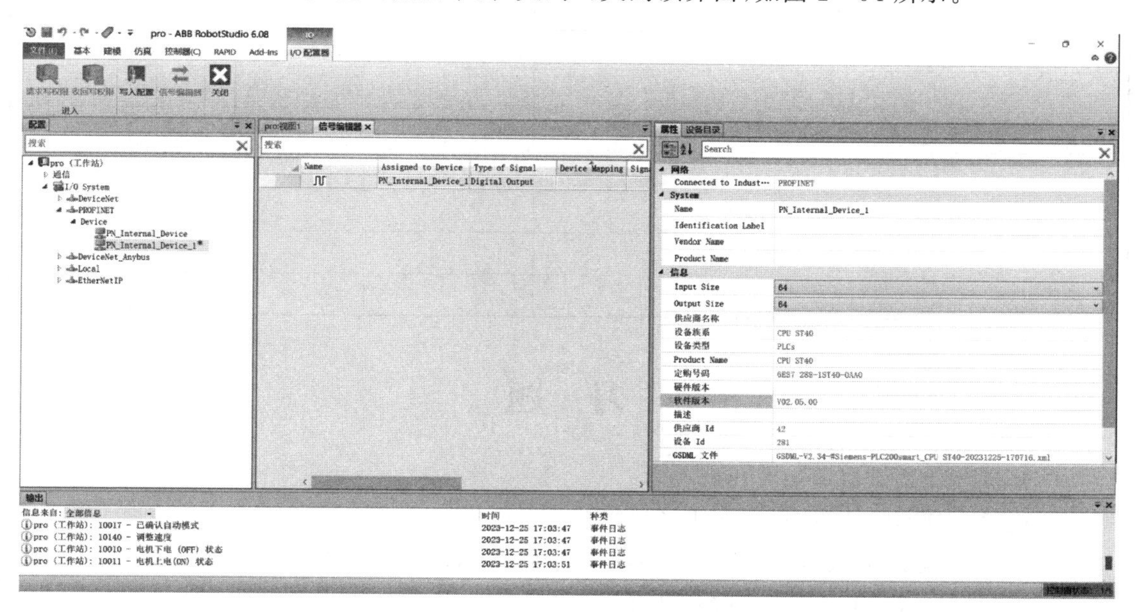

图 2－54　配置界面

⑦ 此后还需要配置 ABB 机器人的 IP 和变量等，这与之前将 ABB 机器人设置为从站的配置方法相同，至此完成配置。

任务评价

任务评价表(1)

任务名称		姓名				任务得分			
考核项目	考核内容	配分	评分标准			自评 30%	互评 30%	师评 40%	得分
知识技能 35分									
素质技能 10分									

任务评价表(2)

内容	考核要求	评分标准	配分	扣分

习 题

① 常见的现场总线通信方式有哪些？
② 机器人的 GSD 文件在什么路径位置下？
③ 建立 PROFINET 通信，机器人系统需要配置的选项有哪些？
④ 配置机器人 IO 点后如何操作才能生效？
⑤ 简述在博途端如何组态、配置 PROFINET 通信模块。

项目3　Socket数据通信应用

教学导航

知识目标

了解Socket通信概念，ABB机器人Socket通信基础概念，ABB机器人和Socket通信常用函数；熟悉工业机器人工作站通信配置方法。

能力目标

① 掌握ABB机器人Socket通信概念；
② 掌握ABB机器人Socket通信方法；
③ 掌握ABB机器人Socket函数方法。

素质目标

将理论与实操案例相结合，全面了解与掌握Socket数据通信。

思政目标：科学自主，以人为本

① 培养主动学习和科学的思维能力，响应科教兴国，实干兴邦口号；
② 坚持社会主义办学方向，围绕以人为本的育人思想。

任务3.1　认识Socket通信方式

任务描述

通过学习Socket的基础知识，了解Socket通信的原理和构成。本任务的目标是学习Socket通信的特点、培养编写通信程序的能力。

在教学的实施过程中：

① 了解Socket通信概念；
② 了解ABB机器人Socket通信基础概念；
③ 了解ABB机器人Socket通信常用函数；
④ 掌握ABB机器人Socket通信概念；
⑤ 掌握ABB机器人Socket函数方法；
⑥ 培养学生学习的思维和动手能力，以及良好的安全意识；能严格按照规范流程完成任务，且实施过程符合要求，有耐心和毅力分析解决操作中遇到的问题。

完成本任务后，学生可了解Socket通信概念基本功能与操作，完成任务考核。

任务工单

任务名称				姓名	
班级		学号		成绩	
工作任务	掌握 ABB 机器人 Socket 通信概念； 掌握 ABB 机器人 Socket 函数方法				
任务目标	知识目标： 了解 Socket 通信概念； 了解 ABB 机器人 Socket 通信基础概念； 了解 ABB 机器人 Socket 通信常用函数 技能目标： 掌握 ABB 机器人 Socket 通信概念； 掌握 ABB 机器人 Socket 函数方法 素养目标： 严格遵守安全操作规范和操作流程； 主动完成学习内容，总结学习重点				
举一反三	总结机器人 Socket 通信功能设置流程				

任务准备

3.1.1 Socket 通信方式介绍

机器人在与 PLC 配合完成工作的过程中，需要保持通信来互相配合工作进度。二者创建通信连接常用的是 Socket 通信技术。

Socket 也叫套接字，是为了实现通信过程而建立的通信管道，其通信模式是客户端和服务器端的一个通信进程，双方进程通过 Socket 模式进行通信，通信规则采用指定的协议。Socket 只是一种连接模式，是对 TCP/IP 协议的封装，其本身并不是协议，而是一个调用接口（API）。通过 Socket 才能使用 TCP/IP 协议。简单地说，TCP、UDP 是两个最基本的协议，很多其他协议都基于这两个协议，如 http 就是基于 TCP 的，用 Socket 可以创建 TCP 连接，也可以创建 UDP 连接，这意味着用 Socket 可以创建任何协议的连接。

Socket 传输的特点是：

① 传输数据为字节级，数据流量较小（与 Modbus 通信相比）。

② 无二次封装，传输数据时间短、性能高、效率高。

③ 适合于客户端和服务器端之间信息的实时交互，从工业互联网到民用通信都有应用，具有普适性。

④ 可以根据需要进行加密，数据安全性强。Socket 通信分为两种模式，客户端和服务器端，一个服务器可以和多个客户端连接。

1）服务器端 Socket 通信建立步骤

① 创建一个用于监听连接的 Socket 对象；

② 用指定的端口号和服务器的 IP 建立一个 Endpoint 对象；

③ 用 Socket 对象的 Bind()方法绑定 Endpoint；

④ 用 Socket 对象的 Listen()方法开始监听；

⑤ 接收到客户端的连接，用 Socket 对象的 Accept()方法创建一个新的用于和客户端进行通信的 Socket 对象；

⑥ 通信结束后关闭 Socket。

2）客户端 Socket 通信建立步骤

① 建立一个 Socket 对象；

② 用指定的端口号和服务器的 IP 建立一个 Endpoint 对象；

③ 用 Socket 对象的 Connect()方法以上面建立的 Endpoint 对象做为参数，向服务器发出连接请求；

④ 如果连接成功，就用 Socket 对象的 Send()方法向服务器发送信息；

⑤ 用 Socket 对象的 Receive()方法接受服务器发来的信息；

⑥ 通信结束后关闭 socket 服务器端。

如果有个客户端初始化了一个 Socket 后连接服务器(connect)，连接成功后，客户端与服务器端的连接就建立了。客户端发送数据请求，服务器端接收请求并处理请求，然后把回应数据发送给客户端，客户端读取数据，最后关闭连接，一次交互结束。

3）Socket 中 TCP 的三次握手建立连接详解

TCP 建立连接要进行“三次握手”，即交换三个分组。其大致流程如下：

① 客户端向服务器发送一个 SYN J；

② 服务器向客户端响应一个 SYN K，并对 SYN J 进行确认 ACK J+1；

③ 客户端再向服务器发一个确认 ACK K+1。

当客户端调用 connect 时，触发了连接请求，向服务器发送 SYN J 包，这时 connect 进入阻塞状态；服务器监听到连接请求，即收到 SYN J 包，调用 accept 函数接收请求向客户端发送 SYN K，ACK J+1，这时 accept 进入阻塞状态；客户端收到服务器的 SYN K、ACK J+1 之后，connect 返回并对 SYN K 进行确认；服务器收到 ACK K+1 时，accept 返回，至此三次握手完毕，连接建立。

3.1.2　Socket 函数方法

(简化)服务器：Socket →bind →recv/send →closeSocket。

(简化)客户端：Socket →connect→recv/send →closeSocket。

在服务器方，无论是否面向连接，均要调用 bind()。

对于客户方，大多数情况下，不调用 bind，利用 connect 或者 recv/send 来隐式完成 Socket 任务。

send\recv 两个参数常用于有连接的数据传输，对于 UDP 这种无连接的，需要知道对方地址才能进行回复，如果想进行无连接数据传输且不想回复对方，也可以用 UDP 协议。

Socket()：返回套接字号；bind()、connect()、closeSocket()：如果没有错误发生，bind()返回 0，否则返回 SOCKET_ERROR。

recv()、send()返回总共接收/发送的字节数。如果连接被关闭，返回 0；否则返回 SOCKET_ERROR。accept()：如果没有错误发生，返回一个 SOCKET 类型的值，表示接收到的套接字的描述符，否则返回值 INVALID_SOCKET。

原始式套接字（SOCK_RAW）：该接口允许对较低层协议，如 IP、ICMP 直接访问。常用于检验新的协议实现或访问现有服务中配置的新设备。

(1) 建立套接字连接——connect()与 accept()

connect()与 accept()用于建立套接字连接。在面向连接的协议中，该调用导致本地系统和外部系统之间连接的实际建立。

无连接的套接字进程也可以调用 connect()，但这时在进程之间没有实际的报文交换。这样做的优点是程序员不必为每一数据指定目的地址，而且如果收到的数据报的目的端口未与任何套接字建立"连接"，便能判断该端靠周知口操作。accept()用于使服务器等待来自某客户进程的实际连接。

(2) 数据传输——send()与 recv()

send()发送数据，参数 Data 为已连接的本地套接字描述符。buffer 指向存有发送数据的缓冲区的指针(也可以直接由字符串代替)，其长度由 Data 的字符长度指定。flags 指定传输控制方式，如是否发送带外数据等。

recv()接收数据参数 Data 为已连接的套接字描述符。buffer 指向接收输入数据缓冲区的指针，其长度由 len 指定。flags 指定传输控制方式，如是否接收带外数据等。

(3) 关闭套接字——closeSocket()

closeSocket()关闭套接字 Data，并释放分配给该套接字的资源；如果 Data 涉及一个打开的 TCP 连接，则该连接被释放。

3.1.3 ABB 机器人与 S7-1200PLC 的数据传输案例演示

(1) 物理仿真

① 机器人快换装头，安装吸盘，吸取饼干，放置检测单元上方检测颜色，放入与饼干相应颜色的饼干盒中。其布局如图 3-1 所示。

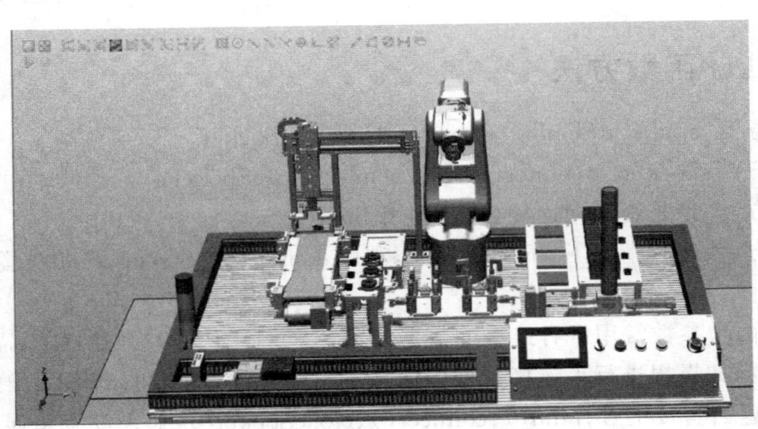

图 3-1 工作站图示

② 先运行 PLC 端仿真程序。将机器人的输入状态 DI 进行改变，然后仿真 Socket 程序

(后文中对此部分有详细的解释说明),以此验证 Socket 功能是否正常,如图 3-2 所示(可以只运行通信功能的代码)。

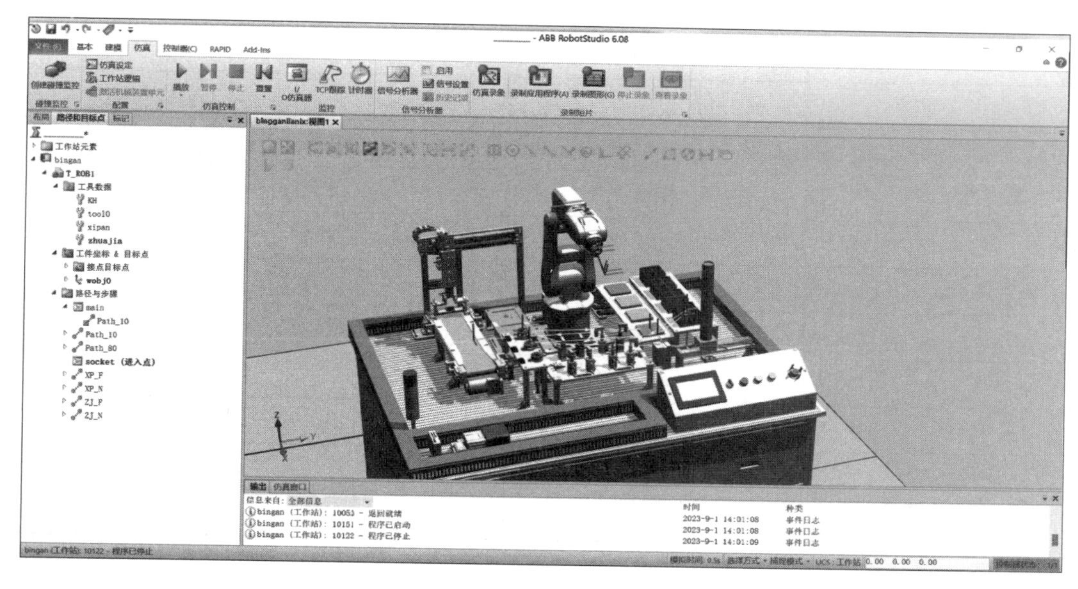

图 3-2　程序仿真

③ 回到 PLC 端,单击能流监视查看结果:对应的数据已经传输到 PLC 端,PLC 可以根据该信息进行其他功能的控制,如图 3-3 所示。

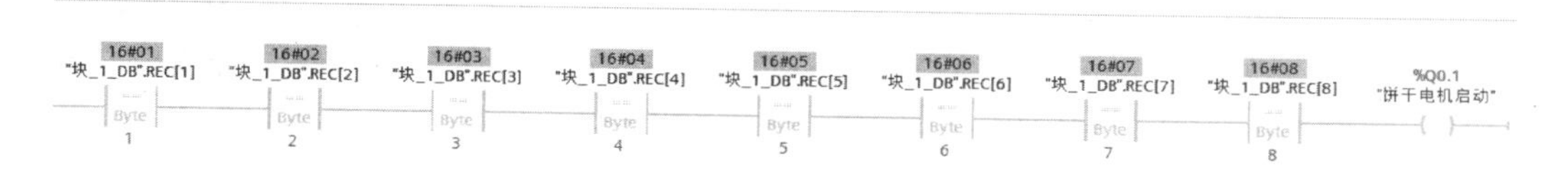

图 3-3　PLC 程序

任务评价

任务评价表(1)

任务名称		姓名				任务得分			
考核项目	考核内容	配分	评分标准			自评 30%	互评 30%	师评 40%	得分
知识技能 35 分									
素质技能 10 分									

任务评价表(2)

内容	考核要求	评分标准	配分	扣分

任务 3.2　掌握 Socket 配置方法

任务描述

通过学习 Socket 的基础知识,了解本任务的应用实例。本任务的目标是学习 Socket 通信的特点,掌握 Socket 通信编写能力。

在教学的实施过程中:

① 掌握 Socket 硬件连接流程;

② 掌握 Socket 参数设定流程;

③ 了解欧姆龙视觉模块基础知识;

④ 掌握与欧姆龙视觉模块进行 Socket 通信方法。

完成本任务后,学生可掌握 Socket 通信概念基本功能与操作,完成任务考核。

任务工单

任务名称				姓名	
班级		学号		成绩	
工作任务	掌握 Socket 硬件连接; 掌握 Socket 参数设定; 掌握与欧姆龙视觉模块进行 Socket 通信方法				

续表

任务名称			姓名	
班级		学号		成绩	
任务目标	知识目标： 掌握 Socket 硬件连接流程； 掌握 Socket 参数设定流程； 了解欧姆龙视觉模块基础知识 技能目标： 掌握 Socket 硬件连接； 掌握 Socket 参数设定； 掌握与欧姆龙视觉模块进行 Socket 通信方法 职业素养目标： 严格遵守安全操作规范和操作流程； 主动完成学习内容，总结学习重点			
举一反三	总结 Socket 与 Modbus_TCP 之间的联系			

任务准备

3.2.1　机器人工作站配置

(1) Socket 组成结构

Socket 由 IP 地址、端口号、协议、套接字和 API 组成（见图 3－4）。其中，IP 地址指的是互联网协议地址分为 IPv4 和 IPv6 两种格式，最常用的 IPv4 由 32 位二进制数组成，以点分十进制的形式表示，如：192.168.0.1。

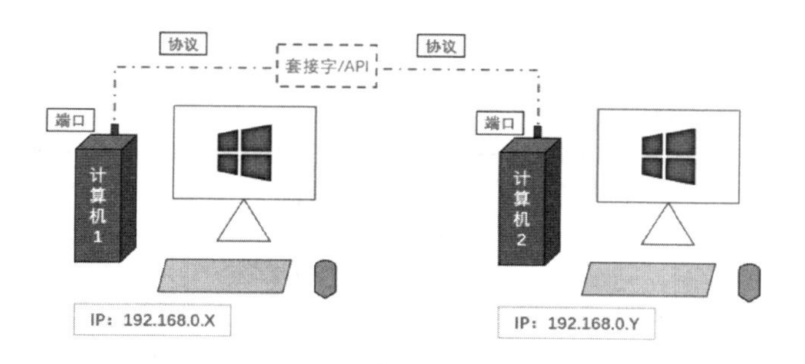

图 3－4　Socket 硬件连接

端口号是指在一个设备上运行多个网络应用程序之间的区分，是一个 16 位的整数，范围是 0～65535，如 HTTP 协议默认端口号为 80；协议是指在通信中，客户端/服务端双方共同遵循的规则，常见的网络协议有 TCP 和 UDP；套接字是 Socket 通信的核心，是对网络通信的抽象，看作双方建立起来的虚拟通道；API 就是定义了的接口规范。

Socket 缓冲区为 Socket 通信提供了一个临时的信息存储空间。用户发送消息的时候写给 send buffer（发送缓冲区）。用户接收消息的时候，是从 recv buffer（接收缓冲区）中读取数据。也就是说，一个 Socket 会带有两个缓冲区，一个用于发送，一个用于接收。因为这是先进先出的结构，有时候也被称为发送、接收队列。

数据传输流程如图 3－5 所示，图中的“客户端”可以对应到如图 3－6 所示的 RAPID 程序。可以从图 3－6 所示的程序看出，在使用 TCP 建立连接之后，一般会使用 SocketSend () 函数发送数据，SocketReceive()函数接收数据。

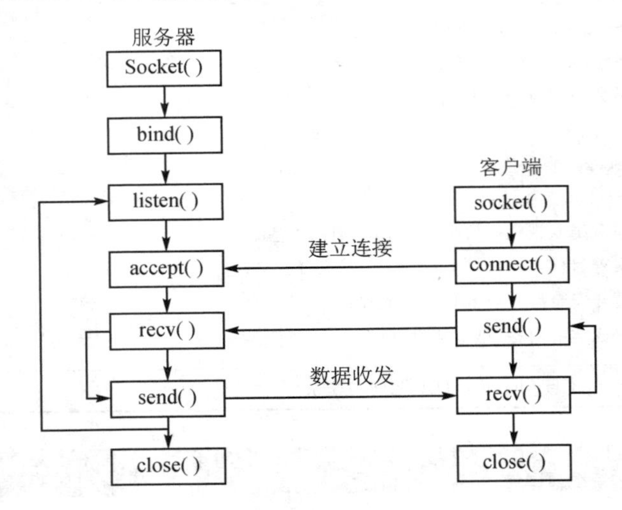

图 3－5　传输流程

```
PROC SOCKET()
        VAR Socketdev Socket1;
        VAR String received_s;
        SocketCreate Socket1;                          !创建socket
        SocketConnect Socket1,"127.0.0.1",8000;        !建立连接
        WHILE TRUE DO
        SocketSend Socket1\Str:="hello 0x0F";          !执行发送send
        SocketReceive Socket1\Str:= received_s;
        TPWrite"out:"+received_s;

        ENDWHILE
        ERROR
        SocketClose Socket1;                           !关闭socket
ENDPROC
```

图 3－6　程序编辑

接收缓冲区的工作逻辑如图 3－7 所示。当接收缓冲区为空时还向 Socket 执行 recv，如果此时 Socket 是阻塞的，那么程序会一直保持等待，直到接收缓冲区有数据，才会把数据从接收缓冲区复制到用户缓冲区，然后返回。如果此时 Socket 是非阻塞的，程序就会立刻返回一个 EAGAIN 错误信息。

(2) IP 设定

IP 地址在 IP 协议中标识网络中不同主机地址，对 IP4 来说，IP 地址是 4 字节、32 位的整数点分十进制，如 192.168.0.1，用点分隔的每一个数字表示一个字节，范围是 0～255。

(3) 端口号设定

端口号(port)是传输层协议的内容，是一个 2 字节 16 位的整数，用来标识一个进程，告诉操作系统当前这个数据交给哪一个程序进行解析；IP 地址＋端口号能标识网络上的某一台主

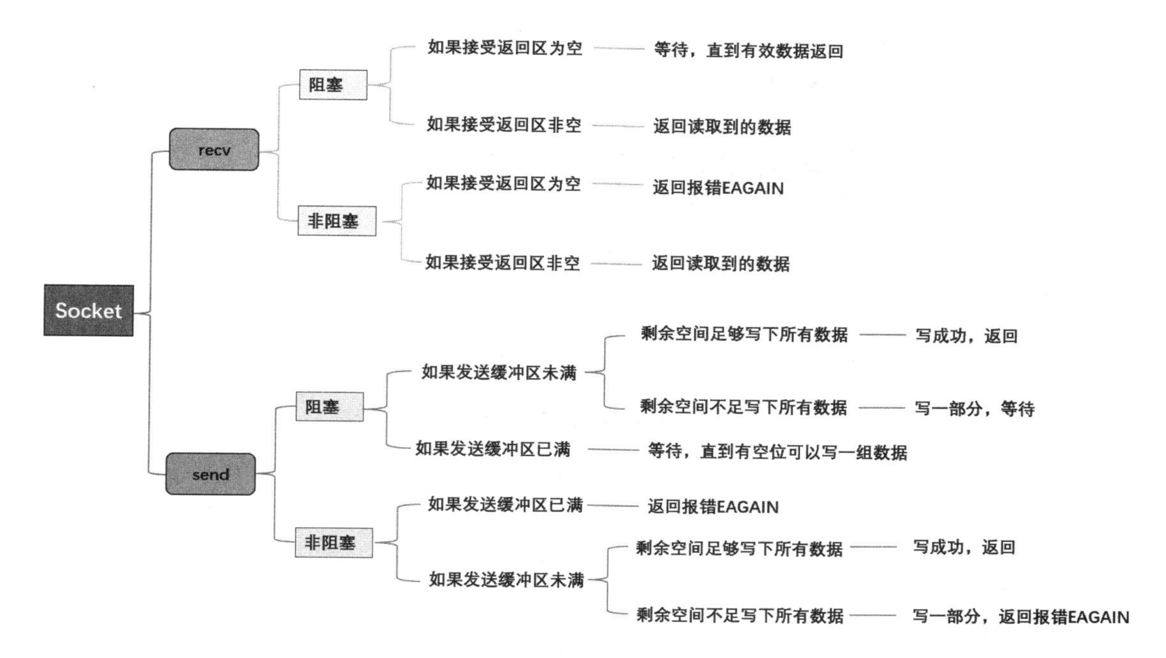

图 3－7　通信逻辑剖析图

机的某一个进程；一个端口号只能被一个进程占用。

3.2.2　Robot Studio 工作站解包

① 打开 Robot Studio 软件，在文件界面选择“共享”，单击“解包”，如图 3－8 所示。

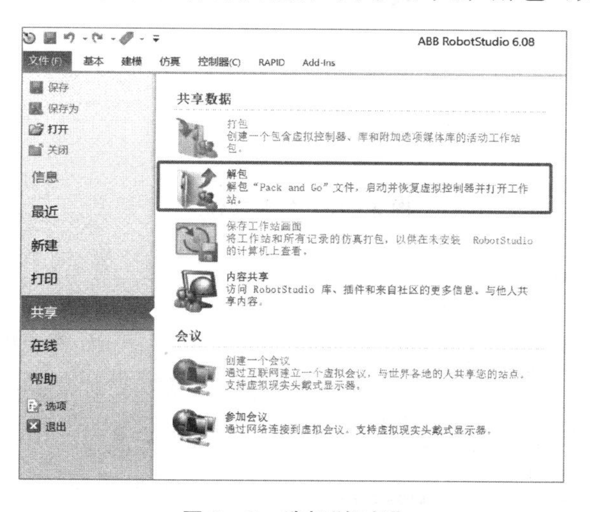

图 3－8　选择“解包”

② 选择“下一个”，如图 3－9 所示。

③ 单击“浏览...”，如图 3－10 所示。

④ 选择对应文件夹中所需的打包文件，如图 3－11 所示。

注：此图标表示为打包文件，可以进行解包。

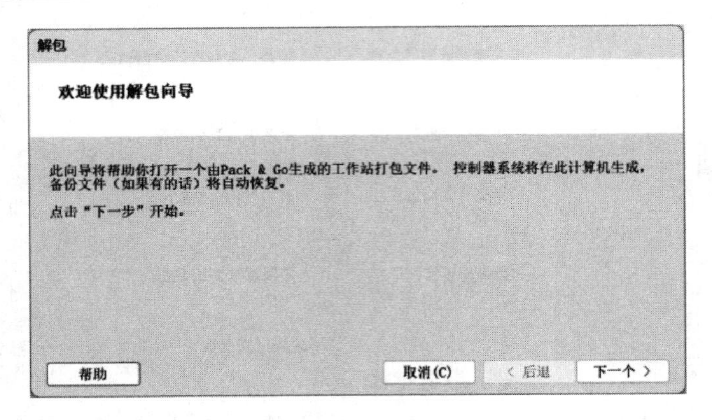

图 3-9　单击“下一个”

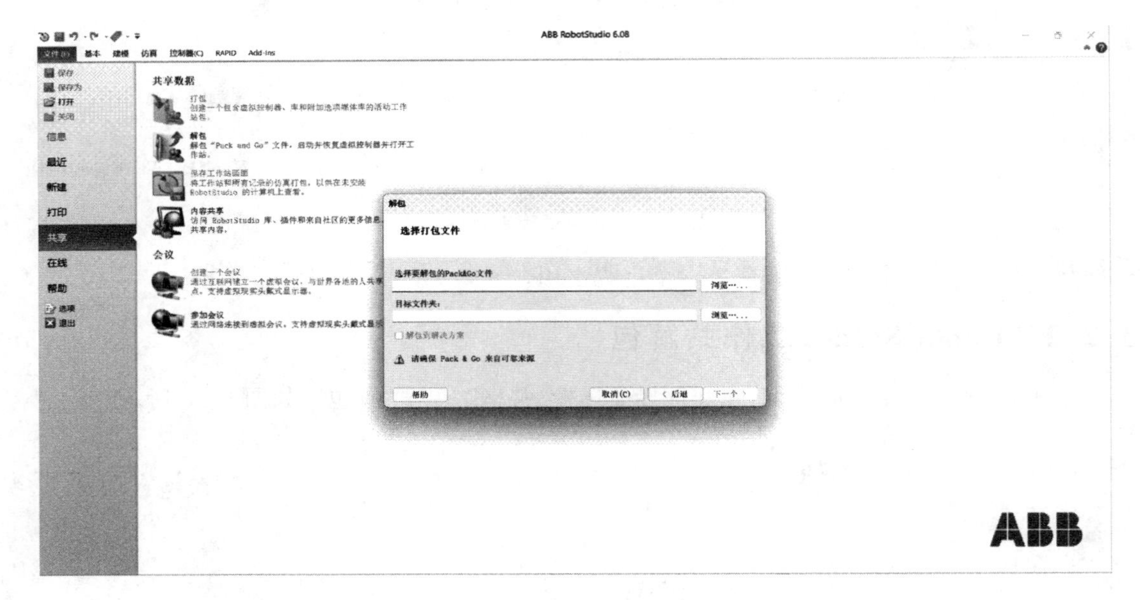

图 3-10　打开文件夹

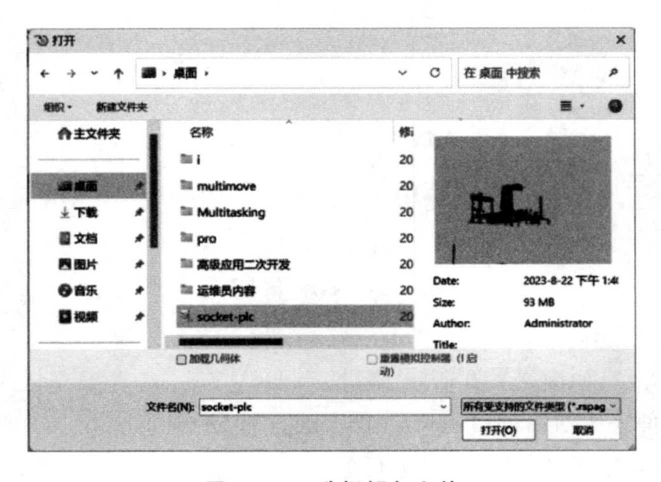

图 3-11　选择解包文件

⑤ 在目标文件夹单击“浏览...”，根据需求选择进行解包文件后的保存路径，如图3－12所示。

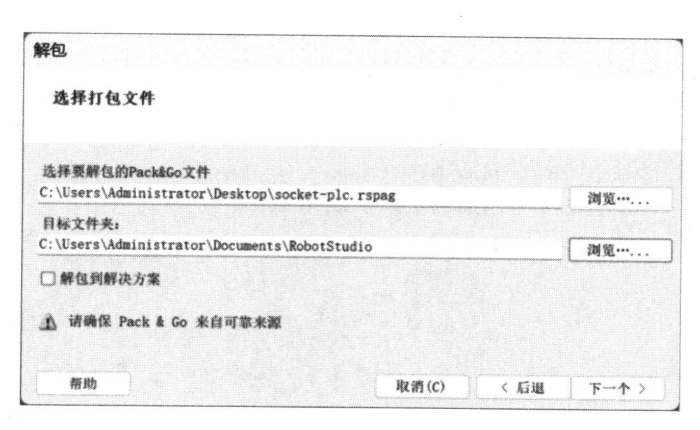

图3－12　选择解包路径

⑥ 路径更改成功后，单击“下一个”，如图3－13所示。

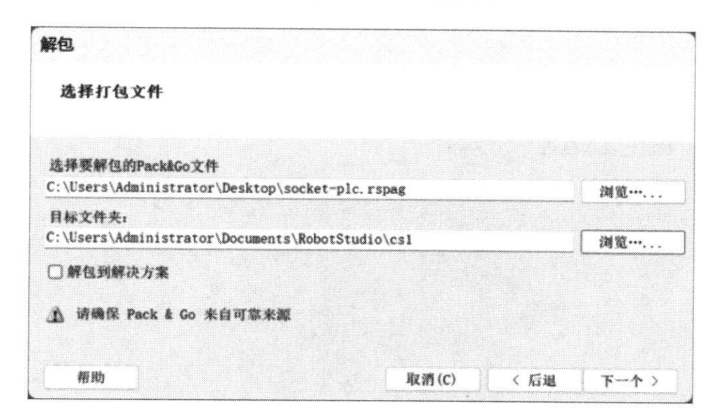

图3－13　单击“下一个”

⑦ 单击“下一个”，如图3－14所示。

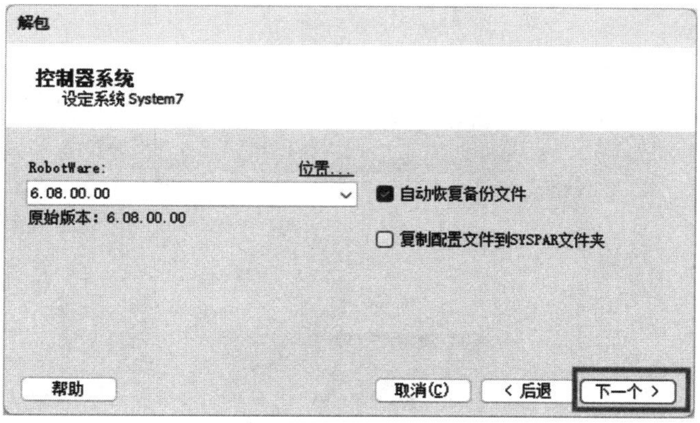

图3－14　单击“下一个”

⑧ 单击“完成”,如图 3－15 所示。

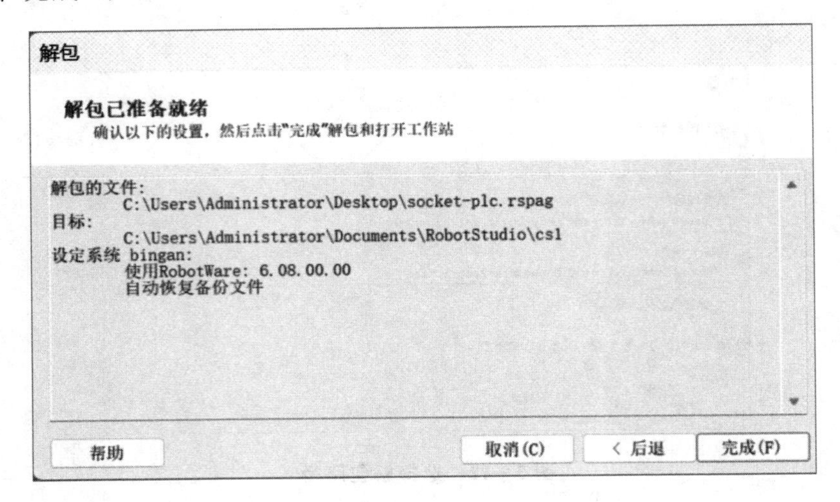

图 3－15　完成操作

⑨ 等待解包程序加载,如图 3－16 所示。

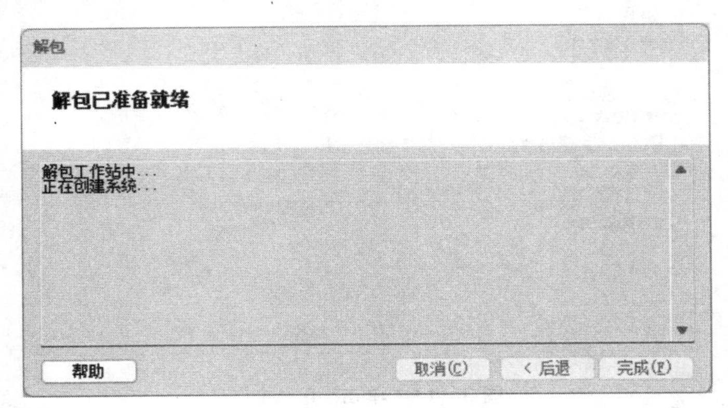

图 3－16　等待工作站加载

⑩ 解包完成,如图 3－17 所示。

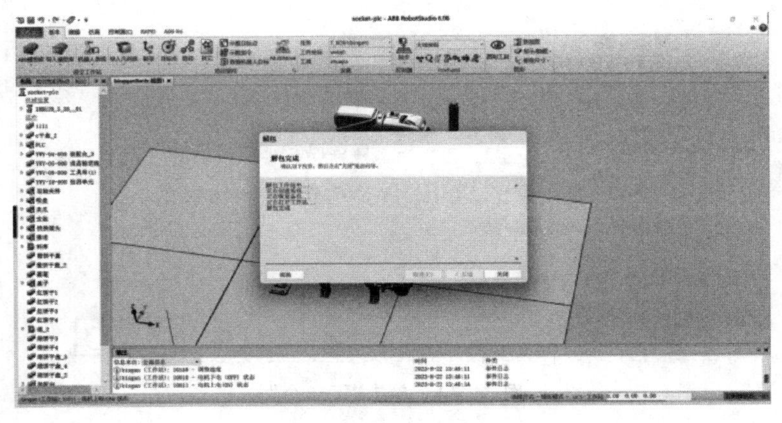

图 3－17　工作站解包完成

3.2.3　程序解读

(1) ABB机器人RAPID程序

Socket通信分两种模式，服务器和客户端。这里将机器人设置为客户端，PLC设置为服务器。要确保机器人勾选616-1 PC Interface选项。通过机器人的LAN3口进行连接到PLC的以太网接口。

创建Socket通信。

创建字符串变量str与数组变量rec{50}、send{50}，用于存放收发的字符串和数组。

SocketClose函数可以主动关闭Socket通信，其后有一个Socket通信名称作为参数。

SocketCreate函数可以开启Socket，同样后面有一个Socket通信名称作为参数；Socket-Connect函数会将已开启的Socket通信连接到指定的服务器及端口，使用此命令同时会将机器人直接设置为客户端模式，其后有两个参数，服务器IP为字符串形式，端口为无符号整数形式。

SocketSend是实现发送功能的函数，有一个参数，为通信名称，通信名称要附加类型data数据型或者str字符串型，发送的对象写在:=的右侧。

SocketReceive为接收函数，有一个参数，为通信名称，通信名称要附加类型data数据型或者str字符串型，接收的对象写在:=的右侧。

TPWrite具有一个参数，可以将对应的参数显示到示教器屏幕上。

SocketBind函数可以创建服务器，有IP和端口两个参数，若需要将机器人设置为服务器，可以用此函数。

SocketListen对SocketBind中的IP端口进行监视。

SocketBind Accept允许客户端的访问。

程序原文如下：

```
MODULE Module1
VAR socketdev Socket_Lmsa;! 定义 socket 连接方法
VAR string str;! 定义字符串变量
VAR byte rec{50};! 定义接受的数据存放在 rec 数组中
VAR byte send{50};! 定义发送数据的数组 send
        PROC outsend() ! 发送数据子程序
        SocketClose Socket_Lmsa;! 关闭套接字,防止通信错误,通信环境好的时候可以省略该步骤
        SocketCreate Socket_Lmsa;! 开启套接字
        SocketConnect Socket_Lmsa,"192.168.0.2",2000;! 连接到该 ip 端口的服务器
        SocketSend Socket_Lmsa\Data:= send;! 对服务器发送 send 中的数据
        ! SocketSend Socket_Lmsa\str:= str;! 对服务器发送字符串
        ! TPWrite str;! 在示教器屏幕上显示对应的字符串
    ENDPROC
    PROC intrec()! 接受数据子程序
        SocketClose Socket_Lmsa;! 关闭套接字,防止通信错误,通信环境好的时候可以省略该步骤
        SocketCreate Socket_Lmsa;! 开启套接字
        SocketConnect Socket_Lmsa,"192.168.0.2",2000;! 连接到该 ip 端口的服务器
        SocketReceive Socket_Lmsa\Data:= rec;! 等待服务器发出数据,然后进行接受,若服务器未
发送数据时候,程序会停留在此函数,持续等待,若服务器一直未发送数据,则会引起等待超时
```

```
        ! SocketReceive Socket_Lmsa\Str:= str;! 对服务器接受字符串
        ! TPWrite str;! 显示对应的字符串
    ENDPROC
        PROC main()! 主函数
        FOR i FROM 1 TO 50DO! i 从 1 循环到 50 并赋值给 send 数值
            send{i}:= i;
        ENDFOR
! 调用接收数据的子函数或者发送数据的子函数,按需要进行备注和去备注的操作
    intrec;! 执行接受函数
    ! outsend;! 执行发送函数
    ENDPROC
ENDMODULE
```

(2) PLC 程序解读

1) Socket 通信

① 发送数据:TSEND_C 模块是无协议通信模块,将其拖入程序中,右击属性,单击组态界面,单击连接参数,连接类型选择 TCP,组态模式设置为“使用程序块”,连接 id 设为 2,连接数据新建为 PLC_1_send_DB,单击对方为“主动建立连接”,这样可以将 PLC 设置为服务器(IP 地址为 PLC 的通信地址),最后将本地端口设置为 2000(与机器人端保持相同),如图 3-18 所示。

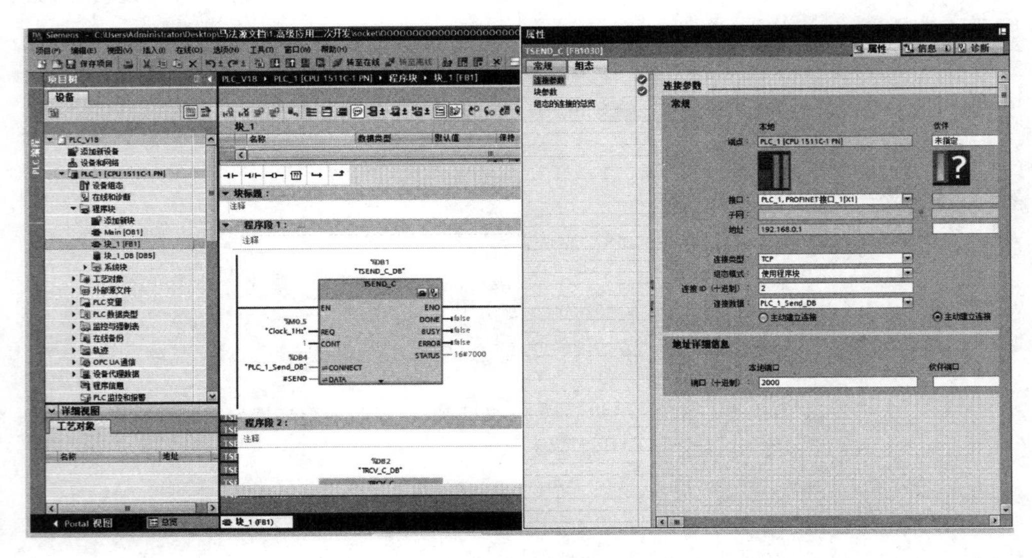

图 3-18　设置通信模块

② 单击块参数,将启动请求设置为 Clock_10Hz,连接状态设置为 1,保持通信连接,将指针设置为刚刚创建的 PLC_1_send_DB,在发送区域里设置发送数据的起始地址,以指针的形式(#send)设置到 send 数组,如图 3-19 所示。

2) 接收数据

① 将 TRCV_C 拉进程序,右击属性,单击“组态”→“连接参数”,连接类型选择 TCP,组态模式设置为“使用程序块”,连接 id 设为 2,连接数据新建为 PLC_1_Receive_DB,单击对方为

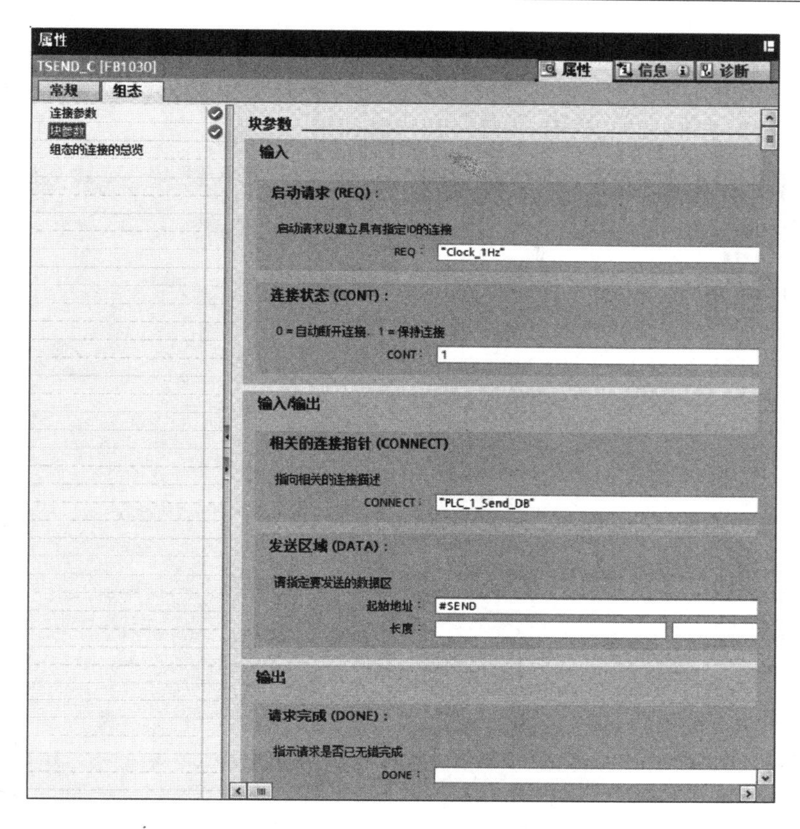

图3-19　设置块参数

“主动建立连接”，这样可以将PLC设置为服务器(IP地址为PLC的通信地址)，最后将本地端口设置为2000(与机器人端保持相同)，如图3-20所示。

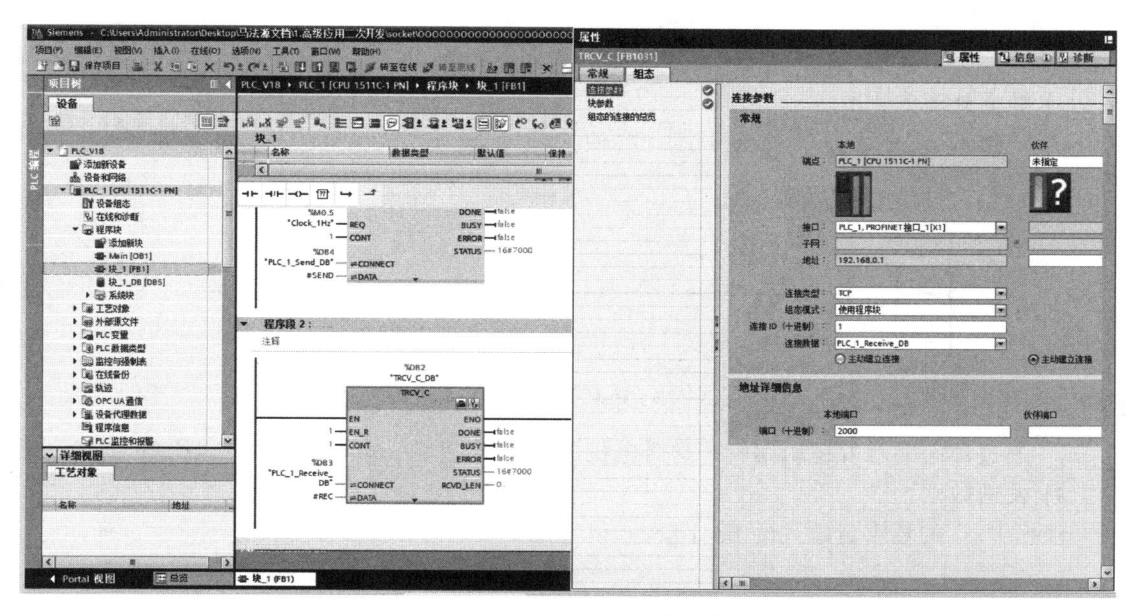

图3-20　设置使用程序块参数

② 单击块参数，将启用请求设置为 1，开启接收功能，将连接状态设置为 1，保持连接，将输入输出设置为刚刚创建的 PLC_1_Receive_DB，在接收区域里设置发送数据的起始地址，以指针的形式(#rec)设置到 rec 数组，如图 3-21 所示。

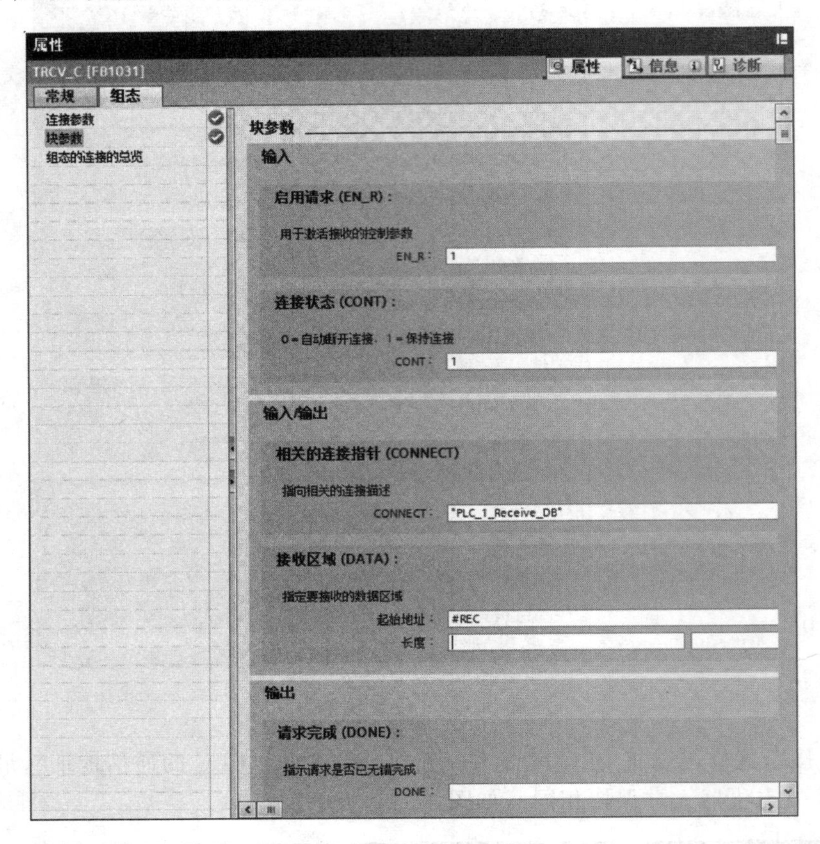

图 3-21　设置块参数

3) 数据处理

① 将接收到的数据转化为 bool 型，使用一个比较指令触发一个线圈即可实现，如图 3-22 所示。

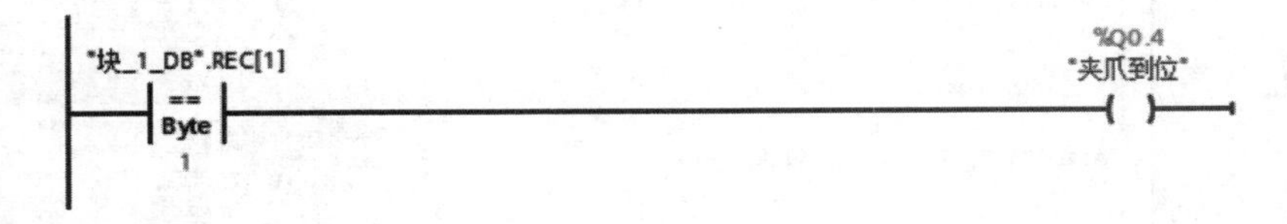

图 3-22　PLC 比较指令触发线圈

② 通过预定的触发逻辑编辑传送带电机的启动、停止和反转，如图 3-23 所示。

4) 发送数据

根据 PLC 的数字量输入的 bool 量，转化为将要发送的数组 byte 量，如图 3-24 所示。

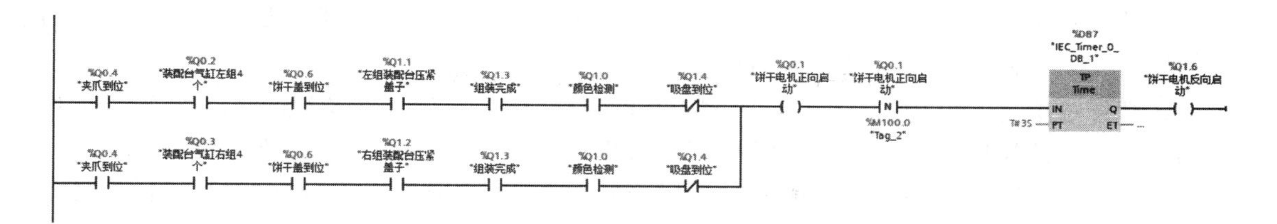

图 3－23　PLC 控制梯形图代码

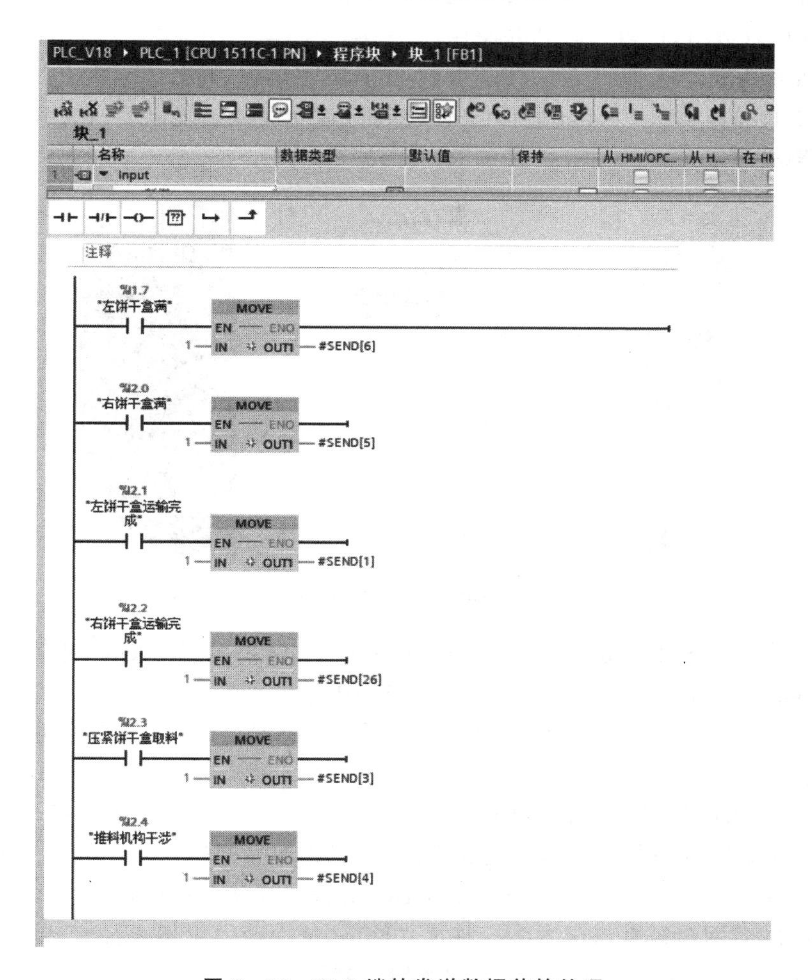

图 3－24　PLC 端的发送数据前的处理

3.2.4　掌握 Socket 通信方法

(1) Socket 通信方法设定

1) ABB 机器人 Socket 通信使用说明

建议运行环境如下。

操作系统：Windows 11、robotware6.08.00。

运行环境如下。

① 软件环境：安装.net 4.6 及其以上版本、RobotStudio 6.08 及其以上版本。机器人需要购买 616-1 PC Interface 功能并开启此选项。

② 硬件环境：CPU（因特尔、AMD）主频 2.2 GHz 或以上，内存 512 MB 或以上，额外的硬盘空间 128 G 或以上。机器人 ABB120 系列（可以开启 Socket 通信的机器人都可以）。

③ 机器人运行过程中可以通过 LAN3 网络接口与 PLC 网口连接，发送带有目标信息的数组，PLC 接到数组并储存。

④ PLC 在运行过程中也可以通过自己的网络接口与机器人 LAN3 网络接口连接通信，发送带有目标信息数组，机器人收到并储存。

a. 首先要确保机器人拥有 616-1PC_Interface 功能选项，并且已经启用 616-1PC_ Interface 选项，该选项是机器人 Socket 通信的充要条件（建立虚拟系统以后，在控制器选项卡中单击安装管理器，进行功能配置）。

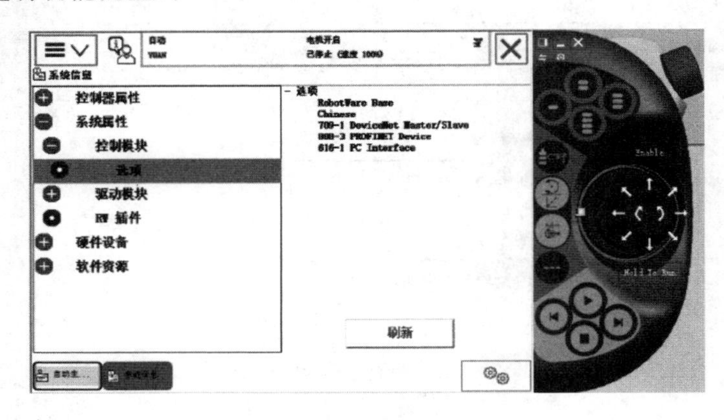

图 3-25 检查是否启用了 616-1 PC Interface

b. 按前文所述，添加完成 616-1 PC Interface 以后，需要配置 Socket 通信的信息，在控制面板中添加 Socket 通信 IP，让机器人可以使用该 IP 进行通信，相当于机器人的身份证，让其他设备可以识别到机器人。再通过编写程序，便可以控制通信建立数据收发以及通信开关。

⑤ 硬件连接。

a. ABB 机器人的控制器有很多网口，网口 X2（service）、X3（LAN1）和 X4（LAN2）属于 private network 专用网络段。根据配置的不同，X5（LAN3）网口也可能属于 private network 段的一部分。多个机器人控制器的 private network 段是无法互通数据的。

b. X5（LAN3）网口被默认配置为一种孤立网络，从而使得机器人控制器能够与外部网络相连，控制着若干个机器人控制器的可编程逻辑控制器（PLC）可以连接 X5（LAN3）网口，例如使用 PROFINET 通信，Socket 通信。

c. X6（wan）网口属于 private network（专用网络段），以便于机器人控制器连接外部监控网络（工厂原本网络）。

d. private network 段通常用于连接一台正在运行 RobotStudio 6.08 的 PC，使用 ftp 客户端；挂载控制器的 ftp 或 nfs 磁盘，运行基于以太网的现场总线。

e. X9（axc）网口始终与轴计算机的数据相连。如果使用了 multimove，axc 就会与连接所有轴计算机的某台交换机相连。

f. 根据官方给出的手册 ABB 机器人的 LAN3、WAN 口都可以作为 Socket 通信的接口。

其二者的功能区别在于：LAN 口是自由端口，既可以作服务器“server”，也可以作客户端“client”，这里用到的是 LAN 端口（第 2 章通信应用部分有详细的介绍说明）。

⑥ ABB 机器人与 PC 的连接：机器人控制器上电运行，取出一根双头（rj45）网线，一端连接机器人控制器的 X2 端口（见图 3-26），另一端连接 PC 端以太网口（见图 3-27）。当 X2 端口一直连不上 PC 时候可以切换 X3 端口再切换回来进行尝试，注意 X3 端口是示教器专用端口。另外需要将报错的提醒页面关闭，确保此时示教器没有报错提示，如图 3-28 所示。最后将控制器上的自动\手动的挡位拨到手动挡位上。

图 3-26　连接 X2 端口

图 3-27　连接 PC 端以太网接口

⑦ 机器人与 PLC 连接。

a. 当修改好了控制器的设置与程序之后，机器人就可以进行 Socket 通信了，这时需要将机器人通过交换机连接到 PLC 上。如图 3-29 所示，将控制器上的网线从 X2 口换到 X5 口（X5 为 LAN3），将 PC 端的网线拔出，插在交换机接口上（这里提前将 PLC 的网口连接到了交换机上，将机器人的网线接到交换机上即可实现二者连接），如图 3-30 所示。

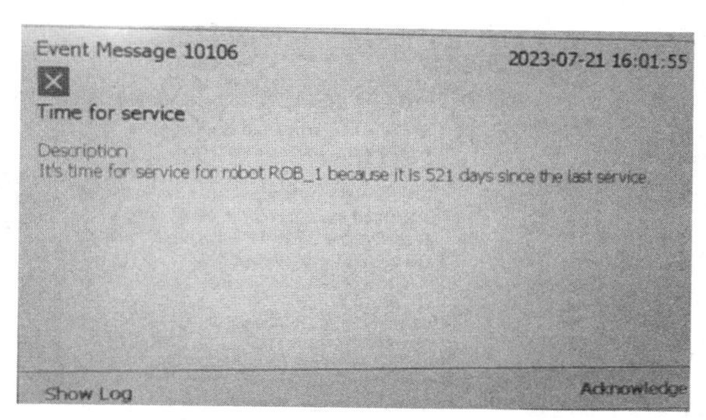

图 3-28　关闭报错界面

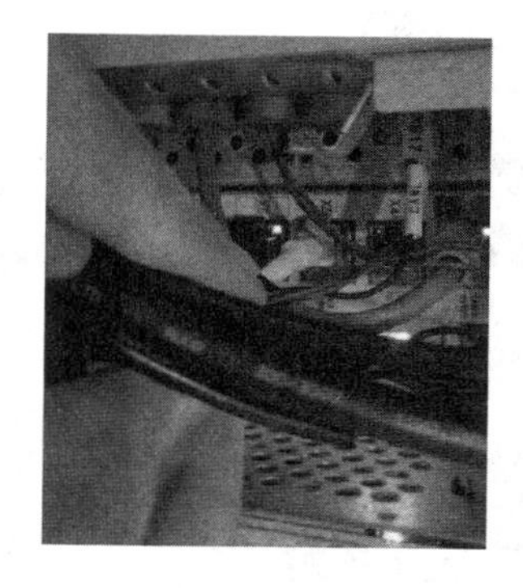

图 3-29　x2 端口转至 x5 端口

b. ABB（示教器）端操作：当一台新的机器人或者机器人被初始化后，建议先更改语言，方便之后的操作。

a. 调整语言：单击左上角菜单→control panel，双击 Language，选择 Chinese 单击 ok→

yes,如图 3－31～图 3－35 所示。

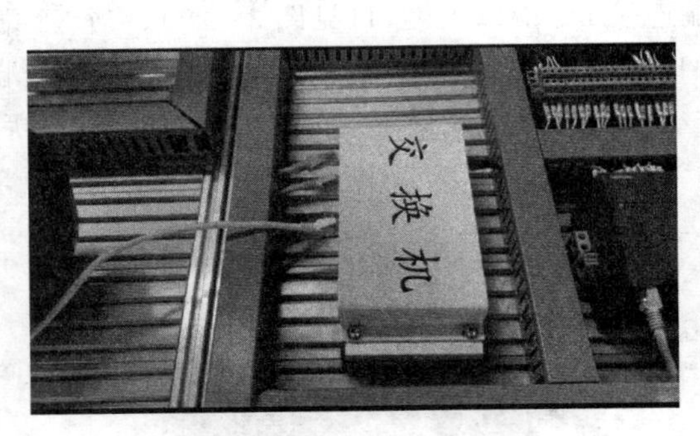

图 3－30　PC 端以太网接口转至交换机接口

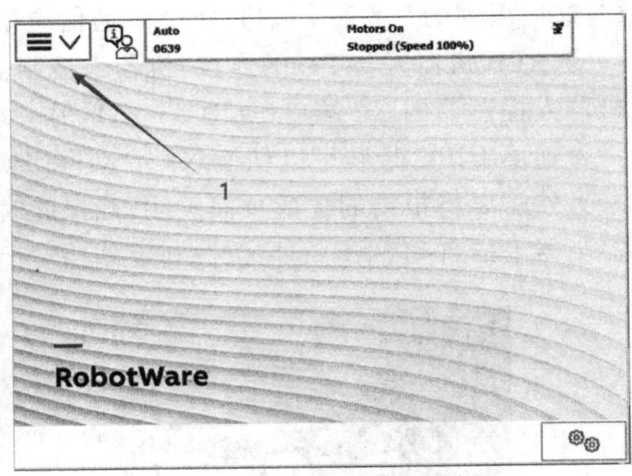

图 3－31　选择主菜单

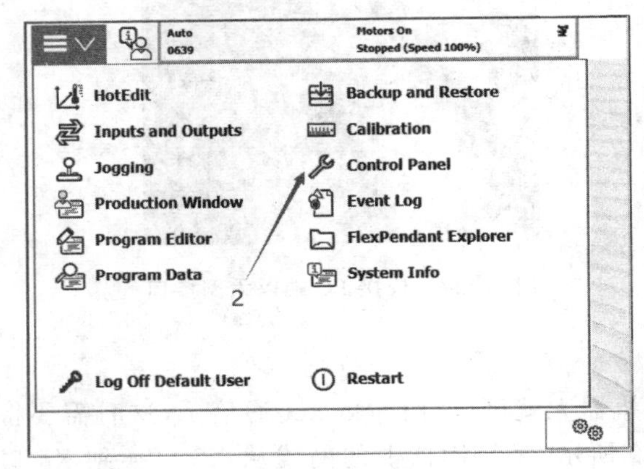

图 3－32　选择 control panel

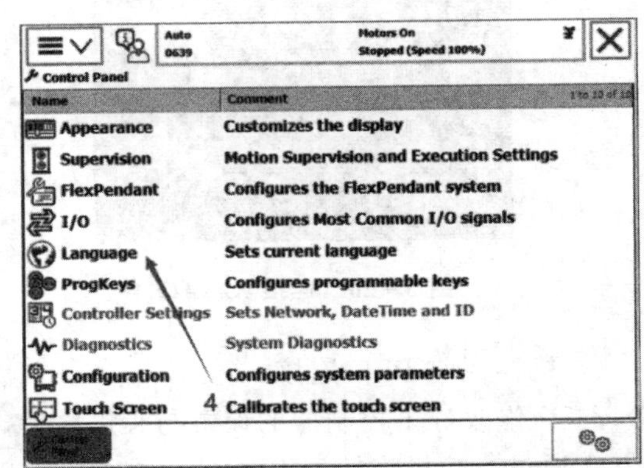

图 3－33　双击 Language

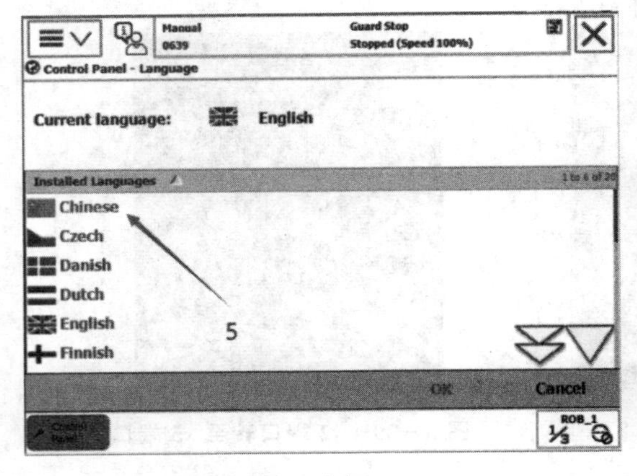

图 3－34　选择 Chinese

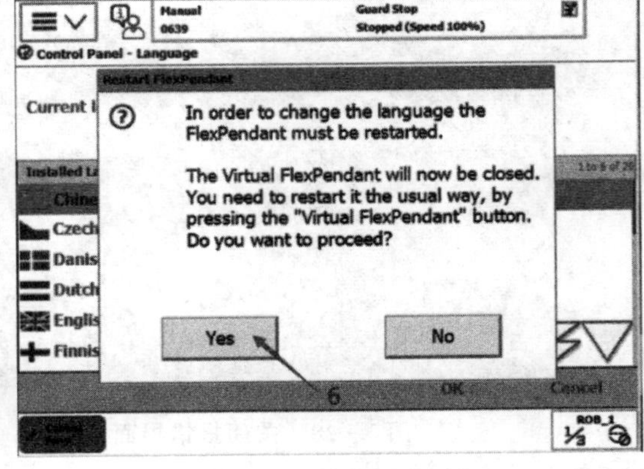

图 3－35　单击 Yes

b. 建立通信 IP,机器人便是通过这个 IP 进行通信的。单击左上角菜单→“控制面板”→“配置”→“主题”→“communication”→“IP Setting”→“添加”,配置参数后单击→“确定”→“是”。

c. 配置参数：由于整个通信系统的网段是在 192.168.0.xxx 下的，因此只能改变 xxx 的值，这里选择 3，意味着将机器人的通信 IP 设定为 192.168.0.3（机器人为 192.168.0.2），网关不需要更改，保持默认的 255.255.255.0 即可；接口选择 LAN3（WAN 口也可以作为 Socket 通信，后文中会用到 WAN 口与欧姆龙视觉进行 Socket 通信），如图 3－36～图 3－43 所示。

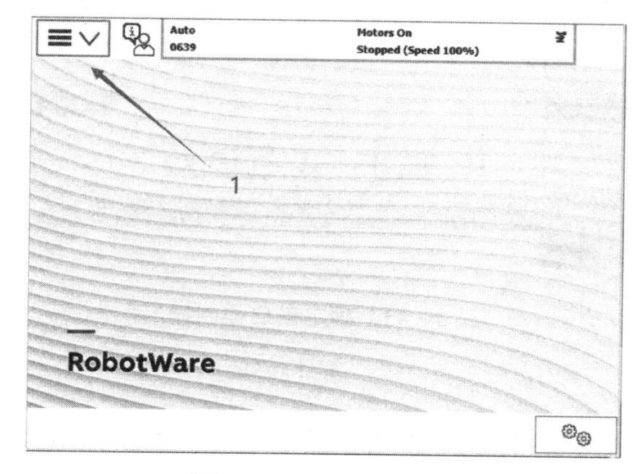

图 3－36　单击主菜单

图 3－37　选择 control panel

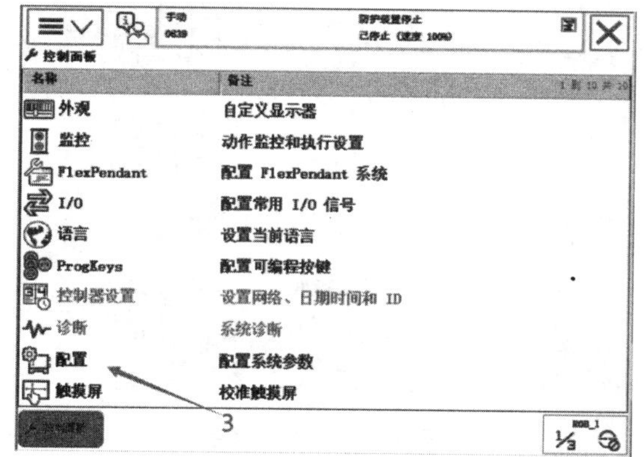

图 3－38　双击配置

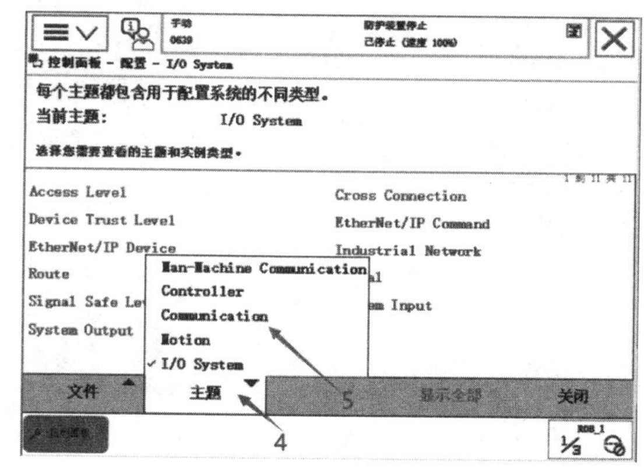

图 3－39　选择 communication 主题

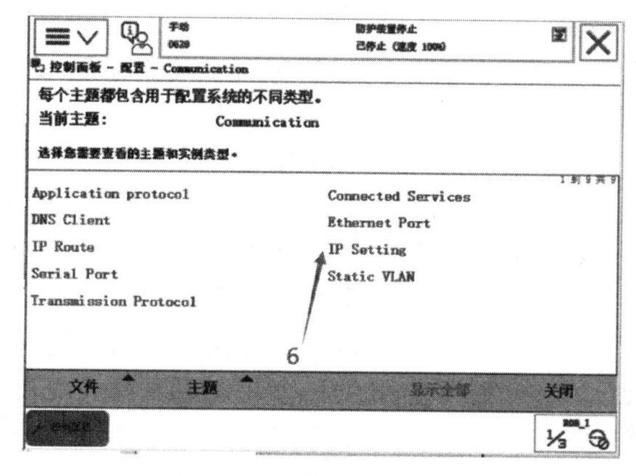

图 3－40　选择 IP Setting

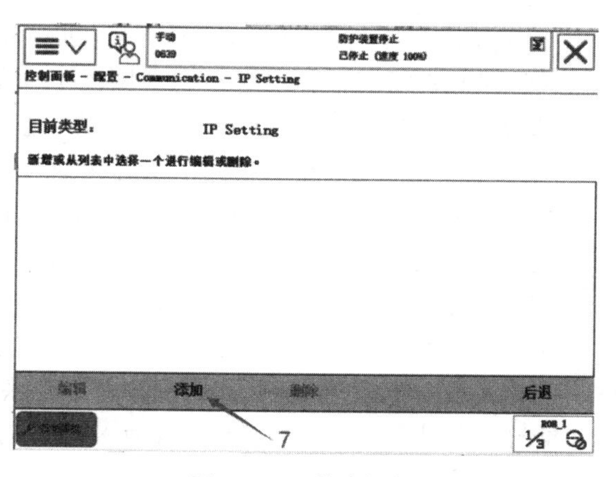

图 3－41　单击添加

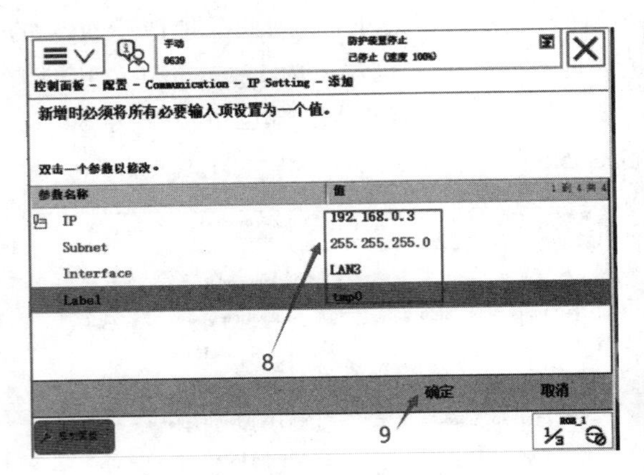

图 3-42 修改参数值

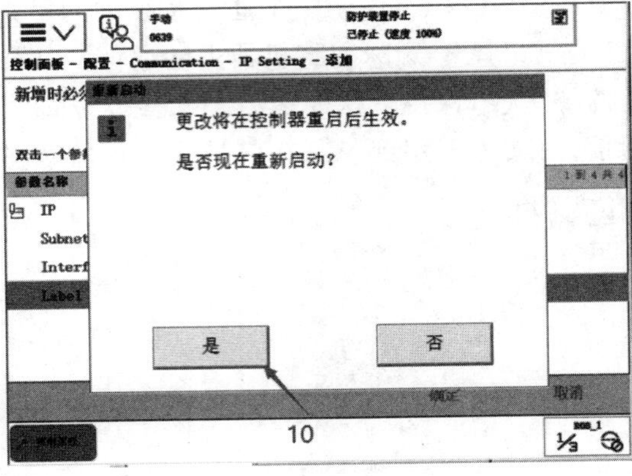

图 3-43 确定重启控制器

d. 建立程序：

新的 rapid 默认没有程序，也就没办法在 PC 上编辑程序，因此在这里需要先在示教器上建立程序。单击左上角菜单“程序编辑器”→“新建”，如图 3-44、图 3-45 所示。

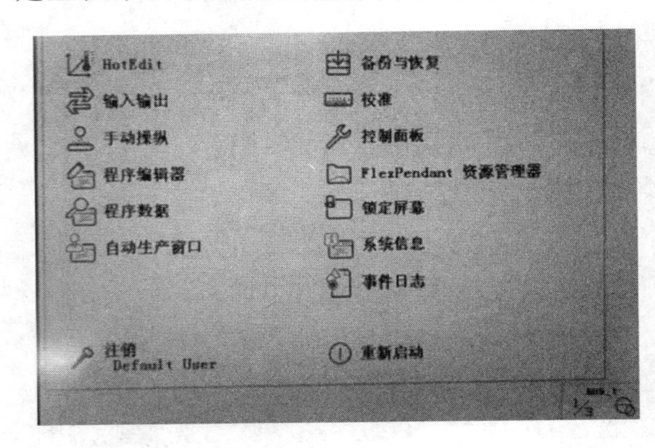

图 3-44 单击程序编辑器

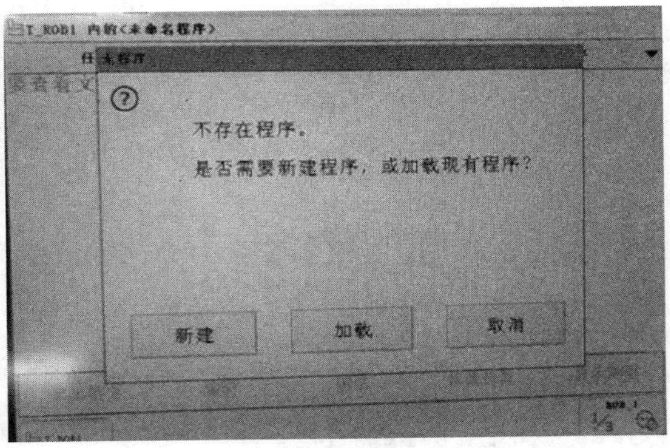

图 3-45 新建程序

⑧ PC 端操作。

a. 接口 IP 更改：由于是通过网线将机器人控制器与 PC 端连接到一起的，通过网络来交换数据，因此也需要保证二者在同一网段下才能正常通信（注意，这里是机器人控制器的 IP，与控制器内部配置的 Socket 通信 IP 无关），配置电脑端 IP 的流程为：

如图 3-46 所示，在网络共享中心找到当前未识别的以太网（具体名字可能不同），右击选择“属性”（见图 3-47），在属性界面选择 Internet 协议版本 4（TCP/IPv4），如图 3-48 所示，配置参数：机器人的 X2 口 IP 默认在 192.168.125.xxx，因此需要将电脑 IP 改到该网段下才能保证 PC 与机器人正常连接，这里将 IP 设置为 192.168.125.20，如图 3-49 所示。

b. 连接机器人控制器：如图 3-50 所示，打开 RobotStudio 软件，在主界面左侧功能列表中单击“在线”，然后单击“一键连接”，即可连接到机器人（见图 3-51）。如果提示未找到控制器，请检查网线是否损坏，或者是否为 X2 口连接 PC（这一步尽量避免使用交换机）。

图 3-46 设置电脑 IP

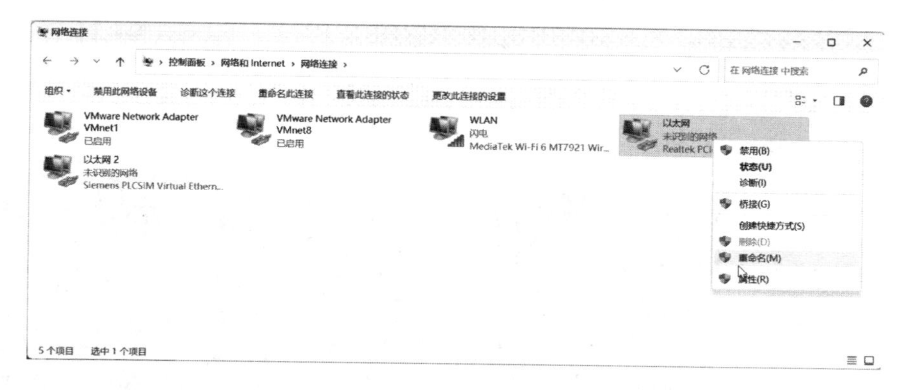

图 3-47 选择属性

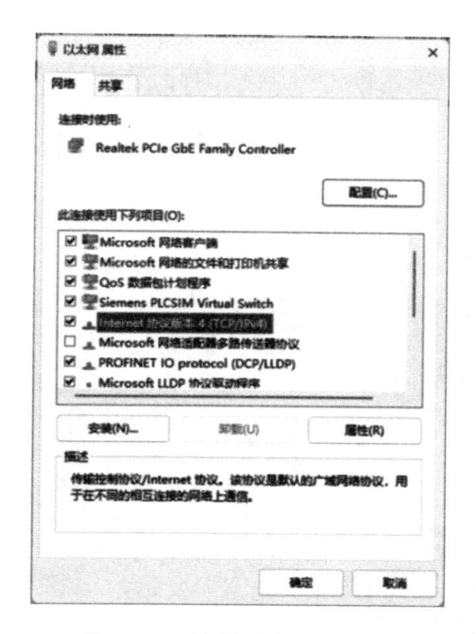

图 3-48 选择对应 TCP/IPv4

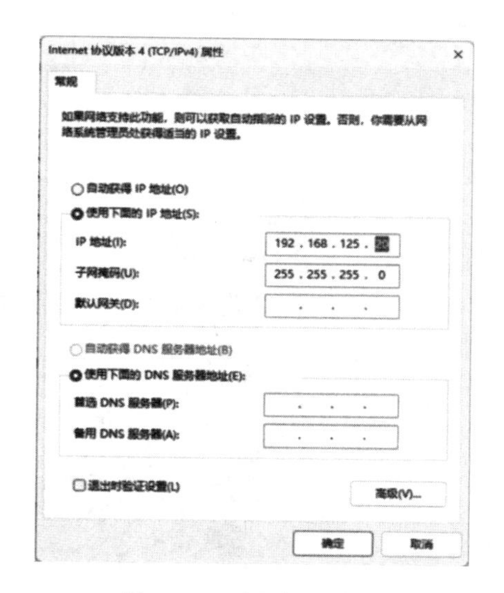

图 3-49 更改 IP 地址

c. 权限请求：机器人的示教器为最高权限，PC 端默认是没有编写程序权限的，这时需要向机器人端请求写权限(见到图 3-52)。单击控制器选项卡，展开 rapid，单击“请求写权限”，这时在示教器上会弹出请求框(是否允许 PC 控制?)。选择“同意”后，就可以在 PC 端的 rapid

图 3-50　选择一键连接控制器

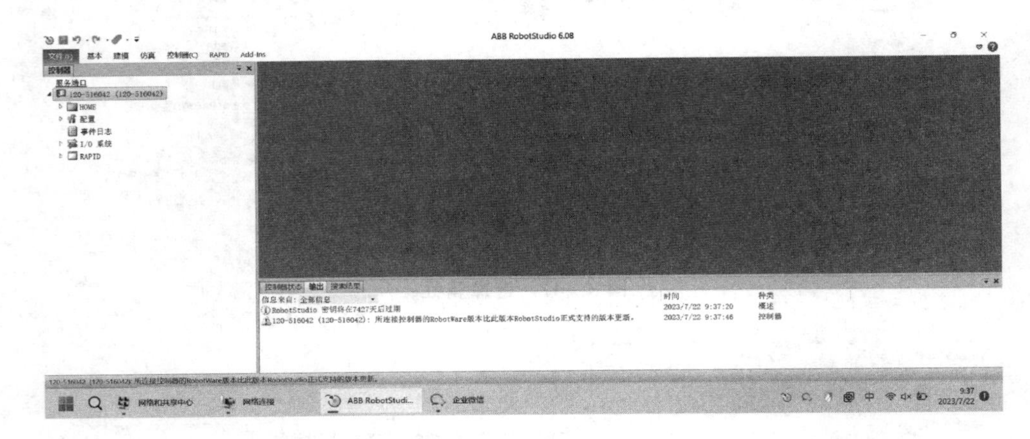

图 3-51　连接成功

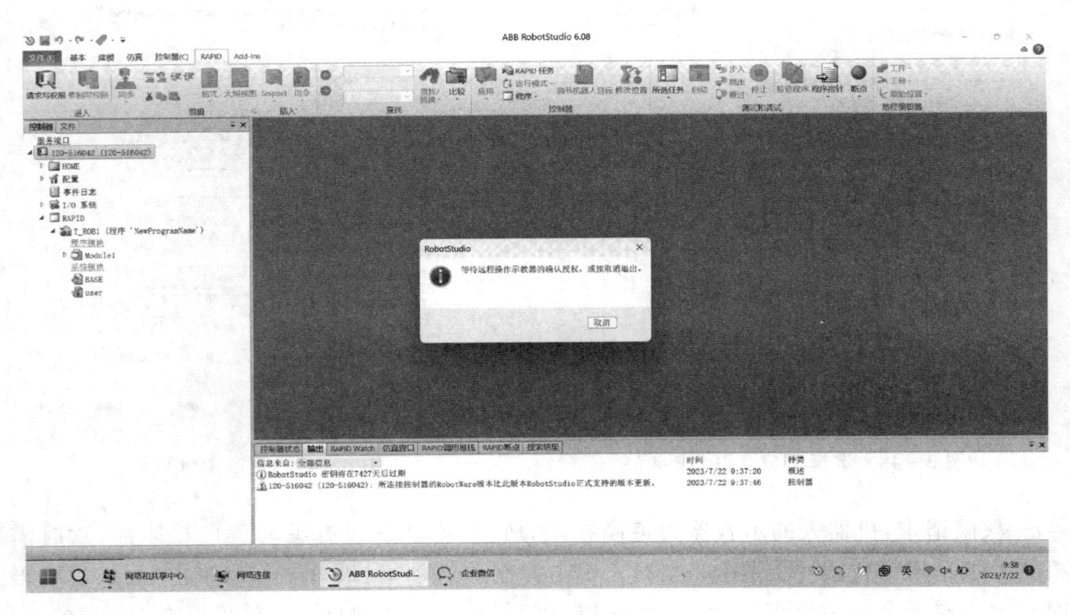

图 3-52　权限申请

里编写程序了(见图 3-53)，编写完成后单击“收回写权限”，程序被成功编写到机器人控制器中，如图 3-54 所示。

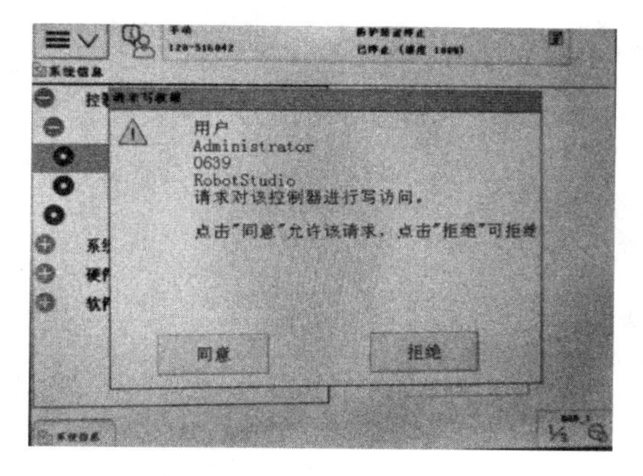

图 3-53　请求权限

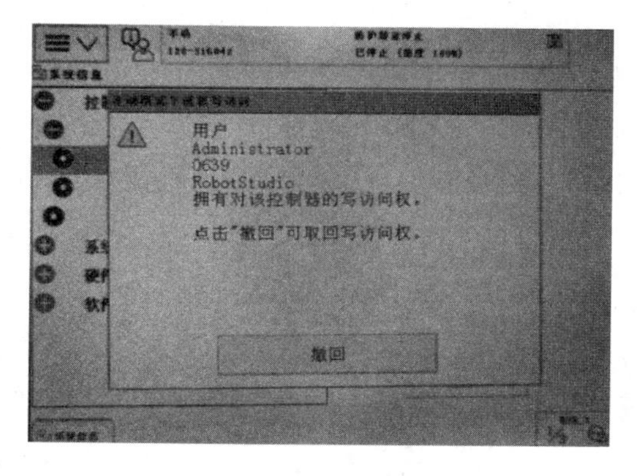

图 3-54　同意权限

d. 程序写入与运行。

① 将机器人与 PC 连接后，通过在线连接成功找到目标机器人，并在此编辑 Socket 通信程序，完成后单击“应用”，如图 3-55 所示。

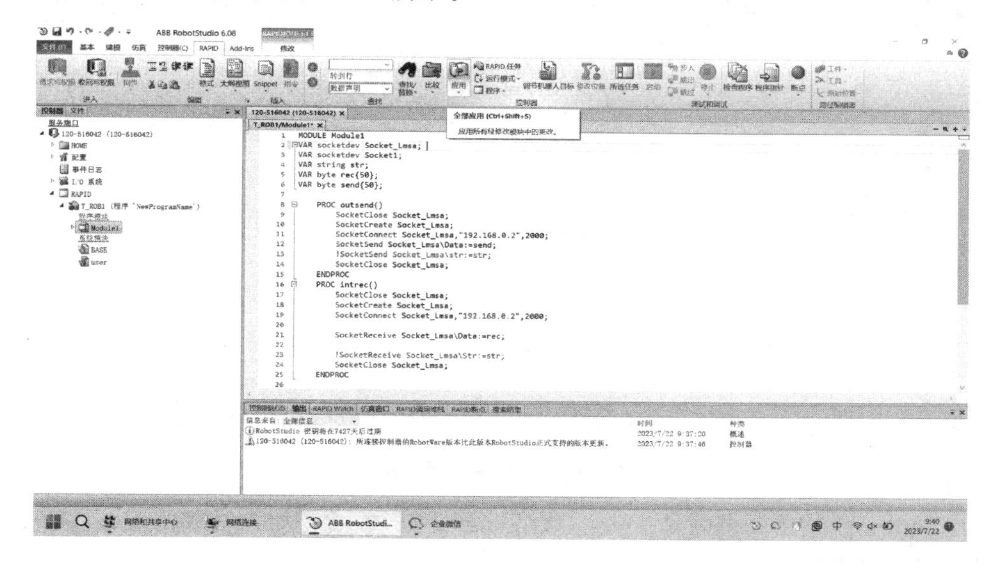

图 3-55　应用程序

② 单击“是(Y)”按钮，如图 3-56 所示。

③ 将机器人的 LAN3 接口接入交换机(西门子 PLC 编好程序并运行，同时把需要连接到该交换机)，如图 3-57 所示。

④ 运行程序前先检查程序，如图 3-58 所示。

⑤ 注意程序内的请求 IP：192.168.0.2 与端口 200，是否与 PLC 设置的端口一致，收发字符串是否是数组，检查当前 main 中是收还是发子程序，如图 3-59 所示。

⑥ 检查完成机器人程序后单击“调试”→“PP 移至 main”。此时运行 PLC 程序(服务器端需要先启动)，如图 3-60 所示。

```
MODULE Module1
VAR socketdev Socket_Lmsa;
VAR socketdev Socket1;
VAR string str;
VAR byte rec{50};
VAR byte send{50};

    PROC outsend()
        SocketClos
        SocketCrea
        SocketConn
        SocketSend
        !SocketSen
        SocketClos
    ENDPROC
    PROC intrec()
        SocketClose Socket_Lmsa;
        SocketCreate Socket_Lmsa;
        SocketConnect Socket_Lmsa,"192.168.0.2",2000;

        SocketReceive Socket_Lmsa\Data:=rec;

        !SocketReceive Socket_Lmsa\Str:=str;
        SocketClose Socket_Lmsa;
    ENDPROC
```

ABB RobotStudio

是否确认所作修改?

是(Y)　否(N)

图 3-56　确定程序修改

```
MODULE Module1
VAR socketdev Socket_Lmsa;
VAR socketdev Socket1;
VAR string str;
VAR byte rec{50};
VAR byte send{50};

    PROC outsend()
        SocketClose Socket_Lmsa;
        SocketCreate Socket_Lmsa;
        SocketConnect Socket_Lmsa,"192.168.0.2",2000;
        SocketSend Socket_Lmsa\Data:=send;
        !SocketSend Socket_Lmsa\str:=str;
        SocketClose Socket_Lmsa;
    ENDPROC
    PROC intrec()
        SocketClose Socket_Lmsa;
        SocketCreate Socket_Lmsa;
        SocketConnect Socket_Lmsa,"192.168.0.2",2000;

        SocketReceive Socket_Lmsa\Data:=rec;

        !SocketReceive Socket_Lmsa\Str:=str;
        SocketClose Socket_Lmsa;
    ENDPROC
```

已检查：120-516042/RAPID/T_ROB1：无错误。

120-516042 (120-516042)：10002 - 程序指针已经复位

120-516042 (120-516042)：10063 - 已编辑模块

检查程序已启动：120-516042/RAPID/T_ROB1

已检查：120-516042/RAPID/T_ROB1：无错误。

120-516042 (120-516042)：10063 - 已编辑模块

图 3-57　程序应用完成

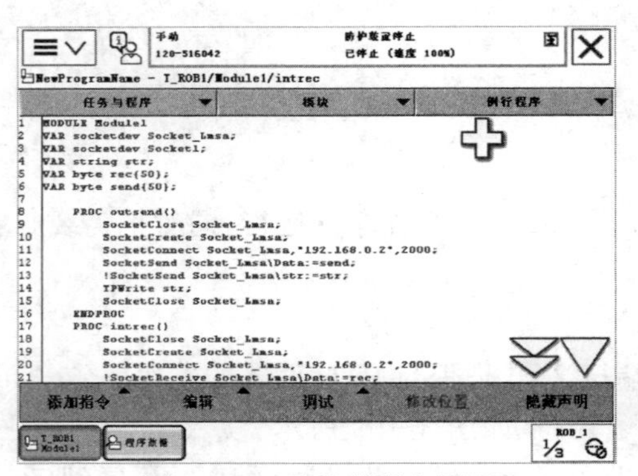

图 3-58　示教器程序界面

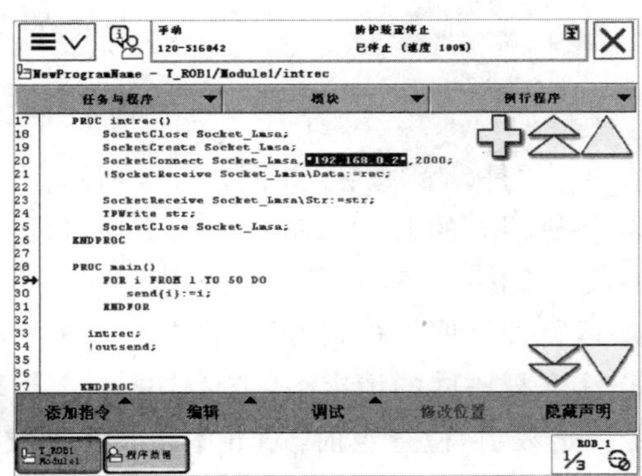

图 3-59　确认 IP

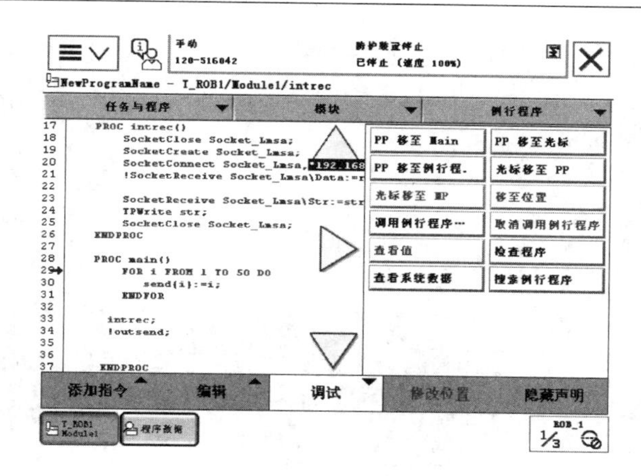

图 3－60　单击调试

⑦ 待 PLC 程序启动后，单击示教器上的“是”，如图 3－61 所示。

⑧ 等待通信结果，如图 3－62 所示。

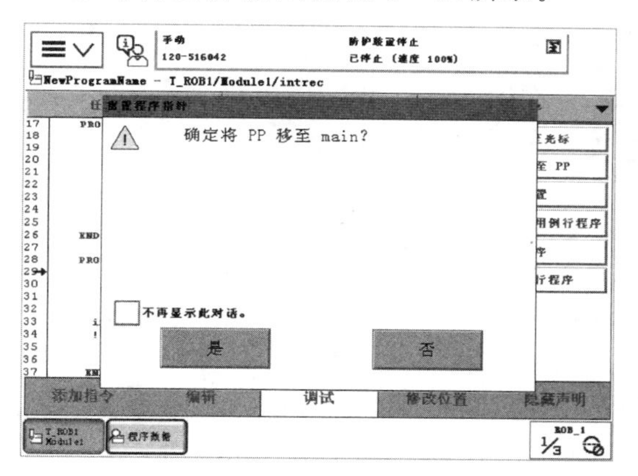

图 3－61　确定移动 PP 至 main

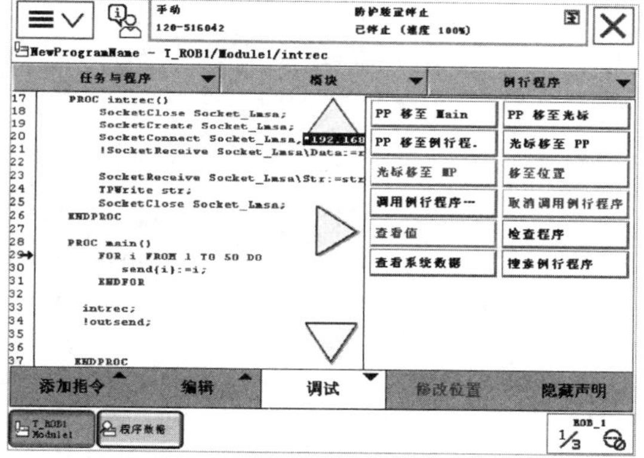

图 3－62　移动完成

e. 结果展示：在 PLC 端监视数组里的数值，在线更改发送的数组数值（机器人端备注发程序，执行收程序），这样当机器人运行程序时候就可以读取到 PLC 发送的数据了（反之，当机器人端备注掉收程序，运行发程序时候，就可以直接运行机器人程序，然后在 PLC 端即可查看 PLC 接收到的数据）。同时可见，数据在机器人端是以 10 进制显示，而 PLC 端是 16 进制显示。如图 3－63～图 3－65 所示。

2）西门子 PLC_Socket 通信说明

西门子 1212C 以服务器身份通信，机器人以客户端身份加入服务器进行通信。双方都可以完成收发信息的功能。

① 机器人与 1212C 建立 Socket 通信，机器人为客户端，1212C 为服务器。

② 机器人发出数组，PLC 接收到数据并储存在数据块中。

③ PLC 将数组发送给机器人，机器人收到数据后储存在变量中。此前已经配置好机器人端的通信，并且将通信程序准备好了，现在机器人的 LAN3 接口也已经接到交换机上，然后取出另一根网线，将电脑与交换机上的网口相连接，再取出网线，将 PLC 的以太网口都接到交换机的以太网口。

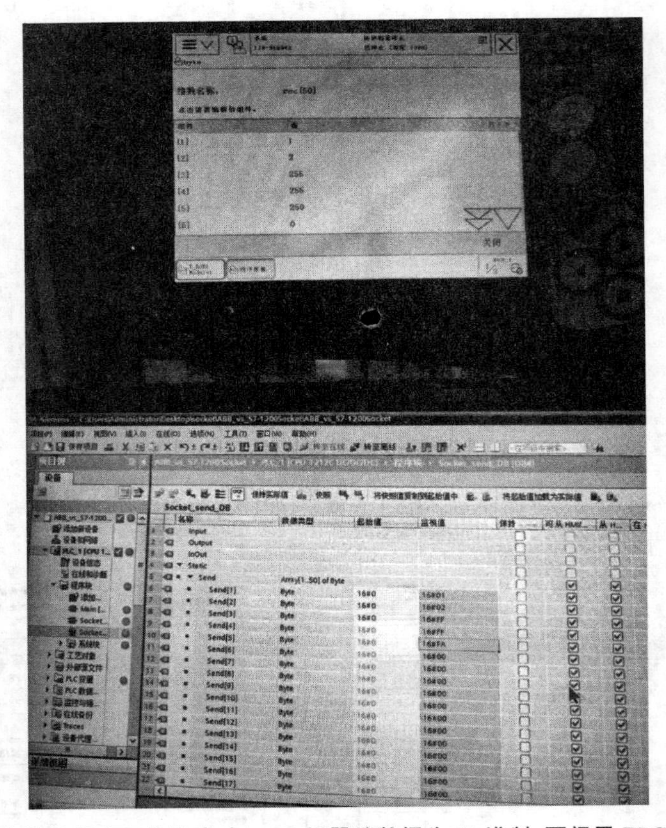

图 3-63　两者的数据交互传输成功(ABB 机器端数据为 10 进制,西门子 PLC 端为 16 进制)

byte

维数名称：　send{50}

点击需要编辑的组件。

组件	值
{1}	1
{2}	2
{3}	3
{4}	4
{5}	5
{6}	6

关闭

图 3-64　ABB 机器人数据(10 进制)

socket ▸ PLC_1 [CPU 1511C-1 PN] ▸ 程序块 ▸ 块_1_DB [DB5]

保持实际值　快照　将快照值复制到起始值中　将起始值加载为实际值

块_1_DB

	名称	数据类型	起始值
1	Input		
2	Output		
3	InOut		
4	Static		
5	REC	Array[1..50] of Byte	
6	REC[1]	Byte	16#0
7	REC[2]	Byte	16#1
8	REC[3]	Byte	16#2
9	REC[4]	Byte	16#3
10	REC[5]	Byte	16#A
11	REC[6]	Byte	16#B
12	REC[7]	Byte	16#C
13	REC[8]	Byte	16#D
14	REC[9]	Byte	16#0

图 3-65　西门子在 PLC 数据(16 进制)

④ PC 端操作：PC 端要和 PLC 通信，也是通过网线连接，因此还是需要更改网口对应的 IP，只有在同一网段下面才可以让 PC 与 PLC 进行通信，程序的下载也需要以此为前提。

a. 打开网络连接，找到对应的以太网接口，如图 3－66 所示。

图 3－66　选择对应的以太网接口

b. 鼠标右键单击属性，单击 IPv4 项，如图 3－67 所示。

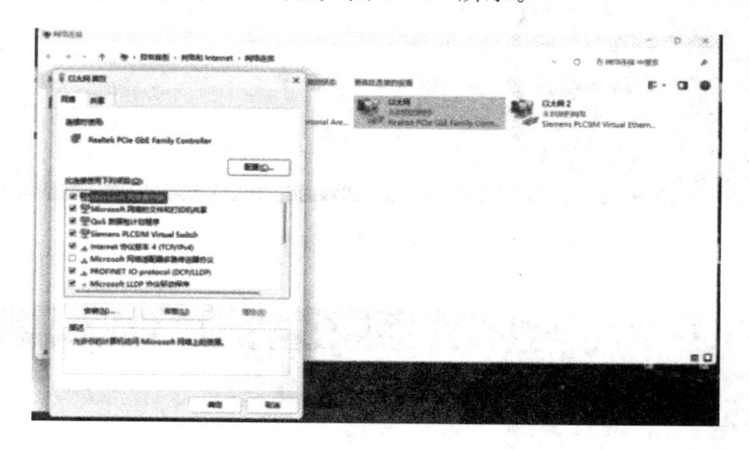

图 3－67　选择 IPv4

c. 更改 IP 到 192.168.0.x 网段下面，其中 x 不与其他网址重复即可，如图 3－68 所示。

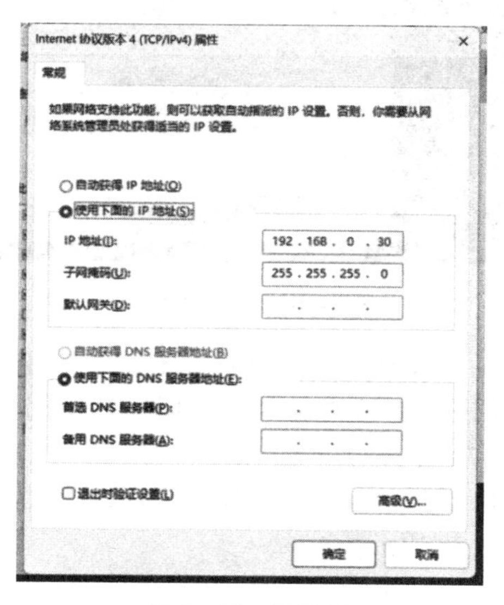

图 3－68　设置 IP

在博途中使用图形化的编程方法，可以直观、快速地做出 Socket 通信的功能。这里从创建一个新项目开始配置通信，不考虑其他功能。

双击 TIA Portal 图标打开软件；从开始菜单中选择“创建新项目”，PLC 型号选择 1212C，版本 4.2，如图 3-69、3-70、3-71 所示。更改 PLC IP，开启系统时钟脉冲。

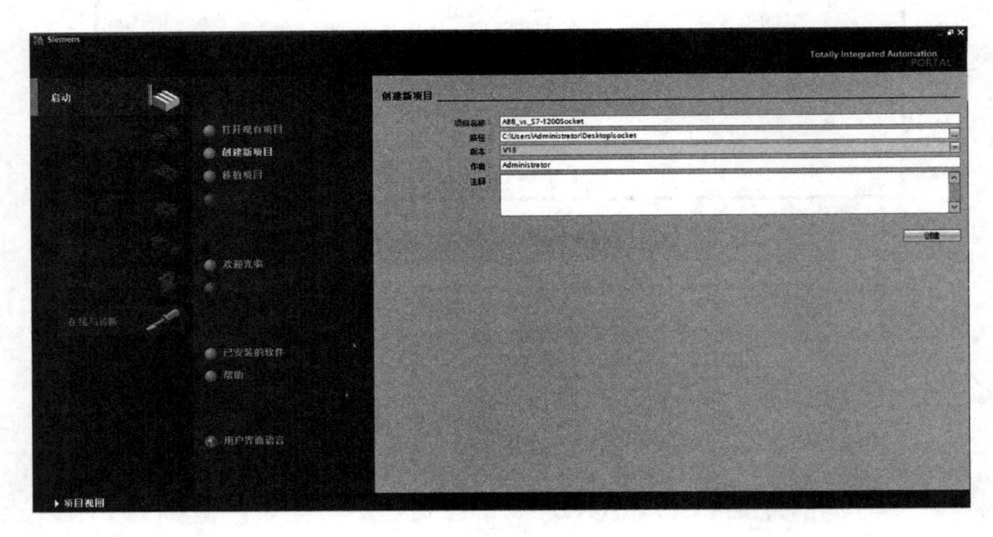

图 3-69　创建程序

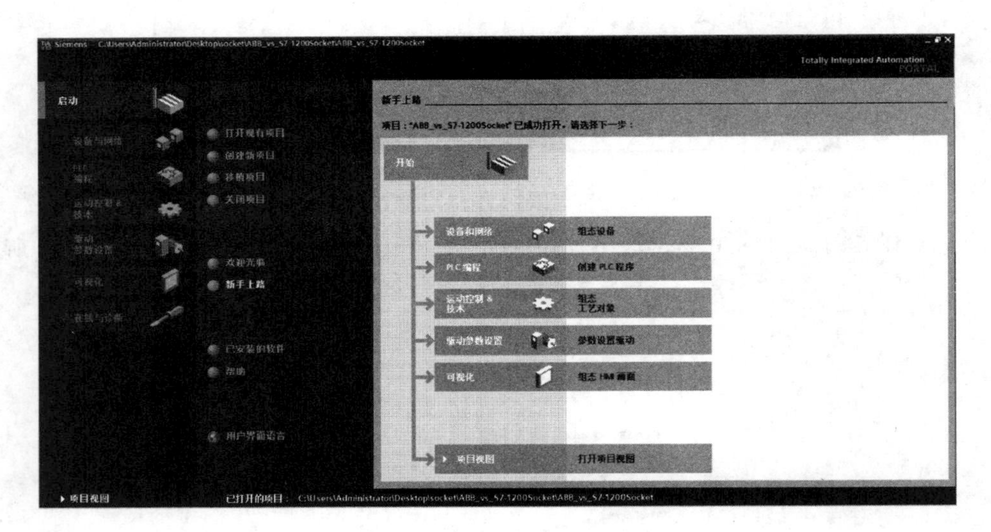

图 3-70　打开新程序

建立 DB 数据块(见图 3-73)，创建 2 个数组(见图 3-74)用于存放收发的数组信息，注意机器人的数组起始位为 1，而 PLC 起始位为 0，因此同样是 50 个数，PLC 的范围要写成 0-49 或者 1-50，如图 3-72、图 3-73 所示。

在左侧设备列表右击 PLC，选择“属性”，在属性界面的“系统和时钟存储器”选项中启用系统时钟，如图 3-74～图 3-76 所示。

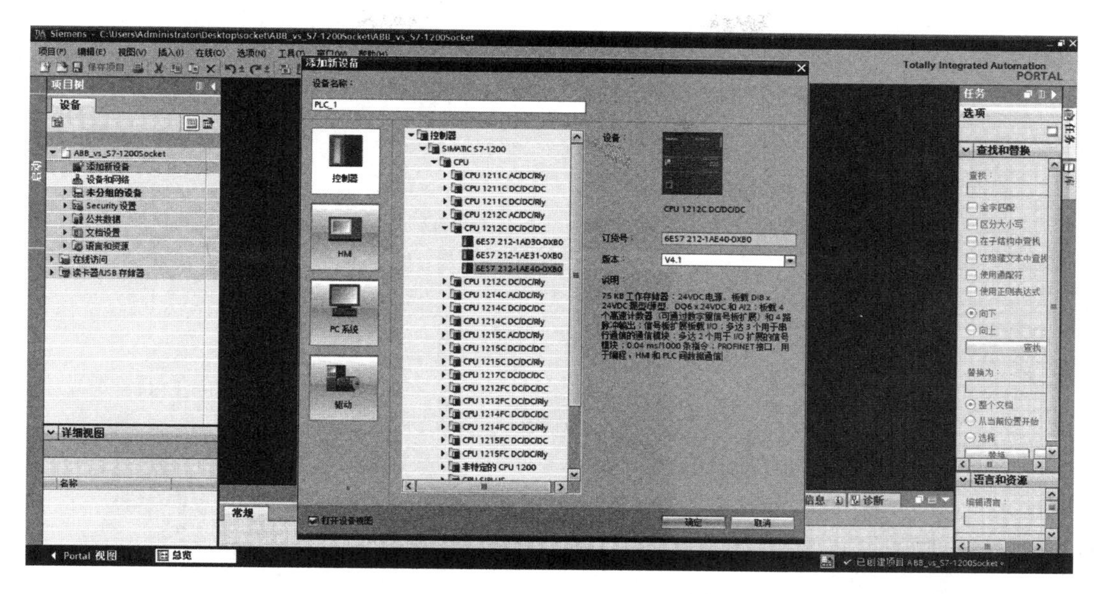

图 3-71　选择实体 PLC 对应的型号

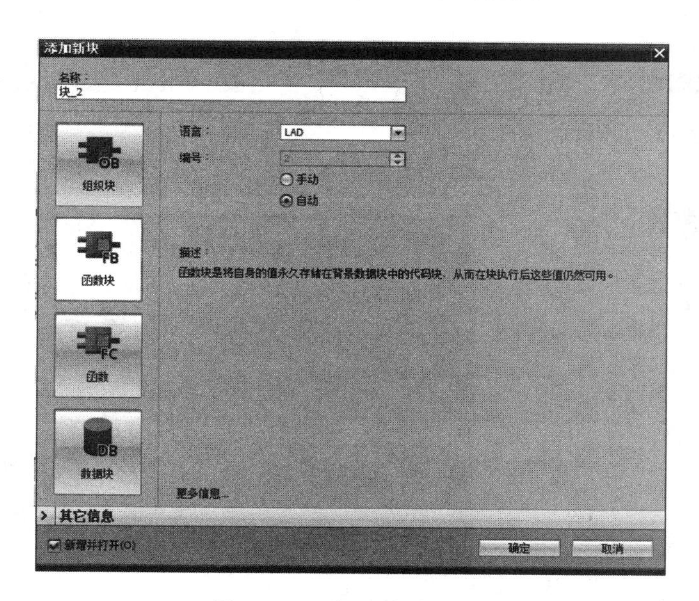

图 3-72　建立 DB 数据块

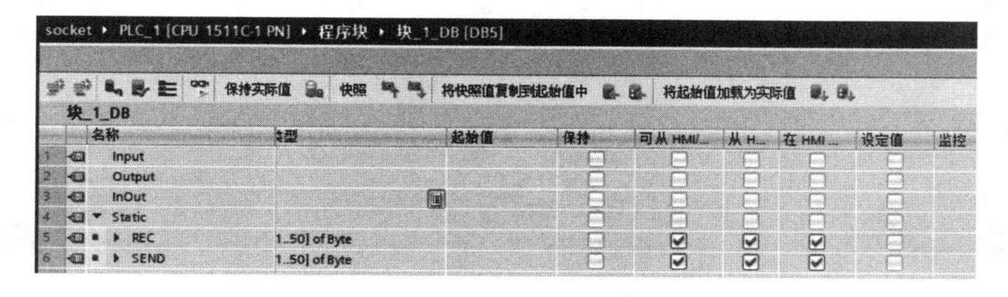

图 3-73　创建 2 个数组

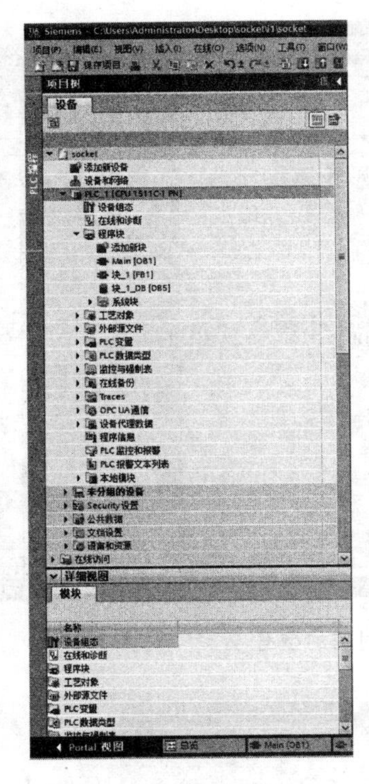

图 3-74　右击左侧 PLC

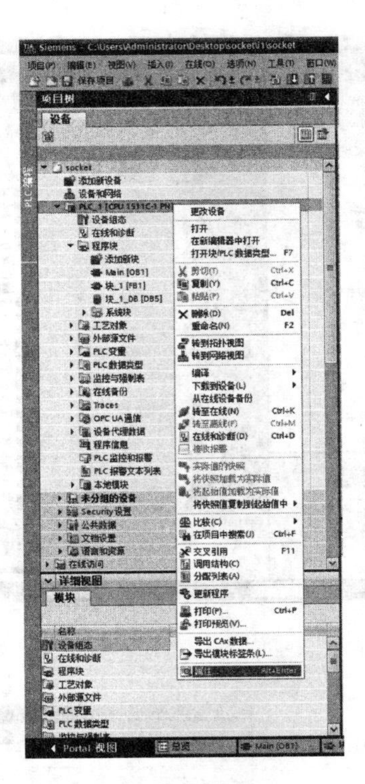

图 3-75　选择属性

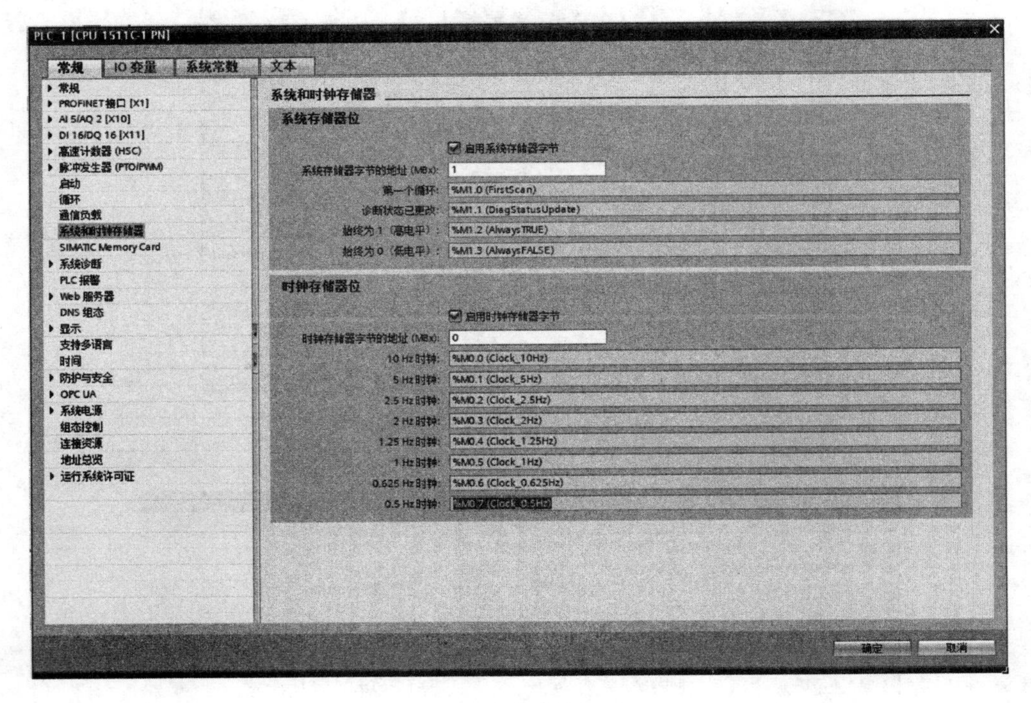

图 3-76　属性界面

再单击以太网选项，进行 IP 设置，不可与机器人设置的地址相同，这里设置为 192.168.0.2，如图 3－77 所示。

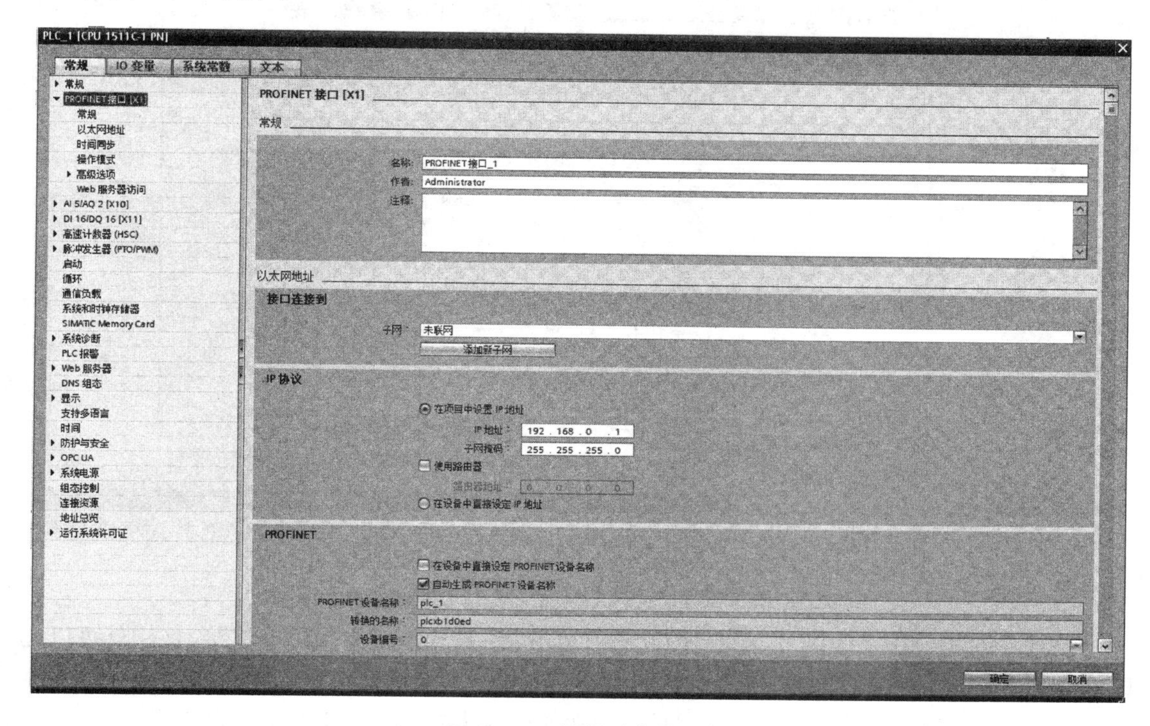

图 3－77　设置以太网 IP

从右侧函数库里面选择开放式通信（见图 3－78），选取收 TRCV_C、发 TSEND_C 模块，右击属性，单击组态界面，如图 3－79 所示。

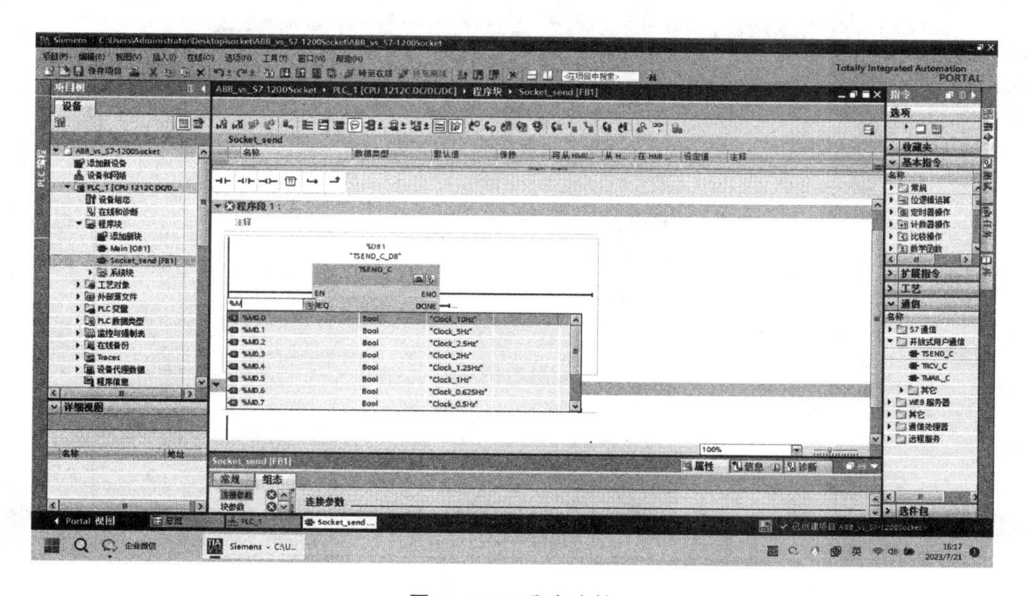

图 3－78　重建连接

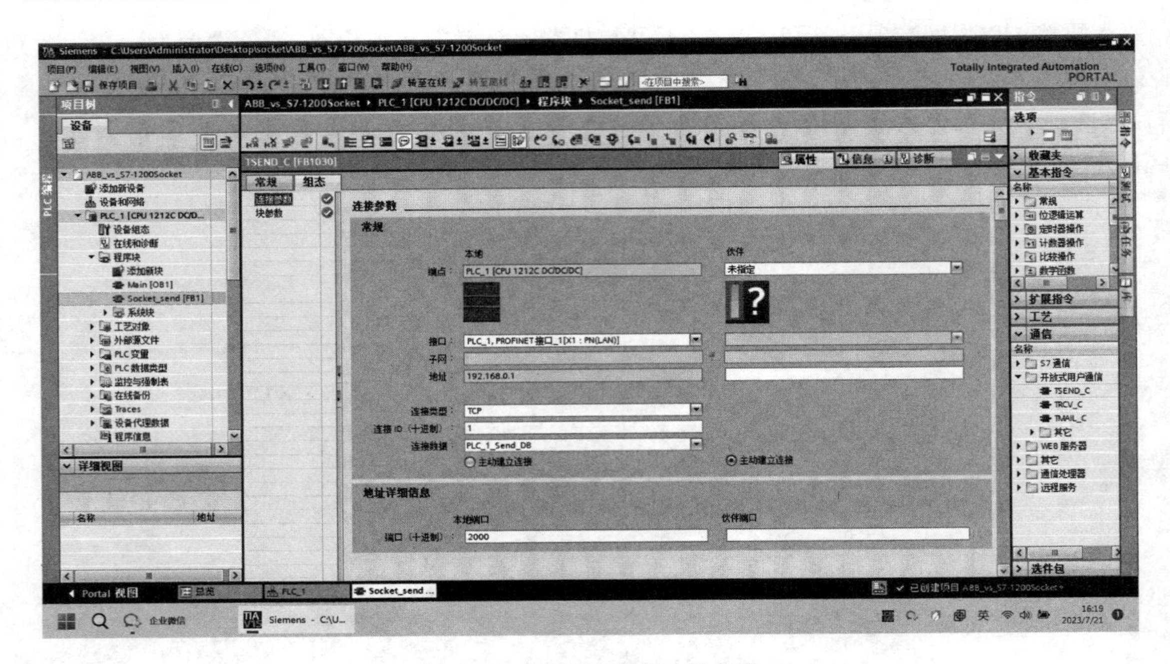

图 3-79　将 PLC 配置为服务器

将对方选为未指定的设备，建立连接，选择新建，注意选择对方为主动连接，这样就可以把 PLC 配置为服务器。端口号与机器人相同为 2000，服务器端可以不填写客户端的 IP 地址；注意数据地址的写法，要写成指针形式。相关的功能引脚中发送的使能引脚用脉冲触发，其余的按需配置即可（见图 3-80），完成配置如图 3-81 所示。

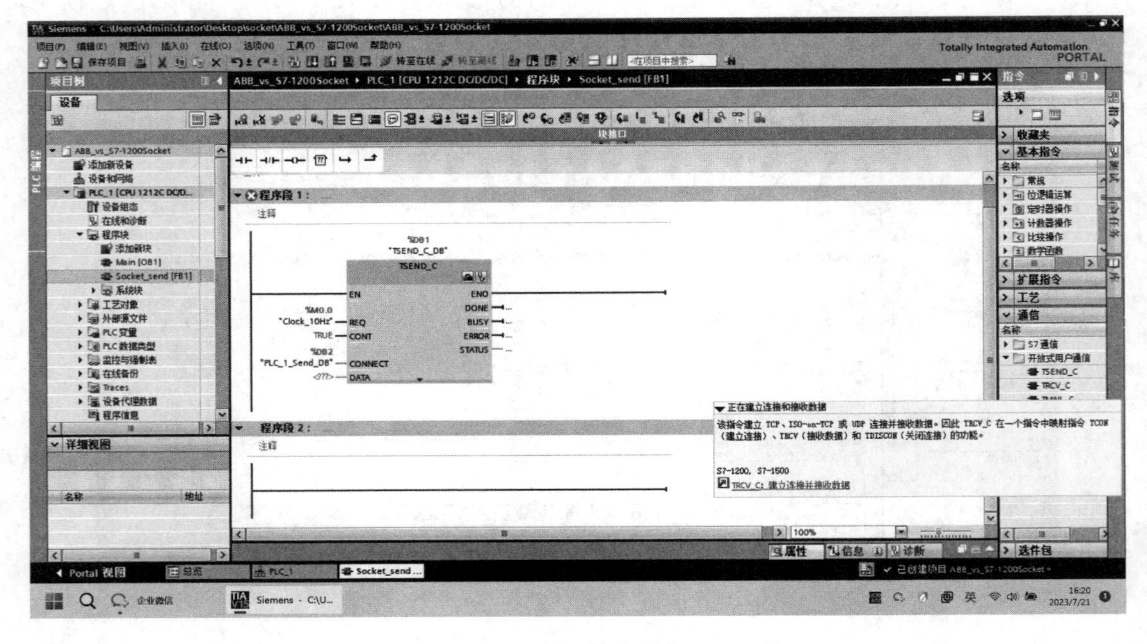

图 3-80　等待创建

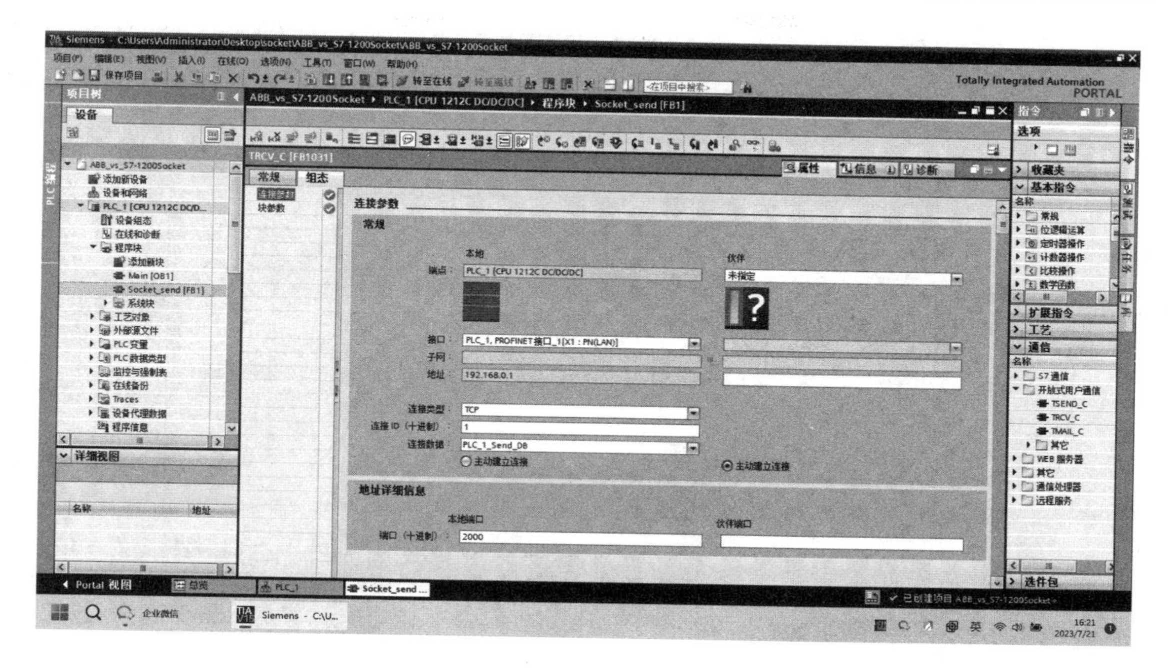

图 3-81　创建成功

创建数组，从 1～50 共 50 个字节型数据，rec 用于存储接受数据，send 用来存储发送数据（右击 DB 块，单击属性，取消勾选优化，再次右击，编译 DB 块，这样可以避免数据被优化出问题），如图 3-82、图 3-83 所示。

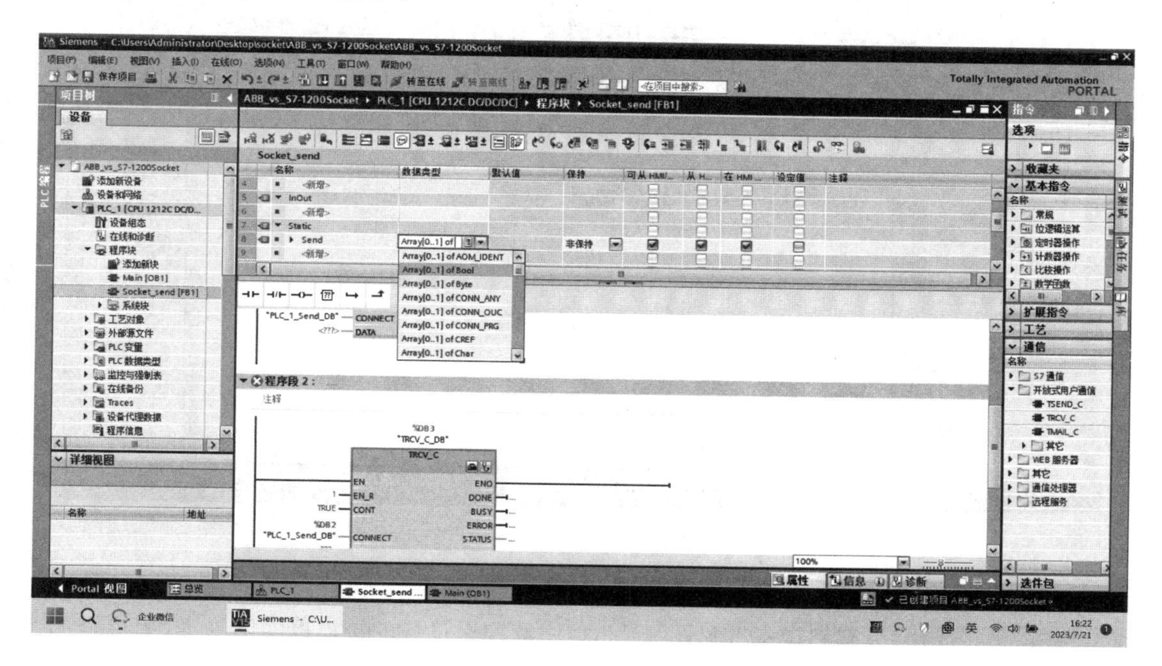

图 3-82　创建通信收发模块

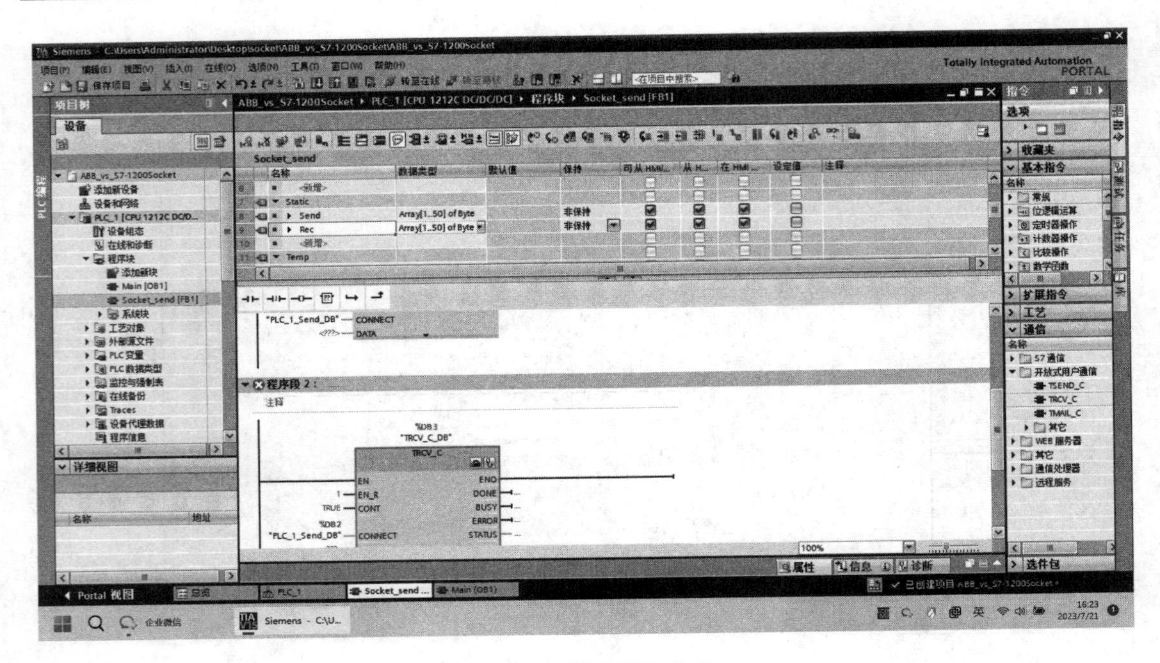

图 3-83　填写端口信息

将两个数组地址放进通信指令(注意数据地址的写法要写成指针形式),如图 3-84、图 3-85 所示。

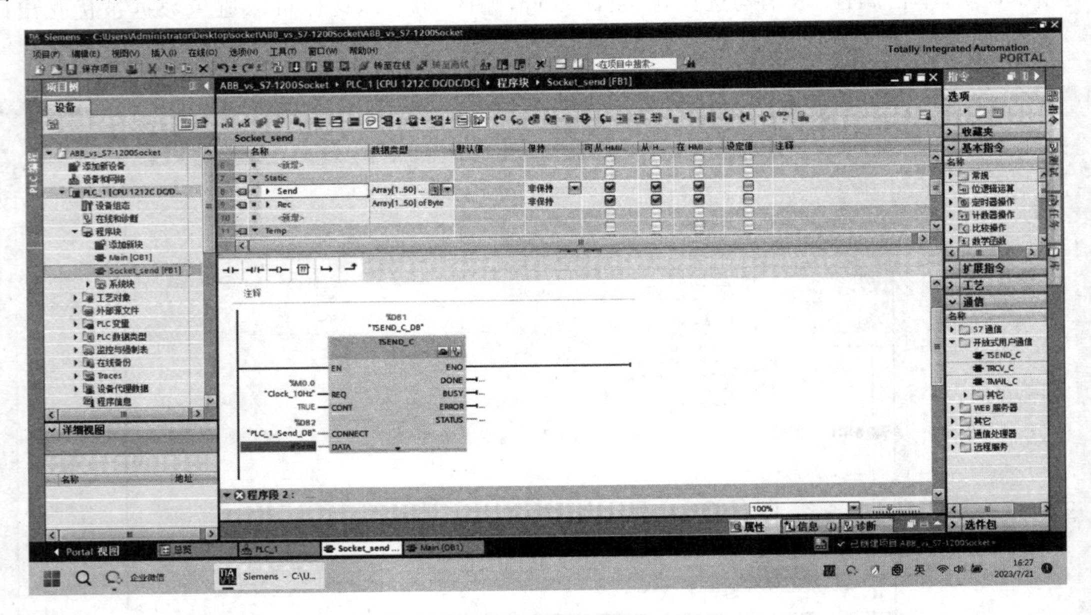

图 3-84　发送块

右击 PLC 选择“下载到设备”(见图 3-86),注意搜索设备的接口以实际为准,等待全部程序编译成功(见图 3-87)。

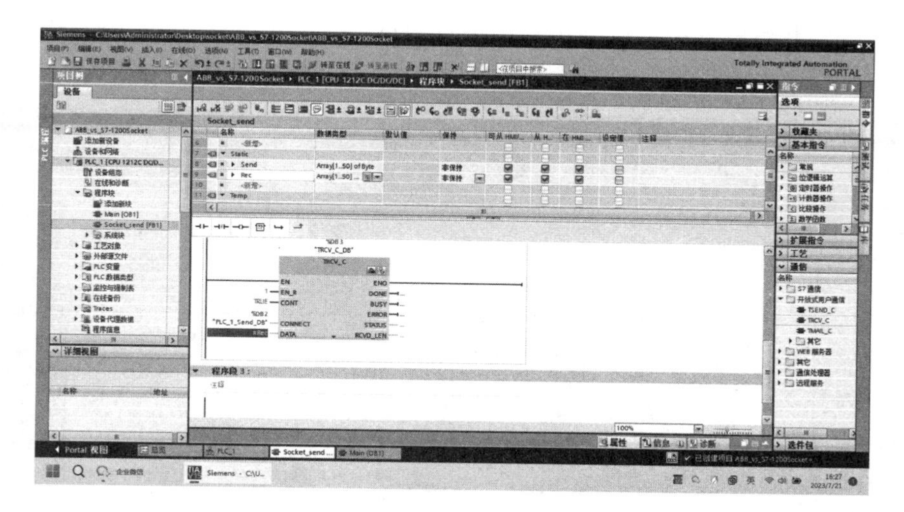

图 3 - 85　接收块

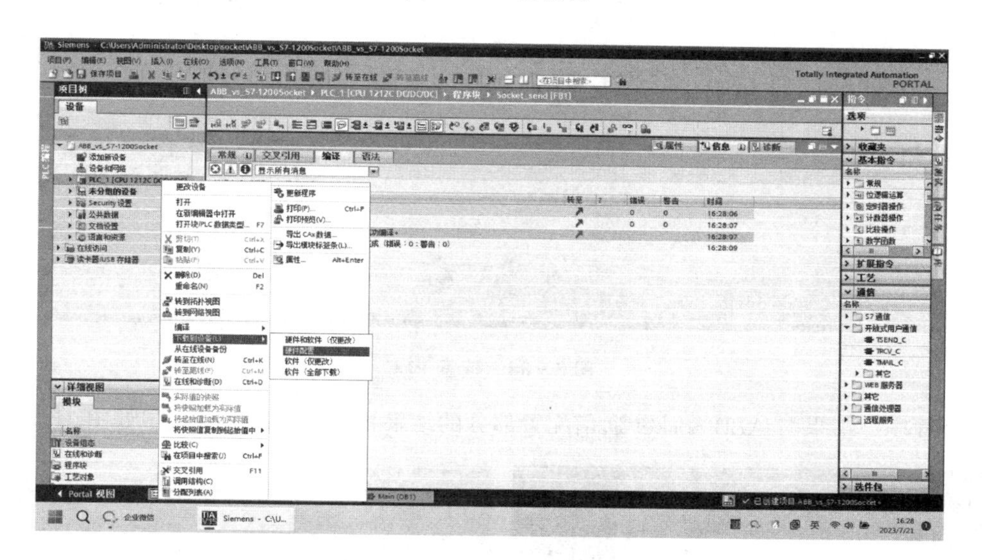

图 3 - 86　选择下载程序到设备

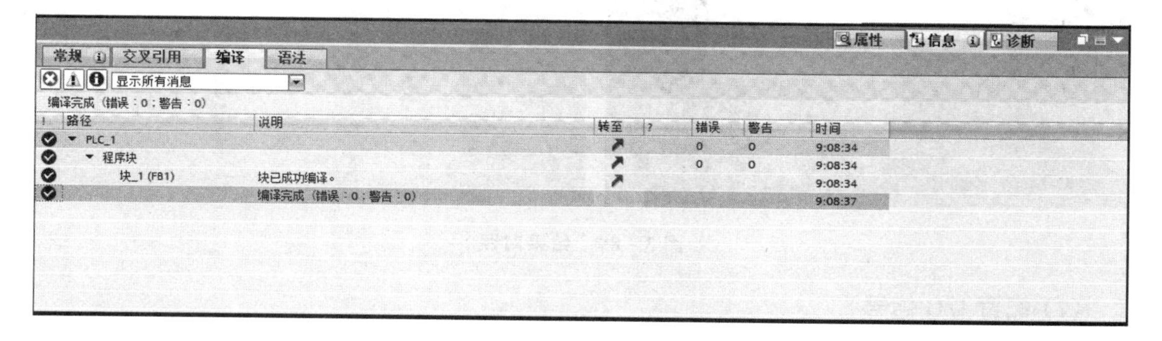

图 3 - 87　编译通过

编译完成后，开始将程序下载到仿真中进行测试（见图 3－88），找到 PLCSIM 仿真进行下载。

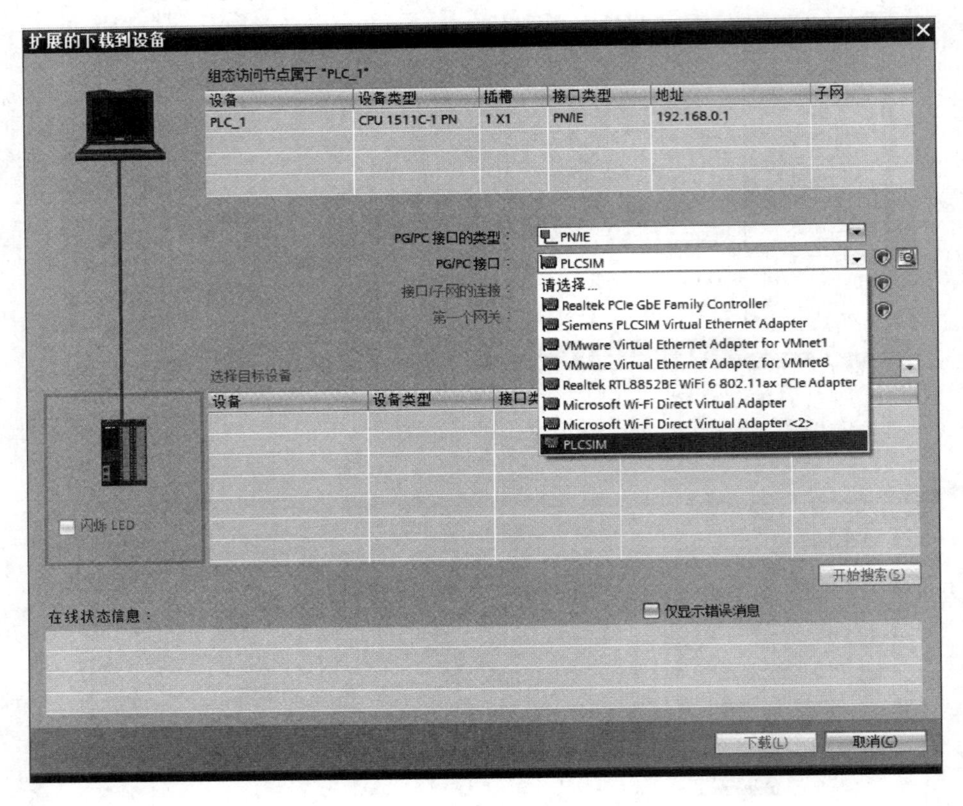

图 3－88 搜索 PLC

运行程序。结果与 ABB Socket 通信配置部分的结果相同，不做过多阐述，如图 3－89 所示。

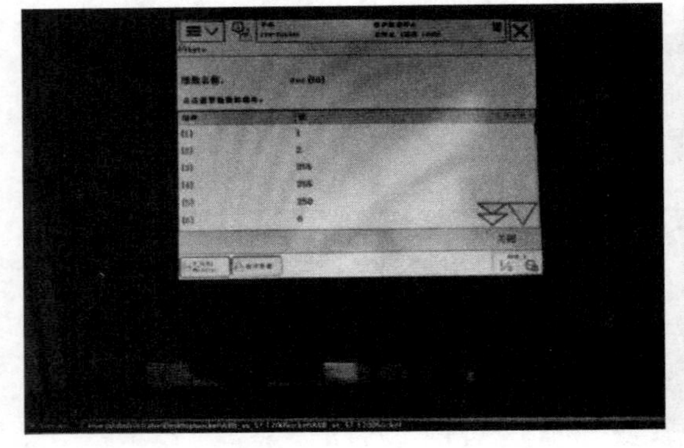

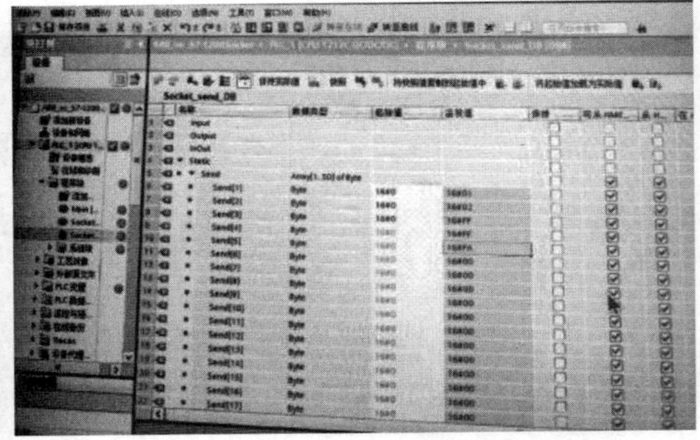

图 3－89 结果对照

(2) 配置 I/O 信号

1) RAPID I/O 信号配置

单击控制器选项卡，在左侧列表打开“配置”-“I/Osystem”，在信号窗口单击 Signal，鼠标右击其中一条信号，单击“新建 Signal”，如图 3－90 所示。

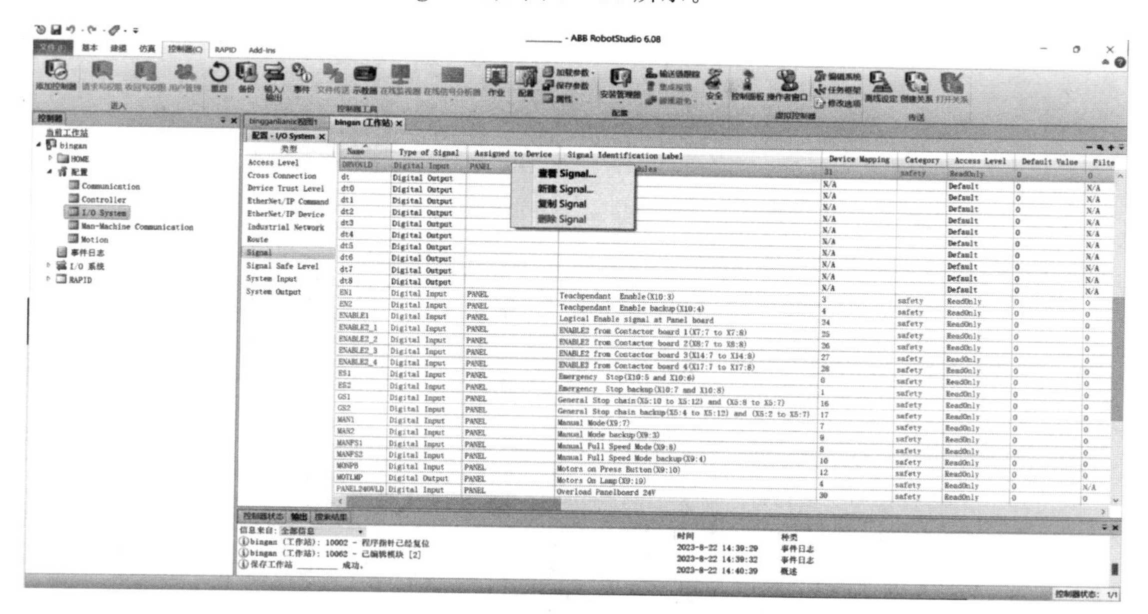

图 3－90　I/O 配置

在实例编辑器中编辑信号参数，如图 3－91 所示。

实例编辑器

名称	值	信息
Name	dt0	
Type of Signal	Digital Output	
Assigned to Device	d652	
Signal Identification Label		
Device Mapping	20	
Category		
Access Level	Default	
Default Value	0	
Invert Physical Value	○ Yes ◉ No	
Safe Level	DefaultSafeLevel	

Value (RAPID)
控制器重启后更改才会生效。 最小字符数为 <无效>。
最大字符数为 <无效>。

确定　取消

图 3－91　编辑器

按需要将部分与 PLC 通信的信号配置出，主要包括信号如图 3－92 所示。

2）西门子 PLC 信号配置

创建一个新的数据块（DB 块），建立两个数组，一个用来发送，一个用来接收，数据的起始设为 1，数组大小为 50（因为 ABB 机器人的起始位为 1，而 PLC 起始位为 0，所以统一更改），

PLC-socket	ABB机器人端信号配置	
	输入	
rec_1	快换接头连接状态	Robot_input_1
rec_2	饼干数量输入	Robot_input_2
rec_3	1号位盖子存在	Robot_input_3
rec_4	吸盘状态	Robot_input_4
rec_5	备用	Robot_input_5
rec_6	夹爪状态	Robot_input_6
rec_7	气缸状态	Robot_input_7
rec_8	机器人左侧装配台气缸状态	Robot_input_8
rec_9	机器人右侧装配台气缸状态	Robot_input_9
rec_10	1号位盒子存在	Robot_input_10
rec_11	机器人左侧装配台盒子状态	Robot_input_11
rec_12	机器人右侧装配台盒子状态	Robot_input_12
rec_13	颜色传感器	Robot_input_13
rec_14	桁架手状态	Robot_input_14
rec_15	桁架臂状态	Robot_input_15
rec_16	桁架位置	Robot_input_16
	输出	
send_1	快换接头	Robot_Out_1
send_2	饼干数量为4	Robot_Out_2
send_3	1号位盖子允许吸取	Robot_Out_3
send_4	吸盘	Robot_Out_4
send_5	备用	Robot_Out_5
send_6	夹爪	Robot_Out_6
send_7	气缸推送	Robot_Out_7
send_8	机器人左侧装配台气缸	Robot_Out_8
send_9	机器人右侧装配台气缸	Robot_Out_9
send_10	1号位盒子允许夹取	Robot_Out_10
send_11		Robot_Out_11
send_12		Robot_Out_12
send_13		Robot_Out_13
send_14		Robot_Out_14
send_15		Robot_Out_15

图 3-92　变量表图

并且数组类型的元素为字节型(Byte),如图 3-93 所示。

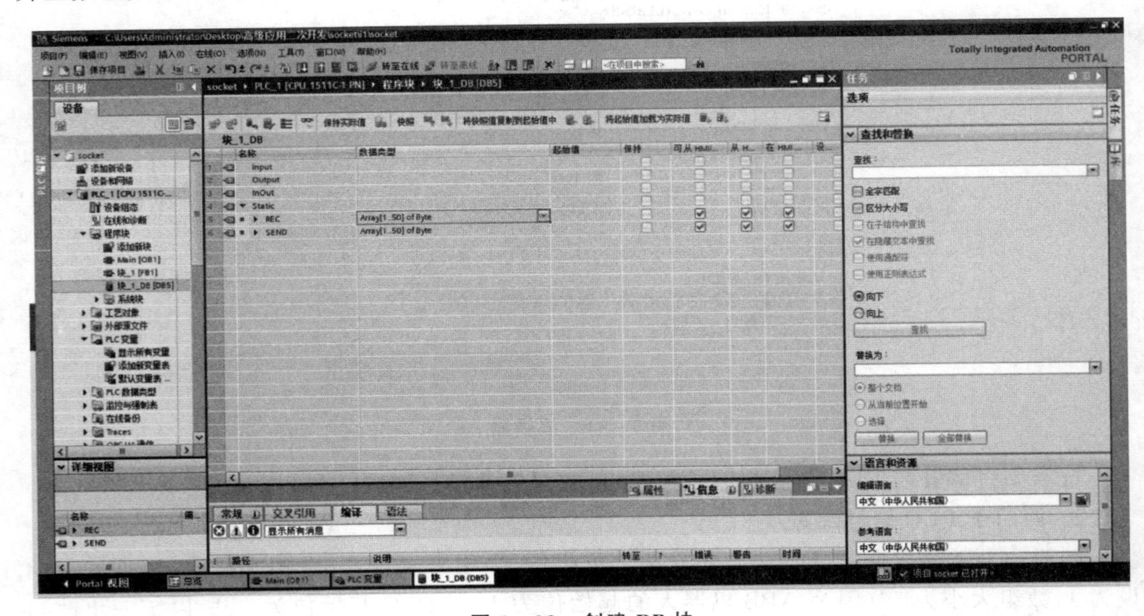

图 3-93　创建 DB 块

3.2.5 四元数与欧拉角

ABB 工业机器人采用 pose 类型的数据来表示其在笛卡尔空间坐标中的位置。pose 类型的数据包括 trans 组件和 rot 组件，其中 trans 组件表示位置信息，rot 组件表示姿态信息。这些数据构成了机器人点位数据类型 robtarget，如图 3－94 所示。

```
CONST robtarget Target_20:=[[394.752230719,385.67880187,89.900735639],[0.707106781,0,0,-0.707106781],[0,0,0,0],[9E+09,9E+09,9E+09,9E+09,9E+09,9E+09]];
CONST robtarget Target_80:=[[330.112230719,-266.00119813,182.980735639],[1,0,0,0],[0,0,0,0],[9E+09,9E+09,9E+09,9E+09,9E+09,9E+09]];
CONST robtarget cel:=[[478.355054535,224.757610349,213.370589968],[0.707106781,0,0,-0.707106781],[0,0,0,0],[9E+09,9E+09,9E+09,9E+09,9E+09,9E+09]];
CONST robtarget Target_30:=[[207.451662427,444.370418273,136.948179765],[1,0,0,0],[0,0,0,0],[9E+09,9E+09,9E+09,9E+09,9E+09,9E+09]];
CONST robtarget Target_90:=[[183.701230719,467.86980187,149.678735639],[1,0,0,0],[0,0,0,0],[9E+09,9E+09,9E+09,9E+09,9E+09,9E+09]];
CONST robtarget Target_100:=[[416.419230719,70.36180187,96.973735639],[1,0,0,0],[0,0,0,0],[9E+09,9E+09,9E+09,9E+09,9E+09,9E+09]];
CONST robtarget Target_11:=[[230.112230719,-266.03119813,191.980735639],[1,0,0,0],[0,0,0,0],[9E+09,9E+09,9E+09,9E+09,9E+09,9E+09]];
CONST robtarget Target_50:=[[183.231230719,302.66580187,82.176735639],[1,0,0,0],[0,0,0,0],[9E+09,9E+09,9E+09,9E+09,9E+09,9E+09]];
CONST robtarget Target_70_3:=[[241.370173906,-473.736696081,189.723816252],[1,0,0,0],[-1,0,0,0],[9E+09,9E+09,9E+09,9E+09,9E+09,9E+09]];
```

图 3－94 Robtarget 型数据的组成成分

同时，工件坐标系 wobjdata 中的 uframe 数据和 oframe 数据也是 pose 类型的数据。uframe 数据表示末端执行器的局部坐标系相对于全局坐标系的变换，也就是末端执行器在全局坐标系下的位置和姿态信息。oframe 数据表示全局坐标系相对于工件坐标系的变换，也就是工件在全局坐标系下的位置和姿态信息。

因此，pose 类型的数据是描述工业机器人位置和姿态信息的重要工具，也是实现工业机器人高精度、高效率运动控制的关键。

pose 数据类型又分为 pos 和 orient 两种数据类型。对于 pos 类型，其数据由 x、y、z 三个元素构成，均为 num 类型数据，用于储存 x、y、z 数据。

对于 orient 类型（四元数），其数据由 q1、q2、q3、q4 四个元素构成，用来表示空间位置的方向（姿态）。

(1) 四元数欧拉角的演化过程

描述坐标系 A 空间中点 P 的位置，可以使用该点三个坐标轴的正投影的值来表示，如图 3－95 所示，用矩阵形式可以表示为

$$
{}^{A}\boldsymbol{P}=\begin{bmatrix}P_x\\P_y\\P_z\end{bmatrix} \tag{3-1}
$$

现在已经描述了一个空间的位置 AP，还需要描述 AP 点的物体姿态方向（空间中的同一个位置，可以有不同的姿态方向）。对于 AP 姿态方向的表示，可以在 AP 点构建第二个坐标系 B（见图 3－96）。坐标系 B 的 X 轴方向由其 X 轴在原有坐标系 A 的三个方向上的投影表示。为了方便表示，选用单位向量。坐标系 B 的 Y 轴和 Z 轴用相同的方式表示。

姿态方向可以表述为姿态矩阵

$$
{}_{B}^{A}\boldsymbol{R}=\begin{bmatrix}{}^{A}\hat{\boldsymbol{X}}_B & {}^{A}\hat{\boldsymbol{Y}}_B & {}^{A}\hat{\boldsymbol{Z}}_B\end{bmatrix} \tag{3-2}
$$

设点 ${}^{A}\boldsymbol{X}_B$ 与 X 轴的夹角为 α，与 Y 轴夹角为 β，与 Z 轴夹角为 γ，则有

$$
{}_{B}^{A}\boldsymbol{R}=\begin{bmatrix}\sin\alpha_{\hat{x}} & \sin\alpha_{\hat{y}} & \sin\alpha_{\hat{z}}\\ \sin\beta_{\hat{x}} & \sin\beta_{\hat{y}} & \sin\beta_{\hat{z}}\\ \sin\gamma_{\hat{x}} & \sin\gamma_{\hat{y}} & \sin\gamma_{\hat{z}}\end{bmatrix} \tag{3-3}
$$

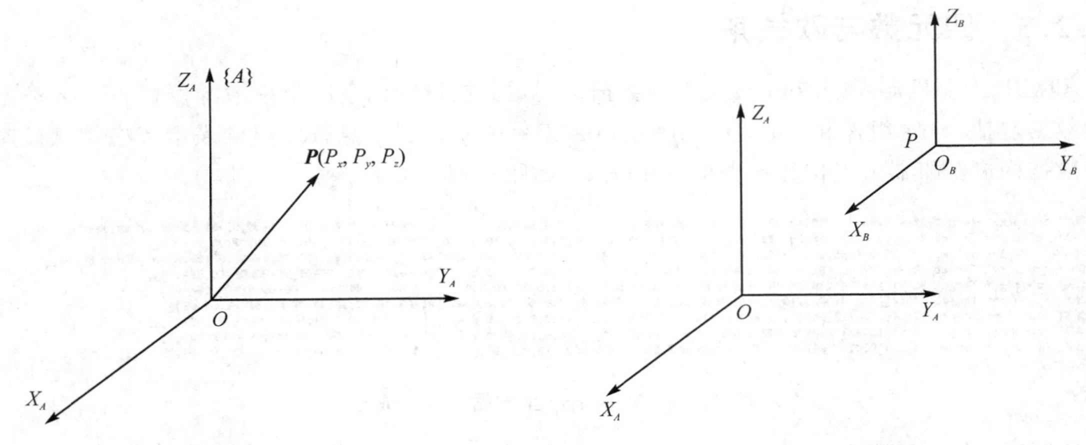

图 3-95　笛卡儿坐标系 $^{A}\boldsymbol{P}$：$^{A}\boldsymbol{P}(\boldsymbol{P}_x,\boldsymbol{P}_y,\boldsymbol{P}_z)$

图 3-96　点的姿态表示

设 $\hat{X}$ 的点位坐标为($X_{\hat{X}}$，$Y_{\hat{X}}$，$Z_{\hat{X}}$)，$\hat{Y}$ 的点位坐标为($X_{\hat{Y}}$，$Y_{\hat{Y}}$，$Z_{\hat{Y}}$)，$\hat{X}$ 的点位坐标为($X_{\hat{Z}}$，$Y_{\hat{Z}}$，$Z_{\hat{Z}}$)，将其代入式(3-3)得

$$
{}_{B}^{A}\boldsymbol{R}=\begin{bmatrix} Y_{\hat{x}} & Y_{\hat{y}} & Y_{\hat{z}} \\ Z_{\hat{x}} & Z_{\hat{y}} & Z_{\hat{z}} \\ X_{\hat{x}} & X_{\hat{y}} & X_{\hat{z}} \end{bmatrix} \tag{3-4}
$$

综上，将位置坐标与姿态坐标配合使用的方法称为位姿(位置和姿态)，这样就能完整描述空间中的位置和该位置物体的姿态。为了齐次化矩阵，构建 4×4 的位姿矩阵

$$
\begin{bmatrix} {}_{B}^{A}\boldsymbol{R} & {}^{A}\boldsymbol{P} \\ 0 & 1 \end{bmatrix}=\begin{bmatrix} Y_{\hat{x}} & Y_{\hat{y}} & Y_{\hat{z}} & P_x \\ Z_{\hat{x}} & Z_{\hat{y}} & Z_{\hat{z}} & P_y \\ X_{\hat{x}} & X_{\hat{y}} & X_{\hat{z}} & P_z \\ 0 & 0 & 0 & 1 \end{bmatrix} \tag{3-5}
$$

上面对于空间姿态，也可以通过欧拉角表示(旋转顺序为 Z-Y-X)，即 B 坐标系先按原坐标的正方向生成正坐标轴，然后绕 B 坐标系的 Z 轴旋转 α，得到新坐标系 B'，再将坐标系 B' 按其 Y 轴旋转 β 得到新坐标系 B''，最后将 B'' 绕 X 轴旋转 γ，得到 B'''。

注意：还有一种旋转方法是 B 坐标系绕 A 坐标系的 X-Y-Z 轴顺序旋转，称为外旋，对应矩阵右乘。本文所用方法为 B 坐标系自我旋转，属于内旋状况，对应矩阵左乘，这种方法会出现万向节锁定问题，后文中会讲到解决方法。矩阵的乘法不满足乘法交换律，因此左乘与右乘的意义不同，结果也不同。

综上所述，根据位姿矩阵，结合图 3-97 的演示，最终可以整理出基于 Z-Y-X 内旋的欧拉角旋转矩阵：

$$
{}_{B}^{A}\boldsymbol{R}_{z''y''x''}=[\boldsymbol{R}_z(\alpha) \quad \boldsymbol{R}_y(\beta) \quad \boldsymbol{R}_x(\gamma)] \tag{3-6}
$$

$$
{}_{B}^{A}\boldsymbol{R}_{z''y''x''}=\begin{bmatrix} \cos\alpha & -\sin\alpha & 0 \\ \sin\alpha & \cos\alpha & 0 \\ 0 & 0 & 1 \end{bmatrix}\begin{bmatrix} \cos\beta & 0 & \sin\beta \\ 0 & 1 & 0 \\ -\sin\beta & 0 & \cos\beta \end{bmatrix}\begin{bmatrix} 1 & 0 & 0 \\ 0 & \cos\gamma & -\sin\gamma \\ 0 & \sin\gamma & \cos\gamma \end{bmatrix} \tag{3-7}
$$

整理后得到

$$ {}_{B}^{A}\boldsymbol{R}_{z''y''x''}=\begin{bmatrix}\cos\alpha\cos\beta & \cos\alpha\sin\beta\sin\gamma-\sin\alpha\cos\gamma & \cos\alpha\sin\beta\cos\gamma+\sin\alpha\sin\gamma\\ \sin\alpha\cos\beta & \sin\alpha\sin\beta\sin\gamma+\cos\alpha\cos\gamma & \sin\alpha\sin\beta\cos\gamma-\cos\alpha\sin\gamma\\ -\sin\beta & \cos\beta\sin\gamma & \cos\beta\cos\gamma\end{bmatrix} \tag{3-8}$$

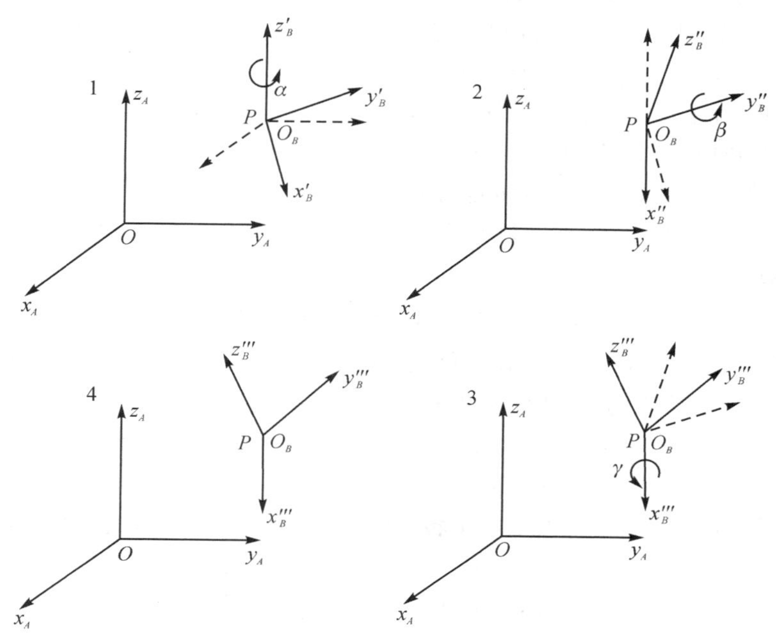

图 3-97 欧拉角的旋转

位姿矩阵还可以采用更简单的表达形式。四元数是一种描述此位姿矩阵更为简洁的方式。根据位姿矩阵的个元素,计算四元数。

设
$$\begin{bmatrix}x_1 & y_1 & z_1\\ x_2 & y_2 & z_2\\ x_3 & y_3 & z_3\end{bmatrix}=\begin{bmatrix}Y_{\hat{x}} & Y_{\hat{y}} & Y_{\hat{z}}\\ Z_{\hat{x}} & Z_{\hat{y}} & Z_{\hat{z}}\\ X_{\hat{x}} & X_{\hat{y}} & X_{\hat{z}}\end{bmatrix}$$

则

$$q_1=\frac{\sqrt{x_1+y_2+z_3+1}}{2} \tag{3-9}$$

$$q_2=\frac{\sqrt{x_1-y_2-z_3+1}}{2}\times\frac{y_3-y_2}{|y_3-y_2|} \tag{3-10}$$

$$q_3=\frac{\sqrt{y_2-x_1-z_3+1}}{2}\times\frac{z_1-x_3}{|z_1-x_3|} \tag{3-11}$$

$$q_4=\frac{\sqrt{z_3-x_1-y_2+1}}{2}\times\frac{x_2-y_1}{|x_2-y_1|} \tag{3-12}$$

由式(3-9)~式(3-12)可见,四元数不可直接做加减运算,且四元数的平方和必须为 1 。

ABB 工业机器人的 pose 数据就采用空间位置 pos(x,y,z)和四元数 orient(q1,q2,q3,q4)来表示一个点的位姿(位置与姿态)。

(2) 四元数与欧拉角的转化

对于空间姿态的表述,显然欧拉角更直观,如图 3-99 所示。其中 α、β、γ 分别为绕 x 轴、y 轴、z 轴旋转到角度,如图 3-98 所示。

如前文所述,四元素无法直接做加减法,且四元数的平方和应为 1。故在对空间点位进行姿态运算时候,通常先将四元数转化为欧拉角,然后进行减法运算,最终将运算结果再次转化为四元数。

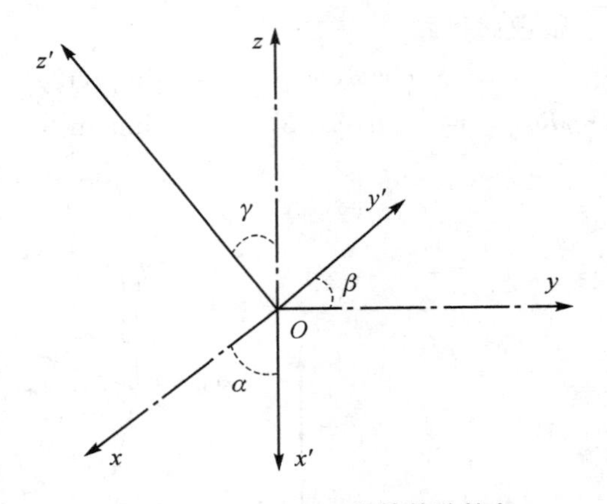

图 3-98　Z—Y—X 旋转的欧拉角

ABB 工业机器人提供了欧拉角与四元数转化的函数,其中:

① 函数 EulerZYX(\X,object. rot)可以将四元数转化为对应的欧拉角。此处函数以提取绕 X 轴旋转角度进行示例,也可以绕 Y 轴和 Z 轴旋转一定的角度。

② 函数 OrientZYX(angleZ,angleY,angleX)可以将欧拉角转化为四元数。

注意:函数中的参数顺序为 Z-Y-X。

例如,2D 平面相机得到某点绕 z 轴旋转,则可以先计算姿态对应的欧拉角

angleZ:= EulerZYX(\Z,object. rot)　　(3-13)

angleY:= EulerZYX(\Y,object. rot)　　(3-14)

angleX:= EulerZYX(\X,object. rot)　　(3-15)

再次,对欧拉角中绕 Z 轴旋转的角度做加法,最后重新转化为四元数

P10. rot:= OrientZYX(angleZ,angleY,angleX)

综合以上位姿公式、旋转公式、四元数公式可以得到 Z-Y-X 欧拉角($\angle\varphi\angle\theta\angle\Psi$)到四元数的转化公式

$$\boldsymbol{q}=\begin{bmatrix}q_1\\q_2\\q_3\\q_4\end{bmatrix}=\begin{bmatrix}w\\x\\y\\z\end{bmatrix}=\begin{bmatrix}\cos\left(\frac{\varphi}{2}\right)\cos\left(\frac{\Theta}{2}\right)\cos\left(\frac{\psi}{2}\right)+\sin\left(\frac{\varphi}{2}\right)\sin\left(\frac{\Theta}{2}\right)\sin\left(\frac{\psi}{2}\right)\\\sin\left(\frac{\varphi}{2}\right)\cos\left(\frac{\Theta}{2}\right)\cos\left(\frac{\psi}{2}\right)-\cos\left(\frac{\varphi}{2}\right)\sin\left(\frac{\Theta}{2}\right)\sin\left(\frac{\psi}{2}\right)\\\cos\left(\frac{\varphi}{2}\right)\sin\left(\frac{\Theta}{2}\right)\cos\left(\frac{\psi}{2}\right)+\sin\left(\frac{\varphi}{2}\right)\cos\left(\frac{\Theta}{2}\right)\sin\left(\frac{\psi}{2}\right)\\\cos\left(\frac{\varphi}{2}\right)\cos\left(\frac{\Theta}{2}\right)\sin\left(\frac{\psi}{2}\right)-\sin\left(\frac{\varphi}{2}\right)\sin\left(\frac{\Theta}{2}\right)\cos\left(\frac{\psi}{2}\right)\end{bmatrix}\tag{3-16}$$

同理可得四元数转化为 Z-Y-X 欧拉角($\angle\varphi\angle\theta\angle\Psi$)的转化公式

$$\begin{bmatrix}\phi\\\Theta\\\psi\end{bmatrix}=\begin{bmatrix}\arctan\dfrac{2(wx+yz)}{1-2(x^2+y^2)}\\\arcsin[2(wy-xz)]\\\arctan\dfrac{2(wz+xy)}{1-2(y^2+z^2)}\end{bmatrix}\tag{3-17}$$

由于 arctan 和 arcsin 的结果都存在于 $\left[-\frac{\pi}{2},\frac{\pi}{2}\right]$，并不能覆盖所有的朝向，因而会出现旋转死区。因此，需要用到 atan2 函数代替 arctan 函数进行表述，即

$$\begin{bmatrix}\phi\\ \Theta\\ \psi\end{bmatrix}=\begin{bmatrix}\mathrm{atan2}[2(wx+yz),1-2(x^2+y^2)]\\ \arcsin[2(wy-xz)]\\ \mathrm{atan2}[2(wz+xy),1-2(y^2+z^2)]\end{bmatrix}\tag{3-18}$$

综合四元数转欧拉角公式与欧拉角转四元数公式，可以在 rapid 中自己编写函数实现转化功能。欧拉角与四元数转化的代码如下所示。

```
FUN Corient eulerAnglesToQuaternion(num hdg,num pitch,num roll)
Var num cosRoll;
Var num sinRoll;
Var num cospitch;
Var num sinpitch;
Var num cosheading;
Var num sinheading;
Var num q0;
Var orient orient1;
cosRoll: = Cos(roll * 0.5);
sinRoll: = Sin(roll * 0.5);
cosPitch: = Cos(pitch * 0.5);
sinPitch: = Sin( pitch * 0.5);
cosheading: = Cos(hdg * 0.5);
sinheading: = (hdg * 0.5);
orient1.q1: = cosRoll * cosPitch * cosheading + sinRoll * sinPitch * sinheading;
orient1.q2: = sinRoll * cosPitch * cosheading - cosRoll * sinPitch * sinheading;
orient1.q3: = cosRoll * sinPitch * cosheading + sinRoll * cosPitch * sinheading;
orient1.q4: = cosRoll * cosPitch * sinheading + sinRoll * sinPitch * cosheading;
RETURNorient1;
ENDFUNC

FUNC num quaternionToEulerAngles(\switch X|switch Y|switch Z|,orient orient1)
VAR num q0;
VAR num q1;
VAR num q2;
VAR num q3;
q0: = orient1.q1;
q1: = orient1.q2;
q2: = orient1.q3;
q3: = orient1.q4;
IF present(x) return atan2(2 * (q0 * q1 + q2 * q3),q0 * q0 - q1 * q1 - q2 * q2 + q3 * q3);
IF present(y) returnasin(2 * (q0 * q2 - q1 * q3));
IF present(z) return atan2(2 * (q2 * q1 + q0 * q3),q0 * q0 + q1 * q1 - q2 * q2 - q3 * q3);
ENDFUNC
```

3.2.6 欧姆龙相机视觉数据处理

(1) 欧姆龙视觉模块 FH-L550Socket 通信说明

建议运行环境如下。

1) 操作系统

Windows 11、roboware6.08.00。

2) 运行环境

安装.Net4.6 及其以上版本、RobotStudio 6.08 及其以上版本。机器人需要购买 616-1 PC Interface 功能并开启此选项。FH_FHV Launcher 仿真软件。

欧姆龙 FH-l550，CPU(因特尔、AMD)主频 2.2 GHz 或以上，内存 512 MB 或以上，额外的硬盘空间 128GB 或以上。机器人：ABB120 系列(可以开启 Socket 通信的机器人都可以)。

(2) 主要设计指标

① FH-L550 进行图像处理，对工件上的缺陷程度进行判断，缺陷程度大于预设值就要发送错误信号，缺陷值符合预期就发送正确信号

② FH-L550 以服务器身份通信，机器人以客户端身份加入服务器进行通信。双方都可以完成收发信息的功能。

(3) 主要功能

① 机器人与 FH-L550 建立 socket 通信，机器人为客户端，FH-L550 为服务器。

② FH-L550 识别工件目标特征，经过图像处理，输出特定数值。

③ FH-L550 在运行过程中发送带有目标信息的字符串，机器人收到并储存。

(4) 通信建立过程说明

1) 硬件连接

机器人与欧姆龙进行 Socket 通信之前，需要使用网线将机器人连接到 FH-L550 上。取出一根网线，将机器人控制器上的 WAN 口接入网线，将网线另一端接入欧姆龙以太网口，如图 3-99 和图 3-100 所示。

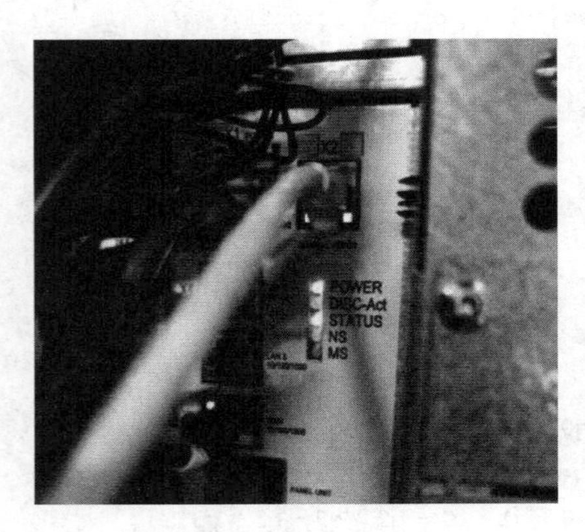

图 3-99 PLC 端

图 3-100 视觉端

2）ABB(示教器)端操作

① 建立通信 IP：单击左上角菜单，选择“控制面板”→“配置”→“主题”→communication→IP Setting。配置参数：由于此前配置过机器人与西门子 PLC 的通信，为了简化操作，直接修改通信端口为 WAN，其他信息保持不变，如图 3－101 所示，配置完成后单击“确定”。

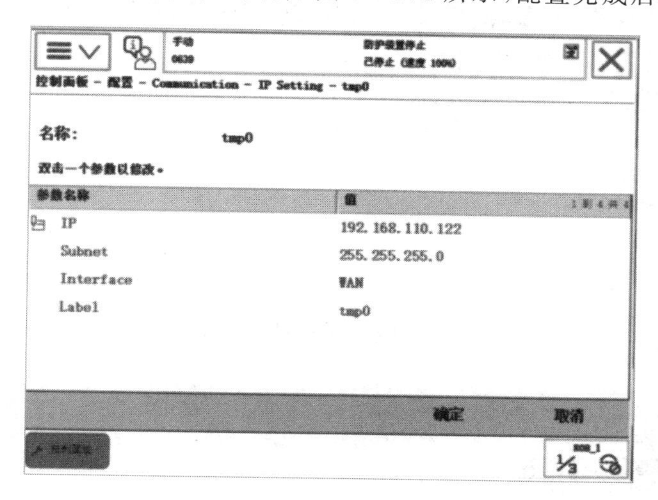

图 3－101　机器人 IP 配置

② 检查程序，编程方式与前文相同，程序也相同。不过要注意，欧姆龙与机器人通信时候收发的是字符串，而不是西门子 PLC 通信时候的数组，因此要将程序里的数组收发备注掉，将字符串收发取消备注，这样才能正常收发字符串，然后再将指针移至 mian，等待运行，如图 3－102 所示。

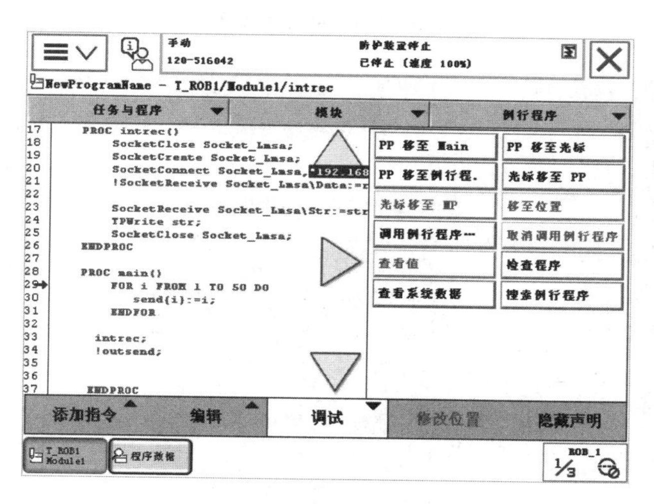

图 3－102　Socket 程序

3）FH-L550 端操作

① FH-L550 的 IP 配置：更改接口 IP 使之与 PLC 相同，因为都是通过网线将机器人控制器与 FH-L550 端连接到一起，利用网络换数据，所以也需要保证二者在同一网段下才能正常通信，配置 FH-L550 端 IP 下的流程如下：

a. 欧姆龙 PC 系统：打开网络共享中心，来到如图 3－103 所示界面；打开当前以太网适配器，来到如图 3－104 所示界面；右击该网络适配器，单击“属性”，来到如图 3－105 所示界面；打开 IPv4 进行参数配置，最后单击“确定”。

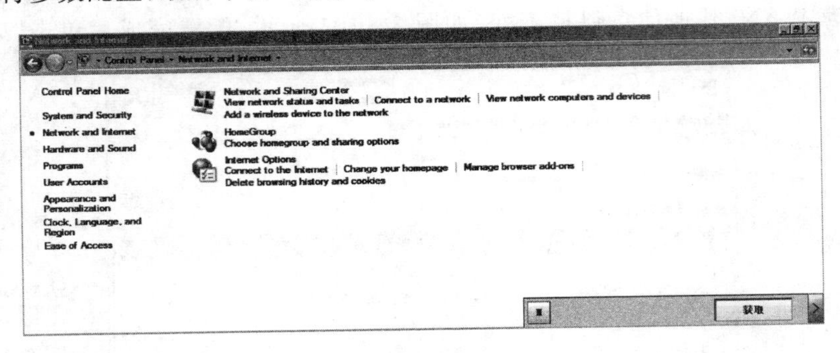

图 3－103　网络共享中心

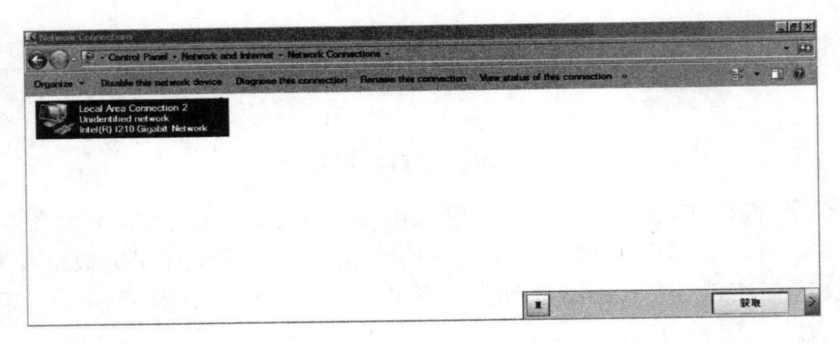

图 3－104　网络适配器

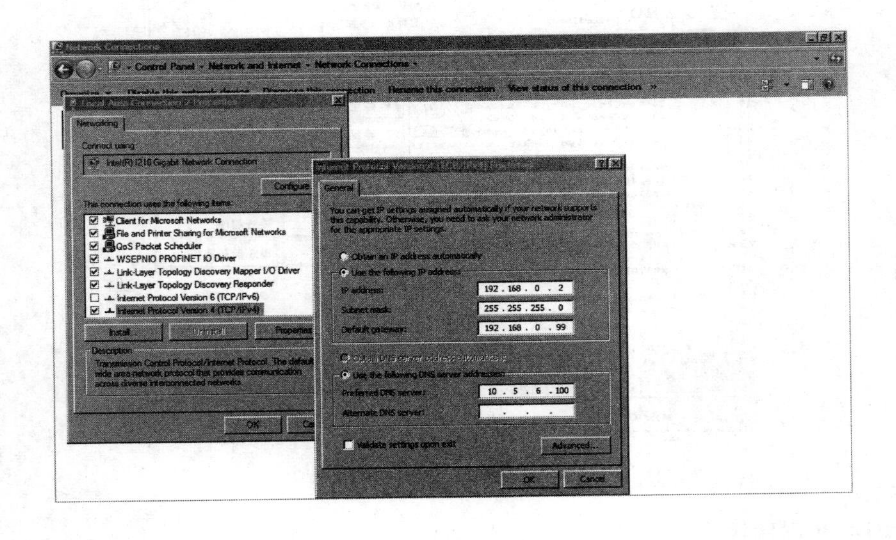

图 3－105　更改当前 IP 地址

b. 如图 3 - 106 所示，单击“工具”，进入如图 3 - 107 所示界面；单击“系统设置”→“启动设置”，进入如图 3 - 108 所示界面；单击“通信”模块，将“串行(以太网)”选择为无协议 TCP(此选项可以自动设置为 Socket 的客户端)。

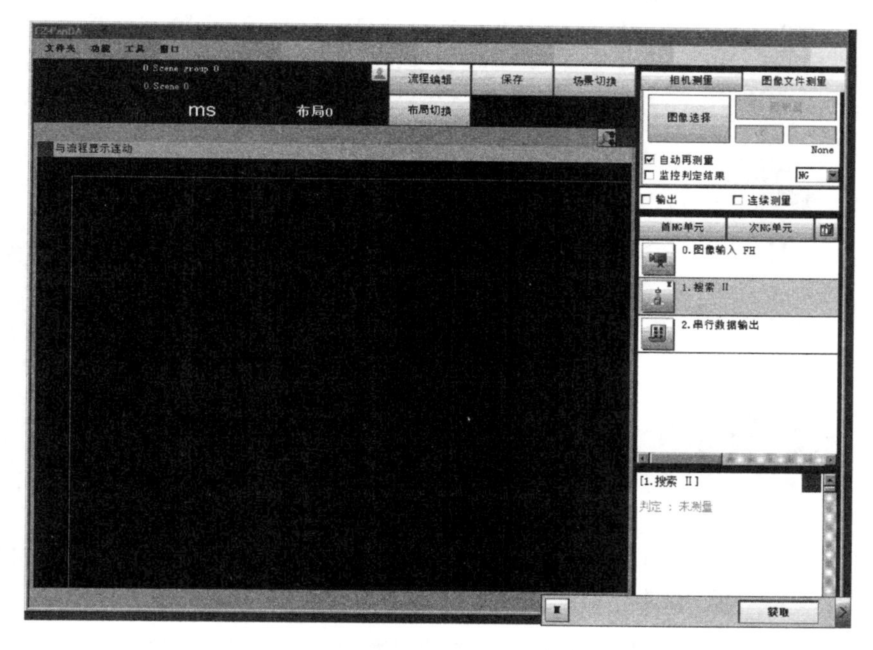

图 3 - 106　视觉软件主页

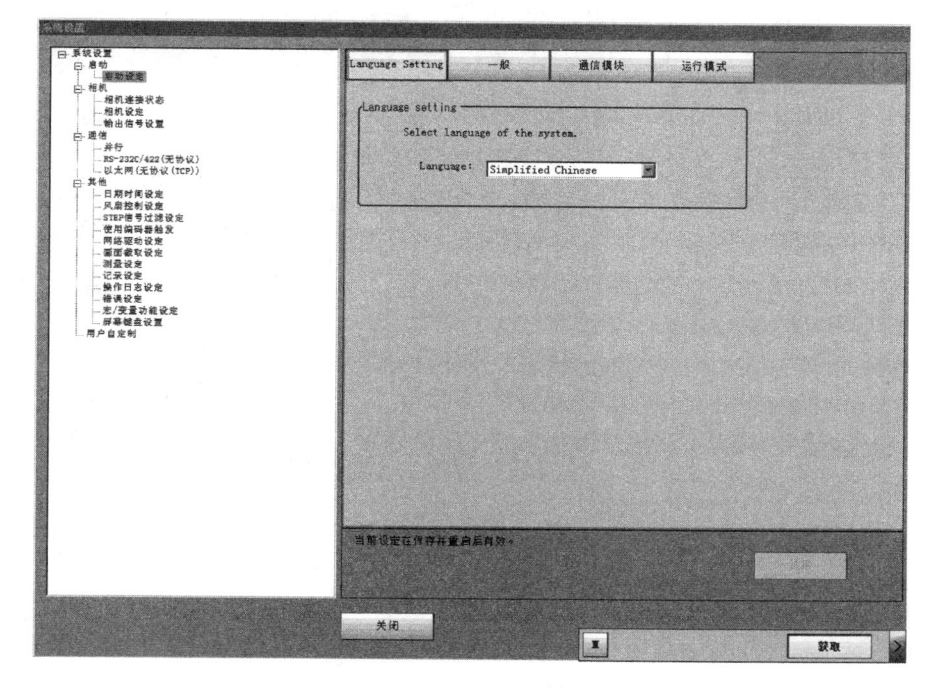

图 3 - 107　系统设置

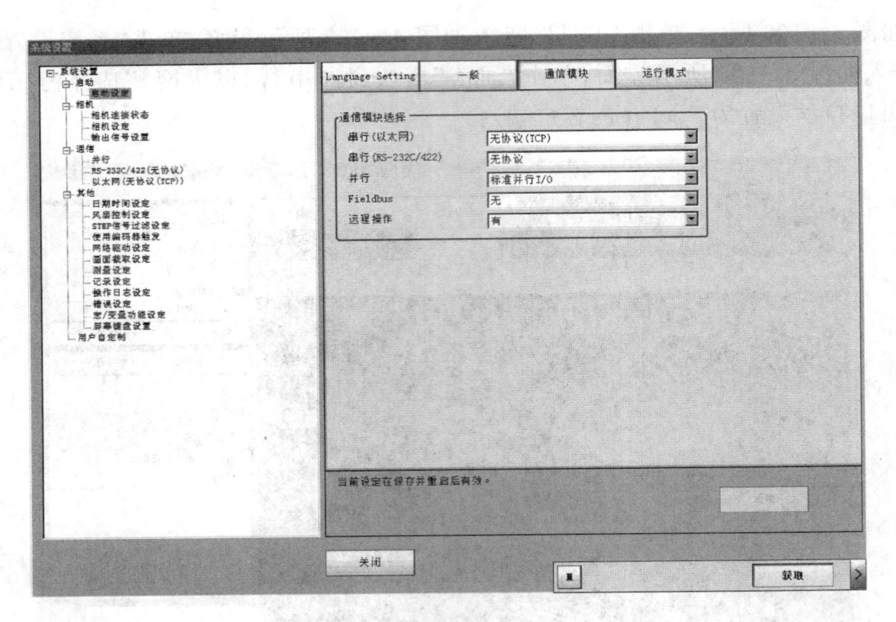

图 3-108　启动设定

c. 如图 3-106 所示,单击“工具”,进入如图 3-107 所示界面;单击“通信”→“以太网”,进入如图 3-109 所示界面;在此界面配置网络参数,然后退回主界面保存并重启。

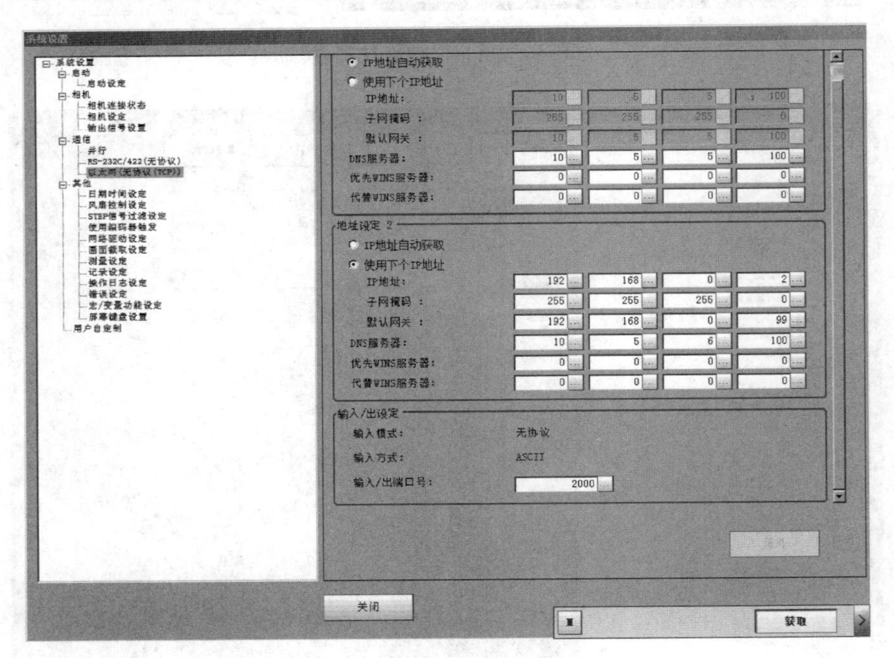

图 3-109　Socket 通信配置

② FH-L550 配置检测流程注意事项:

a. 视频调节(第 0 项流程,快门速度、曝光、白平衡等功能,可以按实际需要调整)。

b. 目标设定(第 1 项流程,第一个选项卡中编辑登录图像为需要识别的图像,第二个选项卡中设定识别范围，第五个选项卡中设定测量目标图像参数，其余选项卡按实际需要正）。

c. 输出（第 2 项流程，第一个选项卡中对 1 流程的结果进行编码，这里选择的是检测结果＋检测数量输出；第二个选项卡中修改发送信息形式，用以太网发送字符串）。

具体流程如下：

a. 视觉监测流程：先添加搜索流程（见图 3－110）。在视觉检测系统中，当检测目标满足条件时，判定工件合格，当检测目标的不满足条件时，判定为不合格工件。基本的设定识别目标：首先要有目标图片，可储存在 U 盘内进行读取，或者直接进行一次案例拍摄；然后编辑“搜索”流程的参数，单击“登录图形”（见图 3－111），单击“编辑”，选择长方形（按实际需要选择形状，这里演示为方形），然后需要改变方框的大小，尽量与被检测特征大小相符，最后将需要检测的特征框选中。这里演示的识别目标为螺丝孔，如图 3－112 所示。

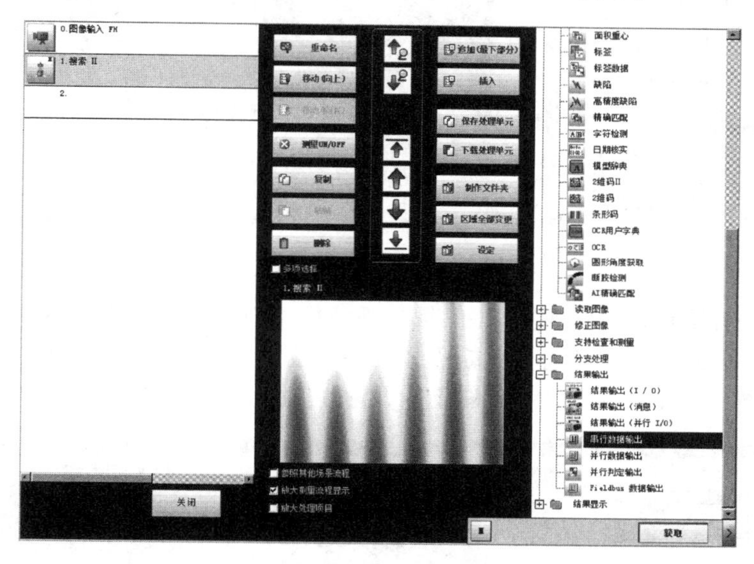

图 3－110　添加“搜索”流程

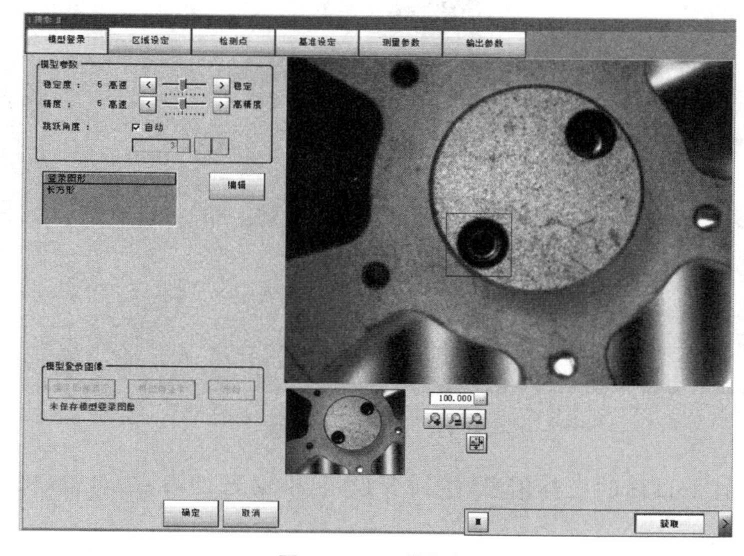

图 3－111　特征框

图 3-112 识别螺丝孔

b. 现在已经有了目标的图像特征，但是一幅画面里面可能存在多个这种特征，需要判定其中某个特征的质量，因此要把特征判定设置在一个范围内，这样即可控制被检测的区域。进行区域设定(见图 3-113)：单击“登录图形”→“编辑”，这里演示为选择整个画幅。

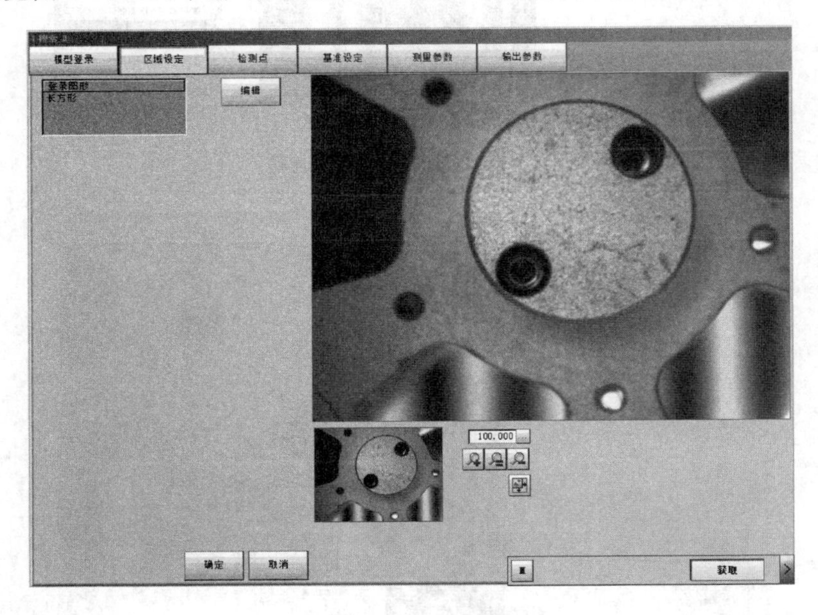

图 3-113 区域设定

c. 检测点为特征目标的坐标信息，按需要设定(非必选的参数，可以略过)，如图 3-114 所示。

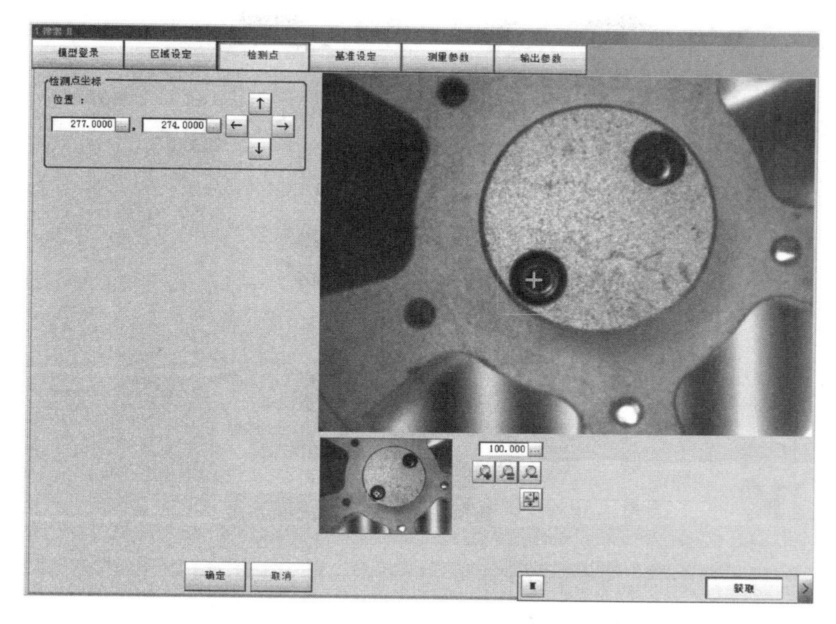

图 3－114　设定检测点

d. 基准设定：设定基准坐标，以及是否修正坐标(非必选的参数，可以略过)，如图 3－115 所示。

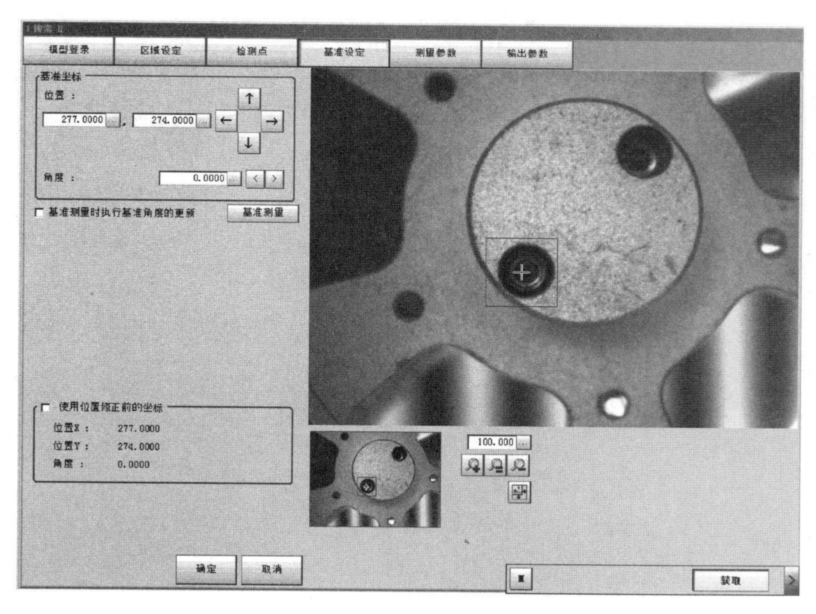

图 3－115　基准设定

e. 检测参数：配置检测时的限制参数，如图像是否存在旋转、最多同时检测输出几个特征值。最重要的是设置检测条件：单击检测按钮，机器立即执行一次拍照，并进行检测，将相关参数进行显示。这里注意修改相似度，若相似度大于设置的下限，即触发判定成成功，低于下线即触发判定失败，如图 3－116 所示。

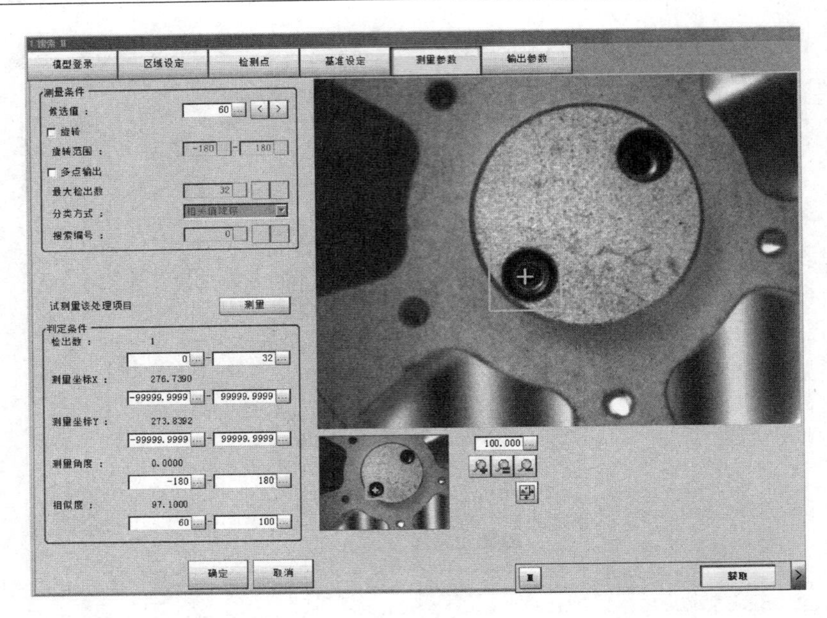

图 3-116　相似度比对

f. 输出参数：这里可以输出除是否成功以外更详细的参数，按需要进行配置，到这里即完成了一个基本的图像识别并判定目标点位的功能，如图 3-117 所示。

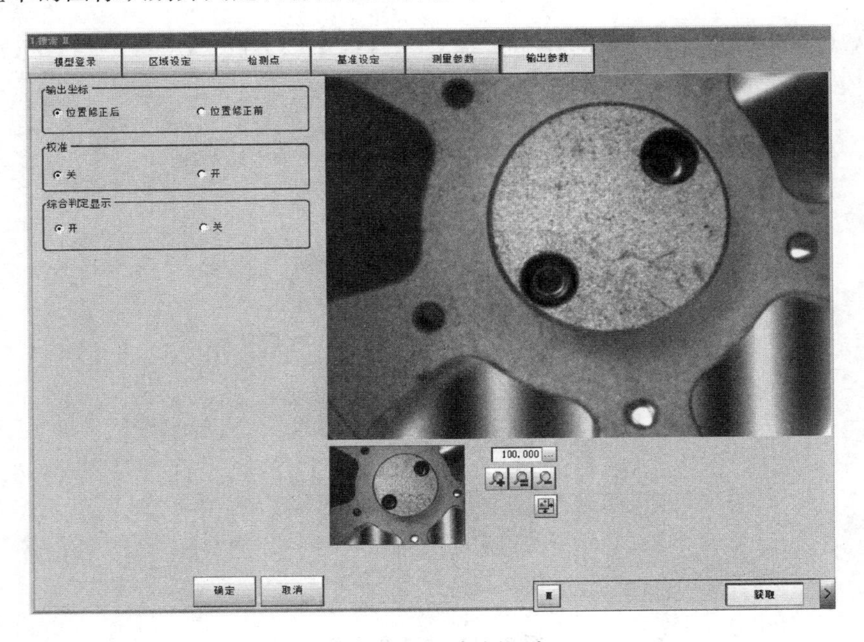

图 3-117　缺陷识别

g. 完成以上之后，单击此页面“确定”按钮。

h. 添加串行数据输出流程(见图 3-118)。单击编辑通信输出的内容：在设定界面编辑表达式，可以看见很多相关参数，编辑组合成字符串数据，然后将数据发送给机器人，机器人解码获得具体的信息，这里演示输出判定结果 NG(见图 3-119)。

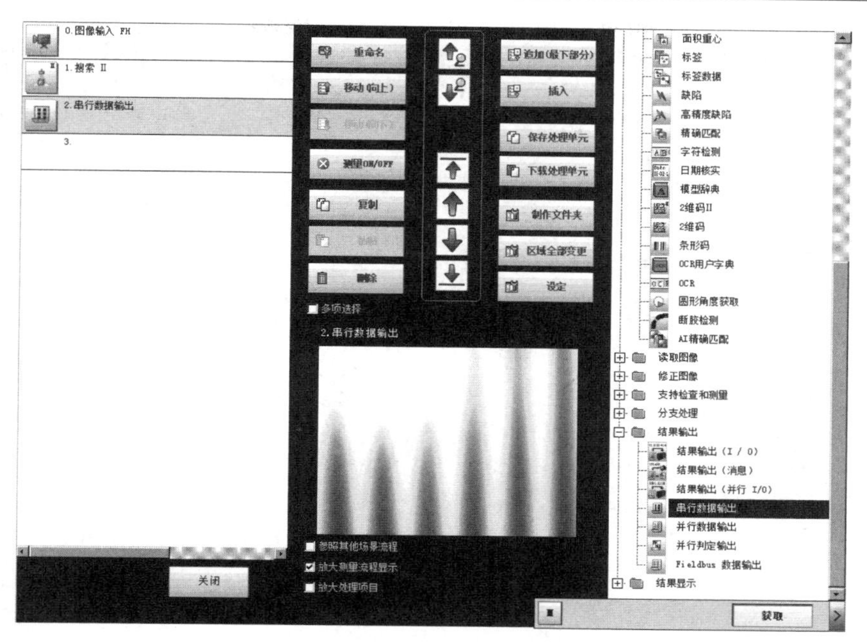

图 3－118　添加串行数据输出

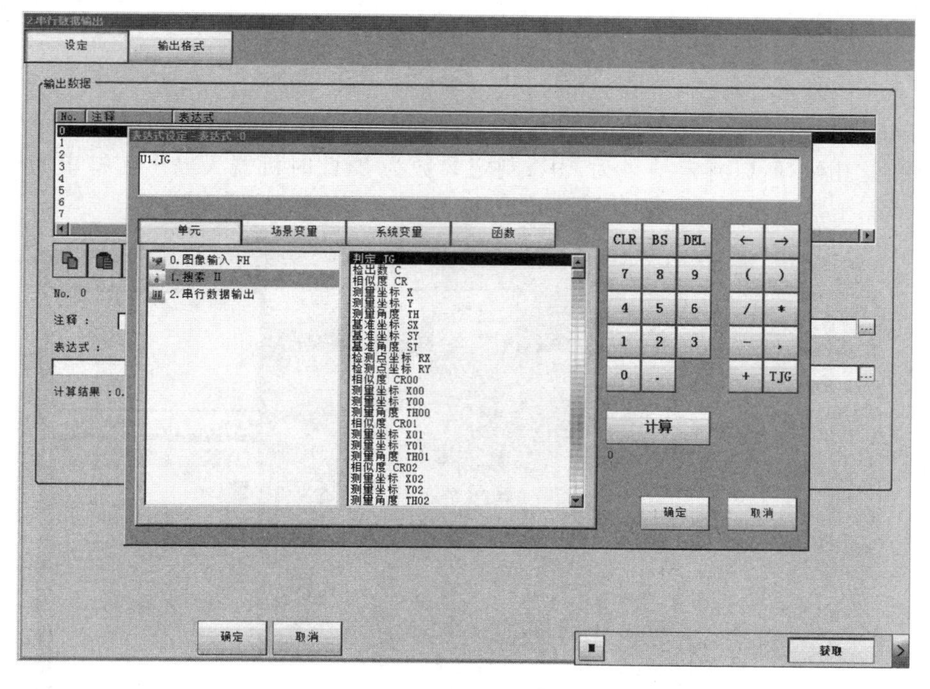

图 3－119　修改参数

输出格式：这里默认为 RS232 输出，需要修改为以太网输出，其余信息按实际需要来设置，如图 3－120 所示。

4）结果展示

单击勾选视觉模块输出选项，运行机器人程序，发现机器人程序停在读入字符串函数行

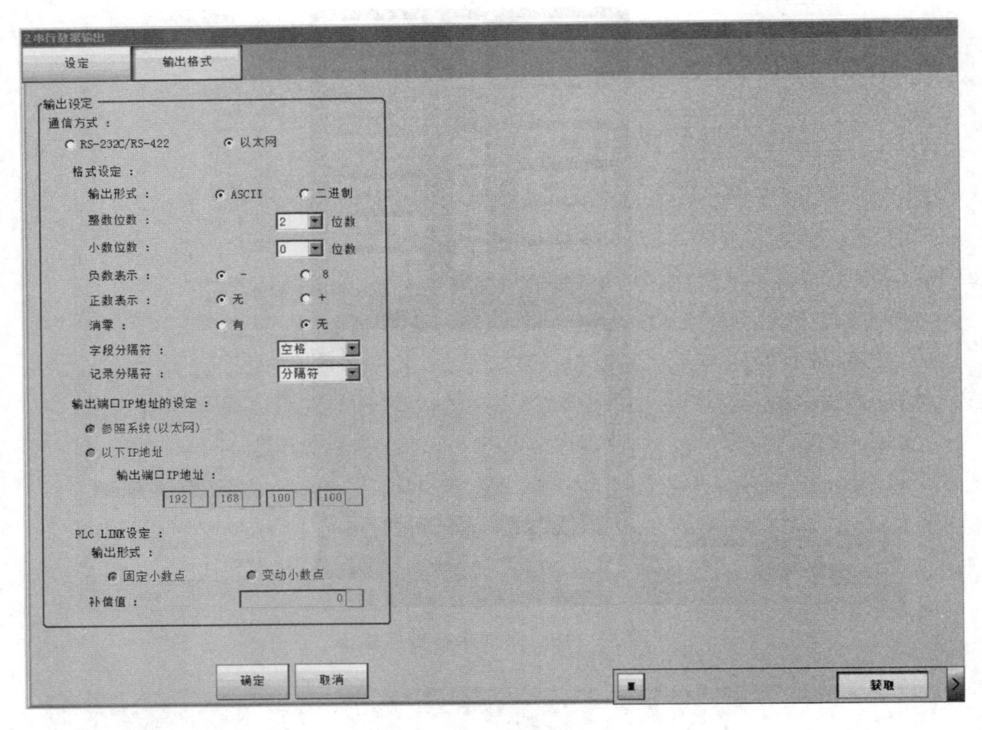

图 3-120　输出格式更改

中，这时单击视觉模块执行测量功能，测量结果在右下角状态显示中可以看到，因为图像中出现了两个螺丝孔位，所以判定结果为 OK，判定参数为 2，此时机器人输出字符串为 2，这时机器人端示教器上显示出 2，如图 3-121 所示。

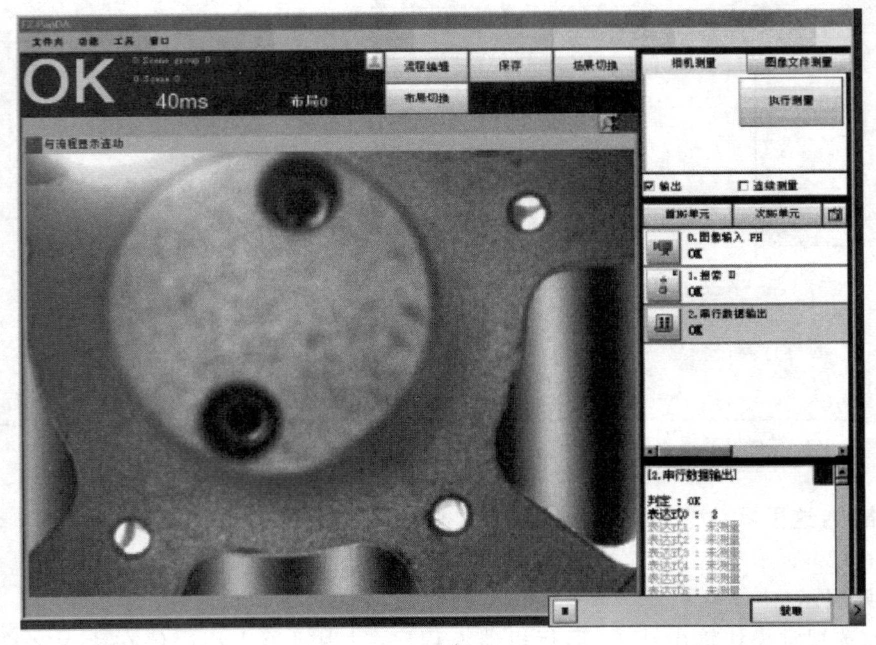

图 3-121　条件满足—OK

与 ABB 机器人通信结果如图 3－122 所示，示教器可以显示出欧姆龙视觉模块发来的数据信息，当前监测结果为“2”。

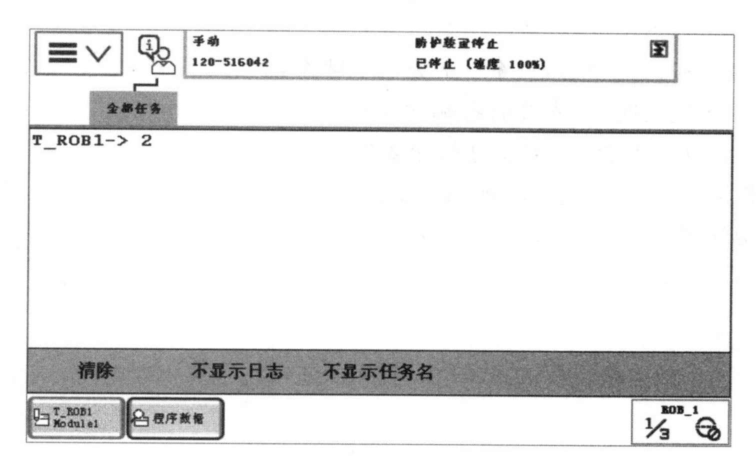

图 3－122　示教器输出“2”

任务评价

任务评价表(1)

任务名称		姓名				任务得分			
考核项目	考核内容	配分	评分标准			自评 30%	互评 30%	师评 40%	得分
知识技能 35分									
素质技能 10分									

任务评价表(2)

内容	考核要求	评分标准	配分	扣分

习 题

① 建立 Socket 通信时，机器人系统需要添加哪个选项？

② 进行 Socket 通信时，首先开启哪端的设备？

③ Socket 通信读取数据后，需要进行什么操作？

④ 如何在机器人端进行 Socket 通信配置？

⑤ 如何在博途中进行 Socket 通信配置？

项目4 基于PC SDK的工业机器人二次开发

教学导航

知识目标

了解PC SDK概念，掌握使用C#进行窗体开发，掌握Visual Studio基本使用方法。

能力目标

① 掌握PC SDK开发流程；

② 掌握Visual Studio基本使用方法；

③ 能创建基本的窗体。

素质目标

将理论与实操案例相结合，全面了解与掌握PC SDK及Visual Studio集成开发环境的使用。

思政目标：求真务实，开拓进取

① 真学、真信、真懂、真用；

② 培养批判性思维和创新意识。

任务4.1 学习Visual Studio使用及C#编程

任务描述

通过学习Visual Studio的基础知识，了解二次开发的应用实例。本任务单元的目标是学习PC SDK开发的实现流程，培养机器人二次开发的能力。

在教学的实施过程中：

① 了解Visual Studio基本使用方法；

② 认识PC SDK开发的意义。

完成本任务后，学生可了解PC SDK开发的基本功能与操作，完成单元任务考核。

任务工单

<table>
<tr><td>任务名称</td><td colspan="3"></td><td>姓名</td><td></td></tr>
<tr><td>班级</td><td></td><td>学号</td><td></td><td>成绩</td><td></td></tr>
<tr><td>工作任务</td><td colspan="5">掌握 PC SDK 安装
掌握 Visual Studio 基本使用</td></tr>
<tr><td>任务目标</td><td colspan="5">知识目标：
了解 PC SDK 概念
了解 Visual Studio 基本使用
技能目标：
掌握 PC SDK 安装
掌握 Visual Studio 基本使用
能创建基本的窗体
职业素养目标：
严格遵守安全操作规范和操作流程
主动完成学习内容，总结学习重点。</td></tr>
<tr><td>举一反三</td><td colspan="5">PC SDK 开发是多样化的，可以尝试不同风格的窗体展示</td></tr>
</table>

任务准备

4.1.1 PC SDK 开发介绍

(1) PC SDK 简介

机器人控制通常是用一般的操作员接口交付的。然而，不同的流程需要不同的操作员处理，客户需要灵活的解决方案，其中用户界面适应用户的具体需求。PC SDK 允许系统集成商、第三方或最终用户为 IRC5 控制器添加自己定制的操作员接口。这种自定义应用程序可以作为独立的 PC 应用程序来实现，它们通过网络与机器人控制器通信。还可以使用 PC SDK 与机器人工作时外接程序中的虚拟或真实控制器通信。对于基于 FlexPendant 的应用程序，请参阅 FlexPendant - SDK 应用程序手册。

另一方面，远程客户端的优点是可以从一个位置监视和访问多个机器人控制器。对于大型应用程序，在内存资源和处理能力方面 PC 平台也没有 FlexPendant 受限。

PC SDK 支持 IRC5 的自定义用户界面。但是 PC SDK 本身不能保证增加的客户价值。为此，应谨慎开发 PC SDK 应用程序，并重点放在易用性上。实际上，了解最终用户的需求对于实现定制界面的好处至关重要。

. NET and Visual Studio。

PC SDK 使用 Microsoft . NET 和 Microsoft Visual Studio，因此，如果知道如何使用 Visual Studio 对 Windows 平台进行编程，可以选择使用集成开发环境 Visual Studio 提供的任何语言。在 PC 应用程序中，任何. NET 语言都可以使用，但是 ABB 支持仅适用于 Visual Basic 和 C#。

（2）PC SDK 资源获取

本节介绍如何安装 PC SDK。安装完成后可以对 IRC5 控制器进行编程，编译和测试 PC 应用程序。

1）软件必须满足的要求

① 操作系统：Microsoft Windows XP + SP2、Windows Vista + SP2 或 Windows 7。

② Microsoft Visual Studio 2005 Express 或更高版本，或 Microsoft Visual Studio 2008 Express 或更高版本。

③ NET Framework4.6 SP2。

2）硬件必须满足的要求

安装磁盘上有 50 GB 可用磁盘空间，PC SDK 是针对英语版本的 Visual Studio 开发和测试的。如果以另一种语言运行 Visual Studio，建议切换到英语版。

3）安装和使用 PC SDK 的要求

安装 RobotStudio 时会安装 PC SDK。有关安装 RobotStudio 的更多信息，请参见《操作手册-RobotStudio》中的“安装和许可 RobotStudio”。另外，请确保对正在使用的计算机具有管理员权限。

关于下载，可以在官网 https://developercenter.robotStudio.com/api/PC SDK/下载对应的 PC SDK 版本：

从 RobotStudio 5.13 开始，RobotStudio 安装中同时包含 PC SDK 和 FlexPendant SDK。.NET 程序集安装在全局程序集缓存(GAC)中。RobotStudio 与先前安装的 PC SDK 版本并且安装 PC SDK 5.14。以前，PC SDK 是 Robot Application Builder(RAB)的一部分，其中还包括 FlexPendant SDK。RAB 5.12 是 Robot Application Builder 的最新版本。

默认情况下，安装 RobotStudio 时会安装 PC SDK 有关详细信息，请参阅《操作手册-入门》IRC5 和 RobotStudio 中的“安装 RobotStudio”。安装向导将指导完成安装。如果要在不安装 PC SDK 的情况下安装 RobotStudio，或从 RobotStudio 删除 PC SDK，请在 RobotStudio 安装向导中选择“自定义”，然后选择或取消选择功能 PC SDK(具体操作步骤在后文 4.2.1 小节会详细介绍演示)。

在 RAB5.10 中，许可证检查已从软件中删除，这使任何人都可以免费使用 Robot Application Builder。这意味着不再需要为获得许可证或在 PC 应用程序中包含 licx 文件而费心。对于 5.09 或更早版本的 RAB，许可是安装过程的第二部分。如果需要为 RobotWare 5.09 或更早版本开发 RAB 应用程序，则需要寻求支持以获取免费的许可证密钥。

4.1.2　认识 C# 知识

（1）.NET 框架

2002 年，微软发布了.NET 框架的第一个版本，声称其解决了原有问题并实现了下一代系统的目标。.NET 框架是一种比 MFC 和 COM 编程技术更一致并面向对象的环境，其特点为：

① 多平台：该系统可以在各种计算机上运行，从服务器、桌面机到 PDA，还能在移动电话上运行。

② 行业标准：该系统使用行业标准的通信协议，如 XML、HTTP、SOAP、JSON 和 WSDL。

③ 安全性：该系统能提供更加安全的执行环境，即使有来源可疑的代码存在。

.NET 框架由三部分组成，执行环境称之为 CLR(Common Language Runtime，公共语言运行库)。CLR 在运行时，管理程序的执行包括以下内容：

① 内存管理和垃圾收集。

② 代码安全验证。

③ 代码执行、线程管理及异常处理。

(2) C# 环境

Visual Studio 集成开发环境(IDE)、.NET 兼容的编译器(例如：C#、visual basic .NET、F#、IronRuby 和托管的 C++)、调试器、Web 开发服务器端技术，比如 ASP.NET 或 WCF，BCL(Base Class Library，基类库)是.NET 框架使用的一个大的类库，而且也可以在程序中使用。

CLR、BCL 和 C# 完全是面向对象的，并形成了良好的集成环境，系统为本地程序和分布式系统都提供了一致的、面向对象的编程模型。它还为桌面应用程序、移动应用程序和 Web 开发提供了软件开发接口，涉及的目标范围很广，从桌面服务器到手机。

CLR 有一项服务称为 GC(garbage collector，垃圾收集器)，它能自动管理内存，GC 自动从内存中删除程序不再访问的对象。

GC 使程序员不再操心许多以前必须执行的任务，比如释放内存和检查内存泄漏，这是个很大的改进，因为检查内存泄漏可能非常困难而且耗时很长。

(3) C# 程序结构

C# 程序由一个或多个文件组成。每个文件均包含零个或多个命名空间。一个命名空间包含类、结构、接口、枚举、委托等类型或其他命名空间。以下示例是包含所有这些元素的 C# 程序主干。

一个 C# 程序主要包括以下部分：

① 命名空间声明(Namespace declaration)；

② 一个 Class；

③ Class 方法；

④ Class 属性；

⑤ 一个 Main 方法；

⑥ 语句(Statements)& 表达式(Expressions)；

⑦ 注释；

⑧ C# 文件的后缀(.cs)。

(4) C# 基本语法

1) 标识符

标识符是一种字符串，用来命名变量、方法、参数和许多后面将要阐述的其他程序结构。可以通过把有意义的词连接成一个单独的描述性名称来创建自文档化(self-documenting)的标识符，可以使用大写和小写字母(CardDeck、PlayersHand、FirstName)区分不同的标识符，如 myName 和 MyName 是不同的标识符。例如：

```
int myName;
int myname;
int Myname;
```

虽然在程序中可用并且是有效的，但是不利于实际使用，对后续的调试和运维的工作人员来说是非常头疼的。

2）关键字

关键字是用来定义 C＃语言的字符串记号，所有关键字全部都由小写字母组成（与类名使用的 Pascal 大小写约定），如表 4－1 所列。

表 4－1　C＃关键字

abstract	const	extern	int	out	short	typeof
as	continue	false	interface	override	sizeof	uint
base	decimal	finally	internal	params	stackalloc	ulong
bool	default	fixed	is	private	static	unchecked
break	delegate	float	lock	protected	string	unsafe
byte	do	for	long	public	struct	ushort
case	double	foreach	namespace	readonly	switch	using
catch	else	goto	new	ref	this	virtual
char	enum	if	null	return	throw	void
checked	event	implicit	object	sbyte	true	volatile
class	explicit	in	operator	sealed	try	When while

上下文关键字是仅在特定的语言结构中充当关键字的标识符。在那些位置，它们有特别的含义，两者的区别是：关键字不能被用作标识符，而上下文关键字可以在代码的其他部分被用作标识符。

每个 C＃程序必须有一个类带有 Main 方法，在先前所示的 SimpleProgram 程序中，它被声明在 Program 类中。

每个 C＃程序的可执行起始点在 Main 中的第一条指令。Main 必须首字母大写，最简单的形式如下：

```
static void Main()
{
-----语句-----
}
```

（5）C＃数据类型

如果泛泛的描述 C＃的代码特征，可以说 C＃程序是一组类型声明。C＃程序或 DLL 的源代码是一组类型声明，对于可执行程序，类型声明中必须有一个包含 Main 方法的类；命名空间是一种将相关的类型声明分组并命名的方法。因为程序是一组相关的类型声明，所以通常在创建命名空间内部声明程序类型。类型是一种模板，既然 C＃程序是一组类型声明，那么学习 C# 就是学习如何创建和使用类型。所以首先先要了解什么是类型。可以把类型想象成一个用来创建数据结构的模板，模板本身并不是数据结构，但它详细说明了由该模板构造的对象的特征。

从某个类型模板创建的实际对象，称之为实例化该类型。

通过实例化类型而创建的对象被称之为对象或类型的实例，这两个术语可以互换，在 C# 程序中，每个数据项都是某种类型的实例，这些类型可以是语言自带的，可以是 BCL 或其他库提供的，也可以是程序员定义的，像 short、int 和 long 这样的类型称之为简单类型，这种类型只能存储一个数据项，其他的类型可以储存多个数据项，如数组(array)类型就可以存储多个同类型的数据项。这些数据项称之为数组元素，可以通过数字来引用这些元素，这些数字称之为索引。

C# 提供了 16 种预定义类型(见图 4－1)，其中包括 13 种简单型(见表 4－2)和 3 种非简单型。所有预定义类型的名称都由全小写的字母组成。

13 种简单类型包括：

① 11 种数值类型。

② 不同长度的有符号和无符号整数类型。

③ 浮点数类型 float 和 double。

三种非简单类型如下：

① String，它是一个 Unicode 字符数组。

② Object，它是所有其他类型的基类。

③ Dynamic，使用动态语言编写的程序集时使用。

预定义简单类型表示一个单一的数据项，同时列出了它们的取值范围和对应的底层.NET 类型。

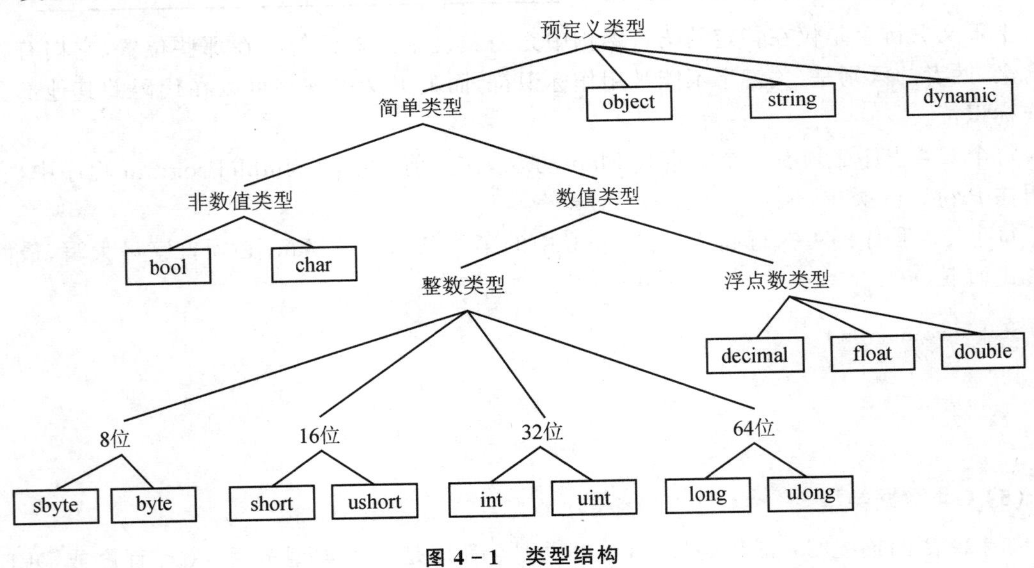

图 4－1　类型结构

表 4－2　数据类型

名　称	含　义	范　围	.NET 框架类型	默认值
sbyte	8 位有符号整数	－128～127	System. SByte	0
byte	8 位无符号整数	0～255	System. Byte	0
short	16 位有符号整数	－32768～32767	System. Int16	0
ushort	16 位无符号整数	0～65535	System. Ulnt16	0
int	32 位有符号整数	－2147483648～2147483647	System. Int32	0
uint	32 位无符号整数	0～4294967295	System. Ulnt32	0
long	64 位有符号整数	－9223372036854775808～9223372036854775807	System. Int64	0
ulong	64 位无符号整数	0～18446744073709551615	System. Ulnt64	0
float	单精度浮点数	$1.5*10^{-45}$～$3.4*10^{38}$	System. Single	0. 0f
double	双精度浮点数	$5*10^{-324}$～$1.7*10^{308}$	System. Double	0. 0d
bool	布尔型	true false	System. Boolean	false
char	Unicode	U＋0000～U＋ffff	System. Char	lx0000
decimal	小数类型的有效数字精度为 28 位	$\pm1.0*10^{28}$～$\pm7.9*10^{28}$	System. Decimal	0m

除了 C# 提供的 16 种预定义类型，还可以创建自己的用户定义类型，有 6 种类型可以由用户自己创建，它们分别是：

① 类类型(class)；

② 结构类型(struct)；

③ 数组类型(array)；

④ 枚举类型(enum)；

⑤ 委托类型(delegate)；

⑥ 接口类型(interface)；

一旦声明了类型，就可以创建和使用这种类型的对象，就像它们是预定义类型一样，使用预定义类型是一个单步过程，简单地实例化对象即可。使用用户定义类型是一个两步过程，必须先声明类型，然后实例化该类型的对象(见图 4－2)。

(6) C#流程控制

C# 中的语句跟 C 和 C++ 中的语句非常类似，类比其他两种语言，着重地介绍该语言提供的控制流语句。首先需要了解什么是语句：语句是描述某个类型或让程序执行某个动作的源代码指令。

语句主要有以下三种类型：

① 声明语句：声明类型或变量。

② 嵌入语句：执行动作或管理控制流。

③ 标签语句：控制跳转。

前面的章节中阐述了许多不同的声明语句，包括局部变量声明、类声明以及类成员的声明。这一章将阐述嵌入语句，它不声明类型、变量或实例，而是使用表达式和控制流结构与由

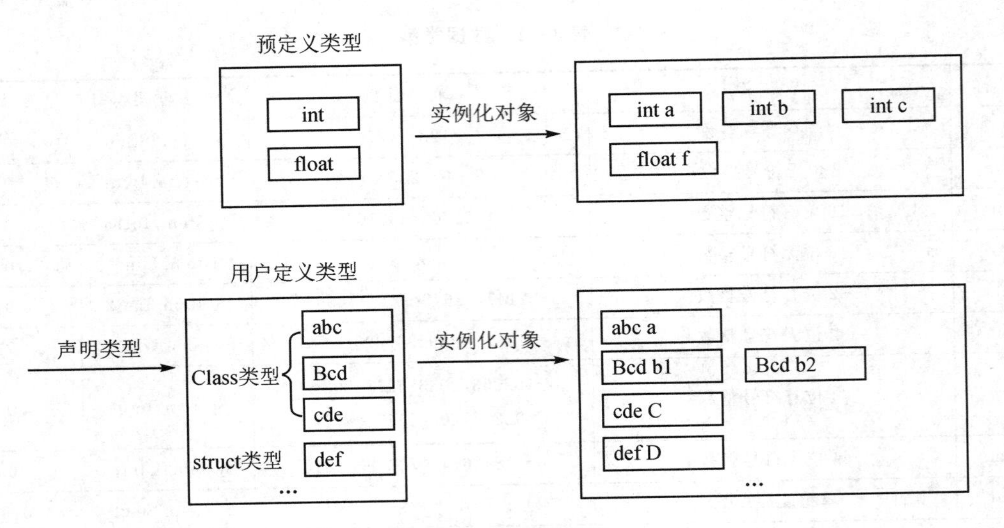

图 4-2　解释实例化

声明语句声明的对象和变量一起工作。

简单语句由一个表达式和后面跟着的分号组成。

块是由一对大括号括起来的语句序列，括起来的语句可以包括：声明语句、嵌入语句、标签语句、嵌套块。

下面的代码给出了每种语句的示例：

```
   Int x = 10;          //简单声明
   Int z ;
{                       //块
   Int y = 20;
   Z = x + y;           //嵌入语句
   {
…                       //嵌套块
   }
}                       //结束外部块
```

同样，C＃提供与现代编程语言相同的控制流结构。

条件执行依据一个条件执行或跳过一个代码片段，条件执行语句如下：

```
If
If…else
Switch
```

循环语句重复执行一个代码片段，循环语句如下：

```
While
Do
For
Foreach
```

跳转语句把控制流从一个代码改变到另一个代码片段中的指定语句，跳转语句如下：

```
Break
Continue
Return
Goto
Throw
```

接下来用一系列流程图对各个语句作一个形象的补充说明。如图4－3所示，在if语句中，在变量表达式中要注意的是，计算结果必须是bool型值，如果表达式的结果是true，则执行“执行语句描述”中的操作，如果求值是false，则跳过“执行”这一块。

如图4－4所示，if…else语句实现双路分支，并且两路执行语句块中都可以嵌套if…else语句，如果在阅读别人的代码中出现多个嵌套的if…else语句，并要找出哪个else属于哪个if，有一个简单的规则，就是每个else都属于离它最近的前一条没有相关的if语句。

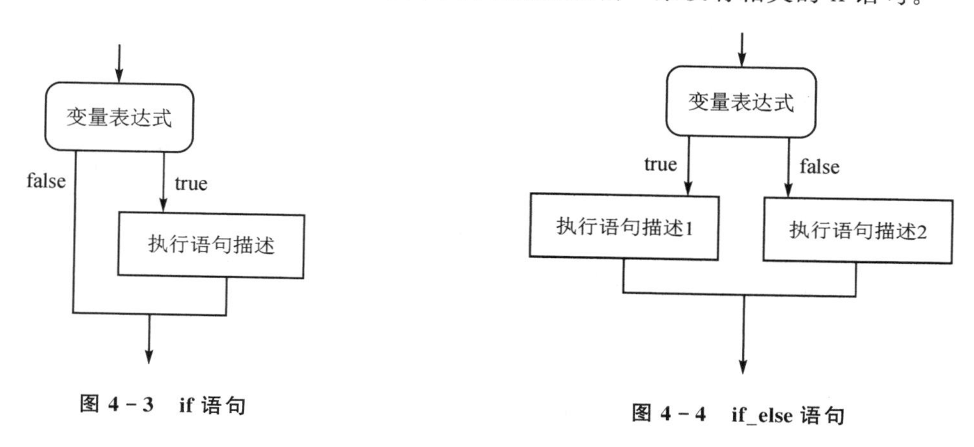

图4－3　if语句

图4－4　if_else语句

如图4－5所示，While循环是一种简单循环结构，其变量表达式在循环的顶部执行。While循环语句首先对变量表达式进行求值，得到bool型的结果，当其为true时进入执行语句体，没执行一次都对返回的新变量就行求值，直到结果为false时，整个循环结束。

如图4－6所示，Do循环也是一种简单循环结构，其变量表达式在循环的底部执行，首先执行“执行语句”内的操作然后对变量进行求值得到bool型结果，如果返回的值为true，再次执行“执行语句”，如此反复直到变量表达式返回为false时跳出该循环体。

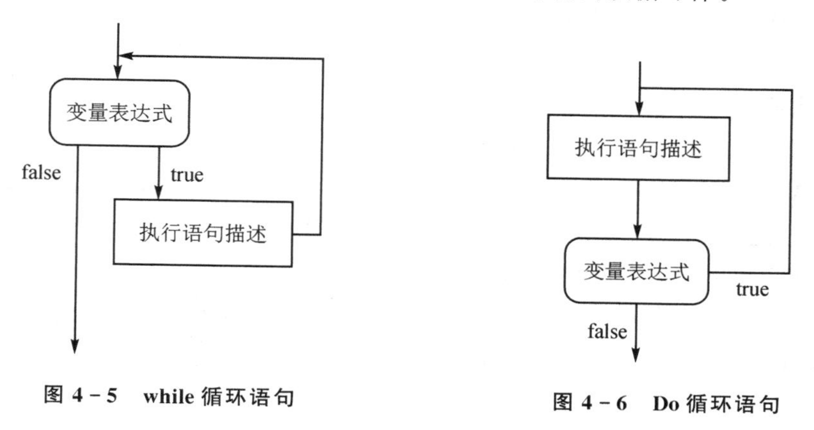

图4－5　while循环语句

图4－6　Do循环语句

如图 4－7 所示，For 循环的变量表达式在循环体顶端计算时返回 true，就会执行循环体，开始之前执行一次初始化语句，给迭代计数器一个初始值。然后对变量表达式进行判断求值，若为 true 则执行“执行语句”，更新迭代表达式数值，如此反复直到变量表达式不满足设定值返回为 false，并且结束该循环。

如图 4－8 所示，Switch 语句是实现多路分支的语句，相比较于 if 语句功能类似(需要注意的是，C＃7.0 及之后的版本，在 switch 的变量表达式中不仅仅局限与 bool 型值，而可以适用于任何类型，这也造就了这个语句方法的强大用途)，它的分支结构偏离散化，可针对部分特殊的值进行判断然后分支计算，它特有的属性也造就它适用于很多场景。

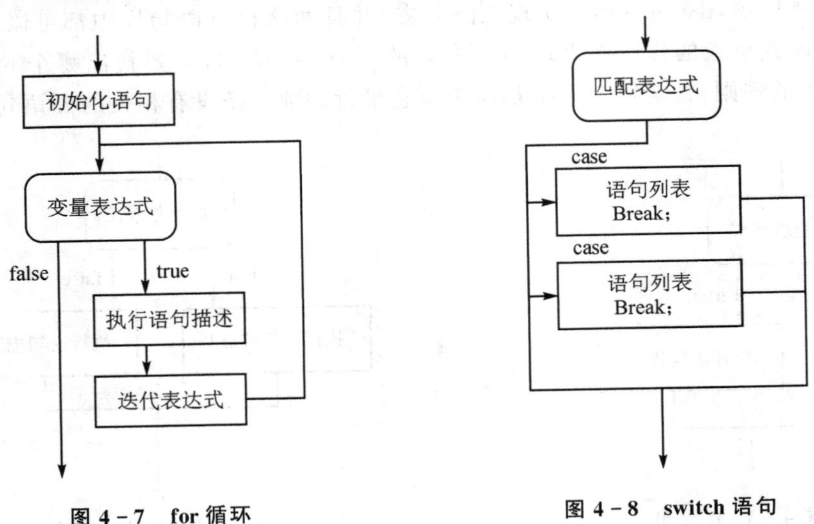

图 4－7　for 循环　　　　图 4－8　switch 语句

如图 4－9 所示，Switch 语句包含 0 个或多个分支快，每个分支块都以一个或多个分支标签开头，每个分支标签(或者最后一个分支标签，如果一个分支块中有多个分支标签的话)必须遵守“不穿过原则”。这意味着分支块中的表达语句不能到达终点并且进行下一个分支块，每个分支都搭配一个 break 语句，用来跳出单个分支。其中的 default 分支是可选的，但是如果包括了，也要以一条 break 语句跳出语句结束该循环。

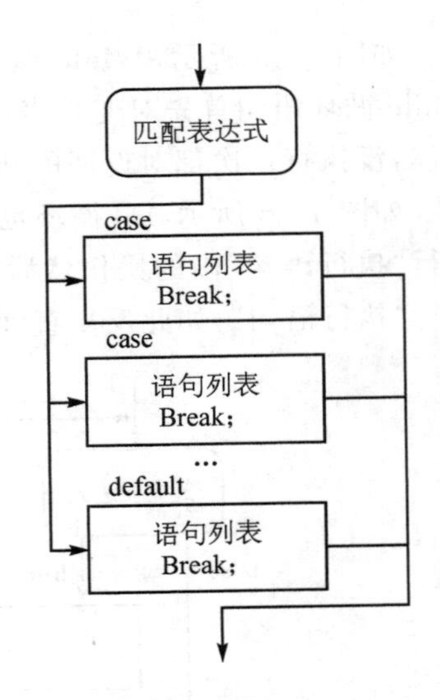

图 4－9　包含 default 的 switch 语句

(7) C＃编程

前文讲过 C＃编程的基本构成元素以及几种常见的语句种类，包括成员类型中的两种：字段和方法，这一小节会介绍除事件和运算符之外的类成员类型，并展开讨论如何用 C＃进行编程，在前文中出现了不少像 public 和 private 这样的修饰符，类成员声明语句由下列部分组成：核心声明、一组可选的修饰符和一组可选的特性，用于描述这个结构的语法如下。

1）修饰符

① 如果有修饰符，必须放在核心声明之前。

② 如果有多个修饰符，可以任意顺序排列。

2）特　性

① 如果有特性，必须放在修饰符和核心声明之前。

② 如果有多个特性，可以任意顺序排列。

刚刚谈到的 public 和 private 都是修饰符，可以一起修饰某个声明，下面两行代码在语义上是等价的：

```
Public static int MaxVal;
Static public int MaxVal;
```

类成员可以关联到类的一个实例，也可以关联到整个类，即类的所有实例。默认情况下，成员被关联到一个实例，可以认为类的每个实例拥有自己的各个类成员的副本，这些成员称为实例成员。

例如，下面的代码声明了一个类 IntField，它带有唯一整型字段 Filed1。Main 创建了该类的两个实例，每个实例都有自己的字段 Field1 的副本，改变一个实例的字段副本的值不影响其他实例的副本的值。下面的代码阐明了类 IntFiled 的两个实例。

```
Class IntField
{
    Public int Field1;
}
Class program
{
    Static void Main()
    {
        IntField  f1 = new IntField();
        IntField  f2 = new IntField();
        f1.Field = 10; f2.Field = 20;
        Console.WriteLine( $ " f1 = {f1.Field}, f2 = {f2.Field} " );
    }
}
```

输出结果为：f1 ＝ 10 ，f2 ＝ 20，并且在堆上开辟了两个实例的内存空间，如图 4－10 所示。

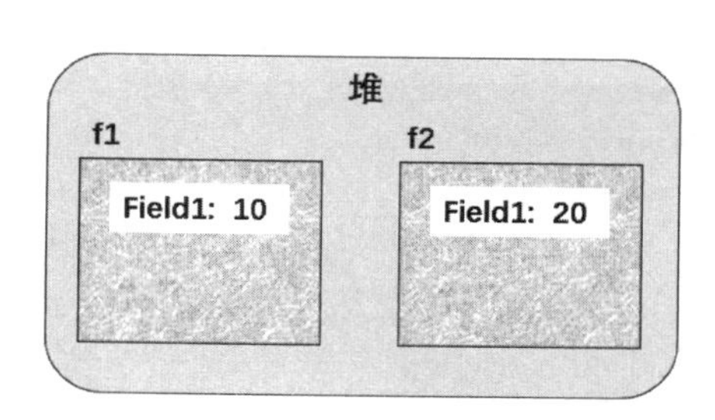

图 4－10　内存空间

除了实例字段，类还可以拥有静态字段，

静态字段被类的所有实例共享，所有实例都访问同一内存位置。因此，如果该内存位置的被一个实例改变了，这种改变对所有的实例都可见。

可以使用 static 修饰符将字段声明为静态，如：

```
Class IntField
{
    int Field1;                //实例字段
    static int Field2;         //静态字段
}
```

例如，在图 4－11 中，左边声明了类 IntField，它含有静态字段 Field1 和实例字段 Field2。Main 定义了类 IntField 的两个实例。该图表明静态成员 Field2 是与所有的实例分开保存的，实例中灰色的字段表面，从实例内部访问或更新静态字段的语法和访问或更新其他成员字段一样。

```
Class IntField
{
    int Field1;
    static int Field2;
    ...
}

Static void Main()
{

    IntField f1 = new IntField();
    IntField f2 = new IntField();
    f1.Field = 10; f2.Field =20;
    ...
}
```

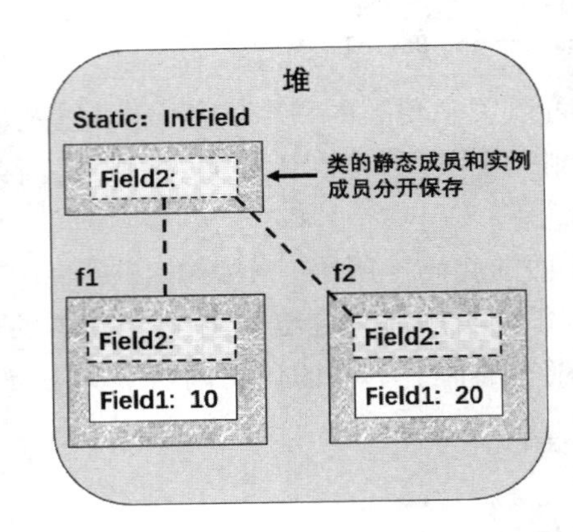

图 4－11　堆上保存成员

因为 Field 是静态的，所有类 IntField 的两个实例共享一个 Field 字段，如果 Field 被改变了，这个改变在两个实例中都能看到。

成员 Field 没有声明为 static，所以每个实例都有自己的副本。

引用名称空间后就可以直接调用方法，不需要再使用权限命名，提高代码的可读性，但当一个方法的命名出现在多个名称空间里时，为了避免报错，就不得不使用权限命名加以区分（见图 4－12 和图 4－13），显然地，Visual Studio2022 这款 IDE 也会极早地做出提示。

```
namespace HelloWorld
{
    class Program
    {
        static void Main(string[] args)
        {
            System.Console.WriteLine("Hello, World!");
            System.Console.WriteLine("Good morning!");
        }
    }
}
```

图 4－12　不引用名称空间

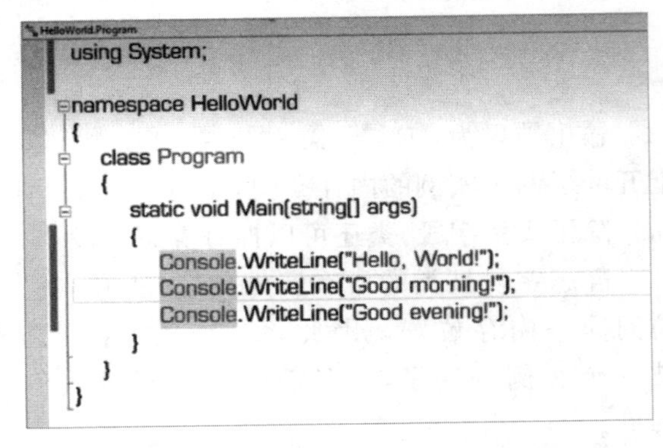

图 4－13　引用名称空间

属性是代表类实例或类中的数据项的成员。使用属性就像写入或读取一个字段，语法相同。

例如，下面的代码展示了名为 MyClass 的类的使用，它有一个公有字段和一个公有属性。从用法上无法区分它们。

```
MyClass mc = new MyClass();
mc.MyField = 3;              //给字段赋值
mc.MyProperty = 6;           //给属性赋值
```

与字段类似，属性有如下特征：

① 它是命名的类成员。

② 它有类型。

③ 它可以被赋值和读取。

④ 它和字段不同，属性是一个函数成员。

⑤ 它不一定为数据存储分配内存。

⑥ 它执行代码。

属性是一组(两个)匹配的、命名的、称为访问器的方法。set 访问器为属性赋值；get 访问器从属性获取值。

如图 4－14 所示，左边的代码展示了声明一个名为 MyValue 的 int 类型属性的语法，右边的图像展示了属性在文本中可视化的方式。请注意，访问器从后面伸出，因为它们不能被直接调用。

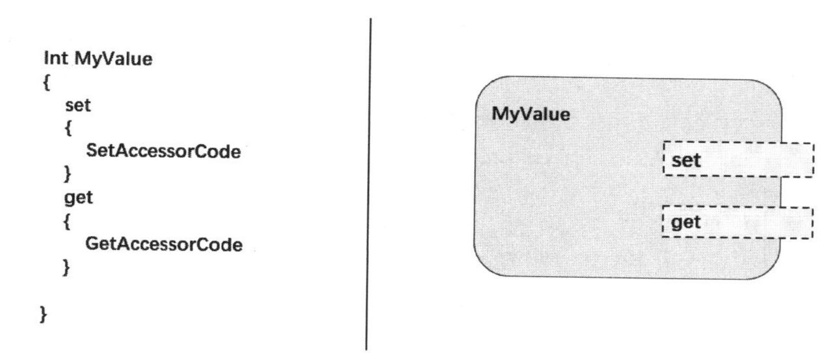

图 4－14　访问器

set 和 get 访问器有预定义的语法和语义，可以把 set 访问器想象成一个方法，带有单一的参数，它“设置”属性的值，get 访问器没有参数并从属性返回一个值。

set 访问器总是拥有一个单独的、隐式的值参，名称为 value，与属性的类型相同，且拥有一个返回类型 void。get 访问器总是没有参数，且拥有一个与属性类型相同的返回类型。

属性声明的结构如图 4－15 所示。注意，图中的访问器声明既没有显式的参数，也没有返回类型声明。不需要它们，因为它们已经隐含在属性的类型中了。

set 访问器中的隐式参数 value 是一个普通的值参，和其他值参一样可以用它发送数据到方法体或访问器块，在块的内部可以像普通变量那样使用 value 包括对它赋值。访问器的其他要点如下：

get 访问器的所有执行器路径须包含一条 return 语句，它返回一个属性类型的值，访问器

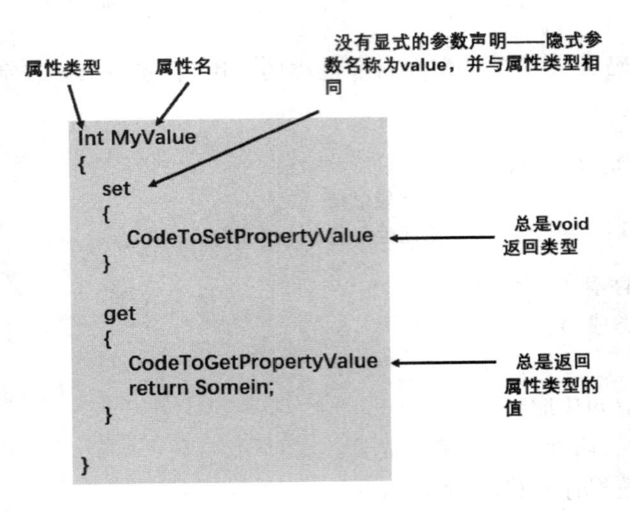

图 4 - 15 声明

set 和 get 可以以任何顺序声明，并且除了这两个访问器外，属性不允许有其他方法。

4.1.3 Visual Studio 集成开发环境使用基础

(1) 创建项目

如图 4 - 16 所示，打开 Visual Studio 2022，单击创建新项目，选择基于. NET framework 的 Windows 窗体应用，这是一款用于创建具有 Windows 窗体（winForms）用户界面的应用程序的项目。建议选择 4.8 版本的. NET 框架，避免低版本不兼容的情况发生。接下来就能用 C# 在 Windows 平台上设计案例，从而进行开发。

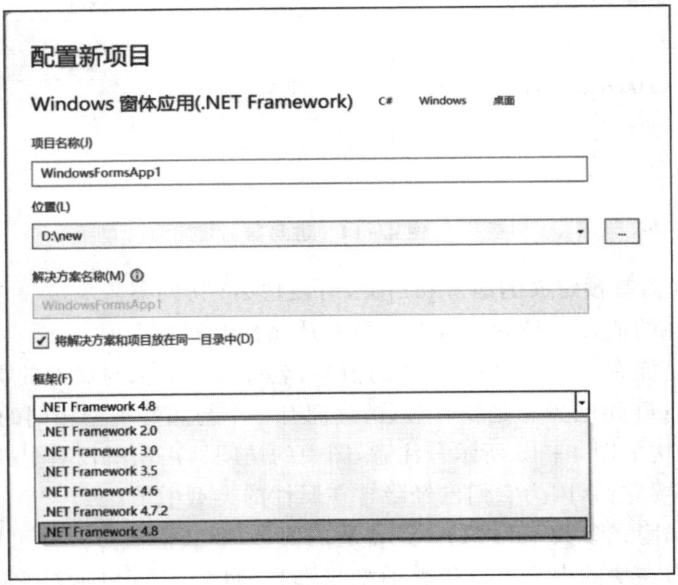

配置新项目
Windows 窗体应用(.NET Framework) C# Windows 桌面
项目名称(J)
WindowsFormsApp1
位置(L)
D:\new
解决方案名称(M)
WindowsFormsApp1
将解决方案和项目放在同一目录中(D)
框架(F)
.NET Framework 4.8
.NET Framework 2.0
.NET Framework 3.0
.NET Framework 3.5
.NET Framework 4.6
.NET Framework 4.7.2
.NET Framework 4.8

图 4 - 16 创建新项目

（2）基本布局要求

① 能够满足用户在 PC 端实现对机器人的运动控制（包括启动、停止、上电、下电、运动等）；

② 能够实现在 PC 端实时获取机器人的状态信息（包括心跳、日志、报警、坐标等）；

③ 能够实现在 PC 端对机器人的 I/O 点进行读写操作。

现在二次开发的这款窗口界面由登录、主页、连接、监控、操作、日志六个页面组成，其中最主要的就是连接和操作两个页面的操作选项：连接页面做了三种连接机器人的方式可供选择，在连接页面能获取到机器人工作站的基本通信信息，通过选择工作站内的系统，就可以对其执行运行监视和控制操作。后面的每一步操作都需要在连接成功的基础上继续往下进行。

1）登陆主界面

此部分为初始登录页面如图 4－17 所示，用户登录后会根据权限行使相应的功能和操作，退出此页面的方式有两种：动态显示的电源按钮与窗口的关闭键。

图 4－17　登录界面

2）控制主页

控制主页如图 4－18 所示，左侧为导航栏分别展示出最主要的四个功能，上方显示登录时候的用户名以及用户的当前等级，右侧显示当前的系统时间。整个中间主体部分在不进入其他操作的情况下，主要展示机器人动画渲染和广告推广信息。

3）Connect——连接功能选项卡

如图 4－19 所示，当在左侧导航栏里选择并单击 connect 时，导航光标条就会停在其前面起到一个醒目的作用，并且操作区也刷新了关于连接操作和获取的全部内容信息。

对当前页面获取的信息做一个梳理：

① 当前电池电量；

② 机器人心跳；

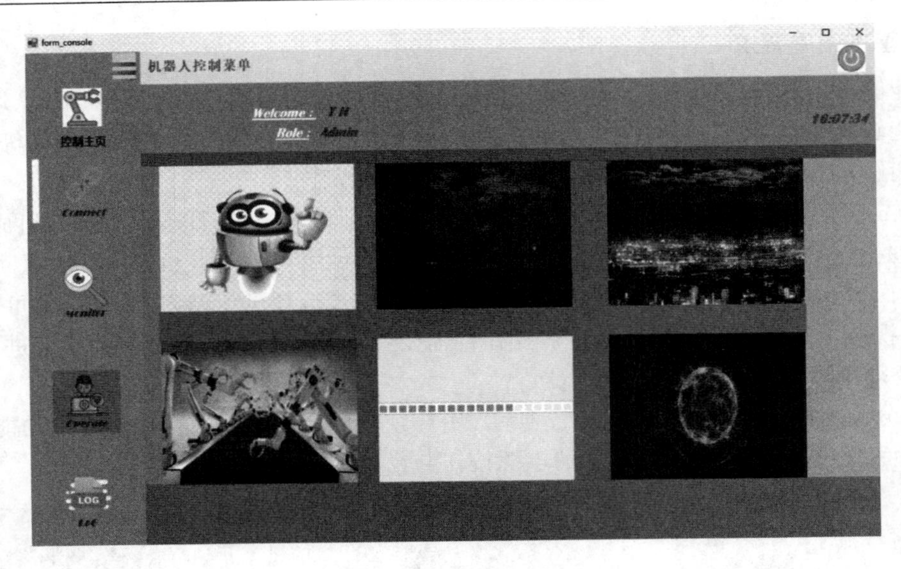

图 4－18　任务管理界面

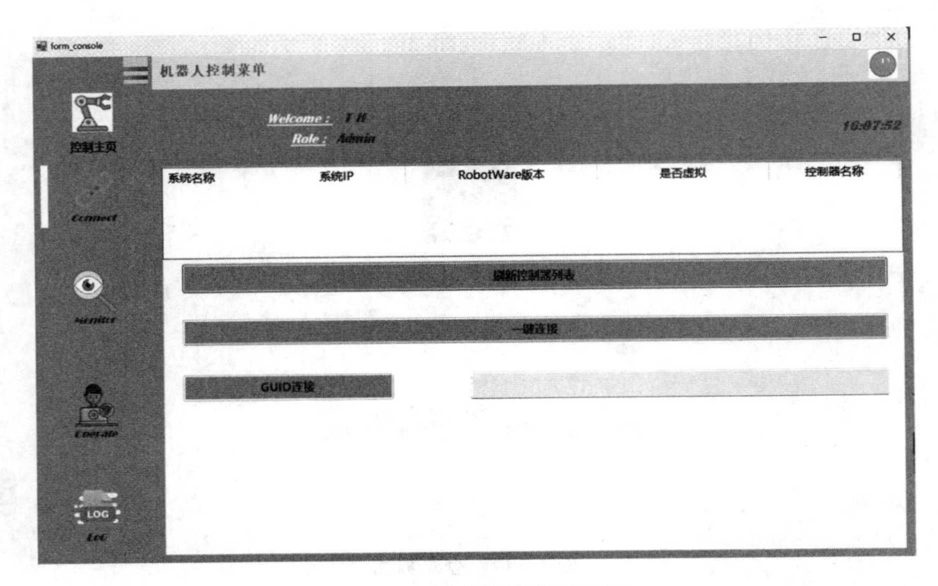

图 4－19　连接页面操作展示

③ 当前工具；

④ 运行模式；

⑤ 用户坐标系；

⑥ 操作模式；

⑦ 示教器模拟输出；

⑧ 急停状态；

⑨ 控制器状态；

⑩ 机器人当前点位；

⑪ 工件坐标系；

⑫ 6 轴的平均速度；

⑬ 6 轴的平均加速度；

⑭ 6 轴的平均角速度；

⑮ 6 轴的平均角加速度；

⑯ 6 轴力矩。

4）Monitor——监控功能选项卡

此部分为监控页面如图 4－20 所示，对于机器人来讲，在三维空间里最重要的参数就是位置和姿态信息，在机器人运动学表示中用坐标和角度来描述。其中按照实际需求分为两种不同的描述方式：关节空间与笛卡尔空间。同样，在该页中可以通过切换按钮达到获取两种不同描述方式数据的目的。

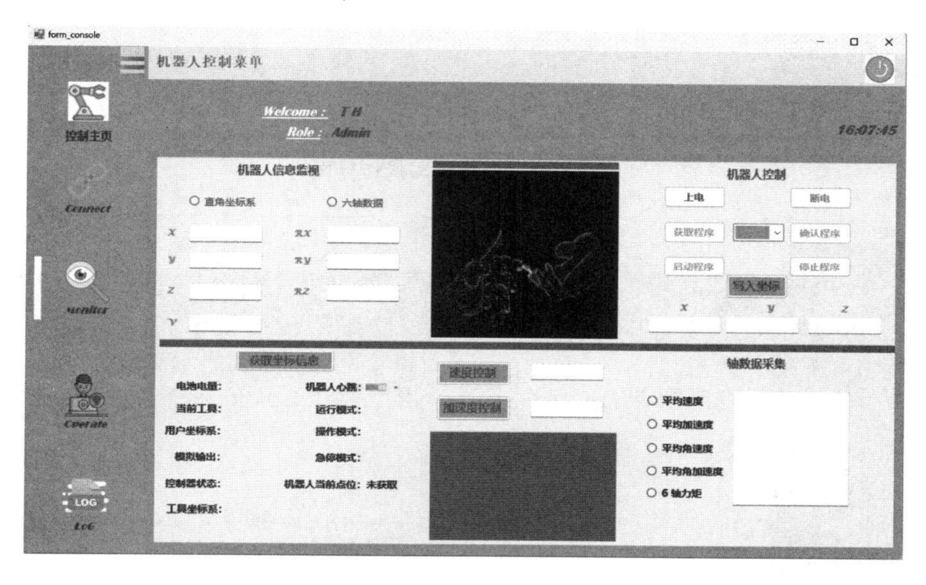

图 4－20　监控页面

5）Operate——监控功能选项卡

如图 4－21 所示，此操作页面针对机器人的 I/O 点的状态作采集，通过之前与控制器建立起来的连接，可以单击上方的读取 IO 数据按钮读取 I/O 点的当前值，结合已有 rapid 程序设定的 IO 含义以及观察机器人状态，读取的 IO 数据也会根据程序设定的时间进行刷新更新。

6）Log——日志功能选项卡

日志初始页面如图 4－22 所示。

(3) winForm 创建加法计算器

winForm 是 Windows Form 的简称，是基于.NET Framework 平台的客户端（PC 软件）开发技术，一般使用 C# 编程。使用 C# 语言编写的 Windows 应用程序与 Windows 操作系统的界面类似，每个界面都是由窗体构成的，并且能通过鼠标单击、键盘输入等操作完成相应的功能。winForm 支持可视化设计，简单易上手，并可以接入大量的第三方 UI 库或自定义控件，给桌面应用开发带来了便利以及丰富的功能。

下面讲解 winForm 创建的流程。

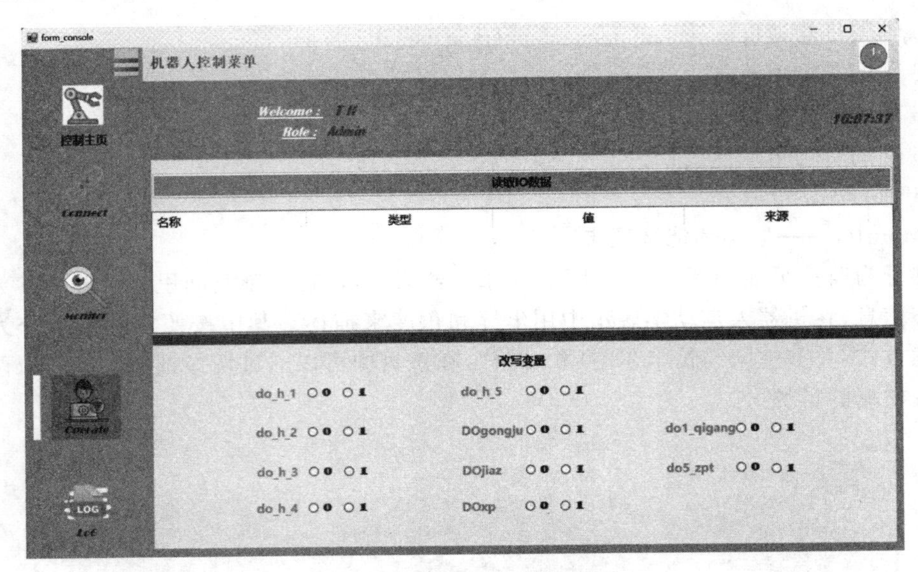

图 4-21　数据读写操作界面

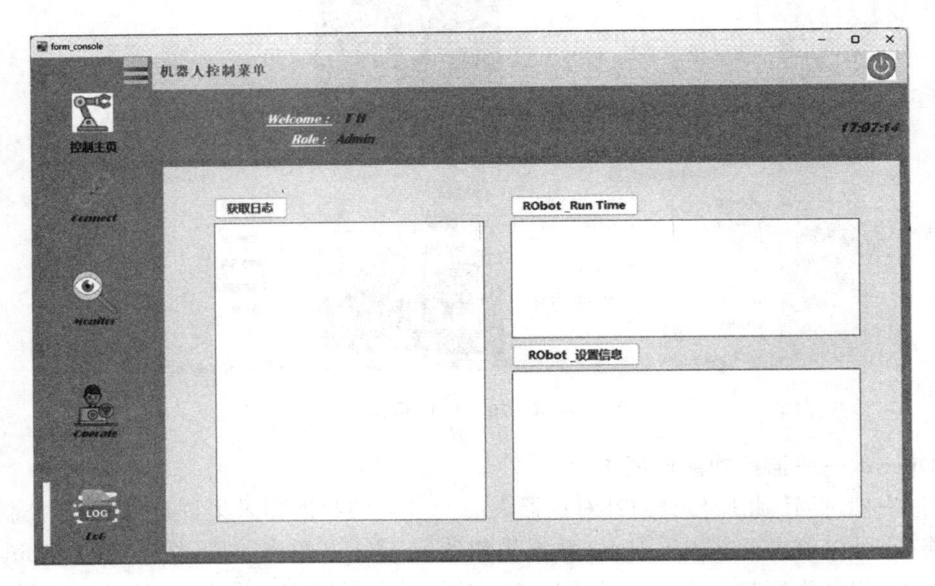

图 4-22　日志初始页面

① 打开此前安装完成的 VS，出现初始界面。如图 4-23 所示，页面为左右结构，左侧为使用的项目，右侧为文件操作。由于我们的需求是新建立一个项目，所以单击创建新项目。

② 可以看到 VS 提供了丰富的项目选项，但是这里只做 Win 平台上基于 C# 的窗体应用，因此可以在右上方搜索框里搜索窗体应用，然后在下方开发语言选择 C#，开发平台选择 Windows。搜索结果如图 4-24 所示，需要进行. net 的开发，因此选择图中第二项“Windows 窗体应用(. net framework)”，以此环境进行窗口的开发。

③ 完成项目环境选择以后，还需要进行项目的名称、文件储存位置的更改，选择一个合适的名称和路径可以方便对文件的管理(见图 4-25)。确认名称与路径后即可单击“创建”进行项目的创建。

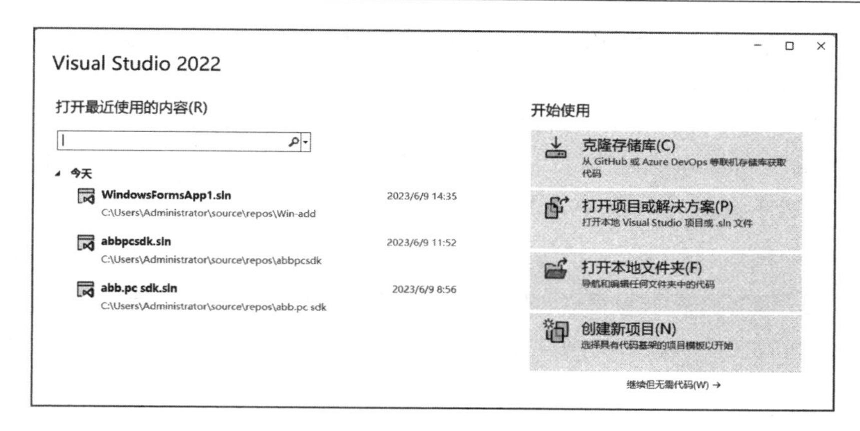

图 4-23　创建新项目

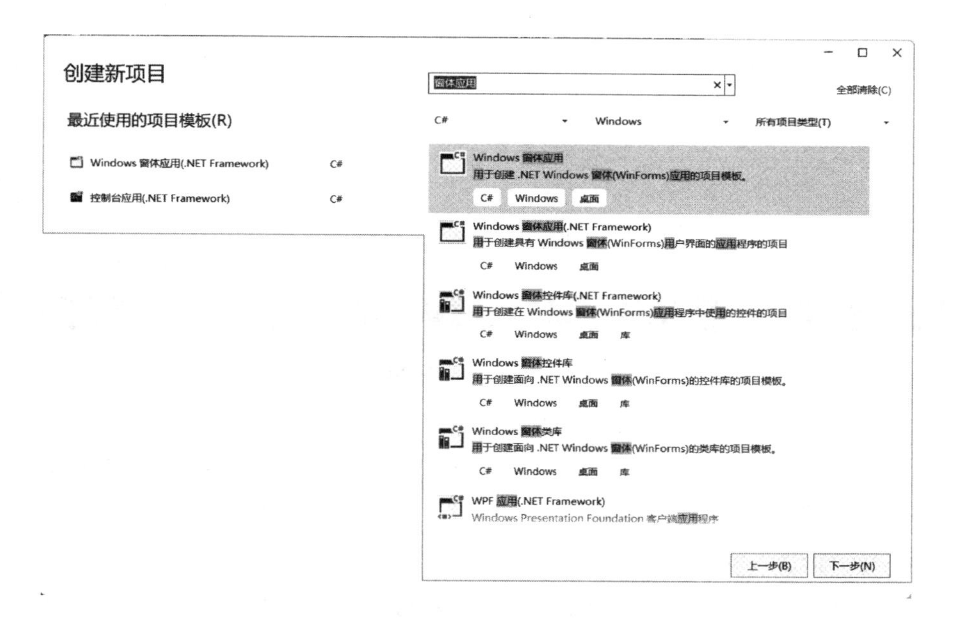

图 4-24　选择窗体开发

图 4-25　命名保存

④ 图 4－26 所示为刚刚创建的 winForm 的图形化界面，其中间的窗口 From1 为设计出来使用的窗口效果，可以在这个 From1 窗口里进行移动、删除等操作，从而十分方便的实现对于图形化界面的布局设计。在右侧可以看见“工具箱”窗口，这里提供了大量的窗口常用工具，如文本，按钮，输入等。可以直接长按鼠标左键将工具箱中的“label”内容拖动到左侧的 From1 窗口中，这样就在 From1 中添加了一个文本标签。

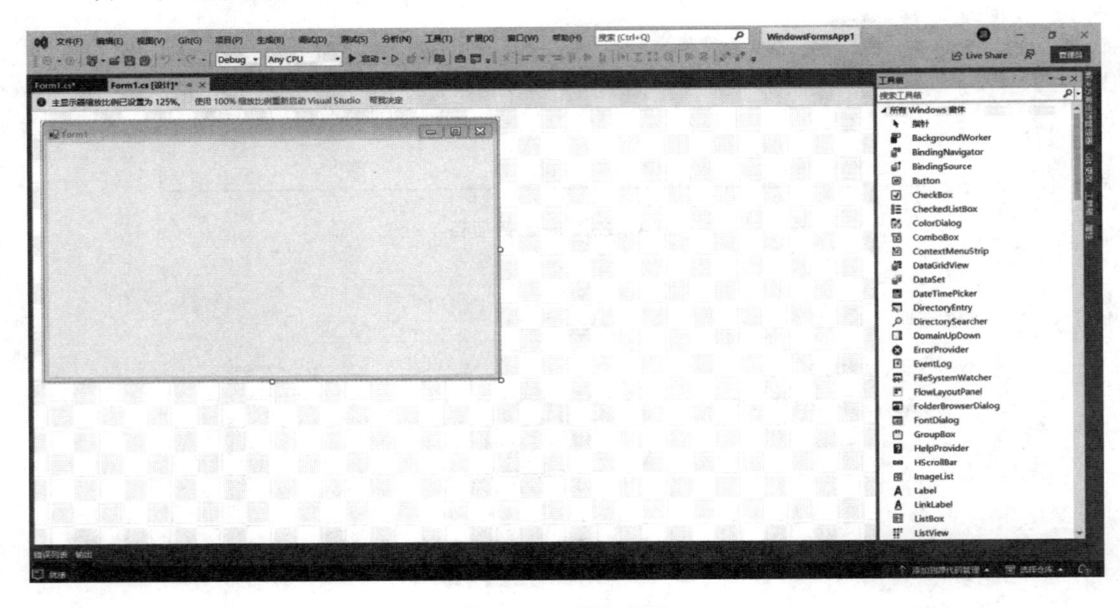

图 4－26　添加标签

利用上述方法，可以在工具箱里添加组件 3 个 label（文本标签）、1 个 button（按钮）、3 个 TextBox（文本输入输出栏），实现一些加法计算器上的文本提示、加数与被加数的输入、加和的输出，以及一个按钮来触发一次运算的程序流程，如图 4－27 所示。

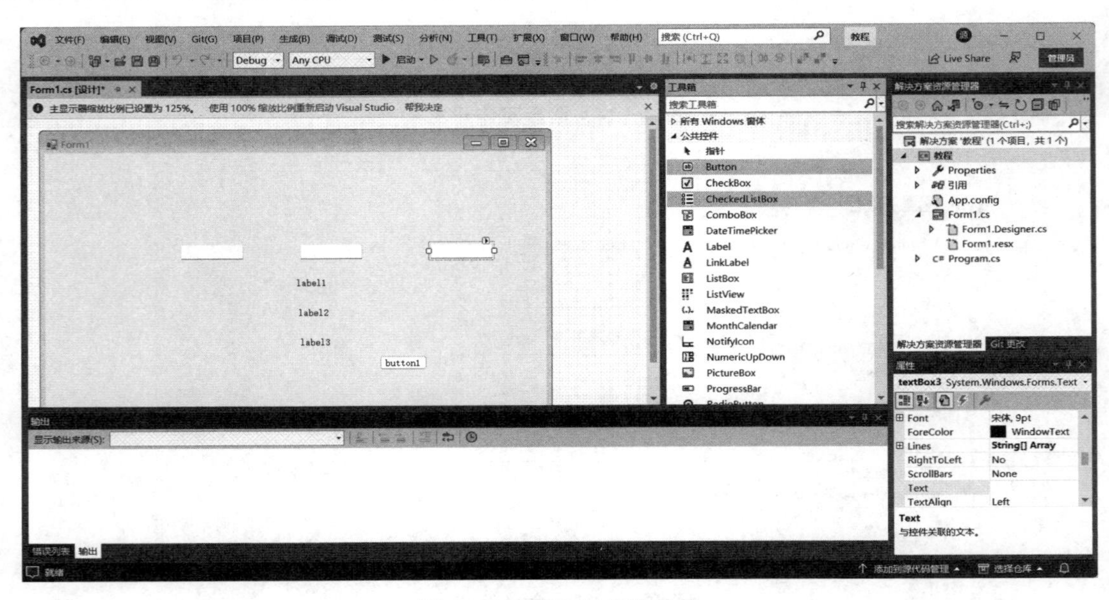

图 4－27　制作加法计数器

① 选中一个 label 文本标签，右击，即可对这个 label 进行简单的操作，如更改布局在最上层还是最下层、位置的锁定、复制粘贴等，如果需要对 label 进行更详细的设置，可以在最后一项“属性”中完成，如图 4－28 所示。

② 单击“属性”在属性窗口里面的“外观”选项下面，可以对这个文本的外观表现进行操作，比如“Text”项，即为这个文本标签在 From1 中所显示出来的文本内容，可以将其更改为“加法计算器”，如图 4－29 所示。在“设计”选项中的“name”项更改这个标签的名字，将这个名字改为一个方便记忆的名字，会在之后期编程过程中更加方便的找到这个标签。

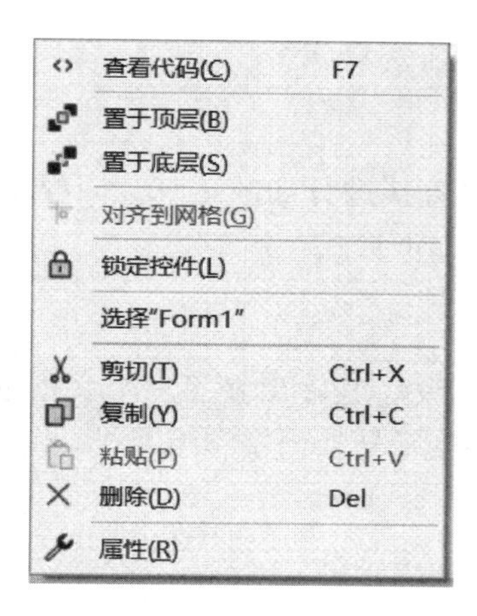

图 4－28　鼠标右键找到“属性”

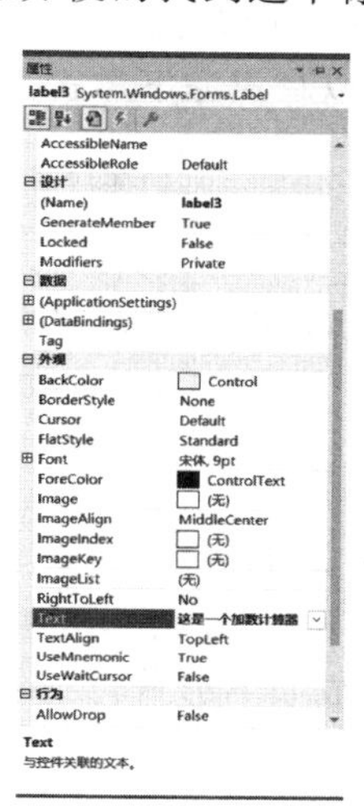

图 4－29　属性页面

分别将三个文本外观改为“小试牛刀”、“＋”“－”。然后长按鼠标左键将 label 拖动到合适的位置摆放。摆好全部的工具之后效果如图 4－30 所示。

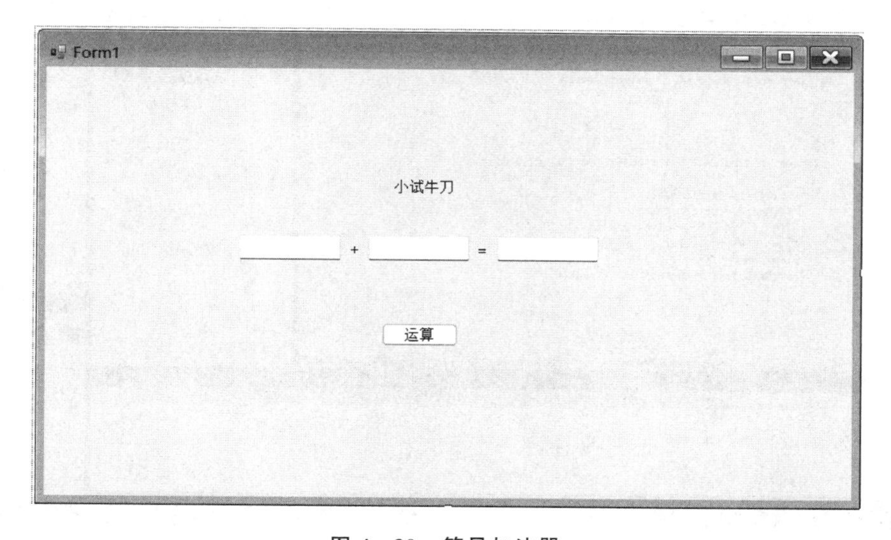

图 4－30　简易加法器

双击进入任意工具，就可以为该所在子程序进行编程。现在双击进入 button 子程序进行编程操作。

① textBox1. Text 是获取用户在 TextBox1 文本框的字符的函数，字符型的数据储存需要字符型的数据空间，字符型对应的就是 string，因此获取 TextBox1、2 中用户输入的字符并储存进变量 i1、2 中可以写成如下形式：

```
string i1 = textBox1.Text;
string i2 = textBox2.Text;
```

② 由于获取到的 i1、2 目前属于字符型的变量，因此不能直接进行加减运算。可以通过 Convert. ToSingle()函数将字符型变量转化为单精度浮点数变量。因此将 i1、2 字符型变量转化浮点型变量可以写成如下形式：

```
float fi1 = Convert.ToSingle(i1);
float fi2 = Convert.ToSingle(i2);
```

③ 现在得到的 fi1、2 都是浮点型的变量，可以直接进行加减运算。同样是定义一个浮点型的变量“sum”来存放加和的数值，程序可以写成如下形式：

```
float sum = fi1 + fi2;
```

④ 此前的步骤获得了运算结果“sum”，现在需要将其输出在第三个文本框 textBox3 上，需要先使用 Convert. ToString( )；函数，将数字型变量转换回字符型变量，才能以文本形式输出。因此需要写成如下形式：

```
textBox3.Text = Convert.ToString(sum);
```

⑤ 单击 vs 上方中间位置的绿色的三角形启动按钮，可以运行刚刚编辑好的图形界面 From1 与其中的程序，如图 4 - 31 所示。

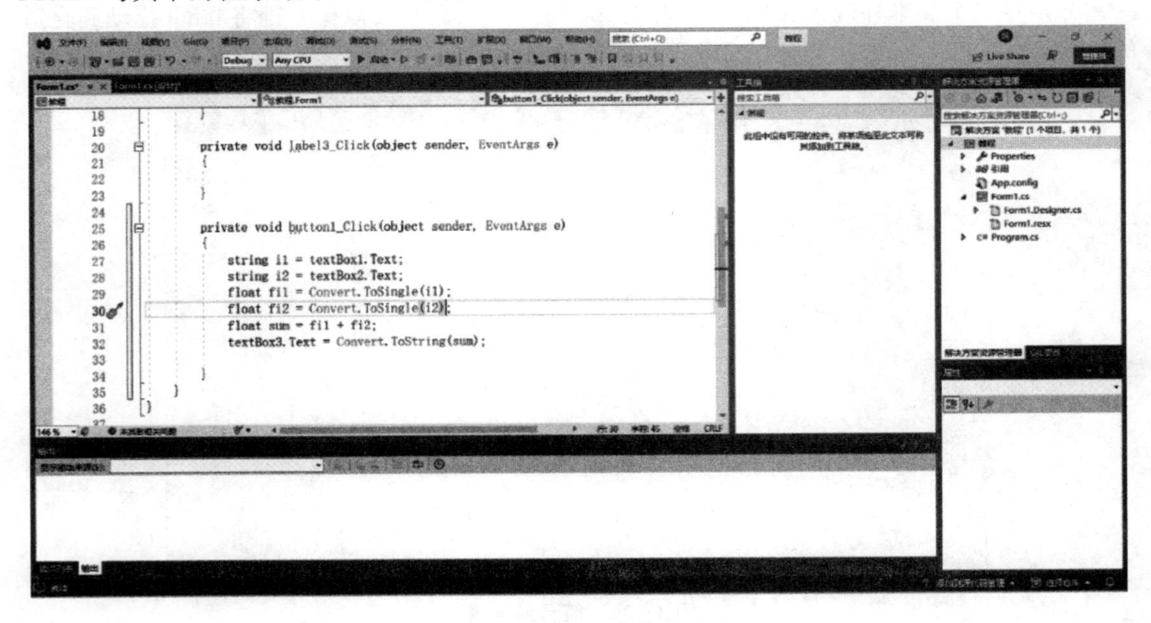

图 4 - 31　添加事件代码

⑥ 如图 4 - 32 所示，弹出窗口 From1，此后开发 PC SDK 功能也是在这样的界面中使用，

弹出的From1窗口和布局与设计时相同,分别在两个输入框中输入数字1和9,单击运算按钮测试程序是否正确运行。

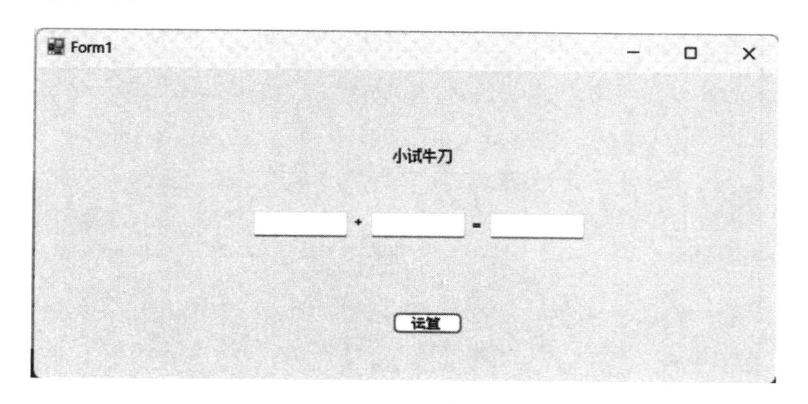

图4-32　运行程序

⑦ 如图4-33所示,输出结果为10,程序正常运行。此前的程序就是实现这样的一个加法计算器的功能。

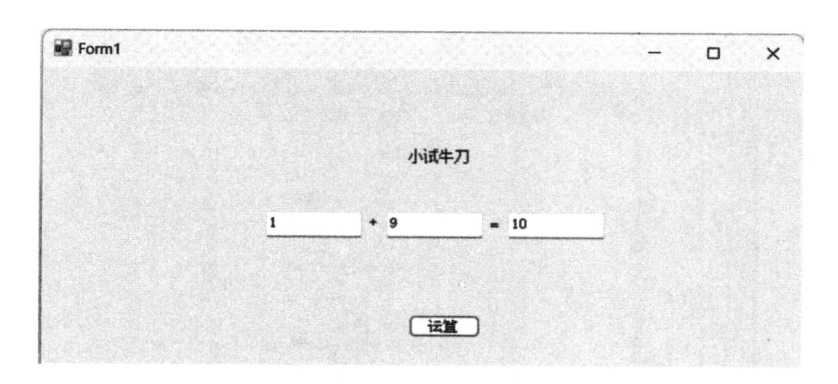

图4-33　输入数字验证

(4) 使用按钮、弹窗

弹窗或者叫二级窗口也是常用的功能。具体为单击一个按钮后弹出一个新的界面,在新界面里继续显示所需要展示的内容。下面将讲解如何生成一个简单的弹窗。

① 回到From1界面继续添加新的按钮,外观字符为"弹窗";

② 双击进入弹窗按钮进行编程,定义新窗口from2等于From1,即新窗口和旧窗口相同。Show()函数可以弹出指定的窗口。新出来的子窗口和主窗口之间不受影响,可以同时操作,Showdialog()函数弹出来的子窗口只能在关闭子窗口后才能操作主窗口。因此弹窗程序可以简写为生成一个from2等于From1并弹出这样就实现了一个最基本的弹窗:

```
private void button1_Click(object sender, EventArgs e)
    {
        Form1 form2 = new Form1();
        form2.Show();
    }
```

③ 如图 4－34 所示，运行程序，单击弹窗按钮 2 次。

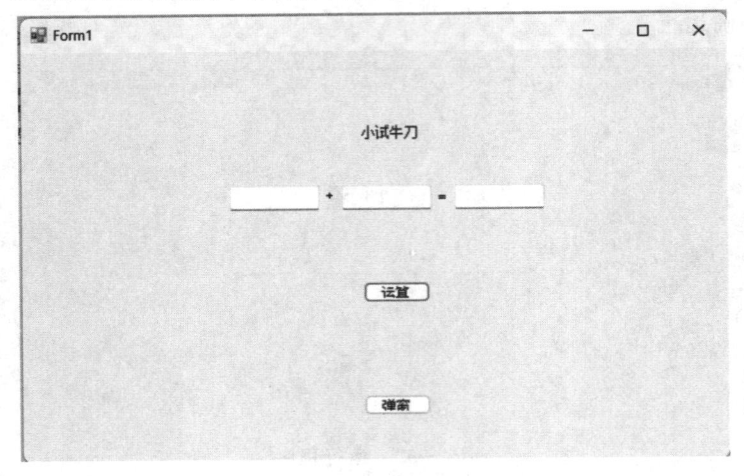

图 4－34　添加弹窗按钮和事件

④ 如图 4－35 所示，出现 2 个额外的弹窗，并且都一模一样。弹窗程序正常运行。

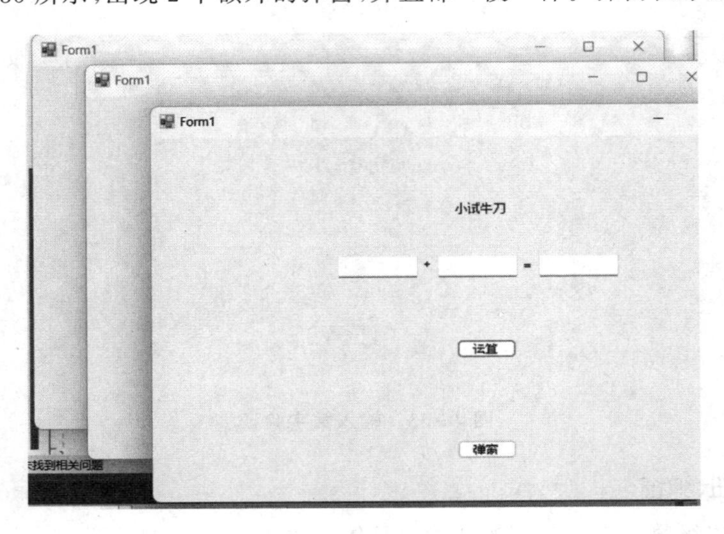

图 4－35　弹窗效果

(5) 运行应用

在 Visual Studio 中生成并运行一个打开的项目，在这种情况下可执行以下操作：

按下 F5，从 Visual Studio 菜单中选择“调试”→“开始执行(调试)”，或在 Visual Studio 工具栏上选择绿色的“开始”箭头和项目名称，可以按 Ctrl＋F5，或从 Visual Studio 菜单中选择“调试”→“开始执行(不调试)”，直接运行而不调试。

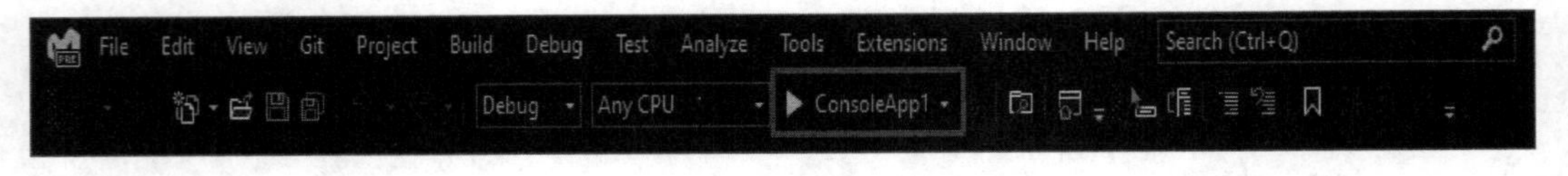

图 4－36　调试选项

4.1.4 实验室智能软件看板效果展示

首先需要开启机器人工作站，使得工作站控制器系统处于运行状态，如图4-37所示。

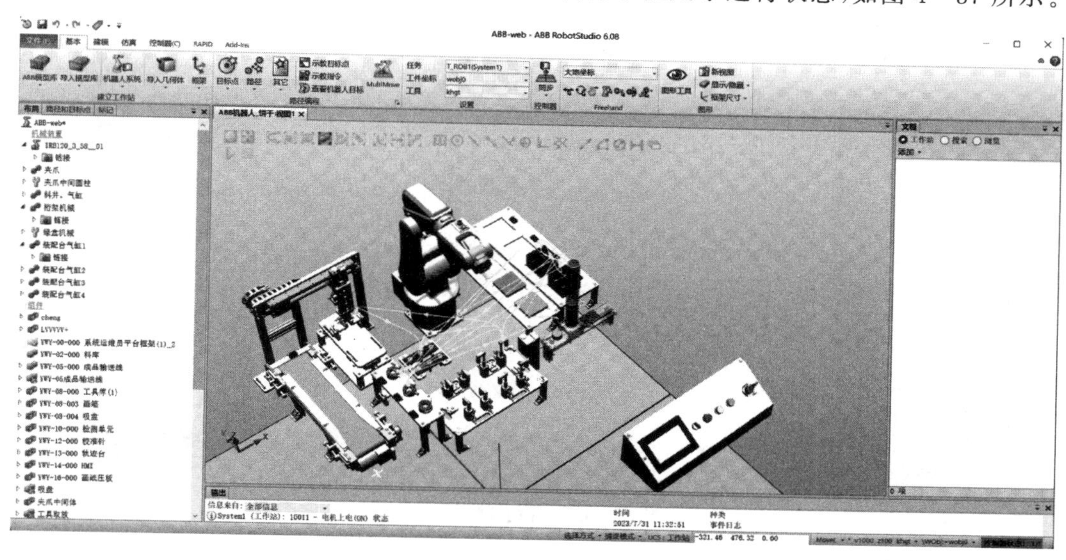

图4-37 机器人工作站系统

再打开winForm窗口，登录，进入控制主页；单击“connect”后单击刷新控制器列表按钮，出现如图4-38所示的页面，此时机器人控制器已被扫描到。至此，就可以双击弹出的其中某个控制器名称连接或者单击一键连接（若有多个控制器时，默认连接第一个），再者在最下边的输入框中输入工作站控制器的uid，默认在文件路径：“C:\Users\clean\Documents\RobotStudio\Systems\System1\INTERNAL\system.guid”下，用记事本打开如图4-39所示页面，复制

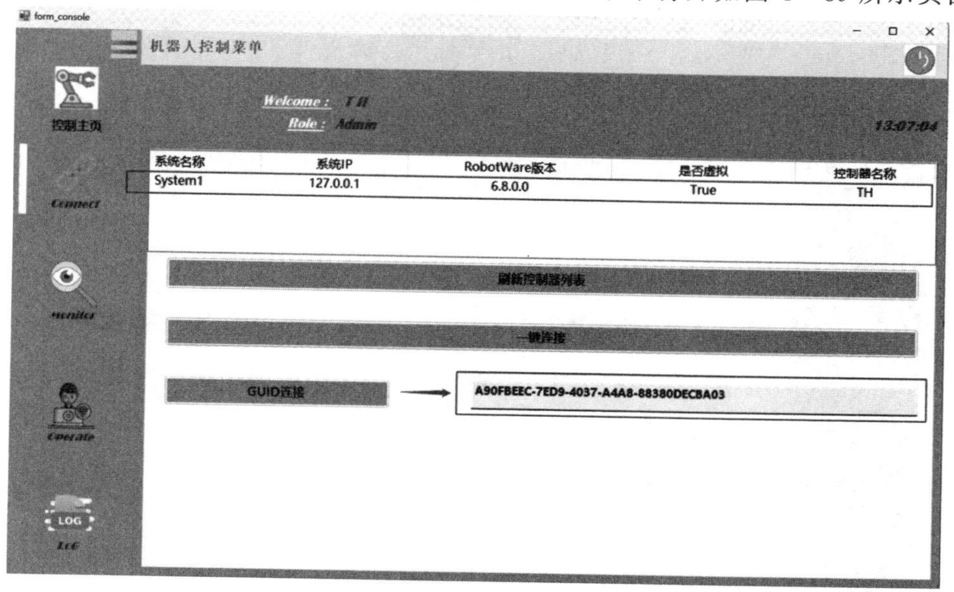

图4-38 三种连接选择

guid，粘贴到输入框单击 GUID 连接进行连接即可，以上就是连接机器人的三种连接方式。

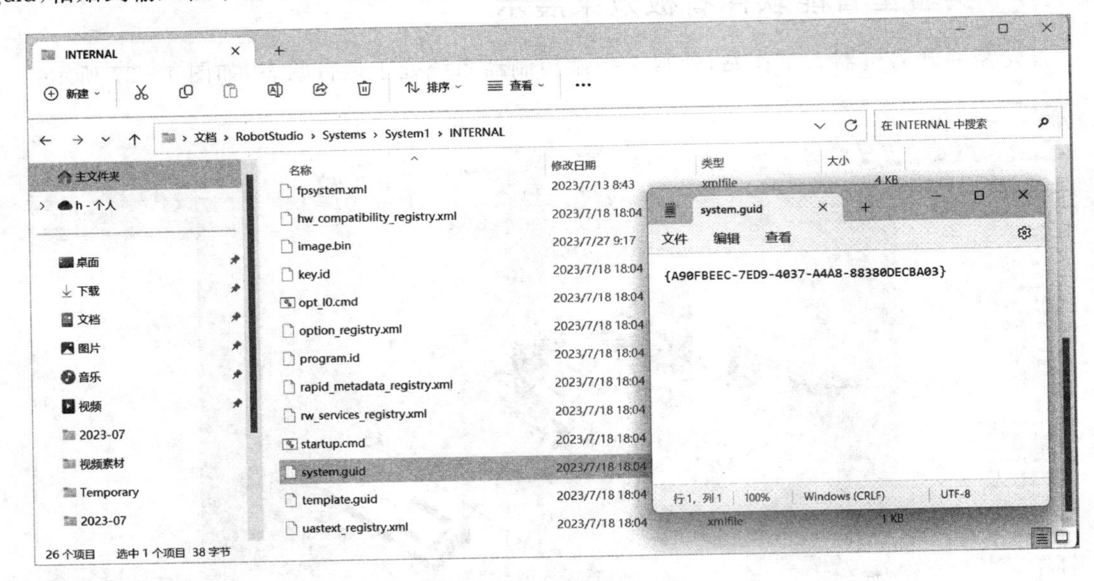

图 4-39 Guid 默认路径

Connect 页面是在 PC 端对机器人做任何操作之前必须要进行操作的页面，也是出现问题最多的页面，在这里，我们对常见的问题做简要的归纳：

① 工作站没有提前正确地打开，搜索不到控制器；

② 选择用 GUID 连接时，没有输入正确的 uid 序列号；

③ 虽然进入该页，但未执行任何操作便开始执行其他页面的动作。

为了尽可能地减少失误，在三种连接方式中加了一键连接功能，在不刷新列表的情况下，单击默认连接列表第一行的控制器，无论哪种连接方式，直到最后出现如图 4-40 所示的“已登录控制器 System＊”弹窗才算连接成功。正确地操作流程可以省去很多不必要的麻烦。

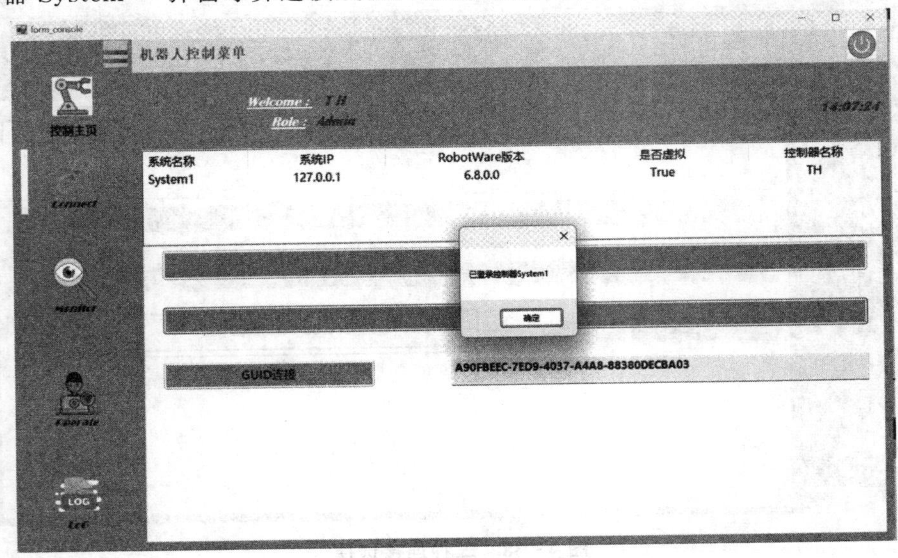

图 4-40 连接成功弹窗

右侧“机器人控制”的部分如图 4－41 所示，除了对机器人执行上电、断电操作之外，还可以获取 RAPID 里的程序块，选择其中的某一程序并启动执行，就可以让机器人按照程序设定动起来。

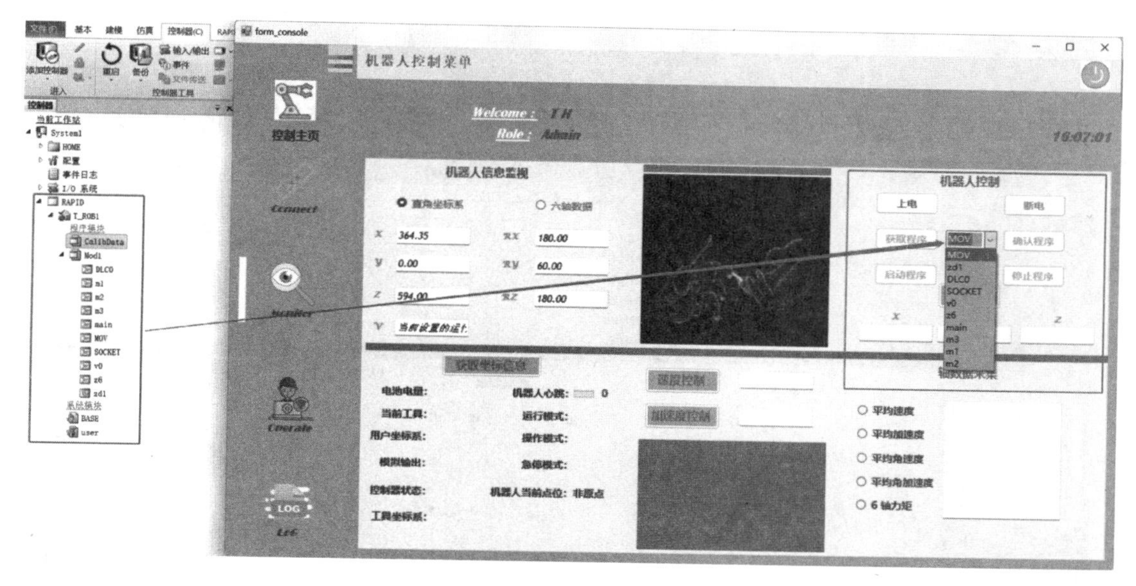

图 4－41　rapid 程序块

还可以根据具体情况对机器人的速度以及加速度做调整，同样也可以写入 X、Y、Z 的坐标让机器人运动到指定位置，如图 4－42 所示。

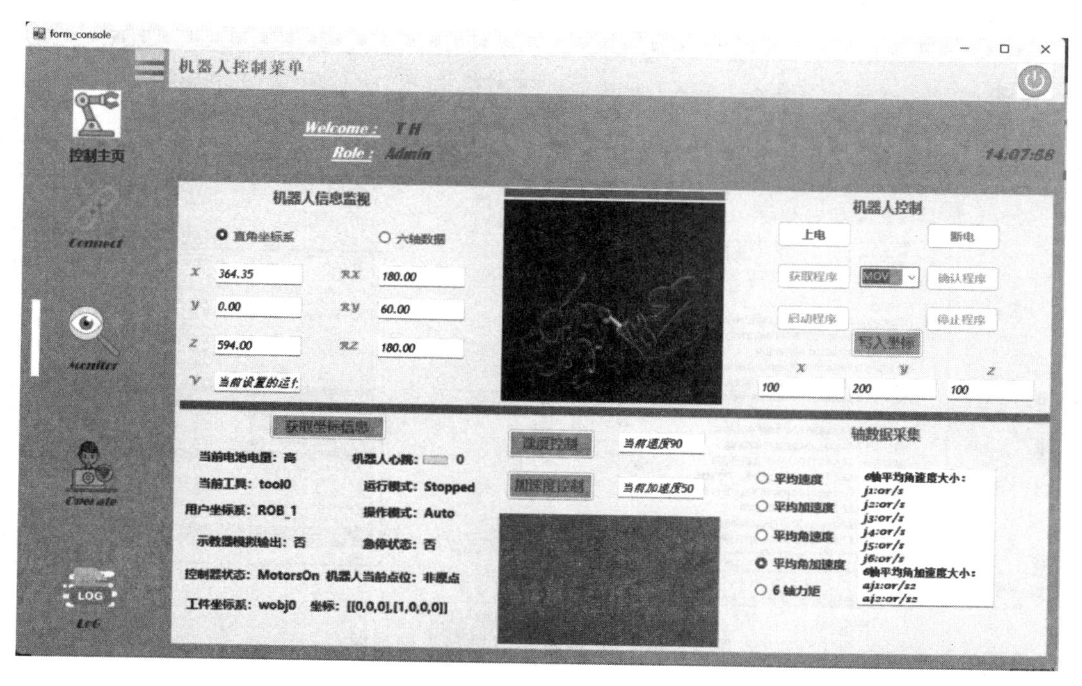

图 4－42　坐标写入

同样，对其中一些较为关键的 IO 点可以在下方的改写变量中，对其 IO 状态在线实时更改，并且通过读取 IO 按钮刷新出改写后的新值，如图 4－43 所示。

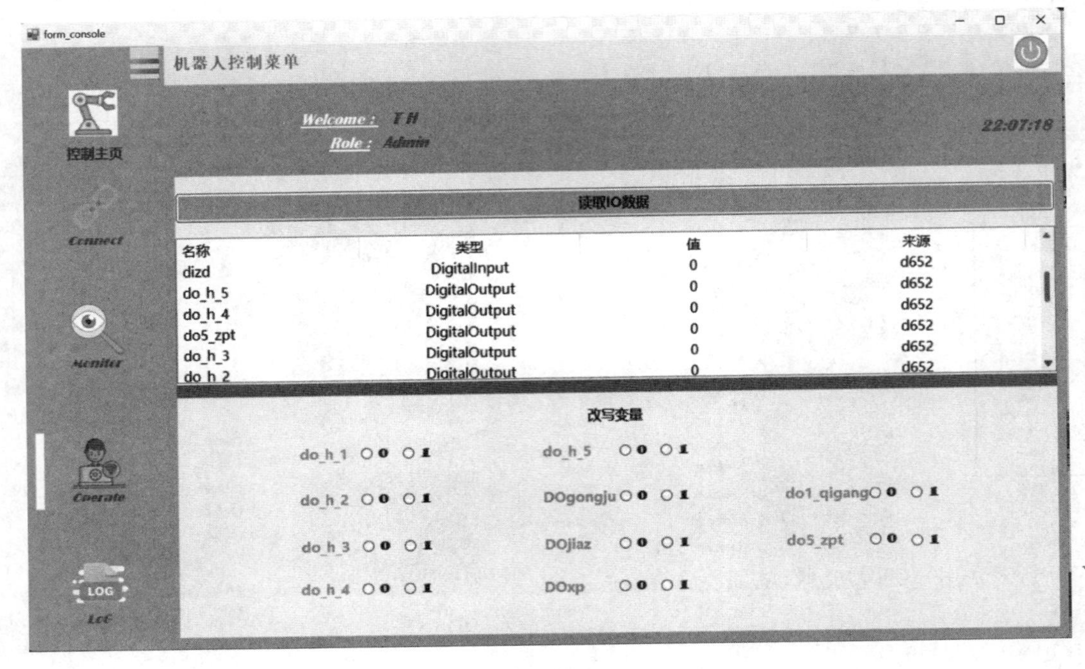

图 4－43　获取数据后的界面

Log 页面有三个按钮，通过单击能获取机器人日志，机器人运行时间以及机器人设置信息。单击获取日志，就可以把机器人的事件日志信息同步到 PC 端，如图 4－44 所示。

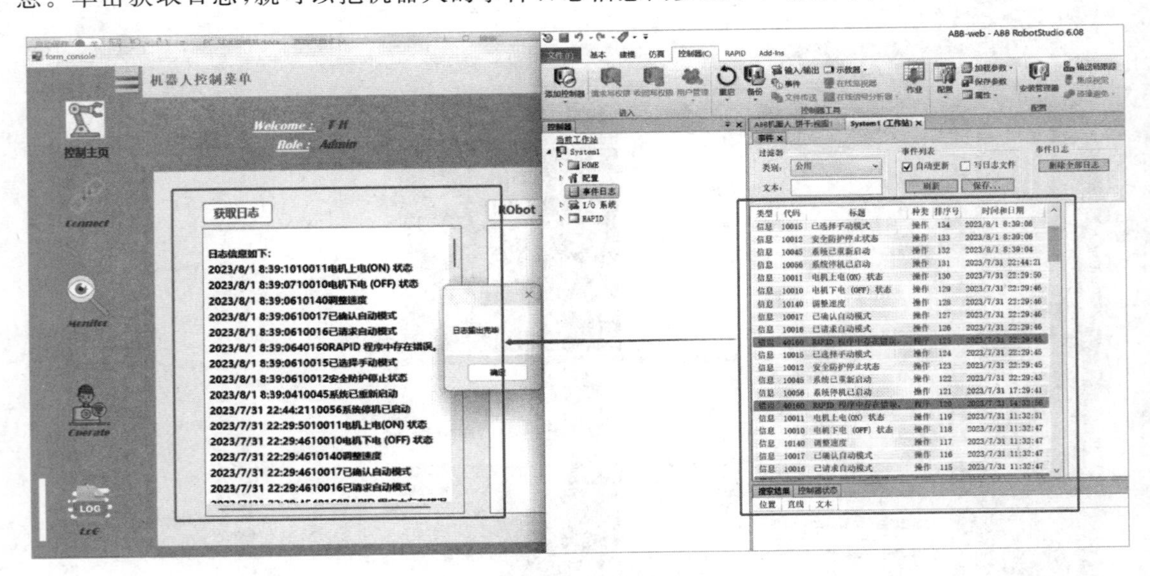

图 4－44　PC 端日志与机器人端对照

同样地，单击其余两个按钮就能获取机器人的设置信息及对 CPU 状态的监控信息，如图 4－45 所示。

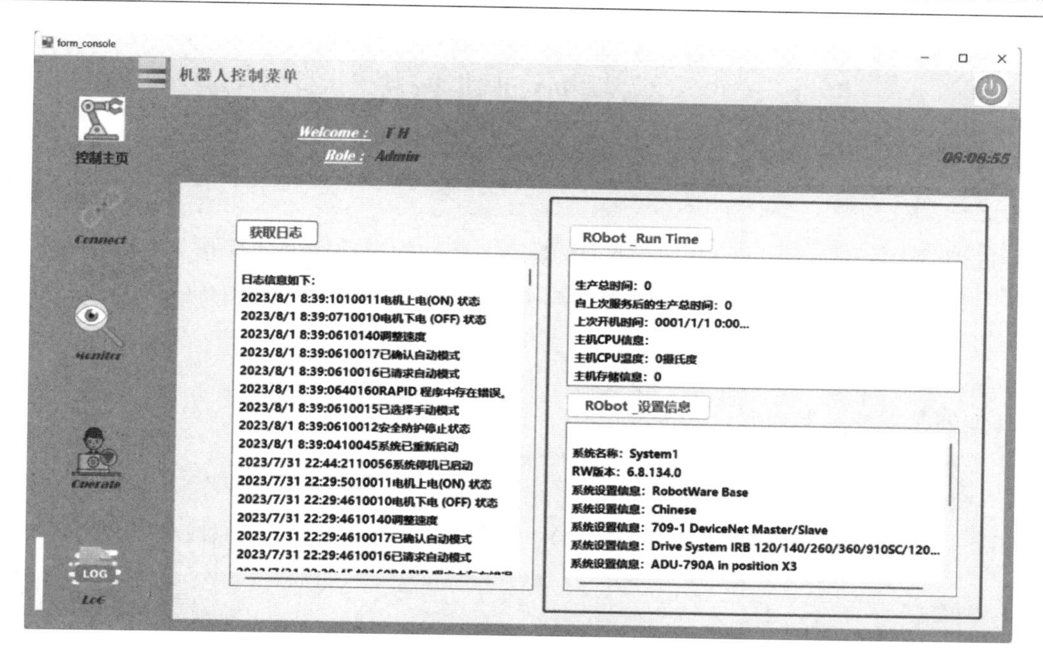

图 4－45　获取数据后的界面

任务评价

任务评价表(1)

任务名称		姓名				任务得分			
考核项目	考核内容	配分	评分标准			自评 30%	互评 30%	师评 40%	得分
知识技能 35 分									
素质技能 10 分									

任务评价表(2)

内容	考核要求	评分标准	配分	扣分

任务 4.2　掌握如何进行模块化开发

任务描述

通过学习 Visual Studio 的基础知识，掌握二次开发的应用实例的操作。本任务单元的目标是学习 PC SDK 开发的案例，掌握机器人二次开发的能力。

在教学的实施过程中：

① 能够掌握 PC SDK 二次开发原理；

② 能够掌握控制器如何建立连接；

③ 能够掌握实时控制模块开发；

④ 能够掌握 PC SDK 开发如何布局。

完成本任务后，学生可了解 PC SDK 二次开发的基本功能与操作，完成单元任务考核。

任务工单

任务名称			姓名	
班级		学号		成绩	
工作任务	掌握二次开发环境配置； 掌握布局及功能代码实现； 掌握控制器连接模块； 掌握实时控制模块			
任务目标	知识目标： 了解二次开发基本功能； 了解二次开发的各个功能实现原理 技能目标： 掌握二次开发环境配置； 掌握布局及功能代码实现； 掌握控制器连接模块； 掌握实时控制模块 职业素养目标： 严格遵守安全操作规范和操作流程； 主动完成学习内容，总结学习重点			
举一反三	用 Visual Studio 生成解决方案能否迁移到功能强大的 Robot studio 里呢？			

任务准备

4.2.1　开发实验室智能软件

(1) ABB 机器人二次开发环境配置

首先安装 PC SDK 文件，步骤如图 4-46～图 4-49 所示。

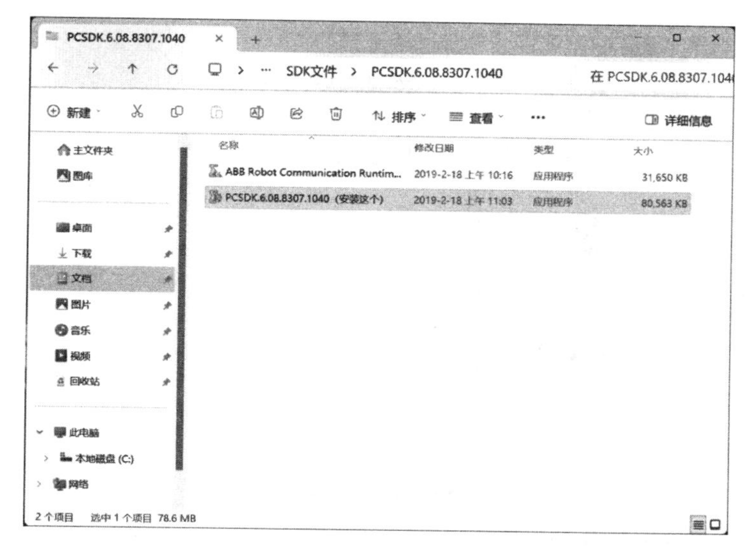

图 4-46　第一步

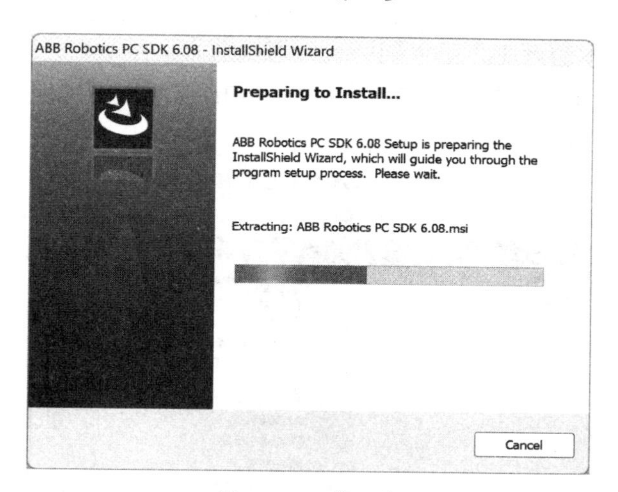

图 4-47　第二步

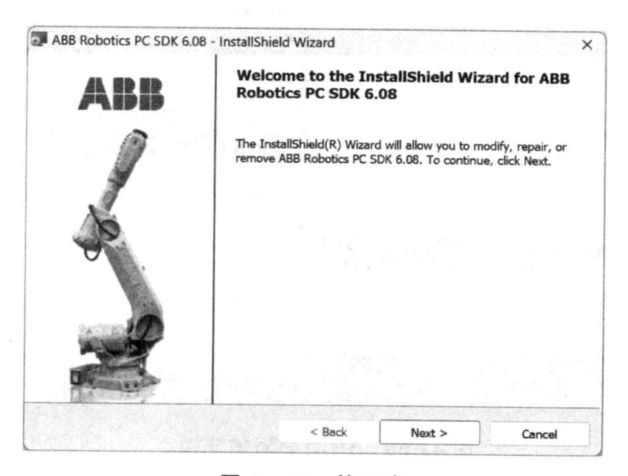

图 4-48　第三步

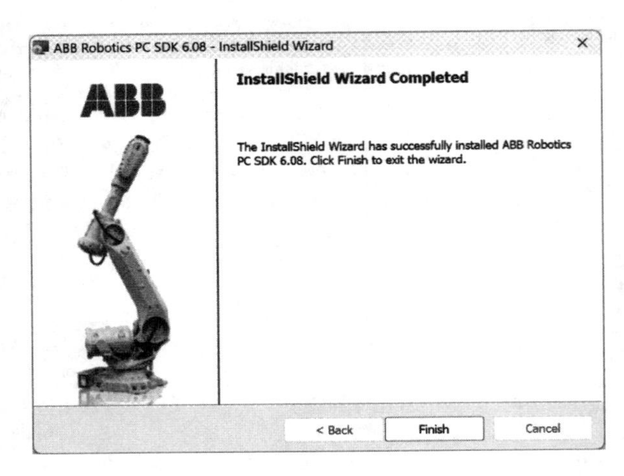

图 4－49　第四步

上文已经大致讲过 C＃在 VS 中的基本编程操作，现在需要将 VS 与 RobotStudio 6.08 联系上，为使用 C＃控制 RobotStudio 仿真机器人做铺垫。要确保已经安装的 PC SDK 版本与 RobotStudio 软件的版本相对应。

① 在 VS 软件的资源管理器窗口右击“引用”，单击“添加引用”，如图 4－50 所示。这也是 VS 引用文件最常用的方法。

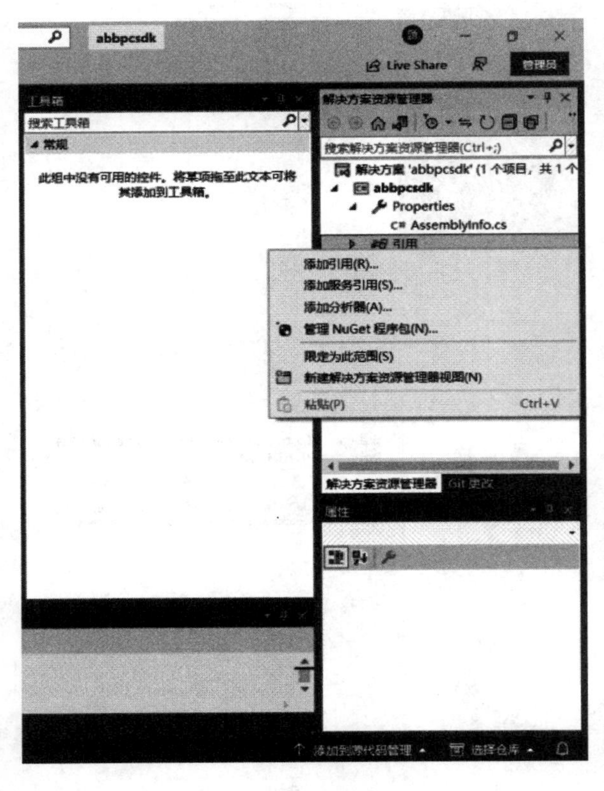

图 4－50　VS 页面添加链接库

② 单击“浏览”，找到 ABB 机器人的 PC SDK 安装目录，其中会有三个后缀为.dll 的动态库文件，用 C# 在 vs 里便是利用这些库文件里已经封装好的函数对 RobotStudio 仿真环境里的机器人进行控制。这里按住 Ctrl 键，鼠标依次选中三个.dll 文件，然后单击添加，如图 4-51 确认。

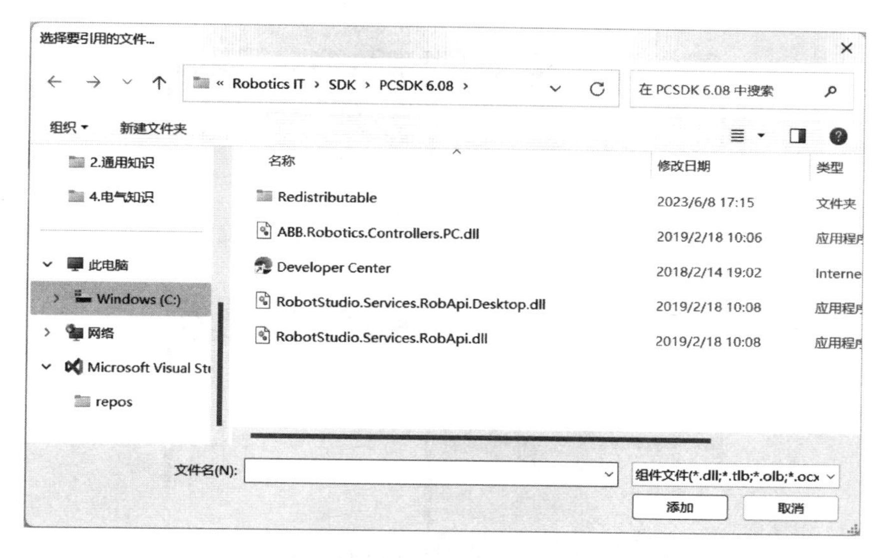

图 4-51　链接库地址

③ 在添加完成 dll 库文件之后还需要启用该文件，依次勾选这三个 dll 文件，单击确认，如图 4-52 所示。

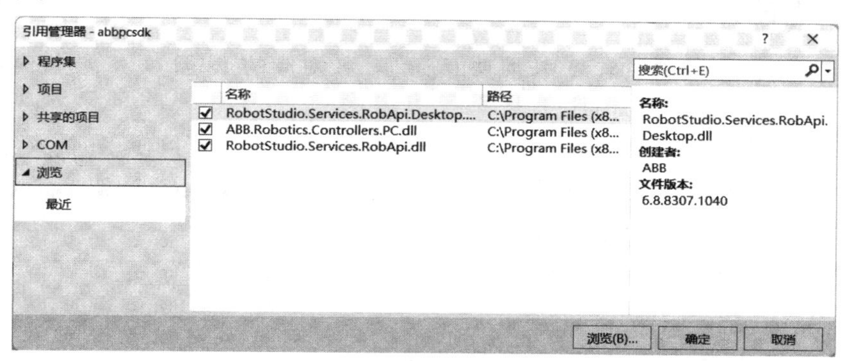

图 4-52　确认三个库的名称、导入

④ 最后添加引用库程序，才能正常使用库文件里的函数功能，using 为引用声明，其后面的名字就是引用库的名字，这些引用库文件的程序需要被写在程序头，以供下面程序调用，如图 4-53 所示。以下为常用的 ABB 库文件：

```
using ABB.Robotics;
using ABB.Robotics.Controllers;
using ABB.Robotics.Controllers.Discovery;
using ABB.Robotics.Controllers.EventLogDomain;
using ABB.Robotics.Controllers.RapidDomain;
```

```
using ABB.Robotics.Controllers.MotionDomain;
using ABB.Robotics.Controllers.FileSystemDomain;
using ABB.Robotics.Controllers.Configuration;
```

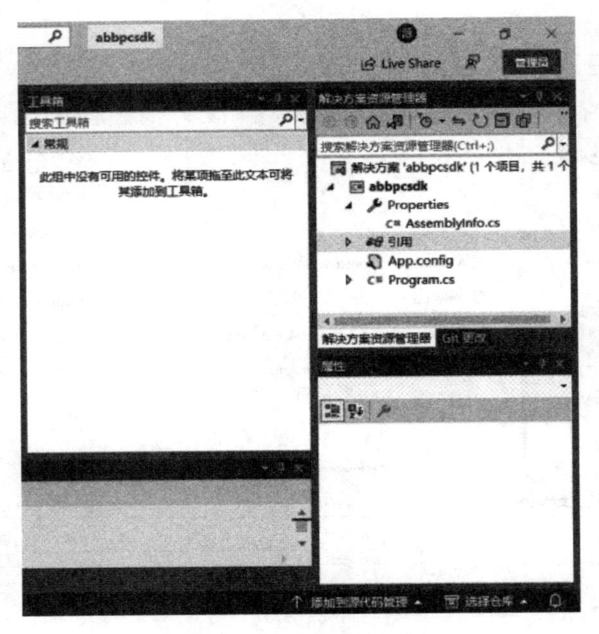

图 4-53　引用库方法

4.2.2　创建窗体

首先需要一个基本的画面框架，按照功能需要摆放对应的工具即可，下面将会在上文“小试牛刀”的基础上进行窗体框架的设计。

① Windows from ListView 控件是显示带图标的项列表。可以使用列表视图创建类似 Windows 资源管理器右窗格的用户界面。将需要输出的内容添通过 Windows from ListView 控件输出，需要指定该内容并向其分配属性。如使用 Items 属性的 Add 方法。

//添加 ImageIndex 为 3 的新项目，程序如下：

```
listView1.Items.Add("List item text", 3);
利用 SubItems 属性输出 2 列的 add 方法：
item.SubItems.Add(info.IPAddress.ToString());
item.SubItems.Add(info.VersIOn.ToString());
```

ListView.Items 属性：获取包含控件中所有项的集合。现在回到 from1 编辑界面，添加 listview 工具，如图 4-54 所示。

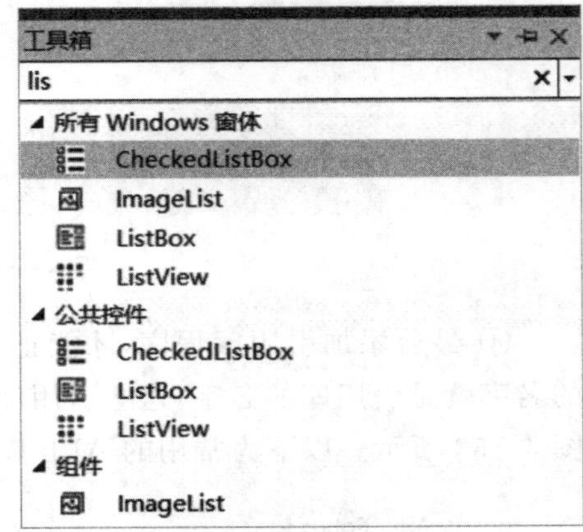

图 4-54　listview 工具

② 右击 listview1 工具右上角三角（见图 4-55），在弹出的菜单里修改视图模式为 details。增加列数，修改列的标题名称，结果图 4-56 所示。

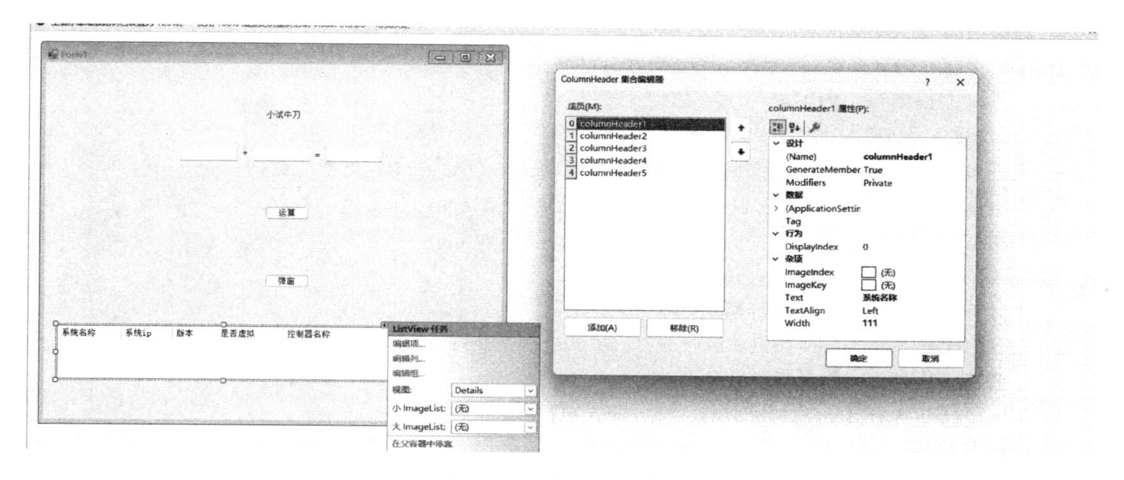

图 4－55　修改列表样式

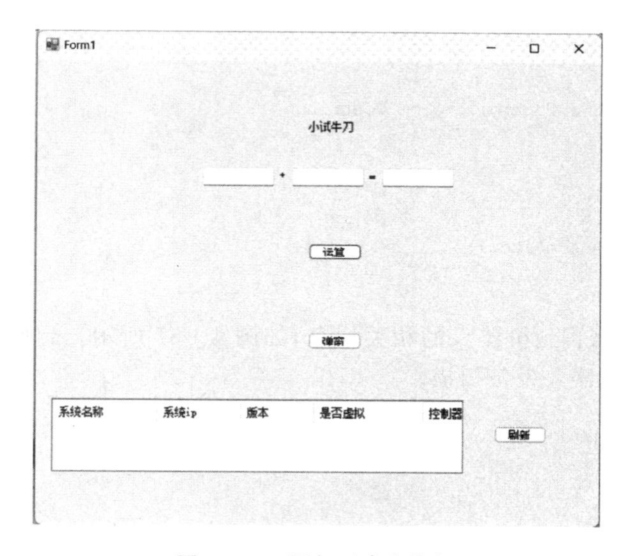

图 4－56　添加列表和按钮

③ 需要在编程界面中的 from 函数下做出如下初始化：

```
a. //创建机器人网络扫描器 NetworkScanner 类的实例化对象 scanner
private NetworkScanner scanner = null;
b. //创建机器人控制器 Controller 类的实例化对象 controllers
private ABB.Robotics.Controllers.Controller controllers = null;
c. //创建控制器与 rapid 连接
private ABB.Robotics.Controllers.RapidDomain.Task[] tasks = null;
d. //创建网络监视
private NetworkWatcher networkwatcher = null;
```

④ 编辑“刷新”按钮的对应的子程序中添加如下代码：

```
a. //打开扫描器
scanner = new NetworkScanner();
```

```
b. //扫描网络
scanner.Scan();
c. //清空 listView1 中内容
this.listView1.Items.Clear();
d. //将网络上所有机器人的信息返回给 ControllerInfoCollectIOn 类型的数据 controls
ControllerInfoCollection controls = scanner.Controllers;
e. //foreach 循环
foreach (ControllerInfo info in controls)
f. //对所有机器人的信息进行遍历
ListViewItem item = new ListViewItem(info.SystemName);
g. //系统名称(第一列,此后列依次排序)
item.SubItems.Add(info.IPAddress.ToString());
h. //系统 IP
item.SubItems.Add(info.Version.ToString());
i. //版本
item.SubItems.Add(info.IsVirtual.ToString());
j. //是否虚拟
item.SubItems.Add(info.ControllerName.ToString());
k. //获得系统名称
item.Tag = info;
l. //控制器名称
this.listView1.Items.Add(item);
```

⑤ 单击“运行”。

⑥ 单击刷新就可以看到机器人的相关信息,如图 4-57 所示。至此,已完成了窗口的基本布局与对网络上的机器人设备扫描。

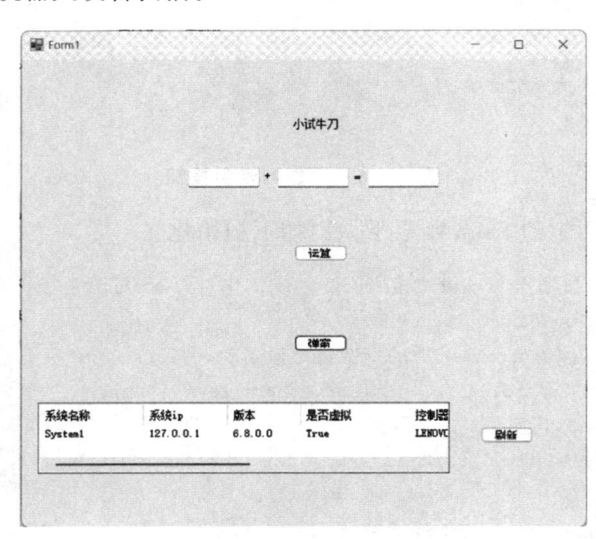

图 4-57　获取机器人信息

至此可知,在 windows 窗体这个大框架上,可以自由发挥添加想要获取的数据内容,接下来要做的就是如何整理这些数据,学会如何布局设计,如何做成一个可读性高、美观、方便的窗体项目。

4.2.3　登入窗口设计

(1) 布局及外观设计

初始登入窗口，在设计上主要体现出公司(学校)logo 和项目名称，以及用户名和密码验证实现登录，这也是一种比较常见的登录方式。由于这部分不作重点，因此使用固定用户名"TH"和密码"qkzz666"进行登录。否则，弹出弹窗报错"用户名或密码不正确"。

在解决方案中新建一个文件夹命名为 froms，右击"添加"-"选择新建项"-"选择窗体(Windows 窗体)"，命名为 from1. cs，一个全新的窗体就建好了，如图 4-58 所示。

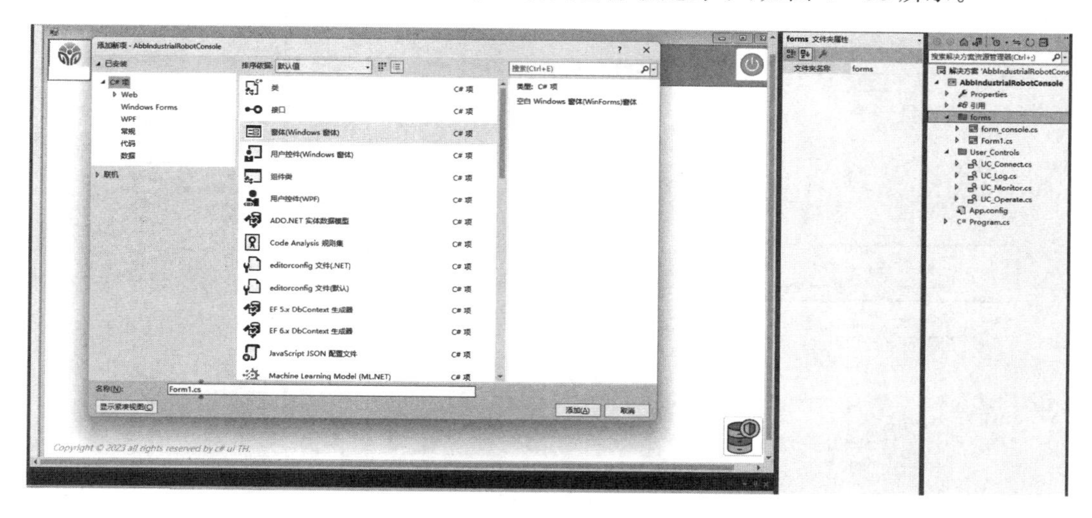

图 4-58　创建窗体项目

接着添加 logo，在工具栏中选择 panel 容器，设置合适大小放在顶部，再在其最左边添加一个 pictureBox 用来放置照片，大小模式选择 Zoom，如图 4-59 所示。

图 4-59　添加 logo

再添加 lable 标签，输入文字"ABB 机器人智能控制面板设计"，最右侧添加一个 button 按钮，在属性 image 中为它导入一张电源关闭的照片，用作关闭此页使用。另外可以在 panel

的属性页面找到 BackColor 更改适合的颜色。其效果如图 4－60 所示。

图 4－60　效果展示

至此需要开始添加本页最核心的内容——用户名和密码框以及登录按钮（见图 4－61），首先插入三个 lable 标签用于描述，再在工具栏中添加两个 textbox 用做用户名和密码的输入区。另外，密码的 textbox 在属性页面找到 UseSystemPasswordChar，将默认值 false 改成 true。这一步的目的是将密码输入改成密码字符，以提高账号的安全私密性。

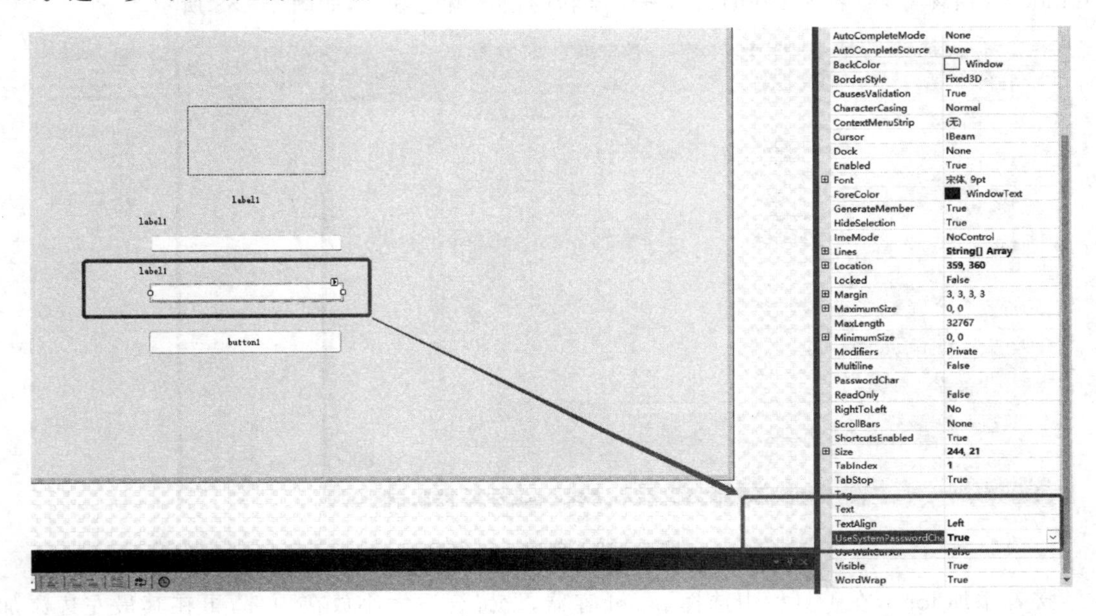

图 4－61　登录页面轮廓

最后用属性里面的画面渲染功能（颜色，字体等）对页面进行美化（见图 4－62），接下来对登录和关闭按钮添加 Click 响应事件。

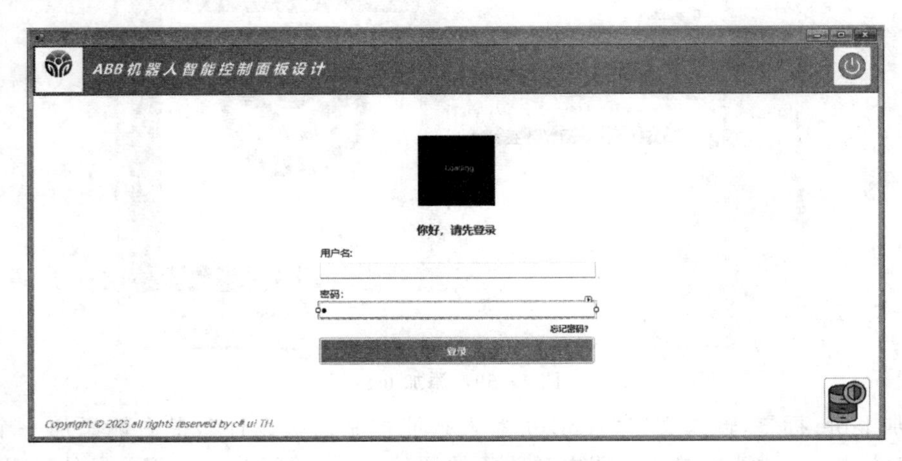

图 4－62　渲染后的登录页面

(2) 功能代码

功能代码如下：

```
using AbbIndustrialRobotConsole.forms;
using System;
using System.Windows.Forms;
namespace AbbIndustrialRobotConsole
{
    public partial class Login : Form
    {
        public Login()
        {
            InitializeComponent();
        }
        private void button2_Click(object sender, EventArgs e)
        {
            this.Dispose();
        }
        private void button1_Click(object sender, EventArgs e)
        {
            using (form_console fd = new form_console())//实例化第二个窗口
            {
                if (textBox1.Text == "TH" && textBox2.Text == "qkzz666")
                {
                    fd.ShowDialog();
                }
                else
                {
                    MessageBox.Show("用户名或密码不正确");
                }
            }
        }
    }
}
```

在代码中，使用到一个 using(form_ * * f * = new form_ * * ())用来实例化窗口，紧接着可以通过 IF 来增加权限要求，满足条件后执行 f * . ShowDialog()的操作调入操作的页面，同样用这种方法，可以在已定义好的按钮下添加事件，用来开启另一个窗体控件。

4.2.4　常用模块

(1) 控制器连接模块

前文已经介绍完登录窗口设计应用，本节围绕用户控件的制作进行讲解，首先右击解决方案，选择“添加”-“新建文件夹”，命名为“User_Controls”，把所有的控件都放在这个文件夹中，方便操作和管理维护。然后再在选中 User_Controls 文件夹，右击“添加”-“新建项”，如图 4 - 63 所示。

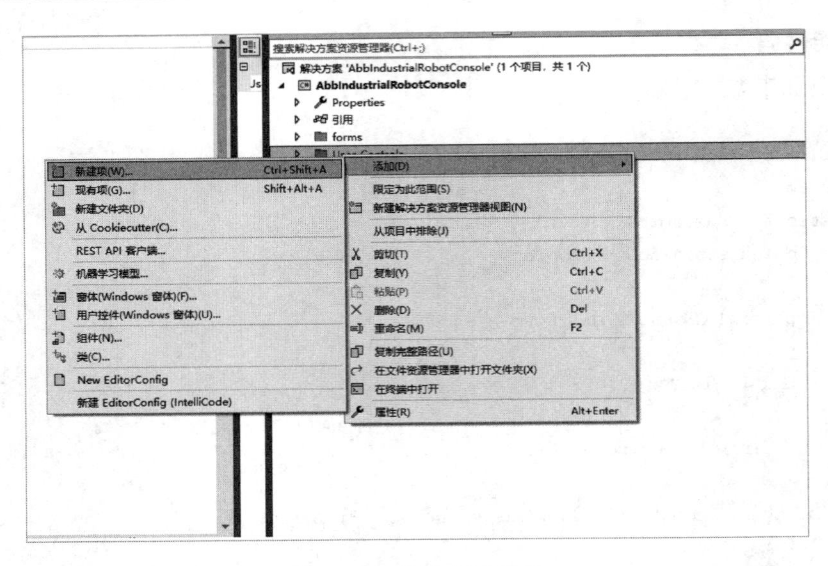

图 4-63　添加用户控件

在添加新项页面中，选择用户控件（Windows 窗体），本节说明的是控制器连接模块的设计制作，因此命名为 UC_Connect，然后单击添加，把该项添加到 UC_Controls 中，开始编辑，如图 4-64 所示。

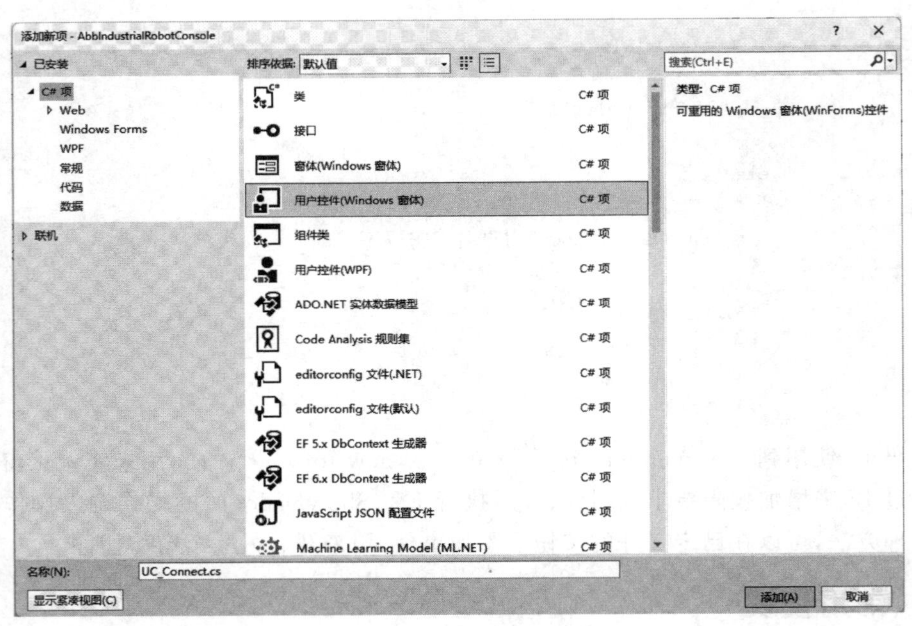

图 4-64　添加用户控件

添加完项目后，编辑页面会弹出空白的编辑区，在左侧工具栏[①]搜索框中输入 ListView 工具，拖拽至编辑区，单击上方小三角，将视图的"Larglcon"改为"details"，单击"编辑列"-"添

① 第一次登录，左侧没有工具栏导航器，在上方导航栏中找到视图-工具栏添加；也可以按住 Crtl+Alt+X 快速添加。

加成员至五列”，选中其中一列的Text文本为它命名[①]，其他列命名完成后单击确定完成如图4-65所示。

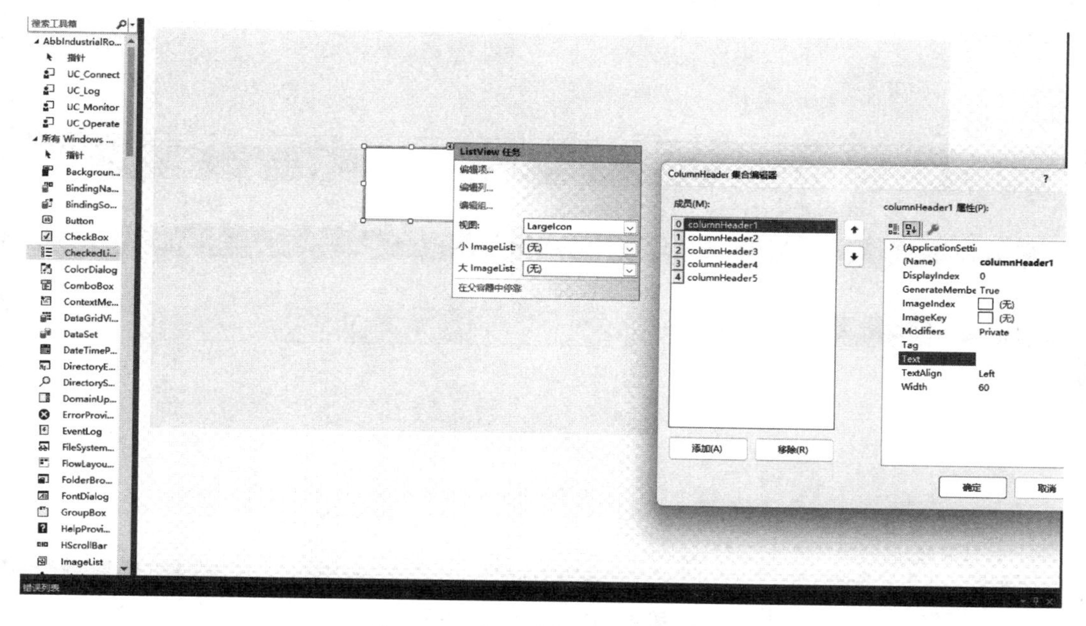

图4-65 与小试牛刀的列表一致

同样地，按照上面的方法，在左侧的工具栏中输入button，添加3个按钮；输入listbox添加一个文本输入框。目前为止看起来控制器连接的页面大致有了雏形。接下来为它们进行美化和添加事件。选中任一一个插件右击，单击“属性”，进入右侧的编辑栏，更改字体大小、颜色；更改文本Text的内容，如button1—刷新控制器列表，如图4-66所示。

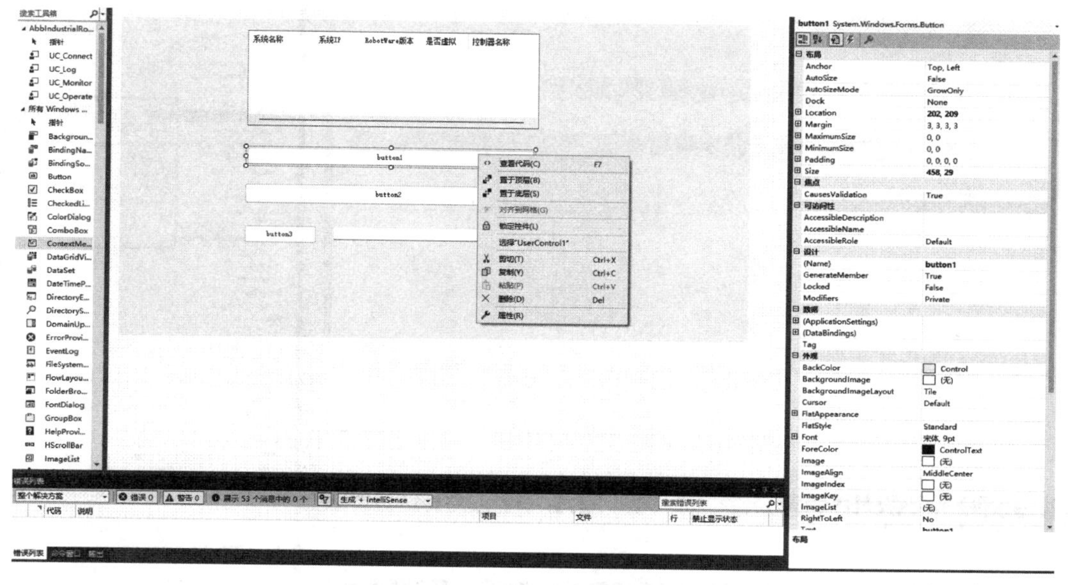

图4-66 添加完工具后的页面

① 添加五列的命名分别为：系统名称、系统IP、RobotWare版本、是否虚拟、控制器名称。

经过渲染后，得到如图 4－67 所示的画面。

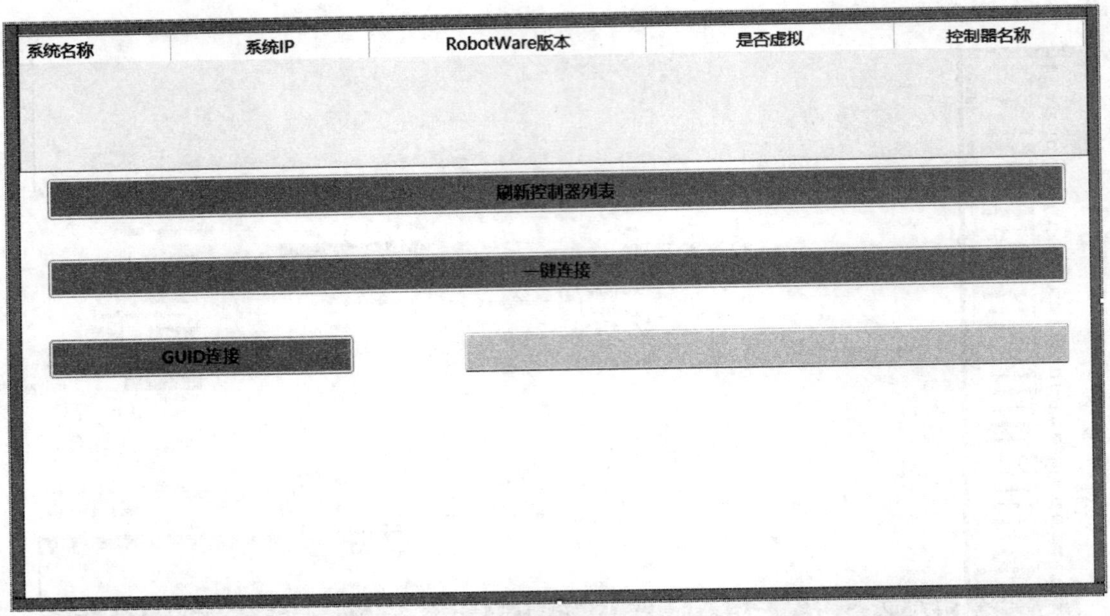

图 4－67　美化后的界面

以上所有的按钮都需要为它们添加事件(见图 4－68)，用于响应按下按钮后的执行动作。同样地在属性页面上方找到符号“⚡”(事件标识符)单击，选中“Click(单击)”选项，右侧为它添加与之对应名称的按钮或其他事件，就会进入到编辑页面，在该事件下编辑响应程序，之后按

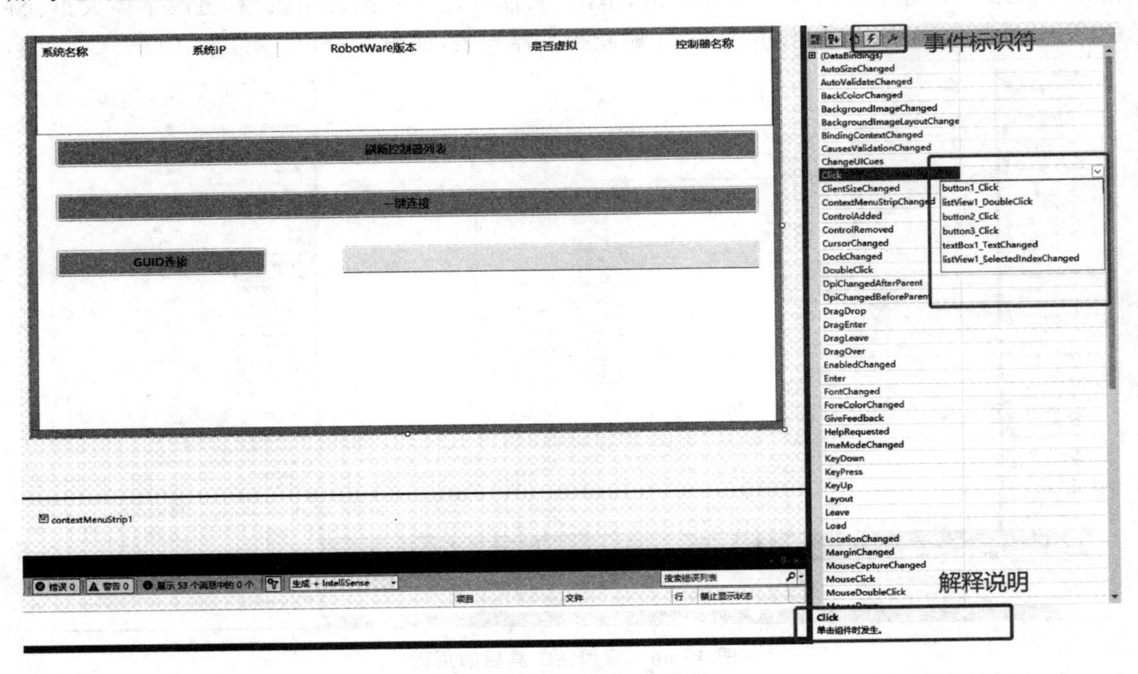

图 4－68　为按钮添加事件

下按钮，就会执行编辑好的程序，Click（单击）也就是该程序的触发或者开始执行的必要条件。

如果感觉在属性页面逐项添加事件麻烦或者容易出错，也可以单击页面中的按钮，直接进入编辑页面（见图 4－69）。但是要注意：这只针对 Click 事件满足，因为在该情况下单击无论多少次都只算一次单击，也就仅仅只触发 Click（单击）这个事件，在编辑页面也能清晰地看到：button * _Click(object * , * * *)，系统默认为是 Click 事件。

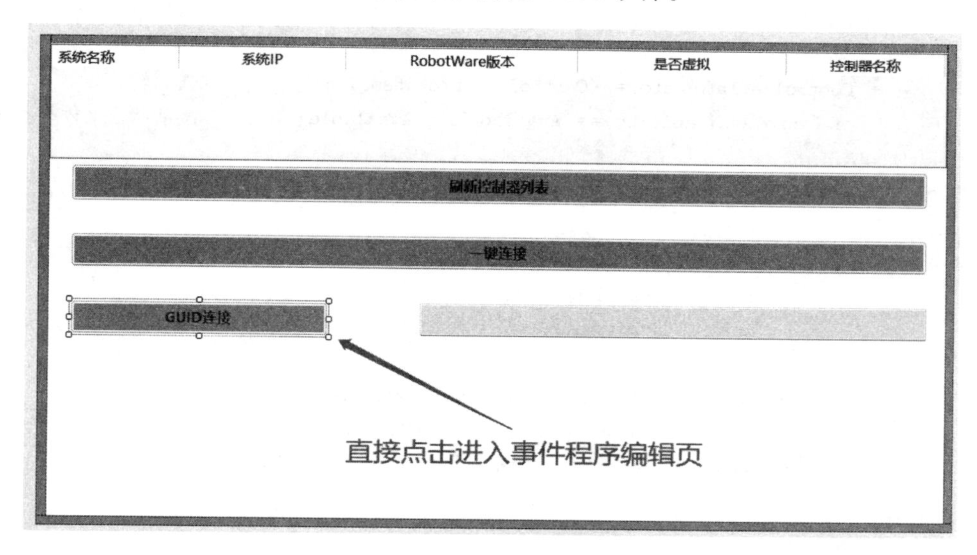

图 4－69　单击按钮，编程 Click 事件

其中需要注意的是 GUID 的连接，机器人 GUID 序列号的获取，当前不再赘述。将获取到的序列号填写在界面中的文本输入框内也能实现机器人控制器的连接。效果如图 4－70 所示。

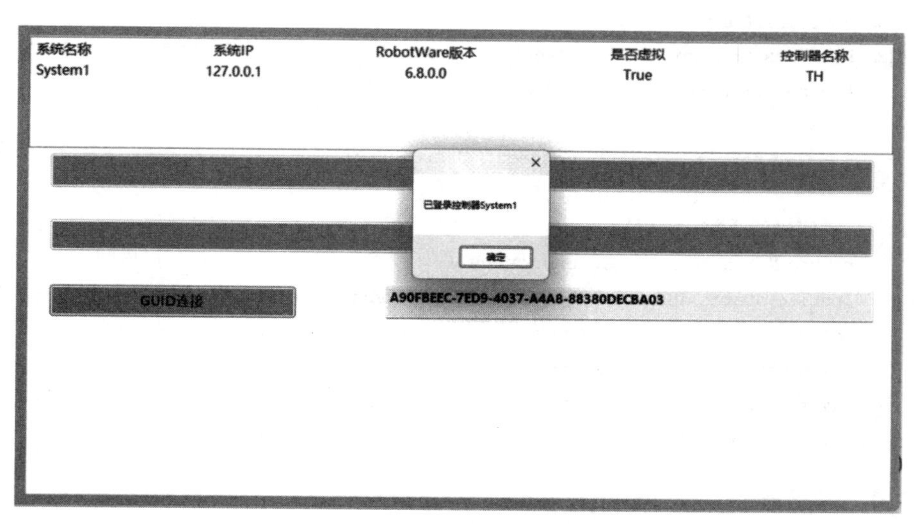

图 4－70　连接后的效果

在运行程序之前，需要将电脑上的工作站打开，至控制器为运行状态。

在该编辑页内写入如下代码：

```
private void listView1_DoubleClick(object sender, EventArgs e)
{
    if (this.listView1.Items.Count > 0)                    //说明已经扫描到控制器了
    {
        ListViewItem item = this.listView1.SelectedItems[0];       //选择该行的第 0 格
        if (item.Tag != null)                                  //不为空
        {
            ControllerInfo info = (ControllerInfo)item.Tag;       //强制转
            if (info.Availability == Availability.Available)      //激活状态（枚举类型）
            {
                if (controllers != null)                       //之前已登录
                {
                    controllers.Logoff();                      //释放
                    controllers.Dispose();
                    controllers = null;
                }
                controllers = ControllerFactory.CreateFrom(info);
                controllers.Logon(UserInfo.DefaultUser);          //登录
                MessageBox.Show("已登录控制器" + info.SystemName); //弹窗
            }
        }
    }
}

using System;
using System.Windows.Forms;
using ABB.Robotics.Controllers;
using ABB.Robotics.Controllers.Discovery;
namespace AbbIndustrialRobotConsole.User_Controls
{
    public sealed partial class UC_Connect : UserControl
    {
        //实例化四个类
        private NetworkScanner scanner = null;                  //扫描网络
        //public static ABB.Robotics.Controllers.Controller con = null;  //测试 - 控制器
        public static Controller controllers = null;              //控制器
        public static ABB.Robotics.Controllers.RapidDomain.Task[] tasks = null;
        private NetworkScanner networkWatcher = null;             //检查控制器网络的状态
        public UC_Connect()
        {
            InitializeComponent();
        }
        private void button1_Click(object sender, EventArgs e)
        {
```

```
        if (scanner == null)                    //判断一开始的 Scanner 的状态是否是 null
        {
            scanner = new NetworkScanner();
        }
        scanner.Scan();     //一种扫描方法,将如下的内容扫描到 listview1 这个表单中
        this.listView1.Items.Clear(); //首先将表单中的元素清空
        ControllerInfoCollection controls = scanner.Controllers;
                                                    //扫描的信息赋值控制器集合中
        foreach (ControllerInfo info in controls) //遍历单个控制器的信息
        {
            ListViewItem item = new ListViewItem(info.SystemName); //首先添加系统名称
            item.SubItems.Add(info.IPAddress.ToString());
            item.SubItems.Add(info.Version.ToString());
            item.SubItems.Add(info.IsVirtual.ToString());  //虚拟是否
            item.SubItems.Add(info.ControllerName.ToString()); //控制器名称
            item.Tag = info;
            this.listView1.Items.Add(item);
        }
    }

private void button2_Click(object sender, EventArgs e)
    {
        if (scanner == null)
        {
            scanner = new NetworkScanner();
        }
        scanner.Scan(); //扫描网络
        ControllerInfoCollection controls = scanner.Controllers; //实例化控制器集合的数据
        if (controllers != null)
        {
            controllers.Logoff();
            controllers.Dispose();
            controllers = null;
        }
        ControllerInfo info = (ControllerInfo)controls[0];
        controllers = ControllerFactory.CreateFrom(info); //创建一个控制器实例
        //controller = new Controller(controls[0]);  //构造函数与上面两条效果一样 若有多个
系统,可通过改变序号进行更改
        controllers.Logon(UserInfo.DefaultUser);
        MessageBox.Show("已登录控制器" + controllers.SystemName);
    }
    private void button3_Click(object sender, EventArgs e) //GUID 连接控制器
    {
        Guid systemId = new Guid(textBox1.Text.ToString());
        Controllercontroller = new Controller(systemId);
```

```
            controller.Logon(UserInfo.DefaultUser);
            MessageBox.Show("已登录控制器" + controller.SystemName);
        }
        private void textBox1_TextChanged(object sender, EventArgs e)
        {
        }
        private void listView1_SelectedIndexChanged(object sender, EventArgs e)
        {
        }
    }
}
```

(2) 实时数据采集模块

通过前文建立起来的连接，此时PC端已经与机器人控制器连接上了。可以在PC端对机器人进行一系列操作和对数据状态的获取，而本模块就针对日常常见的或使用广泛的信息进行获取，主要分为：机器人轴数据采集、机器人程序选择和启停、坐标信息的获取、速度和加速度的控制。

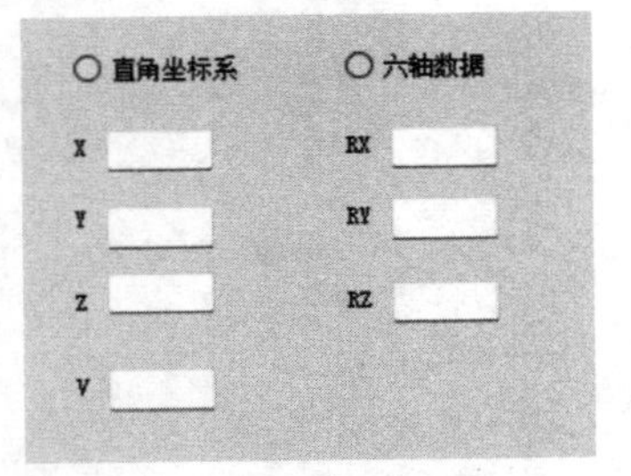

图 4-71 添加根据后合理分布

在编辑界面添加一组互锁按钮radioButton，命名为直角坐标系和六轴数据，即每次只能触发其中一个的Click事件，插入七个label标签用来表示数值的具体含义，再插入七个Textbox用来显示数值大小，因为直角坐标系和六轴显示的内容不一样，在这里对lable标签进行了复用改写操作，后程序中有相应的注释，即切换显示六轴数据的时候，lable的内容也会随之改变（见图4-71）。

以下程序写在public partial classForml:Form{}内。

```
private void radioButton1_CheckedChanged(object sender, EventArgs e)
{
    x = 1;
    label_x.Text = "X";                    //将表示文本更新为X
    label_y.Text = "Y";                    //将表示文本更新为Y
    label_z.Text = "Z";                    //将表示文本更新为Z
    label_rx.Text = "RX";                  //将表示文本更新为RX
    label_ry.Text = "RY";                  //将表示文本更新为RY
    label_rz.Text = "RZ";                  //将表示文本更新为RZ
}
private void radioButton2_CheckedChanged(object sender, EventArgs e)
{
    x = 2;
    label_x.Text = "J1";                   //将表示文本更新为J1
    label_y.Text = "J2";                   //将表示文本更新为J2
    label_z.Text = "J3";                   //将表示文本更新为J3
```

```
        label_rx.Text = "J4";                         //将表示文本更新为 J4
        label_ry.Text = "J5";                         //将表示文本更新为 J5
        label_rz.Text = "J6";                         //将表示文本更新为 J6
```

再对机器人的执行上电和程序操作，添加六个按钮 button 分别命名，如图 4－72 所示，再添加一个选项框方便对获取的程序进行分段测试，在机器人的 RAPID 程序中，针对某单一功能，在程序上会独立封装来写，在获取完程序后，就可以有侧重点对单一功能进行启动测试。

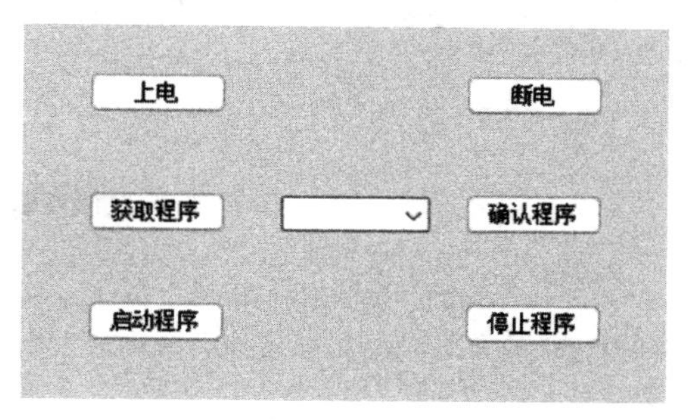

图 4－72　上电操作和程序获取布局

从下程序写在 public partial class-Form1：Form{}内。

```
    public UC_Monitor()
    {
        InitializeComponent();
    }
    private void button7_Click(object sender, EventArgs e)
    {
        try     //try - catch 异常监测函数,发生错误时候保持程序可以继续运行
        {
            if (controllers.OperatingMode == ControllerOperatingMode.Auto)        //判断机器人当前模式,为自动时
            {
                controllers.State = ControllerState.MotorsOn; //机器人上电函数
                MessageBox.Show("已执行上电");                //弹窗提醒"已执行上电"
            }
            else                                              //机器人当前模式,手动时
            {
                MessageBox.Show("请切换到自动模式");           //弹窗提醒"请切换到自动模电"
            }
        }
        catch (System.ExceptIOn ex) { MessageBox.Show("error" + ex.Message); }       //try - catch 异常监测函数,发生错误时候保持程序可以继续运行
    }
    private void button5_Click(object sender, EventArgs e)
    {
        //获取程序
        tasks = controllers.Rapid.GetTasks();
        ABB.Robotics.Controllers.RapidDomain.Module mod = tasks[0].GetModule("Mod1");
        Routine[] r = mod.GetRoutines();                    //获取 mod1 下的所有 routine
        comboBox1.Items.Clear();                            //清屏
        for (int i = 0; i < r.Length; i++)
```

```
        {
            comboBox1.Items.Add(r[i].Name.ToString());              //输出到 box1 的 item
        }
        comboBox1.Text = r[0].Name.ToString();
    }
    private void button102_Click(object sender, EventArgs e)
    {
        try             //try - catch 异常监测函数,发生错误时候保持程序可以继续运行
        {
            using (MastershIP m = MastershIP.Request(controllers.Rapid))  //using 指令允许使用在
命名空间中定义的类型,而无需指定该类型的完全限定命名空间。using 指令以基本形式从单个命名空间导
入所有类型
            {
                StartResult result = controllers.Rapid.Start();
    //控制器中当前 rapid 的程序,运行
                MessageBox.Show("已执行重新启动");            //弹窗提示“已执行重新启动”
            }
        }
        catch (Exception ex) { MessageBox.Show("error" + ex.Message); }  //try - catch 异常监测函
数,发生错误时候保持程序可以继续运行
    }
    private void button103_Click(object sender, EventArgs e)
    {
        try                         //try - catch 异常监测函数,发生错误时候保持程序可以继续运行
        {
            using (MastershIP m = MastershIP.Request(controllers.Rapid))  //using 指令允许使用在
命名空间中定义的类型,而无需指定该类型的完全限定命名空间。using 指令以基本形式从单个命名空间导
入所有类型
            {
                controllers.Rapid.Stop(StopMode.Immediate);  //控制器中当前 rapid 的程序,停止
                MessageBox.Show("已执行停止");       //弹窗提示“已执行停止”
            }
        }
        catch (Exception ex) { MessageBox.Show("error" + ex.Message); }  //try - catch 异常监测函
数,发生错误时候保持程序可以继续运行
    }
    private void button6_Click(object sender, EventArgs e)
    {
        using (MastershIP.Request(controllers.Rapid))
        {
            RapidData rd = controllers.Rapid.GetRapidData("T_ROB1", "Mod1", "O");
                                                                        //任务 - 程序 - 变量
            ABB.Robotics.Controllers.RapidDomain.RobTarget zb = (ABB.Robotics.Controllers.Rapid-
Domain.RobTarget)rd.Value; //将 rd 强制转换为 num 型数据
```

```
                zb.Trans.X = Convert.ToSingle(xmrux.Text);
                zb.Trans.Y = Convert.ToSingle(xmruy.Text);
                zb.Trans.Z = Convert.ToSingle(xmruz.Text);
                rd.Value = zb;
                MessageBox.Show("已修改为" + zb.ToString());
            }
        }
    }
}
```

同样地，可以借用上面文本框复用的方法添加一系列的 lable 标签，先用文字解释占位，每个对应的 Name 名称与程序里保持一致，在字符串拼接的方式将获取的内容完整意思表达清楚，如图 4－73 所示。通过一个按钮 Click 触发事件，使得程序响应继而输出数据。

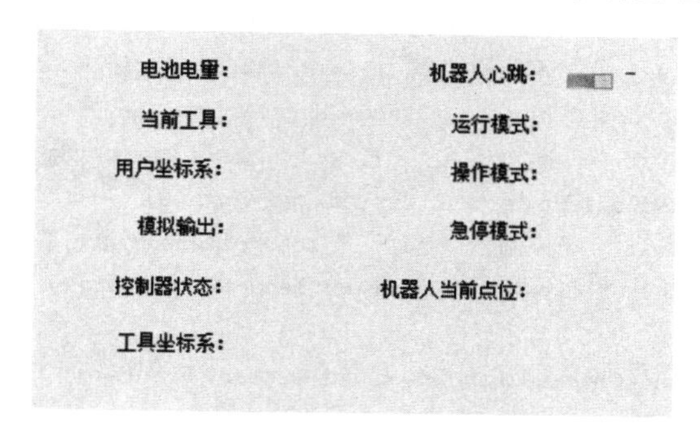

图 4－73 添加上面要获取的信息

```
private void button1_Click(object sender, EventArgs e)
{
    RapidData vi = controllers.Rapid.GetRapidData("T_ROB1", "Mod1", "v");
    textv.Text = Convert.ToString("当前速度" + vi.Value.ToString());
    RapidData ai = controllers.Rapid.GetRapidData("T_ROB1", "Mod1", "a");
    texta.Text = Convert.ToString("当前加速度" + ai.Value.ToString());
    power(); smc(); smd();
    Tool t = controllers.MotionSystem.ActiveMechanicalUnit.Tool; //获取当前工具
    WorkObject w = controllers.MotionSystem.ActiveMechanicalUnit.WorkObject;
                                                          //获取当前工件坐标系
    string k = controllers.MotionSystem.ActiveMechanicalUnit.Name;
    ToolData t1 = (ToolData)t.Data;                       //转化为 ToolData
    WobjData w1 = (WobjData)w.Data;                       //转化为 WobjData
    this.gj.Text = "当前工具:" + t.Name;   //s1 = gj + t1.Tframe.ToString() + " ";
    this.gjzbx.Text = "工件坐标系:" + w.Name + "坐标:" + w1.Uframe.ToString();
    this.yhzbx.Text = "用户坐标系:" + k;
    sub();
}
```

最后的写入坐标添加为三个 Textbox 框用于输入使用，速度与加速度以及六轴力矩选择用 radioButton 互锁按钮，使得每次在其旁边的文本框中只能显示一个的数据，并且可以六种来回切换显示，添加两个按钮对速度以及加速度进行实时更改，实现 PC 端控制速度以及坐标的目的。六轴数据获取页面布局如图 4－74 所示。

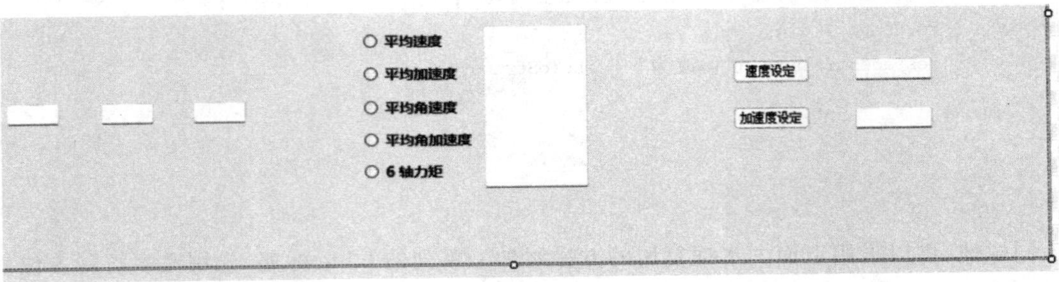

图 4－74　六轴数据获取页面布局

```
private void UpdateGUIse(object sender, System.EventArgs e)
        {this.txt_yx.Text = "运行模式:" + controllers.Rapid.ExecutionStatus.ToString(); }
private void UpdateGuiop(object sender, System.EventArgs e)
        {this.txt_cz.Text = "操作模式:" + controllers.OperatingMode.ToString(); }
private void UpdateGuicsc(object sender, System.EventArgs e)
        {this.txt_kz.Text = "控制器状态:" + controllers.State.ToString(); }
private void radioButton3_CheckedChanged(object sender, EventArgs e)
{ Y = 1; }
private void radioButton4_CheckedChanged(object sender, EventArgs e)
{ Y = 2; }
private void radioButton110_CheckedChanged(object sender, EventArgs e)
{ Y = 3; }
private void radioButton111_CheckedChanged(object sender, EventArgs e)
{ Y = 4; }
private void radioButton7_CheckedChanged(object sender, EventArgs e)
{ Y = 5; }
```

最后可以对该页面进行优化，将其功能分门别类的展现，提高页面设计的可读性和逻辑性，如图 4－75 所示。

(3) 实时控制模块

本节模块功能是对机器人的部分 IO 信息进行一个改写和读取操作，首先在工具栏选择一个 button 按钮拖拽到编辑区用作“读取 IO”的按键，再添加一个 ListView 控件，单击上方小三角，更改视图的 largeIcon 为 details，编辑列-添加四列-在属性的 Text 框中分别命名为：名称、类型、值、来源，如图 4－76 所示。

要呈现出的效果是：单击上方的“读取 IO 数据”按钮，在下方列表里更新出机器人的 IO 信息。现在需要给按钮添加一个 Click 事件作为触发条件，响应后把数值给到列表，并可以单击按钮刷新。

命名按钮的 Name 为 kong；列表 Name 为 ListView3，给按钮添加事件 kong_Click，跳转至程序编辑界面进行操作。每次开始之前对列表进行一个清屏操作，然后选择机器人的 D652 板卡（打开机器人示教器查看，基本上 IO 数据都存放在 D652 单元上），如图 4－77 所示。

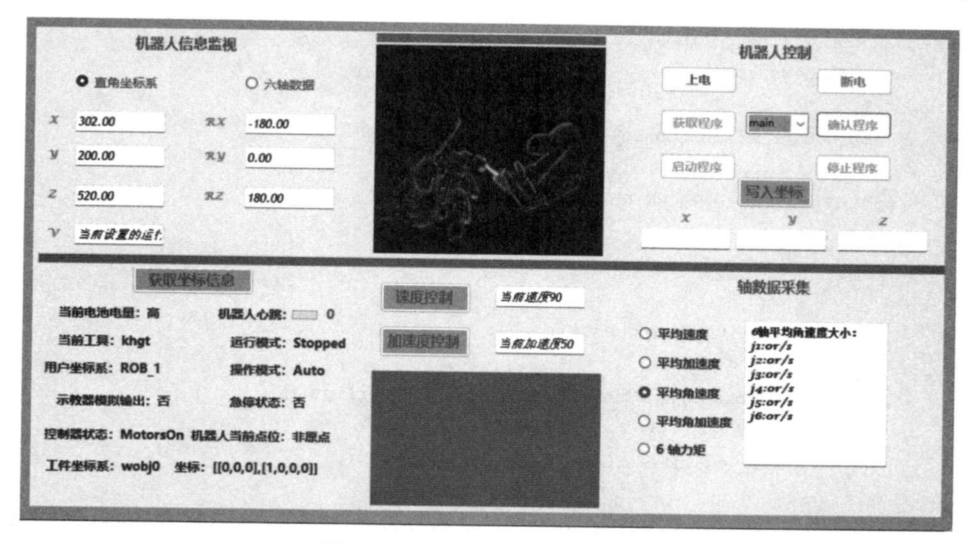

图 4－75　功能分区在一个窗体

图 4－76　读取 IO 的页面布局

图 4－77　机器人 IO 信息

在程序中用 Foreach 遍历语法对所有的 IO 进行获取，每次将该信号的 Name、Type、Value、Unit 转换成字符串的形式输出到列表中，具体代码演示如下：

```
using ABB.Robotics.Controllers.IOSystemDomain;
using System.Windows.Forms;
using System;
namespace AbbIndustrialRobotConsole.User_Controls
    {
        public partial class UC_Operate : UserControl
        {
            public UC_Operate()
            {
                InitializeComponent();
            }
            private void kong_Click(object sender, EventArgs e)
            {
                listView3.Items.Clear();     //清屏
                {
                    SignalCollection sig = controllers.IOSystem.GetSignals(IOFilterTypes.
Unit, "d652");
                    foreach (Signal signal in sig)
                    {
                        ListViewItem item = new ListViewItem(signal.Name);
                        item.SubItems.Add(signal.Type.ToString());
                        item.SubItems.Add(signal.Value.ToString());
                        item.SubItems.Add(signal.Unit.ToString());
                        listView3.Items.Add(item);
                    }
                }
            }
```

最后对整体位置进行调整，颜色和字体做一个微调，在 PC 端展现的效果如图 4－78 所示。

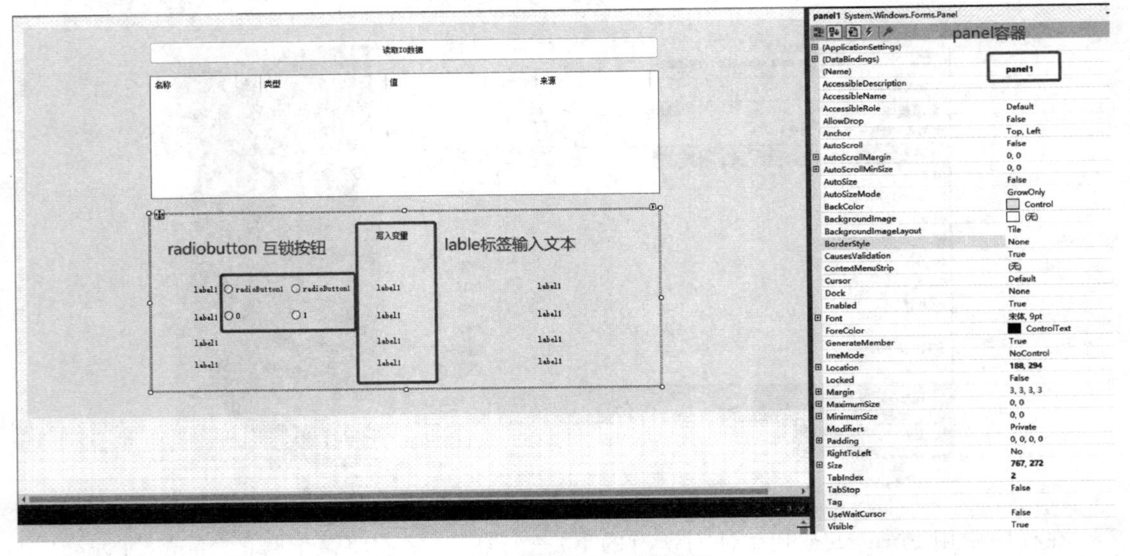

图 4－78　改写 IO 页面布局

现在 IO 信息都已读取到了，接下来要做的就是对 IO 值做更改。首先在工具栏输入 panel，拖拽该容器到编辑页用于容纳所有的操作点，接着添加一个 lable 标签作文字说明作用，获取的 IO 信息都是 bool 类型的数值，这里选用 radioButton 控件，该控件是互锁控件。存在一个容器里的两个或多个控件每次只能触发一个，因此所有的该控件两两独立，用 panel 容纳，更改其 Text 文本为 0 或 1。

同时为了编写程序时辨识度高，对该控件的 Name 命名为 radioButton10、radioButton11；radioButton20、radioButton21；…… 两两相近为一对 0/1 信号，如图 4－79 所示。

图 4－79　互锁按钮命名

程序如下。

```
private void radioButton10_CheckedChanged(object sender, EventArgs e)
{
    Signal ido_h_5 = controllers.IOSystem.GetSignal("do_h_1");
    DigitalSignal dido_h_5 = (DigitalSignal)ido_h_5;
    dido_h_5.Reset();
}
private void radioButton11_CheckedChanged(object sender, EventArgs e)
{
    Signal ido_h_5 = controllers.IOSystem.GetSignal("do_h_1");
    DigitalSignal dido_h_5 = (DigitalSignal)ido_h_5;
    dido_h_5.Set();
}
private void radioButton20_CheckedChanged(object sender, EventArgs e)
{
    Signal ido_h_5 = controllers.IOSystem.GetSignal("do_h_2");
    DigitalSignal dido_h_5 = (DigitalSignal)ido_h_5;
    dido_h_5.Reset();
}
private void radioButton21_CheckedChanged(object sender, EventArgs e)
{
    Signal ido_h_5 = controllers.IOSystem.GetSignal("do_h_2");
    DigitalSignal dido_h_5 = (DigitalSignal)ido_h_5;
    dido_h_5.Set();
}
private void radioButton30_CheckedChanged(object sender, EventArgs e)
{
    Signal ido_h_5 = controllers.IOSystem.GetSignal("do_h_3");
    DigitalSignal dido_h_5 = (DigitalSignal)ido_h_5;
```

```
        dido_h_5.Reset();
    }
    private void radioButton31_CheckedChanged(object sender, EventArgs e)
    {
        Signal ido_h_5 = controllers.IOSystem.GetSignal("do_h_3");
        DigitalSignal dido_h_5 = (DigitalSignal)ido_h_5;
        dido_h_5.Set();
    }
    private void radioButton40_CheckedChanged(object sender, EventArgs e)
    {
        Signal ido_h_5 = controllers.IOSystem.GetSignal("do_h_4");
        DigitalSignal dido_h_5 = (DigitalSignal)ido_h_5;
        dido_h_5.Reset();
    }
    private void radioButton41_CheckedChanged(object sender, EventArgs e)
    {
        Signal ido_h_5 = controllers.IOSystem.GetSignal("do_h_4");
        DigitalSignal dido_h_5 = (DigitalSignal)ido_h_5;
        dido_h_5.Set();
    }
    private void radioButton50_CheckedChanged(object sender, EventArgs e)
    {
        Signal ido_h_5 = controllers.IOSystem.GetSignal("do_h_5");
        DigitalSignal dido_h_5 = (DigitalSignal)ido_h_5;
        dido_h_5.Reset();
    }
    private void radioButton51_CheckedChanged(object sender, EventArgs e)
    {
        Signal ido_h_5 = controllers.IOSystem.GetSignal("do_h_5");
        DigitalSignal dido_h_5 = (DigitalSignal)ido_h_5;
        dido_h_5.Set();
    }
    private void radioButton60_CheckedChanged(object sender, EventArgs e)
    {
        Signal ido_h_5 = controllers.IOSystem.GetSignal("DOgongju");
        DigitalSignal dido_h_5 = (DigitalSignal)ido_h_5;
        dido_h_5.Reset();
    }
    private void radioButton61_CheckedChanged(object sender, EventArgs e)
    {
        Signal ido_h_5 = controllers.IOSystem.GetSignal("DOgongju");
        DigitalSignal dido_h_5 = (DigitalSignal)ido_h_5;
        dido_h_5.Set();
    }
```

```
private void radioButton70_CheckedChanged(object sender, EventArgs e)
{
    Signal ido_h_5 = controllers.IOSystem.GetSignal("DOjiaz");
    DigitalSignal dido_h_5 = (DigitalSignal)ido_h_5;
    dido_h_5.Reset();
}
private void radioButton71_CheckedChanged(object sender, EventArgs e)
{
    Signal ido_h_5 = controllers.IOSystem.GetSignal("DOjiaz");
    DigitalSignal dido_h_5 = (DigitalSignal)ido_h_5;
    dido_h_5.Set();
}
private void radioButton80_CheckedChanged(object sender, EventArgs e)
{
    Signal ido_h_5 = controllers.IOSystem.GetSignal("DOxp");
    DigitalSignal dido_h_5 = (DigitalSignal)ido_h_5;
    dido_h_5.Reset();
}
private void radioButton81_CheckedChanged(object sender, EventArgs e)
{
    Signal ido_h_5 = controllers.IOSystem.GetSignal("DOxp");
    DigitalSignal dido_h_5 = (DigitalSignal)ido_h_5;
    dido_h_5.Set();
}
private void radioButton90_CheckedChanged(object sender, EventArgs e)
{
    Signal ido_h_5 = controllers.IOSystem.GetSignal("smd");
    DigitalSignal dido_h_5 = (DigitalSignal)ido_h_5;
    dido_h_5.Reset();
}
private void radioButton91_CheckedChanged(object sender, EventArgs e)
{
    Signal ido_h_5 = controllers.IOSystem.GetSignal("smd");
    DigitalSignal dido_h_5 = (DigitalSignal)ido_h_5;
    dido_h_5.Set();
}
private void radioButton100_CheckedChanged(object sender, EventArgs e)
{
    Signal ido_h_5 = controllers.IOSystem.GetSignal("do1_qigang");
    DigitalSignal dido_h_5 = (DigitalSignal)ido_h_5;
    dido_h_5.Reset();
}
private void radioButton101_CheckedChanged(object sender, EventArgs e)
{
    Signal ido_h_5 = controllers.IOSystem.GetSignal("do1_qigang");
```

```
    DigitalSignal dido_h_5 = (DigitalSignal)ido_h_5;
    dido_h_5.Set();
}
```

按照结合连接控制器章节展示的内容，也对该页面做一小部分美化，使其看起来可读性更高，如图 4－80 所示。

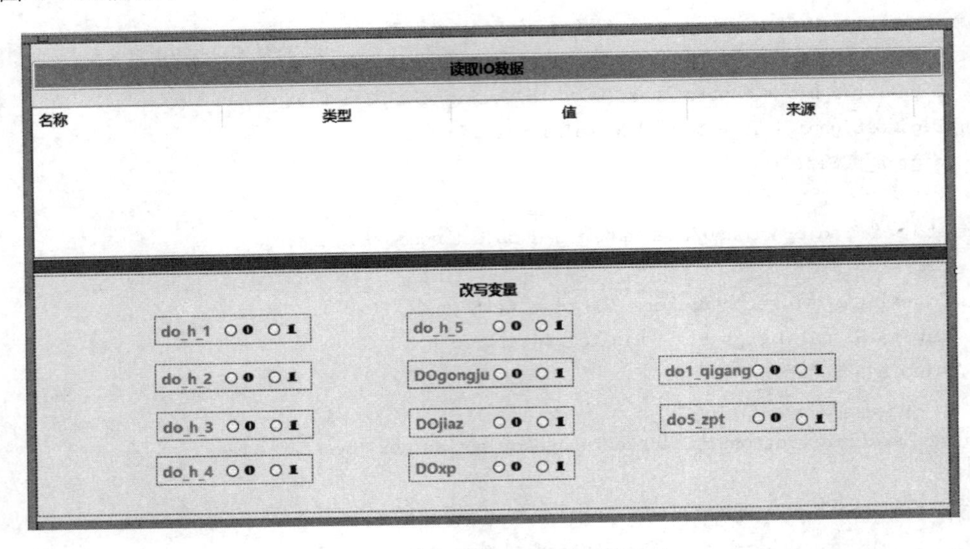

图 4－80　美化后的 IO 读写页面

如图 4－81 所示，当对 I/O 进行改写后，可以通过再次单击读取 I/O 按钮获取新的 IO 信息从而看到 IO 的变化。这样就实现了在 PC 端对机器人 IO 进行控制。

读取IO数据

名称	类型	值	来源
do_h_1	DigitalOutput	1	d652
do1_qigang	DigitalOutput	1	d652
DOxp	DigitalOutput	0	d652
DIxp	DigitalInput	0	d652
DOjiaz	DigitalOutput	1	d652
DIjiaz	DigitalInput	0	d652

改写变量

do_h_1　do_h_2　do_h_3　do_h_4　do_h_5　DOgongju　DOjiaz　DOxp　do1_qigang　do5_zpt

图 4－81　运行效果图

(4) 事件日志模块

在编辑窗体中添加一个 button 按钮，Text 文本改写为：获取日志；再添加一个 ListView 控件，视图同样选择为 details，在这里只添加一行，且 Text 文本里的内容清除不写任何内容，单击保存，如图 4 - 82 所示。

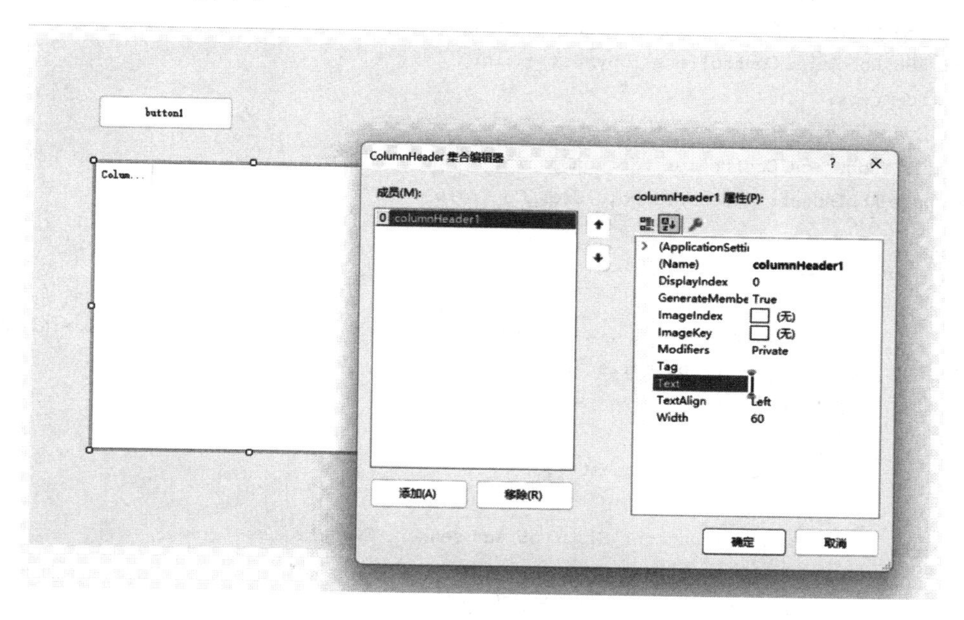

图 4 - 82　添加列表工具

用同样的方式添加其他两组，一个是获取运行时间等信息，另一个是机器人设置的基本信息，如图 4 - 83 所示。

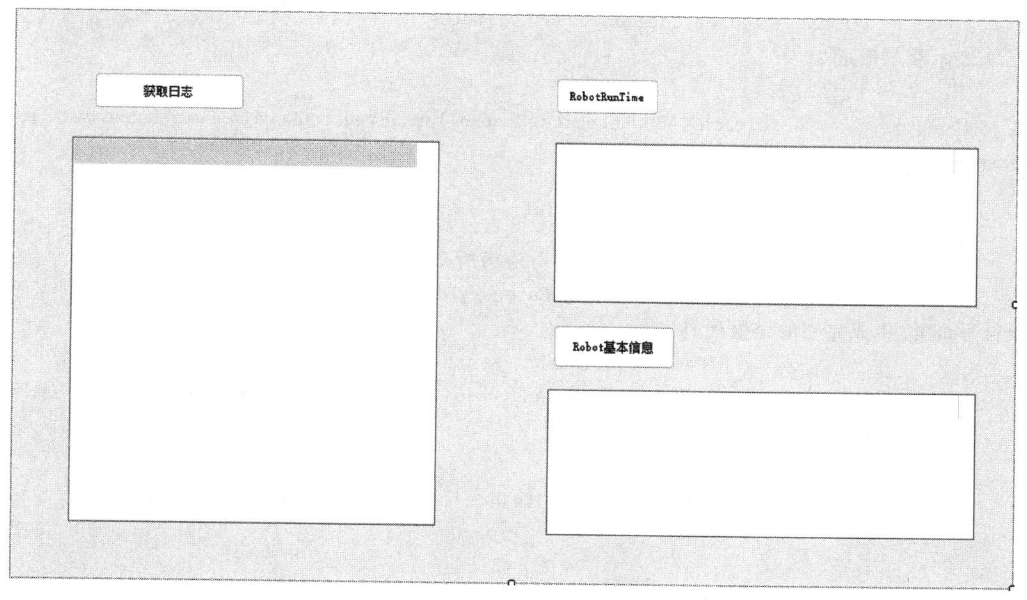

图 4 - 83　日志页面布局

按照按钮添加的顺序，其 Name 名分别是：button1、button2、button3；添加的三个列表的 Name 也是按照顺序生成的：ListView1、ListView2、ListView3，这里着重提及一下的原因是为了避免后续事件程序误触发导致的数据传输错误，接下来为每个按钮添加 Click 单击事件，进入程序。

```
using ABB.Robotics.Controllers;
using ABB.Robotics.Controllers.EventLogDomain;
using ABB.Robotics.Controllers.IOSystemDomain;
using Adapters;
using System;using System.Windows.Forms;
using ABB.Robotics.Controllers.MotionDomain;
namespace AbbIndustrialRobotConsole.User_Controls
    {
        public partial class UC_Log : UserControl
        {
            private ABB.Robotics.Controllers.Controller controllers = AbbIndustrialRobotCon-
sole.User_Controls.UC_Connect.controllers;
            public UC_Log()
            {
                InitializeComponent();
            }
            private void button1_Click(object sender, EventArgs e)
            {
                listView1.Items.Add("日志信息如下:" + "\r\n");  //更改字符信息为"日志信息
如下"
                ABB.Robotics.Controllers.EventLogDomain.EventLog log = controllers.EventLog;
  //将机器人的日志读入
                EventLogCategory cat;      //定义事件格式变量 cat
                cat = log.GetCategory(0);   //GetCategory 函数为读取日志。0 表示获取所有事
件日志.1 表示获取最近 20 条
                {
                    foreach (ABB.Robotics.Controllers.EventLogDomain.EventLogMessage emsg in
cat.Messages)
                    {
                        //循环,次数为 cat 日志个数
                        int AlarmNo;    //遍历所有日志
                        AlarmNo = emsg.CategoryId * 10000 + emsg.Number;  //将日志的类别
和错误符号合并,生成完整的警报代码
                        //CategoryId、Number 为 int 类型
                        listView1.Items.Add(emsg.Timestamp + AlarmNo.ToString() + emsg.Ti-
tle);  //文本输出,格式参数
                    }
                    MessageBox.Show("日志输出完毕");     //弹窗提醒"日志输出完毕"
                }
            }
        private void button2_Click_1(object sender, EventArgs e)
        {
            MechanicalUnitServiceInfo m0 = controllers.MotionSystem.ActiveMechanicalUnit.Servi-
ceInfo;  //创建当前机械单元 serviceinfo 实例
            listView2.Items.Add("生产总时间:" + m0.ElapsedProductionTime.TotalHours.ToString()
 + "\r\n");
```

```
            listView2.Items.Add("自上次服务后的生产总时间:" + m0.ElapsedCalenderTimeSinceLast-
Service.TotalHours.ToString() + "\r\n");
            listView2.Items.Add("上次开机时间:" + m0.LastStart.ToString() + "\r\n");
            MainComputerServiceInfo m1 = controllers.MainComputerServiceInfo;
            listView2.Items.Add("主机 CPU 信息:" + m1.CpuInfo.ToString() + "\r\n");
            listView2.Items.Add("主机 CPU 温度:" + m1.Temperature.ToString() + "摄氏度\r\n");
            listView2.Items.Add("主机存储信息:" + m1.RamSize.ToString() + "\r\n");
            }
        private void button3_Click_1(object sender, EventArgs e)
        {
            listView3.Items.Add("系统名称:\r\n" + controllers.RobotWare.Name.ToString());
            listView3.Items.Add("RW 版本:\r\n" + controllers.RobotWare.Version.ToString());
            RobotWareoptionCollection sys = controllers.RobotWare.options;
            foreach (RobotWareoption op in sys)
            {
                listView3.Items.Add("系统设置信息:" + op.ToString());
            }
            listView3.Items.Add("机器人信息(Mac 地址):" + controllers.MacAddress.ToString());
            listView3.Items.Add("机器人信息(Mac 地址长度):" + controllers.MacAddress.Length.
ToString());
            listView3.Items.Add("机器人信息(系统序列 ID):" + controllers.SystemId.ToString());
            }
        }
    }
```

因为该页的信息容量较大,输出的信息较多,对页面的布局进行小小的优化,以便提高呈现效果的可读性,列表自带的导航条优势也能确保获取信息的完整性,如图 4－84 所示。

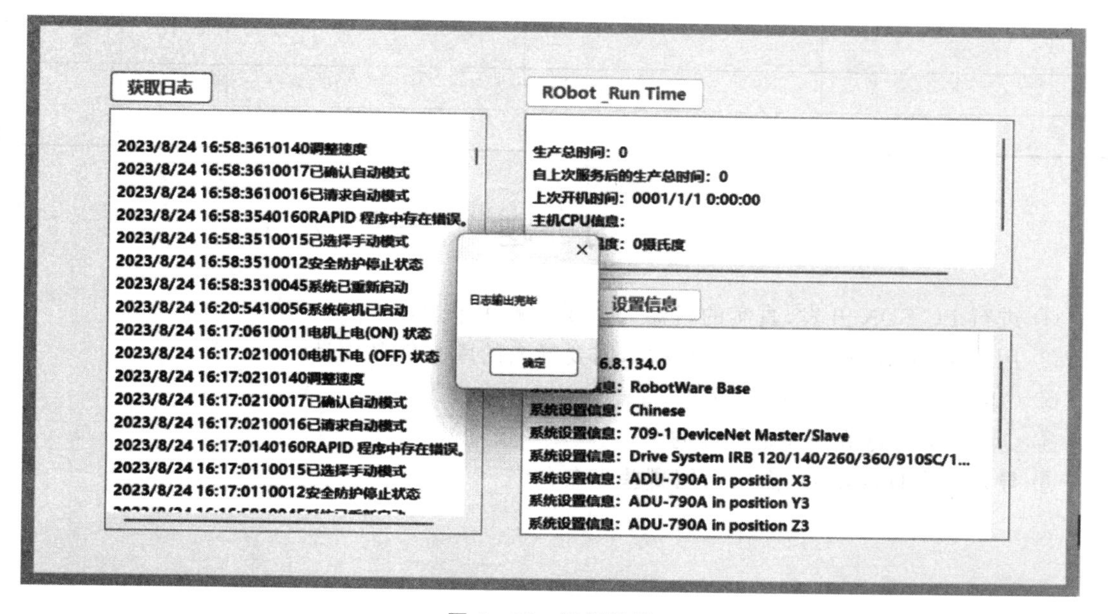

图 4－84　运行结果

任务评价

任务评价表(1)

任务名称		姓名				任务得分			
考核项目	考核内容	配分	评分标准			自评 30%	互评 30%	师评 40%	得分
知识技能 35分									
素质技能 10分									

任务评价表(2)

内容	考核要求	评分标准	配分	扣分

习　题

① 进行 PC SDK 开发，真实的机器人需要配置哪个选项？

② 用 VisualStudio 进行窗体开发时，需要导入的库文件名称是？

③ C#语言有多少个关键字？

④ C#程序的简单形式是怎样的？

⑤ 导入库文件成功后，需要引用哪些库名称？

项目5　基于 RobotStudio SDK 的工业机器人二次开发

教学导航

知识目标

了解 RobotStudio SDK 开发概念，RobotStudio SDK 安装流程；了解 RobotStudio SDK 基本的环境配置过程。

能力目标

① 掌握 RobotStudio SDK 安装方法；

② 掌握 RobotStudio SDK 基本的使用。

素质目标

严格遵守安全操作规范和操作流程，主动完成学习内容，总结学习重点。

思政目标：扎实学识，谦虚友善

① 对待学习勤奋好问，博采广览；

② 对事责任心强，诚实正直，踏实肯干。

任务5.1　掌握开发软件的使用

任务描述

通过学习 RobotStudio SDK 的基础知识，了解 Robot SDK 开发的应用实例。本任务单元的目标是学习 Robot SDK 开发的特点、培养机器人二次开发的能力。

在教学的实施过程中：

① 了解 RobotStudio SDK 开发概念；

② 了解 RobotStudio SDK 安装流程；

③ 了解 RobotStudio SDK 基本的环境配置过程；

④ 掌握 RobotStudio SDK 基本的使用。

完成本任务学习之后，学生可了解 RobotStudio SDK 开发概念，完成单元任务考核。

任务工单

任务名称				姓名	
班级		学号		成绩	
工作任务	掌握 RobotStudio SDK 安装方法 掌握 RobotStudio SDK 基本的使用				
任务目标	知识目标： 了解 RobotStudio SDK 开发概念 了解 RobotStudio SDK 安装流程 了解 RobotStudio SDK 基本的环境配置过程 技能目标： 掌握 RobotStudio SDK 安装方法 掌握 RobotStudio SDK 基本的使用 职业素养目标： 严格遵守安全操作规范和操作流程 主动完成学习内容，总结学习重点				
举一反三	思考 Smart 组件的意义				

任务准备

5.1.1 RobotStudio SDK 开发介绍

(1) 简　介

RobotStudio 软件除了自身具备的强大的仿真、建模功能以外，还支持安装功能插件(Add-Ins)。ABB 机器人厂商为用户提供了部分功能完备的插件，如机加工插件、喷涂插件、码垛插件、高速拾取插件等。

然而用户往往是来自各行各业的、需求是复杂多样的，现有的功能并不能完全覆盖所有的用户需求，对于这部分有特殊功能需求的用户，RobotStudio 软件还支持插件的二次开发。为了使用户能够更加方便地使用二次开发的插件，RobotStudio SDK 中提供了用于 Smart 二次开发的接口函数，利用这些接口函数，开发人员能够开发出与 Smart 组件类似的交互界面，给用户更加友好的交互体验。

插件 UI 的二次开发有两种方法，一种是基于 xml 文件的界面开发，另一种是直接使用 C# 语言进行界面开发。本文讲述的便是使用 C# 语言对 RobotStudio 软件插件 UI 的二次开发方法，将实现以下四种不同的功能。

① 通过 Visual Studio 建立 Smart 组件，实现基本的输入输出功能。

② 通过 Visual Studio 建立 Smart 组件，实现基本的 38 译码器功能。

③ 通过 Visual Studio 建立 addins 插件，增加 RobotStudio 按钮、设置按钮布局。

④ 通过 Visual Studio 建立 addins 插件，增加 RobotStudio 按钮、设置按钮布局，对 YuMi 机器人的两组 6 轴数据进行监视，控制程序启动、暂停、停止。

5.1.2　RobotStudio SDK 安装

从官网获取应用程序安装包，并按照安装向导给出的流程以默认设置进行安装（ABB 机器人官网在不断更新内容，因此网址可能会与下面给出的网址不同，需要以实际为准）。

RobotStudio 6.08：https://new.abb.com/products/robotics/zh/robotStudio

RobotStudio SDK 6.08：https://developercenter.robotStudio.com/

Visual Studio 2019：https://visualStudio.microsoft.com/zh-hans/downloads/

得到 SDK 安装应用，双击运行（见图 5－1）。按照安装引导完成即可（见图 5－2）。最后单击 Finish，完成安装（见图 5－3）。

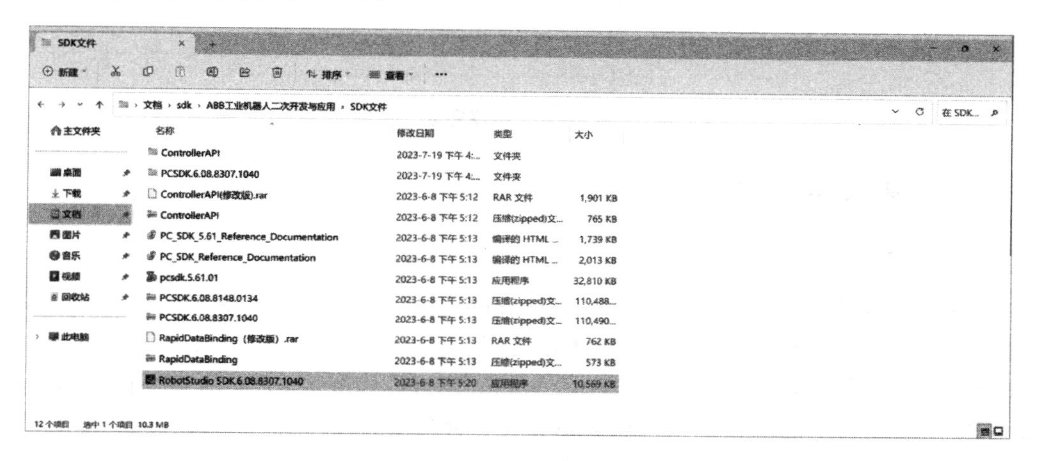

图 5－1　获取程序安装包

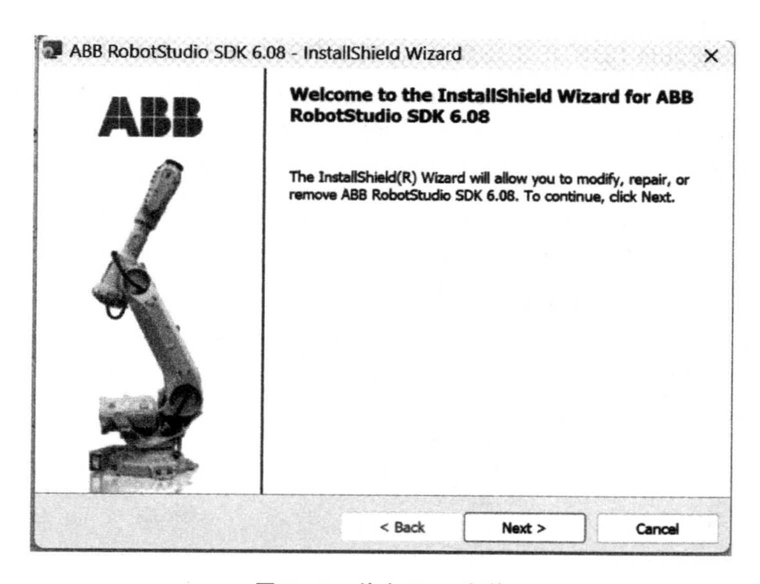

图 5－2　单击 Next 安装

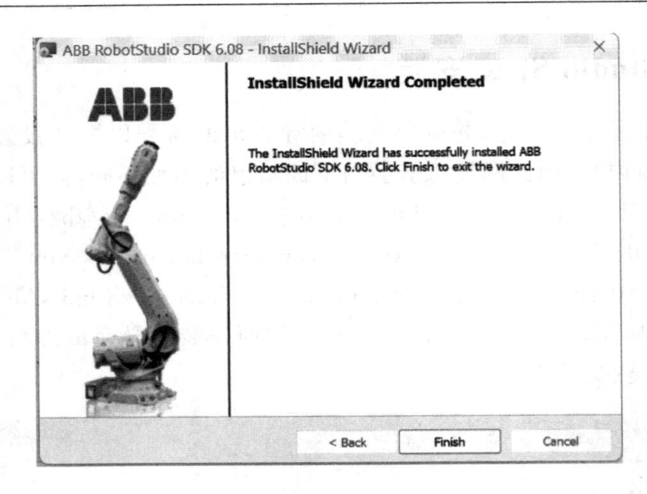

图 5-3 安装完成

5.1.3 创建 Smart 组件

(1) 环境搭建

这部分功能的开发依靠 RobotStudio SDK 和 Visual Studio，需要在 Visual Studio 编程时调用官方在 RobotStudio SDK 中给出的动态链接库(.DLL)文件，利用其中函数实现对应的功能，最后编译生成动态库文件，交由 RobotStudio 运行。RobotStudio 的版本和 RobotStudio SDK 的版本要保持一致，由于该 RobotStudio 版本所提供的程序是 32 位数据的程序，所以只能安装 Visual Studio 2019 及此前发布的产品(Visual Studio 2019 是最新一版 32 位程序，此后的 Visual Studio 都是 64 位)。

① 确保 RobotStudio SDK 安装完成之后，双击打开该软件，执行下一步。

② 导入模板：Visual Studio 中创建项目可以使用模板，模板中自带基本的使用环境，使用这些现有的环境可以大大节省用户搭建环境的时间。但是 Visual Studio 中不自带机器人相关模板，所以需要从机器人安装文件中导入到 Visual Studio 模板库里，方便之后的开发。

③ 将 C:\Program Files (x86)\ABB Industrial IT\Robotics IT\SDK\RobotStudio SDK 6.08\ProjectTemplates(此为 RobotStudio SDK 默认安装路径，如果更改了安装路径，需要以实际安装路径为准)下的三个压缩包复制备用(见图 5-4)。

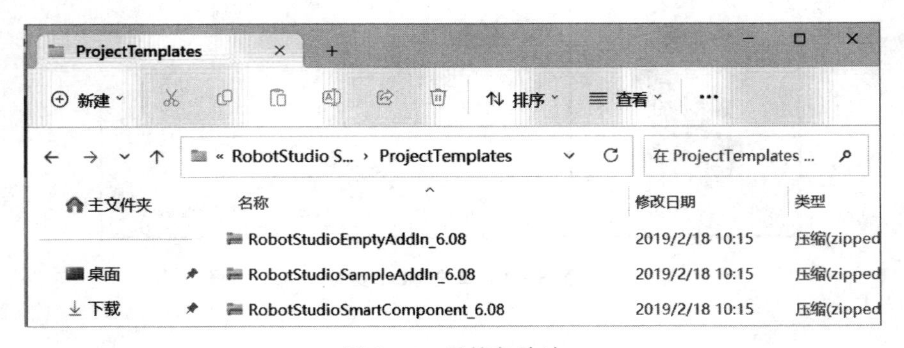

图 5-4 压缩包地址

④ 粘贴到路径 C:\Users\Administrator\Documents\VisualStudio2019\Templates\ProjectTemplates(此为 Visual Studio 2019 默认模板路径，如果更改了默认的模板路径，需要以实际模板路径为准)目录下(见图 5-5)，此路径为 Visual Studio 模板的默认路径，现在就完成了将 ABB 机器人二次开发的模板导入进 Visual Studio 2019 的流程。

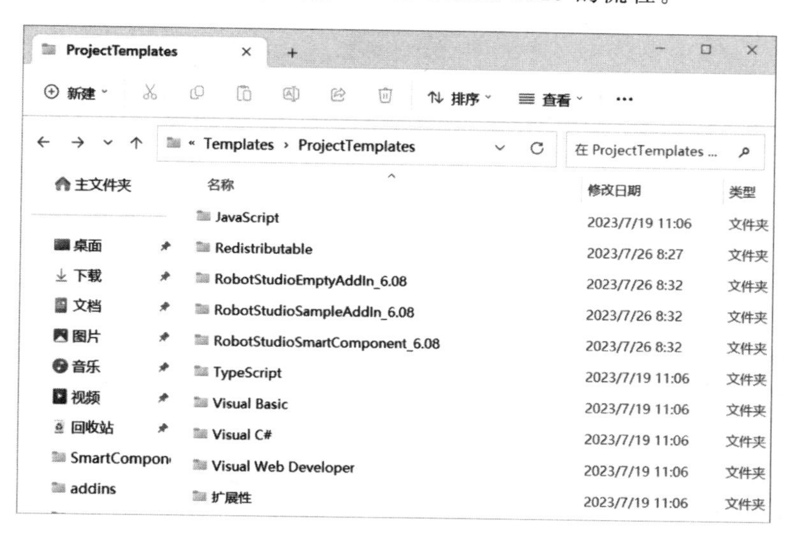

图 5-5　目标路径

(2) 完成 Smart 组件的实现

1) 生成 Smart 组件

创建新项目：打开 Visual Studio 2019(见图 5-6)，选择创建新项目(见图 5-7)，在上方搜索框内搜索“robot”这时可以看到之前添加的 RobotStudio 开发模板，选择 Smart 组件项，然后按照个人的需要选择储存位置等信息即可。

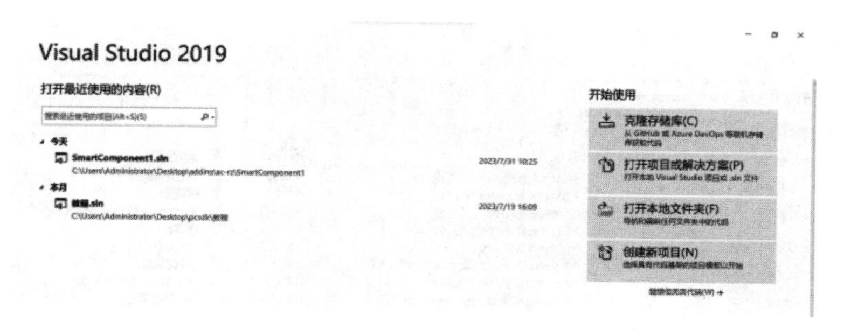

图 5-6　打开 Visual Studio

在 Visual Studio 界面内的右侧，选择资源管理器，右击“引用”(见图 5-8)，单击“添加引用”(见图 5-9)，单击右下角浏览(见图 5-10)，找到 RobotStudio SDK 安装的路径，选中所有的 dll 文件(见图 5-11)，单击右下角选择，将所有文件添加进 Visual Studio，然后全部勾选，单击右下角“确定”(见图 5-12)，最终看到引用目录下面的库文件没有出现黄色叹号、文件头引用也没有报错即可(见图 5-13)。最后在.cs 程序的最上方引用库文件，格式为 using…(见图 5-14)，其中…为被引用文件，现在便可以在主程序中调用这些库文件里的函数了。

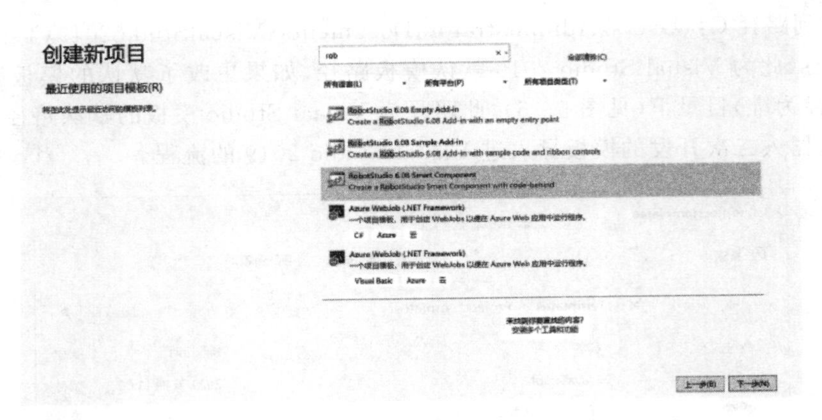

图 5-7　创建新项目

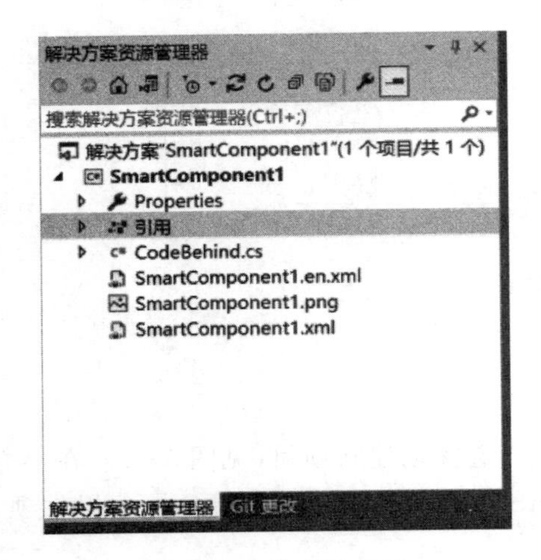

图 5-8　资源管理器

图 5-9　添加引用

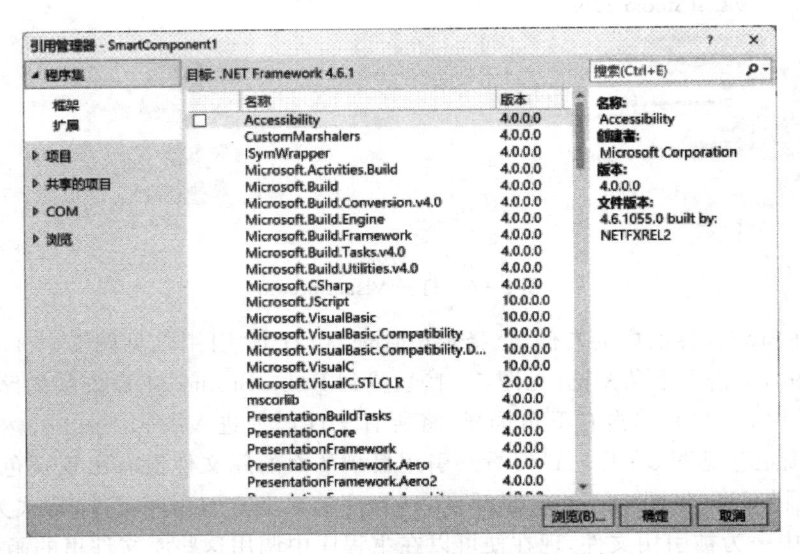

图 5-10　在"浏览"里找到本地的文件包

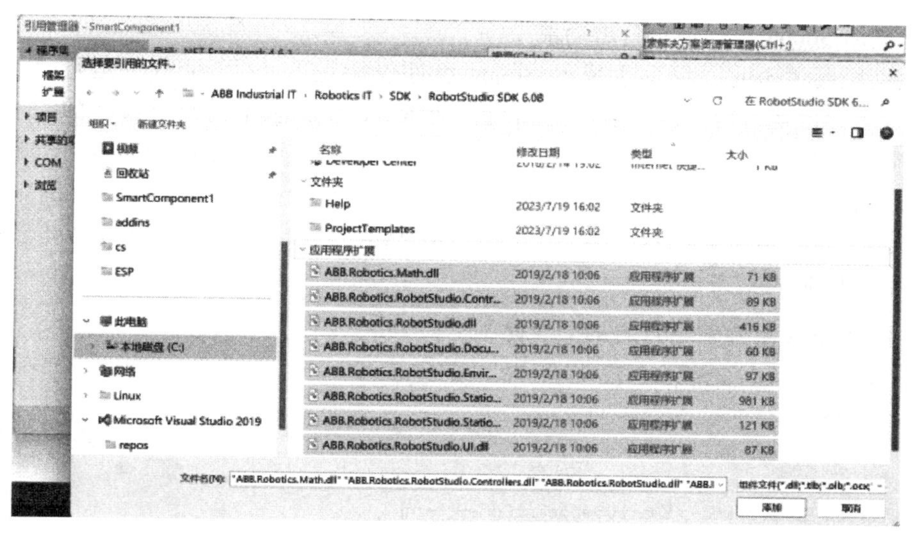

图 5－11　选中这些文件

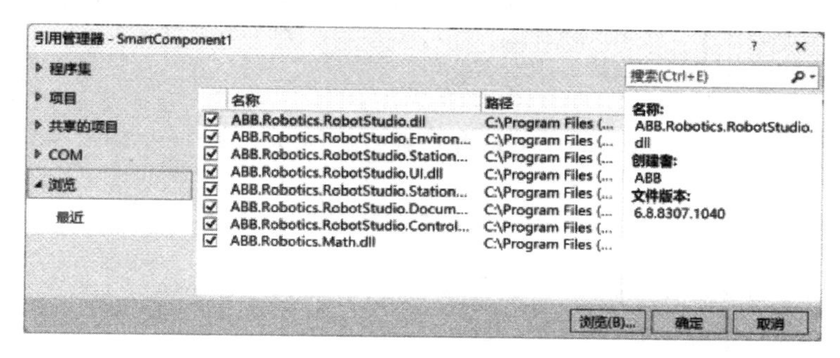

图 5－12　选中 ABB 的动态链接库

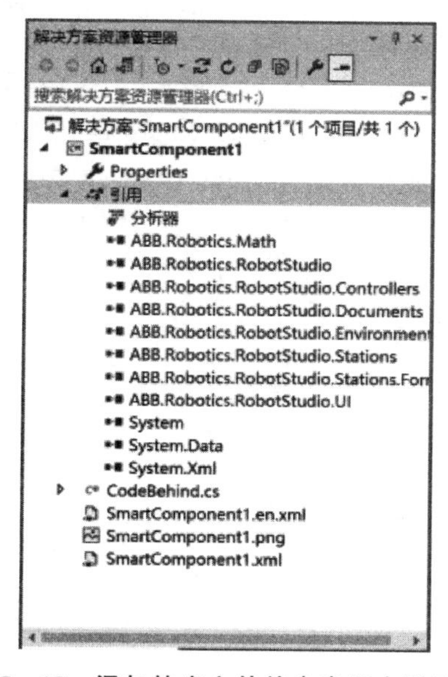

图 5－13　添加的库文件就会出现在引用中

```
using ABB.Robotics.RobotStudio;
using ABB.Robotics.RobotStudio.Stations;
using System;
```

图 5－14　引用库文件

2）简单的Smart组件输出日志功能

由于在Visual Studio编程生成的Smart组件仅能在RobotStudio中运行，所以Visual Studio中没有程序运行时候的变量状态信息。而RobotStudio中又没有编写的程序信息，十分不方便调试。通常程序的编写过程中需要在RobotStudio中反复运行调试，这时我们需要让程序在获得一些关键的信息后输出，开发人员对其进行检查是否正确。RobotStudio中可以利用日志栏进行一些信息展示：例如Logger.AddMessage()函数（可以参考以下代码程序1所示），在日志区生成一条日志。

程序1　Smart组件输出日志的C#程序

```
using ABB.Robotics.RobotStudio;
using ABB.Robotics.RobotStudio.Stations;
namespace SmartComponent1
{
public class CodeBehind : SmartComponentCodeBehind
{
    public override void OnIOSignalValueChanged(SmartComponent component, IOSignal changedSignal)
    {
        if (changedSignal.Name == "mysig1")
        {
            Logger.AddMessage(new LogMessage("输入信号值为" + changedSignal.Value.ToString()));
        }
    }
```

程序2　Smart组件输出日志的xml程序

```
<?xml version="1.0" encoding="utf-8"?>
<lc:LibraryCompiler xmlns:lc="urn:abb-robotics-robotstudio-librarycompiler" xmlns="urn:abb-robotics-robotstudio-graphiccomponent" xmlns:xsi="http://www.w3.org/2001/XMLSchema-instance" xsi:schemaLocation="urn:abb-robotics-robotstudio-librarycompiler file:///C:\Program%20Files%20(x86)\ABB%20Industrial%20IT\Robotics%20IT\SDK\RobotStudio%20SDK%206.08\LibraryCompilerSchema.xsd urn:abb-robotics-robotstudio-graphiccomponent file:///C:\Program%20Files%20(x86)\ABB%20Industrial%20IT\Robotics%20IT\SDK\RobotStudio%20SDK%206.08\GraphicComponentSchema.xsd">
    <lc:Library fileName="SmartComponent1.rslib">
        <lc:DocumentProperties>
            <lc:Author>Administrator</lc:Author>
            <lc:Image source="SmartComponent1.png"/>
        </lc:DocumentProperties>
        <SmartComponent name="SmartComponent1" icon="SmartComponent1.png"
    codeBehind="SmartComponent1.CodeBehind,SmartComponent1.dll" canBeSimulated="false">
            <Bindings>
            </Bindings>
            <Signals>
            <IOSignal name="mysig1" signalType="DigitalInput"/>
            </Signals>
```

```
            <GraphicComponents>
            </GraphicComponents>
            <Assets>
                <Asset source="SmartComponent1.dll"/>
            </Assets>
        </SmartComponent>
    </lc:Library>
</lc:LibraryCompiler>
```

在 VS 中编写 C# 程序，如图 5 - 15 所示。

图 5 - 15　在 Visual Studio 编写的 C# 程序

修改 C# 程序与 xml 程序，如图 5 - 16 所示。C# 程序负责逻辑运算，xml 程序负责制造 UI 组件，其中<IOSignal name="mysig1" signalType="DigitalInput"/>负责创建一个引号的输入按钮，Logger. AddMessage(new LogMessage("输入信号值为"+changedSignal. Val-

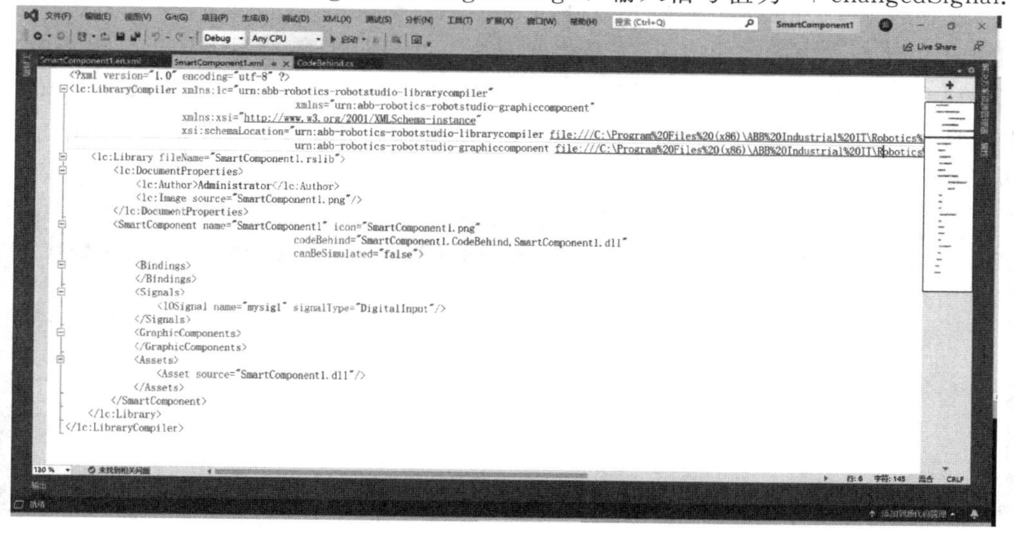

图 5 - 16　在 Visual Studio 编写的 xml 程序

ue.ToString()));将信号输出到日志栏中。两者配合即可实现点击按钮输出日志的效果(如果需要其他功能,请参考 C:\Program Files (x86)\ABB Industrial IT\Robotics IT\SDK\RobotStudio SDK 6.08\Help\en 下的 API 帮助文档,如图 5-17 所示,此文档包括所有二次开发的函数)。

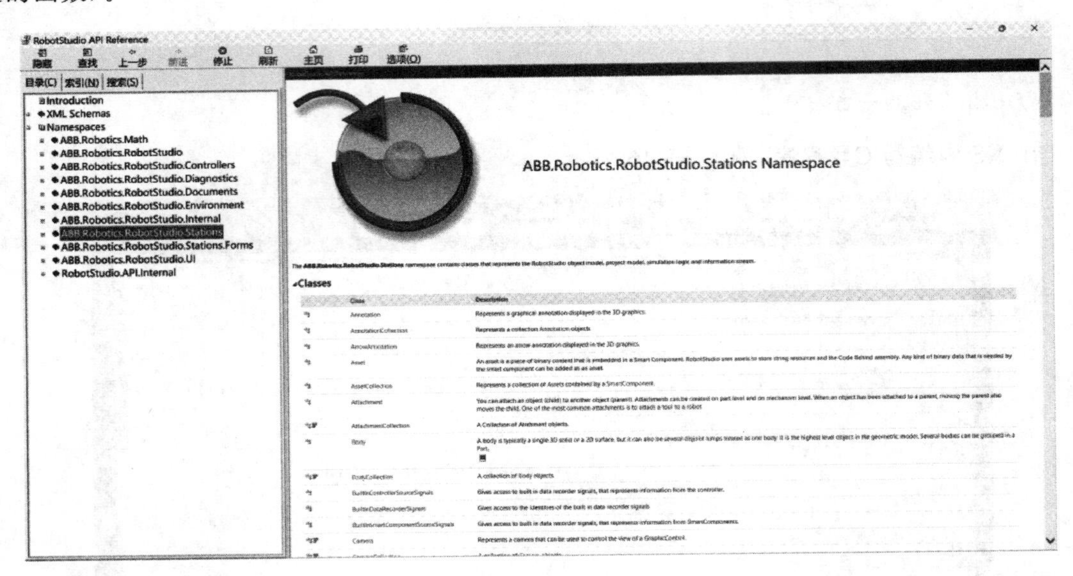

图 5-17　官网文档

VS 中解决方案指的是完成一个目标的解决方案。当完成一个开发目标,除了写的代码部分,还可能会用到很多资源文件(图片,音视频以及其他东西),包括引用的第三方库,这些东西的处理有的就是打包进来,有的要在链接过程中一并入到你的程序中,所以生成解决方案就是综合你完成这个目标所用到的所有资源,根据你配置的参数(各个项目属性,引用目录,解决方案属性等),生成帮助用户完成目标的工具(可以运行的程序等),下载的开源库一般是静态库(.lib)或者动态库(.dll),因为他们的目标就是给用户提供工具。

单击上方工具栏中的生成按钮,选择生成解决方案(B)吗,等待下方输出结果提示成功,如图 5-18 所示。然后打开该项目的存放路径,如图 5-19 所示,即可看到生成由 Visual Studio 生成的一个 Smart 组件,(若没有生成按钮,可以在右上角搜索框内搜索生成,即可看见生成解决方案(B))。

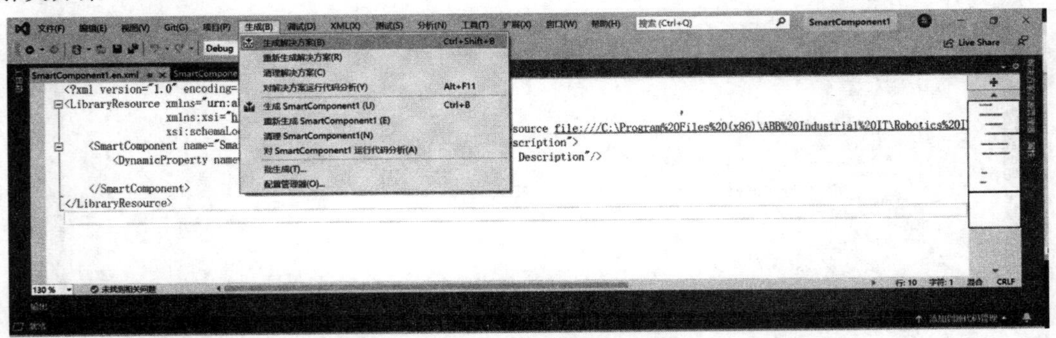

图 5-18　生成项目解决方案

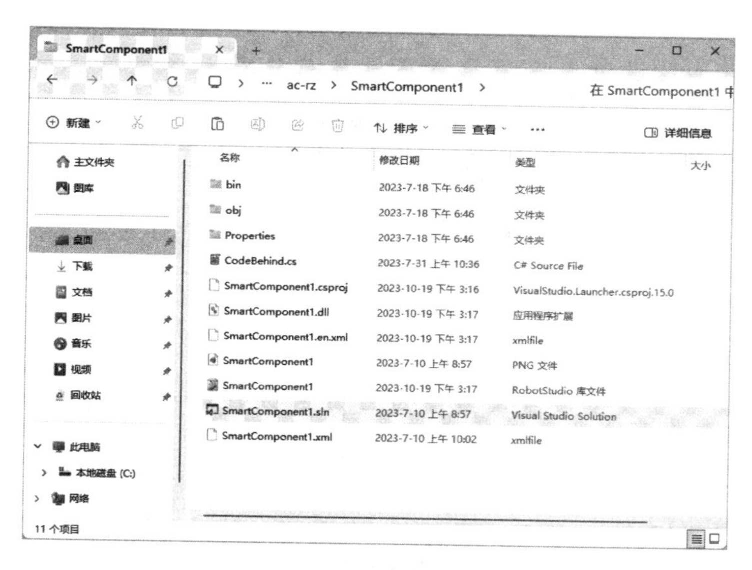

图 5-19　Smart 组件地址

这时打开 RobotStudio 并打开一个工作站文件，然后将此 Smart 组件导入到空间内，RobotStudio 会弹询问用户是否信任该 Smart 组件，如图 5-20 所示，单击“是”便可完成导入。右键刚刚导入的 Smart 组件，单击“属性”即可看到可以选择的信号，选择之后日志栏便会输出对应的文字，如图 5-21 所示。

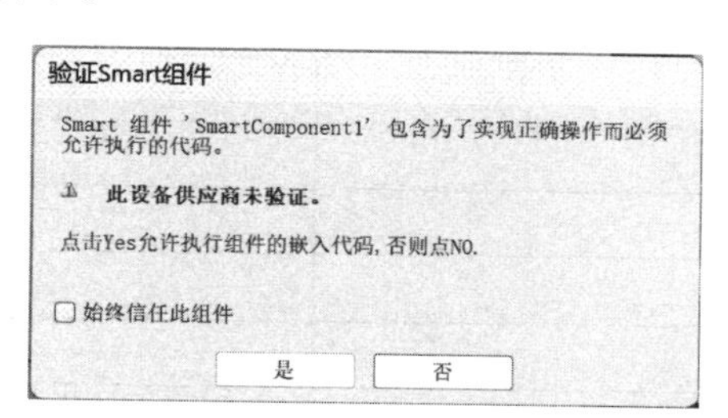

图 5-20　Smart 组件弹窗提醒

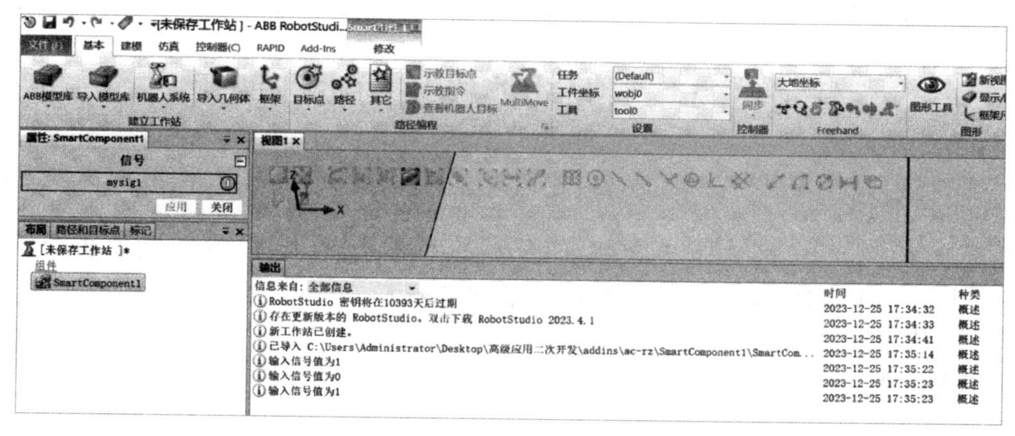

图 5-21　运行结果

任务评价

任务评价表(1)

任务名称		姓名				任务得分			
考核项目	考核内容	配分	评分标准			自评 30%	互评 30%	师评 40%	得分
知识技能 35分									
素质技能 10分									

任务评价表(2)

内容	考核要求	评分标准	配分	扣分

任务5.2　掌握功能模块的设计调用

任务描述

通过学习 RobotStudio SDK 的基础知识，掌握 SDK 开发的应用实例涉及的操作。本任务单元的目标是学习 Robot SDK 开发的案例、掌握机器人二次开发的能力。

在教学的实施过程中：

① 能够掌握 Smart 组件的输入输出；

② 能够掌握 Add 模块的按钮创建；

③ 能够掌握 Add 模块的基本信息读取。

完成本任务，学生可了解 Robot SDK 开发的基本功能与操作，完成单元任务考核。

任务工单

<table>
<tr><td>任务名称</td><td colspan="3"></td><td>姓名</td><td></td></tr>
<tr><td>班级</td><td></td><td>学号</td><td></td><td>成绩</td><td></td></tr>
<tr><td>工作任务</td><td colspan="5">掌握 Smart 组件的输入输出
掌握 Add 模块的按钮创建
掌握 Add 模块的基本信息读取</td></tr>
<tr><td>任务目标</td><td colspan="5">知识目标：
了解 Smart 组件的基本开发功能
了解 Add 模块基本开发功能
技能目标：
掌握 Smart 组件的输入输出
掌握 Add 模块的按钮创建
掌握 Add 模块的基本信息读取
职业素养目标：
严格遵守安全操作规范和操作流程
主动完成学习内容，总结学习重点。</td></tr>
<tr><td>举一反三</td><td colspan="5">总结机器人 Smart 组件如何创建</td></tr>
</table>

任务准备

5.2.1 Smart 组件

(1) Smart 组件的输入输出

我们用到 Smart 组件的时候往往不是单纯的 IO 信号，可能还会有字符类型的输入输出，这次我们要实现的功能是对 Smart 组件输入 4 个数字分别用 ABCD 表示，经过(A+B) * C/D=S 的运算之后输出结果 S，分别在 Smart 里面与日志栏分别显示结果。程序 2 如下所示：

程序 2 Smart 组件读写数字的 C# 程序

```
using ABB.Robotics.RobotStudio;
using ABB.Robotics.RobotStudio.Stations;
using System;
namespace Smart
{
        public class CodeBehind : SmartComponentCodeBehind
    {
        private double a, b, c = 1, d = 1, S = 0;
        public override void OnPropertyValueChanged(SmartComponent component, DynamicProperty
changedProperty, Object oldValue)
        {
            if (changedProperty.Name == "IA")
```

```
                {a = (double)changedProperty.Value; Logger.AddMessage(new LogMessage("a = " +
a.ToString()));}
            else if (changedProperty.Name == "IB")
                {b = (double)changedProperty.Value; Logger.AddMessage(new LogMessage("b = " +
b.ToString()));}
            else if (changedProperty.Name == "IC")
                {c = (double)changedProperty.Value; Logger.AddMessage(new LogMessage("c = " +
c.ToString()));}
            else if (changedProperty.Name == "ID")
                {d = (double)changedProperty.Value; Logger.AddMessage(new LogMessage("d = " +
d.ToString()));}
        }

        public override void OnIOSignalValueChanged(SmartComponent component, IOSignal changed-
Signal)
        {                   S = (a+b)*c/d;
            component.Properties["OUT"].Value = S;
            Logger.AddMessage(new LogMessage("(" + a + " + " + b + ")*" + c + "/" + d + " = " + S));
        }
        public override void OnSimulationStep(SmartComponent component, double simulationTime,
double previousTime)
        {{}
        }
    }
```

程序 2　Smart 组件读写数字的 xml 程序

```
<?xml version="1.0" encoding="utf-8"?>
<lc:LibraryCompiler xmlns:lc="urn:abb-robotics-robotstudio-librarycompiler"
    xmlns="urn:abb-robotics-robotstudio-graphiccomponent"
                    xmlns:xsi="http://www.w3.org/2001/XMLSchema-instance"
                    xsi:schemaLocation="urn:abb-robotics-robotstudio-librarycompiler
file:///C:\Program%20Files%20(x86)\ABB%20Industrial%20IT\Robotics%20IT\SDK\RobotStu
dio%20SDK%206.08\LibraryCompilerSchema.xsd
                                        urn:abb-robotics-robotstudio-graphiccomponent
file:///C:\Program%20Files%20(x86)\ABB%20Industrial%20IT\Robotics%20IT\SDK\RobotStu
dio%20SDK%206.08\GraphicComponentSchema.xsd">
    <lc:Library fileName="Smart.rslib">
        <lc:DocumentProperties>
            <lc:Author>Administrator</lc:Author>
            <lc:Image source="Smart.png"/>
        </lc:DocumentProperties>
        <SmartComponent name="Smart" icon="Smart.png"
                                        codeBehind="Smart.CodeBehind,Smart.dll"
                                        canBeSimulated="false">
```

```
            <Properties>
                <DynamicProperty name="IA" valueType="System.Double" value="0.0"></Dynam
icProperty>
                <DynamicProperty name="IB" valueType="System.Double" value="0.0"></Dynam
icProperty>
                <DynamicProperty name="IC" valueType="System.Double" value="0.0"></Dynam
icProperty>
                <DynamicProperty name="ID" valueType="System.Double" value="0.0"></Dynam
icProperty>
                <DynamicProperty name="OUT" valueType="System.Double" value="0.0" read
Only="true"></DynamicProperty>
            </Properties>
            <Bindings>
            </Bindings>
            <Signals>
                <IOSignal name="end" signalType="DigitalInput" autoReset="true"/>
            </Signals>
            <GraphicComponents>
            </GraphicComponents>
            <Assets>
                <Asset source="Smart.dll"/>
            </Assets>
        </SmartComponent>
    </lc:Library>
  </lc:LibraryCompiler>
```

新建一个 Smart 项目，流程与之前相同，现在需要设计输入输出的文本框，更改 en.xml 程序，<DynamicProperty name="IA" description=" "/>标签可以自动生成一个文本框，共需要加入 5 个文本交互框，和一个按钮，按钮的实现与前文中方法一样，如图 5 - 22 所示。

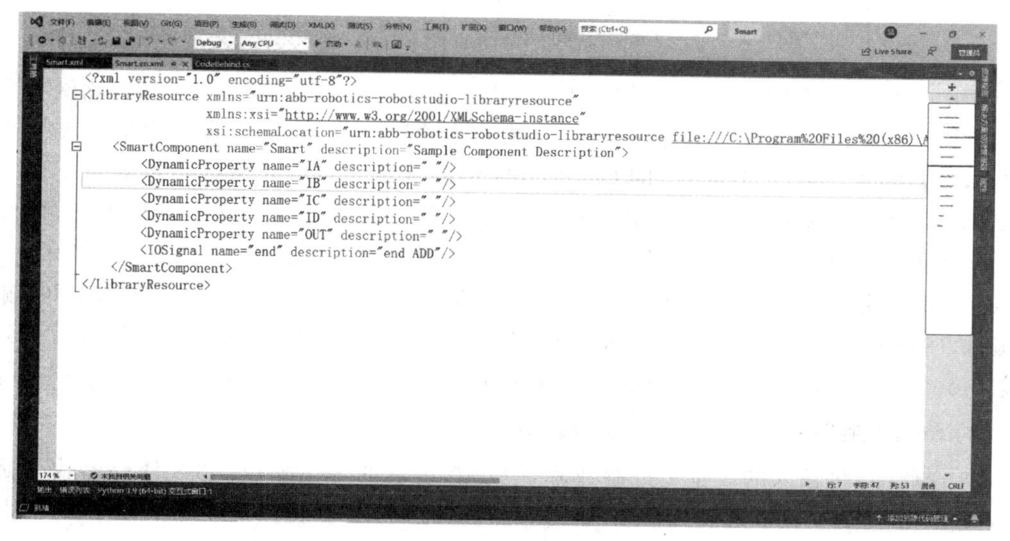

图 5 - 22　在 Visual Studio 编写的 C# 程序

更改 xml 程序，对 5 个文本框添加属性 valueType＝"System. Double" value＝"0. 0"，和一个 end 按钮的状态，end 为数字量输入，如图 5－23 所示。

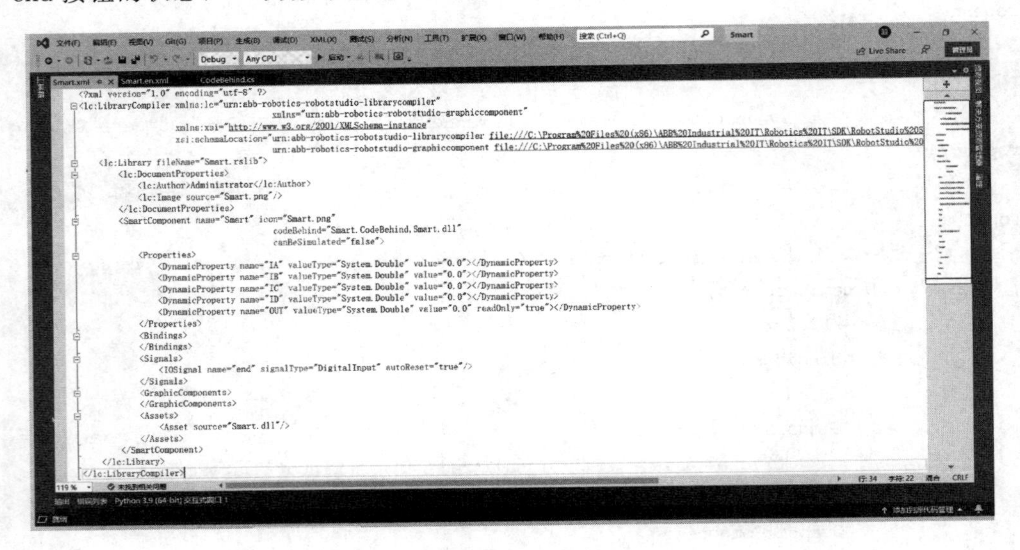

图 5－23　在 Visual Studio 编写的 xml 程序

全部的信号及对应的声明属性如表 5－1 所列。

表 5－1　信号属性说明

信　号	声明属性	说　明
DI	DigitalInput	数字量输入信号
DO	DigitalOutput	数字量输出信号
AI	AnalogInput	模拟量输入信号
AO	AnalogOutput	模拟量输出信号
GI	DigitalGroupInput	组输入信号
GO	DigitalGroupOutput	组输出信号

编辑 C# 程序，利用 a ＝ (double)changedProperty. Value 函数读入数据，此函数默认读入字符串型变量，但字符串不能直接参与加减乘除的运算，因此需要在前面加上转换类型到 double，然后存入变量中，这样操作以后 double 型的变量才可以正常进行运算。不过每次有输入事件都会触发这个函数，因此需要在外面加一层 if 判断是哪个文本框输入的，以此更改对应的变量，为方便调试，同时也在日志栏中输出变量所对应的数值，如图 5－24 所示。

最后在机器人工作站空间内导入并运行，与前文一样，在 IA 输入 4，IB 输入 4，IC 输入 2，ID 输入 5 按回车键，日志栏会输出 ABCD 的数值，单击 Smart 组件的 end 信号，即可看到最后的输出 out 为 3. 20，此时日志栏内显示运算过程与结果(4＋4) * 2/5＝3. 20，如图 5－25 所示。

(2) Smart 组件实现基础的 3 线/8 线译码器功能

3-8 译码器：将输入的 3 位 2 进制数翻译成 10 进制的 8 位输出。3-8 译码器输入是二进制。3 只脚也就是 3 位二进制数。输入可以 3 位二进制数。3 位二进制最大是 111 也就是 10 进制 8。

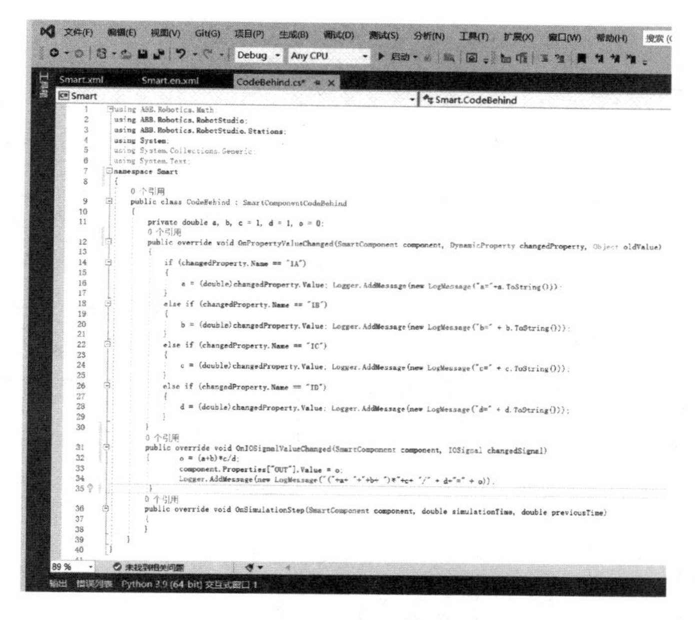

图 5-24　VS 中的 C# 程序

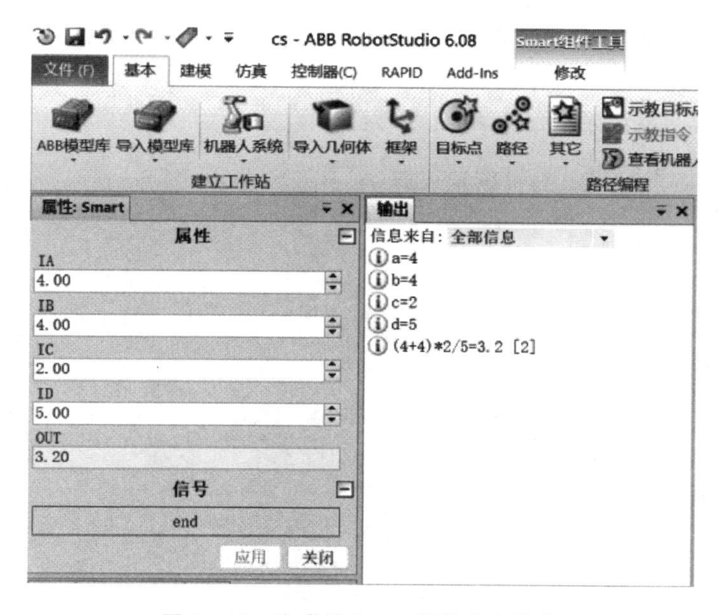

图 5-25　生成的 Smart 组件效果演示

3-8 译码器输出是 8 个脚，表示 10 进制，根据输入的二进制数输出。如果输入是 101，那么就是第 5 只脚高电平，表示二进制数是 5。3-8 线译码器是一种全译码器（二进制译码器）。全译码器的输入是 3 位二进制代码，3 位二进制代码共有 8 种组合，故输出是与这 8 种组合一一对应的 8 个输出信号。译码器将每种二进制的代码组合译成对应的一根输出线上的高（低）平信号。3-8 译码器的逻辑图和引脚排列图如图 5-26 所示（74HC138 芯片原理图）。

机器人通信版上的 IO 端口都是有限的。当机器人数字量输出不足的时候，比如仅剩3 个数字量输出口，但是要控制 8 路数字输出（比如 8 个灯），这时便可以使用这三个数字量输出口

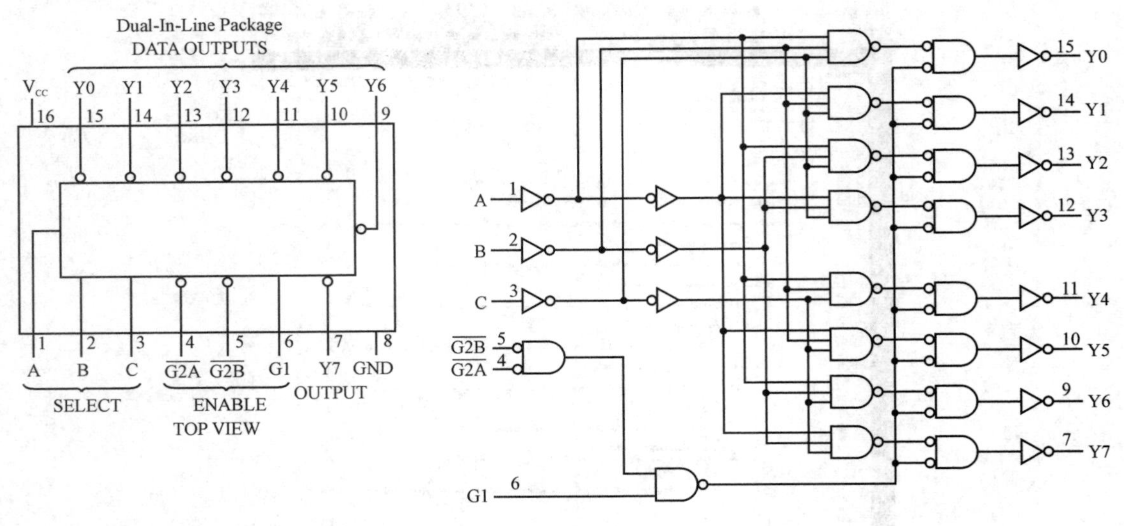

图 5-26　74HC138 芯片原理图

配合一个 38 译码器来实现对 8 个灯的控制，但是在 Smart 中并没有 3 项输入的与非门，因此实现起来需要两个与门一个非门配合实现，需要用到的组件数量翻倍，接线较为复杂，但是我们还有一个方法：到 RobotStudio SDK 二次开发环境的 Smart 实现此功能。程序 3 如下所示：

程序 3　Smart3-8 译码器 C# 程序

```
using ABB.Robotics.RobotStudio.Stations;
using System;
namespace SmartComponent1
{
    public class CodeBehind : SmartComponentCodeBehind
    {
        int a = 0, b = 0, c = 0, i = 0;
        public override void OnIOSignalValueChanged(SmartComponent component, IOSignal changedSignal)
        {
            IOSignal S0 = component.IOSignals["SampleSigna0"];
            IOSignal S1 = component.IOSignals["SampleSigna1"];
            IOSignal S2 = component.IOSignals["SampleSigna2"];
            IOSignal S3 = component.IOSignals["SampleSigna3"];
            IOSignal S4 = component.IOSignals["SampleSigna4"];
            IOSignal S5 = component.IOSignals["SampleSigna5"];
            IOSignal S6 = component.IOSignals["SampleSigna6"];
            IOSignal S7 = component.IOSignals["SampleSigna7"];
          if (changedSignal.Name == "SampleSignaA")
            {
                a = (int)changedSignal.Value; Logger.AddMessage(new LogMessage(changedSig
nal.Name + changedSignal.Value.ToString()));
```

```
            }
            if (changedSignal.Name == "SampleSignaB")
            {
                b = (int)changedSignal.Value; Logger.AddMessage(new LogMessage(changedSig-
nal.Name + changedSignal.Value.ToString()));
            }
            if (changedSignal.Name == "SampleSignaC")
            {
                c = (int)changedSignal.Value; Logger.AddMessage(new LogMessage(changedSig-
nal.Name + changedSignal.Value.ToString()));
            }
            i = a + 2 * b + 4 * c;
            Logger.AddMessage(new LogMessage("i = " + i));
            if (i == 0)
                S0.TrySetValue(1);
            else
                S0.TrySetValue(0);

            if (i == 1)
                S1.TrySetValue(1);
            else
                S1.TrySetValue(0);

            if (i == 2)
                S2.TrySetValue(1);
            else
                S2.TrySetValue(0);

            if (i == 3)
                S3.TrySetValue(1);
            else
                S3.TrySetValue(0);

            if (i == 4)
                S4.TrySetValue(1);
            else
                S4.TrySetValue(0);

            if (i == 5)
                S5.TrySetValue(1);
            else
                S5.TrySetValue(0);

            if (i == 6)
```

```
                S6.TrySetValue(1);
            else
                S6.TrySetValue(0);

            if (i == 7)
                S7.TrySetValue(1);
            else
                S7.TrySetValue(0);
          Logger.AddMessage(new LogMessage("----END----\n"));
        }
        public override void OnPropertyValueChanged(SmartComponent component, DynamicProperty changedProperty, Object oldValue) { }
        public override void OnSimulationStep(SmartComponent component, double simulationTime, double previousTime)        {        }

    }
}
```

程序 3　Smart3-8 译码器.xml 程序

```
<?xml version="1.0" encoding="utf-8"?>
<lc:LibraryCompiler xmlns:lc="urn:abb-robotics-robotstudio-librarycompiler"xmlns="urn:abb-robotics-robotstudio-graphiccomponent" xmlns:xsi="http://www.w3.org/2001/XMLSchema-instance"xsi:schemaLocation="urn:abb-robotics-robotstudio-librarycompiler file:///C:\Program%20Files%20(x86)\ABB%20Industrial%20IT\Robotics%20IT\SDK\RobotStudio%20SDK%206.08\LibraryCompilerSchema.xsdurn:abb-robotics-robotstudio-graphiccomponent file:///C:\Program%20Files%20(x86)\ABB%20Industrial%20IT\Robotics%20IT\SDK\RobotStudio%20SDK%206.08\GraphicComponentSchema.xsd">
    <lc:Library fileName="SmartComponent1.rslib">
        <lc:DocumentProperties>
            <lc:Author>Administrator</lc:Author>
            <lc:Image source="SmartComponent1.png"/>
        </lc:DocumentProperties>
        <SmartComponent name="SmartComponent1" icon="SmartComponent1.png"
    codeBehind="SmartComponent1.CodeBehind,SmartComponent1.dll"canBeSimulated="false">
            <Properties>
                <DynamicProperty name="SampleProperty" valueType="System.Double" value="10">
                    <Attribute key="MinValue" value="0"/>
                    <Attribute key="Quantity" value="Length"/>
                </DynamicProperty>
            </Properties>
            <Bindings>
            </Bindings>
            <Signals>
                <IOSignal name="SampleSignaA" signalType="DigitalInput" />
```

```
            <IOSignal name = "SampleSignaB" signalType = "DigitalInput" />
            <IOSignal name = "SampleSignaC" signalType = "DigitalInput" />
            <IOSignal name = "SampleSigna0" signalType = "DigitalOutput" />
            <IOSignal name = "SampleSigna1" signalType = "DigitalOutput" />
            <IOSignal name = "SampleSigna2" signalType = "DigitalOutput" />
            <IOSignal name = "SampleSigna3" signalType = "DigitalOutput" />
            <IOSignal name = "SampleSigna4" signalType = "DigitalOutput" />
            <IOSignal name = "SampleSigna5" signalType = "DigitalOutput" />
            <IOSignal name = "SampleSigna6" signalType = "DigitalOutput" />
            <IOSignal name = "SampleSigna7" signalType = "DigitalOutput" />
        </Signals>
        <GraphicComponents>
        </GraphicComponents>
        <Assets>
            <Asset source = "SmartComponent1.dll"/>
        </Assets>
    </SmartComponent>
  </lc:Library>
</lc:LibraryCompiler>
```

程序 4　Smart3-8 译码器.en.xml 程序

```
<? xml version = "1.0" encoding = "utf-8"? >
<LibraryResource xmlns = "urn:abb-robotics-robotstudio-libraryresource"
            xmlns:xsi = "http://www.w3.org/2001/XMLSchema-instance"
            xsi:schemaLocation = " urn: abb - robotics - robotstudio - libraryresource
file:///C:\Program%20Files%20(x86)\ABB%20Industrial%20IT\Robotics%20IT\SDK\RobotStudio%
20SDK%206.08\LibraryResourceSchema.xsd">
    <SmartComponent name = "SmartComponent1" description = "Sample Component Description">
        <DynamicProperty name = "SampleProperty" description = "Sample Property Description"/>
        <IOSignal name = "SampleSignaA" description = "SampleSignaA ADD"/>
        <IOSignal name = "SampleSignaB" description = "SampleSignaB ADD"/>
        <IOSignal name = "SampleSignaC" description = "SampleSignaB ADD"/>
        <IOSignal name = "SampleSigna0" description = "SampleSigna8 ADD"/>
        <IOSignal name = "SampleSigna1" description = "SampleSigna1 ADD"/>
        <IOSignal name = "SampleSigna2" description = "SampleSigna2 ADD"/>
        <IOSignal name = "SampleSigna3" description = "SampleSigna3 ADD"/>
        <IOSignal name = "SampleSigna4" description = "SampleSigna4 ADD"/>
        <IOSignal name = "SampleSigna5" description = "SampleSigna5 ADD"/>
        <IOSignal name = "SampleSigna6" description = "SampleSigna6 ADD"/>
        <IOSignal name = "SampleSigna7" description = "SampleSigna7 ADD"/>
    </SmartComponent>
</LibraryResource>
```

1）建立模板过程、引用库文件

此部分与前文相同，不做赘述。

2）创建输入输出信号

从外部来看，我们要在此实现的是三路数字量输入，8 路数字量输出需要在.en.xml 中、.xml 文件中创立对应的信号，原理与前文所述相同。注意输入信号的属性是 DigitalInput，输出信号的属性是 DigitalOutput，如图 5-27 所示。

```
<?xml version="1.0" encoding="utf-8"?>
<LibraryResource xmlns="urn:abb-robotics-robotstudio-libraryresource"
                 xmlns:xsi="http://www.w3.org/2001/XMLSchema-instance"
                 xsi:schemaLocation="urn:abb-robotics-robotstudio-libraryresource file:///C:\Program%
    <SmartComponent name="SmartComponent1" description="Sample Component Description">
        <DynamicProperty name="SampleProperty" description="Sample Property Description"/>
        <IOSignal name="SampleSignaA" description="SampleSignaA ADD"/>
        <IOSignal name="SampleSignaB" description="SampleSignaB ADD"/>
        <IOSignal name="SampleSignaC" description="SampleSignaB ADD"/>
        <IOSignal name="SampleSigna0" description="SampleSigna8 ADD"/>
        <IOSignal name="SampleSigna1" description="SampleSigna1 ADD"/>
        <IOSignal name="SampleSigna2" description="SampleSigna2 ADD"/>
        <IOSignal name="SampleSigna3" description="SampleSigna3 ADD"/>
        <IOSignal name="SampleSigna4" description="SampleSigna4 ADD"/>
        <IOSignal name="SampleSigna5" description="SampleSigna5 ADD"/>
        <IOSignal name="SampleSigna6" description="SampleSigna6 ADD"/>
        <IOSignal name="SampleSigna7" description="SampleSigna7 ADD"/>


    </SmartComponent>
</LibraryResource>
```

(a)

```
<?xml version="1.0" encoding="utf-8" ?>
<lc:LibraryCompiler xmlns:lc="urn:abb-robotics-robotstudio-librarycompiler"
                                    xmlns="urn:abb-robotics-robotstudio-graphiccomponent"
                xmlns:xsi="http://www.w3.org/2001/XMLSchema-instance"
                xsi:schemaLocation="urn:abb-robotics-robotstudio-librarycompiler file:///C:\Program%
                                    urn:abb-robotics-robotstudio-graphiccomponent file:///C:\Program%
    <lc:Library fileName="SmartComponent1.rslib">
        <lc:DocumentProperties>
            <lc:Author>Administrator</lc:Author>
            <lc:Image source="SmartComponent1.png"/>
        </lc:DocumentProperties>
        <SmartComponent name="SmartComponent1" icon="SmartComponent1.png"
                                    codeBehind="SmartComponent1.CodeBehind,SmartComponent1.dll"
                                    canBeSimulated="false">
            <Properties>
                <DynamicProperty name="SampleProperty" valueType="System.Double" value="10">
                    <Attribute key="MinValue" value="0"/>
                    <Attribute key="Quantity" value="Length"/>
                </DynamicProperty>
            </Properties>
            <Bindings>
            </Bindings>
            <Signals>
                <IOSignal name="SampleSignaA" signalType="DigitalInput" />
                <IOSignal name="SampleSignaB" signalType="DigitalInput" />
                <IOSignal name="SampleSignaC" signalType="DigitalInput" />
                <IOSignal name="SampleSigna0" signalType="DigitalOutput" />
                <IOSignal name="SampleSigna1" signalType="DigitalOutput" />
                <IOSignal name="SampleSigna2" signalType="DigitalOutput" />
                <IOSignal name="SampleSigna3" signalType="DigitalOutput" />
                <IOSignal name="SampleSigna4" signalType="DigitalOutput" />
                <IOSignal name="SampleSigna5" signalType="DigitalOutput" />
                <IOSignal name="SampleSigna6" signalType="DigitalOutput" />
                <IOSignal name="SampleSigna7" signalType="DigitalOutput" />

            </Signals>
            <GraphicComponents>
            </GraphicComponents>
            <Assets>
                <Asset source="SmartComponent1.dll"/>
            </Assets>
        </SmartComponent>
    </lc:Library>
</lc:LibraryCompiler>
```

(b)

图 5-27　在 VisualStudio 编写的 xml 程序

3）设定逻辑

现在再来编辑.cs文件，首先引用如下文件：

```
using ABB.Robotics.RobotStudio;
using ABB.Robotics.RobotStudio.Stations;
using System;
```

图5-28　库文件列表

在程序开始时候声明需要用到的变量：abc是分别存放三路数字量输入状态的，输入高电平就置为1，否则为0。i是用来计算最后的结果的，用来判断输出口，如图5-29所示。

```
public class CodeBehind : SmartComponentCodeBehind
{
    int a = 0, b = 0, c = 0, i = 0;
```

图5-29　声明变量

当有输入信号变化时候，会触发cs程序文件中的OnIOSignalValueChanged函数，在该函数里面，需要配置信号的目标。由于文本语言中的信号只能进行声明，不能进行控制，因此还需要将文本语言中的信号转化为C#可以控制的形式才可以进行控制，如图5-30所示。

```
public override void OnIOSignalValueChanged(SmartComponent component, IOSignal changedSignal)
{

    IOSignal S0 = component.IOSignals["SampleSigna0"];
    IOSignal S1 = component.IOSignals["SampleSignal"];
    IOSignal S2 = component.IOSignals["SampleSigna2"];
    IOSignal S3 = component.IOSignals["SampleSigna3"];
    IOSignal S4 = component.IOSignals["SampleSigna4"];
    IOSignal S5 = component.IOSignals["SampleSigna5"];
    IOSignal S6 = component.IOSignals["SampleSigna6"];
    IOSignal S7 = component.IOSignals["SampleSigna7"];
```

图5-30　信号转换

现在进行信号状态的判断，当对应信号变化时候，将对应的信号分别值赋值给abc变量，这样就获得了输入信号。我们增加了一条日志输出的函数，将对应的abc的名字和当前值都输出出来，方便调试，如图 5－31 所示。

```
if (changedSignal.Name == "SampleSignaA")
{
    a = (int)changedSignal.Value; Logger.AddMessage(new LogMessage(changedSignal.Name + changedSignal.Value.ToString()));
}
if (changedSignal.Name == "SampleSignaB")
{
    b = (int)changedSignal.Value; Logger.AddMessage(new LogMessage(changedSignal.Name + changedSignal.Value.ToString()));
}
if (changedSignal.Name == "SampleSignaC")
{
    c = (int)changedSignal.Value; Logger.AddMessage(new LogMessage(changedSignal.Name + changedSignal.Value.ToString()));
}
```

图 5－31　信号判断程序

现在我们需要将获得的输入状态进行处理，方便后续的判断输出，这里将 a 视为最低位（即 2 的 0 次方），则 b 为 2 的 1 次方，c 视为最高位（即 2 的 2 次方），因此计算输入的值便有 i＝a＋2＊b＋4＊c;，所得 i 位输入值，如图 5－32 所示。

当获得了输入信号的值以后，只需要经过简单的判断，利用 S1. TrySetValue()函数进行置位复位操作（对应参数为 1、0），即可改变输出信号的电平状态，如图 5－33 所示。

```
i = a + 2 * b + 4 * c;
Logger.AddMessage(new LogMessage("i=" + i));
```

图 5－32　计算输入值

```
if (i == 0)
    S0.TrySetValue(1);
else
    S0.TrySetValue(0);

if (i == 1)
    S1.TrySetValue(1);
else
    S1.TrySetValue(0);
```

图 5－33　置位与复位操作

4）仿真结果

当按下信号 a 时候，输出值位 1，并且日志栏输出对应的 i 的值，如图 5－34 所示。

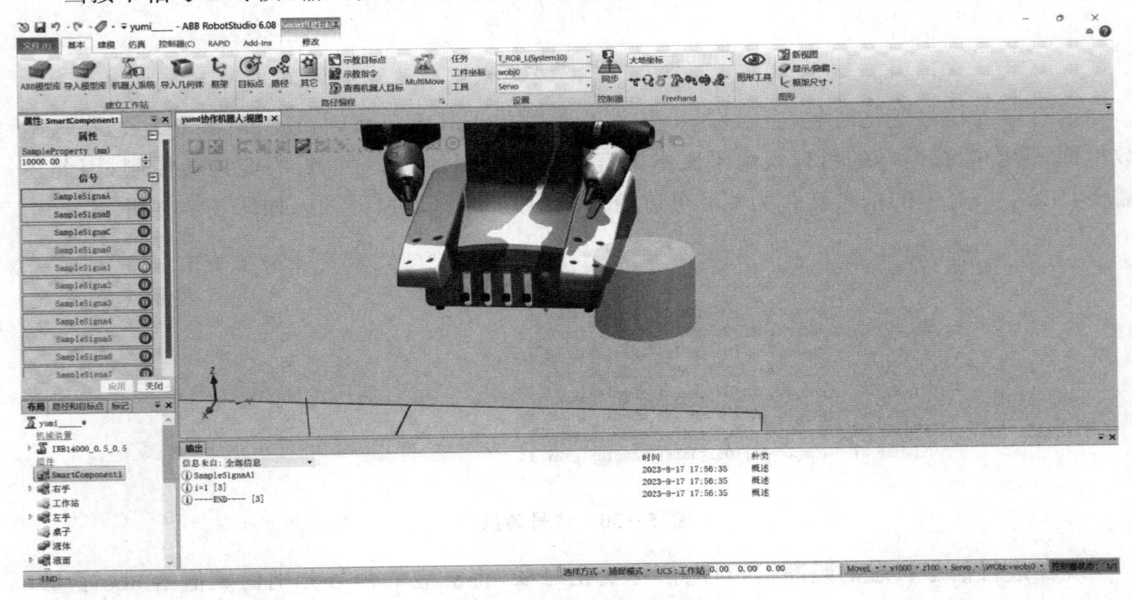

图 5－34　工作站端效果演示

5.2.2　Add 模块

(1) 简单的 Add 模块输出日志功能

程序 4　addins 的输出日志 cs 程序

```
using ABB.Robotics.RobotStudio;
namespace RobotStudioEmptyAddin2
{
    public class Class1
    {
        public static void AddinMain()
        {
            Logger.AddMessage(new LogMessage("rsdk +++++++++++++"));
        }
    }
}
```

1）新建项目

如图 5-35 所示，建立项目时选择 empty 项，在编译为解决方案时候会生成 RobotStudio 能够识别使用的 dll 库与 add 插件文件，利用这个功能即可快速实现扩展功能。

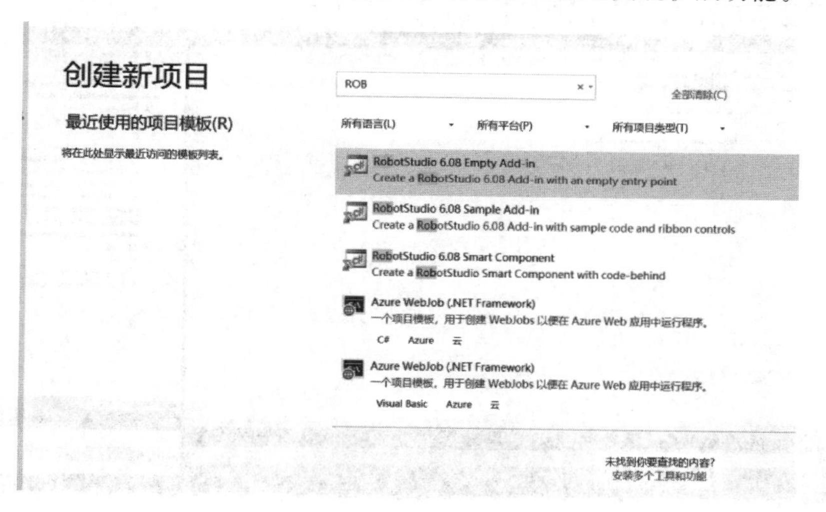

图 5-35　创建新项目

2）添加引用

这次创建的模板文件与之前有不同，只有一个 cs 文件。右击“引用”，添加所需要引用，如图 5-36 所示，并将 using…声明写在到程序最前端。

3）重要函数介绍

函数 Logger.AddMessage(new LogMessage(""))可以在日志栏输出所需要的信息，这个方法依旧可适用于 add-ins 开发，现在我们将函数写进程序，试着在日志栏输出一个字符串，如图 5-37 所示。

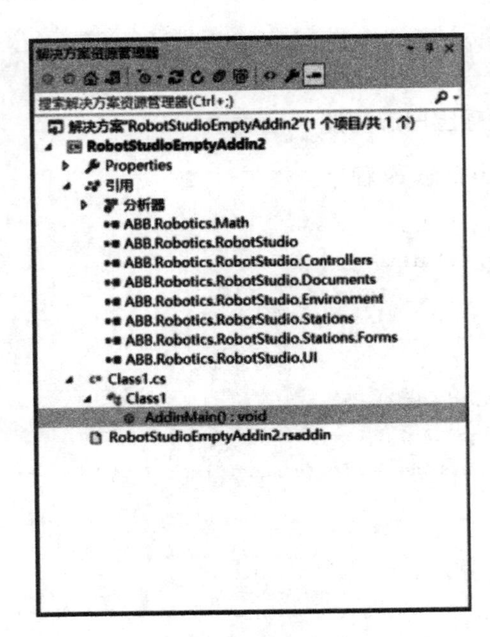

图 5-36　引用的库文件

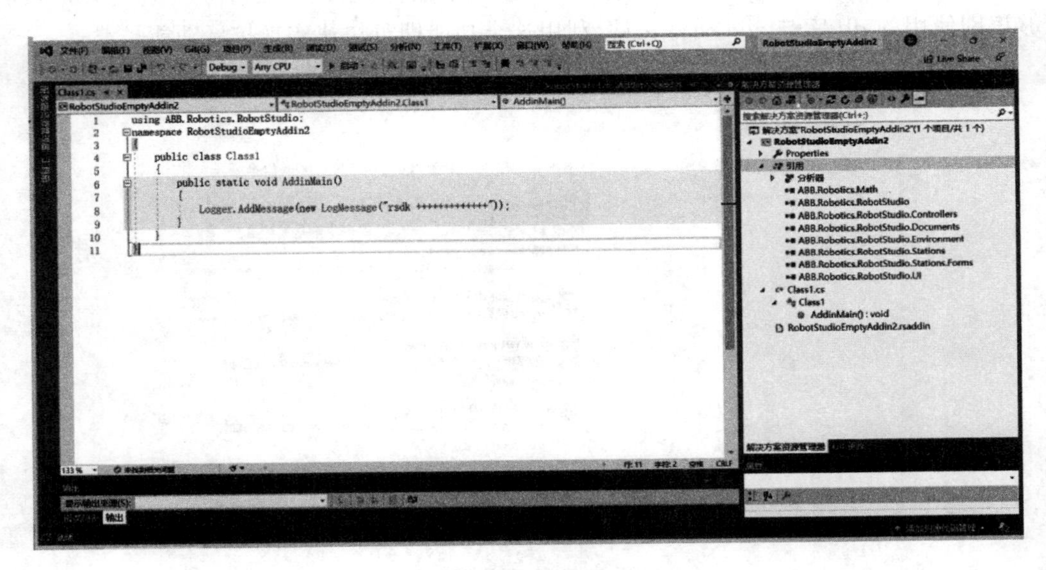

图 5-37　输出字符串程序

4）生成文件

如图 5-38 所示，单击“生成生成解决方案(B)”，然后进入这个项目创建位置，在[项目名称]\bin\Debug 目录下，可以找到 xxx.rsaddin 文件与 xxx.dll(xxx 为创建项目时候所设置的名字)，将这两个文件复制出来放进 RobotStudio 默认的安装路径 C:\Program Files (x86)\ABB Industrial IT\Robotics IT\RobotStudio 6.08\Bin\Addins 中，只有这个目录里的 addins 插件会被 RobotStudio 自动识别，如图 5-39 和图 5-40 所示。

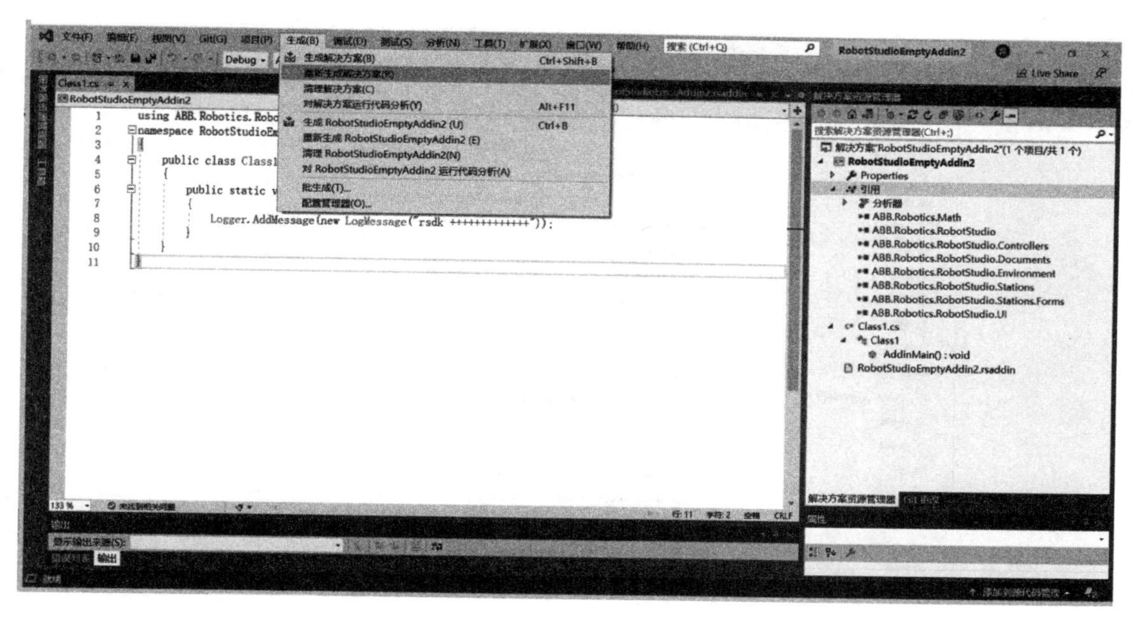

图 5－38　生成解决方案

图 5－39　原始路径

5）检查日志输出结果

打开 RobotStudio 6.08，运行一个工作站文件，打开 add-ins 选项卡，在左侧树状列表中单击 addins-概述-xxx（xxx 即为刚才添加进来的文件），鼠标右键单击该文件，出现功能菜单，单

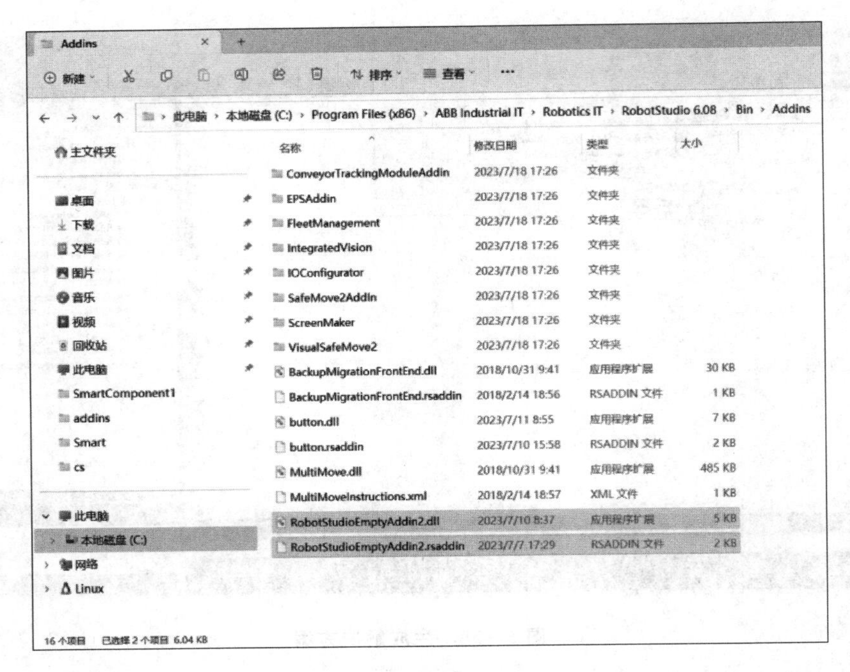

图 5-40 目标路径

击加载 add-ins，此时看见该文件图标变为蓝色，代表加载成功，此时日志栏会输出对应的文字，如图 5-41 所示。

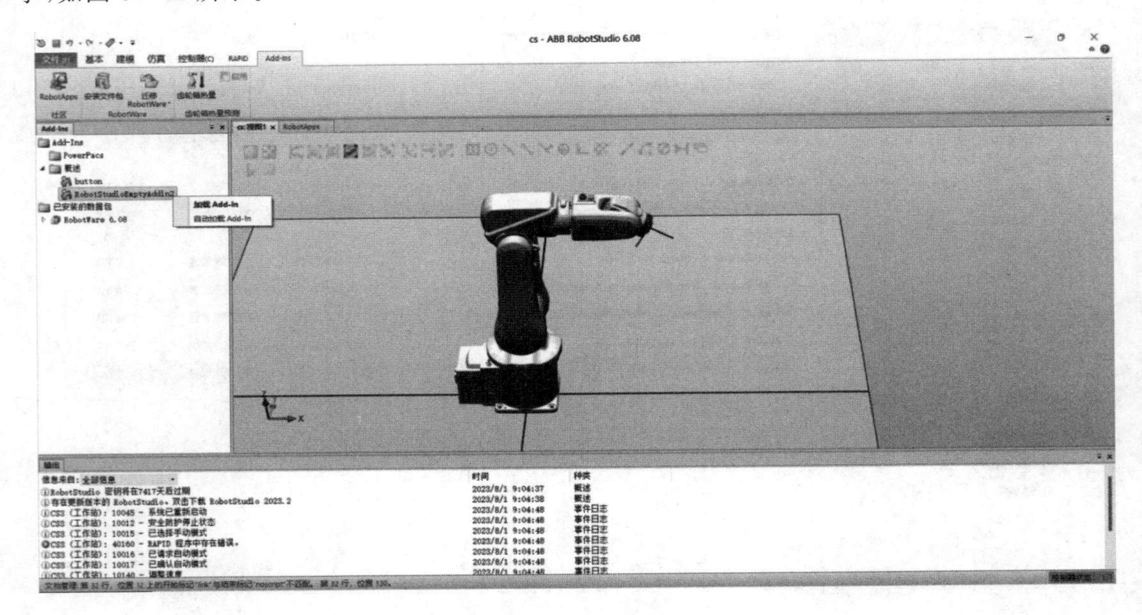

图 5-41 日志输出

(2) Add 模块新建窗口功能

创建项目过程与 5.22 小节相同，下面讲述一些关键的程序部分，RibbonTab ribbonTab = new RibbonTab("ribbonTab", "自定义菜单")是创建一个菜单变量(见图 5-42)，使用 C#

创建变量的 new 方法，现在就有了一个按钮变量，需要将它放进 RobotStudio 软件内上方的菜单栏中，使用官方给出的函数 UIEnvironment. RibbonTabs. Add(ribbonTab)，将刚才创建的按钮放进 tabs 同一行。现在还需要将这个按钮的模式设置为“可以按动”，UIEnvironment. ActiveRibbonTab = ribbonTab；即实现此功能。

```
//创建菜单
RibbonTab ribbonTab = new RibbonTab("ribbonTab", "自定义菜单");
//将创建的菜单添加到RobotStudio软件的菜单栏中
UIEnvironment.RibbonTabs.Add(ribbonTab);
//将菜单设为激活
UIEnvironment.ActiveRibbonTab = ribbonTab;
```

图 5-42　创建菜单

前文的操作生成了一个空白行，现在还需要在这行里加入按钮。首先在这个行里划分出功能区，就是按钮的载体，按钮可以放置在功能区内部。流程同样是先创建功能区(见图 5-43)，再将功能区通过 ribbonTab. Groups. Add(ribbonGroup1)函数放进合适的位置。

```
//创建功能区1与功能区2
RibbonGroup ribbonGroup1 = new RibbonGroup("ribbonGroup1", "功能区1");
RibbonGroup ribbonGroup2 = new RibbonGroup("ribbonGroup2", "功能区2");
//功能区添加到菜单下
ribbonTab.Groups.Add(ribbonGroup1);
ribbonTab.Groups.Add(ribbonGroup2);
```

图 5-43　创建功能区

现在我们有了功能区，即可在功能区内创建按钮，新建一个按钮变量(还可以对按钮设置图标，可以去掉非必要的参数)，然后通过 ribbonGroup1. Controls. Add(commanDBarButton1)函数将按钮添加进功能区内，如图 5-44 所示。

```
//在功能区1创建按钮1
CommandBarButton commandBarButton1 = new CommandBarButton("commandBarButton1", "按钮1");
commandBarButton1.HelpText = "按钮1帮助说明";
//设置按钮1图标
//commandBarButton1.Image = Image.FromFile("E:\\ABB C\\RobotStudioEmptyAddin2\\RobotStudi
commandBarButton1.DefaultEnabled = true;
//按钮1添加到功能区1
ribbonGroup1.Controls.Add(commandBarButton1);
```

图 5-44　创建按钮

创建分隔符来让按钮布局有更好的显示效果，通过 ribbonGroup1. Controls. Add(commandBarSeparator)将分隔符放在功能区内，如图 5-45 所示。

```
//功能区1按钮之间创建分隔符
CommandBarSeparator commandBarSeparator = new CommandBarSeparator();
ribbonGroup1.Controls.Add(commandBarSeparator);
```

图 5-45　创建分离符

当添加足够的按钮以后，可以对按钮大小进行设置，通过函数 ribbonGroup1. SetControlLayout(commandBarButton1, ribbonControlLayout[0])的参数[0]、[1]来改变按钮大小，如

图 5－46 所示。

```
//设置按钮大小，按钮1设置为小按钮，按钮2设置为大按钮，按钮3为小按钮
RibbonControlLayout[] ribbonControlLayout = { RibbonControlLayout.Small, RibbonControlLayout.Large, RibbonControlLayout.Small };
ribbonGroup1.SetControlLayout(commandBarButton1, ribbonControlLayout[0]);
ribbonGroup1.SetControlLayout(commandBarButton2, ribbonControlLayout[1]);
ribbonGroup2.SetControlLayout(commandBarButton3, ribbonControlLayout[2]);
```

图 5－46　设置按钮大小

创建按钮的 UI 事件及响应处理程序，当按钮按下时候执行该程序，如图 5－47 所示。

```
//添加按钮1的UI刷新处理程序
commandBarButton1.UpdateCommandUI += new UpdateCommandUIEventHandler(button1_UpdateCommandUI);
//添加按钮1的响应事件处理程序
commandBarButton1.ExecuteCommand += new ExecuteCommandEventHandler(button1_ExecuteCommand);
```

图 5－47　添加按钮触发的子程序

这里为了方便调试，在按钮触发时候输出日志，如图 5－48 所示。

```
static void button1_ExecuteCommand(object sender, ExecuteCommandEventArgs e)
{
    //按钮1被按下输出信息提示
    Logger.AddMessage(new LogMessage("按下按钮1。"));
}
```

图 5－48　创建输出信息的日志

将 xxx.rsaddin 文件与 xxx.dll 文件移动到 add-ins 目录中，重新打开 RobotStudio 6.08 即可看见刚刚加入的文件。载入之后便可以看见效果，1 功能区内有 2 个效果，2 功能区有一个按钮，中间有分隔符作为分割，单击按钮之后，日志栏输出对应的文本提示，如图 5－49 所示。

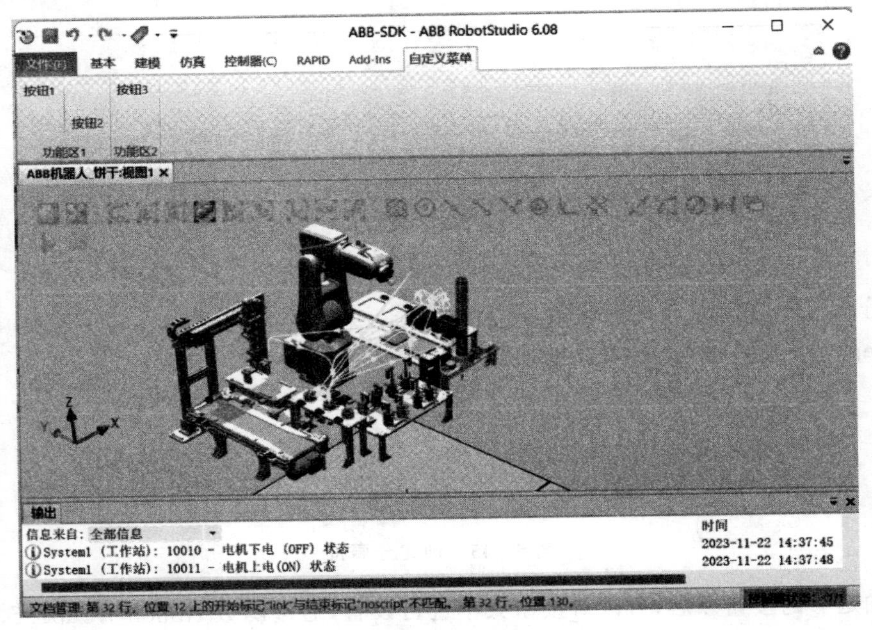

图 5－49　效果展示

程序5 addins创建按钮及窗口的C#程序

```
using System;
using ABB.Robotics.RobotStudio;
using ABB.Robotics.RobotStudio.Environment;
namespace RobotStudioEmptyAddin2
{
    public class Class1
    {
        // This is the entry point which will be called when the Add-in is loaded
        public static void AddinMain()
        {
            //Begin UndoStep
            Project.UndoContext.BeginUndoStep("RobotStudioEmptyAddin");

            try
            {
                //创建菜单
                RibbonTab ribbonTab = new RibbonTab("ribbonTab", "自定义菜单");
                //将创建的菜单添加到RobotStudio软件的菜单栏中
                UIEnvironment.RibbonTabs.Add(ribbonTab);
                //将菜单设为激活
                UIEnvironment.ActiveRibbonTab = ribbonTab;

                //创建功能区1与功能区2
                RibbonGroup ribbonGroup1 = new RibbonGroup("ribbonGroup1", "功能区1");
                RibbonGroup ribbonGroup2 = new RibbonGroup("ribbonGroup2", "功能区2");
                //功能区添加到菜单下
                ribbonTab.Groups.Add(ribbonGroup1);
                ribbonTab.Groups.Add(ribbonGroup2);
                //在功能区1创建按钮1
                CommandBarButton commandBarButton1 = new CommandBarButton("commandBarButton1",
"按钮1");
                commandBarButton1.HelpText = "按钮1帮助说明";
                //设置按钮1图标
                //commandBarButton1.Image = Image.FromFile("E:\\ABB C\\RobotStudioEmpty
Addin2\\RobotStudioEmptyAddin2\\Image\\RobotStudioSampleAddin1.Button1.Large.png");
                commandBarButton1.DefaultEnabled = true;
                //按钮1添加到功能区1
                ribbonGroup1.Controls.Add(commandBarButton1);
                //功能区1按钮之间创建分隔符
                CommandBarSeparator commandBarSeparator = new CommandBarSeparator();
                ribbonGroup1.Controls.Add(commandBarSeparator);
                //在功能区1创建按钮2
                CommandBarButton commandBarButton2 = new CommandBarButton("commandBarButton2",
"按钮2");
```

```
                commandBarButton2.HelpText = "按钮 2 帮助说明";
                //设置按钮 2 图标
                //commandBarButton2.Image = Image.FromFile("E:\\ABB C\\RobotStudioEmpty
Addin2\\RobotStudioEmptyAddin2\\Image\\RobotStudioSampleAddin1.Button2.Large.png");
                commandBarButton2.DefaultEnabled = true;
                //按钮 2 添加到功能区 1
                ribbonGroup1.Controls.Add(commandBarButton2);
                //在功能区 2 创建按钮 3
                CommandBarButton commandBarButton3 = new CommandBarButton("commandBarButton3",
"按钮 3");
                commandBarButton3.HelpText = "按钮 3 帮助说明";
                //设置按钮 3 图标
                //commandBarButton3.Image = Image.FromFile("E:\\ABB C\\RobotStudioEmpty
Addin2\\RobotStudioEmptyAddin2\\Image\\RobotStudioSampleAddin1.CloseButton.Large.png");
                commandBarButton3.DefaultEnabled = true;
                //按钮 3 添加到功能区 2
                ribbonGroup2.Controls.Add(commandBarButton3);
                //设置按钮大小,按钮 1 设置为小按钮,按钮 2 设置为大按钮,按钮 3 为小按钮
                RibbonControlLayout[] ribbonControlLayout = { RibbonControlLayout.Small, Rib
bonControlLayout.Large, RibbonControlLayout.Small };
                ribbonGroup1.SetControlLayout(commandBarButton1, ribbonControlLayout[0]);
                ribbonGroup1.SetControlLayout(commandBarButton2, ribbonControlLayout[1]);
                ribbonGroup2.SetControlLayout(commandBarButton3, ribbonControlLayout[2]);
                //添加按钮 1 的 UI 刷新处理程序
                commandBarButton1.UpdateCommandUI += new UpdateCommandUIEventHandler(but
ton1_UpdateCommandUI);
                //添加按钮 1 的响应事件处理程序
                commandBarButton1.ExecuteCommand += new ExecuteCommandEventHandler(button1_
ExecuteCommand);

                commandBarButton2.UpdateCommandUI += new UpdateCommandUIEventHandler(but-
ton2_UpdateCommandUI);
                commandBarButton2.ExecuteCommand += new ExecuteCommandEventHandler(button2_
ExecuteCommand);

                commandBarButton3.UpdateCommandUI += new UpdateCommandUIEventHandler(but-
ton3_UpdateCommandUI);
                commandBarButton3.ExecuteCommand += new ExecuteCommandEventHandler(button3_
ExecuteCommand);
            }
            catch (Exception ex)
            {
                Project.UndoContext.CancelUndoStep(CancelUndoStepType.Rollback);
                Logger.AddMessage(new LogMessage(ex.Message.ToString()));
            }
```

```
        finally
        {
            Project.UndoContext.EndUndoStep();
        }
    }
    static void button1_UpdateCommandUI(object sender, UpdateCommandUIEventArgs e)
    {
        //按钮 1 被激活,用来取代程序语句 button1.Enabled = true
        e.Enabled = true;
    }
    static void button1_ExecuteCommand(object sender, ExecuteCommandEventArgs e)
    {
        //按钮 1 被按下输出信息提示
        Logger.AddMessage(new LogMessage("按下按钮 1。"));
    }
    static void button2_UpdateCommandUI(object sender, UpdateCommandUIEventArgs e)
    {
        e.Enabled = true;
    }
    static void button2_ExecuteCommand(object sender, ExecuteCommandEventArgs e)
    {
        Logger.AddMessage(new LogMessage("按下按钮 2。"));
    }
    static void button3_UpdateCommandUI(object sender, UpdateCommandUIEventArgs e)
    {
        e.Enabled = true;
    }

    static void button3_ExecuteCommand(object sender, ExecuteCommandEventArgs e)
    {
        Logger.AddMessage(new LogMessage("按下按钮 3。"));
    }
```

(3) YuMi 机器人两组 6 轴数据监测

1) 新建项目

建立项目时候选择 empty 项模板,与前文所述相同。

2) 引用库文件

需要 RobotStudio SDK 的库文件来建立按钮扩展,然后获取机器人的控制器信息,通过控制器信息获得 6 轴信息,最后将信息显示出来。在读取看控制器信息时候,还需要引用 PC SDK 的库文件,最后还有一些数学运算与窗口显示,也需要一些系统库的支持,具体名称空间引用如图 5-50 所示。

为了支持这些库,需要将对应的库文件(.dll)加入到资源管理器的引用中,鼠标右击引用,将 PC SDK 的文件导入进来,再去搜索系统库,全部导入完成的效果如图 5-51 所示。

```
using ABB.Robotics.Controllers;
using ABB.Robotics.Controllers.MotionDomain;
using ABB.Robotics.Controllers.RapidDomain;
using ABB.Robotics.Math;
using ABB.Robotics.RobotStudio;
using ABB.Robotics.RobotStudio.Controllers;
using ABB.Robotics.RobotStudio.Environment;
using ABB.Robotics.RobotStudio.Stations;
using System;
using System.Collections.Generic;
using System.Drawing;
using System.Windows.Forms;
```

图 5-50　需要引用的名称空间

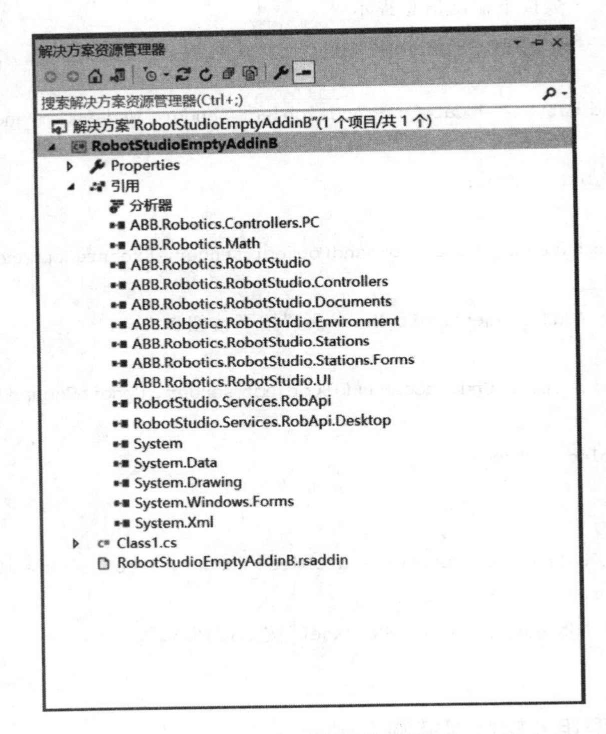

图 5-51　库文件列表

3) 程序主要结构

建立一个公开的类,用于储存控制器信息与机械数据信息,如图 5-52 所示。

```
public class Data
{
    public Controller realcontroller;
    public MechanicalUnit mechunit;
}
```

图 5-52　存储信息数据类

声明时间函数，用来自动刷新6轴数据。定义私有成员，mech 为键值对，用来存放两个机器人的信息，定义一个 int 变量 onoff 记录按钮状态，通过判断 onoff 的值确定接下来的按钮逻辑，如图 5－53 所示。

```
Timer time = new Timer();
private Dictionary<Data, Data> mech = new Dictionary<Data, Data>();
private int onoff=3;
```

图 5－53 创建键值对

接下来需要创建一个分区，在分区中创建三个按钮，分别实现：启动（viewonlinerobot）、暂停（viewonlinerobotStop）、停止（viewonlinerobotoff）的功能（与前文原理相同），现在还需要将按钮添加上简单的图片，来更直观地展现出按钮，利用 Image. FromFile（"C:\\Users\\Administrator\\Pictures\\1. png"）函数，可以将 C:\Users\Administrator\Pictures 文件下的 1. png 图片导入，如图 5－54 所示。

```
RibbonTab ribbontab = new RibbonTab("myrobot", "我的机器人");            //创建一个tab, 显示: 我的机器人
UIEnvironment.RibbonTabs.Add(ribbontab);                //添加ribbontab, 激活ribbontab
UIEnvironment.ActiveRibbonTab = ribbontab;
RibbonGroup ribbongroup = new RibbonGroup("mybuttons", "  6轴监视  ");          //创建一个Group
CommandBarButton button = new CommandBarButton("viewonlinerobot", "开启");          //创建一个button
button.Image = Image.FromFile("C:\\Users\\Administrator\\Pictures\\1.png");

button.DefaultEnabled = true;
ribbongroup.Controls.Add(button);            //添加button到ribbongroup
ribbontab.Groups.Add(ribbongroup);            //添加ribbongroup到ribbontab
button.ExecuteCommand += new ExecuteCommandEventHandler(button_ExecuteCommand);

CommandBarButton buttStop = new CommandBarButton("viewonlinerobotStop", "暂停");          //创建一个button
buttStop.DefaultEnabled = true;
ribbongroup.Controls.Add(buttStop);            //添加button到ribbongroup
buttStop.ExecuteCommand += new ExecuteCommandEventHandler(button_ExecuteCommand);
buttStop.Image = Image.FromFile("C:\\Users\\Administrator\\Pictures\\2.png");

CommandBarButton buttoff = new CommandBarButton("viewonlinerobotoff", "停止");          //创建一个button
buttoff.DefaultEnabled = true;
ribbongroup.Controls.Add(buttoff);            //添加button到ribbongroup
buttoff.ExecuteCommand += new ExecuteCommandEventHandler(button_ExecuteCommand);
buttoff.Image = Image.FromFile("C:\\Users\\Administrator\\Pictures\\3.png");
```

图 5－54 创建功能项

现在再来处理 onoff 的判断逻辑，onoff 默认为 3，代表程序未启动，所以判断当 onoff 为 3 时候触发的 viewonlinerobot 按钮为第一次触发，所以允许开启程序运行功能，并将按钮状态切换到 onoff＝1，1 代表程序正常运行，这样可以防止启动按钮在意料之外的触发。

然后是暂停按钮的逻辑，当 onoff 不为 0 时候即可触发，用以区分暂停和停止的功能，viewonlinerobotStop 按钮按下时候，并且 onoff 状态不为 0 即可触发暂停，现在可以考虑暂停功能的实现了：当计时器工作的时候，要关闭计时器，并将 onoff 置为 2，代表已经暂停，计时器关闭，计时器函数里的 6 轴数据读取程序也将不再运行。当计时器关闭时，那就需要将计时器重新打开，计时器函数正常触发，6 轴数据的读取程序恢复运行，并将 onoff 置为 1，代表程序正常运行。

最后是停止按钮，无论在什么情况下触发停止按钮，都会停止程序。然后除了以上正常运

行的逻辑之外触发的按钮按动，都将视为无效操作，并发出日志“程序已经停止，因此操作无效，重启后恢复”以提醒用户，如图 5-55 所示。

```
void button_ExecuteCommand(object sender, ExecuteCommandEventArgs e)
{
    if ((e.Id == "viewonlinerobot") && (onoff == 3))
    { OpenRobotWindow(); onoff = 1; }
    else if ((e.Id == "viewonlinerobotStop") && (onoff != 0))
    {
        if (time.Enabled)
        { onoff = 2; }
        else
        { time.Start(); onoff = 1; }
    }
    else if (e.Id == "viewonlinerobotoff")
    {
        onoff = 0;
    }/*
    else if (e.Id == "viewonlinerobotc")
    { LightDemo(1);
    }
    else if (e.Id == "viewonlinerobotcd")
    {  }*/
    else { Logger.AddMessage(new LogMessage("程序已经停止，因此操作无效，重启后恢复")); }
}
```

图 5-55　为按钮添加事件程序

前文已经实现按钮逻辑，现在来实现具体功能，在最开始要实现的功能是连接控制器，生成一个 getselectedcontroller 函数，在这个函数里完成连接控制器的功能，并将连接的控制器信息返回给上一级。这里由于只有一个控制器，因此通过：Guid. Empty && ControllerManager. ControllerReferences. Count 获得控制器列表以后，直接连接第一个控制器即可。

通过 ControllerManager. ControllerReferences[0]. SystemId 实现连接功能。最后 return 返回这个 selectedSystem 的信息，如图 5-56 所示。

```
public Controller getselectedcontroller()
{
    Guid selectedSystem = Guid.Empty;
    if (selectedSystem == Guid.Empty && ControllerManager.ControllerReferences.Count > 0)//返回当前连接上的控制器总数
    {
        selectedSystem = ControllerManager.ControllerReferences[0].SystemId;//连接第一个控制器，列表中第0位
    }
    return selectedSystem == Guid.Empty ? null : new Controller(selectedSystem);
}
```

图 5-56　连接控制器，返回信息

创建一个初始化函数，利用此前设置的公开类来建立变量 Data mechdata = new Data()；与获取控制器函数 Controller controller = getselectedcontroller()配合，将读取的控制器中的机械数据参数分别储存进 mechdataA、mechdataB 中，并以键值对的方式储存。最后设置计时器函数的触发时间间隔参数为 100 毫秒（time. Interval = 100;），然后打开计时器（time. Start();），并通过 time. Tick += new EventHandler(time_Tick)函数设置触发的函数，如图 5-57 所示。

最后在定时触发的时间函数内，声明一个变量 i，以便后面循环时使用。声明一个双精度变量 c，用来存放数值 57.29，此数值是用来做弧度转角度的。

```
public void OpenRobotWindow()
{
    Controller controller = getselectedcontroller();
    Data mechdata  = new Data();
    Data mechdataA = new Data();
    Data mechdataB = new Data();
    mechdata.realcontroller = controller;
    mechdataA.mechunit = mechdata.realcontroller.MotionSystem.MechanicalUnits[0];
    mechdataB.mechunit = mechdata.realcontroller.MotionSystem.MechanicalUnits[2];
    mech.Add(mechdataA, mechdataB);

    time.Interval = 100;
    time.Start();
    time.Tick += new EventHandler(time_Tick);
}
```

图 5-57　计时器函数

通过 Markup txta = new Markup()函数可以创建一个文本标签，再用 Station Station = Project. ActiveProject as Station 函数确定工作站空间，再将标签放置到合适的位置，比如(0.7, 0.35, 1.6)，即函数 txta. Transform. Translation = new Vector3(0.7, 0.35, 1.6)；实现功能。最后通过 Station. Markups. Add(txta)；函数将文本标签添加并显示到工作站空间中，如图 5-58 所示。

```
void time_Tick(object sender, EventArgs e)
{
    int i;
    double c = 57.29578;
    Markup txta = new Markup(); txta.Text = "Robotics: R";          // Move the markup with a new vector;
    Markup txtb = new Markup(); txtb.Text = "Robotics: L";          // Move the markup with a new vector;
    Station station = Project.ActiveProject as Station;

    txta.Transform.Translation = new Vector3(0.7, 0.35, 1.6);// Write the Markup's position as its display text;
    txtb.Transform.Translation = new Vector3(0.7, 0.7, 1.6);// Write the Markup's position as its display text;
    station.Markups.Add(txta);
    station.Markups.Add(txtb);
```

图 5-58　实现转角度显示的代码

生成文本框以后，就可以显示数据了，首先通过 JointTarget jtb = data. mechunit. Getposition()；函数来获得控制器的信息，再创建一个双精度数组用来存放 6 轴数据信息，再用 Globals. DegToRad(jtb. RobAx. Rax_1)函数获取机器人的 6 轴信息，Math. Round(() * c, 1)，函数是将弧度转化为角度，最后用 for (i = 0; i < 6; i++) { txtb. Text = txtb. Text + "\nJ" + (i + 1) + "=" + jvb[i]; }将数组内容放进标签中，这样就可以正常显示了。两个 foreach 循环，一个对 mech 中的键做处理，另一个对 mech 中的值做处理，这一组键值对刚好对应输出两个机器人的信息，如图 5-59 所示。

最后再来根据按钮的按下状态改变文本标签的显示效果，当启动按钮被按下时候，onoff 为 1，说明按钮逻辑为正常运行，所以我们判断出 onoff 为 1 时候，将两个标签的文本颜色设置为黑色。当暂停按钮按下时候 onoff 为 2，这时候我们将文本颜色修改为红色，然后关闭计时

```
foreach (Data data in mech.Keys)
{
    JointTarget jta = data.mechunit.GetPosition();
    double[] jva = new double[]
    {
    Math.Round(Globals.DegToRad(jta.RobAx.Rax_1)*c, 1),
    Math.Round(Globals.DegToRad(jta.RobAx.Rax_2)*c, 1),
    Math.Round(Globals.DegToRad(jta.RobAx.Rax_3)*c, 1),
    Math.Round(Globals.DegToRad(jta.RobAx.Rax_4)*c, 1),
    Math.Round(Globals.DegToRad(jta.RobAx.Rax_5)*c, 1),
    Math.Round(Globals.DegToRad(jta.RobAx.Rax_6)*c, 1),                };

    for (i=0;i<6;i++){txta.Text = txta.Text+"\nJ" + (i + 1) + "=" + jva[i]; }
}
foreach (Data data in mech.Values)
{
    JointTarget jtb = data.mechunit.GetPosition();
    double[] jvb = new double[]
    {
    Math.Round(Globals.DegToRad(jtb.RobAx.Rax_1)*c, 1),
    Math.Round(Globals.DegToRad(jtb.RobAx.Rax_2)*c, 1),
    Math.Round(Globals.DegToRad(jtb.RobAx.Rax_3)*c, 1),
    Math.Round(Globals.DegToRad(jtb.RobAx.Rax_4)*c, 1),
    Math.Round(Globals.DegToRad(jtb.RobAx.Rax_5)*c, 1),
    Math.Round(Globals.DegToRad(jtb.RobAx.Rax_6)*c, 1),                };

    for (i = 0; i < 6; i++) { txtb.Text = txtb.Text + "\nJ" + (i + 1) + "=" + jvb[i]; }
}
```

图 5-59 代码展示

器。最后是当停止按钮按下时候，不再需要判断直接将文本清空，然后将计时器停止，如图 5-60 所示。

```
if (onoff == 1)
{
    txta.TextColor = Color.FromArgb(0, 0, 0, 0);
    txtb.TextColor = Color.FromArgb(255, 0, 0, 0);

}
else  if (onoff == 2)
{

    txta.TextColor = Color.FromArgb(0, 255, 0, 0);
    txtb.TextColor = Color.FromArgb(255, 255, 0, 0);
    Logger.AddMessage(new LogMessage(onoff.ToString()));
    time.Stop();
}
else
{

    txta.Text = " ---off--- \n\n\n\n\n\n";
    txtb.Text = " ---off--- \n\n\n\n\n\n";
    time.Stop();
    Logger.AddMessage(new LogMessage(onoff.ToString()));
}
```

图 5-60 停止文本清空代码

编辑好程序之后，单击生成解决方案，将生成的 dll 文件与 rsaddin 文件移至 addins 文件夹中，并运行运行 RobotStudio，在 add-in 中加入该插件，结果如图 5-61 所示。

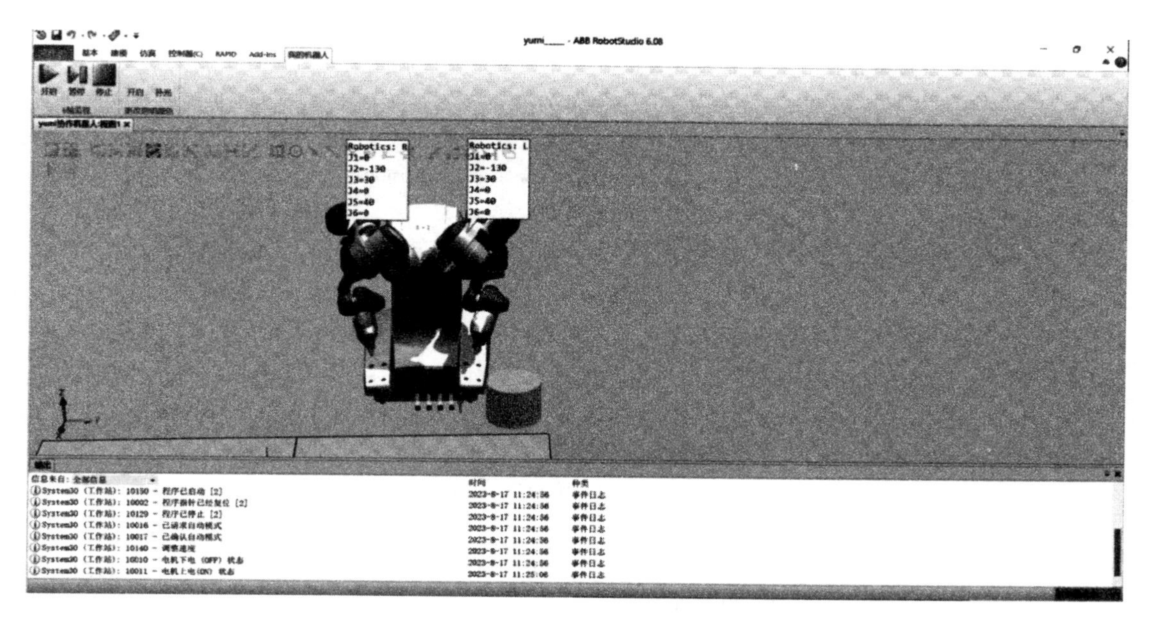

图 5-61　实际效果演示

程序 6　add-ins6 轴监视.cs 程序

```
using ABB.Robotics.Controllers;
using ABB.Robotics.Controllers.MotionDomain;
using ABB.Robotics.Controllers.RapidDomain;
using ABB.Robotics.Math;
using ABB.Robotics.RobotStudio;
using ABB.Robotics.RobotStudio.Controllers;
using ABB.Robotics.RobotStudio.Environment;
using ABB.Robotics.RobotStudio.Stations;
using ABB.Robotics.RobotStudio.Stations.Forms;
using System;
using System.Collections.Generic;
using System.Windows.Forms;
namespace MyRobt
{    public class MechanismData
    {
        public Controller realcontroller;
        //controller 属于 using ABB.Robotics.Controllers;命名空间
        public RsIrc5Controller virtualcontroller;
        //属于 ABB.Robotics.RobotStudio.Stations;命名空间
        public MechanicalUnit mechunit;
        //属于 using ABB.Robotics.Controllers.MotionDomain;命名空间
        public Mechanism virtualmechanism;
        //属于 ABB.Robotics.RobotStudio.Stations;命名空间
```

```
        }
        public class Class1
        {/ * This is the entry point which will be called when the Add - in is loaded * /
            Timer _time = new Timer();
            private Dictionary < MechanismData, Window > _mech2window = new Dictionary < Mechanism
Data, Window >();
            public static void AddinMain()
            {
                Class1 addin = new Class1();
                addin.RegisterCommands();
            }
            public void RegisterCommands()
            {
                RibbonTab ribbontab = new RibbonTab("myrobot", "我的机器人");
                //创建一个 tab,显示:我的机器人
                UIEnvironment.RibbonTabs.Add(ribbontab);
                //添加 ribbontab,激活 ribbontab
                UIEnvironment.ActiveRibbonTab = ribbontab;
                RibbonGroup ribbongroup = new RibbonGroup("mybuttons", "6 轴监视");
                //创建一个 Group
                CommandBarButton button = new CommandBarButton("viewonlinerobot", "开启");
                //创建一个 button
                button.DefaultEnabled = true;
                ribbongroup.Controls.Add(button);
                //添加 button 到 ribbongroup
                ribbontab.Groups.Add(ribbongroup);
                //添加 ribbongroup 到 ribbontab
                button.ExecuteCommand += new ExecuteCommandEventHandler(button_ExecuteCommand);
                button.UpdateCommandUI += new UpdateCommandUIEventHandler(button_UpdateCommandUI);
                //添加按钮执行响应事件和 ui 显示事件
            }
            public void button_UpdateCommandUI(object sender, UpdateCommandUIEventArgs e)
            {
                if (e.Id == "viewonlinerobot")
                {
                    Controller controller = getselectedcontroller();
                    e.Enabled = controller ! = null;
                }
            }
            void button_ExecuteCommand(object sender, ExecuteCommandEventArgs e)
            {
                if (e.Id == "viewonlinerobot")
                {
                    OpenRobotWindow();
                }
```

```
    }
    public Controller getselectedcontroller()
    {
        Guid selectedSystem = Guid.Empty;
        if (selectedSystem == Guid.Empty && ControllerManager.ControllerReferences.Count >0)
        //返回当前连接上的控制器总数
        {
            selectedSystem = ControllerManager.ControllerReferences[0].SystemId;
            //Logger.AddMessage(new LogMessage(selectedSystem.ToString()));
        }
        return selectedSystem == Guid.Empty ? null : new Controller(selectedSystem);
    }
    public void OpenRobotWindow()
    {
        Controller controller = getselectedcontroller();
        Window w = UIEnvironment.Windows[controller.SystemId];
        MechanismData mechdata = new MechanismData();
        mechdata.realcontroller = controller;
        mechdata.mechunit = mechdata.realcontroller.MotionSystem.MechanicalUnits[0];
        _mech2window.Add(mechdata, w);
        if (_time.Enabled)
            return;//如果计时器启动,返回空
        _time.Interval = 100;
        _time.Start();
        _time.Tick += new EventHandler(_time_Tick);
    }
    void _time_Tick(object sender, EventArgs e)
    {
        double c = 57.29578;
        foreach (MechanismData data in _mech2window.Keys)
        {
            JointTarget jt = data.mechunit.GetPosition();
            double[] jv = new double[]
            {
            Math.Round(Globals.DegToRad(jt.RobAx.Rax_1) * c),
            Math.Round(Globals.DegToRad(jt.RobAx.Rax_2) * c),
            Math.Round(Globals.DegToRad(jt.RobAx.Rax_3) * c),
            Math.Round(Globals.DegToRad(jt.RobAx.Rax_4) * c),
            Math.Round(Globals.DegToRad(jt.RobAx.Rax_5) * c),
            Math.Round(Globals.DegToRad(jt.RobAx.Rax_6) * c),
            };
            GraphicControl.UpdateAll();
            Station station = Project.ActiveProject as Station;
            Markup txta = new Markup();     // Move the markup with a new vector:
            txta.Transform.Translation = new Vector3(0.7, 0.35, 1.6);     // Write the
Markup's position as its display text:
```

```
                txta.Text = "Robotics:R\nJ1 = " + jv[0].ToString() + "\nJ2 = " + jv[1].
ToString() + "\nJ3 = " + jv[2].ToString() + "\nJ4 = " + jv[3].ToString() + "\nJ5 = " + jv[4].
ToString() + "\nJ6 = " + jv[5].ToString();
                station.Markups.Add(txta);
                Markuptxtb = new Markup(); // Move the markup specifying new X Y and Z values;
                txtb.Transform.X = 0.7; txtb.Transform.Y = 0.7; txtb.Transform.Z = 1.6;
                Mechanism mech = station.ActiveTask.Mechanism;
                double[] jointValues = mech.GetJointValues();
                int i; txtb.Text = "Robotics:L";
                for (i = 0; i <6; i++)
                {
                    jv[i] = Math.Round(jointValues[i] * c);
                    txtb.Text = txtb.Text + "\nJ" + (i + 1) + " = " + jv[i].ToString();
                }
                station.Markups.Add(txtb);
            }
        }
    }
}
```

任务评价

任务评价表(1)

任务名称		姓名				任务得分			
考核项目	考核内容	配分	评分标准			自评 30%	互评 30%	师评 40%	得分
知识技能 35分									
素质技能 10分									

任务评价表(2)

内容	考核要求	评分标准	配分	扣分

习　题

① 简述环境搭建步骤

② 如何生成 Smart 组件?

③ 如何创建 Add 模块的按钮?

④ 创建的模板文件是哪一个?

⑤ 生成解决方案后,需要如何进行操作?

项目6　基于 Web_Services 的工业机器人二次开发

教学导航

知识目标

了解 Web services,了解网页设计知识,了解 VS Code 的基本使用。

能力目标

① 掌握 Web services 资源获取;
② 掌握网页设计知识;
③ 掌握基于网页的开发编程。

素质目标

培养能够深度思考和灵活创新的能力,能够根据 Web 开发的概念,紧跟当下推出精良的网页能力。

思政目标:积极乐观,充满活力

① 不要局限自己的视野,勇敢地追求自己的梦想,享受生活的精彩和多彩;
② 乐观和积极态度常常感染身边的人,让生活更加美好。

任务6.1　掌握 API 接口如何查找调用

任务描述

通过学习 web services 的基础知识,了解机器人 web 开发的应用实例。本任务单元的目标是学习 web 开发的特点,培养机器人二次开发的能力。

在教学的实施过程中:
① 能够理解 API 接口原理;
② 能够掌握网页开发编程;
③ 能够掌握网页开发基本知识。
完成本任务后,学生可了解 web services 的基础知识,完成单元任务考核。

任务工单

<table>
<tr><td>任务名称</td><td colspan="3"></td><td>姓名</td><td></td></tr>
<tr><td>班级</td><td></td><td>学号</td><td></td><td>成绩</td><td></td></tr>
<tr><td>工作任务</td><td colspan="5">掌握 Web services 资源获取途径；
掌握网页设计知识；
掌握基于网页的开发编程</td></tr>
<tr><td>任务目标</td><td colspan="5">知识目标：
掌握 Web services；
了解网页设计知识；
了解 VS Code 基本使用
技能目标：
掌握 Web services 资源获取；
掌握网页设计知识；
掌握基于网页的开发编程方式
职业素养目标：
严格遵守安全操作规范和操作流程；
主动完成学习内容，总结学习重点</td></tr>
<tr><td>举一反三</td><td colspan="5">总结 API 接口使用操作步骤</td></tr>
</table>

任务准备

6.1.1　robot Web services 开发介绍

(1) Web services 简介

robotWeb services(后文简称 RWS)是基于 HTTP 协议，符合 restful API 接口的集合，其中 HTTP 的基础是 URL(统一资源定位符 Uniform Resource Locator，URL)，也就是俗称的网址(如：www. baidu. com)，或者是对一个机器人 I/O 信号的状态显示(如 127. 0. 0. 1/rw/iosystem/signals/DO1)。在表述性状态传递(Representational State Transfer，REST)中，使用 URL 来描述数据资源。可扩展标记语言(Extensible Markup Language，XML)是一种用于标记电子文件使其具有结构性的标记语言，其是标准通用标记语言的子集。

JS 对象简谱(JavaScript Object Notation，JSON)是一种轻量级的数据交换格式，它是基于 ECMAScript(欧洲计算机协会制定的 JS 规范)的一个子集，采用完全独立于编程语言的文本格式来存储和表示数据。简洁和清晰的层次结构使得 JSON 成为理想的数据交换语言，其易于人阅读和编写，同时也易于机器解析和生成，有效地提升了网络的传输速率。

在 RWS 中，通常通过 URL 向机器人控制器请求数据，机器人控制器响应请求并返回的数据格式可以是 XML 格式，也可以是 JSON 格式。

1 个 URL 可以包含多个查询参数，通过“?”符号标识。在 RWS 中，大多数的数据资源都支持以下两个查询参数：

json =1 (返回 JSON 格式的数据，默认是 xml 格式)；

Debug ＝ 1(返回更多的信息用于调试)。

例如,URL“127.0.0.1/rw/iosystem? json＝1”就是向机器人控制器请求返回 JSON 格式数据。客户端不需要轮询数据资源的状态更改,状态的更改可以作为事件发送给客户端。RWS 支持 WebSockets 协议。客户端需要首先订阅状态更改,这样之后更改的信息才会通过 WebSockets 自动发送给订阅方。

1) RWS 的优势

① 编程语言不限,如 C＃、JAVA、JavaScript、Python 等。

② 操作系统不限,如 Windows、IOS、Android 等。

2) RWS 包含一系列接口

① fileservice:提供对文件或文件夹的远程访问,处理文件或文件夹的传送、新建、删除及重命名(类似于 FTP 服务)。

② subscription:处理数据资源的订阅,当订阅的数据资源发生更新时,使用“WebSockets”协议发送事件。

③ ctrl:处理机器人控制器的相关功能,如访问机器人控制器的时钟和系统备份等。

④ users:处理已连接客户端的注册。

⑤ rw:处理 RobotWare 的相关服务,如 I/O 信号,RAPID 程序和事件日志等。进入 RWS 链接 https://devlopercenter.RobotStudio.com,选择 webservice,,单击“Robot Web Services 1.0 API Reference”。

机器人配备有“PC Interface”选项(仿真时或者 PC 通过 Service Port 连接真实机器人),确保客户端与机器人控制器处于同一局域网内(网线直连或通过交换机和路由器连接)。

(2) Web services 资源获取

RWS 的官方链接为:https://developercenter.RobotStudio.com/webservice。

API 接口查找——读取机器人系统相关信息的 API 位于“RobotWare Services”-“System service”-“System Information”中,从官方的帮助内容中可以看到对应的 URL 为“rw/system”。

URL 读取——在浏览器中输入“{机器人控制柜的 IP 地址}/rw/system”,其中“{机器人控制柜的 IP 地址}”为同一局域网内的机器人 IP 地址。由于本文的所有演示都是以本机的虚拟机器人作为演示案例,所以机器人的 IP 地址为本机的地址,即:127.0.0.1。在浏览器中的地址栏中输入 http://127.0.0.1/rw/system 并按回车键,用户名为“Default User”,密码为“robotics”,单击“登录”。

弹出的网页中显示了机器人系统的名称,RobotWare 的版本、机器人选项和机器人型号等信息。如图 6－1 所示。

在图中右击,选择“查看网页源代码”,则可以看到如图所示的以 XML 格式显示的机器人系统的相关信息。若在前文输入 URL 链接后加上“? json＝1”,即 http://127.0.0.1/rw/system/? json＝1,则网页返回的数据为 JSON 格式的数据,如图 6－2 所示。

很显然,获取的原始数据非常不便于阅读,为了更加美观地呈现给用户,则可以用网页的脚本语言 JavaScript 对接收到的 JSON 原始数据进行解析。将返回后的 JSON 数据格式化显示。在网页中制作一个按钮,当单击该按钮时,会解析 RWS 返回的数据,并在网页中显示机器人系统的相关信息,如图 6－3 所示,通过网页的按钮设置,即可实现对机器人信息的获取。

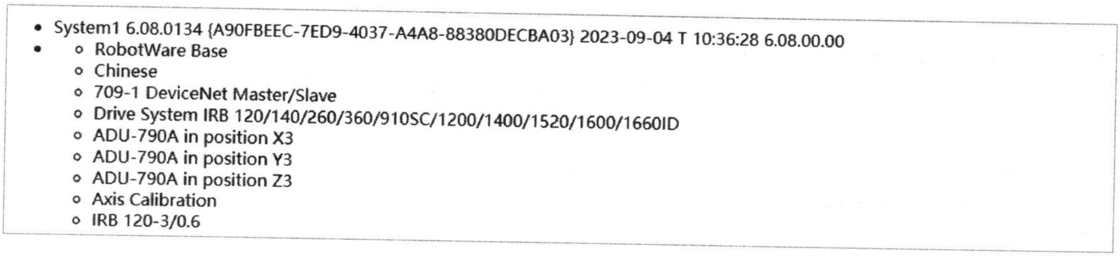

System1 6.08.0134 {A90FBEEC-7ED9-4037-A4A8-88380DECBA03} 2023-09-04 T 10:36:28 6.08.00.00
RobotWare Base
Chinese
709-1 DeviceNet Master/Slave
Drive System IRB 120/140/260/360/910SC/1200/1400/1520/1600/1660ID
ADU-790A in position X3
ADU-790A in position Y3
ADU-790A in position Z3
Axis Calibration
IRB 120-3/0.6

图 6－1　机器人信息

127.0.0.1/rw/system/?json=1

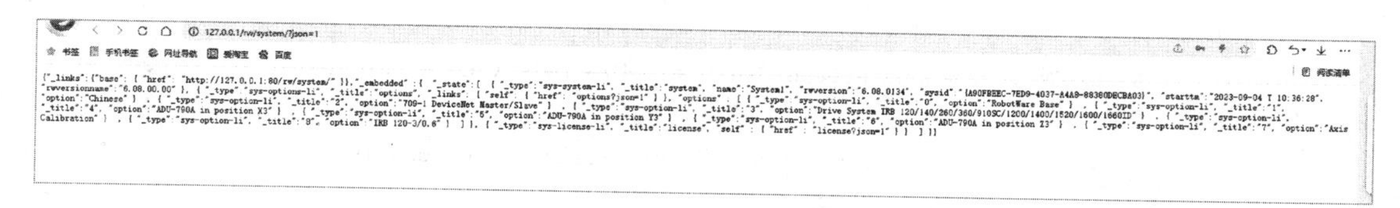

图 6－2　JSON 格式的数据

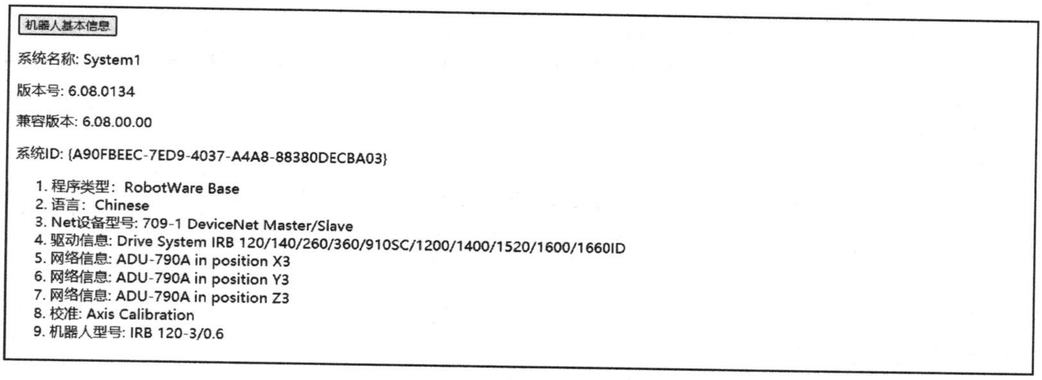

机器人基本信息
系统名称: System1
版本号: 6.08.0134
兼容版本: 6.08.00.00
系统ID: {A90FBEEC-7ED9-4037-A4A8-88380DECBA03}
1. 程序类型: RobotWare Base
2. 语言: Chinese
3. Net设备型号: 709-1 DeviceNet Master/Slave
4. 驱动信息: Drive System IRB 120/140/260/360/910SC/1200/1400/1520/1600/1660ID
5. 网络信息: ADU-790A in position X3
6. 网络信息: ADU-790A in position Y3
7. 网络信息: ADU-790A in position Z3
8. 校准: Axis Calibration
9. 机器人型号: IRB 120-3/0.6

图 6－3　制作按钮获取机器人状态信息

具体的步骤如下：打开 Visual Studio code 软件，编写如下的代码，并且存储文件为“front. html”再将创建好的该文件放入机器人的 HOME/docs 文件夹内，如图 6－4 所示。

RobotStudio › Systems › System1 › HOME
名称
修改日期
类型
大小
docs
2023/7/18 18:07
文件夹
user.sys
2023/7/18 18:01
RAPID 模块文件
1 KB

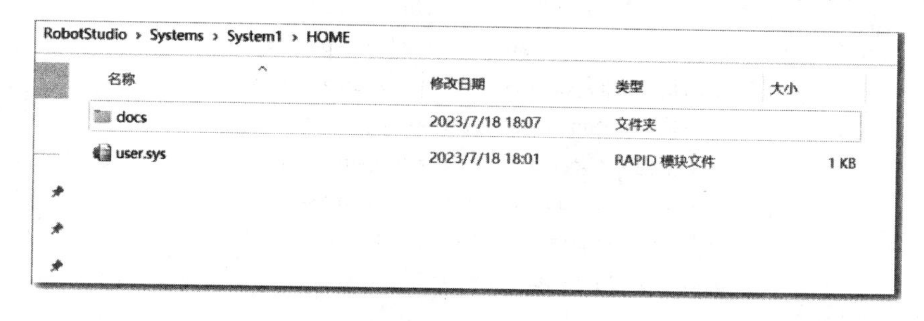

图 6－4　文件存放路径

图 6－3 对应的程序如下：

```
<! DOCTYPE html >
<htmllang = "en">
```

```
<head>
    <meta charset = "UTF - 8">
    <meta name = "viewport" content = "width = device - width, initial - scale = 1.0">
    <title>Document</title>
    <script>
        functiongetRWSesource()
        {
            varrwServiceResource = new XMLHttpRequest();
            rwServiceResource.onreadystatechange = function ()
            {
            if (rwServiceResource.readyState == 4 && rwServiceResource.status == 200)
                {
                    var obj = JSON.parse(rwServiceResource.responseText);
                    var index;
                    for (index = 0;index<9; index++)
                    {
                        var option = obj._embedded._state[1].options[index];
                        document.getElementById("li" + index).innerHTML = option.option;
                    }
                }
            }
            rwServiceResource.open("GET", "/rw/system? json=1", true);
            rwServiceResource.send();
        }
    </script>
</head>
<body>
    <button type = "button" onclick = "getRWSesource()">机器人基本信息</button>
    <div>
            <li>程序类型:<span id = "li0"></span></li>
                <li>语言:<span id = "li1"></span></li>
                <li>Net 设备型号:<span id = "li2"></span></li>
                <li>驱动信息:<span id = "li3"></span></li>
                <li>网络信息:<span id = "li4"></span></li>
                <li>网络信息:<span id = "li5"></span></li>
                <li>网络信息:<span id = "li6"></span></li>
                <li>校准:<span id = "li7"></span></li>
                <li>机器人型号:<span id = "li8"></span>
        </li>
    </div>
</body>
</html>
```

机器人的 Jog 信息包括动作模式“工具坐标”、“工件坐标”和“参考系坐标”等。本案例中选取的信息部分如图 6－5 所示。

```
var rwServiceResource = new XMLHttpRequest();
rwServiceResource.onreadystatechange = function ()
{
    if (rwServiceResource.readyState == 4 && rwServiceResource.status == 200)
    {
        let obj = JSON.parse(rwServiceResource.responseText);
        //rwServiceResource.responseText;
        let service = obj._embedded._state[0];

        //document.write("---" + (service.rax_1 * 1).toFixed(2));
        document.getElementById("zuobiaoxi1").innerHTML = "工具名称:    " + service["tool-name"];
        document.getElementById("zuobiaoxi2").innerHTML = "wobj名称:   " + service["wobj-name"];
        document.getElementById("zuobiaoxi3").innerHTML = "运动模式:    " + service["jog-mode"];
        document.getElementById("zuobiaoxi4").innerHTML = "机器人模式: " + service["mode"];
        document.getElementById("zuobiaoxi5").innerHTML = "当前任务:    " + service["task"];
        document.getElementById("zuobiaoxi6").innerHTML = "负载模式:    " + service["payload-name"];
        document.getElementById("zuobiaoxi7").innerHTML = "轴数量:      " + service["axes"];
```

图 6－5　本案例中获取的机器人 Jog 信息

若希望获得机器人的 Jog 信息，则首先要查找其对应的 API 接口，进入“RobotWare Services”-“Motion System”-“Operations on Mechunits”-“Operations on Mechunit”-“Get Mechunit”中，从官方的帮助内容中可以看到对应的 URL 为：

“/rw/Motionsystem/mechunits/{mechunit}”，URL 中的{Mechunit}处填写机械单元名称，如 ROB_1。

机器人的状态信息包括“操作模式”、“运行速度百分比”和“停止/运行”等，若希望读取机器人的状态信息，则首先要查找其相应的 API 接口。

计算机连接机器人，如果连接控制柜的 Service 端口(固定 IP 为 192.168.125.1)，则在浏览器中输入：“http://192.168.125.1/docs/front.html”，如果连接的是本机计算机的虚拟控制器，则在浏览器中输入“http://127.0.0.1/docs/front.html”。

弹出登录窗口，先填写用户名为“Default User”，密码为“robotics”，然后单击“登录”按钮，如图 6－6 所示。

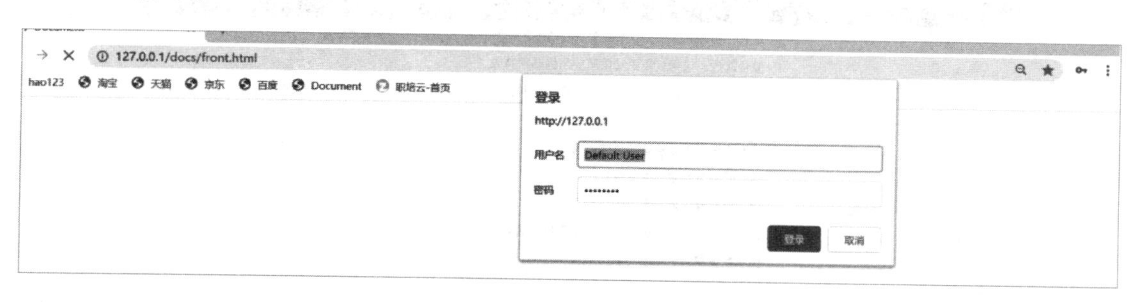

图 6－6　登录弹窗

6.1.2　网页设计知识储备

(1) HTML 基础知识

HTML 是用来描述网页的一种语言，指的是超文本标记语言(HyperText Markup Language)，它不是一种编程语言，而是一种标记语言。标记语言是一套标记标签 (Markup tag)。

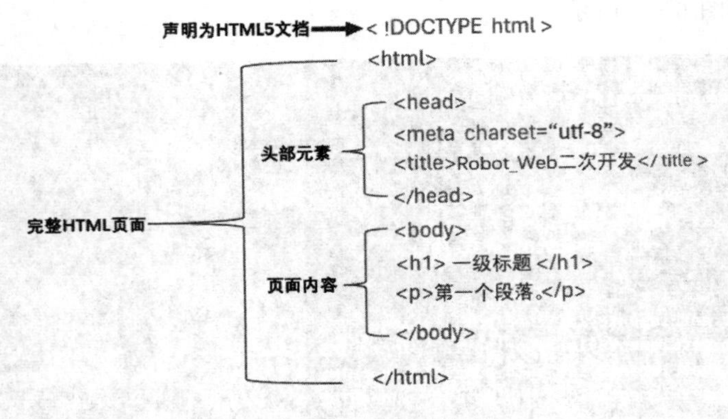

图 6-7　HTML 构成

HTML 使用标记标签来描述网页，标签对中的第一个标签是开始标签，第二个标签是结束标签，开始和结束标签也被称为开放标签和闭合标签。其格式为：

＜标签＞ 内容 ＜/标签＞

“HTML 标签”和“HTML 元素”通常都是描述同样的意思。但是严格来讲，一个 HTML 元素包含了开始标签与结束标签，例如：

＜p＞这是一个段落。＜/p＞

Web 浏览器(如谷歌浏览器，Internet Explorer，Firefox，Safari)用于读取 HTML 文件，并将其作为网页显示。浏览器并不是直接显示的 HTML 标签，但可以使用标签来决定如何展现 HTML 页面的内容给用户。

(2) CSS 基础知识

CSS (Cascading Style Sheets) 用于渲染 HTML 元素标签的样式。CSS 是在 HTML 4 开始使用的，是为了更好的渲染 HTML 元素而引入的。

CSS 动画属性如图 6-8 所示。

属性	描述
@keyframes	定义一个动画,@keyframes定义的动画名称用来被animation-name所使用。
animation	复合属性。检索或设置对象所应用的动画特效。
animation-name	检索或设置对象所应用的动画名称 ,必须与规则@keyframes配合使用，因为动画名称由@keyframes定义。
animation-duration	检索或设置对象动画的持续时间。
animation-timing-function	检索或设置对象动画的过渡类型。
animation-delay	检索或设置对象动画的延迟时间。
animation-iteration-count	检索或设置对象动画的循环次数。
animation-direction	检索或设置对象动画在循环中是否反向运动。
animation-play-state	检索或设置对象动画的状态。

图 6-8　动画属性

背景属性如图 6-9 所示。

边框(Border) 和 轮廓(Outline) 属性如图 6-10 所示。

盒子(Box) 属性如图 6-11 所示。

颜色(Color) 属性如图 6-12 所示。

内边距(Padding) 属性如图 6-13 所示。

属性	描述
background	复合属性。设置对象的背景特性。
background-attachment	设置或检索背景图像是随对象内容滚动还是固定的。必须先指定background-image属性。
background-color	设置或检索对象的背景颜色。
background-image	设置或检索对象的背景图像。
background-position	设置或检索对象的背景图像位置。必须先指定background-image属性。
background-repeat	设置或检索对象的背景图像如何铺排填充。必须先指定background-image属性。
background-clip	指定对象的背景图像向外裁剪的区域。
background-origin	S设置或检索对象的背景图像计算background-position时的参考原点(位置)。
background-size	检索或设置对象的背景图像的尺寸大小。

图6-9　背景属性

属性	描述
border	复合属性。设置对象边框的特性。
border-bottom	复合属性。设置对象底部边框的特性。
border-bottom-color	设置或检索对象的底部边框颜色。
border-bottom-style	设置或检索对象的底部边框样式。
border-bottom-width	设置或检索对象的底部边框宽度。
border-color	置或检索对象的边框颜色。
border-left	复合属性。设置对象左边边框的特性。
border-left-color	设置或检索对象的左边边框颜色。
border-left-style	设置或检索对象的左边边框样式。
border-left-width	设置或检索对象的左边边框宽度。
border-right	复合属性。设置对象右边边框的特性。
border-right-color	设置或检索对象的右边边框颜色。
border-right-style	设置或检索对象的右边边框样式。
border-right-width	设置或检索对象的右边边框宽度。
border-style	设置或检索对象的边框样式。
border-top	复合属性。设置对象顶部边框的特性。
...	...

图6-10　边框和轮廓属性

属性	描述
overflow-x	如果内容溢出了元素内容区域，是否对内容的左/右边缘进行裁剪。
overflow-y	如果内容溢出了元素内容区域，是否对内容的上/下边缘进行裁剪。
overflow-style	规定溢出元素的首选滚动方法。
rotation	围绕由 rotation-point 属性定义的点对元素进行旋转。
rotation-point	定义距离上左边框边缘的偏移点。

图6-11　盒子属性

属性	描述
color-profile	允许使用源的颜色配置文件的默认以外的规范。
opacity	设置一个元素的透明度级别。
rendering-intent	允许超过默认颜色配置文件渲染意向的其他规范。

图6-12　颜色属性

属性	描述
padding	在一个声明中设置所有填充属性。
padding-bottom	设置元素的底填充。
padding-left	设置元素的左填充。
padding-right	设置元素的右填充。
padding-top	设置元素的顶部填充。

图 6-13　内边距属性

媒体页面内容属性如图 6-14 所示。

属性	描述
bookmark-label	指定书签的标签。
bookmark-level	指定了书签级别。
bookmark-target	指定了书签链接的目标。
float-offset	在相反的方向推动浮动元素，他们一直具有浮动。
hyphenate-after	指定一个断字的单词断字字符后的最少字符数。
hyphenate-before	指定一个断字的单词断字字符前的最少字符数。
hyphenate-character	指定了当一个断字发生时，要显示的字符串。
hyphenate-lines	表示连续断字的行在元素的最大数目。
hyphenate-resource	外部资源指定一个逗号分隔的列表，可以帮助确定浏览器的断字点。
hyphens	设置如何分割单词以改善该段的布局。
image-resolution	指定了正确的图像分辨率。
marks	将crop and/or cross标志添加到文档。
string-set	

图 6-14　媒体页面内容属性

尺寸(Dimension) 属性如图所示 6-15 所示。

属性	描述
height	设置元素的高度。
max-height	设置元素的最大高度。
max-width	设置元素的最大宽度。
min-height	设置元素的最小高度。
min-width	设置元素的最小宽度。
width	设置元素的宽度。

图 6-15　尺寸属性

弹性盒子模型(Flexible Box) 属性(新)如图 6-16 所示。

字体(Font)属性如图 6-17 所示。

属性	说明
flex	复合属性。设置或检索弹性盒模型对象的子元素如何分配空间。
flex-grow	设置或检索弹性盒的扩展比率。
flex-shrink	设置或检索弹性盒的收缩比率。
flex-basis	设置或检索弹性盒伸缩基准值。
flex-flow	复合属性。设置或检索弹性盒模型对象的子元素排列方式。
flex-direction	该属性通过定义 flex 容器的主轴方向来决定 flex 子项在 flex 容器中的位置。
flex-wrap	该属性控制flex容器是单行或者多行，同时横轴的方向决定了新行堆叠的方向。
align-content	在弹性容器内的各项没有占用交叉轴上所有可用的空间时对齐容器内的各项（垂直）。
align-items	定义flex子项在flex容器的当前行的侧轴（纵轴）方向上的对齐方式。
align-self	定义flex子项单独在侧轴（纵轴）方向上的对齐方式。
justify-content	设置或检索弹性盒子元素在主轴（横轴）方向上的对齐方式。
order	设置或检索弹性盒模型对象的子元素出现的顺序。

图 6－16　新弹性盒子模型属性

属性	描述
font	在一个声明中设置所有字体属性。
font-family	规定文本的字体系列。
font-size	规定文本的字体尺寸。
font-style	规定文本的字体样式。
font-variant	规定文本的字体样式。
font-weight	规定字体的粗细。
@font-face	一个规则，允许网站下载并使用其他超过"Web- safe"字体的字体。
font-size-adjust	为元素规定 aspect 值。
font-stretch	收缩或拉伸当前的字体系列。

图 6－17　字体属性

内容生成属性(Generated Content Properties)如图 6－18 所示。

属性	描述
content	与 before 以及 :after 伪元素配合使用，来插入生成内容。
counter-increment	递增或递减一个或多个计数器。
counter-reset	创建或重置一个或多个计数器。
quotes	设置嵌套引用的引号类型。
crop	允许replaced元素只是作为一个对象代替整个对象的矩形区域。
move-to	从流中删除元素，然后在文档中后面的点上重新插入。
page-policy	判定基于页面的给定元素的适用于计数器的字符串值。

图 6－18　内容生成属性

列表在网页设计中使用的频率非常高。列表(List) 属性如图 6－19 所示。

外边距(Margin) 属性如图 6－20 所示。

定位(positioning)属性如图 6－21 所示。

属性	描述
list-style	在一个声明中设置所有的列表属性。
list-style-image	将图象设置为列表项标记。
list-style-position	设置列表项标记的放置位置。
list-style-type	设置列表项标记的类型。

图 6-19　列表属性

属性	描述
marquee-direction	设置内容移动的方向。
marquee-play-count	设置内容移动多少次。
marquee-speed	设置内容滚动的速度有多快。
marquee-style	设置内容移动的样式。
marquee-direction	设置内容移动的方向。

图 6-20　外边距属性

属性	描述
bottom	设置定位元素下外边距边界与其包含块下边界之间的偏移。
clear	规定元素的哪一侧不允许其他浮动元素。
clip	剪裁绝对定位元素。
cursor	规定要显示的光标的类型（形状）。
display	规定元素应该生成的框的类型。
float	规定框是否应该浮动。
left	设置定位元素左外边距边界与其包含块左边界之间的偏移。
overflow	规定当内容溢出元素框时发生的事情。
position	规定元素的定位类型。
right	设置定位元素右外边距边界与其包含块右边界之间的偏移。
top	设置定位元素的上外边距边界与其包含块上边界之间的偏移。
visibility	规定元素是否可见。
z-index	设置元素的堆叠顺序。

图 6-21　定位属性

表格(Table)属性如图 6-22 所示。

属性	描述
border-collapse	规定是否合并表格边框。
border-spacing	规定相邻单元格边框之间的距离。
caption-side	规定表格标题的位置。
empty-cells	规定是否显示表格中的空单元格上的边框和背景。
table-layout	设置用于表格的布局算法。

图 6-22　表格属性

文本(Text)属性如图 6-23 所示，一个 HTML 文档可以显示不同的样式：样式解决了一个很大的问题 HTML 标签原本被设计为用于定义文档内容，例如：

＜h1＞这是一个标题＜/h1＞

<p>这是一个段落。</p>

属性	描述
color	设置文本的颜色。
direction	规定文本的方向 / 书写方向。
letter-spacing	设置字符间距。
line-height	设置行高。
text-align	规定文本的水平对齐方式。
text-decoration	规定添加到文本的装饰效果。
text-indent	规定文本块首行的缩进。
text-transform	控制文本的大小写。
vertical-align	设置元素的垂直对齐方式。
white-space	设置怎样给一元素控件留白。
word-spacing	设置单词间距。
text-emphasis	向元素的文本应用重点标记以及重点标记的前景色。
hanging-punctuation	指定一个标点符号是否可能超出行框。
punctuation-trim	指定一个标点符号是否要去掉。
text-align-last	当 text-align 设置为 justify 时，最后一行的对齐方式。
text-justify	当 text-align 设置为 justify 时指定分散对齐的方式。
text-overflow	指定当文本溢出包含的元素，应该发生什么。

图 6－23　文本属性

样式表定义如何显示 HTML 元素，就像 HTML 中的字体标签和颜色属性所起的作用那样。样式通常保存在外部的 CSS 文件中。我们只需要编辑一个简单的 CSS 文档就可以改变所有页面的布局和外观。

(3) JavaScript 基础知识

JavaScript 是互联网上最流行的脚本语言，这门语言可用于 HTML 和 web，更可广泛用于服务器、PC、笔记本电脑、平板电脑和智能手机等设备。

JavaScript 是脚本语言。JavaScript 插入 HTML 页面后，可由所有的现代浏览器执行对事件的反应，例如：

<button type="button" onclick="alert('欢迎!')">Click Me! </button>。

alert() 函数在 JavaScript 中并不常用，但它对于代码测试非常方便。

JavaScript 可改变 HTML 内容，使用 JavaScript 来处理 HTML 内容是非常强大的功能，例如：

```
x = document.getElementById("demo");  //查找元素
x.innerHTML = "Hello JavaScript";     //改变内容
```

6.1.3　Visual Studio Code 基本使用

(1) 工作环境的搭建

1) 创建项目

Visual Studio Code(简称“VS Code”)是 Microsoft 在 2015 年 4 月 30 日 Build 开发者大会上正式宣布一个运行于 MacOS X、Windows 和 Linux 之上的、针对于编写现代 Web 和云应

用的跨平台源代码编辑器，可在桌面上运行，并且可用于 Windows，macOS 和 Linux。它具有对 JavaScript，TypeScript 和 Node. js 的内置支持，并具有丰富的其他语言(例如 C++，C#，Java，Python，PHP，Go)和运行时(例如. NET 和 Unity)扩展的生态系统。

开始之前，需要在拓展里面安装两个应用——Chinese 和 browser(见图 6-24)，VSCode 系统语言默认是英文，安装 Chinese 便于阅读和操作，其次是浏览器，安装 browser 方便对写好的代码进行验证和调试。

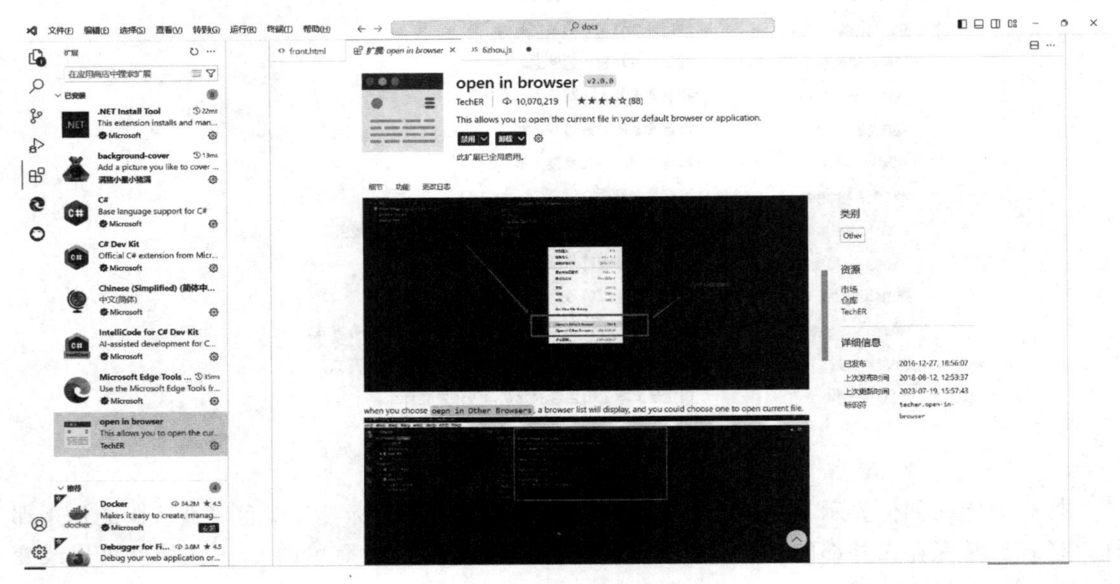

图 6-24　安装中文和调试插件

在 HOME 文件夹下创建一个 docs 文件夹存放项目文件，在文件夹中分别存放 atlas(图集)、js(JS 代码)、css(修饰代码)、html(网页代码)四项。将开发用的所有代码进行区分，如图 6-25 所示避免杂糅和增加后期维护升级的难度。

RobotStudio › Systems › System1 › HOME › docs ›　　在 docs 中搜索

名称	修改日期	类型	大小
atlas	2023/8/4 14:45	文件夹	
js	2023/7/18 18:07	文件夹	
front.css	2023/8/23 14:10	CSSfile	8 KB
front.html	2023/8/4 14:46	SLBrowser HTML D...	14 KB

图 6-25　文件存放位置

再将整个文件夹拖到 VS Code 中，可以清楚地看到它出现在左侧的资源管理器中，因为文件的源路径没有发生变化，在这里编辑后保存，同样地就应用到实际的项目中了，如图 6-26 所示。

2）基本布局

VS Code 提供的“语法高亮”功能(见图 6-27)，能够提醒和纠正编写程序中的问题。增加代码的准确率和速率，极大地提高了编写代码过程中的容错率。

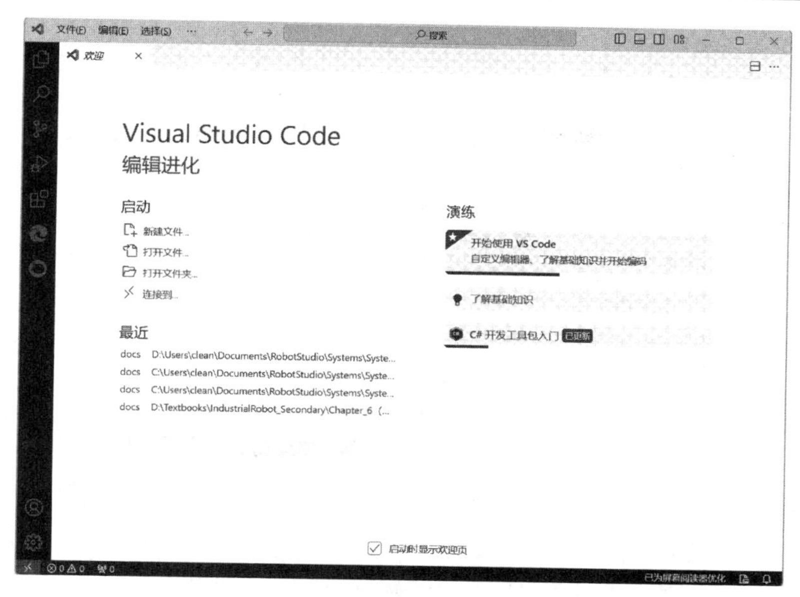

图 6 - 26　VS Code 软件页面

```
front.html ×
front.html > html > body > div.buttom1 > div.massage1 > ol.clearfix > li
1    <!DOCTYPE html>
2    <html lang="en">
3    <head>
4        <meta charset="UTF-8">
5        <meta name="viewport" content="width=device-width, initial-scale=1.0">
6        <title>Document</title>
7    </head>
8    <link rel="stylesheet" href="./front.css">
9    <body>
10   <div class="top1">
11       <h1>RobotStudio_Web二次开发页面设计</h1>
12   </div>
13 > <div class="box0">···
301  </div>
302  <div class="buttom1">
303      <div class="massagebtn1">
304          <div class="basemassage">
305              <button type="button" class="basebtn" onclick="getRWSesource()">机器人基本信息</button>
306          </div>
307          <div class="content1">
308              <p class="p8">系统名称: <span id="name"></span> </p>
309              <p class="p8">版本号: <span id="version"></span></p>
310              <p class="p8">兼容版本: <span id="versionname"></span></p>
311              <p class="p8">系统ID: <span id="sysid"></span></p>
312          </div>
313      </div>
314      <div class="massage1">
315          <ol class="clearfix">
316              <li >程序类型: <span id="li0"></span></li>
317              <li >语言: <span id="li1"></span></li>
318              <li>Net设备型号: <span id="li2"></span></li>
319              <li>驱动信息: <span id="li3"></span></li>
320              <li>网络信息: <span id="li4"></span></li>
321              <li>网络信息: <span id="li5"></span></li>
322              <li>网络信息: <span id="li6"></span></li>
323              <li>校准: <span id="li7"></span></li>
324              <li>机器人型号: <span id="li8"></span></li>
325          </ol>
326      </div>
327  </div >
328  <div class="container">
329      <img src="./atlas/home3.png" alt="exampl">
```

图 6 - 27　语法高亮效果

3）调试项目

右键可选择默认和其他浏览器进行测试，如图 6 - 28 所示，本案例最后完成的网页效果如图 6 - 29 所示。

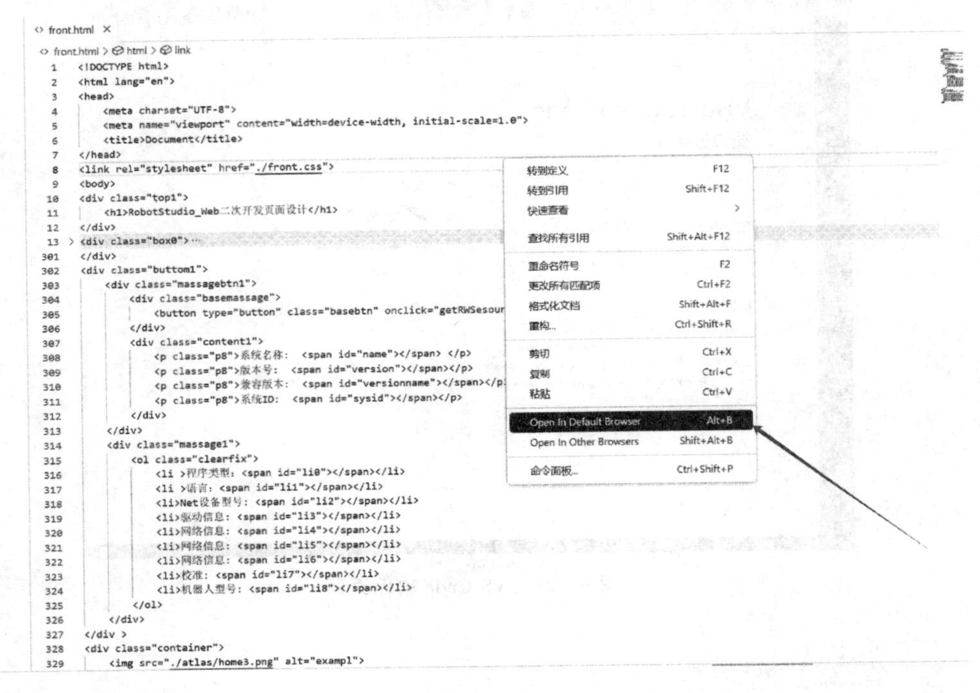

图 6-28　右击选择浏览器进行调试

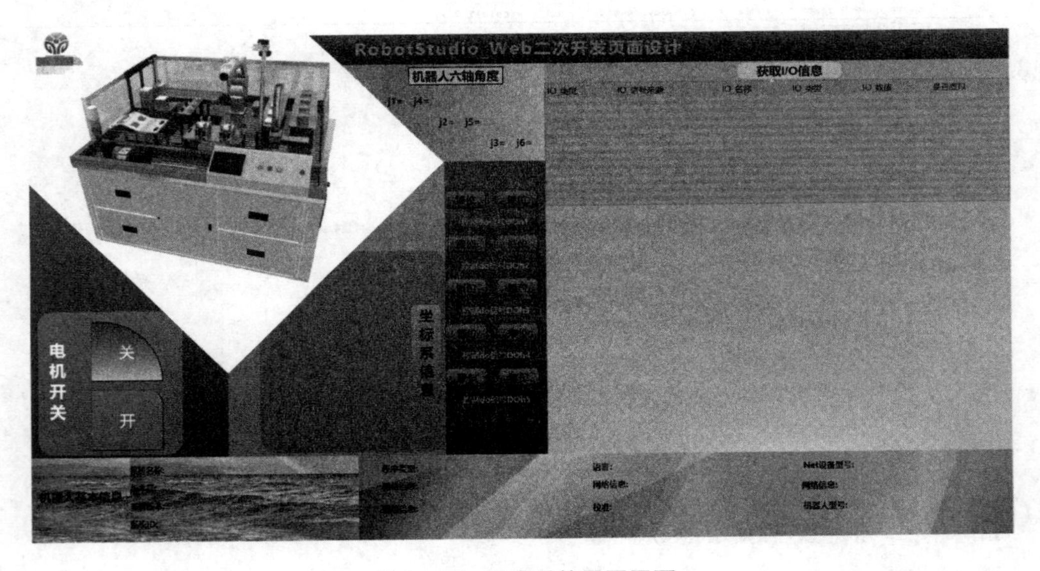

图 6-29　完成后的网页画面

(2) 掌握基于网页的开发编程

网页开发是指通过使用各种 Web 技术和工具构建和创建网站的过程。它通常包括网站设计、前端开发和后端开发。

网页开发可以通过一系列步骤来完成(见图 6-30),下面将介绍网页开发的完整过程,并探讨如何快速开发网页。

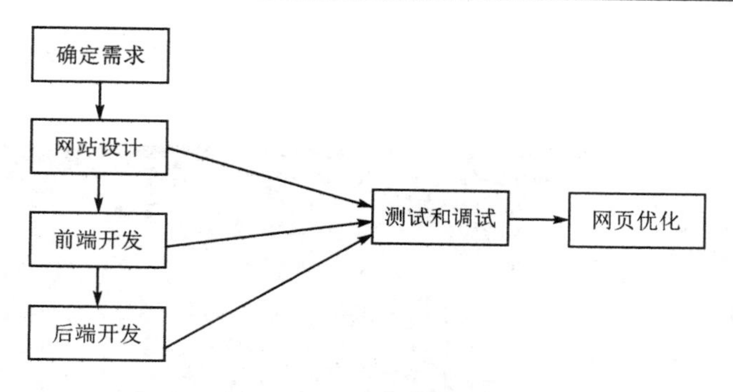

图 6－30　网页设计步骤

① 在开始开发网页之前，首先要明确网页所需的功能和设计要求，包括确定网站的主题、目标受众、所需页面数以及数据收集和处理需求等。

② 在设计阶段，网页开发者将创建网站的整体布局和视觉外观，包括确定网站的颜色方案、字体选择、标志设计等。设计应该与网站的主题和目标受众保持一致，同时考虑用户体验和易用性。

③ 开发者将使用 HTML、CSS 和 JavaScript 等前端技术来构建网页的外观和用户交互，根据设计稿将页面划分为不同的部分，并使用 HTML 来创建网页结构，使用 CSS 来控制网页的样式和布局，使用 JavaScript 来实现页面的动态效果和用户交互。

④ 开发者将使用服务器端编程语言（如 Python、PHP 或 Ruby）和数据库来处理网页的后端逻辑和数据存储，实现用户注册、登录和身份验证功能，进行表单提交和数据处理，并与数据库进行交互来存储和检索数据。

⑤ 在网页开发的各个阶段，开发者应该进行测试和调试，以确保网页在不同的浏览器和设备上正常工作，并符合设计和功能要求。应检查页面的加载速度、响应性、浏览器兼容性和用户体验等方面。

⑥ 在测试阶段之后，开发者应该优化网页的性能和用户体验。可以通过压缩和合并文件来减少页面加载时间，使用缓存来提高页面的加载速度，并进行代码优化和图像压缩等操作。

总结起来，网页开发是一个涉及各种技术和工具的复杂过程。通过明确需求、设计网站、前端开发、后端开发、测试和调试、优化和发布等步骤，可以快速而高质量地开发网页。

6.1.4　网页版简易示教器效果展示

登陆界面如图 6－31 所示，实际效果如图 6－32 所示。

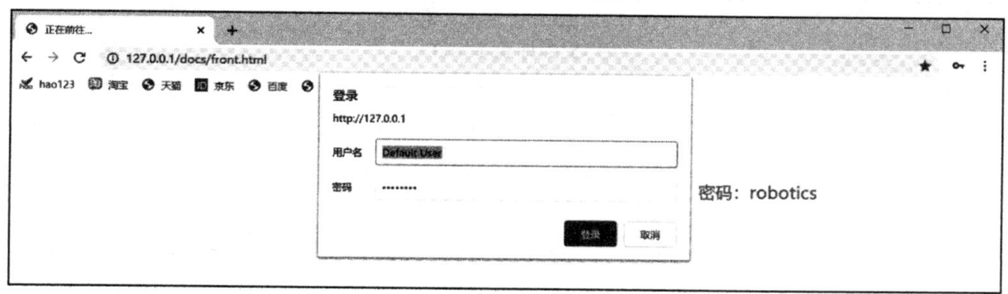

图 6－31　登录

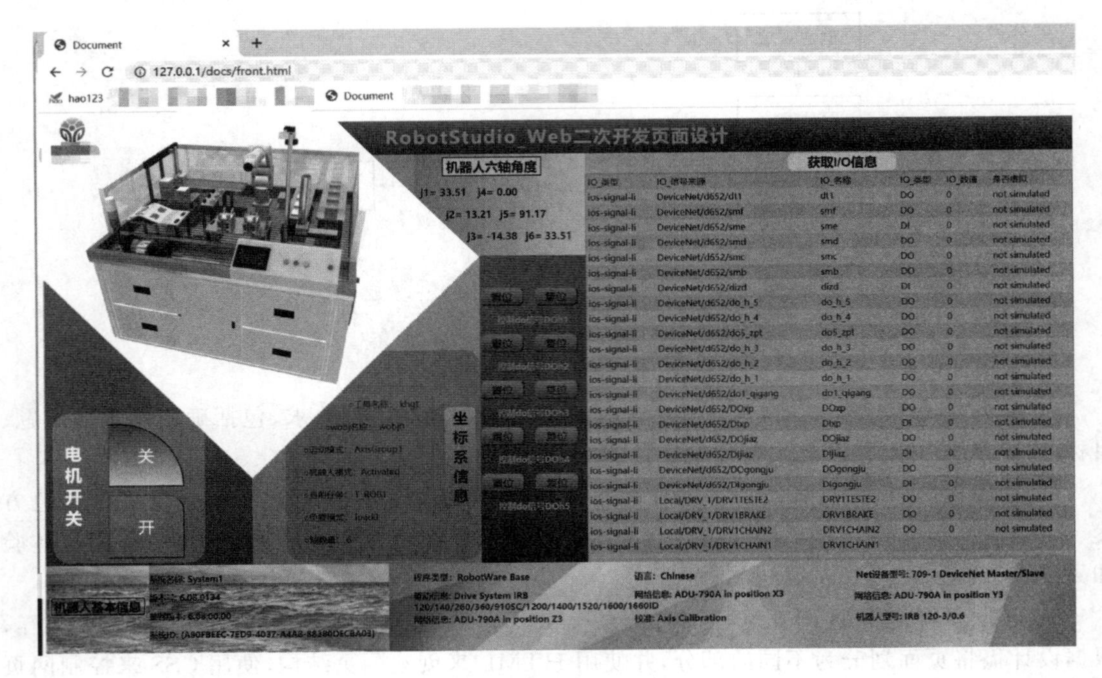

图 6－32　实际效果图

任务评价

任务评价表(1)

<table>
<tr><td>任务名称</td><td></td><td>姓名</td><td colspan="3"></td><td colspan="2">任务得分</td><td colspan="2"></td></tr>
<tr><td>考核项目</td><td>考核内容</td><td>配分</td><td colspan="3">评分标准</td><td>自评
30%</td><td>互评
30%</td><td>师评
40%</td><td>得分</td></tr>
<tr><td rowspan="3">知识技能
35 分</td><td></td><td></td><td></td><td></td><td></td><td></td><td></td><td></td><td></td></tr>
<tr><td></td><td></td><td></td><td></td><td></td><td></td><td></td><td></td><td></td></tr>
<tr><td></td><td></td><td></td><td></td><td></td><td></td><td></td><td></td><td></td></tr>
<tr><td rowspan="3">素质技能
10 分</td><td></td><td></td><td></td><td></td><td></td><td></td><td></td><td></td><td></td></tr>
<tr><td></td><td></td><td></td><td></td><td></td><td></td><td></td><td></td><td></td></tr>
<tr><td></td><td></td><td></td><td></td><td></td><td></td><td></td><td></td><td></td></tr>
</table>

任务评价表(2)

内容	考核要求	评分标准	配分	扣分

任务 6.2　掌握如何在网页端进行数据获取

任务描述

通过学习 web Services 的基础知识，掌握 web 开发的应用实例的操作。本任务单元的目标是学习 web 开发的案例，掌握机器人二次开发的能力。

在教学的实施过程中：

① 能够掌握系统信息获取；

② 能够掌握实时数据采集；

③ 能够掌握 IO 控制操作；

④ 掌握 6 轴 Jog 控制原理。

完成本任务后，学生可了解 web services 的基础知识，完成单元任务考核。

任务工单

<table>
<tr><td>任务名称</td><td colspan="3"></td><td>姓名</td><td></td></tr>
<tr><td>班级</td><td></td><td>学号</td><td></td><td>成绩</td><td></td></tr>
<tr><td>工作任务</td><td colspan="5">掌握系统信息获取；
掌握实时数据采集；
掌握 IO 控制操作；
掌握基于 C# 实现的 6 轴 Jog 控制</td></tr>
<tr><td>任务目标</td><td colspan="5">知识目标：
了解网页开发常用布局方式；
了解常用 web Services 实现功能的流程基本使用
技能目标：
掌握系统信息获取；
掌握实时数据采集；
掌握 IO 控制操作
职业素养目标：
严格遵守安全操作规范和操作流程；
主动完成学习内容，总结学习重点</td></tr>
<tr><td>举一反三</td><td colspan="5">总结 web 开发的思路流程</td></tr>
</table>

任务准备

6.2.1　项目的布局及外观设计

网页的布局美观有很多好处。首先，它可以提高用户体验，使网页更易于使用、更吸引人。良好的布局可以引导用户快速找到所需的信息，避免混淆和误解。此外，美观的网页往往更能吸引用户，从而增加网站的流量和知名度。

以下是网页布局美观的一些好处：

① 提高用户满意度：良好的网页布局能使用户在浏览网页时感到舒适和愉悦，从而提高用户满意度。

② 增强可读性：通过合理的排版和布局，网页的内容更容易被阅读和理解，有利于提高用户对信息的吸收效率。

③ 提高网站的可访问性：良好的布局不仅可以让网页看起来更整洁，还可以提高网站的可访问性，使得更多的用户可以方便地使用网站。

④ 提升品牌形象：一个独特、专业的网页布局可以提升公司的品牌形象，增强用户的信任感。

⑤ 增加用户的停留时间：美观的网页布局可能会吸引用户花更多的时间在网站上，这将有利于增加用户对网站的深入了解和认识。

⑥ 增加网站的单击率：通过优化布局，使得重要的内容和信息更加突出，可以增加用户的点击率，从而增加网站的流量。

总之，网页的布局美观不仅可以让网页看起来更吸引人，也可以提高网页的使用效率和用户的满意度，从而带来更多的商业机会和价值。

按下 F12 键，查看网页页面构成元素，如图 6-33 所示。

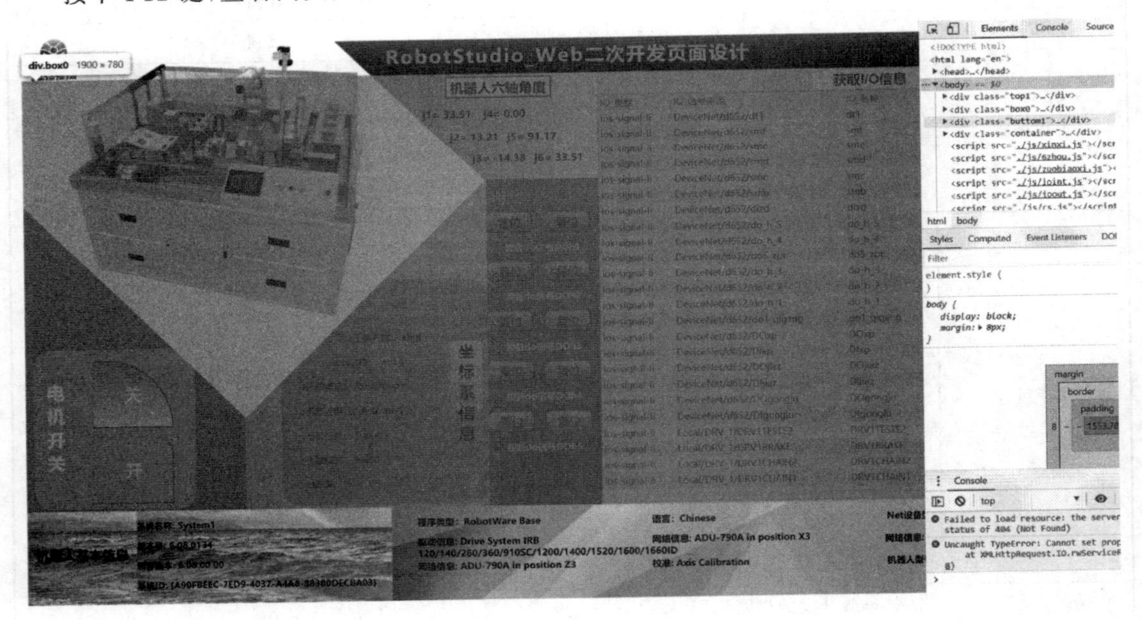

图 6-33 查看页面元素

6.2.2 项目的功能代码实现

① 系统信息获取的 JS 代码如图 6-34 和图 6-35 所示。

② 实时数据采集的 JS 代码如图 6-36 和图 6-37 所示。

③ IO 控制操作的 JS 代码如图 6-38 和图 6-39 所示。

```
function getRWSesource() {

    var rwServiceResource = new XMLHttpRequest();
    rwServiceResource.onreadystatechange = function ()
    {
        if (rwServiceResource.readyState == 4 && rwServiceResource.status == 200)
        {
            var obj = JSON.parse(rwServiceResource.responseText);
            var service = obj._embedded._state[0];
            document.getElementById("name").innerHTML= service.name;
            document.getElementById("version").innerHTML= service.rwversion;
            document.getElementById("versionname").innerHTML= service.rwversionname;
            document.getElementById("sysid").innerHTML= service.sysid;
            var index;

            for (index = 0;index<9; index++)
            {
                var option = obj._embedded._state[1].options[index];
                document.getElementById("li" + index).innerHTML =option.option;
            }
        }
    }
    rwServiceResource.open("GET", "/rw/system?json=1", true);
    rwServiceResource.send();
}
```

图 6-34　系统信息获取代码

```
<div class="buttom1">
    <div class="massagebtn1">
        <div class="basemassage">
            <button type="button" class="basebtn" onclick="getRWSesource()">机器人基本信息</button>
        </div>
        <div class="content1">
            <p class="p8">系统名称:  <span id="name"></span> </p>
            <p class="p8">版本号:  <span id="version"></span></p>
            <p class="p8">兼容版本:  <span id="versionname"></span></p>
            <p class="p8">系统ID:  <span id="sysid"></span></p>
        </div>
    </div>
    <div class="massage1">
        <ol class="clearfix">
            <li >程序类型: <span id="li0"></span></li>
            <li >语言: <span id="li1"></span></li>
            <li>Net设备型号: <span id="li2"></span></li>
            <li>驱动信息: <span id="li3"></span></li>
            <li>网络信息: <span id="li4"></span></li>
            <li>网络信息: <span id="li5"></span></li>
            <li>网络信息: <span id="li6"></span></li>
            <li>校准: <span id="li7"></span></li>
            <li>机器人型号: <span id="li8"></span></li>
        </ol>
    </div>
</div >
```

图 6-35　机器人基本信息获取

```
function getJ() {

    var rwServiceResource = new XMLHttpRequest();
    rwServiceResource.onreadystatechange = function ()
    {
        if (rwServiceResource.readyState == 4 && rwServiceResource.status == 200)
        {
            var obj = JSON.parse(rwServiceResource.responseText);
            rwServiceResource.responseText;
            var service = obj._embedded._state[0];

            //document.write("---" + (service.rax_1 * 1).toFixed(2));
            document.getElementById("J1").innerHTML =  (service.rax_1 * 1).toFixed(2);
            document.getElementById("J2").innerHTML = (service.rax_2 * 1).toFixed(2);
            document.getElementById("J3").innerHTML =  (service.rax_3 * 1).toFixed(2);
            document.getElementById("J4").innerHTML = (service.rax_4 * 1).toFixed(2);
            document.getElementById("J5").innerHTML =  (service.rax_5 * 1).toFixed(2);
            document.getElementById("J6").innerHTML =  (service.rax_6 * 1).toFixed(2);
        }
    }


    rwServiceResource.open("GET", "/rw/motionsystem/mechunits/ROB_1/jointtarget?json=1", true,"Default User","robotics");
    rwServiceResource.send();
    //setInterval("getJ()", 1000);
}
```

图 6-36　六轴数据获取代码

```
function ZBX() {

    var rwServiceResource = new XMLHttpRequest();
    rwServiceResource.onreadystatechange = function ()
    {
        if (rwServiceResource.readyState == 4 && rwServiceResource.status == 200)
        {
            let obj = JSON.parse(rwServiceResource.responseText);
            //rwServiceResource.responseText;
            let service = obj._embedded._state[0];

            //document.write("---" + (service.rax_1 * 1).toFixed(2));
            document.getElementById("zuobiaoxi1").innerHTML = "工具名称：   " + service["tool-name"];
            document.getElementById("zuobiaoxi2").innerHTML = "wobj名称：   " + service["wobj-name"];
            document.getElementById("zuobiaoxi3").innerHTML = "运动模式：   " + service["jog-mode"];
            document.getElementById("zuobiaoxi4").innerHTML = "机器人模式： " + service["mode"];
            document.getElementById("zuobiaoxi5").innerHTML = "当前任务：   " + service["task"];
            document.getElementById("zuobiaoxi6").innerHTML = "负载模式：   " + service["payload-name"];
            document.getElementById("zuobiaoxi7").innerHTML = "轴数量：     " + service["axes"];
        }
    }


    rwServiceResource.open("GET","/rw/motionsystem/mechunits/ROB_1?json=1", true);
    rwServiceResource.send();
    //setInterval("ZBX()", 1000);
}
```

图 6-37　机器人坐标信息的获取

```
function IO() {

    var rwServiceResource = new XMLHttpRequest();
    rwServiceResource.onreadystatechange = function ()
    {
        if (rwServiceResource.readyState == 4 && rwServiceResource.status == 200) {
            let obj = JSON.parse(rwServiceResource.responseText);//rwServiceResource.responseText;
            let service = obj._embedded._state[0];//document.write("---" + (service.rax_1 * 1).toFixed(2));
            let i;
            for (i = 0; i < 28; i++)
            {
                service = obj._embedded._state[i];
                // document.getElementById("io"+i).innerHTML = service["_type"] + service["_title"] + service["name"] + service["type"]
                 document.getElementById("io_type"+i).innerHTML = service["_type"];
                 document.getElementById("io_title"+i).innerHTML = service["_title"];
                 document.getElementById("io_name"+i).innerHTML = service["name"];
                 document.getElementById("iotype"+i).innerHTML = service["type"];
                 document.getElementById("io_lvalue"+i).innerHTML = +service["lvalue"];
                 document.getElementById("io_lstate"+i).innerHTML = service["lstate"];
            }
        }
    }
    rwServiceResource.open("GET","/rw/iosystem/signals?json=1", true);
    rwServiceResource.send();
    //setInterval("IO()", 1000);
}
```

图 6-38　对机器人系统的 IO 进行获取

```
function do_h_1(data)
{
            var rwServiceResource = new XMLHttpRequest();
            rwServiceResource.open("POST", "/rw/iosystem/signals/DeviceNet/d652/do_h_1?action=set", true, "Default User", "robotics");
            rwServiceResource.timeout = 10000;
            rwServiceResource.setRequestHeader('content-type','application/x-www-form-urlencoded');
            rwServiceResource.send(data);
        }
function do_h_2(data)
{
            var rwServiceResource = new XMLHttpRequest();
            rwServiceResource.open("POST", "/rw/iosystem/signals/DeviceNet/d652/do_h_2?action=set", true, "Default User", "robotics");
            rwServiceResource.timeout = 10000;
            rwServiceResource.setRequestHeader('content-type','application/x-www-form-urlencoded');
            rwServiceResource.send(data);
        }
function do_h_3(data)
{
            var rwServiceResource = new XMLHttpRequest();
            rwServiceResource.open("POST", "/rw/iosystem/signals/DeviceNet/d652/do_h_3?action=set", true, "Default User", "robotics");
            rwServiceResource.timeout = 10000;
            rwServiceResource.setRequestHeader('content-type','application/x-www-form-urlencoded');
            rwServiceResource.send(data);
        }
function do_h_4(data)
{
            var rwServiceResource = new XMLHttpRequest();
            rwServiceResource.open("POST", "/rw/iosystem/signals/DeviceNet/d652/do_h_4?action=set", true, "Default User", "robotics");
            rwServiceResource.timeout = 10000;
            rwServiceResource.setRequestHeader('content-type','application/x-www-form-urlencoded');
            rwServiceResource.send(data);
        }
function do_h_5(data)
{
            var rwServiceResource = new XMLHttpRequest();
            rwServiceResource.open("POST", "/rw/iosystem/signals/DeviceNet/d652/do_h_5?action=set", true, "Default User", "robotics");
            rwServiceResource.timeout = 10000;
            rwServiceResource.setRequestHeader('content-type','application/x-www-form-urlencoded');
            rwServiceResource.send(data);
        }
```

图 6-39　对部分 IO 进行置位复位操作

6.2.3　其他平台对 RWS 的数据获取

winForm 窗体软件实现 Jog 控制。

在项目四 PC 开发的轴数据处理中可以看出，想要实现 Jog 点动控制，执行起来有不小的难度，也可以说现阶段不具备这种功能，但在 RWS 中是可以实现这种需求的。

下面试着在 winForm 中实现 Jog 点动操作，开始之前，需要进行以下几个必须步骤(见图 6－40)。

① 将“注册本地用户”按钮的“name”属性修改为“localRegist”；

② 将“请求 Motion 权限”按钮的“name”属性修改为“mShipGet”；

③ 将“设置单轴模式”按钮的“name”属性修改为“jogAxisModeSet”；

④ 将“J1+”按钮的“name”属性修改为“Jog1Add”；

⑤ 将“J1－”按钮的“name”属性修改为“Jog1Min”；

⑥ 在“本地用户”按钮的 Click 事件中编写代码，实现当单击该按钮时向机器人控制器请求注册本地用户，其中，代码中的“_cookies”变量需要做好变量的全局声明，因为后续运行代码也要继续使用“_cookies”变量；

⑦ 在“请求 Motion 权限”中按钮的 Click 事件中编写代码，用于实现当单击该按钮时向机器人控制器请求控制运动的权限；

⑧ 在“设置单轴模式”按钮的 Click 事件中编写代码，用于实现当单击该按钮时向机器人控制器请求机器人的单轴模式控制。

winFrom 中的 HScrollBar 组件是一个滑块组件，该组件具有 Value 属性值，值的大小对应于滑块与外框的相对位置。当属性值为最小值时，它对应的位置是最左边的位置(水平方向)或顶部位置(垂直方向)。当属性值处于最大值时，它对应的位置是最右侧或底部的位置。

单击工具箱，搜索 HScrollBar，将其拖入 from1 中的合适位置，如图 6－41 所示。

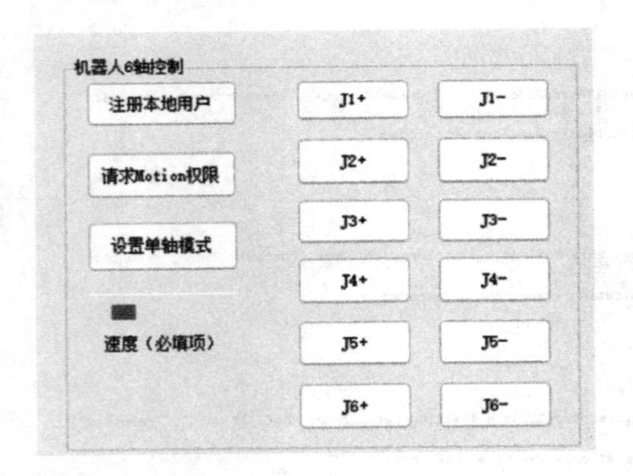

图 6－40　Jog 点动控制页面布局

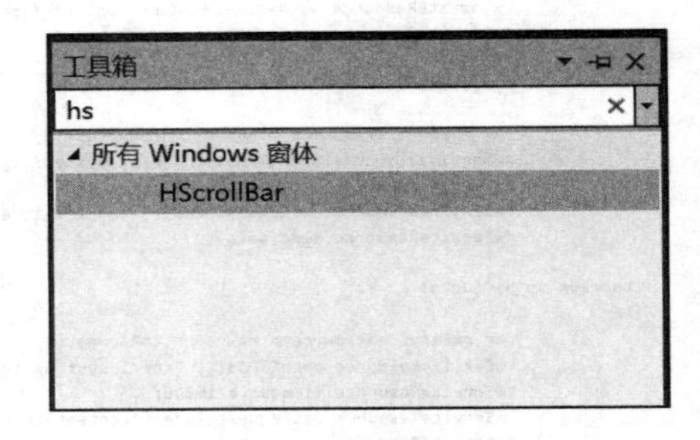

图 6－41　HScrollBar 控件

如图 6－42 所示，找到 Name 属性，修改名称为 hsc_speed。

再选择事件，为其添加检查事件 scroll，命名为 hsc_speed_Scroll，如图 6－43 所示。

最后，要获得该滑块的值作为机器人的速度，可以用赋值语句获得，代码如下：

```
speedRate = hsc_speed.Value;
```

这样就可以将滑块的值赋值给 speedRate 变量中，方便接下来的运算与速度控制。

接着创建“J1+”和“J1－”按钮，用于 Jog 点动机器人，C# 中按钮的 Click 事件的机制是单击鼠标一次执行一次。而作为运动控制的按钮，则希望按钮控件被长按的时候，机器人一直运动，松开按钮停止运动。所以这里使用时间中断不断地发送 Jog 接口，并使用 Mousedown 事件来启用中断，Mouseup 事件停止中断的方式，定义 1 个时间变量，timer1 用于正方向的运动和反方向的运动，并在窗口界面的构造函数中定义 1 个时间中断事件的关联。

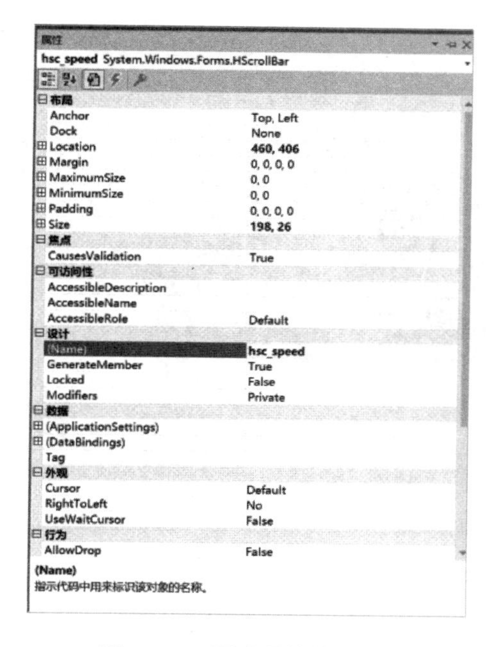

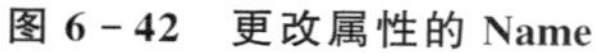
图 6 - 42　更改属性的 Name

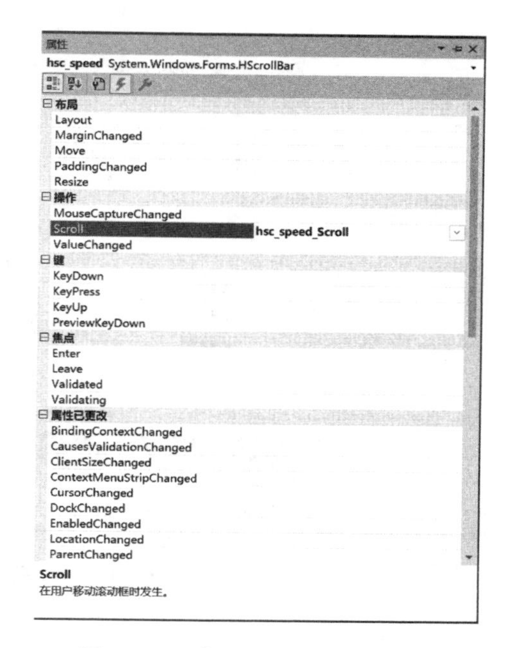

图 6 - 43　为 HScrollBar 添加事件

在 1 个时间中断触发函数“timer1_Tick”中编写代码，当按下“J1+”按钮时，定义 timer1 间隔 200 ms 触发，并开始计时。在按钮“J1+”的 Mousedown 事件函数中当松开按钮“J1+”时，timer 停止计时，并执行 PerformJogStop 函数停止机器人运动，在按钮“J1+”的 Mouseup 事件函数中，完成代码编写后，依次单击按钮“注册本地用户”“请求 Motion 权限”和“设置单轴模式”，然后再长按“J1+”或“J1-”按钮，即可看到机器人 1 轴的正向或反向运动。同样的方式依次添加六轴，效果如图 6 - 44 与图 6 - 45 所示。

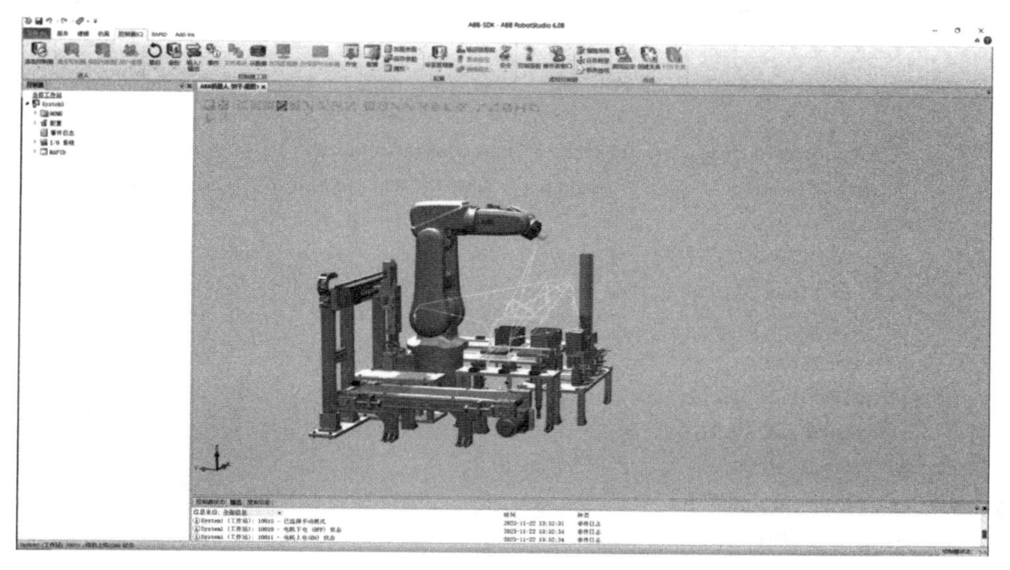

图 6 - 44　Jog 点动控制初始状态

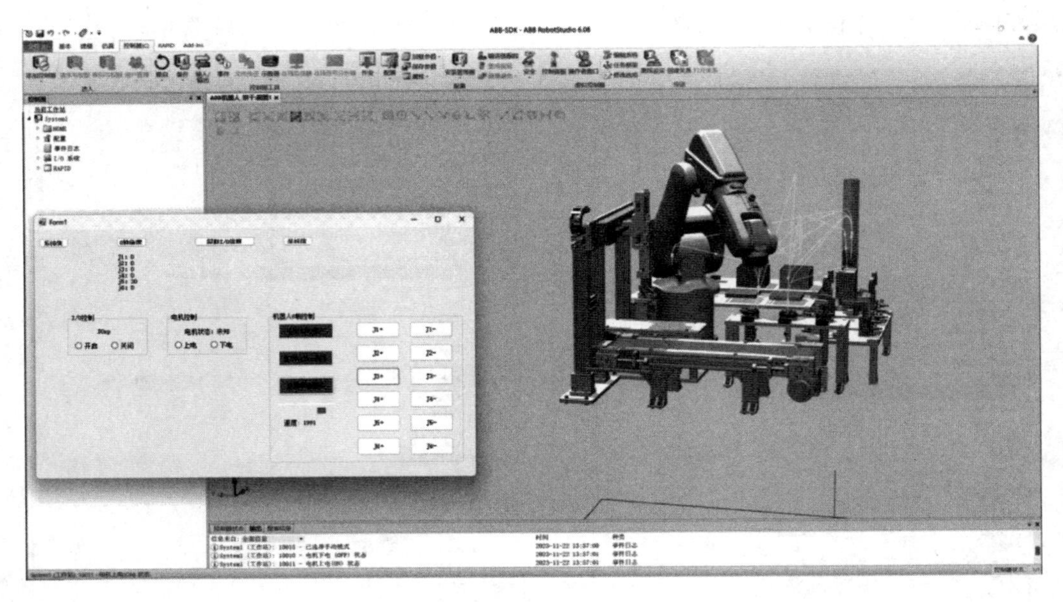

图 6-45　Jog 点动控制六轴点动后画面

代码如下：

```
using Newtonsoft.Json;
using System;
using System.Drawing;
using System.IO;
using System.Net;
using System.Text;
using System.Timers;
using System.Windows.Forms;
namespace RobotWebServices
{
    public partial class Form1 : Form
    {
        private CookieContainer _cookies = new CookieContainer();
        private NetworkCredential _credential = new NetworkCredential("Default User", "robotics");
    private System.Timers.Timer timer1 = new System.Timers.Timer();
        private System.Timers.Timer timer2 = new System.Timers.Timer();
        private float J1;
        private float J2;
        private float J3;
        private float J4;
        private float J5;
        private float J6;
private voidbtn_jogAxisModeSet_Click(object sender, EventArgs e)
        {//设为单轴模式
```

```
            stringurl = $ "http://127. 0. 0. 1/rw/motionsystem/mechunits/ROB_1? action =
set&continue - on - en = 1";
            string body = "jog - mode = AxisGroup1";
            //运动模式为单轴运动
            HttpWebRequest request = (HttpWebRequest)WebRequest. Create(url);

            request. Method = "POST";
            request. Credentials = _credential;
            request. CookieContainer = _cookies;
            request. ContentType = "application/x - www - form - urlencoded";

            Stream s = request. GetRequestStream();
            s. Write(Encoding. ASCII. GetBytes(body), 0, body. Length);
            s. Close();
            using (varhttpResponse = (HttpWebResponse)request. GetResponse())
            {
                if (httpResponse. StatusCode == HttpStatusCode. NoContent)
                {
                    //Console. WriteLine("Created");
                    //MessageBox. Show("Jog Node Set Response: NO_CONTENT");
                    btn_jogAxisModeSet. BackColor = Color. Green;
                }
            }
        }
    private intgetCCount()
        {//获取计数器
            stringurl = $"http://127.0.0.1/rw/motionsystem? resource = change - count&json = 1";
            HttpWebRequest request = (HttpWebRequest)WebRequest. Create(url);
            request. Method = "GET";
            request. Credentials = _credential;
            request. CookieContainer = _cookies;
            request. Proxy = null;
            request. Timeout = 10000;

    HttpWebResponse response = (HttpWebResponse)request. GetResponse();
            if (response ! = null)
            {
                using (StreamReader reader = new StreamReader(response. GetResponseStream()))
                {
                    string content = reader. ReadToEnd();
                    dynamic res = JsonConvert. DeserializeObject(content);
                    var state = res. _embedded. _state[0];
                    if (state ! = null)
                    {
                        //MessageBox. Show("state:" + state["change - count"]);
```

```
                    return Convert.ToInt32(state["change-count"]);
                }
            }
        }
        //MessageBox.Show("-1");
        return -1;
    }
    private void timer1_Tick(object sender, ElapsedEventArgs e)
    {//计时器1正转.2反转
        speedRate = hsc_speed.Value;
        timer1.Stop();
        intccount = getCCount();
        stringurl = $"http://127.0.0.1/rw/motionsystem? action=jog";
        string body = "axis1=" + J1 * speedRate + "&axis2=" + J2 * speedRate + "
&axis3=" + J3 * speedRate + "&axis4=" + J4 * speedRate + "&axis5=" + J5 * speedRate + "
&axis6=" + J6 * speedRate + "&ccount=" + ccount + "";

        HttpWebRequest request = (HttpWebRequest)WebRequest.Create(url);
        request.Method = "POST";
        request.Credentials = _credential;
        request.CookieContainer = _cookies;
        request.ContentType = "application/x-www-form-urlencoded";
        Stream s = request.GetRequestStream();
        s.Write(Encoding.ASCII.GetBytes(body), 0, body.Length);
        s.Close();

    using (var http Response = (HttpWebResponse)request.GetResponse())
        {
        }
        timer1.Start();
    }
    public voidPerformJogStop()
    {
        stringurl = $"http://127.0.0.1/rw/motionsystem? action=jog";
        intccount = getCCount();
        string body = "axis1=0&axis2=0&axis3=0&axis4=0&axis5=0&axis6=0&ccount=
" +ccount + "";
        HttpWebRequest request = (HttpWebRequest)WebRequest.Create(url);
        request.Method = "POST";
        request.Credentials = _credential;
        request.CookieContainer = _cookies;
        request.ContentType = "application/x-www-form-urlencoded";
        Stream s = request.GetRequestStream();
        s.Write(Encoding.ASCII.GetBytes(body), 0, body.Length);
        s.Close();
```

```
            using (varhttpResponse = (HttpWebResponse)request.GetResponse())
            {
            }
        }
        private voidbtn_MouseDown()
        {
            this.timer1.Interval = 200;
            this.timer1.Enabled = true;
        }
        private voidbtn_MouseUp()
        {
            J1 = 0;
            J2 = 0;
            J3 = 0;
            J4 = 0;
            J5 = 0;
            J6 = 0;

    this.timer1.Stop();
            this.PerformJogStop();
        }
        private void btn_J1Add_MouseDown(object sender, MouseEventArgs e)
        {
            J1 = 1;
            btn_MouseDown();
        }
        private void btn_J1Add_MouseUp(object sender, MouseEventArgs e)
        {
            btn_MouseUp();
        }
        private void btn_J1Dec_MouseDown(object sender, MouseEventArgs e)
        {
            J1 = -1;
            btn_MouseDown();
        }
        private void btn_J1Dec_MouseUp(object sender, MouseEventArgs e)
        {
            btn_MouseUp();
        }
        private void btn_J2Add_MouseDown(object sender, MouseEventArgs e)
        {
            J2 = 1;
            btn_MouseDown();
        }
        private void btn_J2Add_MouseUp(object sender, MouseEventArgs e)
```

```
    private void btn_J2Dec_MouseUp(object sender, MouseEventArgs e)
    {
        btn_MouseUp();
    }
    private void btn_J3Add_MouseDown(object sender, MouseEventArgs e)
    {
        J3 = 1;
        btn_MouseDown();
    }

private void btn_J3Add_MouseUp(object sender, MouseEventArgs e)
    {
        btn_MouseUp();
    }
    private void btn_J3Dec_MouseDown(object sender, MouseEventArgs e)
    {
        J3 = -1;
        btn_MouseDown();
    }
    private void btn_J3Dec_MouseUp(object sender, MouseEventArgs e)
    {
        btn_MouseUp();
    }
    private void btn_J4Add_MouseDown(object sender, MouseEventArgs e)
    {
        J4 = 1;
        btn_MouseDown();
    }
    private void btn_J4Add_MouseUp(object sender, MouseEventArgs e)
    {
        btn_MouseUp();
    }
    private void btn_J4Dec_MouseDown(object sender, MouseEventArgs e)
    private void btn_J5Add_MouseUp(object sender, MouseEventArgs e)
    {
        btn_MouseUp();
    }
    private void btn_J5Dec_MouseDown(object sender, MouseEventArgs e)
    {
        J5 = -1;
        btn_MouseDown();
    }
        private void btn_J5Dec_MouseUp(object sender, MouseEventArgs e)
    {
        btn_MouseUp();
```

```
            }

            private void btn_J6Add_MouseDown(object sender, MouseEventArgs e)
            {
                J6 = 1;
                btn_MouseDown();
            }
            private void btn_J6Add_MouseUp(object sender, MouseEventArgs e)
            {
                btn_MouseUp();
            }
            private void btn_J6Dec_MouseDown(object sender, MouseEventArgs e)
            {
                J6 = -1;
                btn_MouseDown();
            }
            private void btn_J6Dec_MouseUp(object sender, MouseEventArgs e)
            {
                btn_MouseUp();
            }
            private void voidhsc_speed_Scroll(object sender, ScrollEventArgs e)
            //J1

            {
                lbl_showspeed.Text = "速度：" + hsc_speed.Value.ToString();
            }
        }
    }
```

任务评价

任务评价表(1)

任务名称		姓名				任务得分			
考核项目	考核内容	配分	评分标准			自评 30%	互评 30%	师评 40%	得分
知识技能 35 分									
素质技能 10 分									

任务评价表(2)

内容	考核要求	评分标准	配分	扣分

习　题

① URL 的全称以及俗称是什么?
② 访问机器人 system 时,用户名和密码是?
③ .html 文件应当存放在机器人的什么位置?
④ 在网页控制机器人系统 D652 板卡时,需要在机器人端进行什么设置?
⑤ 连接真实机器人和虚拟控制器的 IP 分别是多少?

参考文献

[1] 宋慧欣. ABB 机器人：笃行致远　惟实励新[J]. 自动化博览，2022，39(10)：14-16.

[2] 罗文. 基于 ABB 工业机器人的码垛应用与设计[J]. 自动化博览，2022，39(10)：50-52.

[3] 王钰. 基于 ABB 机器人的目标定位与抓取实现[J]. 科技与创新，2022(13)：75-77，81.

[4] 牛婷，朱真兵，杨琴文，等. ABB 工业机器人现场编程在线课程教学实践[J]. 集成电路应用，2022，39(04)：268-269.

[5] 何珺. ABB：探索机器人进阶之路[J]. 今日制造与升级，2021(12)：16-21.

[6] 刘怡飞. ABB 工业机器人在数控加工中的应用研究[J]. 科技与创新，2021(17)：169-170. DOI：10. 15913/j. cnki. kjycx. 2021(17)：070.

[7] 赵永博，李臣友，张硕. ABB 机器人轮毂自动化加工系统分析[J]. 集成电路应用，2021，38(05)：44-46.

[8] 姚莉娟，盛星奎. 基于 ABB 机器人工作站的码垛工艺设计[J]. 科学技术创新，2021(13)：185-186.

[9] 玑微. ABB 发布全新协作机器人[J]. 机器人技术与应用，2021，(02)：13.

[10] 陈星达，高宁，毕建迪，等. 基于 ABB 机器人的生产线装箱系统的设计[J]. 设备管理与维修，2020(17)：126-127.

[11] 郑飚默. 基于二次开发平台的开放式机器人控制系统与应用[Z]. 山东：烟台中科蓝德数控技术有限公司，2018，12.

[12] 陈怡璇. 机器人二次开发之路[J]. 上海国资，2014(07)：64-66.

[13] 戴栋，陈海秀，王海俊. 机器人控制器的二次开发[J]. 重庆理工大学学报(自然科学)，2012，26(07)：50-54.

[14] 陈瞭，肖步崧，肖辉. ABB 工业机器人二次开发与应用[M]. 北京：电子工业出版社，2021.

[15] 高杉，巫国富. ABB 工业机器人在线编程[M]. 北京：机械工业出版社，2021.

[16] 魏志丽，林燕文. 工业机器人应用基础-基于 ABB 机器人[M]. 北京：北京航空航天大学出版社，2016.